普通高等教育“十一五”国家级规划教材
普通高等教育“十三五”规划教材

基础化学

（无机及分析化学）

（第三版）

刘　霞　主编

科学出版社
北　京

内 容 简 介

本书在第二版的基础上对内容进行了修订，调整了部分章节，知识更加系统、先进和科学。全书内容包括原子结构，分子结构，气体、溶液和胶体，化学反应速率，化学热力学基础，四大化学平衡及四大滴定分析法，重量分析法，吸光光度法和电位分析法等。

本书可供高等农林院校非化学专业本科生使用，也可供理科和师范类相关专业本科生使用。

图书在版编目(CIP)数据

基础化学. 无机及分析化学/刘霞主编. —3 版. —北京：科学出版社，2018.9

普通高等教育“十一五”国家级规划教材　普通高等教育“十三五”规划教材

ISBN 978-7-03-058630-8

Ⅰ. ①基…　Ⅱ. ①刘…　Ⅲ. ①无机化学-高等学校-教材②分析化学-高等学校-教材　Ⅳ. ①O6

中国版本图书馆 CIP 数据核字(2018)第 199384 号

责任编辑：赵晓霞　宁　倩 / 责任校对：张小霞

责任印制：吴兆东 / 封面设计：迷底书装

科学出版社出版

北京东黄城根北街 16 号

邮政编码：100717

http://www.sciencep.com

天津市新科印刷有限公司印刷

科学出版社发行　各地新华书店经销

*

2000 年 9 月第　一　版　　开本：787×1092　1/16

2007 年 7 月第　二　版　　印张：21 1/2　插页：1

2018 年 9 月第　三　版　　字数：515 000

2024 年 8 月第二十三次印刷

定价：69.00 元

(如有印装质量问题，我社负责调换)

《基础化学(无机及分析化学)》

编写委员会

主　编　刘　霞

编　者（按姓名汉语拼音排序）

揭念芹　　林　毅　　刘　霞

彭庆蓉　　王红梅　　张　莉

郑卫战　　朱志伟

第三版前言

本书第二版自 2007 年出版使用迄今已有十余年，被多所高校使用，受到广大师生和读者的一致好评。根据新的培养方案和教学需要，编者对第二版再次进行修订。

本次修订在保持前两版重基础理论及应用的基础上，调整了部分章节结构，对部分内容作了删减。紧密跟踪化学学科的发展，及时对知识进行了更新，并增加了前沿知识。特别重视基本概念和基础理论的阐述，做到言简意赅，深入浅出，力求修订成集先进性、系统性和科学性于一体的教材，以适应高校培养创新人才的教学需要。

本书由中国农业大学刘霞担任主编。参加本次修订的有中国农业大学刘霞（第一、二、三、四、六、七、八、九、十四、十六、十七章），中国农业大学王红梅（第三、五章），中国农业大学彭庆蓉（第四章），中国农业大学揭念芹（第十章），中国农业大学张莉（第十二、十三章），武汉大学林毅（第十一章），北京大学朱志伟（第十五章），四川大学郑卫战（第十七章）。全书由刘霞统稿。

本次修订参考和引用了参考文献中的有关内容，在此对文献作者表示衷心的感谢。本次修订得到了科学出版社的大力支持，在此表示谢意。

由于编者水平有限，书中难免存在疏漏，恳请广大读者批评指正。

编　者

2018 年 3 月于北京

第二版前言

本书第一版自2000年发行以来，受到校内外师生的广泛支持和欢迎，2006年，《基础化学(无机及分析化学)》(第二版)被列入“普通高等教育‘十一五’国家级规划教材”。根据几年来的教学体会及当前形势的需要，我们对第一版教材进行了修订。

本书除保持第一版深入浅出、简介前沿的特色外，根据当前形势，对经典内容进行了精简，增加了仪器分析的内容，第二版扩充为十九章。在第一版的第十八章中增加了荧光分析法、原子吸收光谱法和原子发射光谱法等内容的介绍。新增加的第十九章主要介绍色谱分析法，即气相和液相色谱法的原理及分析应用等。我们在修订中对第一版的例题和习题进行了调整。另外，第二版涉及的物理量单位符号均采用现行国际单位制。

参加本书编写的有刘霞(第一、二、八章)，孙英(第三、四、六、七章)，任丽萍(第五章)，张春荣(第九章)，王红梅(第十章)，揭念芹(第十一、十二章)，袁德凯(第十三、十四章)，张曰秋(第十五章)，张莉(第十六、十七章)，周文峰(第十八、十九章)。全书由揭念芹和刘霞统稿。

北京大学江林根教授对本书书稿进行了精心审阅，并提出了宝贵意见。科学出版社为本书的顺利出版给予了大力支持并付出了辛勤的劳动，在此一并向他们表示衷心的感谢。

由于编者水平所限，这次修订仍会有不尽如人意之处，恳请读者批评指正。

编　者

2007年6月18日

第一版前言

随着人类社会向信息和经济时代迈进，科学技术的综合化加速，教学改革势在必行。课程结构、教学体系及内容方法的改革，是改革人才培养模式的具体体现，是教学改革的核心。化学课程体系同样需要改革，旧课程体系的弊端在于经典内容较多；重复内容较多。为克服这些弊端，我们将无机化学和定量分析化学融合在一起，减少了重复，节省了学时。同时对经典内容有所删减，对某些前沿领域及边缘学科的内容进行了简单介绍，这样有利于开阔学生的眼界，启迪他们的思维，加深对本课程的理解。我们这种尝试有待实践检验，对于在使用中发现的问题要不断地修改，也希望广大读者批评指正。

本教材是为中国农业大学动物学院、食品学院和资源环境学院等专业的学生开设的第一门化学课程。我们是本着“精减经典、简介前沿、重基础理论、重实际应用”的原则编写的。本教材首先介绍了原子结构和分子结构，元素周期系，四大化学平衡，化学热力学基础及元素化学。作为四大化学平衡的延续，重点介绍了四种化学滴定分析法(酸碱滴定法、配位滴定法、氧化还原滴定法及沉淀滴淀法)的基础理论和应用实例。对分光光度法和电势分析法也作了简要介绍。

本教材可以满足非化学专业学生对化学知识的需求，为学习后续课程和从事科学研究工作打下坚实的基础。

参加本书编写工作的有刘霞(第一、二、八章)，孙英(第三、四、六、七章)，任丽萍(第五、九、十章)，揭念芹(第十一、十二、十五章)，蔡亚岐(第十三、十四、十六、十七、十八章)。全书由揭念芹统稿。

北京大学江林根教授仔细审阅了全稿，并提出许多宝贵意见。同时，本教材的编写得到中国农业大学教务处领导和有关同志的支持，编者在此一并致以衷心的感谢。

编　者

2000 年 3 月于北京

目　录

第一章　原子结构与元素周期系

物质是由分子组成的，物质的性质是由组成该物质的分子性质决定的。分子是由原子组成的，因此要了解物质的性质，首先必须了解原子的内部结构。原子是由原子核和电子组成的，在化学反应中原子核并不发生变化，只是核外电子的运动状态发生变化。电子在原子核外如何运动和该原子的化学性质是紧密相关的。了解原子核外电子的分布和运动规律是深入认识物质性质及其变化规律必不可少的理论知识。

本章首先介绍原子核外电子的运动特性，然后用量子力学进一步描述核外电子的运动状态，阐述核外电子的分布规律，最后揭示原子结构与元素周期律及元素性质的关系。

第一节　核外电子的运动特性

一、核外电子的量子化特性——氢原子光谱

任何原子受高温火焰、电弧等激发时都会发出特定波长的明线光谱，称为发射光谱。这种由原子激发产生的光谱为原子光谱，又称线状光谱。每种元素原子都有其特定的线状光谱，可作为现代光谱分析的基础。根据谱线的波长进行定性分析，以确定样品中的组成元素；根据谱线的相对强度进行定量分析，以确定各组成元素的相对含量。

原子光谱中以氢原子光谱最简单。当高纯的低压氢气在高压下放电时，氢分子解离为氢原子并激发而发光，光通过狭缝再由三棱镜分光后得到不连续的线状谱线，即氢原子光谱，见图 1.1。氢原子光谱在可见光区有四条比较明显的谱线，标记为 H_α、H_β、H_γ、H_δ，它们的波长依次为 656.3nm、486.1nm、434.0nm、410.2nm。

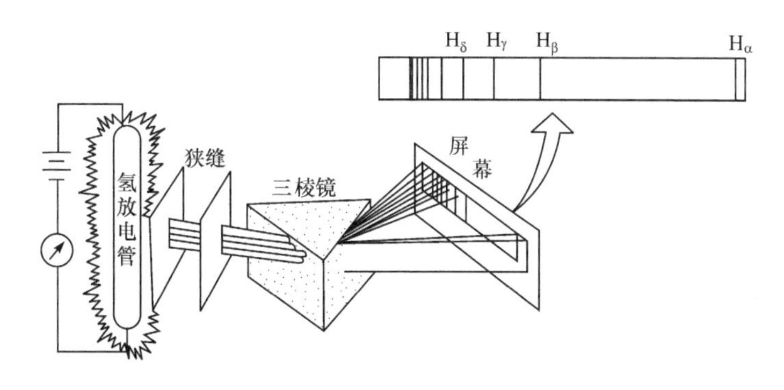

图 1.1　氢原子光谱实验示意图

如何解释氢原子线状光谱的实验事实呢？根据卢瑟福(E. Rutherford)有核原子模型，按照经典电磁学理论，电子绕核做圆周运动时，要连续发射电磁波，因此得到的原子光谱应该是连续的，随着电磁波的发射，电子的能量将逐渐减小，电子运动的轨道半径也逐渐变小，最后电子坠落到原子核上，从而导致原子的毁灭。这些显然和事实不符，实际上原子既没有毁灭，原

子光谱也不是连续的。1913年，丹麦物理学家玻尔（N. Bohr）根据氢原子光谱实验事实，在卢瑟福有核原子模型的基础上结合普朗克（M. Planck）的量子论和爱因斯坦（A. Einstein）的光子学说，提出了氢原子的结构理论，从理论上解释了氢原子光谱。

玻尔关于氢原子结构的两个基本假设如下：

（1）原子中的电子不能沿任意轨道绕核旋转，只能在有确定半径和能量的特定轨道上旋转，电子在这些轨道上旋转时并不辐射能量，而是处于一种稳定状态。每一个稳定轨道的角动量（L）是量子化的，它等于 $h/2\pi$ 的整数倍，即

$$L=mvr=n\frac{h}{2\pi} \tag{1.1}$$

式中，m 为电子的质量；v 为电子的速度；r 为轨道半径；n 为量子数，其值可取 1,2,3,…，正整数；h 为普朗克常量，$6.626\times10^{-34}\text{J}\cdot\text{s}$。玻尔将轨道角动量量子化条件与物体运动的经典力学公式相结合，推导出氢原子的轨道半径和能量，即

$$r_n=53\frac{n^2}{Z}(\text{pm}) \tag{1.2}$$

$$E_n=-\frac{13.6Z^2}{n^2}(\text{eV}) \tag{1.3}$$

电子在轨道上旋转时所具有的能量也是量子化的，当 $n=1$ 时，轨道离核最近，能量最低，此时的状态称为氢原子的基态（ground state），根据式（1.2）、式（1.3）计算，$r_1=53\text{pm}$（玻尔半径），$E_1=-13.6\text{eV}$（基态能量）。当 $n=2,3,4,\cdots$，轨道依次离核渐远，能量升高，这些状态称为氢原子的激发态。

（2）电子在不同轨道之间跃迁时，就要吸收或释放能量。吸收或释放能量的多少取决于跃迁前后的两个轨道能量之差，即

$$\Delta E=E_2-E_1=h\nu=-\frac{hc}{\lambda} \tag{1.4}$$

应用上述玻尔假设可以解释氢原子光谱。如果电子从 $n=3,4,5,6$ 轨道跃迁到 $n=2$ 的轨道上，按式（1.4）计算出来的波长分别为 656.3nm、486.1nm、434.0nm、410.2nm，即为氢原子光谱中可见光部分的 H_α、H_β、H_γ、H_δ 的波长，计算值和实验值惊人的符合。

玻尔理论圆满地解释了氢原子及一些单电子离子（也称类氢离子，如 He^+、Li^{2+}、Be^{3+}、B^{4+}、C^{5+}、N^{6+}、O^{7+} 等）光谱，其成功之处在于用量子化概念解释了经典物理学无法解释的氢原子光谱的不连续性，指出原子结构量子化的特性。但玻尔理论在解释氢原子光谱的精细部分及多电子原子光谱时却遇到了困难，这是由于电子是微观粒子，不同于宏观物体，电子运动不遵守经典力学的规律而有它本身的特征和规律。玻尔理论虽然引入了量子化条件，但却没有完全摆脱经典力学的束缚，它的电子绕核运动的固定轨道不符合微观粒子运动的特性，因此玻尔理论必将被新的理论所替代。为了掌握新理论的基本观点，除了对电子运动的量子化条件有所了解之外，还必须对微观粒子运动的特性——波粒二象性有所认识。

二、核外电子运动的波粒二象性

微观粒子运动规律不同于宏观物体运动规律的根本原因在于微观粒子具有波粒二象性。经过长达两个世纪的争论后，20世纪初，人们对光的本质有了较为正确的认识。光的干涉、衍射等现象说明光具有波动性。光电效应、光的发射和吸收说明光具有粒子性。因此，光具有波

动和粒子两重性，称为光的波粒二象性。

1. 德布罗意波

1924年，法国物理学家德布罗意(L. de Broglie)在光的波粒二象性的启发下，提出了一个大胆的假设：实物微粒都具有波粒二象性。也就是说，实物微粒除具有粒子性外，还具有波的性质，这种波称为德布罗意波。德布罗意波认为质量为 m、速度为 v 的微粒，其波长 λ 可用式(1.5)求得：

$$\lambda=\frac{h}{P}=\frac{h}{mv} \tag{1.5}$$

式(1.5)称德布罗意关系式。这一关系式将实物微粒的粒子性(动量 $P=mv$ 是粒子性的特征)和波动性(波长 λ 是波动性的特征)通过普朗克常量 h 定量联系起来。

1927年，德布罗意的假设经电子衍射实验得到了完全证实。美国物理学家戴维孙(C. T. Davisson)和革末(L. H. Germer)在纽约贝尔电话实验室采用一束已知能量的电子流通过镍晶体(作为光栅)，结果得到和光衍射相似的一系列衍射圆环，见图1.2。根据电子衍射实验得到的电子波波长与按德布罗意关系式计算出来的波长完全一致，此现象说明电子具有波动性。随后又证实质子、中子、原子、分子等一切微观粒子都具有波动性。

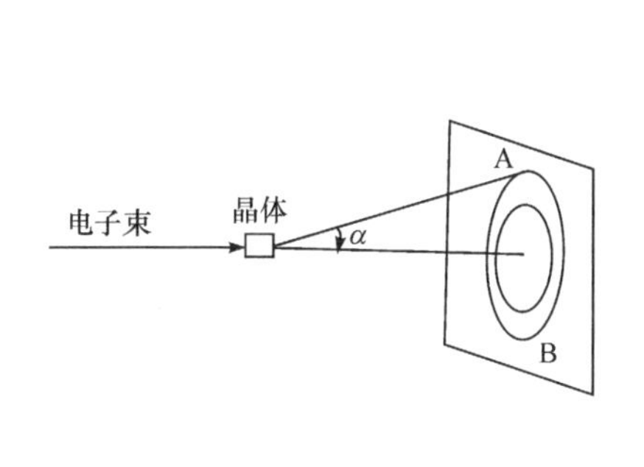

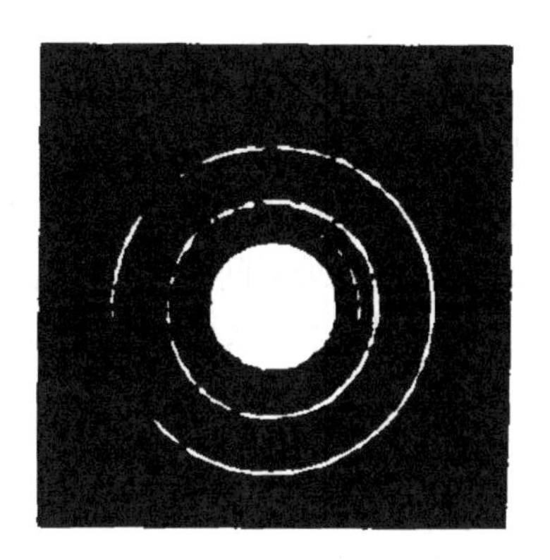

图1.2　电子衍射示意图和电子衍射图谱

波粒二象性是电子等实物微粒运动的重要特征。一般来说，电子具有粒子性是比较容易理解的，但具有波动性就不容易理解了。那么实物粒子的波到底是一种怎样的波呢？下面通过电子衍射实验进行讨论。人们发现用较强的电子流可以在较短的时间内得到电子衍射图像；如果改用很弱的电子流，也可以得到同样的衍射图像，只不过需要的时间较长。若用更弱的电子流，弱到使电子一个一个地到达底片上，在底片上会出现一个一个的斑点，表现出粒子性。随着时间的延长，在底片上出现了较多的斑点，但这些斑点并不重合，也看不出规律性。如果时间足够长，则在底片上会出现完整的衍射图像，这与用较强电子流得到的衍射图像一样。由此可见，电子的波动性是大量电子运动所表现出来的性质，是微观粒子行为的统计性结果。

在电子衍射图像中，衍射强度(波的强度)大的地方，电子出现的概率大；衍射强度小的地方，电子出现的概率小，即在空间任何一点波的强度和电子在该处出现的概率成正比。因此，电子等实物粒子所表现的波动性是具有统计意义的概率波。

2. 测不准原理

电子等微观粒子既然具有波粒二象性，就不能用经典力学来描述其运动状态。1927 年，德国物理学家海森伯(W. Heisenberg)认为微观粒子的位置与动量之间的关系如下：

$$\Delta X \cdot \Delta P \geqslant \frac{h}{4\pi} \tag{1.6}$$

式(1.6)就是测不准关系式。式中，ΔX 为确定粒子位置时的不准确量；ΔP 为确定粒子动量时的不准确量；h 为普朗克常量。

测不准关系式表明，欲用经典力学中位置和动量物理量来描述微观粒子的运动状态时，不可能同时完全准确地测定其位置和动量(速度)，即粒子位置测定得越准确，则相应的动量(速度)测定得越不准确；反之亦然。这就是测不准原理。

测不准原理说明，不可能同时准确地测出某一瞬间微观粒子运动的位置和速度，但这不意味着微观粒子运动规律是不可知的。测不准原理只是反映微观粒子具有波动性，不服从经典力学规律，而是遵循量子力学所描述的运动规律。

第二节　核外电子运动状态的描述

电子等微观粒子运动规律不遵循经典力学规律，因此就不能用经典力学来描述其运动状态。那么用什么物理量来描述微观粒子的运动状态呢？由于电磁波可用波函数 Ψ 来描述，量子力学从微观粒子具有波粒二象性出发，认为微观粒子的运动状态也可用波函数来描述，对于微观粒子而言，它是在三维空间做运动，因此它的运动状态必须用三维空间坐标 x、y、z 的波函数 $\Psi(x,y,z)$来描述。波函数是通过解量子力学的基本方程——薛定谔方程得到的。

一、波函数

1926 年，奥地利物理学家薛定谔(E. Schrödinger)提出了描述微观粒子运动状态的波动方程，从而建立了近代量子力学理论。波动方程又称薛定谔方程，它是一个二阶偏微分方程，其数学形式如下：

$$\frac{\partial^2 \Psi}{\partial x^2}+\frac{\partial^2 \Psi}{\partial y^2}+\frac{\partial^2 \Psi}{\partial z^2}+\frac{8\pi^2 m}{h^2}(E-V)\Psi=0 \tag{1.7}$$

式中，E 为体系的总能量；V 为体系的势能；m 为微粒的质量；h 为普朗克常量；x，y，z 分别为粒子的空间坐标；$\frac{\partial^2 \Psi}{\partial x^2}$为微积分中的符号，它表示 Ψ 对 x 的二阶偏导数，$\frac{\partial^2 \Psi}{\partial y^2}$和$\frac{\partial^2 \Psi}{\partial z^2}$具有同样的意义。

解薛定谔方程就是解出波函数 $\Psi(x,y,z)$和与波函数相对应的能量 E，这样就可以知道电子运动的状态和能量的高低。解薛定谔方程是一个十分复杂而困难的数学过程，属于量子力学研究范围，在无机及分析化学课程中只需掌握求解方程所得的一些重要结论。

求解方程所得出的 Ψ 不是一个具体数值，而是用空间坐标(x,y,z)来描述波函数的数学函数式。一个波函数代表微观粒子的一种运动状态和与之相对应的能量值。波函数也称原子轨道，这里所说的轨道和经典力学中的轨道概念有着本质的区别。经典力学中的轨道是指具有某种速度，可以确定运动物体任意时刻所处的位置；量子力学中的原子轨道不是某种确定的轨迹，而是原子中一个电子的可能空间运动状态，包含电子所具有的能量、离核的平均距离、概率密度分布等。微观粒子的各种物理量可由波函数得知。

为了方便地解薛定谔方程，一般先将空间直角坐标(x,y,z)变换成球坐标(r,θ,ϕ)，两种坐标之间的关系见图1.3。在求解过程中引入三个参数n,l,m。这样得到的Ψ是包含三个常数项(n,l,m)和三个变量(r,θ,ϕ)的函数式，求得的通式为

$$\Psi_{n,l,m}(r,\theta,\phi)=R_{n,l}(r)\cdot Y_{l,m}(\theta,\phi) \quad (1.8)$$

式中，R为电子离核距离r的函数，所以$R_{n,l}(r)$称为波函数的径向部分；Y为角度θ,ϕ的函数，$Y_{l,m}(\theta,\phi)$为波函数的角度部分。

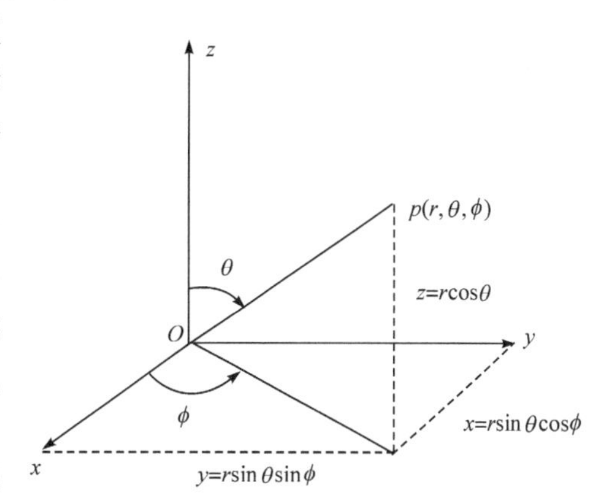

图1.3　球坐标与直角坐标的关系

在数学上薛定谔方程的解$\Psi_{n,l,m}(r,\theta,\phi)$有很多，但从物理意义来看，这些数学解不一定都是合理的，能够描述核外电子运动状态的波函数为合理解，为此需引入三个参数(n,l,m)并按一定的规则取值，这三个参数称为量子数。但要全面描述电子的空间运动状态，还需引入另外一个量子数，称为自旋量子数(m_s)，它不是从求解薛定谔方程直接得到的，而是根据后来的理论和实验要求引入的。

二、描述核外电子运动状态的量子数

1. 主量子数n

主量子数决定电子在核外出现概率最大区域离核的平均距离，也是决定轨道能级的主要量子数。单电子原子轨道的能级完全由n决定，n相同，原子轨道的能级就相同。

n只能取1,2,3,4,…的正整数。n值越大，电子离核的平均距离越远，能量越高。一个n值表示一个电子层，与n值相对应的电子层符号如下：

n	1	2	3	4	5	6	7	…
电子层符号	K	L	M	N	O	P	Q	…

2. 角量子数l

角量子数是决定轨道角动量的量子数，或者说是决定轨道形状的量子数。l值可以取从0到$n-1$的正整数，共有n个取值，l值只能取小于n的正整数。例如，当$n=2$时，l只能取0,1两个值；当$n=3$时，l只能取0,1,2三个值。每种l值表示一类轨道形状，其相应的光谱符号(l值符号)如下：

l	0	1	2	3	4
光谱符号	s	p	d	f	g

$l=0$时，即为s轨道，轨道的形状呈球形；$l=1$时，即为p轨道，轨道的形状为哑铃形；$l=2$时，即为d轨道，轨道的形状为花瓣形；$l=3$时，即为f轨道，轨道的形状很复杂，在此不作介绍。n值相同、l值不同时，同一电子层又形成若干个电子亚层，其中s亚层离核最近，能量最

低;p,d,f,g 亚层依次离核渐远,能量依次升高。在多电子原子中,原子轨道的能量是由 n 和 l 共同决定的。

3. *磁量子数* m

角量子数相同,原子轨道相同,但在空间内可以沿着不同的方向伸展。磁量子数是决定原子轨道在空间伸展方向的量子数。形状相同的原子轨道在空间有多少个伸展方向,就有多少个空间取向不同的原子轨道,这是根据线状光谱在磁场中发生分裂显示出微弱能量差别现象得到的结果。

m 的取值受 l 的限制,它是从 $+l$ 到 $-l$,包括 0 在内的整数值,共有 $2l+1$ 个值。当 $l=0$ 时,$m=0$,即 s 轨道只有一种空间取向(球形,没有方向性);当 $l=1$ 时,$m=+1,0,-1$,p 轨道有 3 种空间取向,分别为 p_x,p_y,p_z;当 $l=2$ 时,$m=+2,+1,0,-1,-2$,d 轨道有 5 种空间取向,分别为 $d_{z^2},d_{xy},d_{yz},d_{xz},d_{x^2-y^2}$。

通常把 n、l 和 m 确定的电子运动状态称为原子轨道。s 亚层只有一个轨道,p 亚层有 3 个轨道(p_x,p_y,p_z),d 亚层有 5 个轨道($d_{z^2},d_{xy},d_{yz},d_{xz},d_{x^2-y^2}$),f 亚层有 7 个轨道,见表 1.1。

表 1.1 量子数与原子轨道

n	l	原子轨道	m	轨道数
1	0	1s	0	1　1
2	0	2s	0	1 } 4
	1	2p	+1,0,−1	3
3	0	3s	0	1
	1	3p	+1,0,−1	3 } 9
	2	3d	+2,+1,0,−1,−2	5
4	0	4s	0	1
	1	4p	+1,0,−1	3 } 16
	2	4d	+2,+1,0,−1,−2	5
	3	4f	+3,+2,+1,0,−1,−2,−3	7

从表 1.1 可见,磁量子数不影响原子轨道的能量。n 相同,l 相同的原子轨道能量是相等的,称为等价轨道或简并轨道,简并轨道的数目为简并度。例如,$l=1$ 有 3 个简并轨道(p_x,p_y,p_z),$l=2$ 有 5 个简并轨道($d_{z^2},d_{xy},d_{yz},d_{xz},d_{x^2-y^2}$),$l=3$ 有 7 个简并轨道,其简并度分别为 3,5,7,各电子主层的轨道数为 n^2。

4. *自旋量子数* m_s

自旋量子数与前面介绍的 n,l,m 不同,它不是解薛定谔方程得到的,而是为了说明光谱的精细结构提出来的。电子除绕核旋转外,还绕自身的轴做自旋运动,自旋运动也是量子化的。用自旋量子数 m_s 来描述电子的自旋运动,取值为 $+\frac{1}{2}$ 和 $-\frac{1}{2}$,通常用向上和向下的箭头表示,即↑、↓。

至此,一个电子的运动状态可以用 4 个量子数 n,l,m,m_s 来描述,将 4 个量子数综合起来就可以说明电子在原子中所处的状态。在 4 个量子数中,n,l,m 三个量子数可确定电子的原子轨道；n，l 两个量子数可确定电子的能级；n 量子数只确定电子的电子层。把 n 相同的电子称为同一电子层的电子；n 和 l 相同的电子称为同一能级的电子；n，l，m 相同的电子称为同一轨道内的电子；n，l，m，m_s 相同的电子称为同一运动状态的电子。事实上，在同一原子中没有 4 个量子数完全相同的两个电子，这说明每个原子轨道最多只能容纳自旋相反的两个电子。因此，各电子层所能容纳电子的最大数为 $2n^2$，也就是各电子层可能有的电子运动状态数为 $2n^2$。

三、波函数和电子云图形

原子核外电子的运动状态用波函数描述。一个波函数 $\Psi_{n,l,m}(r,\theta,\phi)$ 对应一个原子轨道。原子轨道的大小、形状及空间取向由 n，l，m 确定。另外也可以用图形表示，图形具有直观、形象、分布突出等优点，被广泛应用在物质结构的研究中。

1. 概率密度和电子云

微观粒子如在核外空间运动的电子，可以用统计学的方法描述电子在核外空间各处出现的概率大小。电子在核外空间各处出现的概率是不同的，在有的空间区域内出现的概率大，在有的空间区域内出现的概率小，因此电子的运动具有一定的概率分布规律，量子力学对电子运动状态的描述是具有统计性的。

除了用概率描述电子在核外空间出现的机会外，还可以用概率密度表示。概率密度是指电子在核外空间某处单位体积内出现的概率，用波函数绝对值的平方 $|\Psi_{n,l,m}(r,\theta,\phi)|^2$ 表示。通常将电子在核外出现的概率密度大小用小黑点的疏密度表示，电子出现概率密度大的地方用密集的小黑点表示，电子出现概率密度小的地方用稀疏的小黑点表示。这样得到的图像称为电子云，它是电子在核外空间各处出现概率密度大小的形象化描述。电子的概率密度又称电子云密度。氢原子 1s 电子云见图 1.4。氢原子 1s 电子云呈球形对称分布，电子的概率密度随离核距离的增大而减小，电子在单位体积内出现的概率以接近原子核处为最大。

电子在核外的概率分布也可以用壳层概率分布来表示。壳层概率是指离核半径为 r，厚度为 dr 的薄球壳层中出现的概率(图 1.5)，即

$$\Psi^2 \mathrm{d}\tau = 4\pi r^2 \Psi^2 \mathrm{d}r \tag{1.9}$$

图 1.4　氢原子 1s 电子云

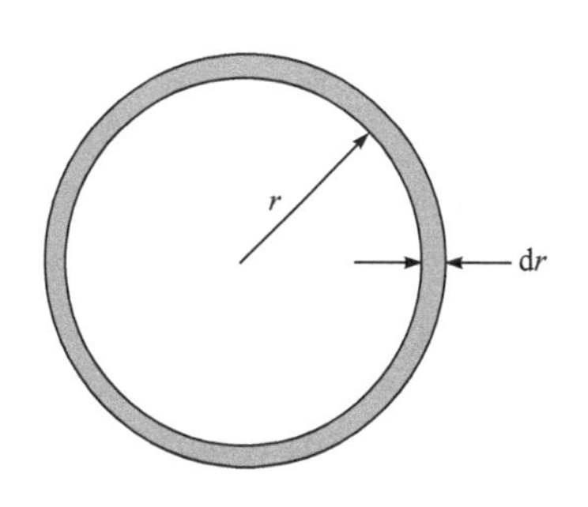

图 1.5　离核半径为 r 的薄球壳层

由于球壳体积随半径增大而增大,概率密度则随半径的增大而减小,因此壳层概率必然在离核某处出现最大值。根据量子力学计算,基态氢原子在半径为 52.9pm 的薄球壳处电子出现的概率最大(图 1.6),这个数值恰好等于玻尔计算出来的氢原子的基态半径。量子力学与玻尔理论所描述氢原子中电子的运动状态有本质的区别:玻尔理论认为电子只能在半径为 52.9pm 的圆形轨道上运动,量子力学则认为电子在半径为 52.9pm 的薄球壳层内出现的概率最大,半径大于或小于 52.9pm 的空间区域内也有电子出现,只是出现的概率小而已。

电子云是没有明确边界的,在离核很远的地方电子仍有可能出现。但实际上,电子在离核 300pm 以外的区域出现的概率已经是微乎其微了,可以忽略不计。为了简单地表达电子云的形状,通常取一个等密度面,即将电子云密度相同的各点连接起来形成一个界面,界面内电子出现的概率达到 90%;界面外电子出现的概率很小,仅为 10%。界面所包括的空间区域称为电子云界面图,可用来代表电子云。图 1.7 为基态氢原子的电子云界面图。

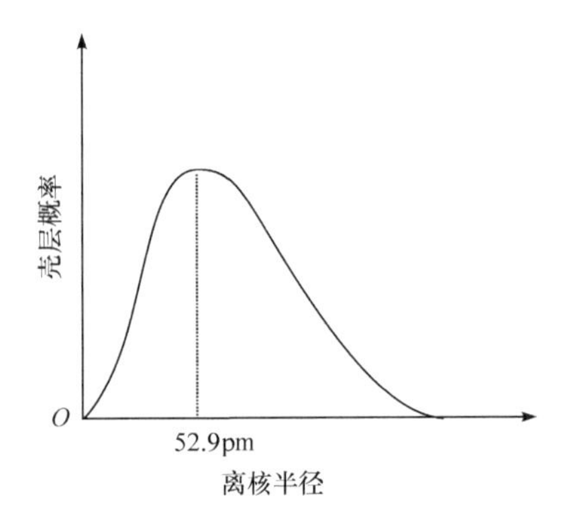

图 1.6　氢原子 1s 电子的壳层概率与离核半径的关系

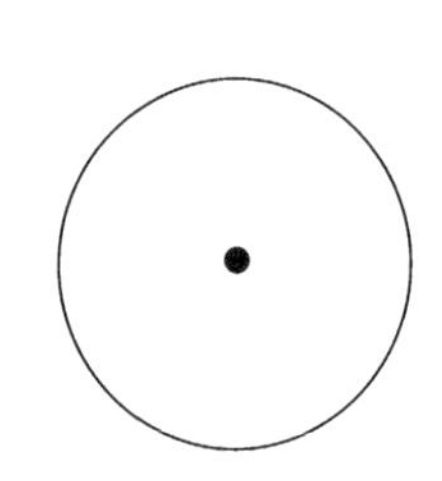

图 1.7　基态氢原子的电子云界面图

2. 原子轨道和电子云图像

在球坐标中,波函数解离成角度部分 $Y_{l,m}(\theta,\phi)$ 和径向部分 $R_{n,l}(r)$ 的乘积,因此可以从角度分布和径向分布两个侧面画出原子轨道和电子云图像。氢原子的一些波函数及其径向和角度分布见表 1.2。

表 1.2　氢原子的几个波函数(a_0 =玻尔半径)

轨道	$\Psi(r,\theta,\phi)$	$R(r)$	$Y(\theta,\phi)$
1s	$\sqrt{\frac{1}{\pi a_0^3}}e^{-r/a_0}$	$2\sqrt{\frac{1}{a_0^3}}e^{-r/a_0}$	$\sqrt{\frac{1}{4\pi}}$
2s	$\frac{1}{4}\sqrt{\frac{1}{2\pi a_0^3}}\left(2-\frac{r}{a_0}\right)e^{-r/2a_0}$	$\sqrt{\frac{1}{8\pi a_0^3}}\left(2-\frac{r}{a_0}\right)e^{-r/2a_0}$	$\sqrt{\frac{1}{4\pi}}$
$2p_z$	$\frac{1}{4}\sqrt{\frac{1}{2\pi a_0^3}}\left(\frac{r}{a_0}\right)e^{-r/2a_0}\cos\theta$	$\sqrt{\frac{1}{24a_0^3}}\left(\frac{r}{a_0}\right)e^{-r/2a_0}$	$\sqrt{\frac{3}{4\pi}}\cos\theta$
$2p_x$	$\frac{1}{4}\sqrt{\frac{1}{2\pi a_0^3}}\left(\frac{r}{a_0}\right)e^{-r/2a_0}\sin\theta\cos\phi$	$\sqrt{\frac{1}{24a_0^3}}\left(\frac{r}{a_0}\right)e^{-r/2a_0}$	$\sqrt{\frac{3}{4\pi}}\sin\theta\cos\phi$
$2p_y$	$\frac{1}{4}\sqrt{\frac{1}{2\pi a_0^3}}\left(\frac{r}{a_0}\right)e^{-r/2a_0}\sin\theta\sin\phi$	$\sqrt{\frac{1}{24a_0^3}}\left(\frac{r}{a_0}\right)e^{-r/2a_0}$	$\sqrt{\frac{3}{4\pi}}\sin\theta\sin\phi$

1）角度分布图

角度分布图是表示波函数角度部分 $Y_{l,m}(\theta,\phi)$ 随 θ 和 ϕ 变化所作的图像。具体做法是计算出有关的 $Y_{l,m}(\theta,\phi)$ 值，再以原子核为原点，引出方向为 (θ,ϕ)、长度为 Y 的直线，将这些直线的端点连接起来，在空间形成闭合的曲面，这就是原子轨道角度分布图。s，p，d 原子轨道角度分布图如图 1.8 所示。

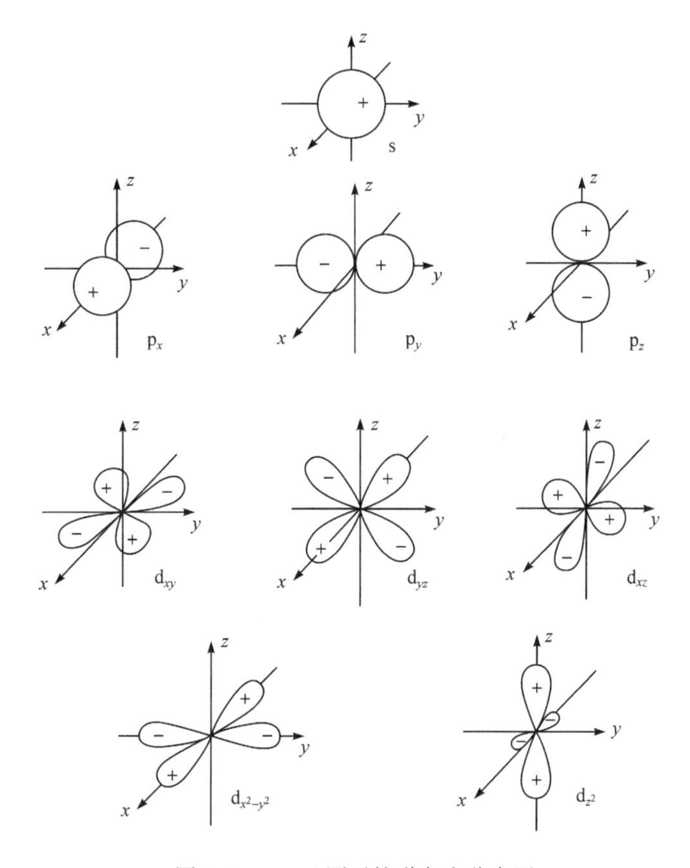

图 1.8 s，p，d 原子轨道角度分布图

注意：原子轨道角度分布图中的“＋”“－”不是正、负电荷的含义，而是表示 $Y_{l,m}(\theta,\phi)$ 数值是正值、负值。它表示原子轨道角度分布图的对称关系。符号相同，对称性相同；符号相反，对称性不同。原子轨道角度分布图的正、负号对化学键的形成有重要意义。从图 1.8 可以看出，p_x，p_y，p_z 轨道的角度分布图相似，只是对称轴分别为 x，y，z 而已，d 轨道的角度分布图除 d_{z^2} 外，其余的 4 个图形相似，只是伸展方向不同。f 轨道角度分布图在此不做介绍。

将 $|\Psi|^2$ 的角度部分 $Y^2_{l,m}(\theta,\phi)$ 随 θ 和 ϕ 变化作图，就得到电子云的角度分布图，见图 1.9。原子轨道角度分布图和电子云角度分布图基本相似，区别有两点：①原子轨道角度分布图有正、负之分，电子云角度分布图全部为正值，这是由于 Y^2 总是正值；②电子云角度分布图比原子轨道角度分布图“瘦”些，这是因为 Y 值小于 1，因此 Y^2 一定小于 1。

2）径向分布图

原子轨道径向部分又称径向波函数 $R(r)$，它是以 $R(r)$ 对 r 作图，表示任何角度方向上 $R(r)$ 随 r 的变化。解薛定谔方程得到波函数的径向部分函数式，根据函数式计算不同 r 时的 $R(r)$ 值，以所得的数据作图，就得到波函数的径向分布图。波函数 Ψ 的图形是把 $R(r)$ 与

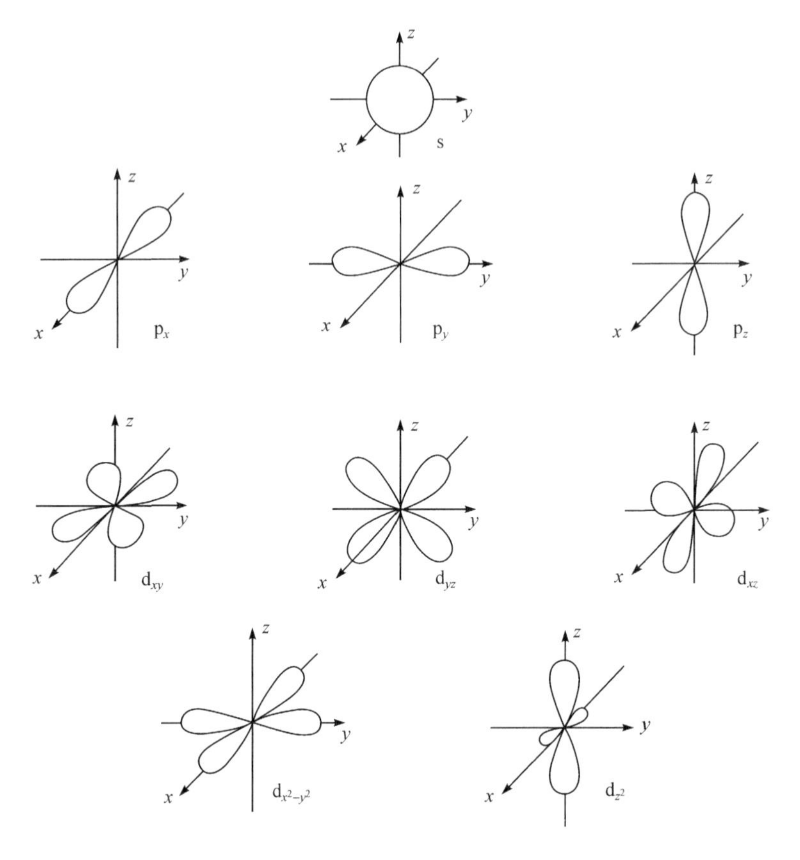

图 1.9　s,p,d 电子云角度分布图

$Y(\theta,\phi)$结合起来考虑的。

电子云的径向分布图是径向密度函数 $R^2(r)$对 r 作图,表示任何角度方向上 $R^2(r)$随 r 的变化,图 1.10(a)表示氢原子 1s,2s,3s 的径向密度函数图(没有负值)。氢原子 1s,2s,3s 电子云图形是把 $R^2(r)$和 $Y^2(\theta,\phi)$结合起来考虑的,所得的剖面图见图 1.10(b)。

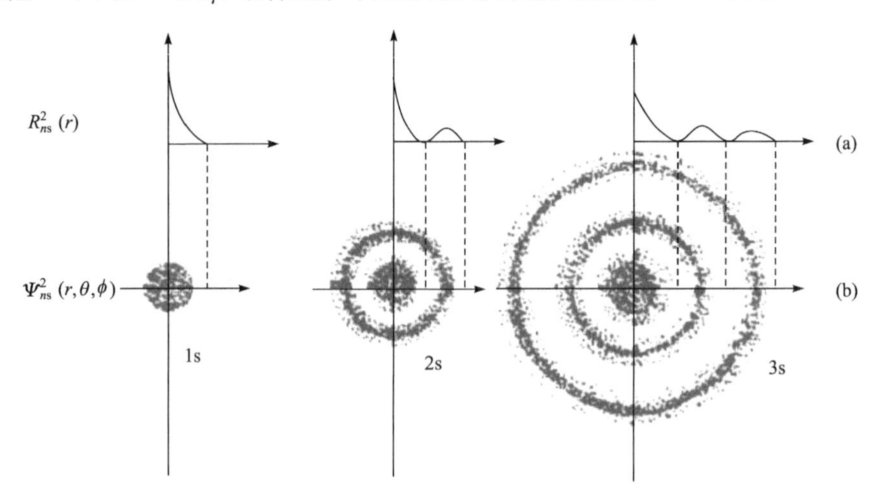

图 1.10　氢原子径向密度函数图和电子云图

氢原子各种状态的径向分布图见图 1.11。

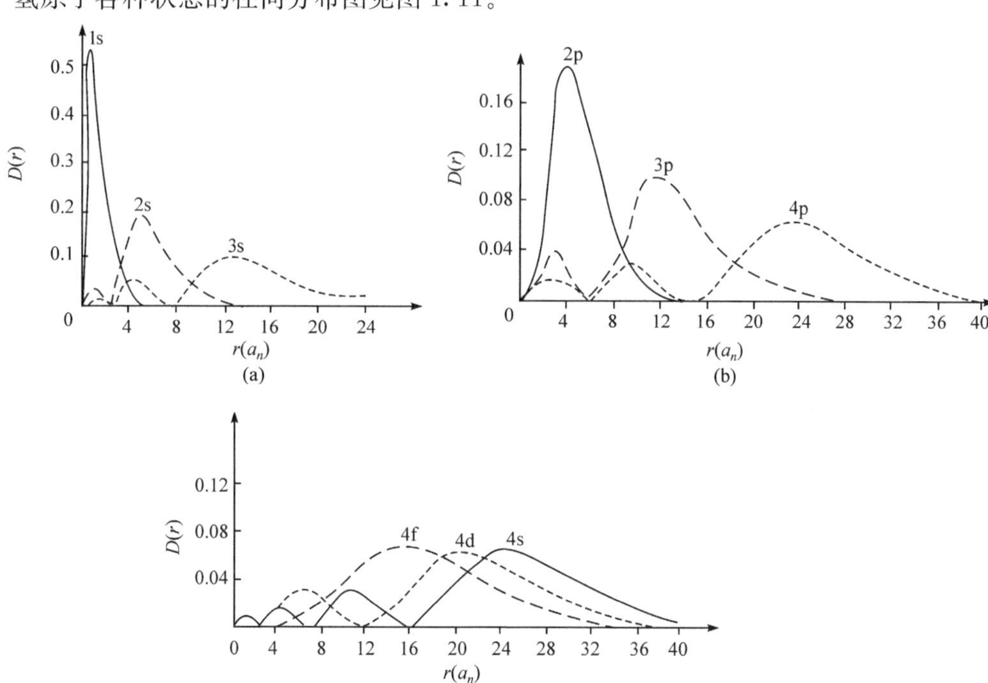

图 1.11　氢原子各种状态的径向分布图

由图 1.11 可以得出以下结论。

(1) 主量子数为 n、角量子数为 l 的状态，径向分布图有 $(n-l)$ 个峰。

(2) l 相同、n 不同状态，径向分布图中主峰(最高峰)随 n 增大而离核渐远，主峰的位置相当于原子轨道。例如，从图 1.11(a)可见，2s 态主峰在 1s 态主峰的外面，3s 态主峰又在 2s 态主峰的外面。这说明 n 小的轨道在靠近原子核的内层，能量较低；n 大的轨道在离核较远的外层，能量较高($E_{1s}<E_{2s}<E_{3s}$)。从径向分布图来看，核外电子是按能量高低顺序分层排布的。

(3) l 相同，n 大的小峰可以深入 n 小的各峰之间，甚至深入原子核附近，见图 1.11(a)、(b)。这种深入现象的存在，产生了各轨道之间的相互渗透现象，轨道间的相互渗透正是电子等实物粒子具有波动性的表现。

(4) n 相同，l 越小的轨道，它的第一个小峰离原子核的距离越近。如图 1.11(c)中 4s 比 4d 的第一个小峰离核近，4d 比 4f 的第一个小峰离核近。这说明 l 越小的轨道，第一个小峰钻得越深，也就是后面要讲的"钻穿效应"。此效应对解释多电子原子能级分裂及核外电子排布具有重要意义。

第三节　原子核外电子排布和元素周期律

氢原子核外的一个电子通常位于基态的 1s 轨道上。除氢外，其他元素的原子，核外都不只是一个电子，这些原子统称多电子原子。多电子原子的核外电子是按能级顺序分层排布的。

一、原子的能级

量子力学可精确解出氢原子或类氢离子的电子概率分布和轨道能量。多电子原子用薛定谔方程精确求解是很困难的,但可以按近似法计算轨道能级,计算结果和实验值是一致的。下面在介绍单电子原子能级的基础上重点讨论多电子原子的能级。

1. 单电子、多电子原子的能级

1) 单电子原子的能级

氢原子或类氢离子(如 He^{+}、Li^{2+}、Be^{3+}、B^{4+})核外只有一个电子,原子基态、激发态的能量只取决于主量子数,与角量子数无关。主量子数相同,原子轨道能量就相同(简并),简并度为 n^2。原子能级的高低顺序如下:

$$E_{1s}<E_{2s}=E_{2p}<E_{3s}=E_{3p}=E_{3d}<\cdots$$

2) 多电子原子的能级

在多电子原子中,原子轨道之间的相互排斥作用,使得主量子数相同的各轨道产生分裂,轨道能量不再相等。因此,多电子原子的轨道能量不仅取决于主量子数 n,还取决于角量子数 l。轨道能级的高低主要是根据光谱实验结果得到的。

1939 年,美国著名化学家鲍林(L. Pauling)根据大量的光谱实验事实及理论计算结果,总结出多电子原子轨道能级相对高低顺序,并用图近似地表示出来,该图称为鲍林原子轨道近似能级图,它反映了核外电子填充的一般顺序,又称轨道填充顺序图,见图 1.12。图 1.12 中圆圈表示原子轨道,其位置的高低表示各轨道能级的相对高低,每一个方框中能量相近的轨道称为一个能级组。按照图 1.12 中各轨道能量高低顺序来填充电子所得的结果与光谱实验得到的各元素原子的电子排布情况基本相符。

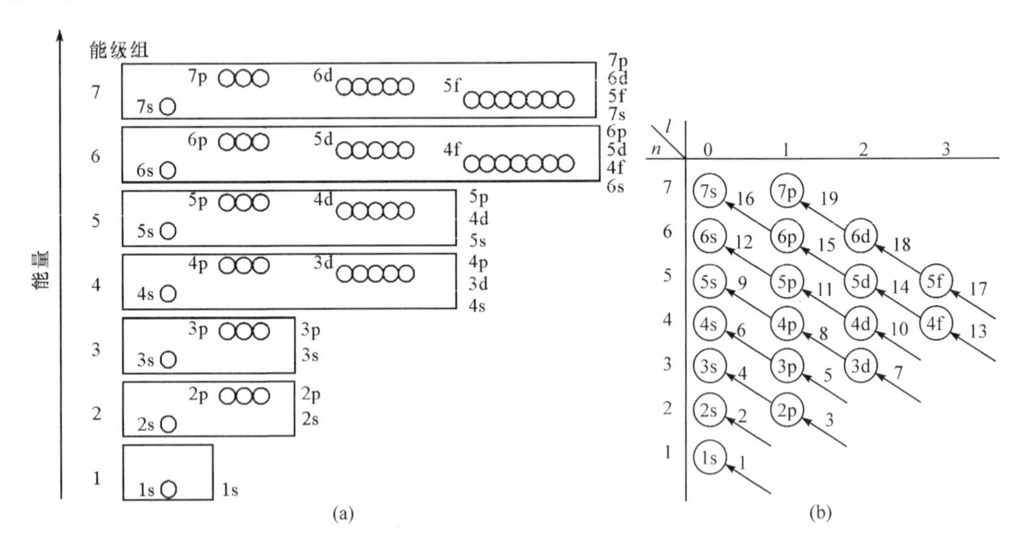

图 1.12　鲍林原子轨道近似能级图(a)和电子填充顺序图(b)

多电子原子轨道的能级不仅与主量子数 n 有关,还与角量子数 l 有关。

(1) 当 l 相同,n 不同时,n 越大,能级越高。

$$E_{1s}<E_{2s}<E_{3s}<\cdots$$
$$E_{2p}<E_{3p}<E_{4p}<\cdots$$
$$\cdots$$

（2）当 n 相同，l 不同时，l 越大，能级越高，这种现象称为能级分裂。

$$E_{ns}<E_{np}<E_{nd}<E_{nf}<\cdots$$

（3）当 n 和 l 都不同时，用“$n+0.7l$”来判断能级的高低，“$n+0.7l$”值越大，能级越高。例如，4s 和 3d，它们的“$n+0.7l$”值分别为 4.0、4.4，因此 $E_{4s}<E_{3d}$。将 ns 能级低于 $(n-1)$d 能级的现象称为能级交错。对于第七周期及之后的周期，用“$n+0.9l$”来判断能级的高低。

根据原子中轨道能量大小相近的情况，把原子轨道划分为 7 个能级组[图 1.12(a)用方框表示]，相邻两个能级组之间的能量差比较大，而同一能级组中各轨道的能量差较小或很相近。能级组的划分是元素周期表中元素划分为 7 个周期的基础。

2. 屏蔽效应和钻穿效应

1）屏蔽效应

在多电子原子中，电子不仅受到原子核的吸引，也要受到其他电子的排斥作用。某一电子受其他电子排斥作用与原子核对该电子的吸引作用正好相反。其他电子削弱或屏蔽了原子核对该电子的吸引作用，实际上该电子受核的引力要比相应的核电荷(Z)引力小。通常把电子实际上受到的核电荷称为有效核电荷，有效核电荷为核电荷与屏蔽常数(σ)之差，用 Z^* 表示，即 $Z^*=Z-\sigma$。将其他电子对某个电子的排斥作用归结为抵消了一部分核电荷的作用，称为屏蔽效应。

在原子中，σ 越大，则屏蔽效应越大，Z^* 越小，电子的能量越高。要计算原子的有效核电荷，必须知道屏蔽常数 σ 值。斯莱特(J. C. Slater)提出了计算 σ 值的经验规则。斯莱特为了确定 σ 值，将电子分成几个轨道组：

(1s)(2s，2p)(3s，3p)(3d)(4s，4p)(4d)(4f)(5s，5p)…

在多电子原子中，某一电子受到其他电子屏蔽作用的大小(σ)与该电子所处的状态，以及对该电子发生屏蔽作用的其他电子的数目和状态有关。斯莱特认为 σ 值是下列各项数值之和。

（1）后面轨道组的每个电子对前面轨道组电子的 $\sigma=0$。

（2）同一轨道组上电子之间的 σ 值一般为 0.35，1s 轨道组则为 0.30。

（3）$(n-1)$层的电子对 n 层电子的 σ 值为 0.85，$(n-2)$层或更内层电子对 n 层电子的 σ 值为 1.00。

（4）对于 d 和 f 轨道组上的电子，前面轨道组上的每个电子对它的 σ 值均为 1.00。

根据斯莱特规则计算有效核电荷，可以很好地解释能级交错现象。例如，钾原子的最后一个电子是填充在 4s，而不是 3d，显然是因为 4s 能级低于 3d，能级是交错的。现按式(1.9)计算说明 4s 能级低于 3d。若钾原子的最后一个电子填充在 4s，$Z^*=Z-\sigma=19-(0.85\times8+1.00\times10)=2.20$；若填充在 3d，则 $Z^*=Z-\sigma=19-1.00\times18=1.00$。计算表明，最后一个电子填充在 4s 的有效核电荷比填充在 3d 的大，因此 $E_{4s}<E_{3d}$。

2）钻穿效应

从量子力学观点来看，电子可以在原子内任何位置出现，最外层电子也有可能出现在离核很近的地方,也就是说外层电子可钻入内层电子附近而靠近原子核。将电子渗入原子内部空间靠近原子核的本领称为“钻穿”。钻穿结果降低了其他电子对该电子的屏蔽作用,起到了增加有效核电荷、降低电子能量的作用。电子钻得越深,电子的能量越低。由电子钻穿而引起能量发生变化的现象,称为钻穿效应。

电子钻穿能力的大小可以从径向分布图(图 1.13)看出。由图 1.13 可见,4s 有 4 个峰,说明 4s 电子钻穿作用大;4p 有 3 个峰,钻穿作用小于 4s;4d 有 2 个峰,钻穿作用更小;4f 只有 1 个峰,几乎不存在钻穿作用。主量子数相同的电子,角量子数每小一个单位,峰的数目就多一个,也就多一个离核较近的峰,因此钻穿作用就大,轨道能量就低。对于主量子数相同的电子,它们的钻穿效应为 ns>np>nd>nf。钻穿效应实质上是由 s、p、d、f 等径向分布不同引起的能量效应,从而导致能级分裂。

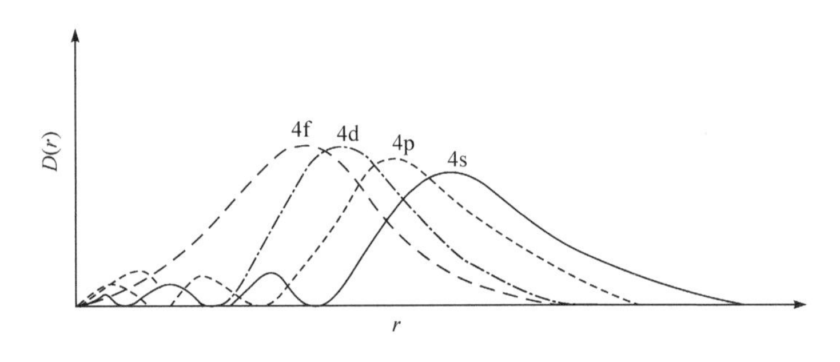

图 1.13　4s,4p,4d,4f 的径向分布图

总之,钻穿效应是指定电子回避其他电子屏蔽的能力,增加了有效核电荷 Z^*,使核对指定电子的吸引作用加强,能量降低。屏蔽效应是其他电子对指定电子的屏蔽能力,减小了有效核电荷 Z^*,使核对指定电子的吸引作用削弱,能量升高。屏蔽效应和钻穿效应是从两个侧面描述多电子原子中电子之间的相互作用对轨道能级的影响。因此,能级交错现象同样可以用钻穿效应来解释。

二、原子核外电子的排布

1. 原子核外电子排布的原则

根据光谱实验结果和量子力学理论,核外电子排布要遵循三个原则。

1) 泡利不相容原理

在同一原子中不可能有 4 个量子数完全相同的电子。也可表述为,在同一原子轨道中最多可容纳两个自旋相反的电子。由此推算出每一个电子层可容纳的最大电子数为 $2n^2$。

2) 能量最低原理

在不违背泡利不相容原理的前提下,核外电子在各原子轨道的排布方式应使整个原子的能量处于最低状态。

3) 洪德规则

电子在简并轨道上分布时,尽可能以自旋相同的方式分占不同的轨道。例如,p 轨道上有 2 个电子时,这 2 个电子应分别进入 2 个 p 轨道上,且自旋方向相同。若 2 个电子在同一轨道上,相互间排斥大;在不同轨道上且自旋方向相同,相互间排斥小。因此,洪德规则实际属于能量最低原理。作为洪德规则的特例，当简并轨道在全空(p^0、d^0、f^0)、全满(p^6、d^{10}、f^{14})、半充满(p^3、d^5、f^7)时较稳定。

2. 核外电子的排布

根据原子核外电子排布原则和鲍林原子轨道近似能级图，将基态原子的电子按能级增加的顺序依次填入各原子轨道中，最后将原子轨道按主量子数递增的顺序调整，就可得到基态元素原子的电子排布式。电子在核外的排布常称为电子层结构或电子构型，简称电子结构或电子构型。通常电子结构有三种表示方法。

1) 电子排布式

按电子在原子核外各亚层中分布的情况表示，在亚层符号的右上角注明排列的电子数。例如

$_{13}Al$　$1s^2 2s^2 2p^6 3s^2 3p^1$

$_{35}Br$　$1s^2 2s^2 2p^6 3s^2 3p^6 4s^2 3d^{10} 4p^5$

在排布电子时，要按主量子数递增的顺序依次写出各原子轨道，即将主量子数相同的亚层写在一起，因此溴的电子排布式应为 $1s^2 2s^2 2p^6 3s^2 3p^6 3d^{10} 4s^2 4p^5$。

为了简化原子的电子结构，可以用“原子实”代替部分内电子层构型，即用加方括号的稀有气体符号代替原子内和稀有气体具有相同结构的部分内电子层构型。铝、溴的电子排布式可简写成

$_{13}Al$　$[Ne]3s^2 3p^1$

$_{35}Br$　$[Ar]4s^2 4p^5$

有些原子的电子结构既不符合鲍林原子轨道近似能级图排布顺序，又不符合洪德规则，但这是光谱事实。原因是这些元素的原子序数大，能级相近的亚层能量差别小，电子容易从一个亚层转移到另一个亚层。例如

$_{58}Ce$　$[Xe]4f^1 5d^1 6s^2$　　不是$[Xe]4f^2 6s^2$

$_{78}Pt$　$[Xe]4f^{14} 5d^9 6s^1$　　不是$[Xe]4f^{14} 5d^8 6s^2$

$_{44}Ru$　$[Kr]4d^7 5s^1$　　不是$[Xe]4d^6 5s^2$

$_{74}W$　$[Xe]4f^{14} 5d^4 6s^2$　　不是$[Xe]4f^{14} 5d^5 6s^1$

化学反应中参与成键的电子构型，称为价电子构型。对于主族元素来说，价电子构型就是最外层电子构型。对于副族元素来说，则为最外层的 ns 和次外层的$(n-1)d$ 或最外层的 ns 和次外层的$(n-1)d$ 及倒数第三层的$(n-2)f$。元素的化学性质主要取决于价电子，价电子构型中的电子即为价电子。例如

Al 的价电子构型为 $3s^2 3p^1$

Br 的价电子构型为 $4s^2 4p^5$

Cr 的价电子构型为 $3d^5 4s^1$

Ce 的价电子构型为 $4f^1 5d^1 6s^2$

2) 轨道表示式

按电子在核外原子轨道中的分布情况表示。用一个圆圈或一个方格表示一个原子轨道，简并轨道的方格要连在一起。用“↑”或“↓”表示电子的自旋状态。例如

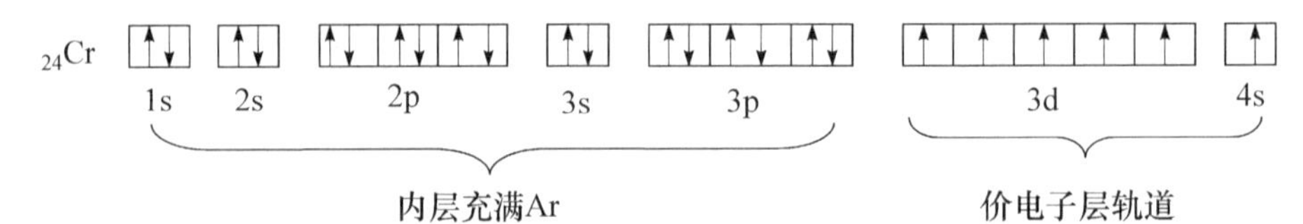

内电子层充满用原子实表示,价电子层轨道才是元素原子的特征轨道,$_{24}$Cr 可写成:

$_{24}$Cr　[Ar]　↑ ↑ ↑ ↑ ↑　↑
3d　4s

3) 量子数表示法

电子所处的状态用整套量子数表示。原子核外电子的运动状态是由四个量子数确定的。例如,$_7$N 价电子 $2s^2 2p^3$ 用整套量子数表示为 $2,0,0,+\frac{1}{2}\left(-\frac{1}{2}\right)$;$2,1,0,+\frac{1}{2}\left(-\frac{1}{2}\right)$;$2,1,1,+\frac{1}{2}\left(-\frac{1}{2}\right)$;$2,1,-1,+\frac{1}{2}\left(-\frac{1}{2}\right)$。

三、原子的电子结构和元素周期系

根据原子核外电子排布原则和原子光谱实验结果,得到元素原子的电子构型,见表 1.3。

表 1.3　基态元素原子的电子构型

周期	原子序数	元素符号	电子层						
			K	L	M	N	O	P	Q
			1s	2s 2p	3s 3p 3d	4s 4p 4d 4f	5s 5p 5d 5f	6s 6p 6d	7s 7p
1	1	H	1						
	2	He	2						
2	3	Li	2	1					
	4	Be	2	2					
	5	B	2	2 1					
	6	C	2	2 2					
	7	N	2	2 3					
	8	O	2	2 4					
	9	F	2	2 5					
	10	Ne	2	2 6					
3	11	Na	2	2 6	1				
	12	Mg	2	2 6	2				
	13	Al	2	2 6	2 1				
	14	Si	2	2 6	2 2				
	15	P	2	2 6	2 3				
	16	S	2	2 6	2 4				
	17	Cl	2	2 6	2 5				
	18	Ar	2	2 6	2 6				

续表

周期	原子序数	元素符号	电子层																		
			K	L		M			N				O				P			Q	
			1s	2s	2p	3s	3p	3d	4s	4p	4d	4f	5s	5p	5d	5f	6s	6p	6d	7s	7p
4	19	K	2	2	6	2	6		1												
	20	Ca	2	2	6	2	6		2												
	21	Sc	2	2	6	2	6	1	2												
	22	Ti	2	2	6	2	6	2	2												
	23	V	2	2	6	2	6	3	2												
	24	Cr	2	2	6	2	6	5	1												
	25	Mn	2	2	6	2	6	5	2												
	26	Fe	2	2	6	2	6	6	2												
	27	Co	2	2	6	2	6	7	2												
	28	Ni	2	2	6	2	6	8	2												
	29	Cu	2	2	6	2	6	10	1												
	30	Zn	2	2	6	2	6	10	2												
	31	Ca	2	2	6	2	6	10	2	1											
	32	Ge	2	2	6	2	6	10	2	2											
	33	As	2	2	6	2	6	10	2	3											
	34	Se	2	2	6	2	6	10	2	4											
	35	Br	2	2	6	2	6	10	2	5											
	36	Kr	2	2	6	2	6	10	2	6											
5	37	Rb	2	2	6	2	6	10	2	6			1								
	38	Sr	2	2	6	2	6	10	2	6			2								
	39	Y	2	2	6	2	6	10	2	6	1		2								
	40	Zr	2	2	6	2	6	10	2	6	2		2								
	41	Nb	2	2	6	2	6	10	2	6	4		1								
	42	Mo	2	2	6	2	6	10	2	6	5		1								
	43	Tc	2	2	6	2	6	10	2	6	5		2								
	44	Ru	2	2	6	2	6	10	2	6	7		1								
	45	Rh	2	2	6	2	6	10	2	6	8		1								
	46	Pd	2	2	6	2	6	10	2	6	10										
	47	Ag	2	2	6	2	6	10	2	6	10		1								
	48	Cd	2	2	6	2	6	10	2	6	10		2								
	49	In	2	2	6	2	6	10	2	6	10		2	1							
	50	Sn	2	2	6	2	6	10	2	6	10		2	2							
	51	Sb	2	2	6	2	6	10	2	6	10		2	3							
	52	Te	2	2	6	2	6	10	2	6	10		2	4							
	53	I	2	2	6	2	6	10	2	6	10		2	5							
	54	Xe	2	2	6	2	6	10	2	6	10		2	6							

续表

周期	原子序数	元素符号	电子层																		
			K	L		M			N				O				P			Q	
			1s	2s	2p	3s	3p	3d	4s	4p	4d	4f	5s	5p	5d	5f	6s	6p	6d	7s	7p
6	55	Cs	2	2	6	2	6	10	2	6	10		2	6			1				
	56	Ba	2	2	6	2	6	10	2	6	10		2	6			2				
	57	La	2	2	6	2	6	10	2	6	10		2	6	1		2				
	58	Ce	2	2	6	2	6	10	2	6	10	1	2	6	1		2				
	59	Pr	2	2	6	2	6	10	2	6	10	3	2	6			2				
	60	Nd	2	2	6	2	6	10	2	6	10	4	2	6			2				
	61	Pm	2	2	6	2	6	10	2	6	10	5	2	6			2				
	62	Sm	2	2	6	2	6	10	2	6	10	6	2	6			2				
	63	Eu	2	2	6	2	6	10	2	6	10	7	2	6			2				
	64	Gd	2	2	6	2	6	10	2	6	10	7	2	6	1		2				
	65	Tb	2	2	6	2	6	10	2	6	10	9	2	6			2				
	66	Dy	2	2	6	2	6	10	2	6	10	10	2	6			2				
	67	Ho	2	2	6	2	6	10	2	6	10	11	2	6			2				
	68	Er	2	2	6	2	6	10	2	6	10	12	2	6			2				
	69	Tm	2	2	6	2	6	10	2	6	10	13	2	6			2				
	70	Yb	2	2	6	2	6	10	2	6	10	14	2	6			2				
	71	Lu	2	2	6	2	6	10	2	6	10	14	2	6	1		2				
	72	Hf	2	2	6	2	6	10	2	6	10	14	2	6	2		2				
	73	Ta	2	2	6	2	6	10	2	6	10	14	2	6	3		2				
	74	W	2	2	6	2	6	10	2	6	10	14	2	6	4		2				
	75	Re	2	2	6	2	6	10	2	6	10	14	2	6	5		2				
	76	Os	2	2	6	2	6	10	2	6	10	14	2	6	6		2				
	77	Ir	2	2	6	2	6	10	2	6	10	14	2	6	7		2				
	78	Pt	2	2	6	2	6	10	2	6	10	14	2	6	9		1				
	79	Au	2	2	6	2	6	10	2	6	10	14	2	6	10		1				
	80	Hg	2	2	6	2	6	10	2	6	10	14	2	6	10		2				
	81	Tl	2	2	6	2	6	10	2	6	10	14	2	6	10		2	1			
	82	Pb	2	2	6	2	6	10	2	6	10	14	2	6	10		2	2			
	83	Bi	2	2	6	2	6	10	2	6	10	14	2	6	10		2	3			
	84	Po	2	2	6	2	6	10	2	6	10	14	2	6	10		2	4			
	85	At	2	2	6	2	6	10	2	6	10	14	2	6	10		2	5			
	86	Rn	2	2	6	2	6	10	2	6	10	14	2	6	10		2	6			

续表

周期	原子序数	元素符号	电子层																	
			K	L		M			N				O				P			Q	
			1s	2s	2p	3s	3p	3d	4s	4p	4d	4f	5s	5p	5d	5f	6s	6p	6d	7s	7p
	87	Fr	2	2	6	2	6	10	2	6	10	14	2	6	10		2	6		1	
	88	Ra	2	2	6	2	6	10	2	6	10	14	2	6	10		2	6		2	
	89	Ac	2	2	6	2	6	10	2	6	10	14	2	6	10		2	6	1	2	
	90	Th	2	2	6	2	6	10	2	6	10	14	2	6	10		2	6	2	2	
	91	Pa	2	2	6	2	6	10	2	6	10	14	2	6	10	2	2	6	1	2	
	92	U	2	2	6	2	6	10	2	6	10	14	2	6	10	3	2	6	1	2	
	93	Np	2	2	6	2	6	10	2	6	10	14	2	6	10	4	2	6	1	2	
	94	Pu	2	2	6	2	6	10	2	6	10	14	2	6	10	6	2	6		2	
	95	Am	2	2	6	2	6	10	2	6	10	14	2	6	10	7	2	6		2	
	96	Cm	2	2	6	2	6	10	2	6	10	14	2	6	10	7	2	6	1	2	
	97	Bk	2	2	6	2	6	10	2	6	10	14	2	6	10	9	2	6		2	
	98	Cf	2	2	6	2	6	10	2	6	10	14	2	6	10	10	2	6		2	
	99	Es	2	2	6	2	6	10	2	6	10	14	2	6	10	11	2	6		2	
	100	Fm	2	2	6	2	6	10	2	6	10	14	2	6	10	12	2	6		2	
	101	Md	2	2	6	2	6	10	2	6	10	14	2	6	10	13	2	6		2	
	102	No	2	2	6	2	6	10	2	6	10	14	2	6	10	14	2	6		2	
7	103	Lr	2	2	6	2	6	10	2	6	10	14	2	6	10	14	2	6	1	2	
	104	Rf	2	2	6	2	6	10	2	6	10	14	2	6	10	14	2	6	2	2	
	105	Db	2	2	6	2	6	10	2	6	10	14	2	6	10	14	2	6	3	2	
	106	Sg	2	2	6	2	6	10	2	6	10	14	2	6	10	14	2	6	4	2	
	107	Bh	2	2	6	2	6	10	2	6	10	14	2	6	10	14	2	6	5	2	
	108	Hs	2	2	6	2	6	10	2	6	10	14	2	6	10	14	2	6	6	2	
	109	Mt	2	2	6	2	6	10	2	6	10	14	2	6	10	14	2	6	7	2	
	110	Ds	2	2	6	2	6	10	2	6	10	14	2	6	10	14	2	6	8	2	
	111	Rg	2	2	6	2	6	10	2	6	10	14	2	6	10	14	2	6	10	1	
	112	Cn	2	2	6	2	6	10	2	6	10	14	2	6	10	14	2	6	10	2	
	113	Nh	2	2	6	2	6	10	2	6	10	14	2	6	10	14	2	6	10	2	1
	114	Fl	2	2	6	2	6	10	2	6	10	14	2	6	10	14	2	6	10	2	2
	115	Mc	2	2	6	2	6	10	2	6	10	14	2	6	10	14	2	6	10	2	3
	116	Lv	2	2	6	2	6	10	2	6	10	14	2	6	10	14	2	6	10	2	4
	117	Ts	2	2	6	2	6	10	2	6	10	14	2	6	10	14	2	6	10	2	5
	118	Og	2	2	6	2	6	10	2	6	10	14	2	6	10	14	2	6	10	2	6

注：(1) 单框中的元素是过渡元素；双框中的元素是镧系或锕系元素。

(2) 在写电子结构时，常把内层已达到稀有气体的电子结构用该稀有气体符号加上方括号表示，称为原子实，例如，[He]表示 $1s^2$ 的原子实；[Ne]表示 $1s^2 2s^2 2p^6$ 的原子实等。

(3) 在填充电子时，由于能级交错，3d 能级高于 4s；但当 4s 填充电子后，又因核和电子所组成的力场发生变化，4s 能级升高。因此，失电子时，先失去 4s 电子，后失去 3d 电子。

从表 1.3 可见,元素原子的电子排布呈现周期性的变化,这种周期性变化导致元素的性质也呈现周期性的变化。把这种周期性的变化用表格的形式反映出来,即为元素周期表。

1. 原子的电子构型与周期的关系

周期表中的横行称为周期,一共有七个周期。

第一、二、三周期都是短周期,相应元素的价电子构型分别为 $1s^{1\sim2}$,$2s^{1\sim2}2p^{1\sim6}$ 和 $3s^{1\sim2}3p^{1\sim6}$。由于第一周期只有两个元素,也称特短周期。

第四、五周期为长周期,相应元素的价电子构型分别为 $3d^{1\sim10}4s^{1\sim2}4p^{1\sim6}$ 和 $4d^{1\sim10}5s^{1\sim2}5p^{1\sim6}$。

第六周期为特长周期,相应元素的价电子构型为 $4f^{1\sim14}5d^{1\sim10}6s^{1\sim2}6p^{1\sim6}$。

第七周期为特长周期,相应元素的价电子构型为 $5f^{1\sim14}6d^{1\sim7}7s^{1\sim2}7p^{1\sim6}$。

与短周期不同,长周期包含了过渡元素,即最后一个电子填入倒数第二层 $(n-1)$d 或倒数第三层 $(n-2)$f 轨道上的那些元素,包括第四周期从钪(Sc)到锌(Zn)10 种元素;第五周期从钇(Y)到镉(Cd)10 种元素;第六周期从镧(La)到汞(Hg)24 种元素;第七周期从锕(Ac)到鎶(Cn)24 种元素。将第四、五、六、七周期的过渡元素分别称为第一、二、三、四过渡系元素。

第六周期从镧(La)到镥(Lu)共 15 种元素,总称为镧系元素;第七周期从锕(Ac)到铑(Ir)共 15 种元素,总称为锕系元素。将镧系、锕系元素分成两个单列,放在周期表下方。由于镧系、锕系元素的最后一个电子均排布在 $(n-2)$f 轨道上,故又将它们称为内过渡元素。

在第七周期中,从铹以后的元素都是人工合成元素(104~118)。2015 年 12 月 30 日,国际纯粹与应用化学联合会(International Union of Pure and Applied Chemistry,IUPAC)宣布了 113、115、117、118 元素的存在,至此第七周期全部排满。

第八周期出现 g 轨道,有 50 个元素。119 号元素是由俄美科学家合作发现,它是一种人工合成元素,至此开启了元素周期表的第八周期。

在归纳原子的电子结构并比较它们和元素周期律的关系时可得到以下结论:

(1) 当原子的核电荷依次增大时,原子最外层经常重复着同样的电子构型,因此元素性质周期性的改变正是原子周期性地重复着最外层电子构型的结果。

(2) 每一周期开始都出现一个新的电子层,因此元素原子的电子层数就等于该元素在周期表所处的周期数。也就是说,原子的最外层电子层的主量子数与该元素所在的周期数相等。

(3) 各周期中元素的数目等于相应能级组中轨道所容纳电子的最大数,它们之间的关系见表 1.4。

表 1.4 各周期中元素的数目与能级组的关系

周期	能级组	能级组中的原子轨道	原子轨道数目	电子最大容纳量	元素数目
1	1	1s	1	2	2
2	2	2s2p	4	8	8
3	3	3s3p	4	8	8
4	4	4s3d4p	9	18	18
5	5	5s4d5p	9	18	18
6	6	6s4f5d6p	16	32	32
7	7	7s5f6d7p	16	32	32
8	8	8s5g7d8p	25	50	50

由此可见，周期表中的周期是原子中电子能级组的反映，周期的本质是按原子中能级组数目不同对元素进行的分类。

2. 原子的电子构型与族的关系

周期表中的纵行称为族，一共有 18 个纵行，其中除铁、钌、锇，钴、铑、铱，镍、钯、铂三个纵行合为一族，称为Ⅷ族外，其余每一纵行为一族。凡包含短周期元素的各纵行称为主族(A族)，共 8 个主族。仅包含长周期元素的各纵行称为副族(B族)，共 8 个副族。

周期表中同一族元素的电子层数虽然不同，但它们的价电子构型相同，因而具有相似的化学性质。

各主族元素(ⅠA～ⅧA)的最外层电子数为族序数。最外层的电子都是价电子，参加化学反应。由于同一族中各元素原子核外电子层数从上到下递增，价电子层离核的平均距离及受到的屏蔽作用都不同程度地增大，因此同族元素的化学性质具有递变性。

副族元素最外电子层一般只有 1 或 2 个电子，因此各副族元素都是金属元素。副族元素的电子结构特征为最后一个电子填入倒数第二层的 d 亚层，d 电子可以部分或全部参加化学反应，连同最外层的 s 电子都是价电子。这样，副族元素的价电子层应为 ns 和($n-1$)d 亚层。对于ⅢB～ⅦB 族元素来说，原子核外价电子数即为其族数；Ⅷ族元素的价电子数为 8、9、10；而ⅠB、ⅡB 族的价电子数与其族数不完全相应，但族数却和最外层 ns 上电子数相同。

同一副族元素的化学性质也具有一定的相似性。但因 d 电子有较大的屏蔽作用，随着原子序数递增而净增加的有效核电荷数较小，故副族元素的化学性质递变性不如主族元素明显。镧系和锕系元素的最外层和次外层的电子排布近乎相同，只是倒数第三层的电子排布不同，使得镧系 15 种元素、锕系 15 种元素的化学性质极为相似，在周期表中占据同一位置，因此将镧系元素、锕系元素单独置于周期表下方各列一行来表示。

可见，价电子构型是周期表中元素分族的基础。周期表中“族”的实质是根据价电子构型的不同对元素进行的分类。

3. 元素的分区

根据电子排布情况及元素原子的价电子构型，可以将周期表划分为五个区，见图 1.14。

s 区元素：最后一个电子填充在 ns 轨道上，但不包括氦(He)，价电子构型为 $ns^{1\sim2}$，包括ⅠA 族，ⅡA 族元素。

p 区元素：最后一个电子填充在 np 轨道上，价电子构型为 $ns^2np^{1\sim6}$(氦为 $1s^2$)，包括ⅢA～ⅧA 族元素。

d 区元素：最后一个电子填充在($n-1$)d 轨道上，价电子构型为 $(n-1)d^{1\sim9}ns^{1\sim2}$(Pd 为 $4d^{10}5s^0$)，包括ⅢB～Ⅷ族元素。

ds 区元素：最后一个电子填充在($n-1$)d 轨道上，并达到 d^{10} 状态，价电子构型为 $(n-1)d^{10}ns^{1\sim2}$，包括ⅠB～ⅡB 族元素。

d 区元素和 ds 区元素：全部是过渡元素，包含了第一系列、第二系列、第三系列过渡元素。

f 区元素：最后一个电子填充在($n-2$)f 轨道上，价电子构型为 $(n-2)f^{1\sim14}(n-1)d^{10}ns^2$，包括镧系、锕系元素。

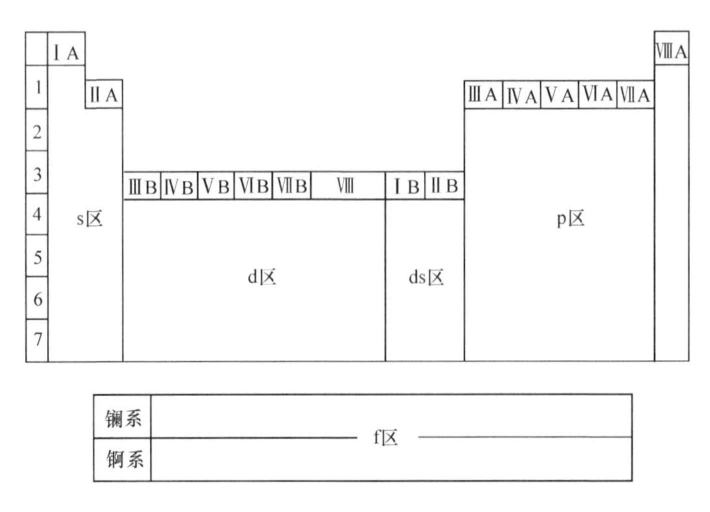

图 1.14　周期表元素分区示意图

第四节　原子结构与元素周期性

元素的性质是原子内部结构的反映。由于原子的电子层结构的周期性,元素原子的一些基本性质,如有效核电荷、原子半径、电离能、电子亲和能、电负性等也随之呈现明显的周期性,将元素原子的这些基本性质统称为原子参数。若知道元素原子的特征电子构型、原子参数及它们周期性变化规律,就可以描述一个原子的特征,还可预示和说明元素的一些化学性质。本节将讨论原子结构与元素性质的关系。

一、有效核电荷 Z^*

元素原子序数增加时,原子的核电荷呈线性关系依次增加,但有效核电荷 Z^* 却呈现周期性的变化。这是因为屏蔽常数的大小与电子层结构有关,而电子层构型呈周期性变化。由于元素的性质主要取决于外层电子,下面就讨论原子的外层电子与有效核电荷在周期表中的变化。

在短周期中元素从左到右,电子依次填充到最外层上,即加在同一电子层中。同层电子之间屏蔽作用弱,因此有效核电荷显著增加。在长周期中,从第三个元素开始,电子加到次外层,增加的电子进入次外层所产生的屏蔽作用比这个电子进入最外层要大一些,因此有效核电荷增大不多;当次外层电子半充满或全充满时,屏蔽作用较大,因而有效核电荷略有下降;但在长周期的后半部,电子又填充到最外层,因而有效核电荷又显著增大。

同一族中元素由上到下,虽然核电荷增加较多,但相邻两元素之间依次增加一个电子内层,因而屏蔽作用也较大,结果使有效核电荷增加不显著。有效核电荷随原子序数的变化见图 1.15。

二、原子半径 r

由于电子云没有确定的界面,因而原子半径的概念是模糊不清的,但可以用物理量原子半径来近似描述,任何原子半径的测定是基于下面的假设:把原子近似看成球形,在固体中原子间相互接触,以球面相切,这样只要测出单质在固态下相邻两原子核间距的一半就是原子半

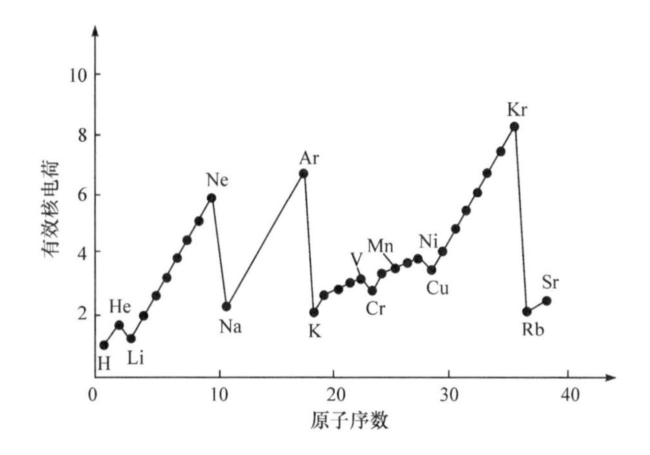

图 1.15 有效核电荷随原子序数增加的周期性变化

径。根据固体的 X 射线衍射和气体分子的电子衍射的结果，定义了有关原子在不同环境下的半径，即共价半径(r_o)、金属半径(r_m)和范德华半径(r_v)。

共价半径是指某一元素的两个原子以共价单键结合时两核间距的一半，见图 1.16(a)；金属半径是指在金属晶体中相邻的两个原子核间距的一半，见图 1.16(b)；范德华半径是指分子晶体中紧邻的两个非键合原子核间距的一半，见图 1.16(c)。由于作用力性质的不同，三种原子半径相互间没有可比性。对于同一元素的原子，原子的金属半径一般比它的单键共价半径大 10%～15%。附录六列出了原子金属半径和非金属单键共价半径数值及稀有气体的范德华半径。

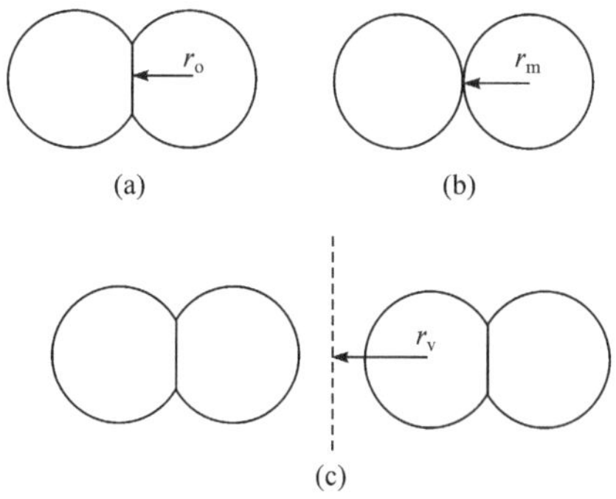

图 1.16 三种原子半径示意图

如果将原子半径(pm)对原子序数作图(图 1.17)，可以更清楚地显出原子半径的周期变化规律。原子半径的大小主要取决于原子的有效核电荷和核外电子层数。核外电子层数相同时，原子的有效核电荷越大，核对电子的吸引力越大，原子半径就越小；有效核电荷基本相同时，原子外电子层数越多，核对电子的吸引力越小，原子半径就越大。

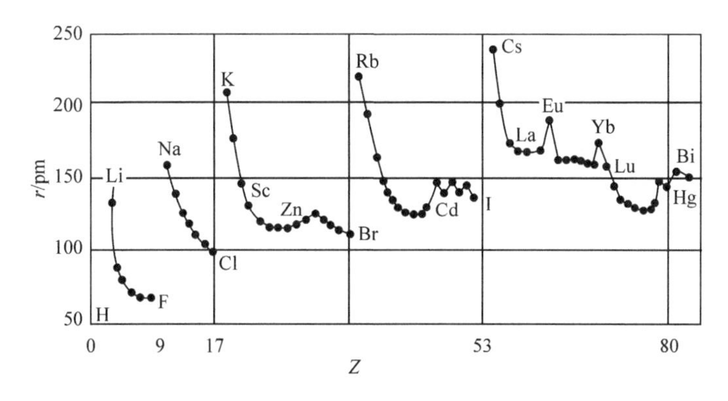

图 1.17 原子半径随原子序数增加的周期性变化

原子半径在周期表中的变化规律如下。

1. 同一周期中原子半径的变化

同一短周期中,从左到右,随着原子序数的增加,有效核电荷是逐渐增加的,而电子层数保持不变,因此核对电子的吸引力逐渐增大,原子半径逐渐减小。

同一长周期中,从第三个元素开始,原子半径减小比较缓慢,但在后半部元素(如第四周期的 Cu 开始),原子半径反而略为增大,但随即又逐渐减小。这是因为在长周期的过渡元素的原子中,有效核电荷增大不多,故半径减小的幅度不如短周期那么大;但到了长周期的后半部,即ⅠB 族开始,由于次外层电子全充满,新增加的电子要填充在最外层,半径又略为增大。当电子继续填入最外层时,因有效核电荷的增加,原子半径又逐渐减小。

长周期的内过渡元素,如镧系元素,从左到右,原子半径大体是逐渐减小的,只是减小的幅度更小。这是因为新增加的电子要填入倒数第三层$(n-2)$f 轨道上。f 电子对核的屏蔽作用更大,使得有效核电荷增加得更小,因此半径减小的幅度更加缓慢。镧系元素从镧到镱整个系列的原子半径缩小的现象称为镧系收缩。镧系以后的各元素,如铪(Hf)、钽(Ta)、钨(W)等,虽然增加了一个电子层,由于镧系收缩,原子半径相应缩小,致使它们的半径与第五周期的同族元素锆(Zr)、铌(Nb)、钼(Mo)十分接近,故锆和铪、铌和钽、钼和钨的性质也十分接近,在自然界中常共生在一起,难以分离。

第五周期	Zr	Nb	Mo
原子半径/pm	159.0	142.9	136.3
第六周期*(镧系收缩)	Hf	Ta	W
原子半径/pm	156.4	143	137.1

值得注意的是,每一周期末尾的稀有气体原子半径都特别大,这是由于稀有气体原子并没有形成化学键,其原子半径不是共价半径,而是范德华半径。

周期系中,相邻元素原子半径减小的平均幅度大致为:非过渡元素(10pm)>d 区过渡元素(5pm)>f 区过渡元素(1pm)。

2. 同一族中原子半径的变化

同一主族元素,从上而下,原子半径一般是增大的,因为同一主族中元素原子由上而下电子层数增多,虽然核电荷由上至下也是增大的,但由于内层电子的屏蔽,有效核电荷增加使半径缩小的作用不如电子层(n)增加而使半径增大所起的作用大,因而电子层增加的因素占主导地位。这样,总的结果就是原子半径由上至下加大。

同一副族元素,由上至下半径增大的幅度较小,特别是第五周期和第六周期的同族元素原子半径很相近,这就是镧系收缩效应所造成的。

三、电离能 I

基态气体原子最外层的一个电子变成气态+1 价离子所需要的能量称为该元素原子的第一电离能 I_1;再相继逐个失去电子所需要的能量称为第二、第三、……电离能,记作 $I_2, I_3, \cdots$;各级电离能的大小顺序为 $I_1<I_2<I_3<\cdots$这是因为随着原子逐步失去电子所形成的离子正电

荷越来越大，所以失去电子逐渐困难，需要的能量就越高。例如：

$$Al(g) - e^- \longrightarrow Al^+(g) \qquad I_1 = 577.6\,kJ \cdot mol^{-1}$$

$$Al^+(g) - e^- \longrightarrow Al^{2+}(g) \qquad I_2 = 1823\,kJ \cdot mol^{-1}$$

$$Al^{2+}(g) - e^- \longrightarrow Al^{3+}(g) \qquad I_3 = 2751\,kJ \cdot mol^{-1}$$

电离能单位为 $kJ \cdot mol^{-1}$。通常讲的电离能，如果不注明，则所指的都是第一电离能。附录七列出了各元素的第一电离能。

电离能的大小反映了原子失去电子的难易。电离能越大，原子失去电子越难，电离能越小，原子失去电子越容易。电离能的大小主要取决于原子的有效核电荷、原子半径和原子的电子层结构。

元素的第一电离能在周期和族中都呈现规律性的变化，见图 1.18。

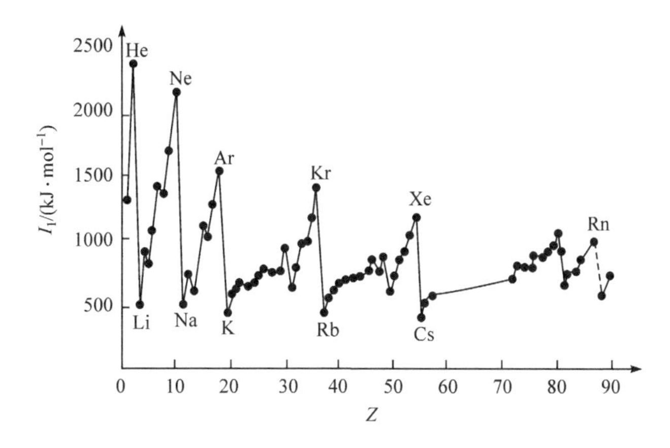

图 1.18 元素原子第一电离能的周期性变化

电离能的变化规律如下：

同一周期的主族元素从左到右，有效核电荷逐渐增大，原子半径逐渐减小，因此第一电离能是逐渐增大的。稀有气体由于具有稳定的结构，在第一周期中具有最高的第一电离能。在同一周期中，第一电离能的变化是曲折的，如第二周期中 Be 和 N 的第一电离能比后面相应的 B 和 O 的第一电离能反而要大，这是因为 Be 的价电子构型为 $2s^2$，N 的价电子构型为 $2s^2 2p^3$，处于全充满、半充满状态时，结构比较稳定，失去电子较难，因此其第一电离能比相邻的两个元素原子的第一电离能都大。

在同一周期的过渡元素中，从左到右，由于电子依次加到次外层 d 轨道上，有效核电荷增加不多，原子半径减少较慢，电离能增加幅度不如主族元素明显。其中的镧系元素有效核电荷相近，原子半径相近，因此第一电离能变化幅度更小。镧系元素均为活泼金属，性质十分相似，以致相互分离非常困难。

同一主族元素从上而下，最外层电子数相同，有效核电荷虽然是增大的，但原子半径的增大对第一电离能的影响起主要作用，故第一电离能由上而下是逐渐减少的。ⅠA 族最下方的铯(Cs)第一电离能最小，它是最活泼的金属。在光照下，铯的最外层电子即可失去，因此常用铯作材料制造光电管、光电池。稀有气体氦(He)的第一电离能最大。

同一副族的过渡元素，从第一系列到第二系列，第一电离能是减少的；从第二系列到第三系列，第一电离能略有增加，这主要是镧系收缩致使第三系列元素原子半径与第二系列元素原子半径相近，而有效核电荷增大引起的。

利用电离能数据可以说明主族元素的常用价态。例如,Na、Mg、Al都是金属,各级电离能如表1.5所示。

表1.5 Na、Mg、Al的各级电离能($kJ \cdot mol^{-1}$)

元素	I_1	I_2	I_3	I_4
Na($3s^1$)	495.8	4563.1	6911.6	9540.0
Mg($3s^2$)	737.7	1450.9	7733.8	10540.0
Al($3s^2 3p^1$)	577.76	1816.9	2745.1	11579.0

由表1.5可见,Na的第二电离能比第一电离能大得多,故通常只失去一个电子形成Na^+;Mg的第一、二电离能较小,常形成Mg^{2+};而Al的第四电离能特别大,故Al形成Al^{3+}。对于任何元素来说,在第三电离能之后的各级电离能的数值都较大,所以通常情况下高于+3价的独立离子是很少存在的。

四、电子亲和能

电子亲和能是指一个基态气态原子得到一个电子形成气态的−1价离子时所放出的能量,常以符号E_{ea}表示,单位$kJ \cdot mol^{-1}$。电子亲和能等于电子亲和反应焓变的负值($-\Delta_r H_m^\ominus$)。例如:

$$Cl(g) + e^- \rightleftharpoons Cl^-(g) \qquad \Delta_r H_m^\ominus = -348.7 kJ \cdot mol^{-1}$$

$$E_{ea} = -\Delta_r H_m^\ominus = 348.7 kJ \cdot mol^{-1}$$

$$S(g) + e^- \rightleftharpoons S^-(g) \qquad \Delta_r H_{m1}^\ominus = -200.4 kJ \cdot mol^{-1}$$

$$E_{ea1} = -\Delta_r H_{m1}^\ominus = 200.4 kJ \cdot mol^{-1}$$

$$S^-(g) + e^- \rightleftharpoons S^{2-}(g) \qquad \Delta_r H_{m2}^\ominus = 590 kJ \cdot mol^{-1}$$

$$E_{ea2} = -\Delta_r H_{m2}^\ominus = -590 kJ \cdot mol^{-1}$$

电子亲和能也有第一、第二、第三等,如不注明,指的是第一电子亲和能。一般元素的第一电子亲和能为正值,而第二电子亲和能为负值,这是因为负离子获得电子时,需克服负电荷之间的排斥力,因而需要吸收能量。

电子亲和能的测定较为困难,只有少数元素的电子亲和能可通过实验测得,但可靠性又较差。多数元素原子的电子亲和能是通过间接法测定的。附录八列出了一些元素原子的电子亲和能。

电子亲和能的大小反映了原子得电子的难易。电子亲和能越大,原子得到电子时放出的能量越多,表明越容易得电子,非金属性越强;反之亦然。电子亲和能的周期性变化规律与电离能的变化规律基本相同,具有很大电离能的元素一般也具有很大的电子亲和能。电子亲和能的大小主要取决于原子的有效核电荷、原子半径和原子的电子构型,其变化规律如下:

同周期元素,从左到右,有效核电荷逐渐增大,原子半径逐渐减小,电子亲和能是逐渐增大的。同周期内以卤素原子的电子亲和能最大。ⅡA族元素原子的价电子构型为ns^2,ⅡB族元素原子的价电子构型为$(n-1)d^{10}ns^2$,稀有气体原子的价电子构型为ns^2np^6(He为ns^2),这些具有稳定结构的元素原子当结合一个电子时,电子要进入较高能级,需要吸收能量,而不是放出能量,因此这些元素原子的电子亲和能均为负值。氮族元素原子的价电子构型为ns^2np^3,p轨道处于半满的稳定状态,故同周期内氮族元素原子的电子亲和能比相邻两元素原子的电子亲和能都小。

同主族元素，从上而下，电子亲和能逐渐减小，但每一族开头的第一个元素的电子亲和能并非为最大。例如，第二周期的 F、O、N 比第三周期的 Cl、S、P 元素原子的电子亲和能要小，这是因为 F、O、N 的原子半径特别小，电子云密度大，电子间有强烈的排斥作用，元素原子很难接受电子，因此要结合一个电子时放出的能量较小，电子亲和能小。

同一副族元素原子的电子亲和能数据很少，变化规律不明显。

根据电子亲和能的大小能近似地判断元素原子的金属性和非金属性的强弱。电子亲和能大，表示该元素越容易获得电子，非金属性越强。但在卤族元素中，F 的情况却反常，它的电子亲和能小于 Cl 和 Br 的电子亲和能，实际上 F 的非金属性比 Cl、Br 强得多，而且 F 也是所有元素中非金属性最强的。因此我们不能单凭电子亲和能来判断元素的非金属性。

五、电负性

电离能和电子亲和能各自从一方面反映了原子得、失电子的能力。实际上，每一个元素的原子同时具有得、失电子的两个倾向，如果在考虑某元素在化学反应中的行为时，只用电离能或电子亲和能判断元素的性质显然存在一定的局限性，有时甚至得出相互矛盾的结论。为了全面衡量分子中原子争夺电子的能力，引入了电负性的概念。

1932 年，鲍林定义元素的电负性是原子在分子中吸引电子的能力，他指定 F 的电负性是 4.0，并根据热化学数据比较各元素原子吸引电子的能力，得出其他元素的电负性 X_p，见附录九。元素的电负性数值越大，表示原子在分子中吸引电子的能力越强。

在周期表中，电负性也呈现有规律的递变(图 1.19)，其变化规律是：

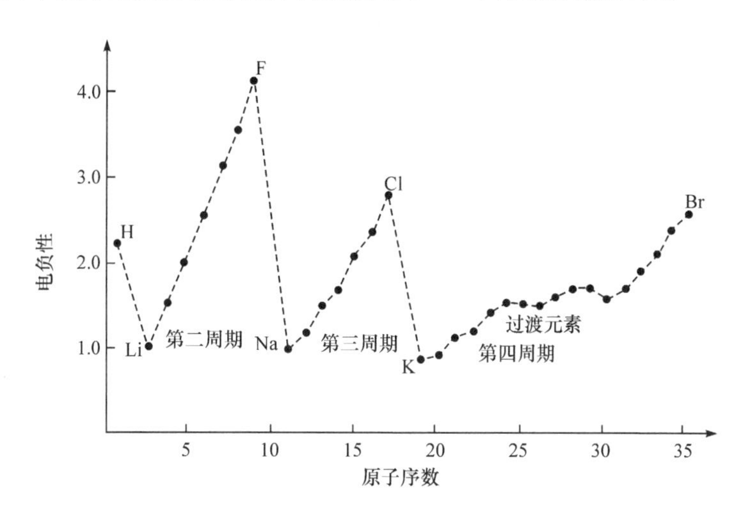

图 1.19　元素电负性与原子序数的关系

(1) 在同一周期中，从左至右元素的电负性递增；

(2) 在同一主族中，从上而下元素的电负性递减，而副族元素的电负性没有明显的变化规律，但第三过渡系列元素比第二过渡系列元素的电负性大。

电负性是表示原子对成键电子的吸引能力的大小，元素原子的电负性越大，元素的非金属性就越强。F 是非金属性最强的元素，Cs 是金属性最强的元素。一般来说，非金属元素的电负性大于 2.0，金属元素的电负性小于 2.0。以上只是一般情况，元素的金属性和非金属性并没有严格的界限。此外，利用电负性也可以判断分子的极性和键型，这将在第二章分子结构中作进一步介绍。

习 题

1. 判断下列说法是否正确,不正确的予以改正。

(1) 当主量子数 $n=2$ 时,其角量子数只能取一个数,即 $l=1$。

(2) s 电子绕核旋转,其轨道为一圆圈,而 p 电子是走"∞"字形。

(3) 主量子数为 3 时,有 3s,3p,3d,3f 四条轨道。

(4) 电子云图中小黑点越密表示那里的电子越多。

(5) 氢原子中原子轨道的能量由主量子数 n 来决定。

(6) 电子云就是电子分散成像云一样的图像。

2. 下列各套量子数中哪些是不合理的? 将正确的用原子轨道符号表示。

(1) $3,-2,2,-\frac{1}{2}$　　(2) $2,1,1,+\frac{1}{2}$

(3) $1,1,0,+\frac{1}{2}$　　(4) 5,4,4,1

(5) $3,3,-1,+\frac{1}{2}$　　(6) 4,4,0,0

3. 试用量子数法描述氮原子的最外层电子的运动状态。

4. 写出具有下列原子序数的原子核外电子排布式、轨道表示式,并指出该元素在周期表中的位置(周期、族)、元素名称和元素符号。

(1) $Z=10$　　(2) $Z=24$　　(3) $Z=29$

5. 具有下列价电子构型的元素属于周期表中的哪个周期? 哪个族? 并指出该元素的原子序数、元素名称、符号。

(1) $5s^2$　(2) $6s^2 6p^5$　(3) $4d^{10} 5s^2$　(4) $3d^5 4s^1$

6. 已知下列元素在周期表中的位置如下,写出它们的价电子构型及元素符号。

(1) 第四周期ⅣB 族　　(2) 第四周期ⅦB 族

(3) 第五周期 ⅦA 族　　(4) 第六周期ⅡA 族

7. 试用屏蔽效应、钻穿效应,解释下列轨道能量的差别。

(1) 氢原子,类氢原子(He^+,Li^{2+},Be^{3+}):$E_{ns}=E_{np}=E_{nd}=E_{nf}$。

(2) 多电子原子:$E_{ns}<E_{np}<E_{nd}<E_{nf}$。

8. 比较下列各组元素的原子性质,并说明理由。

(1) K 和 Ca 的原子半径。

(2) As 和 P 的第一电离能。

(3) Si 和 Al 的电负性。

(4) Mo 和 W 的原子半径。

9. 按原子半径的大小排列下列等电子离子,并说明理由。

F^-　O^{2-}　Na^+　Mg^{2+}　Al^{3+}

10. 解释下列现象。

(1) Na 的第一电离能小于 Mg,而 Na 的第二电离能却大大超过 Mg。

(2) Ne 和 Na^+ 是等电子体,电子构型也相同,但它们的电离能却差别很大。

Ne(g)的 $I_1=2372.3\text{kJ}\cdot\text{mol}^{-1}$

Na^+(g)的 $I_2=4563.1\text{kJ}\cdot\text{mol}^{-1}$

11. 填充下列空白(轨道上应有的电子数)。

(1) Zr($Z=40$),[Kr]4d(　　)$5s^2$

(2) I(Z=53),[Kr]4d(　　)5s(　　)$5p^5$

(3) Bi(Z=83),[Xe]4f(　　)5d(　　)6s(　　)6p(　　)

12. 对下列各组原子轨道填充合适的量子数。

(1) n=(　　),l=(　　),$m=2$,$m_s=+\frac{1}{2}$

(2) $n=2$,l=(　　),$m=1$,$m_s=-\frac{1}{2}$

(3) $n=4$,$l=0$,m=(　　),$m_s=+\frac{1}{2}$

(4) $n=1$,$l=0$,$m=0$,m_s=(　　)

13. 根据原子结构理论预测:

(1) 第八周期将包含多少种元素?

(2) 原子核外出现第一个 5g 电子的元素的原子序数为多少?

(3) 第 114 号元素的价电子构型是怎样的?

第二章　化学键和分子结构

分子是由原子组成的，是参与化学反应的基本单元。物质的性质主要取决于分子的性质。分子的性质既取决于分子的组成，又取决于分子的结构。分子或晶体中直接相邻的原子间的强烈相互作用力，称为化学键。化学键可分为离子键、共价键、金属键等。因此，研究化学键，对于了解物质的性质和化学反应规律，具有十分重要的意义。

本章将在原子结构的基础上，重点讨论分子的形成过程及有关的化学键理论，即离子键理论、共价键理论及金属键理论。另外，对分子间的作用力、氢键及分子结构与物质性质的关系等作简要的介绍。

第一节　离子键理论

在化合物中，有一类属于离子型化合物，如 NaCl、KF、MgO 等。为了说明这类化合物的键合情况提出了离子键理论。

一、离子键的形成

20 世纪初，德国化学家柯塞尔(W. Kossel)根据稀有气体原子具有稳定结构的事实提出了离子键理论。该理论认为：电负性小的金属原子和电负性大的非金属原子化合时，金属原子易失去电子形成正离子，非金属原子易得电子形成负离子，正、负离子都具有类似稀有气体原子的稳定结构。正、负离子间由于静电引力相互靠近，达到一定距离时体系出现能量最低点，形成离子键。下面以氯化钠的形成为例，其过程为

$$\left.\begin{array}{l} \mathrm{Na}\,(3s^1) \xrightarrow{-e^-} \mathrm{Na}^+\,(2s^2 2p^6) \\ \mathrm{Cl}\,(3s^2 3p^5) \xrightarrow{+e^-} \mathrm{Cl}^-\,(3s^2 3p^6) \end{array}\right\rangle \longrightarrow \mathrm{NaCl}$$

当 Cl^- 和 Na^+ 相互靠近时，既有正、负离子间的相互吸引，又有两离子外层电子及两核之间的相互排斥。随着正、负离子距离的变化，吸引力、排斥力发生变化，体系的能量也发生相应的变化。当吸引力与排斥力达到平衡，体系能量降到最低点，形成稳定的化学键。

将这种由原子间得失电子后靠正、负离子之间的静电引力形成的化学键称为离子键。由离子键形成的化合物称为离子化合物。

二、离子键的特点

1. 离子键的本质是静电引力

如果将正、负离子看作是球形对称的，它们所带的电荷分别为 q^+ 和 q^-，两者之间的距离为 R，按照库仑定律，正、负离子间的静电引力 f 为

$$f=\frac{q^{+}q^{-}}{R^{2}} \tag{2.1}$$

由式(2.1)可见,离子电荷越大,离子间距离越小,则正、负离子间的静电引力越大(当 R 小到平衡距离 R_0 时,排斥力迅速增大),离子键越强。

2. 离子键没有方向性和饱和性

离子的电荷分布是球形对称的,只要空间条件允许,一个离子在空间的任何方向上都可以吸引带相反电荷的离子。例如,在氯化钠晶体中,每个 Na^+ 等距离地被 6 个 Cl^- 包围,同样每个 Cl^- 等距离地被 6 个 Na^+ 包围,这说明离子并非只在一个方向与异号电荷离子相互作用,而是在所有方向上都与异号电荷离子产生电性作用,从而表明离子键没有方向性。

在离子化合物中,一个离子吸引一个异号电荷的离子时,并不意味着它的电性作用已达到饱和,只要仍有异号电荷的离子从不同的方向与其靠近,则这些异号电荷的离子仍会受到这一离子的吸引。另外,除这些直接键合的异号离子外,在任何方向上,仍会受到其他离子电场的作用,只是距离越远,作用力越弱。因此,离子键没有饱和性。

3. 离子键的部分共价键

离子键理论认为,正、负离子间完全靠静电引力而形成离子键,并不存在原子轨道的相互重叠。但近代实验证明,即使电负性相差最大的元素所形成的化合物,如氟化铯(CsF),其键都不是纯粹的离子键,键的离子性只占 92%,由于部分轨道重叠使键的共价性占 8%,像这样典型的金属和典型的非金属在形成化学键时成键原子轨道之间也会有部分重叠,对其他元素间所形成的化学键,其共价键成分自然会更高些。一般认为当单键的离子性成分超过 50% 时,此种键即为离子键,此时成键元素的电负性相差 1.7。这样,当两个原子的电负性差值大于 1.7 时形成离子键;当两个原子的电负性差值小于 1.7 时形成共价键。鲍林提出了估算单键离子性百分数的计算式:

$$\text{离子性百分数}=1-e^{-\frac{1}{4}(X_A-X_B)^2} \tag{2.2}$$

式中,X_A,X_B 分别为成键两元素的电负性。史密斯(C. P. Smith)等提出了另一种估算单键离子性百分数的计算式:

$$\text{离子性百分数}=16(X_A-X_B)+3.5(X_A-X_B)^2 \tag{2.3}$$

上述两式均是经验式。目前书中给出的离子性百分数数值多为鲍林式的计算值。对于 AB 型化学物,单键离子性百分数与两元素电负性差值(X_A-X_B)之间的关系见表 2.1。

表 2.1 单键的离子性与电负性差值之间的关系

X_A-X_B	离子性/%	X_A-X_B	离子性/%
0.2	1	1.8	55
0.4	4	2.0	63
0.6	9	2.2	70
0.8	15	2.4	76
1.0	22	2.6	82
1.2	30	2.8	86
1.4	39	3.0	89
1.6	47	3.2	92

从上面的讨论和表 2.1 所列的数据可知，在离子键和共价键之间应存在着一系列的逐渐变化，即在典型的离子键和典型的共价键之间尚有一大部分以离子键为主，但表现部分共价键特征；或以共价键为主，但表现部分离子键特征的化学键。

三、离子键的强度

离子键的强度可用晶格能来衡量。晶格能是表示相互远离的气态正离子和气态负离子结合成 1mol 离子晶体时释放的能量，或 1mol 离子晶体解离成自由气态离子时所吸收的能量。这两个过程的能量相同，符号相反，不过晶格能一般以正值表示，符号为 U，单位 $kJ \cdot mol^{-1}$。例如，下列离子晶体的晶格能为

$$M_mX_n(s) = mM^{n+}(g) + nX^{m-}(g) \quad \Delta_r H_m^\ominus = U$$

晶格能数值的大小常用来比较离子键的强度和晶体的稳定性。离子型化合物的某些物理性质与晶格能大小有关。对于同类型的离子晶体，晶格能与正、负离子电荷数成正比，与正、负离子核间距成反比。晶格能越大，离子键强度越大，离子晶体越稳定。与此有关的物理性质，如熔点越高，硬度越大，热膨胀系数和压缩系数越小。表 2.2 列举了一些常见 NaCl 型离子化合物的熔点、硬度随离子电荷(Z)和离子核间距(r_0)变化的情况，其中离子电荷的变化影响最突出。

表 2.2　离子电荷、离子核间距对晶格能和晶体熔点、硬度的影响

离子化合物	Z	r_0/pm	$U/(kJ \cdot mol^{-1})$	熔点/℃	莫氏硬度
NaF	1	231	923	993	3.2
NaCl	1	282	786	801	2.5
NaBr	1	298	747	747	<2.5
NaI	1	323	704	661	<2.5
MgO	2	210	3791	2852	6.5
CaO	2	240	3401	2614	4.5
SrO	2	257	3223	2430	3.5
BaO	2	256	3054	1918	3.3

例如，MgO 和 CaO 属于 NaCl 型晶体，其正、负电荷相同，但 Mg^{2+} 和 O^{2-} 的核间距(210pm)小于 Ca^{2+} 与 O^{2-} 的核间距(240pm)，因此 MgO 的晶格能($3791kJ \cdot mol^{-1}$)比 CaO 的晶格能($3401kJ \cdot mol^{-1}$)大，MgO 的熔点(2852℃)比 CaO 的熔点(2614℃)高。

四、离子特征

离子化合物的性质与离子键的强度有关，离子键的强度与离子的三个重要特征，即离子电荷、离子的电子构型、离子半径有着密切的关系。

1. 离子电荷

离子电荷是指原子在形成离子化合物过程中失去或得到电子的数目。对于阳离子 M^{n+}，其 $n \leqslant 4$；对于阴离子 X^{m-}，其 $m \leqslant 4$，最为典型的是 −1，−2 价阴离子。

离子电荷的多少直接影响离子键的强度，因而也影响了离子化合物的性质，如熔点、沸点、硬度、稳定性及氧化还原能力等。

2. 离子的电子构型

简单负离子最外层一般具有稳定的 8 电子构型，如 F^-、S^{2-} 等离子，而正离子情况比较复杂，价电子构型可归纳成下列几种：

2 电子构型($1s^2$)，如 Li^+、Be^{2+} 等；

8 电子构型(ns^2np^6)，如 Na^+、K^+、Ca^{2+} 等；

18 电子构型($ns^2np^6nd^{10}$)，如 Cu^+、Ag^+、Hg^{2+} 等；

(18+2)电子构型$(n-1)s^2(n-1)p^6(n-1)d^{10}ns^2$，如 Sn^{2+}、Pb^{2+}、Bi^{3+} 等；

9～17 电子构型($ns^2np^6nd^{1\sim9}$)(又称最外层不饱和结构离子)，如 Mn^{2+}、Fe^{3+}、Fe^{2+}、Co^{2+}、Ni^{2+} 等。

离子的电子构型对键型(离子键、共价键)的过渡及化合物的性质都有很大的影响。

3. 离子半径

离子的电子云分布和原子一样，无确定的边界，因此离子半径也和原子半径一样无明确的含义。但通常所说的离子半径是指离子晶体中正、负离子的接触半径，更确切地说是正、负离子作用范围的大小，如图 2.1 所示。将正、负离子近似地看成为相互接触的球体，它们的核间距 d 便是正、负离子的半径之和，即 $d=r_+ + r_-$。核间距 d 可以通过 X 射线衍射方法测定。若测得正、负离子的核间距，并且已知一个离子的半径，便可求得另一个离子的半径。

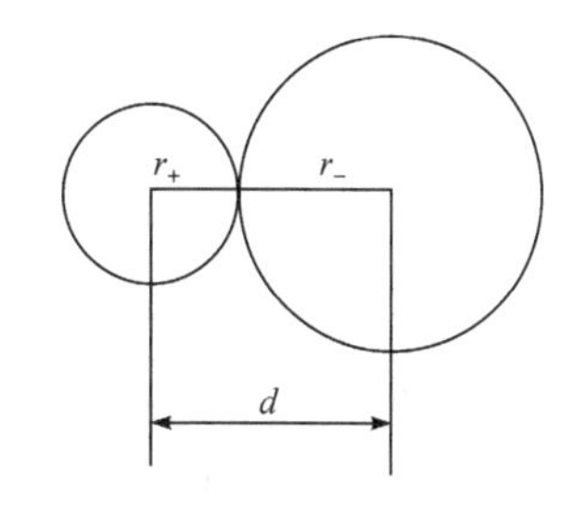

图 2.1 离子半径示意图

用上述方法得到的离子半径，是指正、负离子在晶体中的相互接触半径。实际上，正、负离子并不接触，而是保持一定距离，且配位数、几何构型、电子自旋对离子半径都有影响，通常把这种半径称为有效离子半径，简称离子半径。

离子半径的大小，主要是由核电荷对核外电子吸引的强弱所决定的，离子半径有如下变化规律：

负离子半径一般比正离子半径大。例如，等电子体的 Na^+ 和 F^-，Na^+ 的半径为 95pm，F^- 的半径为 136pm。负离子半径一般为 130～250pm，正离子半径则为 10～170pm。

同一元素不同价态的正离子，电荷越少的离子其半径越大，如 $r_{Fe^{2+}} > r_{Fe^{3+}}$。

同族元素离子半径从上而下递增，如 $r_{Li^+} < r_{Na^+} < r_{K^+} < r_{Rb^+} < r_{Cs^+}$；$r_{F^-} < r_{Cl^-} < r_{Br^-} < r_{I^-}$。

同周期的离子半径随离子电荷的增加而减少，如 $r_{Na^+} > r_{Mg^{2+}} > r_{Al^{3+}}$。

具有相同电子数的原子或离子(称等电子体)的离子半径随核电荷数的增加而减少，如 $r_{F^-} > r_{Ne} > r_{Na^+} > r_{Mg^{2+}} > r_{Al^{3+}} > r_{Si^{4+}}$。

与上述离子半径变化规律相联系，还有一个对角线规则，即周期表中处于相邻族左上方和右下方斜对角线位置上的离子半径相近。这些半径相近的离子容易相互置换，在矿物中这些元素往往共生在一起。

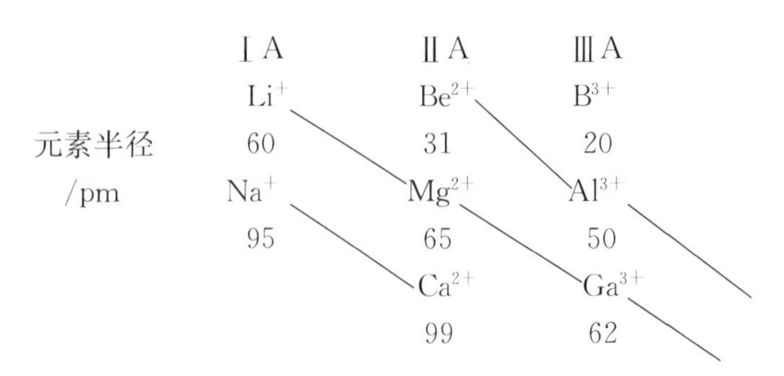

离子半径的大小是影响离子化合物性质的重要因素之一。离子半径越小,正、负离子间的引力越大,熔点越高。

总之,离子电荷、离子电子构型、离子半径对于离子键的强度及有关离子化合物的性质,如熔点、沸点、溶解度及化合物的颜色等都起着决定性的作用。

离子键理论成功地说明了离子化合物的形成和特征,但却不能说明相同原子如何形成单质分子,也不能说明电负性相近的元素原子如何形成化合物(如 H_2O、NH_3 等)。为了阐述这类分子的本质和特征,提出了共价键理论。

第二节　共价键理论

1916 年,美国化学家路易斯(G. N. Lewis)提出了共价学说,建立了经典的共价键理论,认为分子中的两个相邻原子间可以通过共用一对或几对电子而结合成分子,共用电子对后使彼此都可以达到稀有气体的 8 电子稳定构型,也称八隅规则。在分子中原子间通过共用电子对结合而成的化学键称为共价键。

经典的共价键理论成功地解释了一些简单共价分子的形成,但未能阐明共价键的本质和特性,对于非 8 电子构型的分子如 BF_3、PCl_5 也无法进行解释。

1927 年,德国化学家海特勒(W. Heitler)和伦敦(F. London)用量子力学原理解释 H_2 分子的形成,阐明了共价键的本质。在此基础上许多科学家相继发展了这一科学成果,从而建立了现代价键理论,简称 VB 法。

一、共价键的本质

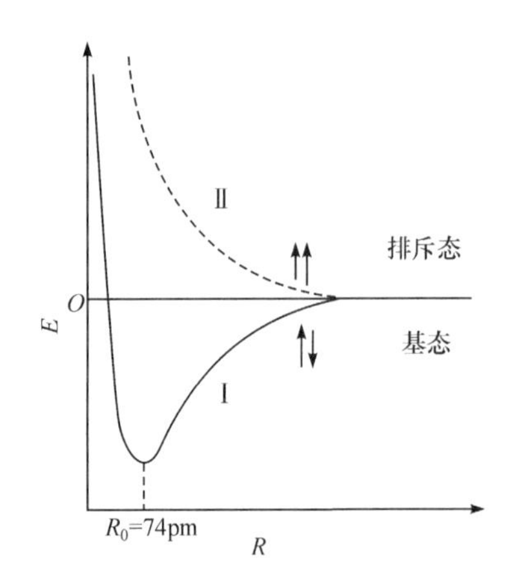

图 2.2　H_2 的能量与核间距关系曲线

1. 量子力学处理氢分子的结果

海特勒和伦敦用量子力学解释氢原子形成氢分子的过程,得到氢分子的能量(E)与核间距(R)的关系曲线,如图 2.2 所示。假设电子自旋相反的两个氢原子,当它们相互接近时,随着核间距 R 的减小,两个 1s 原子轨道发生重叠,即按照波的叠加原理可以同相位叠加(同号重叠),核间形成一个电子密度较大的区域,两个氢原子的原子核都被电子密度大的区域吸引,系统能量降低。当核间距降到 $R=R_0$(87pm,实验测得为 74pm)时,体系能量处于最低值,达到稳定状态，这种状态称为基态，如图 2.2 中曲线Ⅰ。当 R 进一步缩小时，原子核之间斥力增大，使系统的能量迅速升高，排斥作用又将氢原子推回平衡位置。因此，两个氢原子在平衡距离 R_0 处形成稳定的 H_2 分子。

假设电子自旋方向相同的两个氢原子，当它们相互接近时，两个 1s 原子轨道只能发生不同相位叠加(异号重叠)，致使电子密度在两核间减少，增大了两核间的排斥力，随着两原子的逐渐接近，系统能量不断升高，处于不稳定状态，称为排斥态，如图 2.2 中的曲线Ⅱ。排斥态的氢原子不能形成 H_2 分子。

因此，H_2 分子中共价键的形成是由于自旋相反的电子互相配对，原子轨道重叠，从而使体系能量降低，体系趋向稳定的结果。

2. 价键理论基本要点

(1) 自旋相反的未成对电子相互接近时可以配对，两个原子轨道重叠相加而形成共价键。若 A、B 两个原子各有 1 个未成对电子，则可以形成共价单键；若 A、B 两原子各有 2 个或 3 个未成对电子，则可形成共价双键或共价叁键。共用电子数目超过 1 的称为共用多重键；若 A 原子有 2 个未成对电子，B 原子有 1 个未成对电子，则 A 和 2 个 B 形成 AB_2 分子。

(2) 成键原子间原子轨道重叠越多，两核间电子云密度越大，形成的共价键就越牢固。因此两个原子总是采取原子轨道最大重叠的方向成键，这也称为原子轨道最大重叠原理。

二、共价键的特征

共价键是由原子轨道重叠成键，而且重叠要满足最大重叠原理，故共价键具有和离子键不同的特征。

1. 共价键的饱和性

共价键是由原子间轨道重叠，原子共用电子对形成的。每种元素原子所提供的成键轨道数和形成分子时所需提供的未成对电子数是一定的，所以原子能够形成共价键的数目也就是一定的，这就是所谓共价键的饱和性。例如，第二周期的元素原子，价轨道为 1 个 2s 轨道和 3 个 2p 轨道，最多只能形成 4 个共价键。当价电子数小于价轨道数时，成键时原子中的成对电子可被激发到空的价轨道上成为未成对电子以形成共价键。例如，$Be(2s^2)$ 可形成 2 个共价键，$B(2s^2 2p^1)$ 能形成 3 个共价键，$C(2s^2 2p^2)$ 能形成 4 个共价键。第三周期的元素原子价轨道为 3s3p3d 共 9 条，最多可形成 9 个共价键。但实验表明，第三周期的元素原子形成共价分子时，最多只能形成 6 个共价键，如 SiF_6^{2-}、AlF_6^{3-} 等。由此可知，第二周期元素原子形成共价键的数目最大是 4，而同族的其他元素原子形成共价键的数目可多于 4。

2. 共价键的方向性

根据原子轨道最大重叠原理，在形成共价键时，原子间一定采取轨道重叠最多的方向成键，这就是共价键的方向性。

在第一章中已经介绍过原子轨道在空间是有一定取向的，除 s 轨道呈球形对称外，p、d、f 轨道在空间都有一定的伸展方向。因此，除 s 轨道与 s 轨道成键没有方向的限制外，其他的原子轨道只有沿着一定的方向才能有最大重叠。根据近代共价键理论，原子轨道重叠时还必须考虑原子轨道的正、负号，只有同号的原子轨道才能进行有效的重叠，这正是共价键具有方向性的原因。例如,HCl 分子是由 H 原子的 1s 轨道和 Cl 原子的 3p 轨道(如 $3p_x$ 轨道)重叠成键的,s 轨道与 p_x 轨道有以下几种重叠方式,见图 2.3。在 4 种重叠方式中,只有 s 轨道沿 p_x 轨道的对称轴(x 轴)方向进行同号重叠才能发生最大的重叠[图 2.3(a)]形成稳定的共价键。图 2.3(b)中由于 s 轨道和 p 轨道正、负两部分有等同的重叠,实际重叠为零,这种重叠是无效的。图 2.3(c)中的重叠虽有效,但不是最大重叠。图 2.3(d)中的重叠由于 s 轨道和 p 轨道的正、负重叠,实际重叠为零,也是无效的。

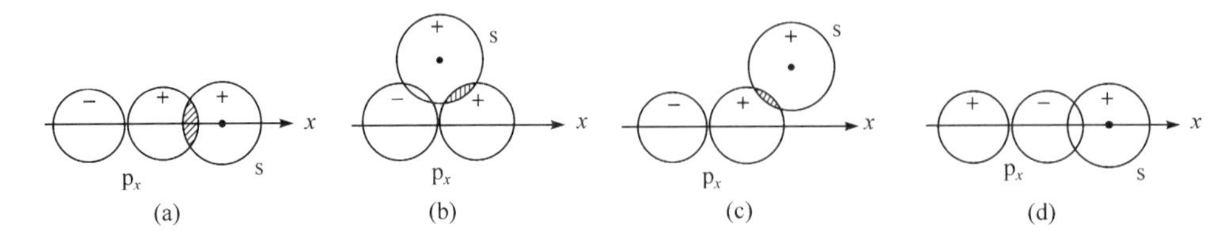

图 2.3 HCl 的 p_x-s 重叠示意图

因此,共价键的方向性是原子轨道最大重叠的必然结果。在分子结构中,共价键的方向性具有重要作用,它不仅决定了分子的空间构型,而且还影响了分子的极性、对称性等。这将在以下几节中讨论。

三、共价键的类型

共价键的形成是原子轨道按一定方向相互重叠的结果。根据轨道重叠的方向及重叠部分的对称性,将共价键划分为 σ 键和 π 键。

1. σ 键

成键原子轨道沿键轴(成键原子核的连线)方向进行"头碰头"的重叠,这样形成的共价键称为 σ 键。σ 键的特点是原子轨道的重叠部分沿键轴呈圆柱形对称,它沿键轴旋转时,重叠的程度及符号均不改变。可形成 σ 键的原子轨道有 s-s 轨道重叠,s-p_x 轨道重叠,p_x-p_x 轨道重叠,见图 2.4(a)。

2. π 键

成键原子轨道沿键轴两侧平行同号,以"肩并肩"的方式发生重叠所形成的键称为 π 键。π 键重叠部分的对称性与 σ 键不同,它是通过键轴的一个平面为对称面,呈镜面反对称,即原子轨道的重叠部分,若以上述对称面为镜,则互为物和像的关系,重叠的部分物与像的符号相反。可发生这种重叠的原子轨道有 p_z-p_z,见图 2.4(b)。

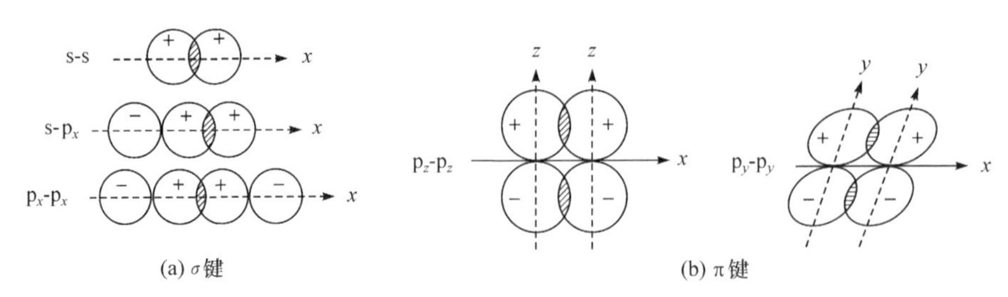

图 2.4 σ 键和 π 键示意图

一般来说，形成 σ 键时原子轨道重叠程度较 π 键的重叠程度大，所以 σ 键的稳定性高于 π 键。物质分子中 π 键的反应性能高于 σ 键，是化学反应的积极参与者。

当反应有 π 键变成 σ 键时，通常是放热反应，如乙烯聚合反应：

$$n(H_2C{=}CH_2) \longrightarrow \left[CH_2{-}CH_2\right]_n$$

当反应有 σ 键变成 π 键时，则为吸热反应，如烷烃的热裂解反应：

$$CH_3{-}CH_2{-}CH_3 \xrightarrow{460^\circ C} CH_3CH{=}CH_2 + H_2$$

有关 σ 键和 π 键的特征见表 2.3。

表 2.3　σ 键和 π 键的特征比较

键类型	σ 键	π 键
原子轨道重叠方式	沿键轴方向相对重叠	沿键轴方向平行重叠
原子轨道重叠部位	两原子核之间，在键轴处	键轴上方和下方，键轴处为零
原子轨道重叠程度	大	小
键的强度	较大	较小
化学活泼性	不活泼	活泼

在共价型分子中，σ 键、π 键的形成与成键原子的价层电子结构有关。两原子间形成的共价键，若为单键，必为 σ 键，若为多重键，其中必含一个 σ 键。例如，N_2 分子中，除了有一个由 p_x-p_x 重叠形成的 σ 键外，还有两个由 p_y-p_y 和 p_z-p_z 重叠形成的 π 键，所以 N_2 分子具有叁键，一个是 σ 键，两个是 π 键，见图 2.5。

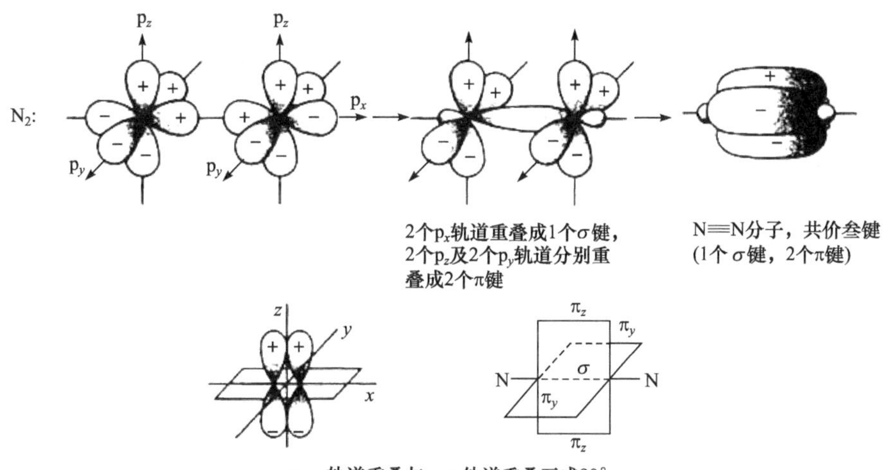

图 2.5　N_2 分子形成示意图

以上提到的共价键都是成键原子各提供未成对电子所形成的。在形成共价键时，如果共用电子对只是由成键原子中的一方提供，但为成键原子双方所共用，这种键称配位共价键，简称配位键，用“→”表示，箭头离开的一端为提供共用电子对的原子。例如，NH_4^+、HBF_4、CO 中均含有配位键，可表示为

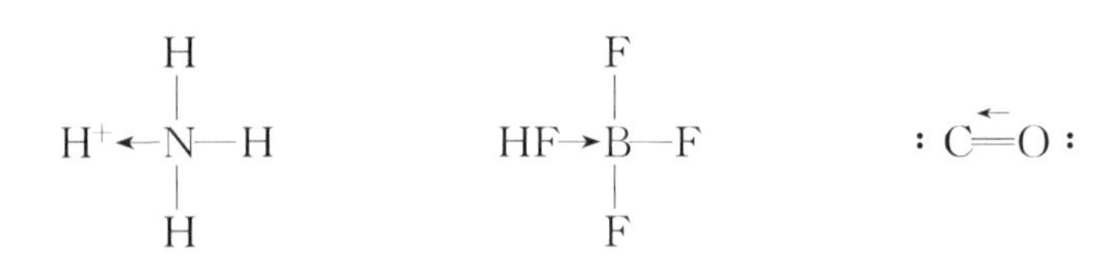

形成配位键应具备两个条件:①成键原子的一方至少要含有一对孤对电子;②成键原子中接受孤对电子的一方要有空的价轨道。所形成的配位键也分 σ 配位键和 π 配位键。在配位化合物中普遍存在着配位键,相关的知识将在第八章中详细介绍。

四、键参数

化学键的性质在理论上可以用量子力学计算而做定量的讨论,也可以通过表征键的性质的某些物理量来描述。这些物理量,如键能、键长、键的极性及键角等,统称为键参数。键参数对于研究共价键乃至分子的性质都十分重要。

1. 键能 E

键能是用来描述化学键强弱的物理量。不同类型的化学键有不同的键能,如离子键的键能是晶格能;金属键的键能是内聚能等。本节讨论的是共价键的键能。

在 298.15K 和 100kPa 下,断裂 1mol 键所需要的能量称为键能 E,单位为 $kJ \cdot mol^{-1}$。

对于双原子分子,在 298.15K,100kPa 条件下,将 1mol 理想气体分子解离为理想气体原子所需要的能量称为解离能 D。解离能就是键能,如

$$H_2(g) \longrightarrow 2H(g) \qquad D_{H-H}=E_{H-H}=436.00kJ \cdot mol^{-1}$$

$$N_2(g) \longrightarrow 2N(g) \qquad D_{N\equiv N}=E_{N\equiv N}=941.69kJ \cdot mol^{-1}$$

对于多原子分子,要断裂其中的键成为单个原子,需要多次解离,故解离能不等于键能,而是多次解离能的平均值才等于键能,如

$$NH_3(g) \longrightarrow NH_2(g)+H(g) \qquad D_1=435kJ \cdot mol^{-1}$$

$$NH_2(g) \longrightarrow NH(g)+H(g) \qquad D_2=397kJ \cdot mol^{-1}$$

$$NH(g) \longrightarrow N(g)+H(g) \qquad D_3=339kJ \cdot mol^{-1}$$

$$NH_3(g) \longrightarrow N(g)+3H(g) \qquad D_{总}=1171kJ \cdot mol^{-1}$$

$$E_{N-H}=D_{总}\div 3=1171\div 3=390.3kJ \cdot mol^{-1}$$

通常共价键的键能指的是平均键能。一般来说,键能越大,相应的共价键越牢固,组成的分子越稳定。

2. 键长 L

分子中两个成键原子核间的平均距离称为键长。用量子力学方法可近似地计算简单分子的键长。对于复杂分子,常常通过光谱或 X 射线衍射等实验方法测定键长。表 2.4 列出了一些化学键的键长和键能。

表 2.4　一些化学键的键长和键能

共价键	键长/pm	键能/(kJ · mol^{-1})	共价键	键长/pm	键能/(kJ · mol^{-1})
H—H	76.0	436.00	Cl—Cl	198.8	239.7
H—F	91.8	565±4	Br—Br	228.4	190.2
H—Cl	127.4	431.2	I—I	266.6	148.9
H—Br	140.8	362.3	C—C	154.0	345.6
H—I	160.8	294.6	C=C	134.0	601±21
F—F	141.8	154.8	C≡C	120.0	835.1

从表 2.4 可见，键长越短，键越牢固，形成的分子越稳定。

3. 键角 θ

分子中键与键之间的夹角称为键角。

简单分子的键角可以通过量子力学计算，复杂分子的键角一般通过光谱、X 射线衍射等实验方法测定。一般知道一个分子的键长、键角，就可以推知分子的空间构型。一些分子的键长、键角和空间构型见表 2.5。

表 2.5　一些分子的键长、键角和空间构型

分子式	键长/pm	键角 θ/(°)	空间构型
H_2S	134	93.3	弯曲形
CO_2	116.2	180	直线形
NH_3	101	107	三角锥形
CH_4	109	109.5	正四面体

注：键长、键角均为实验值。

4. 键的极性

键的极性是指化学键中正、负电荷中心是否重合。若化学键中正、负电荷中心重合，则键无极性，反之键有极性。根据键的极性可将共价键分为非极性共价键和极性共价键。在同核的双原子分子中共用电子对同等程度地属于两个键合原子，这样的共价键称为非极性键，如 N_2、O_2、Cl_2 等分子中的共价键。不同元素原子的电负性不同，形成共价键时，共用电子对不可能同等程度地属于两个键合的原子，共用电子对会偏向电负性较大原子的一方，而使其带负电荷。电负性较小的原子带正电荷，键的两端出现了正、负极，正、负电荷中心不重合，这样的共价键为极性键，如 HCl、CO、NH_3 等分子中的共价键。

键的极性大小取决于成键两原子的电负性差。电负性差越大，键的极性就越大。如果两个成键原子的电负性差足够大，以致共用电子对完全转移到另一个原子上形成正、负离子，这样的极性键就是离子键。离子键是最强的极性键。从极性大小的角度,可将非极性共价键和离子键看作是极性共价键的两个极端,或者说极性共价键是非极性共价键和离子键之间的某种过渡状态。

第三节　杂化轨道理论

价键理论阐述了共价键的本质,并解释了共价键的方向性和饱和性,但在解释分子的空间构型时却遇到了困难。例如,根据价键理论,H_2O 分子中两个 O—H 键的键角应为 90°,NH_3 分子的三个 N—H 键应是相互垂直;CH_4 分子的 4 个 C—H 键的性质不完全相同。

事实上,根据近代物理实验技术的测定,水分子的键角为 104.5°;NH_3 分子的键角为 107°;CH_4 分子中 4 个 C—H 共价键性质完全相同,甲烷的空间构型为四面体。为了更好地解释分子的实际空间构型,1931 年鲍林在价键理论的基础上提出了杂化轨道理论,较好地解释了许多用价键理论不能说明的事实,进一步发展了价键理论。

一、杂化轨道概念及其理论要点

杂化轨道理论从电子具有波动性,波可以叠加的量子力学观点出发,认为在形成分子时,原子轨道并不是不变化的,而是同一原子中能量相近的不同类型的原子轨道可以相互叠加而形成一组新的原子轨道,这一过程称为“杂化”,所得到的新原子轨道称为杂化原子轨道,简称杂化轨道。例如,s 轨道和 p 轨道杂化形成 sp 杂化轨道,见图 2.6。

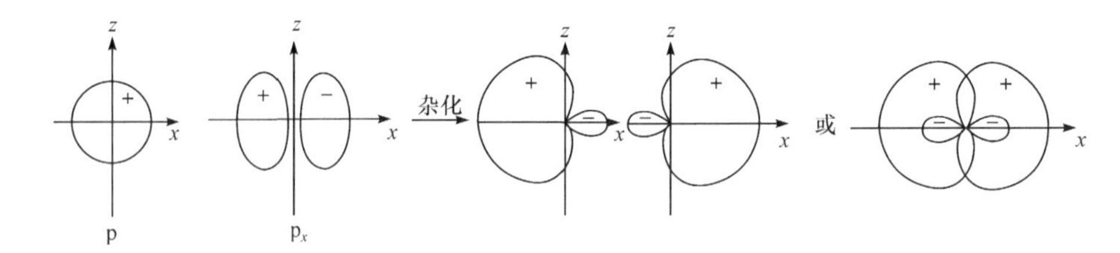

图 2.6　sp 杂化轨道形成示意图

从图 2.6 可见,s 轨道和 p 轨道杂化后,形成两个等同的杂化轨道。杂化轨道键轴是对称的,因此由杂化轨道形成的键为 σ 键。原子轨道杂化前后的形状发生很大变化,未杂化前,s 轨道是球形对称的,p 轨道在键轴方向上有最大值;杂化后,两个杂化轨道虽然也位于键轴方向,但图形表现为一端特别大,一端特别小,特别大的一端更易和其他原子轨道发生重叠成键,有利于共价键的形成。

各种杂化轨道的形成均为“葫芦”形,由分布在原子核两侧的大小叶瓣组成,杂化轨道的伸展方向就是大叶瓣的伸展方向。

杂化轨道理论的基本要点如下:

(1) 当原子相互结合形成分子时,同一原子中能量相近的不同类型的原子轨道可以相互叠加,形成成键能力更强的新轨道,即杂化轨道。

(2) 原子轨道杂化时,一般使成对电子激发到空轨道上形成成单电子,其激发时所需的能量完全由成键时放出的能量予以补偿。

(3) 一定数目的原子轨道杂化后,可得数目相同、能量相等的杂化轨道。

二、sp 等性杂化与分子几何构型

根据组合的原子轨道数目，s 和 p 原子轨道杂化的方式可分为三种：sp、sp^2、sp^3。

1. sp 杂化轨道

由 1 个 s 轨道和 1 个 p 轨道组合而形成 2 个等性的 sp 杂化轨道，每个杂化轨道中含$\frac{1}{2}$s 轨道和$\frac{1}{2}$p 轨道的成分，sp 杂化轨道间的夹角为 180°，呈直线形，因此 sp 杂化轨道成键后，分子的几何构型为直线形。例如，气态 $BeCl_2$ 分子形成见图 2.7。Be 原子中 1 个 2s 电子经激发后到 2p 轨道上，能量和形状都不相同的 2s 和 2p 轨道由于杂化而得到 2 个完全等性的 sp 杂化轨道，Be 原子就是通过这样的 2 个 sp 杂化轨道和两个氯原子的 3p 轨道重叠形成 2 个 sp-p σ 键，从而形成了 $BeCl_2$ 分子，$BeCl_2$ 分子为直线形的几何构型。

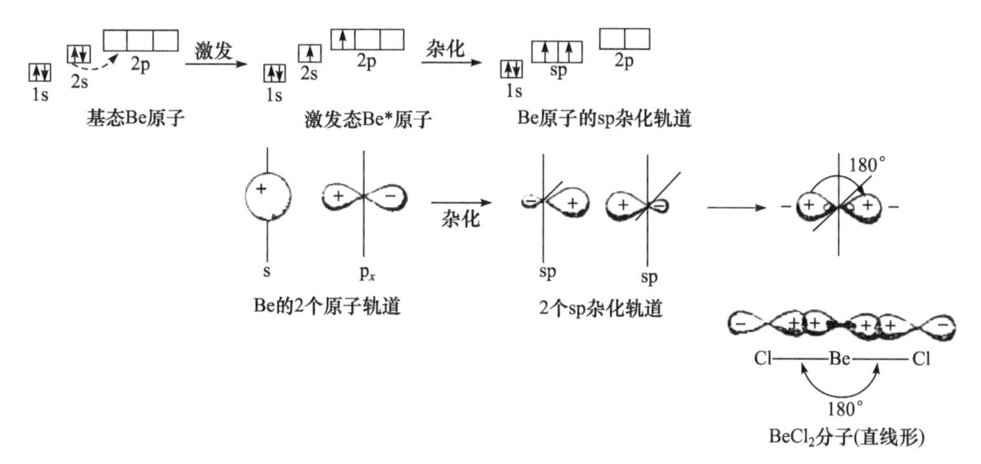

图 2.7　气态 $BeCl_2$ 共价分子 sp 杂化轨道形成示意图

2. sp^2 杂化轨道

由 1 个 s 轨道和 2 个 p 轨道组合而形成 3 个等性的 sp^2 杂化轨道，每个杂化轨道中含$\frac{1}{3}$s 轨道和$\frac{2}{3}$p 轨道的成分，sp^2 杂化轨道间的夹角为 120°，呈平面三角形，因此杂化轨道成键后，分子的几何构型为平面三角形。例如，BF_3 分子的形成见图 2.8。B 原子是通过 3 个 sp^2 杂化轨道与 3 个氯原子的 3p 轨道重叠形成 3 个 sp^2-p σ 键，从而形成 BF_3 分子，BF_3 分子为平面三角形的几何构型。

3. sp^3 杂化轨道

由 1 个 s 轨道和 3 个 p 轨道组合而形成 4 个等性的 sp^3 杂化轨道，每个杂化轨道中含$\frac{1}{4}$s 轨道和$\frac{3}{4}$p 轨道的成分，sp^3 杂化轨道间的夹角为 109.5°，空间构型为四面体，因此杂化轨道成

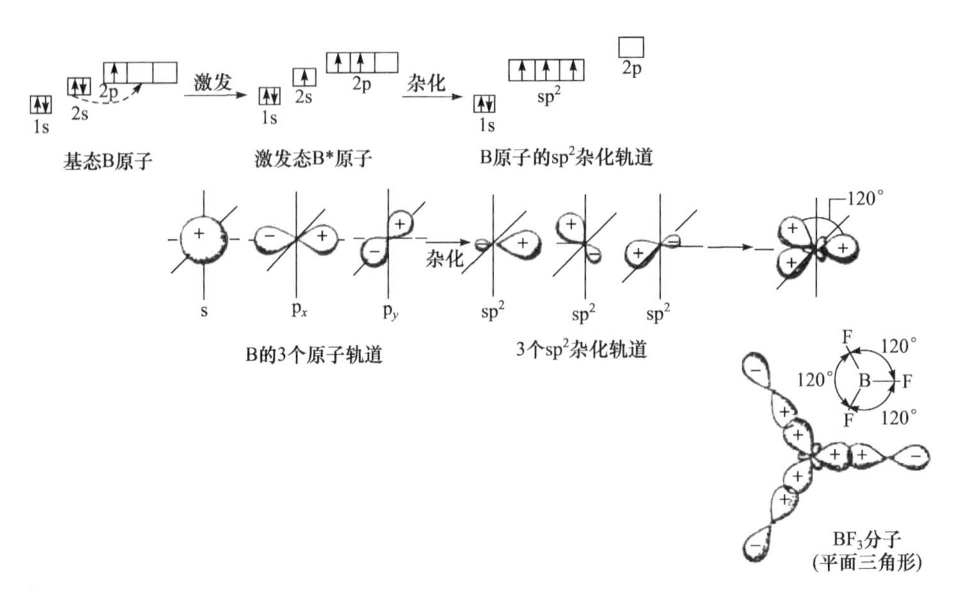

图 2.8　BF_3 共价分子 sp^2 杂化轨道形成示意图

键后，分子的几何构型为四面体。例如，CH_4 分子的形成见图 2.9。CH_4 分子就是 C 原子通过 4 个 sp^3 杂化轨道与 4 个氢原子的 1s 轨道重叠形成 4 个 sp^3-s σ 键，从而形成 CH_4 分子，CH_4 分子的空间结构为四面体。

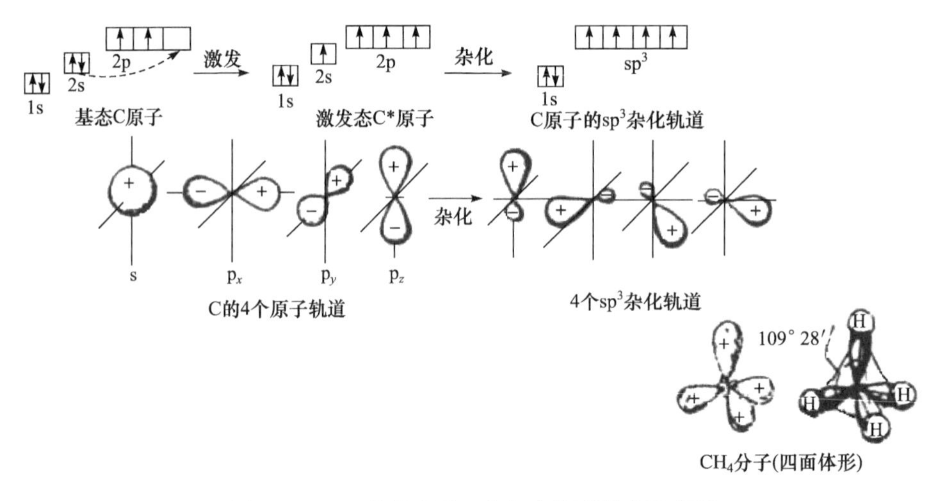

图 2.9　CH_4 共价分子 sp^3 杂化轨道形成示意图

在乙烯(C_2H_4)分子中，C 原子是采用 sp^2 杂化轨道成键的，每个 C 原子的 2 个 sp^2 杂化轨道与 2 个 H 原子形成 sp^2-s σ 键，第三个 sp^2 杂化轨道与另一个 C 原子的 sp^2 杂化轨道形成 sp^2-sp^2 σ 键，2 个 C 原子的未杂化的 2p 轨道形成 p_z-p_z π 键。乙烯分子中 C═C 键：一个是 sp^2-sp^2 σ 键，一个是 p_z-p_z π 键。乙烯分子中的 6 个原子处于同一平面上，且∠HCH 键角与由 sp^2 杂化所预料的 120°相近，见图 2.10(a)。乙炔(C_2H_2)分子中的 C 原子是采用 sp 杂化轨道成键的，每个 C 原子的 sp 杂化轨道与 1 个 H 原子形成 sp-s σ 键，第二个 sp 杂化轨道与另一个 C 原子的 sp 杂化轨道形成 sp-sp σ 键，C 原子上未杂化的 2 个 p 轨道分别重叠形成两个相互垂直的 p-p π 键。乙炔分子中 C≡C 键：1 个是 sp-sp σ 键，2 个是 p_z-p_z 和 p_y-p_y π 键。乙炔分子中的 4 个原子在一条直线上，见图 2.10(b)。

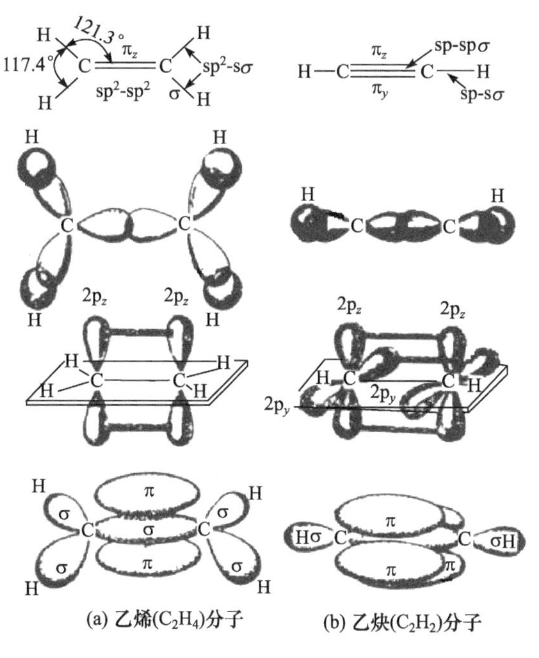

图 2.10　乙烯、乙炔分子结构示意图

需要指出的是，杂化轨道是根据量子力学叠加原理而进行的数学处理，杂化过程理论是"原子中电子的激发→原子轨道的杂化→再重叠成键"。这种先和后只是人为提出的一种描述，而不是实际现象，不可看得过于绝对，只有成键时释放能量才导致电子的激发，也只有这种相互作用的能量较大时，能量相近的原子轨道才可以得到重新组合，因此一个原子与其他原子发生作用之前是谈不上轨道杂化的。

三、sp 不等性杂化与分子几何构型

在 sp 型杂化轨道中，根据每个杂化轨道中所含 s 轨道和 p 轨道成分是否相等，或杂化轨道中是否含有孤对电子，可分为等性杂化轨道和不等性杂化轨道。若杂化轨道中所含参加杂化的轨道成分相等或杂化轨道中无孤对电子，称等性杂化，如 CH_4 分子中，C 为等性 sp^3 杂化；BF_3 分子中，B 为等性 sp^2 杂化。否则，称不等性杂化。分子中的中心原子采用等性杂化还是不等性杂化，对分子的几何构型有很大的影响。现举例说明。

1. NH_3 分子结构

NH_3 分子中的 N 原子($1s^2 2s^2 2p^3$)成键时进行 sp^3 杂化，但由于 s 轨道中含有 1 对孤对电子，因此杂化后形成的 4 个 sp^3 杂化轨道所含的 s，p 成分不完全相等，其中的一个 sp^3 杂化轨道所含 s 成分大于$\frac{1}{4}$，p 成分小于$\frac{3}{4}$，其余的三个 sp^3 杂化轨道所含 s 成分小于$\frac{1}{4}$，p 成分大于$\frac{3}{4}$，杂化过程见图 2.11(a)。成键时，含孤对电子的杂化轨道不参与成键，其他的 3 个杂化轨道与 3 个氢原子的 1s 原子轨道重叠形成 3 个 N—H σ 键，见图 2.11(b)。孤对电

子对成键电子的排斥作用使∠HNH 键角小于 109.5°,为 107°,NH_3 分子呈三角锥形,见图 2.11(c)。

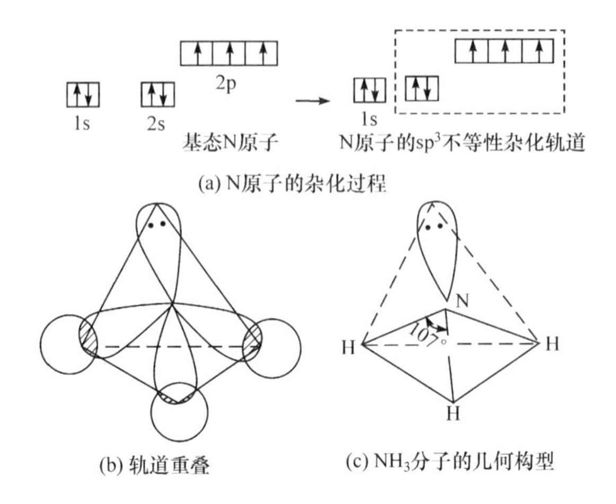

图 2.11 NH_3 分子的形成及空间构型示意图

2. H_2O 分子结构

H_2O 分子的 O 原子($1s^2 2s^2 2p^4$)轨道中含 2 对孤对电子,氧原子成键时也采用不等性 sp^3 杂化,杂化过程见图 2.12(a),成键时,不含孤对电子的 2 个 sp^3 杂化轨道与 2 个氢原子的 1s 原子轨道重叠形成 2 个 O—H σ 键,见图 2.12(b)。两对孤对电子对成键电子的排斥作用使∠HOH 键角更小,小于 107°,实验测得为 104°45′,H_2O 分子的空间几何构型呈弯曲形,见图 2.12(c)。

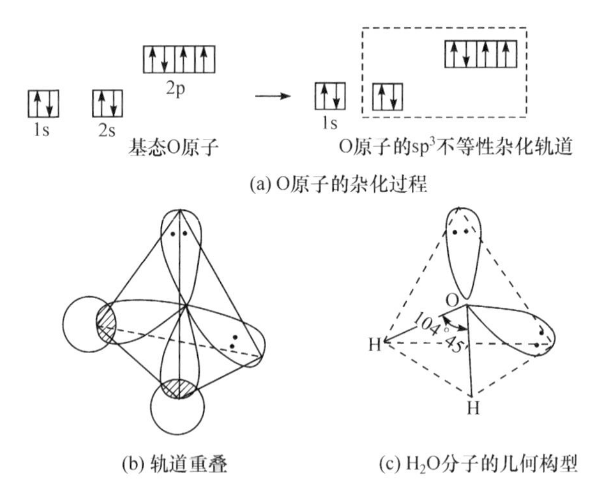

图 2.12 H_2O 分子的形成及空间构型示意图

sp 杂化类型和分子空间构型的关系归纳见表 2.6。

表 2.6　sp 杂化轨道的类型和分子的空间构型的关系

杂化轨道类型			轨道键角	轨道几何形状	分子几何形状	实例
sp^3	等性杂化		109.5°	正四面体	正四面体	CH_4、NH_4^+、SiF_4
	不等性杂化	一个孤对	<109.5°	四面体	三角锥	NH_3、H_3O^+、PCl_3、CH_3^-
		两个孤对	≪109.5°	四面体	弯曲形	H_2O、OF_2
sp^2	等性杂化		120°	平面三角形	平面三角形	BF_3、BCl_3、CH_3^+、SO_3、C_2H_4
	不等性杂化(含一对孤对电子)		<120°	平面三角形	弯曲形	SO_2、NO_2
sp	等性杂化		180°	直线形	直线形	$BeCl_2$、CO_2、C_2H_2、$HgCl_2$

不仅 s、p 原子轨道可以杂化，d 原子轨道也可参与杂化，得到 spd 杂化轨道，有关这方面的知识将在配合物一章讨论。1956 年，我国结构化学家唐敖庆等提出了 f 轨道也可以参与杂化的新概念，而得到 spdf 杂化轨道，使杂化轨道理论更趋于完善。

第四节　分子间力和氢键

一、分子间力

化学键是指分子内部原子之间强烈的相互作用力，原子正是通过化学键结合成分子或晶体的。除了分子内部原子间的作用力以外，分子与分子之间还存在着一种比化学键弱得多的相互作用力，靠这种分子间力，气体在一定条件下可以凝聚成液体，甚至可凝结成固体；或者克服这种作用力将晶体熔化成液体，液体气化成气体。早在 1873 年荷兰物理学家范德华(van der Waals)发现这种作用力的存在并进行了卓有成效的研究，因此人们又称分子间力为范德华力。

分子间力相当微弱，一般在 $2\sim50kJ\cdot mol^{-1}$，通常共价键能量为 $150\sim500kJ\cdot mol^{-1}$。然而分子间这种微弱的作用力对物质的熔点、沸点、表面张力、稳定性等都有很大的影响。1930 年伦敦应用量子力学原理揭示了分子间力的本质是一种电性引力。为了说明这种力的由来，首先介绍偶极矩和极化率。

1. 分子的极性和偶极矩

任何分子都是由带正电荷的核和带负电荷的电子组成，对于每一种电荷可以设想其集中于一点，这一点分别称正电荷中心、负电荷中心。分子中正电荷中心和负电荷中心不重合时，则整个分子存在正、负两极，称为偶极，具有偶极的分子称为极性分子。反之，分子中的正、负电荷中心重合，不具有偶极的分子，称为非极性分子。图 2.13 中用“+”和“−”表示正、负电荷中心的相对位置，分别画出了极性分子和非极性分子的示意图。

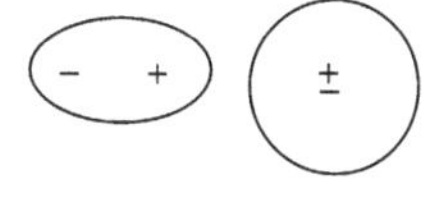

图 2.13　极性分子和非极性分子

对于双原子分子来说，共价键的极性和分子的极性是一致的，如 HCl、CO、NO 等分子为极性分子，H_2、N_2、Cl_2 等分子为非极性分子。在多原子分子中，键的极性和分子的极性并不完全一致。如果键无极性，则分子也无极性。如果键有极性，则分子是否有极性，还与分子的空间构型有关。例如,在 CO_2、BF_3、CH_4 等分子中,键都是极性的,但分子呈直线形、平面三角形和正四面体中心对称结构,故分子是非极性分子。而在 H_2O、NH_3、$CHCl_3$ 等分子中,键都是极性的,而分子是弯曲、三角锥形和变形四面体结构,其分子结构无中心对称成分,所以这些分子是极性的。

分子极性的强弱常用偶极矩来衡量。偶极矩的概念是 1912 年德拜(Debye)提出来的,他将偶极矩 μ 定义为分子中正、负电荷中心的距离 d(又称偶极长)与偶极电荷量 q 的乘积,即

$$\mu = q \times d \tag{2.4}$$

式中,q 单位为 C(库仑),d 单位为 m(米),在 SI 单位制中,偶极矩单位为 C·m(库仑·米)。偶极矩为矢量,其方向是从正电荷指向负电荷。

分子偶极矩的大小可用电学或光学方法通过实验测定,但却无法单独测定偶极长 d 及偶极电荷量 q。表 2.7 列出了一些分子的偶极矩和分子的几何构型。

表 2.7 某些分子的偶极矩和分子的几何构型

分子	$\mu/(10^{-30}\text{C}\cdot\text{m})$	几何构型	分子	$\mu/(10^{-30}\text{C}\cdot\text{m})$	几何构型
H_2	0.0	直线形	HF	6.4	直线形
N_2	0.0	直线形	HCl	3.61	直线形
CO_2	0.0	直线形	HBr	2.63	直线形
CS_2	0.0	直线形	HI	1.27	直线形
BF_3	0.0	平面三角形	H_2O	6.23	弯曲形
CH_4	0.0	正四面体	H_2S	3.67	弯曲形
CCl_4	0.0	正四面体	SO_2	5.33	弯曲形
CO	0.33	直线形	NH_3	5.00	三角锥形
NO	0.53	直线形	PH_3	1.83	三角锥形

由表 2.7 可见,分子几何构型呈中心对称(如平面三角形、正四面体)的多原子分子,其偶极矩为零。分子几何构型不是中心对称(如弯曲形、三角锥形)的多原子分子,其偶极矩不等于零。因此,可以通过分子偶极矩推断分子的几何构型。例如,实验测得 NH_3 的偶极矩不等于零,是极性分子,由此可以推断氮原子和三个氢原子不会是平面三角形构型。NH_3 的三角锥形结构就是考虑了 NH_3 分子有极性而推测出来的。同样,如果知道了分子的几何构型,也就知道分子的偶极矩是否等于零。例如,CO_2 分子具有直线形的中心对称的几何结构,其偶极矩为零;而 SO_2 分子的几何构型为弯曲形,其偶极矩不为零。

偶极矩越大,分子的极性越强。

如果分子的偶极矩是本身所固有的,此偶极矩称为固有偶极或永久偶极。若是在外电场作用下,分子正、负电荷中心发生变化而引起的偶极,称为分子的诱导偶极。具有永久偶极的分子是极性分子,不具有永久偶极的分子是非极性分子。

2. 分子的极化和极化率

在外电场的作用下,分子内部的电荷分布将发生相应的变化。例如,将非极性分子放在电容器的两个平板之间,则平板上的电荷就会影响分子内部电荷的分布,带正电荷的原子核被引向负极电板,带负电荷的电子云被引向正极电板,结果使分子中的原子核和电子云发生相对位

移(图 2.14),分子发生了变形,正、负电荷中心由原来的重合变成了分离,非极性分子就变成了极性分子,此现象称为分子的极化,所形成的偶极称为诱导偶极。诱导偶极的一个重要特征是随外电场的存在而产生,随外电场的取消而消失,在无外电场作用下,分子又重新变成非极性分子。电场越强,分子变形性越大,诱导偶极越大,诱导偶极($\mu_{诱导}$)与电场强度(E)成正比,即

$$\mu_{诱导}=\alpha\cdot E \tag{2.6}$$

式中,α 为比例常数,它作为衡量分子在电场作用下变形性大小的量度,称为诱导极化率,简称极化率。α 越大,表示分子越易变形而被极化。

极性分子通常做不规则的热运动[图 2.15(a)],如果将极性分子放入电场中,在外电场的作用下极性分子将依照一定的方位排列起来,它的正极被引向负极板,它的负极被引向正极板。分子与电极之间处于异极相邻的状态[图 2.15(b)],极性分子的这种定向排列过程称为取向,也称分子的定向极化。与此同时,分子也会发生变形而产生诱导偶极,分子的偶极为固有偶极和诱导偶极之和,结果使分子的极性越发增加。可见,极性分子的极化是分子的取向和变形的结果。

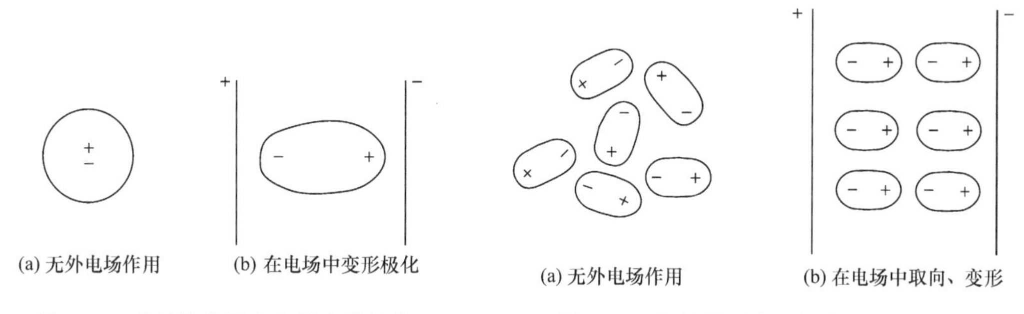

图 2.14　非极性分子在电场中的极化　　　　图 2.15　极性分子在电场中的取向、极化

分子的取向、极化和变形不仅在外电场作用下发生,在相邻分子间也可以发生,这是由于极性分子的固有偶极可相当于无数个微小电场。因此,当极性分子与极性分子、极性分子与非极性分子相邻时,同样也会发生极化作用,这种极化作用对分子间力的产生有重要影响。

3. 分子间力

分子间力包括取向力、诱导力和色散力。

1) 取向力

取向力发生在极性分子与极性分子之间。当极性分子与极性分子相邻时,极性分子的固有偶极必然发生同极排斥、异极相吸,从而使极性分子按一定的取向排列,同时变形,见图 2.16。这种固有偶极与固有偶极之间的相互作用力称为取向力,此概念是葛生(W. H. Keeson)在 1912 年首先提出来的,因此又称葛生力。

取向力的本质是静电引力,它的大小取决于分子的偶极矩、温度及分子间距离。分子的偶极矩越大(分子的极性越强),取向力越大;温度越高,取向力越小;取向力的大小与分子间距离的 6 次方成反比,即分子间距离越小,取向力越大。

2) 诱导力

当极性分子与非极性分子相邻时,则非极性分子受极性分子固有偶极所产生电场的影响,发生变形极化,产生诱导偶极。诱导偶极与极性分子的固有偶极之间的相互作用力称为诱导

力,见图 2.17。诱导力是德拜在 1920 年提出的,又称德拜力。诱导力的大小与极性分子偶极矩的平方成正比,与被诱导分子的变形性成正比,与分子间距离的 6 次方成反比。与取向力不同的是,诱导力与温度无关。同样,当极性分子与极性分子相邻时,除了产生取向力外,在彼此固有偶极的相互作用下,每个分子都会有一些变形而产生诱导偶极,其结果使极性分子的偶极矩增大,极性分子极性增加,从而使分子之间的相互作用力也进一步加强。

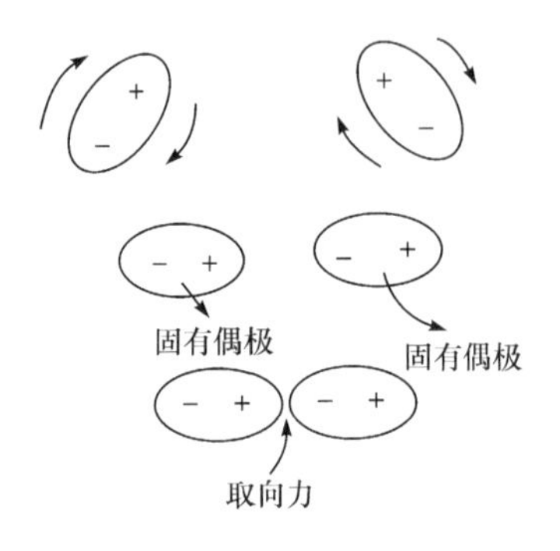

图 2.16 极性分子与极性分子之间相互作用示意图

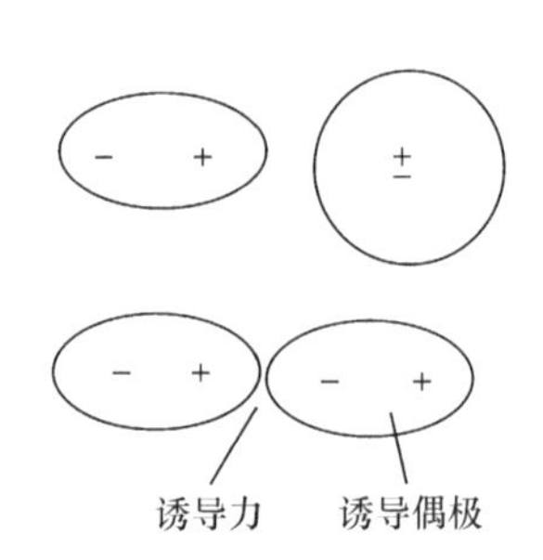

图 2.17 极性分子与非极性分子之间相互作用示意图

由此可见,诱导力不仅存在于极性分子和非极性分子之间,也存在于极性分子与极性分子之间。诱导力的本质也是静电力。

3) 色散力

当两个非极性分子相互接近时,它们之间似乎不存在相互作用力,但事实上并非如此。例如,室温时,Cl_2 为气体,Br_2、苯为液体,碘、萘为固体。其他的如 N_2、CO_2 等非极性分子在低温下呈液态,甚至为固态,这些物质之所以能维持某种聚集态,说明在非极性分子之间同样存在着另一种相互作用力。由于从量子力学导出这种力的理论公式与光的色散公式相似,因此把这种力称为色散力,它是分子的"瞬时偶极"相互作用的结果。通常情况下,非极性分子的正、负电荷中心是重合的,但在核外电子云的不断运动及原子核的不断振动过程中,就有可能在某一瞬间产生电子云与核的相对位移,使正、负电荷中心分离,产生瞬时偶极。瞬时偶极必然采取异极相邻状态而相互吸引,见图 2.18。由于瞬时偶极而产生的作用力,称为色散力,它是 1930 年伦敦用量子力学所阐明的,又称伦敦力。

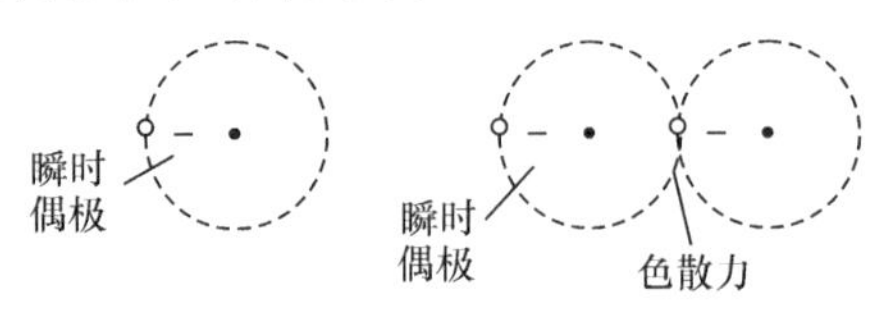

图 2.18 非极性分子与非极性分子之间相互作用示意图

瞬时偶极存在时间极短,但异极相邻的状态却是不断重复出现的,因而分子之间始终存在这种作用力。由于色散力包含瞬间诱导极化作用,因此色散力的大小主要与相互作用分子的变形性有关。一般来说,分子的体积越大,其变形性也就越大,分子间的色散力也就越大;色散力与分子间距离的 6 次方成反比,与温度无关。

综上所述,分子间作用力有三种,即取向力、诱导力、色散力,总称为分子间力或范德华力,它们均为电性引力。在非极性分子之间只有色散力;非极性分子与极性分子之间有诱导力、色散力;极性分子之间有取向力、诱导力、色散力。可见,色散力是普遍存在于各种分子之间的。

实验证明，除极少数强极性分子如 H_2O、HF 等外，大多数分子间的作用力以色散力为主。表 2.8 列出了一些分子的三种分子间作用力的能量分配情况。

表 2.8　分子间作用力的分配

分子	偶极矩 μ /(10^{-30}C·m)	取向力 /(kJ·mol^{-1})	诱导力 /(kJ·mol^{-1})	色散力 /(kJ·mol^{-1})	总作用力 /(kJ·mol^{-1})
Ar	0	0.00	0.00	8.50	8.50
CO	0.39	0.003	0.008	8.75	8.75
HI	1.40	0.025	0.113	25.87	26.00
HBr	2.67	0.69	0.502	21.94	23.11
HCl	3.60	3.31	1.00	16.83	21.14
NH_3	4.90	13.31	1.55	14.95	29.60
H_2O	6.17	36.39	1.93	9.00	47.31

分子间作用力一般是没有方向性和饱和性的，只要分子周围空间允许，当气体分子凝聚时，它总是吸引尽量多的其他分子于其正、负两极周围。由于分子间力的大小都与分子间距离的 6 次方成反比，因此只在分子充分接近时，分子间才有显著的作用力。一般作用范围在 300～500pm，小于 300pm 斥力迅速增大，大于 500pm 引力显著减弱。

4. 分子间力对物质性质的影响

分子间力直接影响物质的许多物理性质，如熔点、沸点、溶解度、黏度、表面张力、硬度等。下面重点介绍分子间力对物质熔点、沸点、溶解度、硬度的影响。

1) 熔点、沸点

若组成物质分子间的作用力很强，则物质在固态或液态时分子间相互吸引力就强，其熔点、沸点就高。由于大多数物质的分子间力以色散力为主，而色散力的大小又取决于分子的变形性，变形性的大小又与相对分子质量有关，因此一系列组成相似的非极性或极性分子物质，其熔点、沸点随相对分子质量的增加而升高。例如，卤素单质 F_2、Cl_2、Br_2、I_2，在常温下，F_2、Cl_2 是气体，Br_2 是液体，I_2 是固体。这是因为 $F_2 \rightarrow I_2$ 随相对分子质量的增加，分子的变形性增加，由此而产生的瞬时偶极的极性也就增加，色散力随之增大，因此 $F_2 \rightarrow I_2$ 的沸点、熔点依次升高，见表 2.9。

表 2.9　卤素的熔点和沸点

物质	F_2	Cl_2	Br_2	I_2
熔点/℃	−223	−102.4	−7.3	113.6
沸点/℃	−187.9	−34.0	58.0	184.5

对于相对分子质量相近的共价型分子，色散力相近，但分子的极性不同，极性分子较非极性分子的熔点、沸点高。这是由于非极性分子只存在色散力，极性分子除色散力，还有取向力和诱导力，分子间力相应也就强，熔点、沸点也就高。例如，CO 分子的沸点为−192℃，N_2 的沸点为−196℃。

2) 溶解度

分子间力影响物质的溶解度。例如，稀有气体从 He 到 Xe 在水中的溶解度依次是增大的，原因是从 He 到 Xe 原子半径依次增大，分子变形性也依次增大，水分子对它们的诱导力就依次增强，因此溶解度依次增大，见表 2.10。换句话说，溶质和溶剂的分子间力越大，则溶质在溶剂中的溶解度也越大。

表 2.10　稀有气体在水中的溶解度(20℃)

稀有气体	He	Ne	Ar	Kr	Xe
原子半径/nm	0.093	0.131	0.174	0.189	0.209
溶解度/(mL · L^{-1})	9.4	14.7	50	110	119

一般来说,极性分子易溶于极性分子,非极性分子易溶于非极性分子,称为“极性相似相溶”。“相似”的实质是指溶质内部分子间力和溶剂内部分子间力相似,当具有相似分子间力的溶质、溶剂分子混合时,两者易互溶。例如,NH_3 易溶于 H_2O,I_2 易溶于苯或 CCl_4 而不易溶于水。

3) 硬度

分子间力对分子型物质的硬度也有一定的影响。极性小的聚乙烯、聚异丁烯等物质,分子间力较小,因而硬度不大;含有极性基团的有机玻璃等物质,分子间力较大,具有一定硬度。

二、氢键

根据分子间力对物质熔点、沸点的影响可知,对于结构相似的同系列物质的熔点、沸点一般随着相对分子质量的增大而升高。但在氢化物中,NH_3、H_2O、HF 的熔点、沸点比相应同族的氢化物都高得多,见图 2.19。这说明分子间除上述三种作用外,还存在着另一种特殊的分子间力,这就是氢键。氢键的存在不仅可由某些物质的物理性质证实,也可由 X 射线衍射、电子衍射和中子衍射实验所证实。

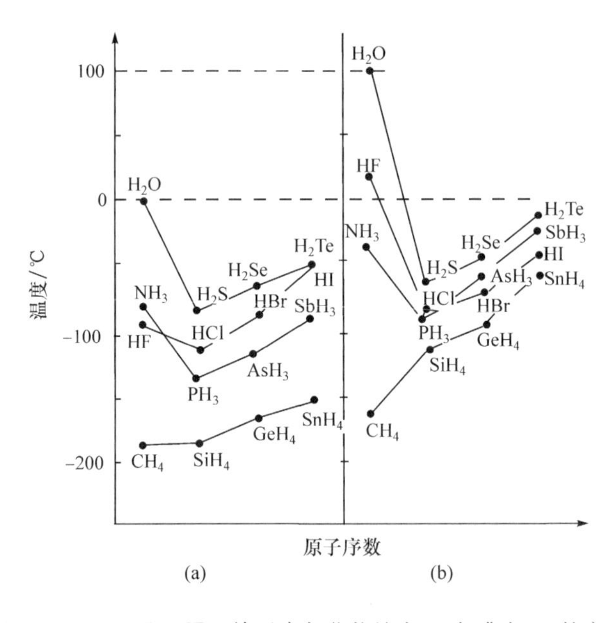

图 2.19　ⅤA、ⅥA、ⅦA 族元素氢化物熔点(a)与沸点(b)的变化

1. 氢键的形成和特点

当氢原子与电负性很大、半径很小的原子(如 F、O、N)形成共价型氢化物时,原子间的共用电子对强烈偏移向电负性大的原子,使氢原子几乎成为裸露的质子。这样氢原子就可以和

另一个电负性大的且含有孤对电子的原子产生静电吸引，这种引力称为氢键。例如，液态 H_2O 分子中 H 原子可以和另一个 H_2O 分子中 O 原子互相吸引形成氢键(图 2.20 中以虚线表示)。

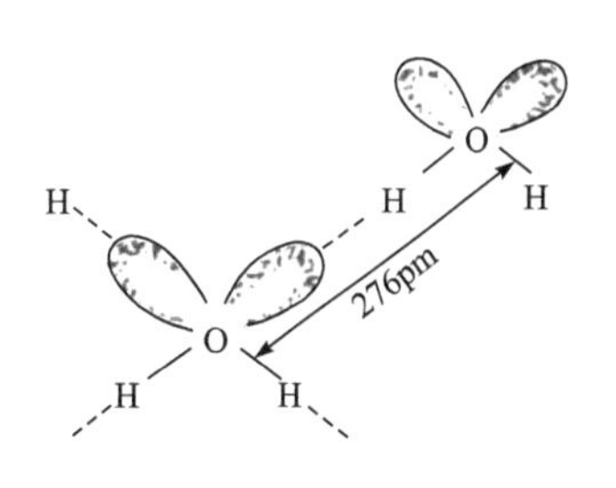

图 2.20　H_2O 分子间氢键

氢键可用 X—H…Y 表示，X、Y 可以是同种元素的原子，也可以是不同种元素的原子，但 X、Y 必须是电负性大、半径小，且含孤对电子的原子。因此，形成氢键应具备两个条件：①分子中必须有电负性较大的元素 X 并与氢原子形成强极性共价键 H—X；②分子中必须有电负性较大、半径较小且带孤对电子的原子 Y。

氢键的主要特点如下：

(1) 氢键基本上还是静电吸引作用，它的键能一般为 41.84kJ · mol^{-1} 以下，比化学键小得多，和分子间力具有相同的数量级，所以通常将氢键称为一种特殊的分子间力。氢键的强度可用氢键的键能来表示。氢键的键能为拆开 1mol H…Y 键所需要的能量，它与 X、Y 的电负性有关，电负性越大，氢键越强；此外还与 Y 原子的原子半径有关，半径越小，所形成的氢键越强。因此，F—H…F 是最强的氢键，O—H…O、O—H…N、N—H…N 的氢键依次减弱，O—H…Cl、O—H…S 形成的氢键更弱，而 C 一般不形成氢键，但当 C 和 N 以叁键(如 H—C≡N)或双键(如 R╲H—C╱╱N—)相连时，也可形成很弱的氢键。

氢键的键长是指 X－H…Y 中，由 X 原子到 Y 原子中心的距离。氢键的键长比范德华半径之和要小一些，但比共价半径之和大得多。表 2.11 列出了几种常见的氢键键能和键长。

表 2.11　几种常见氢键的键能和键长

氢键	键能/(kJ · mol^{-1})	键长/pm	化合物
F—H…F	28.0	255	$(HF)_n$
O—H…O	18.8	276	冰
N—H…F	20.9	268	NH_4F
N—H…O	16.2	286	$CH_3CONHCH_3$(在 CCl_4 中)
N—H…N	5.4	338	NH_3

(2) 氢键具有方向性和饱和性。氢键中 X、H、Y 三个原子尽可能在一条直线上，键角接近 180°(有些不是，特别是分子内氢键)，这是因为氢原子体积小，为减少 X、Y 电子云的排斥，X、Y 尽可能远离，这样形成的氢键才越强，这就是氢键的方向性。氢键的饱和性是指 X—H 只能与一个 Y 原子形成氢键。这是因为氢原子体积比 X、Y 原子体积小得多，当 X—H 与 Y 原子形成 X—H…Y 氢键后，如再有另一个 Y′原子靠近时，则 Y′原子的电子云与氢键上 X、Y 原子的电子云斥力远大于受核的吸引力，因此 X—H…Y 上的氢原子不可能再与第二个 Y′形成第二个氢键，所以氢键中的氢的配位数为 2。

2. 氢键的分类

氢键的存在十分普遍，许多重要的化合物，如水、醇、酚、氨、氨基酸、蛋白质、酸式盐、碱式盐(含 OH 基)及结晶水合物等都存在氢键。氢键可分为分子间氢键和分子内氢键。

分子间氢键为一个分子的 X—H 键与另一个分子的 Y 原子相结合而产生的氢键,如气态、液态、固态的 HF 分子都存在着分子间氢键,见图 2.21(a)。分子间靠氢键结合称为缔合。分子间氢键的存在,可使分子缔合成多聚体,如 $n\ \mathrm{HF} \rightleftharpoons (\mathrm{HF})_n$,式中 $n=2,3,4,\cdots$,这种分子的缔合并不引起化学性质的改变。有的缔合可连接成链状、层状、骨架结构。例如,$NaHCO_3$ 通过分子间氢键形成链状结构,见图 2.21(b);硼酸(H_3BO_3)通过分子间氢键形成层状结构,见图 2.21(c);冰(H_2O)通过分子间氢键形成骨架结构,见图 2.21(d)。

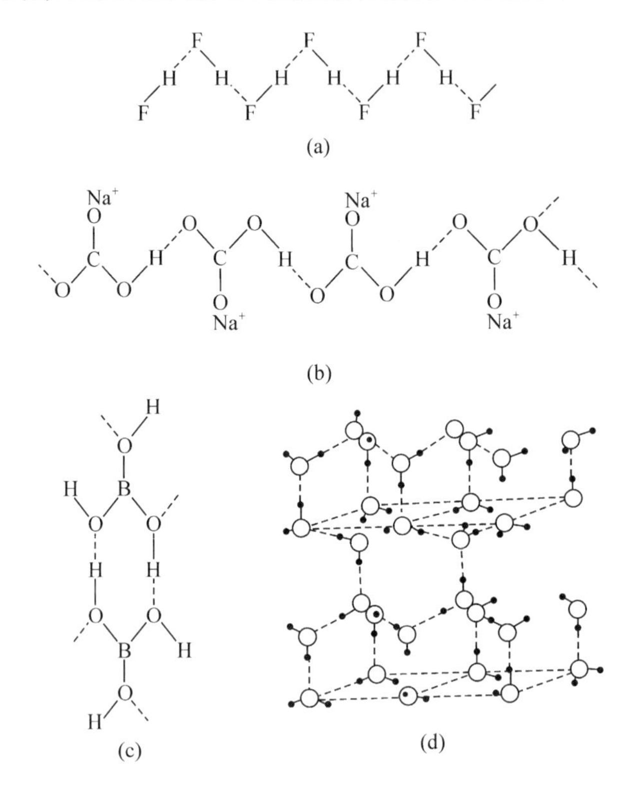

图 2.21　HF(a)、$NaHCO_3$(b)、H_3BO_3(c)、冰(H_2O)(d)形成的分子间氢键

分子内氢键为分子中的 X—H 键与其内部 Y 原子产生的氢键,如邻苯二酚、邻位硝基苯酚中就存在着分子内氢键,见图 2.22。

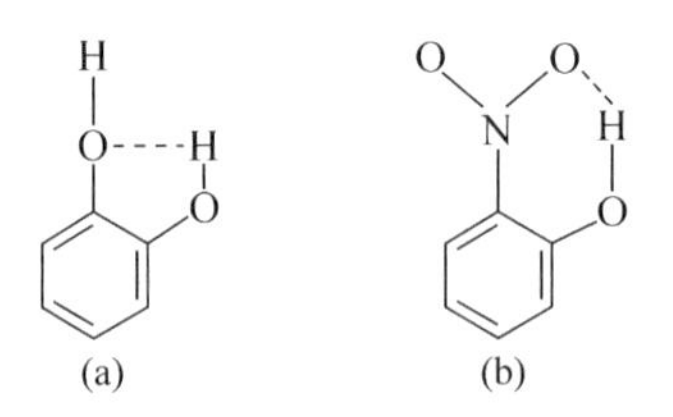

图 2.22　邻苯二酚(a)和邻位硝基苯酚(b)中的分子内氢键

一般来说,形成分子内氢键的分子不再生成分子间氢键,相应的其熔点、沸点低于生成分子间氢键时的熔点、沸点,而且更易溶于非极性溶剂中,并且易于气化。

3. 氢键对物质性质的影响

氢键的形成对物质的性质具有很大的影响。

1）对物质熔点、沸点的影响

分子间形成氢键可使分子间的结合力加强，欲使固体熔化或液体气化，除了要克服纯粹的分子间力以外，还必须额外地供应一份能量来破坏分子间的氢键。因此，物质的熔点、沸点比相应的同系列氢化物要高，如 NH_3、H_2O、HF 的熔点、沸点高于同族内的其他氢化物的熔点、沸点。在碳族氢化物中，由于 CH_4 没有条件形成氢键，CH_4 分子间主要以分子间力聚集在一起，所以 CH_4 的熔点、沸点在同族元素的氢化物中最低。

2）对溶解度的影响

在极性溶剂中，如果溶质分子与溶剂分子间形成氢键，促进分子间的结合，有利于溶质分子的溶解。例如，NH_3 在水分子中的溶解度极大，0℃时 1 体积水可溶解 1200 体积的 NH_3。除 NH_3 分子具有很强的极性外，更重要的是 NH_3 与水可形成分子间氢键。

3）对物质酸性的影响

苯甲酸（C_6H_5COOH）是一种有机酸，解离常数 $K_a^{\ominus}=6.2\times10^{-12}$，若在—COOH邻位上有羟基（—OH）时，$K_a^{\ominus}=9.9\times10^{-11}$，如果在—COOH 两边的邻位上各有一个—OH，$K_a^{\ominus}$ 增至 5.0×10^{-9}。酸性增强是由于取代基和羟基形成氢键，促使 H^+ 更易解离，见图 2.23。

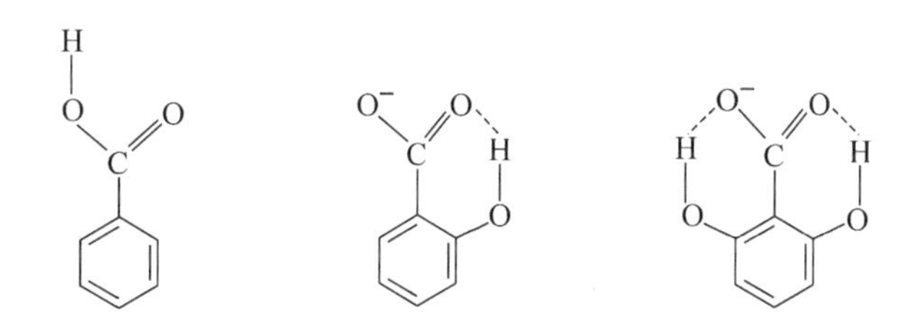

图 2.23　邻羟基苯甲酸分子内氢键

4）对生物体的影响

人们认为氢键对生命来说比水还重要，因为生物体内的蛋白质和 DNA（脱氧核糖核酸）分子内或分子间都存在大量的氢键。蛋白质分子是许多氨基酸以肽键（$-NH-\overset{\overset{\displaystyle O}{\|}}{C}-$）缩合而成，这些长键分子之间又是靠羰基上的氧和氨基上的氢以氢键（C═O···H—N）彼此在折叠平面上相连接，见图 2.24(a)。蛋白质长链分子本身又可成螺旋形排列，螺旋各圈之间也因存在上述氢键而增强了结构的稳定性，见图 2.24(b)。此外，更复杂的 DNA 双螺旋结构也是靠大量氢键［图 2.24(c)中虚线表示］相连而稳定存在。由此可见，没有氢键的存在，也就没有这些特殊而又稳定的大分子结构，正是这些大分子支撑了生物机体，也正是由于氢键的存在，才使 DNA 的克隆得以实现，保持了物种的繁衍。

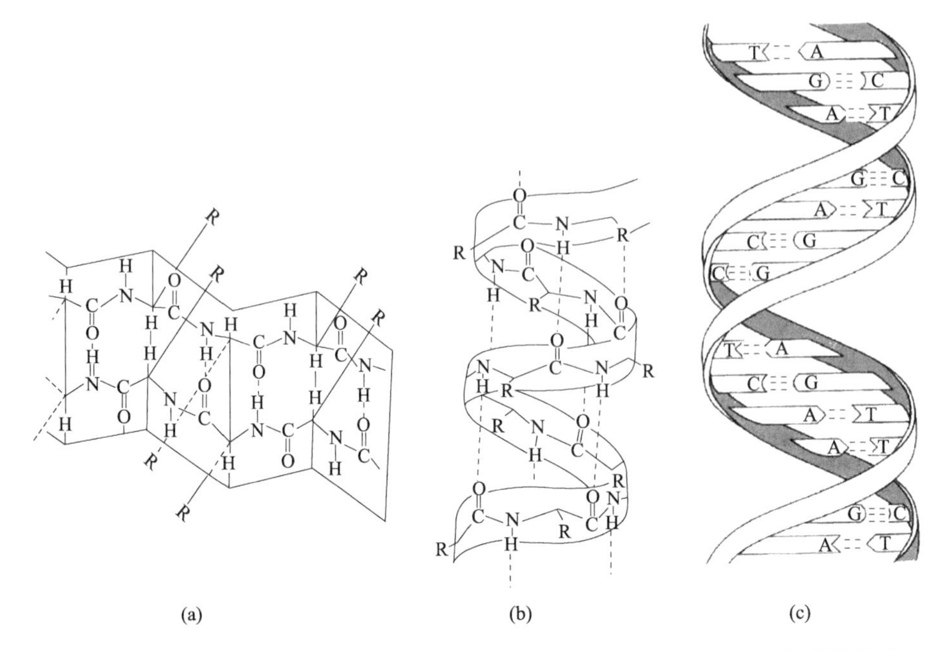

图2.24　蛋白质多肽折叠结构模式(a)、蛋白质 α-螺旋结构模式(b)和 DNA 双螺旋结构模式(c)

第五节　晶体结构

物质在通常条件下主要分为三种聚集状态:气态、液态和固态,固态物质可分为晶体和非晶体两大类。自然界中绝大多数的固体都是晶体,少部分固体属于非晶体。经 X 射线研究表明,所有晶体都是由在空间很有规律地排列的微粒(离子、原子、分子)组成。晶体结构的主要内容是研究晶体中微粒间的相互作用力和微粒在空间的排布及其对晶体性质的影响。

一、晶体的基本概念

1. 晶体的特征

1) 具有整齐、规则的几何外形

例如,食盐晶体为立方体,明矾为正八面体。非晶体如玻璃、沥青、石蜡等,没有规则固定的几何外形,又称为无定形物质。

2) 具有确定的熔点

在一定条件下,将晶体升温,只有达到确定的温度(熔点)晶体才开始熔化,在未完全熔化之前,虽然继续加热,但温度并不再升高,外界所供能量全部用于晶体由固态向液态的转变。而非晶体则不然,非晶体的熔化是由固态逐渐软化,最终变为可流动的熔体,从软化到完全变为熔体的过程中,温度不断升高,无固定的熔点。

3) 有各向异性

晶体的物理性质在各个方向上有所差异,如光学性质、热和电的传导性及力学性质等都是有方向性的,即晶体在不同方向上的性质各不相同。例如,当晶体受外力后,容易沿某几个平面开裂,这种现象称为解理,开裂所对应的平面称为解理面。云母极易沿一特定方向裂成极薄的薄片;食盐则沿相互垂直的平面解理成更小的立方体,晶体的这种性质称为各向异性,而非晶体则为各向同性。

2. 晶格和晶胞

组成晶体的微粒在晶体内部周期性有规律地排列着,这是晶体的基本特征。应用X射线研究晶体结构表明,组成晶体的质点(分子、原子、离子)的确定位置的点在空间有规则地排列,这些点群具有一定的几何形状,称为结晶格子,简称晶格,晶格上的点称为结点,见图2.25。

晶格中含有晶体结构的具有代表性的最小重复单位,称为单元晶胞,简称晶胞,晶胞在三维空间中周期性地无限重复就形成了晶体。晶胞的特征通常可用6个常数来描述,这6个常数是a、b、c和α、β、γ,见图2.26。从图2.26中可用看出,晶胞是一个平行六面体,a、b、c分别是三个棱的长,α、β、γ是棱边的夹角。因此,晶体的性质是由晶胞的大小、形状和质点的种类(分子、原子或离子),以及它们之间的作用力所决定的。

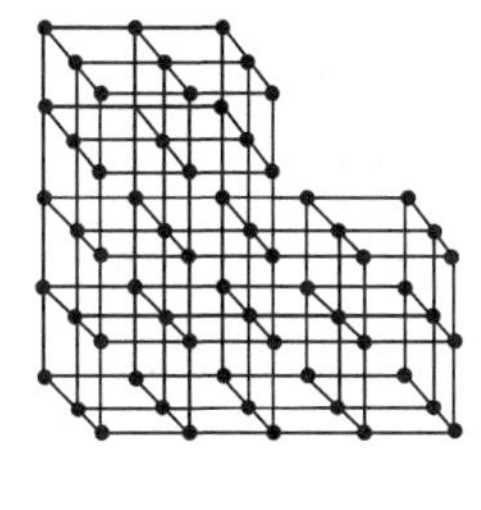

图2.25 晶格

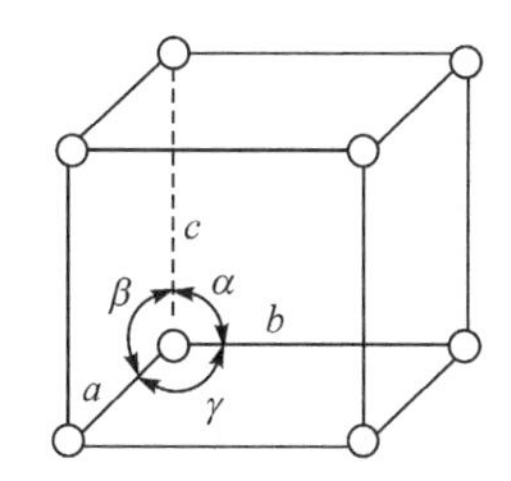

图2.26 晶胞

按照晶格上质点的种类和质点间作用力实质的不同,将晶体分为四种基本类型(图2.27)。

离子晶体,晶格上的结点是正、负离子,见图2.27(a);

原子晶体,晶格上的结点是原子,见图2.27(b);

分子晶体,晶格上的结点是极性分子和非极性分子,见图2.27(c);

金属晶体,晶格上的结点是金属原子或正离子,见图2.27(d)。

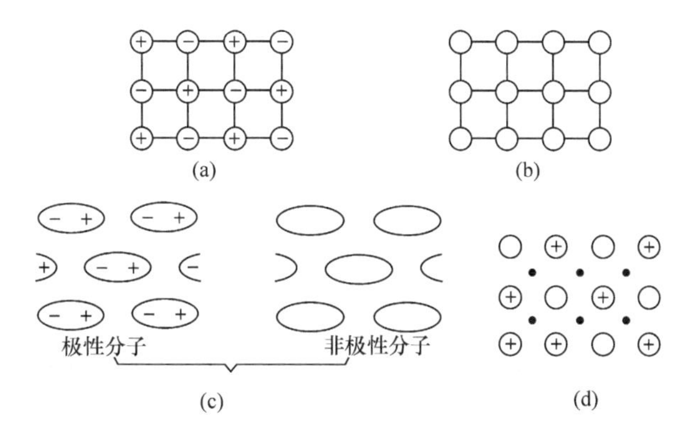

图2.27 各种晶体中晶格结点上质点的示意图

以上四种晶体的区别不仅是构成晶体质点的不同，更重要的是质点间的作用力有着显著的不同，其性质也有较大的区别。下面分别介绍各种晶体的结构特征和性质。

二、离子晶体

在晶格结点上交替排列着正、负离子，正、负离子之间通过静电引力(离子键)结合在一起的一类晶体，称为离子晶体。

1. 离子晶体的结构特征

在离子晶体中不存在单个的分子。例如，NaCl 晶体(图 2.28)，晶格结点上排列着 Na^+ 和 Cl^-，每个 Na^+ 周围有 6 个 Cl^-，而每个 Cl^- 周围同样有 6 个 Na^+。通常将晶体中(或分子内)某一粒子相邻最近的其他粒子数目称为该粒子的配位数。因此，在 NaCl 晶体中 Na^+ 和 Cl^- 的配位数都是 6。其晶体中不存在单个的氯化钠分子，而只有 Na^+ 和 Cl^-，且数目比为1∶1，整个晶体是个无限的巨型“分子”，“NaCl”只表示组成的化学式，而不是分子式。

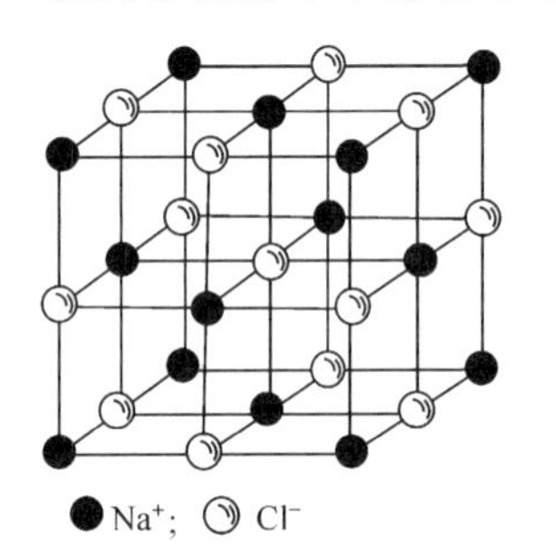

图 2.28　NaCl 晶体结构示意图

由于离子键无方向性和饱和性，只要空间允许，一个离子周围总是尽可能多地吸引异号电荷的离子，但各种正、负离子大小不同，离子半径比 r_+/r_- 不同，其配位数就不同，离子晶体内正、负离子在空间的排列方式不同，相应的空间结构也就不同，因而可得到不同类型的离子晶体。最常见的有四种类型离子晶体：NaCl 型、CsCl 型、ZnS 型(以上三者称 AB 型晶体)、CaF_2 型(称 AB_2 型晶体)。AB 型离子晶体的 r_+/r_- 与配位数、晶体构型的关系，见表 2.12。

表 2.12　AB 型离子晶体的 r_+/r_- 与配位数、晶体构型的关系

半径比 r_+/r_-	配位数	晶体构型	实例
0.225～0.414	4	ZnS	ZnS、ZnO、BeO、BeS、CuCl、CuBr 等
0.414～0.732	6	NaCl	NaCl、KCl、NaBr、LiF、CaO、MgO、CaS 等
0.732～1.000	8	CsCl	CsCl、CsBr、CsI、TiCl、NH_4Cl、TiCN 等

2. 离子晶体的特点

离子晶体中离子键是一种很强的静电作用力，晶格能一般较大。若破坏其晶格，需要较大的能量才能克服离子间的作用力，因此离子晶体一般具有较高的熔点、沸点和硬度，而且其熔点、沸点、硬度随晶格能的增大而增加。

在离子晶体中不存在自由电子，晶体中的离子受到较强的静电吸引，都被牢固地束缚在晶格的结点上，它只能在晶格结点上往复不停地振动，因此离子晶体往往不导电，但当离子晶体溶于水或在熔融状态下，正、负离子便能自由运动，从而导电。许多离子晶体易溶于极性溶剂，难溶于非极性溶剂。

离子晶体既硬又脆，离子键的强度大，故离子晶体有一定的硬度。当晶体受撞击时，晶格内多层离子间发生错动(图 2.29)，只要使离子层产生一个离子直径长度的位移，就会使离子以同号相接触，使得本来相互吸引的静电力变成排斥力，于是晶体发生崩裂，表现出脆的特性。

所以当晶体受外力作用时，如果外力不能克服离子键力，晶体表现出硬的特征；如果外力超过离子键力，则晶体表现出脆的特征。

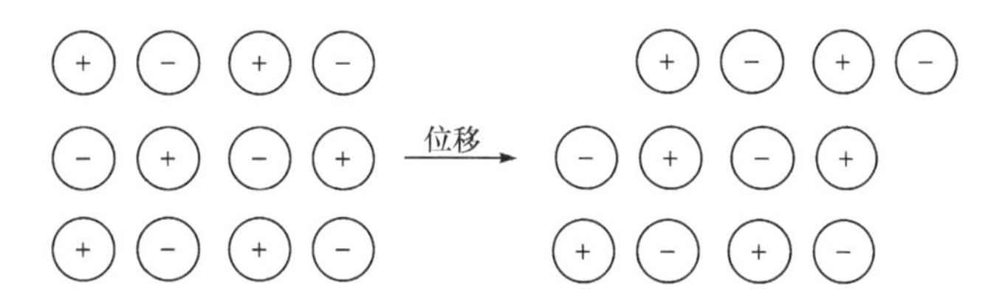

图 2.29　离子晶体内离子间发生的错动

三、原子晶体

在晶格的结点上排列着中性原子，原子间通过强大的共价键而形成的一类晶体，称为原子晶体，又称共价晶体，如二氧化硅（SiO_2）、单质硅（Si）、金刚石（C）等。金刚石为典型的原子晶体，见图 2.30。在金刚石晶体中，每个碳原子以四个 sp^3 杂化轨道与邻近的 4 个碳原子形成四个共价键，构成正四面体结构，这种正四面体在整个空间重复延伸就形成了三维网状结构的巨型分子。在其晶体中，每个碳原子的配位数为 4。金刚石晶体中原子对称、等距离排布，结合特强，所以金刚石特硬，是天然物质中最硬的，经琢磨加工后成为名贵的金刚钻。

石英 SiO_2 也是原子晶体，和金刚石具有相似的骨架结构，见图 2.31。在晶体中硅原子处于正四面体的中心，氧原子位于正四面体的顶角，每个氧原子和两个硅原子相连接，在石英晶体中，硅和氧的配位数分别为 4 和 2。

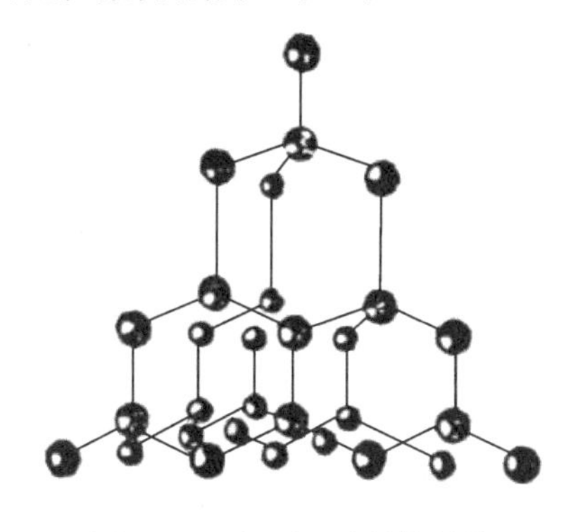

图 2.30　金刚石的晶体结构

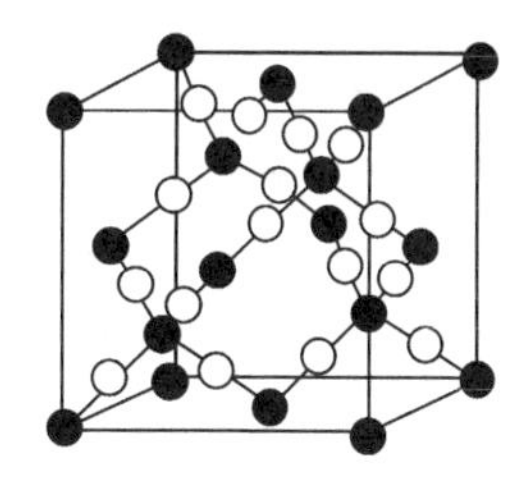

图 2.31　石英的晶体结构

原子晶体结构和性质的主要特点如下：

在原子晶体中，原子间彼此是通过共价键相互联系起来的，在空间无限扩展成为连续的骨架结构，因此在原子晶体中不存在单个分子，整个晶体就是一个无限的巨型分子。如用 SiO_2 表示石英，用 C 表示金刚石，这些只代表其组成的化学式，而不是分子式。

一般来说，在原子晶体中，由于共用电子对所组成的共价键，特别是通过成键能力很强的杂化轨道成键，都很牢固，键能很大。因此，它们都具有很高的熔点，硬度很大。金刚石是最硬的固体，熔点高达 3576℃；SiC 俗称金刚砂，硬度仅次于金刚石，在工业上可作研磨材料、耐火材料。

原子晶体难溶于一切溶剂，在常温下不导电，是电的绝缘体和热的不良导体，但 Si、SiC、Ge、Ga 等的性质介于金属和非金属之间，它们是优良的半导体材料。20 世纪后半叶这种“半导体”的发现和发展使电子工业发生了一场革命，从而进入信息时代，人类的生活从此大为改观。

四、分子晶体

在晶格的结点上排列着分子(极性分子或非极性分子),分子间通过分子间力相结合(在某些极性分子间还存在着氢键)的晶体,称为分子晶体。例如,干冰(固态 CO_2)、碘(I_2)都是典型的分子晶体,见图 2.32。

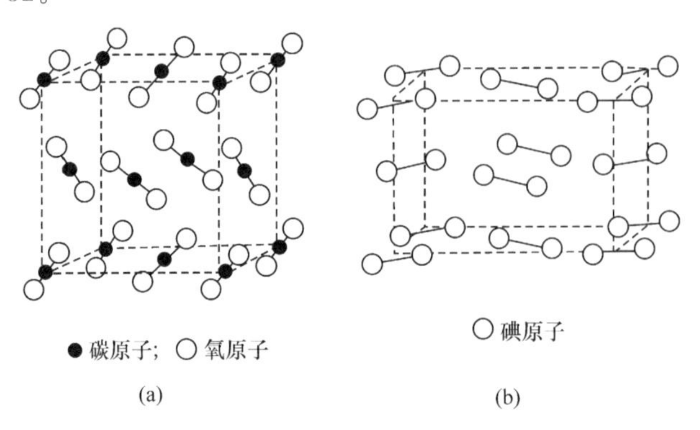

图 2.32 干冰(a)和碘(b)的分子晶体结构

分子晶体的特点如下:

在分子晶体中,虽然分子内部各原子间以强的共价键相结合,但分子间却以较弱的范德华力相互作用,以干冰为例,见图 2.32(a)。它属于简单立方晶体,干冰分子内部是以 C═O 共价键结合,而在晶体中 CO_2 分子间只存在色散力。分子内部的共价键强于结点上的分子之间的作用力,因此分子晶体与离子晶体、原子晶体不同,在分子晶体中存在着独立的小分子,其化学式就是分子式。大多数共价型的非金属单质和化合物,如卤素单质(F_2、Cl_2、Br_2、I_2)、H_2、N_2、CO_2、H_2S、NH_3 及有机化合物晶体等,都是分子晶体。稀有气体在固态时,也是分子晶体,其晶格结点上排列的稀有气体的单原子分子、结点之间以色散力相结合,也称单原子分子晶体。在冰的晶体中,水分子之间通过氢键作用力结合成晶体,这类晶体又称氢键型晶体。

在分子晶体中,分子之间的相互作用力较弱,只要供给少量的能量,晶体就会被破坏,因此分子晶体的熔点、沸点比较低,硬度较小,挥发性大,在常温下以气体或液体存在,即使在常温下呈固态,其挥发性也很大,蒸气压高,常具有升华性质,如碘(I_2)[图 2.32(b)]、萘($C_{10}H_8$)等。分子晶体的熔点、沸点随分子间力的增大而升高,若分子间形成氢键,熔点、沸点会显著升高。

在分子晶体结点上是电中性的分子,固态和熔融时都不导电,是电的不良导体,特别是键能大的非极性分子,如 SiF_6 是工业上极好的绝缘材料。但某些极性分子所组成的晶体溶于水后能导电,如 HCl 分子、NH_3 分子等。

五、金属晶体

周期表中有五分之四的元素是金属元素,除汞以外的其他金属在室温下都是晶体,金属晶体的共同特征是:具有金属光泽,有优良的导电性、导热性,富有延展性等,金属的特性是由金属内部特有的化学键性质所决定的。

1. 金属晶体的改性共价键理论

金属原子半径比较大,原子核对价电子的吸引力比较弱,因此价电子容易从金属原子上脱落下来成为自由电子或非定域的自由电子,它们不再属于某一金属原子,而是在整个金属晶体中自由流动，为整个金属所共有，留下的正离子就在这些自由电子中，金属中自由电子与金属正离子间的作用力称为金属键。在金属晶体中的金属键可以看成是许多原子共用许多电子的一种特殊形式的共价键，称为金属的改性共价键。这是20世纪50年代应用量子力学方法，发展1916年荷兰科学家洛伦兹(H. A. Lorentz)的自由电子理论而提出来的，称为金属的改性共价键理论。应用改性共价键理论可知金属键不同于一般的共价键，它并不具有饱和性和方向性。在金属晶体中，每个原子将在空间允许的条件下与尽可能多的原子形成金属键。另外，利用该理论可以解释金属的导电性、导热性和延展性等。

2. 金属晶体的密堆积结构

金属键无方向性、饱和性，只要金属原子空间允许，总是尽可能多地在金属原子周围排布更多的原子，因此在金属晶体内都有较高的配位数。形成金属晶体时总是倾向于组成尽可能紧密的结构，采取密堆积的方式，以使每个原子与尽可能多的其他原子相接触。密堆积是指质点之间的作用力，质点间尽可能地互相接近，使它们占有最小的空间。密堆积的程度常用空间利用率表示，即空间被晶格质点占满的百分数。如果将金属原子视为球体，则金属晶体的密堆积有三种方式：六方密堆积，面心立方密堆积和体心立方密堆积。现分述于下。

第一层等径圆球的最紧密排列只有一种方式，见图2.33中A所示的方式。第二层的最紧密排列方式也只有一种，见图2.33中B所示的方式，这样第二层只能排列三个原子。第三层堆上去时，就会有与第一层相对和不相对的两种方式：第三层与第一层相对，即堆成图2.33中A的位置，这样密堆积就成ABABAB…的重复方式，如图2.34中(a)、(b)所示，这就是六方密堆积。还有一种方式是第三层和第一层不相对，即堆成图2.35中(a)、(b)的位置上，即第三层球在第一、二层凹隙之上，这样堆积成ABCABCABC…的重复方式，就是面心立方密堆积。金属晶体密堆积的第三种方式为体心立方密堆积，见图2.36。

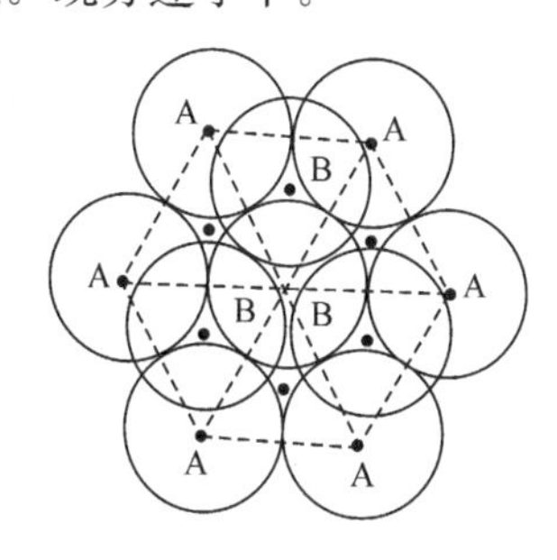

图2.33　金属原子的密堆积

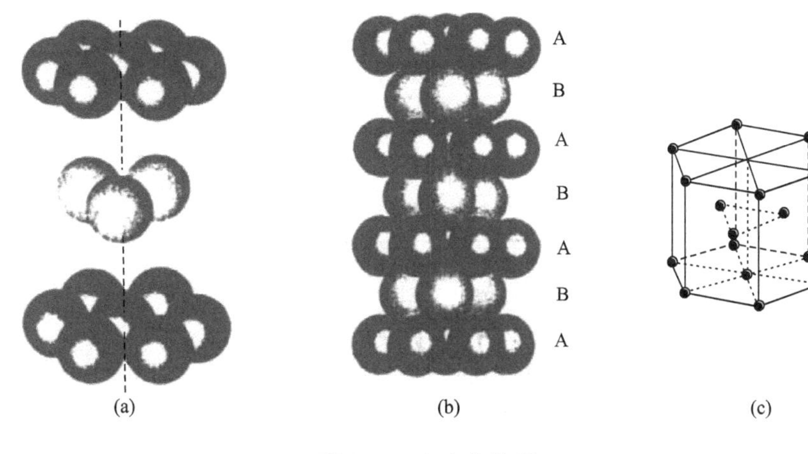

图2.34　六方密堆积

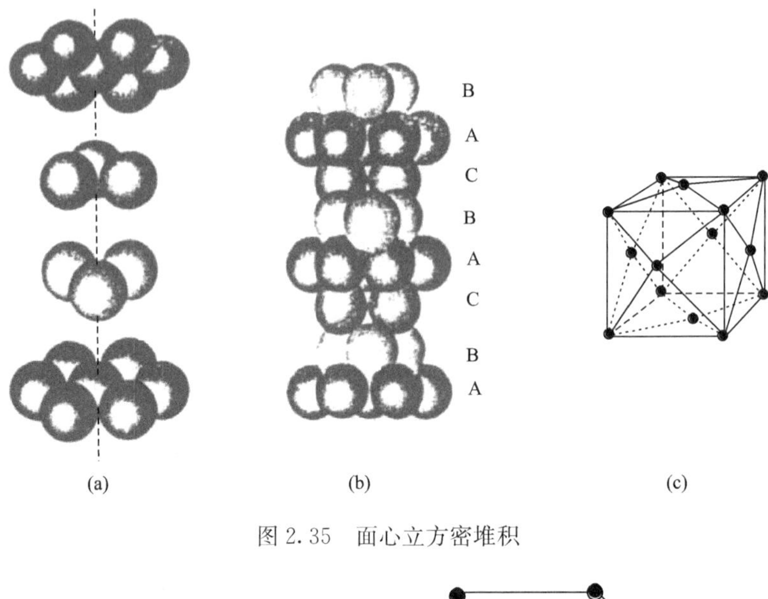

图 2.35　面心立方密堆积

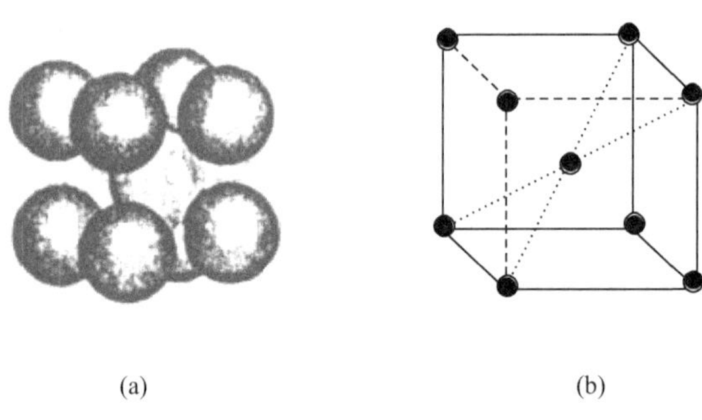

图 2.36　体心立方密堆积

各种金属的密堆积方式与周期表的关系见表 2.13。

表 2.13　金属的晶格类型

Li	Be												
111	1												
Na	Mg											Al	
111	1											11	
K	Ca	Sc	Ti	V	Cr		Fe	Co	Ni	Cu	Zn		
111	11	1	1	111	111		111	1	11	11	1		
Rb	Sr	Y	Zr	Nb	Mo	Tc	Ru	Rh	Pd	Ag	Cd		
111	11	1	1	111	111	1	1	11	11	11	1		
Cs	Ba	La	Hf	Ta	W	Re	Os	Ir	Pt	Au		Tl	Pb
111	11	1	1	111	111	1	1	11	11	11		1	11

Ce	Pr	Nd			Eu	Gd	Tb	Dy	Ho	Er	Tm	Yb	Lu
11	1	1			111	1	1	1	1	1	1	11	1

1	六方密堆积
11	面心立方密堆积
111	体心立方密堆积

密堆积概念同样适用于其他类型的晶体，只要晶格结点上的原子、分子或离子是球形的，均能充分利用空间紧密堆积。例如，NaCl 离子晶体，其中负离子采取面心立方密堆积方式，正离子占据空隙位置，属于面心立方晶体；又如，CH_4 分子晶体，因甲烷分子呈球形对称形成立方密堆积。

以上介绍了四类晶体的内部结构及特征，现归纳于表 2.14，以供比较。

表 2.14　四类晶体的内部结构及性质特征

晶体类型	离子晶体	原子晶体	分子晶体		金属晶体
结点上的粒子	正、负离子	原子	极性分子	非极性分子	原子、正离子（间隙处有自由电子）
结合力	离子键	共价键	分子间力、氢键	分子间力	金属键
熔点、沸点	高	很高	低	很低	
硬度	硬	很硬	软	很软	
机械性能	脆	很脆	弱	很弱	有延展性
导电性、导热性	熔融态及其水溶液导电	非导体	固态、液态不导电，但水溶液导电	非导体	良导体
溶解性	易溶于极性溶剂	不溶性	易溶于极性溶剂	易溶于非极性溶剂	不溶性
实例	NaCl、MgO	金刚石、SiC	HCl、NH_3	CO_2、I_2	W、Ag、Cu

除了上述四类典型的晶体外，还存在另一类晶体为混合型晶体，如石墨、氮化硼等。

六、混合型晶体

以上介绍的四类晶体，其共同特点是每种晶体中质点间的作用力相同，即在一种晶体中只有一种作用力。除上述的四类晶体外，还有一些晶体中的质点间作用力不同，这类晶体称混合型晶体，属于这类晶体的有层状结构晶体和链状结构晶体。

1. 层状结构晶体

石墨是典型的层状结构晶体，如图 2.37 所示。在石墨晶体中，每个碳原子均以 sp^2 杂化轨道与同层相邻的三个碳原子形成 σ 键，构成平面正六角形的网状结构。该结构中 C—C 键长为 142pm，键角为 120°，因此石墨晶体具有层状结构。此外，每个碳原子还有一个垂直于该平面的未杂化的含一个电子的 2p 轨道，这些轨道相互平行形成离域的大 π 键。离域大 π 键上的电子在每一层平面上自由运动，类似于金属晶体中的金属键，因而石墨具有金属光泽，并具有良好的导电性。在石墨晶体中层与层之间的距离为 335pm，层与层之间以分子间力相联系。由于这种作用力较弱，层与层之间容易滑动和断裂。在石墨晶体中，既有共价键、金属键，也有分子间力，因此石墨是原子晶体、金属晶体、分子晶体的混合型晶体。

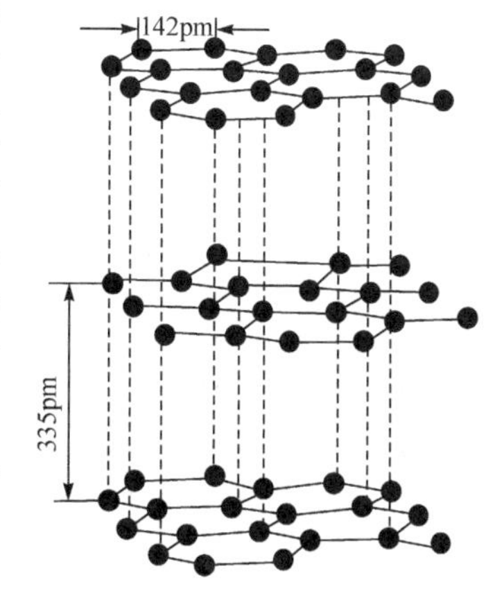

图 2.37　石墨的层状结构晶体示意图

2. 链状结构晶体

石棉是天然硅酸盐的一种，是典型的链状结构晶体。天然硅酸盐的基本单位是一个硅原子和四个氧原子组成[SiO_4]正四面体，所不同的只是这种硅氧四面体的连接方式和排列方式。如果各[SiO_4]共用两个顶点连接在一维方向上无限延伸，就形成单链状结构，用$(SiO_3)_n^{2n-}$表示，或双链状结构，用$(Si_4O_{11})_n^{6n-}$表示，见图2.38。链内是含有硅、氧原子间为共价性的离子键，链与链之间是链状阴离子与相隔较远的金属阳离子(Ca^{2+}、Mg^{2+}等)，以离子键相结合，因此石棉晶体中既存在共价键，又存在离子键，是一个混合型晶体。

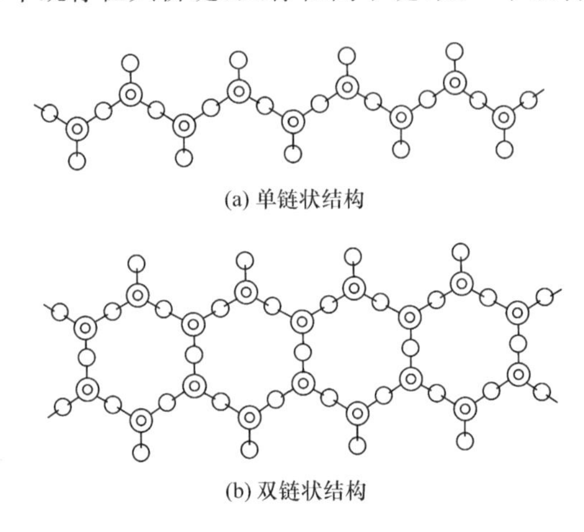
(a) 单链状结构

(b) 双链状结构

图2.38 [SiO_4]四面体构成的链状结构

在石棉晶体中，链间的离子键较链内的共价键弱得多，因此沿平行于链的方向用力，石棉晶体容易顺条地被撕开。

晶体的结构对物质的物理性质具有决定性的影响，以碳元素为例，其不同的结构形成不同的晶体，其性质也有很大的差别。金刚石是原子晶体，具有熔点高、沸点高、硬度大、不导电的性质。石墨是混合型晶体，具有良好的导电、导热性，是良好的固体润滑材料。1985年，美国的柯尔(R. F. Curl)、斯莫利(R. E. Smalley)及英国的克罗托(H. W. Kroto)发现了碳元素的第三种晶体形态，称为球烯或富勒烯，由此他们获得了1996年诺贝尔化学奖。富勒烯的发现在学术界引起了巨大的轰动，在世界范围内迅速掀起富勒烯研究热潮，至今不衰。富勒烯C_{60}、C_{70}、C_{84}、C_{90}等都是空心笼状结构，其中以C_{60}最稳定，其笼状结构酷似足球，球面有20个六元环面，12个五元环面，每个顶角上的C原子与周围3个C原子相连，形成3个σ键，各C原子剩余的轨道和电子共同组成离域大π键。这个球形C_{60}分子内部碳碳间是共价键，而分子间靠范德华力结合成分子晶体(面心立方堆积结构)，见图2.39。C_{60}除具有熔点低、沸点低、硬度小、不导电的特征外，已发现的球烯分子晶体可作为极好的润滑剂，其衍生物或添加物在超导、半导体、催化剂等领域有着广阔的应用前景。像石墨、金刚石、球烯这类由相同元素原子结合而成的不同晶体，称为同素异形体或同质异晶体。

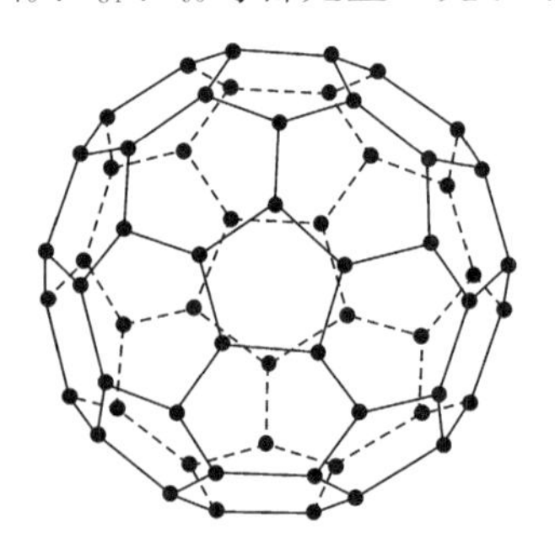
图2.39 球烯(C_{60})的结构

除了碳笼外，最近科学家又发现了硼笼、硅笼，总之，C_{60}的发展历史和它已经显示出来的科学技术意义，将不断激励人们在这充满挑战和机遇的时代里继续奋力拼搏，并推进着科技向跨世纪的更高层次发展。

习　题

1. 判断下列叙述是否正确，并说明理由。
   (1) 一种元素原子最多所能形成的共价单键数目，等于基态的该种元素原子中所含的未成对电子数。
   (2) 共价多重键中必含一个 σ 键。
   (3) 由同种元素组成的分子均为非极性分子。
   (4) 氢键就是氢和其他元素间形成的化学键。
   (5) S 电子与 s 电子间形成的键是 σ 键，P 电子与 p 电子间形成的键是 π 键。
   (6) sp^3 杂化轨道指的是 1s 轨道和 3p 轨道混合后，形成的 4 个 sp^3 杂化轨道。
   (7) 在 CH_3^- 和 CH_3^+ 中碳的杂化轨道类型相同，因此二者的几何构型也相同。
   (8) 极性分子间作用力最大，所以极性分子熔点、沸点比非极性分子都高。
2. 下列各对原子间哪些能形成氢键？哪些能形成极性共价键或非极性共价键？
   (1) Li，O　(2) Br，I　(3) Mg，I　(4) O，O
   (5) C，O　(6) Si，O　(7) Na，F　(8) N，H
3. 将下列各组中的化合物按键的极性由大到小排列。
   (1) ZnO，ZnS　(2) HI，HCl，HBr，HF　(3) $SiCl_4$，CCl_4　(4) H_2Se，H_2Te，H_2S　(5) OF_2，SF_2
4. 下列物质中哪些是极性分子？哪些是非极性分子？
   CCl_4，$CHCl_3$，CO_2，CO，SO_2，SO_3，BCl_3，O_3，NF_3
5. 已知 NO_2、SO_2、CS_2 分子的键角分别为 132°、120°、180°，试推断它们的中心原子轨道杂化方式(注明等性或不等性)。
6. 试用杂化轨道理论说明：由 BF_3 转变为 BF_4^-，由 NH_3 转变为 NH_4^+，由 H_2O 转变为 H_3O^+ 时，分子的几何构型发生了变化。
7. 试排列下列晶体熔点高低顺序。
   (1) CsCl，Au，CO_2，HCl　(2) NaCl，N_2，NH_3，Si
   (3) KF，CaO，BaO，SiF_4，$SiCl_4$　(4) KCl，NaCl，CCl_4，$SiCl_4$
8. 判断下列各组分子间存在的分子间作用力。
   (1) 苯和 CCl_4　(2) CH_3OH 和 H_2O　(3) CO_2 气体　(4) H_2O 分子

9. 说明　和　两种化合物熔点、沸点的高低及其原因。
10. 根据下列分子偶极矩数据，判断分子的极性和几何构型。
    $SiCl_4(\mu=0)$，$CH_3Cl(\mu=6.38\times10^{-30}\,C\cdot m)$，$SO_3(\mu=0)$
    $HCN(\mu=7.2\times10^{-30}\,C\cdot m)$，$BCl_3(\mu=0)$，$PCl_3(\mu=2.6\times10^{-30}\,C\cdot m)$
11. 试解释下列事实。
    (1) 乙醚的相对分子质量(74)大于丙酮的相对分子质量(58)，但乙醚的沸点(34.6℃)却比丙酮(56.5℃)低许多，而乙醇相对分子质量(46)更小，沸点(78.5℃)却更高。
    (2) SiO_2 和 $SiCl_4$ 都是四面体构型，SiO_2 晶体有很高的熔点，而 $SiCl_4$ 的熔点则很低。
    (3) Na 与 Si 都是第三周期元素，但在室温下 NaH 是固体，而 SiH_4 却是气体。
    (4) 卫生球(萘 $C_{10}H_8$ 的晶体)的气味很大。

12. NaF、MgO 为等电子体,它们具有 NaCl 晶形,但 MgO 的硬度几乎是 NaF 的两倍,MgO 的熔点(2800℃)比 NaF(993℃)高得多,为什么?
13. 判断下列化合物中有无氢键存在,如有氢键,表明氢键的形成:NH_3、C_6H_6、HNO_3、HCN。
14. 卤化氢 HF、HCl、HBr、HI 分子极性由强到弱的顺序为________,分子间取向力由大到小的顺序为________,分子间色散力由大到小的顺序为________,沸点由高到低的顺序为________。

第三章　气体、溶液和胶体

物质的聚积状态通常有气态、液态和固态，这三种状态各有其特点，而且可以相互转化。另外还有地球上不常见的第四态——等离子体，等离子体是茫茫宇宙中物质的主要存在形式。

一种物质除了以气态、液态或固态形式单独存在外，在自然界中常与其他物质混合在一起。例如，在日常生活当中，经常看到的牛奶、豆浆、自来水等系统，它们是由一种或多种物质分散在另一种物质中构成的系统，称为分散系。

分散系在生物界普遍存在，与人类生活及生存环境也有着密切的关系。

第一节　气　　体

气体物质的基本特征是它的扩散性和可压缩性。用来描述气体分子运动状态的物理量主要有四个：物质的量(n)、体积(V)、热力学温度(T)和压力(p)。

一、理想气体状态方程

分子本身没有体积、分子之间没有相互作用力的气体称为理想气体。理想气体实际是不存在的，但是在高温、低压下实际气体分子自身的体积与气体体积相比可以忽略，气体分子之间距离较远，分子之间的作用力也可忽略。因此，常把高温、低压下的实际气体看成理想气体。

描述理想气体状态变化规律的方程，称为理想气体状态方程，即

$$pV=nRT \tag{3.1}$$

式中，R 为摩尔气体常量。实验测得，在 273.15K、101.325kPa 时，1mol 理想气体所占的体积为 $0.022414m^3$，将数据代入，得到 $R=8.3145Pa\cdot m^3\cdot mol^{-1}\cdot K^{-1}=8.3145J\cdot mol^{-1}\cdot K^{-1}$。

二、道尔顿理想气体分压定律

实际工作中，经常遇到两种或多种气体组成的多组分系统。如果将几种相互不发生反应的理想气体置于同一容器中，那么每种气体如同单独存在时一样充满整个容器，所以每一种气体所产生的压力不会因其他组分气体的存在而改变。每一种气体对器壁产生的压力称为该组分气体的分压力，简称分压 p_i。

$$p_i=\frac{n_i}{V}RT$$

理想气体混合物的总压力 p 等于混合气体中各组分气体分压力的和：

$$p=p_1+p_2+p_3+\cdots=\sum_i p_i$$

此规律最早由英国化学家道尔顿(Dalton)于 1801 年通过实验提出，后经分子运动论证明，因此称为道尔顿理想气体分压定律。

道尔顿理想气体分压定律可以描述为：在温度和体积恒定时，混合气体的总压力等于各组分气体分压力之和，某组分气体的分压力等于该气体单独占有总体积时所表现的压力。

三、实际气体

理想气体是不存在的,实际气体的体积要大于理想气体。由于分子之间存在作用力,实际气体对器壁产生的压力要小于理想气体。因此,在总结大量实验事实的基础上,科学家得到了实际气体的各个物理量间的关系式:

$$\left(p+\frac{an^2}{V^2}\right)(V-nb)=nRT \tag{3.2}$$

式中,a,b 为校正系数,不同的气体数值不同。

例 3.1 在 25℃,$p=99.43\text{kPa}$ 压力下,利用排水集气法收集氢气 0.4000L。计算在同样温度、压力下,得到的干燥氢气的体积及其物质的量。已知 25℃时 H_2O 的饱和蒸气压为 3.17kPa。

解 已知 $p_{总}=p_{外压}=99.43\text{kPa}$,$V=0.4\text{L}$,$T=(25+273.15)\text{K}$,则干燥前,$H_2$ 的分压为

$$p(H_2)=p_{总}-p(H_2O)=(99.43-3.17)\text{kPa}=96.26\text{kPa}$$

$$V=0.4\text{L}$$

干燥后,$p'(H_2)=99.43\text{kPa}$,由 $pV=p'V'$,得

$$V'=pV/p'=96.26\text{kPa}\times0.4\text{L}/99.43\text{kPa}=0.387\text{L}$$

$$n(H_2)=pV/RT=96.26\text{kPa}\times0.4\text{L}/[8.315\text{kPa}\cdot\text{L}\cdot\text{mol}^{-1}\cdot\text{K}^{-1}\times(25+273.15)\text{K}]$$

$$=1.55\times10^{-2}\text{mol}$$

第二节 液体和溶液

一、液体的蒸发和沸腾

1. 液体的蒸发

液体气化的方式有两种:蒸发和沸腾。液体分子脱离液体表面变成气体的过程称为蒸发。蒸发是液体表面分子的气化现象。

在敞口容器中,液体蒸发变成蒸气过程会不断进行,一直到液体全部蒸发为气体为止。

在密闭容器中,液体的蒸发是有限度的。在一定温度下,挣脱液体表面引力进入液面上方的分子聚集在容器中不能逸出,随着蒸发的进行,液体上方的气体分子增多,这些分子在做无规则运动,会与器壁、液面或其他分子产生碰撞,某些能量低的分子又返回液面,使蒸气凝为液体。最终,液体蒸发的速率和气体凝结的速率相等,液面上方单位体积内气体分子数不再变化,蒸气压也不再改变,液相和气相物质达到平衡。一定温度下,液体与其蒸气平衡时蒸气的压力称为该温度下液体的饱和蒸气压,简称蒸气压。蒸气压的大小取决于液体的本性和温度,与液体的量无关。

2. 液体的沸腾

加热敞口容器中的液体时,先在液体表面发生气化。随着温度的升高,液体的蒸气压将增大。当温度增加到蒸气压等于外界压力时,气化不仅在液面进行,而且同时在液体的内部进行,这种现象称为沸腾。液体的蒸气压等于外界压力时的温度称为液体的沸点。液体在 101.32kPa 下的沸点,称为液体的正常沸点。

二、溶液的基本概念和溶液浓度的表示方法

1. 溶液、溶质和溶剂

溶液是指一种物质以分子或离子状态均匀分布到另一种物质中得到的液体，其中量少的物质称为溶质，量多的物质称为溶剂。水是最常用的溶剂，水溶液简称溶液。汽油、酒精等也可作为溶剂，其溶液称为非水溶液。

2. 溶液浓度的表示方法

溶液的性质与溶液中溶质和溶剂的相对含量有关，即与溶液的浓度有关。有很多种方法可以表示溶液浓度，常用的有质量分数、摩尔分数、物质的量浓度、质量摩尔浓度等。

1）质量分数

B的质量与混合物的质量之比，称为B的质量分数：

$$w_B = \frac{m_B}{m_{总}}$$

式中，m_B 为B的质量；$m_{总}$ 为混合物的质量。

对于多组分体系：

$$\sum_B w_B = 1$$

2）摩尔分数

B的物质的量与混合物的总的物质的量之比称为摩尔分数：

$$x_B = \frac{n_B}{n_{总}}$$

式中，n_B 为B的物质的量；$n_{总}$ 为混合物的物质的量。

对于多组分体系：

$$\sum_B x_B = 1$$

3）物质的量浓度

B的物质的量除以溶液的体积称为物质的量浓度：

$$c_B = \frac{n_B}{V}$$

物质的量浓度的常用单位是 $mol \cdot L^{-1}$。物质的量浓度是最常用、最方便的一种表示方法。

4）质量摩尔浓度

B的物质的量除以溶剂A的质量称为质量摩尔浓度：

$$b_B = \frac{n_B}{m_A}$$

质量摩尔浓度的常用单位 $mol \cdot kg^{-1}$，是一个与温度无关的量，可用于沸点及凝固点的计算。

5）质量浓度

B的质量除以溶液的体积称为质量浓度：

$$\rho_B = \frac{m_B}{V}$$

质量浓度的常用单位是 $g \cdot L^{-1}$。

6) 溶液浓度之间的换算

(1) 物质的量浓度 c 与质量分数 w 间的换算:

已知混合溶液的密度 ρ 和质量分数 w_B,则

$$\begin{aligned} c_B &= n_B/V = (m_B/M_B)/V \\ &= (m_B\rho/M_B)/m \\ &= w_B\rho/M_B \end{aligned}$$

(2) 物质的量浓度与质量摩尔浓度的换算:

已知 ρ、$m_{总}$,则

$$\rho = m_{总}/V \qquad c_B = n_B/V \qquad b_B = n_B/m_A$$

$$c_B = n_B/V = n_B\rho/m_{总}$$

若是两组分体系,B 的量很少,则 $m_{总} \approx m_A$,有

$$c_B = n_B\rho/m_{总} \approx n_B\rho/m_A = b_B\rho$$

稀溶液:$c_B/(mol \cdot L^{-1}) \approx b_B/(mol \cdot kg^{-1})$。

第三节　稀溶液的依数性

溶液可分为电解质溶液和非电解质溶液两类。非电解质溶液性质简单,尤其是稀溶液具有某些共性,所以认识非电解质溶液有助于电解质及浓电解质溶液性质的理解。

溶液的某些性质与溶液中溶质的本性有关,如溶液颜色与溶于溶液中的溶质性质有关,溶液的导电性与溶质离子所带电荷、离子浓度有关,溶液的酸碱性、氧化还原性等都与溶质的本性有关。

对于稀溶液,即溶液中溶质含量很低的溶液,往往还表现出另一类性质,如溶液的蒸气压下降、凝固点降低、沸点升高和渗透压,这类性质只与溶质的独立质点数目有关,与溶质本性无关,统称为稀溶液的依数性。本节重点讨论非电解质稀溶液的依数性。

一、溶液的蒸气压下降

一定温度下,密闭容器中液体蒸发变成蒸气的速度与蒸气凝结为液体的速度相等时,液-气达到平衡状态,处于液-气平衡状态的液面上方的蒸气称为饱和蒸气,饱和蒸气对器壁产生的压力称为饱和蒸气压。在一定温度下,任何纯溶剂都有一定的饱和蒸气压。在不同温度下,其饱和蒸气压不同。随着温度的升高,同一液体的饱和蒸气压不断增大。相同温度下,易挥发液体的饱和蒸气压更大一些。

实验证明,在同一温度下,难挥发非电解质溶液的蒸气压总是小于纯溶剂的蒸气压。溶液的蒸气压,可以理解为溶液中纯溶剂的蒸气压。如果在纯溶剂中加入一定量难挥发溶质,溶剂的摩尔分数减小,溶剂表面就部分地被溶质粒子占据,溶质分子几乎不产生蒸气,单位时间内从溶液中逸出的溶剂分子数相应减少,因此溶液的蒸气压小于纯溶剂的蒸气压。

拉乌尔(F. M. Raoult)定律:在一定的温度下,难挥发非电解质稀溶液的蒸气压等于纯溶剂的蒸气压与溶剂的摩尔分数的乘积,即

$$p = p_A^{\circ} x_A$$

在一定的温度下,难挥发非电解质稀溶液的蒸气压下降值 Δp 与溶质的摩尔分数成正比:

$$\Delta p = p_A^\circ x_B$$

例 3.2　20℃时水的蒸气压为 2.33kPa，将 17.1g 蔗糖($C_{12}H_{22}O_{11}$)与 3.00g 尿素[$CO(NH_2)_2$]分别溶于 100g 水中。计算这两种溶液的蒸气压各是多少。已知 $M_{蔗糖}=342g\cdot mol^{-1}$，$M_{尿素}=60.0g\cdot mol^{-1}$，$M_{H_2O}=18g\cdot mol^{-1}$

解

$$n_{蔗糖}=\frac{m_{蔗糖}}{M_{蔗糖}}=\frac{17.1g}{342g\cdot mol^{-1}}=0.05mol$$

$$n_{尿素}=\frac{m_{尿素}}{M_{尿素}}=\frac{3.00g}{60.0g\cdot mol^{-1}}=0.05mol$$

$$n_{水}=\frac{m_{水}}{M_{水}}=\frac{100g}{18g\cdot mol^{-1}}=5.55mol$$

$$p_{蔗糖}=p^\circ x_{水}=p^\circ\frac{n_{水}}{n_{水}+n_{蔗糖}}=2.33kPa\times\frac{5.55mol}{5.55mol+0.05mol}=2.33kPa\times 0.991=2.31kPa$$

$$p_{尿素}=p^\circ x_{水}=p^\circ\frac{n_{水}}{n_{水}+n_{尿素}}=2.33kPa\times\frac{5.55mol}{5.55mol+0.05mol}=2.33kPa\times 0.991=2.31kPa$$

二、溶液的沸点升高

由于难挥发非电解质稀溶液的蒸气压要低于纯溶剂的蒸气压，所以达到纯溶剂的沸点时，溶液的蒸气压小于外界的大气压，溶液不能沸腾。为了使溶液在此压力下沸腾，需要提高溶液的温度，从而增加溶液的蒸气压。当溶液的蒸气压等于外界压力时，溶液沸腾。如图 3.1 所示，AA'为水的蒸气压曲线，BB'为水溶液的蒸气压曲线，AB 为冰的蒸气压曲线。在一个大气压下，温度为 T_b° 时水沸腾，等温度升至 T_b 时，水溶液的蒸气压才等于外界大气压力，水才能沸腾，$T_b > T_b^\circ$，即相同外压下，溶液的沸点大于纯溶剂的沸点。

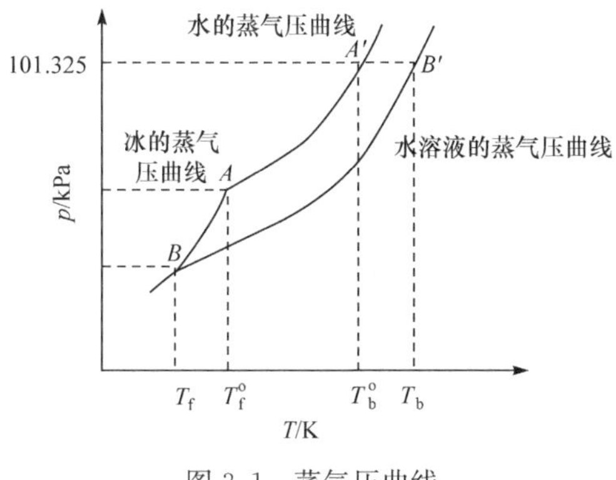

图 3.1　蒸气压曲线

由拉乌尔定律可知，溶液的浓度越大，蒸气压下降越多，沸点升高越大。实验证明：溶液的沸点升高值与溶液中溶质的质量摩尔浓度成正比。

$$\Delta T_b = T_b - T_b^\circ = k_b b_B$$

式中，k_b 为沸点升高常数，只与溶剂有关，与溶质无关，$K\cdot kg\cdot mol^{-1}$；T_b 为溶液的沸点；T_b° 为纯溶剂的沸点。

常见的几种溶剂 k_b 值见表 3.1。

表 3.1　几种溶剂的 k_b

溶剂	T_b°/K	k_b/($K\cdot kg\cdot mol^{-1}$)
水	373.15	0.52
苯	353.35	2.53
四氯化碳	351.66	4.88
丙酮	329.65	1.71
乙醚	307.55	2.16

三、溶液的凝固点下降

溶液的凝固点是指溶液的蒸气压与其固相纯溶剂的蒸气压相等时的温度。

当溶剂中溶有其他溶质时,溶剂的蒸气压肯定会降低。水在常压下凝固点是273.15K,这时水和冰的蒸气压相等,为613Pa。向冰水混合物中加入其他溶质,由于冰的蒸气压大于水溶液的蒸气压,冰会融化。冰融化会吸收热量,体系的温度降低。由于冰的蒸气压随着温度的变化而变化,由图3.1看出,冰的蒸气压曲线和水溶液的蒸气压曲线交于B点,即此时冰的蒸气压和溶液的蒸气压相等,此时的温度即为水溶液的凝固点。可见,水溶液的凝固点低于纯水的凝固点。

可以证明,非电解质稀溶液的凝固点下降与溶质的质量摩尔浓度成正比。

$$\Delta T_f = T_f^\circ - T_f = k_f b_B$$

式中,k_f为凝固点下降常数,与溶剂有关,与溶质无关,K·kg·mol^{-1};T_f°为纯溶剂的凝固点;T_f为溶液的凝固点。常见的几种溶剂的k_f值见表3.2。

表3.2　几种溶剂的k_f

溶剂	T_f°/K	k_f/(K·kg·mol^{-1})
水	273.15	1.86
苯	278.66	5.12
萘	353.35	6.80
硝基苯	278.85	6.90
环己烷	279.65	20.2
乙酸	289.75	3.90

溶液的沸点升高和凝固点降低都与溶质的质量摩尔浓度成正比,而质量摩尔浓度又与溶质的摩尔质量有关。因此,可以通过溶液的沸点升高和凝固点下降来估算溶质的摩尔质量。一般情况下,同一溶剂的凝固点下降常数高于其沸点升高常数,因此通常用测凝固点的方法来测定溶质的摩尔质量。

四、渗透压

扩散现象不仅存在于溶质和溶剂之间,也存在于不同浓度的溶液之间,如果在溶剂和溶液之间存在一种能有选择地通过某些粒子的膜,即半透膜,就可观察到这种扩散现象,如图3.2所示。

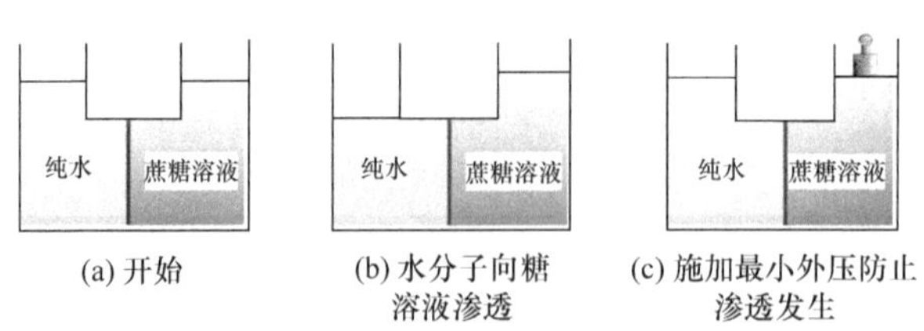

图3.2　渗透压示意图

开始时,连通器两边的液面相同。经过一段时间以后,蔗糖溶液一边的液面高于纯水一边的液面。这是因为半透膜能够阻止蔗糖分子的扩散,单位体积内纯水中水分子比蔗糖溶液中水分子多,导致膜两侧水分子的扩散速率不相同,纯水一侧水的扩散速率更大一些,蔗糖溶液液面升高。这种物质粒子通过半透膜单向扩散的现象称为渗透。由此可知，产生渗透现象必须具备两个条件：一是半透膜；二是半透膜两侧存在浓度差。渗透方向是由溶剂向溶液，稀溶液向浓溶液。

随着渗透的进行，蔗糖溶液的液面必然升高。液面升高后，由于压力增大，溶液中水分子透过半透膜的速率加快，当压力大到某个数值时，半透膜两边扩散速率相等，达到渗透平衡。在一定温度下，为了维持渗透作用的平衡，必须在溶液液面上方施加一定的额外压力。这种维持渗透平衡而施于溶液一方的额外压力，称为溶液的渗透压，用符号 π 表示。

荷兰物理学家范特霍夫(J. H. van't Hoff)在前人实验基础上，总结出溶液的渗透压与溶液浓度和温度之间的定量关系：

$$\pi = c_B RT \qquad c = n/V$$

π 的单位为 kPa，c_B 的单位为 $mol \cdot L^{-1}$，$R = 8.314kPa \cdot L \cdot mol^{-1} \cdot K^{-1}$。通过测定溶液的渗透压，可以计算溶质的摩尔质量。该方法尤其适用于测定高分子化合物的摩尔质量。

例 3.3　有一种蛋白质，估计它的摩尔质量在 $12000g \cdot mol^{-1}$，则用哪一种依数性来测定摩尔质量较好？

解　设取 1g 样品溶于 100g 水中，已知水的 k_b 为 $0.51K \cdot kg \cdot mol^{-1}$，$k_f$ 为 $1.86\ K \cdot kg \cdot mol^{-1}$，那么

$$\begin{aligned}\Delta T_b &= k_b \cdot b_B = k_b \frac{n_B}{m_{水}} = k_b \frac{m_B/M_B}{m_{水}} \\ &= 0.51K \cdot kg \cdot mol^{-1} \times \frac{1g/12000g \cdot mol^{-1}}{100 \times 10^{-3}kg} \\ &= 4.3 \times 10^{-4}K\end{aligned}$$

$$\begin{aligned}\Delta T_f &= k_f \cdot b_B = k_f \frac{n_B}{m_{水}} = k_f \frac{m_B/M_B}{m_{水}} \\ &= 1.86K \cdot kg \cdot mol^{-1} \times \frac{1g/12000g \cdot mol^{-1}}{100 \times 10^{-3}kg} \\ &= 1.6 \times 10^{-3}K\end{aligned}$$

因为溶液很稀，设它的密度和水相同，为 1.0g/mL，因此

$$\pi = c_B RT = \frac{n}{V} \cdot RT$$

$$\frac{n}{V} = \frac{1.00g/12000g \cdot mol^{-1}}{100g \times 1000g \cdot L^{-1}} = 8.3 \times 10^{-4}mol \cdot L^{-1}$$

$$\pi = 8.3 \times 10^{-4}mol \cdot L^{-1} \times 8.31kPa \cdot L \cdot mol^{-1} \cdot K^{-1} \times 293K = 2.02kPa$$

由以上数据得出结论：ΔT_b、ΔT_f 值太小，无法测定，渗透压数值较大，用渗透压法最好。

渗透压在生物和医学上也有非常重要的应用。例如，一般植物细胞汁的渗透压为 2000kPa，所以水分可以从根部运送到数十米的顶端。庄稼施肥过多，会出现"浓肥烧死苗"的现象，也可以由渗透压来解释。

渗透压相等的两种溶液称为等渗溶液。人的血液平均渗透压约为 780kPa，需要给病人补充水分和营养时，由于人体有保持渗透压在正常范围的需求，必须用静脉注射 5%的葡萄糖或 0.9%的生理盐水灭菌液。这两种浓度的灭菌液就是与人体红细胞具有相同渗透压的溶液，又称生理等渗溶液。

反渗透是指在溶液一方加上比其渗透压还要大的压力，迫使溶剂从高浓度溶液中渗出的过程。工业上常用反渗透技术进行海水的淡化或咖啡浸液浓缩等。

第四节 电解质溶液

强电解质溶液是指离子型化合物和具有强极性共价键的化合物。强电解质在水中完全解离,其解离度应该为100%。但实验数据表明,0.2mol/kg 的 KCl 在水中的解离度仅为91%左右。为了解释这个原因,1923年,德拜和休克尔提出了强电解质理论。理论认为,强电解质在水溶液中可以完全解离,在溶液中存在大量的正、负离子,由于静电引力的作用,溶液中任意一个正离子周围分布着大量的负离子,反之亦然。中心离子好像是被一层异电荷包围着,我们把这一层电荷所构成的球体称为离子氛。可以想象,离子浓度越大,离子所带电荷数目越多,离子和离子氛之间的作用力越强,如图3.3所示。

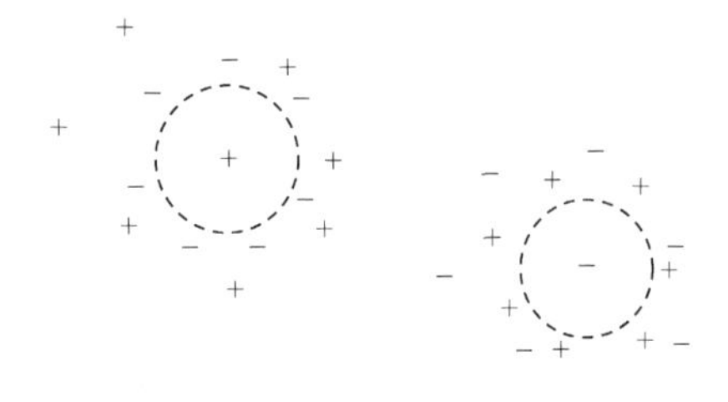

图 3.3 离子氛模型

在强电解质溶液中,离子氛的存在使得离子不能完全发挥它的作用,因此真正发挥作用的浓度比电解质完全解离时应达到的浓度小一些。

把电解质中真正发挥作用的离子浓度称为有效浓度或活度。很明显,活度的数值小于其对应的浓度值,它们的关系:$a=\gamma c$,γ 称为活度系数。

一般来说,离子浓度越大,离子电荷越高,离子间的相互作用越强;γ 越小,溶液越稀,离子间相互牵制作用越小,离子自由活动程度越大,γ 值越接近于1;当溶液无限稀时,γ 等于1。

第五节 胶 体

分散系是指一种(或多种)物质分散到另一种(或多种)物质中得到的体系。例如,把 NaCl 溶于水形成的溶液,水蒸气扩散到空气中形成的雾,这些混合物都是分散系。在分散系中,被分散的物质,称为分散质,如上述分散系中的 NaCl、水蒸气;含分散质的物质,称为分散剂,如上述分散系中的水、空气。

按照分散质粒子的大小,常把分散系分为三大类,见表3.3。

表 3.3 按分散质粒子大小分类的各类分散系

<table>
<tr><td>粗分散系</td><td colspan="2">胶体分散系</td><td>分子或离子分散系</td></tr>
<tr><td>$d>100$nm</td><td colspan="2">$d=1\sim100$nm</td><td>$d<1$nm</td></tr>
<tr><td rowspan="2">不稳定</td><td>溶胶</td><td>高分子</td><td rowspan="2">稳定</td></tr>
<tr><td>相对稳定</td><td>稳定</td></tr>
<tr><td>多相</td><td>多相</td><td>单相</td><td>单相</td></tr>
<tr><td>不能透过紧密滤纸</td><td colspan="2">可透过滤纸,不能透过半透膜</td><td>可透过半透膜</td></tr>
</table>

表3.3中三种分散系之间虽然有明显的区别,却没有明显的界线,三者之间的过渡是渐变的。

当分散质粒径大小在 1~100nm 时形成的分散系,称为胶体。固体分散在液体中的胶体称为胶体溶液,简称溶胶。

一、胶体的性质

1. 光学性质

早在 1869 年，丁铎尔在研究胶体时，将一束光照射到透明的溶胶上，在与光线垂直的方向上可以观察到一条发亮的光柱，这一现象称为丁铎尔现象(图 3.4)。丁铎尔现象是胶体特有的现象，可以用来区别溶液和胶体。

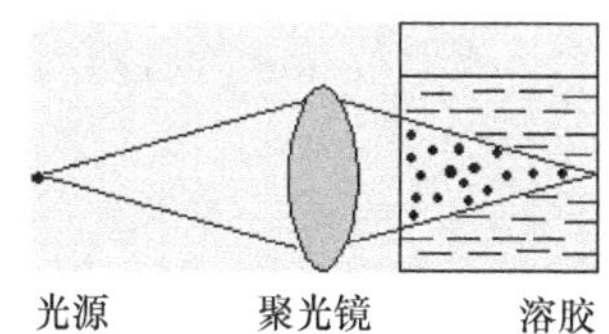

图 3.4　丁铎尔现象

2. 动力学性质

在显微镜下观察溶胶的散射现象时，可以看到溶胶中的发光点在做永无休止的、无规则的运动。英国植物学家布朗(R. Brown)最早发现这种现象，因此将其称为布朗运动。布朗运动是分散质颗粒不断受到来自分散剂颗粒各个方向的碰撞造成的。溶胶是一个不均匀的多相分散体系，所以颗粒受力的方向和速率都是不确定的，因此运动是无规则的。

3. 电学性质

在溶胶中插入正、负两极，溶胶颗粒会发生定向移动，这种现象称为电泳，电泳现象说明胶粒是带电的。通过溶胶在电场中的迁移方向可以确定溶胶所带电荷的性质。

在 U 形管中注入 $Fe(OH)_3$ 溶胶，并在溶胶表面小心地滴入少量蒸馏水，使溶胶和纯水保持清晰的界面，然后插入电极，加上电压。经过一段时间，可以观察到两侧液面不再等高，负极一端溶胶界面高于正极，这说明溶胶离子带正电荷。

溶胶离子带电荷的主要原因如下：

胶核的吸附作用：胶核的比表面积很大，很容易吸附溶液中的离子而使胶核带电。根据吸附规则，溶胶粒子总是先吸附溶液中与其组成有关的离子。$Fe(OH)_3$ 溶胶是由 $FeCl_3$ 在沸水中水解制成的，水解过程中有大量 FeO^+ 产生，溶胶颗粒吸附 FeO^+ 而使溶胶粒子带正电荷。

解离作用：有些溶胶粒子带电荷是溶胶颗粒表面发生自身解离造成的。例如，硅胶粒子带电荷是因为表面的 H_2SiO_3 解离为 $HSiO_3^-$ 或 SiO_3^{2-} 而带负电荷。

以上仅是溶胶所带电荷的两个规律，溶胶带电原因其实十分复杂，溶胶颗粒究竟带什么电荷，都需要通过实验来证实。例如，NaI 溶液和 $AgNO_3$ 溶液混合制得 AgI 溶胶，溶胶粒子所带电荷的性质需要根据哪个物质过量来判断。如果 $AgNO_3$ 过量，则 AgI 选择性吸附 Ag^+，使胶粒带正电。

二、胶体的结构

胶体粒子是由小分子聚集在一起形成的，胶体表面又由于吸附或解离而成为一个带电荷的粒子，但整个胶体溶液是不显电性的。

那么，胶体粒子是怎样组成的？下面以 AgBr 胶体为例来说明胶体的结构(图 3.5)。

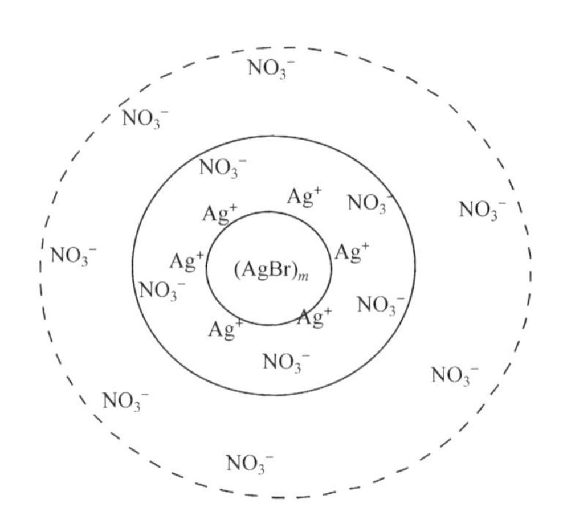

图 3.5　$AgNO_3$ 过量时形成的 AgBr 胶团结构示意图

将 KBr 逐滴加入 $AgNO_3$ 溶液中，形成 AgBr 沉淀，大量的 AgBr 沉淀聚在一起，成为 1～100nm 的胶体颗粒，称为胶核，以$(AgBr)_m$ 表示；胶核表面又选择性吸附与其有共同组成的离子，由于 $AgNO_3$ 过量，则胶核吸附 Ag^+，使胶核成为带阳电荷的粒子，被吸附的 Ag^+ 称为电位离子，溶液中还会有过量的 NO_3^-，称为反离子，它被吸附在胶核的表面部分，组成了胶体的吸附层；在吸附层外，NO_3^- 还松散地分散在胶粒的周围形成了扩散层。这样就构成了胶团结构。AgBr 溶胶的结构可以表示为

$$[(AgBr)_m \cdot nAg^+ \cdot (n-x)NO_3^-]^{x+} \cdot xNO_3^-$$

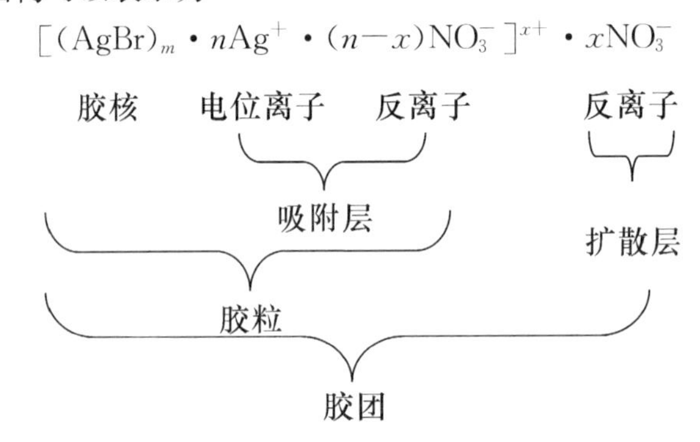

其中，m,n,x 均为不确定数，且 $m \gg n > x$，通常所讲的胶体粒子是指胶粒，在溶胶中，胶粒是独立运动单位。

三、胶体的稳定性和聚沉

胶体的稳定性一般体现在动力学稳定性和聚结稳定性两个方面：一方面溶胶粒子较大，但布朗运动能使它在分散剂中均匀地分布，不至于下沉，这是溶胶的动力学稳定性；另一方面，溶胶是一个多相的高度分散体系，具有巨大的表面积。这就使胶粒容易自动聚集，合并变大，这是溶胶的聚结不稳定性。但为什么溶胶能存在相当长的时间呢？通过上面关于胶团结构的讨论可以得出，其主要原因是胶粒所带电荷及其双电层结构。由于同种胶粒带有同号电荷，因而互相排斥，阻碍了胶粒聚集成大的粒子而沉降。此外，由于吸附层中的电位离子和反离子都能水化，在胶粒周围形成水化层，也阻止了胶粒间由于互相碰撞而引起的合并。同时，在一定程度也阻止了胶粒和带相反电荷的离子相结合，因而增加了溶胶的稳定性。

有时，也需要破坏溶胶，如要定量地收集沉淀物时，如果沉淀物以胶状存在，由于其吸附能

力较强，因而会吸附许多杂质，不易洗涤干净，造成分离上的困难；还会引起过滤时穿透滤纸的损失。因此，生产实践中常需破坏胶体，促使胶粒聚沉。

使胶粒聚集成较大的颗粒而沉降的过程称为聚沉。胶体的稳定性是相对的、有条件的，只要减弱或消除使它稳定的因素，就能使胶粒聚集成较大的颗粒而沉降。

使胶体聚沉的方法主要有：

(1) 加入一些电解质，增加胶体溶液中的离子总浓度，这样胶粒有机会吸附相反电荷，进入吸附层后，中和(减少)胶粒所带电荷，使溶胶稳定性降低，很快地凝聚而沉降。这是加速胶体聚沉的主要方法。电解质对溶胶的聚沉能力可以用聚沉值来表示。使一定量的溶胶，在一定时间内开始聚沉所需电解质的最低浓度($mmol \cdot L^{-1}$)称为聚沉值。可见聚沉值越小，表明电解质的聚沉能力越强，反之亦然。例如，NaCl、$MgCl_2$ 和 $AlCl_3$ 三种电解质对 As_2S_3 负溶胶的聚沉值分别为 $51mmol \cdot L^{-1}$、$0.72mmol \cdot L^{-1}$ 和 $0.093mmol \cdot L^{-1}$。说明 Al^{3+} 对 As_2S_3 的负溶胶的聚沉能力最强，Na^{+} 的聚沉能力最弱。

(2) 加入带相反电荷的胶体物质，电荷中和而互相聚沉。

天然水中常含有带负电的胶态杂质，添加电荷相反的高氧化态离子(如 Al^{3+} 或 Fe^{3+})，就可以中和胶粒电荷而促使聚沉。另外，由于 Al^{3+} 或 Fe^{3+} 水解形成带正电荷的 $Al(OH)_3$ 和 $Fe(OH)_3$ 溶胶，也可以和水中带负电荷的胶态杂质中和，促使聚沉。过去，在自然水中，加入明矾[$KAl(SO_4)_2 \cdot 12H_2O$]使水净化就是这个道理。

此外，土壤中带正电荷的 $Fe(OH)_3$、$Al(OH)_3$ 和带负电荷的硅酸、黏土、腐殖质等土壤胶体互相聚沉而形成稳定的土壤的团粒结构。

(3) 长时间加热也可促使很多胶体发生聚沉。这是因为加热能增加胶粒的运动速度，使胶粒之间的碰撞概率增大，同时加热还可破坏水化层，这样就使胶粒在互相碰撞时聚集以至沉降。

胶体的保护和聚沉，在实际生活中经常遇到。有些是需要保护胶体的稳定性的，如墨水、颜料等，常常加入适量的动物胶等高分子的物质，由于动物胶都是链状且能卷曲的线形分子，因此很容易吸附在胶粒表面，包住胶粒，而使溶胶稳定。这样，就使墨水、颜料等长期保持稳定而不聚沉。胶体的保护作用在生理过程中具有重要意义。例如，在健康人的血液中所含的难溶盐，如碳酸镁、磷酸钙等，都是以溶胶状态存在的，并被血清蛋白等保护着，当发生某些疾病时，保护物质在血液中的含量就减少下来，这样，就使溶液发生聚沉而堆积在身体的各部分，而形成某些器官的结石。

除尘、净水则需要破坏胶体的稳定性，加速胶粒的沉降以除去杂质。

习　题

1. 下列几种商品溶液都是常用试剂，分别计算它们的物质的量浓度和摩尔分数。
   (1) 浓盐酸含 HCl 37%，密度 $1.19g \cdot mL^{-1}$。
   (2) 浓硫酸含 H_2SO_4 98%，密度 $1.84g \cdot mL^{-1}$。
   (3) 浓硝酸含 HNO_3 70%，密度 $1.42g \cdot mL^{-1}$。
   (4) 浓氨水含 NH_3 28%，密度 $0.90g \cdot mL^{-1}$。
2. 现需 2.2L，浓度 $2.0mol \cdot L^{-1}$ 的盐酸，试问：
   (1) 应该取多少毫升 20%，密度 $1.10g \cdot mL^{-1}$ 的浓盐酸来配制？
   (2) 现有 550mL，$1.0mol \cdot L^{-1}$ 的稀盐酸，应该加入多少毫升 20%浓盐酸以后再冲稀？

3. 回答下列问题:

(1) 为什么海水不易冰冻?

(2) 为什么在海水中生活的鱼类不能在淡水中生存?

(3) 为什么在积雪的公路上撒一些盐,可以使积雪更快地融化?

(4) 为什么在农田中施用浓度过大的化肥反而会使农作物枯死?

4. 今有葡萄糖($C_6H_{12}O_6$)、蔗糖($C_{12}H_{22}O_{11}$)和氯化钠三种溶液,它们的质量分数都是1%,试比较三者沸点、渗透压的大小。

5. 在26.6g氯仿中溶解0.402g萘($C_{10}H_8$),其沸点比氯仿的沸点高0.455K,求氯仿的沸点升高常数。

6. 与人体血液具有相等渗透压的葡萄糖溶液,其凝固点下降值为0.543K,求此葡萄糖溶液的质量分数和血液的渗透压(设人的体温为310K,葡萄糖相对分子质量为180.7)。

7. 试写出由$FeCl_3$水解制得$Fe(OH)_3$胶体的胶团结构。

8. 硫化砷溶液是由H_2S和H_3AsO_3溶液作用制得:

$$2H_3AsO_3+3H_2S = As_2S_3+6H_2O$$

试写出As_2S_3的胶团结构。

9. 胶体为什么具有稳定性?如何使溶胶聚沉?举例说明。

第四章　化学反应速率

一个可逆的化学反应，只要反应时间足够长，它总能达到平衡状态。但是一个化学反应究竟需要多少时间才能达到平衡状态呢？这就涉及化学反应速率的问题，化学反应速率和化学平衡是有关化学反应的十分重要的两个方面。例如，汽车尾气 CO、NO 是有毒气体，CO 和 NO 反应为 $CO(g)+NO(g)═CO_2(g)+1/2N_2(g)$，$\Delta_r G_m^\ominus=-344kJ\cdot mol^{-1}$，$K^\ominus=1.9\times 10^{60}$，该反应的很彻底，但反应速率极慢，因此需要改变反应条件来加快反应速率。对于化学反应而言，要从化学平衡和化学反应速率两个方面综合考虑。

第一节　基本概念

不同的化学反应，其化学反应速率千差万别，如火药的爆炸瞬间完成，煤矿、石油的形成反应速率缓慢。

化学反应速率是指在一定条件下，反应物转变为生成物的速率，也可以说单位时间内反应物浓度的减少或生成物浓度的增加，浓度的单位一般用 $mol\cdot L^{-1}$，时间用 s、min 或 h 等，因此反应速率单位一般为 $mol\cdot L^{-1}\cdot s^{-1}$。

一、反应速率

1. 平均速率 $\bar{v}$

平均速率 $\bar{v}$ 是指单位时间内反应物浓度或生成物浓度变化量的正值。以合成氨的反应为例说明平均反应速率的表示方法。

合成氨反应如下：

	$N_2(g)+$	$3H_2(g)═$	$2NH_3(g)$
起始浓度/($mol\cdot L^{-1}$)	1.0	3.0	0
2s 后浓度/($mol\cdot L^{-1}$)	0.8	2.4	0.4

$$\bar{v}(NH_3)=\frac{\Delta c(NH_3)}{\Delta t}=\frac{(0.4mol\cdot L^{-1}-0mol\cdot L^{-1})}{2s}=0.2mol\cdot L^{-1}\cdot s^{-1}$$

$$\bar{v}(N_2)=-\frac{\Delta c(N_2)}{\Delta t}=\frac{-(0.8mol\cdot L^{-1}-1.0mol\cdot L^{-1})}{2s}=0.1mol\cdot L^{-1}\cdot s^{-1}$$

$$\bar{v}(H_2)=-\frac{\Delta c(H_2)}{\Delta t}=\frac{-(2.4mol\cdot L^{-1}-3.0mol\cdot L^{-1})}{2s}=0.3mol\cdot L^{-1}\cdot s^{-1}$$

计算发现，同一个化学反应，用不同反应物或生成物浓度的变化量表示同一化学反应速率时，反应速率数值却不同，这是因为不同物质在化学反应式中的计量系数不同。故规定：以各个化学反应速率项除以各自在反应式中的计量系数来表示化学反应平均速率，即

$$\bar{v}=\frac{\bar{v}(N_2)}{1}=\frac{\bar{v}(H_2)}{3}=\frac{\bar{v}(NH_3)}{2}=0.1mol\cdot L^{-1}\cdot s^{-1}$$

任一化学反应:

$$aA+bB=cC+dD$$

其平均速率为

$$\bar{v}=-\frac{1}{a}\cdot\frac{\Delta c(A)}{\Delta t}=-\frac{1}{b}\cdot\frac{\Delta c(B)}{\Delta t}=\frac{1}{c}\cdot\frac{\Delta c(C)}{\Delta t}=\frac{1}{d}\cdot\frac{\Delta c(D)}{\Delta t} \tag{4.1}$$

所有的化学反应速率都是随反应时间的变化而变化的,反应开始时,速率较快,随着反应的进行,反应物浓度减少,反应速率减慢,因为用瞬时速率更能准确表达化学反应在某一时刻的速率。

2. 瞬时速率

瞬时速率是平均速率的极限值,用 v 表示。

任一化学反应:

$$aA+bB=cC+dD$$

其瞬时速率为

$$v=-\frac{1}{a}\cdot\frac{dc(A)}{dt}=-\frac{1}{b}\cdot\frac{dc(B)}{dt}=\frac{1}{c}\cdot\frac{dc(C)}{dt}=\frac{1}{d}\cdot\frac{dc(D)}{dt} \tag{4.2}$$

瞬时速率可用作图法求得,纵坐标为反应物的浓度,横坐标为反应时间,在 t 附近取一个小的时间间隔 $\Delta t(\Delta t\to 0)$,物质浓度在 Δt 内的变化量为 Δc,二者比值为瞬时速率,即

$$v=\pm\lim_{\Delta t\to 0}\frac{\Delta c}{\Delta t}=\pm\frac{dc}{dt} \tag{4.3}$$

瞬时速率真正反映了某时刻化学反应进行的快慢,所以瞬时速率比平均速率更重要,故以后所说的反应速率,一般是指瞬时速率。

二、基元反应、非基元反应

1. 基元反应

基元反应为反应物相互碰撞后经一步就变成生成物的反应。例如

$$NO_2(g)+CO(g)=NO(g)+CO_2(g)$$

2. 非基元反应

非基元反应为反应物经几步才能变成生成物的反应。例如

$$H_2+I_2=2HI$$

是由两步完成的:

$$I_2=2I \quad (快反应)$$

$$H_2+2I=2HI \quad (慢反应)$$

非基元反应也称复杂反应。复杂反应中各基元反应的速率并不相同,最慢的一步基元反应速率决定了整个复杂反应的速率,因此也称为决速步骤。

第二节 化学反应速率理论简介

化学反应速率的大小主要由反应的本质决定,其次也受反应条件(浓度、压力、温度及催化

剂)的影响。当反应条件相同时,不同的化学反应的反应速率各不相同,为了探究其内在原因,建立了化学反应速率理论。研究反应机理的理论有碰撞理论和过渡态理论,本书只介绍碰撞理论。

1918 年,路易斯(Lewis)运用气体分子运动论的成果,提出了适用气体双原子反应的碰撞理论,其理论要点如下:

对于 $A+B \longrightarrow AB$ 反应:

(1) 分子间要发生反应的先决条件是反应物分子之间必须相互碰撞。碰撞的频率越高,反应速率越大。反应速率的快慢与单位时间内碰撞次数 Z(碰撞频率)成正比,而碰撞频率与反应物浓度成正比:

$$Z(AB)=Z_0 c(A)c(B) \tag{4.4}$$

式中,$Z(AB)$为碰撞频率;Z_0 为单位浓度的碰撞频率。

并非分子的每次碰撞都能发生反应。无数次的碰撞中只有少数的碰撞才能发生反应。任何化学反应都是断开反应物的化学键,形成新的化学键的过程。破坏反应物分子中的化学键需要一定的能量,因此只有足够能量分子间的碰撞才有可能使旧的化学键断裂,形成新的化学键,即发生化学反应。把具有足够能量的分子称为活化分子。活化分子具有的最低能量 E_a 称为活化能,单位 $kJ \cdot mol^{-1}$。活化能的大小是由化学反应的本质决定的。

(2) 反应物分子所具有的能量不相同,具有很高能量和很低能量的分子占极少数。活化分子在全部分子中所占比例及活化分子碰撞次数占碰撞总数的比例,符合麦克斯韦-玻尔兹曼定律:

$$f=e^{-\frac{E_a}{RT}} \tag{4.5}$$

式中,f 为能量因子,其意义是能量满足要求的碰撞占总碰撞次数的分数;e 为自然对数的底;R 为摩尔气体常量;T 为热力学温度;E_a 为反应的活化能。

在一定条件下,把具有一定能量的分子数对能量作图,得到能量分布曲线,见图 4.1。曲线中活化能 $E_a \rightarrow \infty$的阴影面积,表示能量高于活化能的分子,即活化分子占全部分子的百分数。可以看出,反应的活化能 E_a 越大,活化分子所占的百分数越小,发生有效碰撞的概率越低,反应速率也就越低;反应的活化能 E_a 越小,活化分子所占的百分数越大,发生有效碰撞的概率越大,反应速率也就越快。从图 4.1 可见,温度越高,活化分子占全部分子的百分数越大,反应速率也就越快。

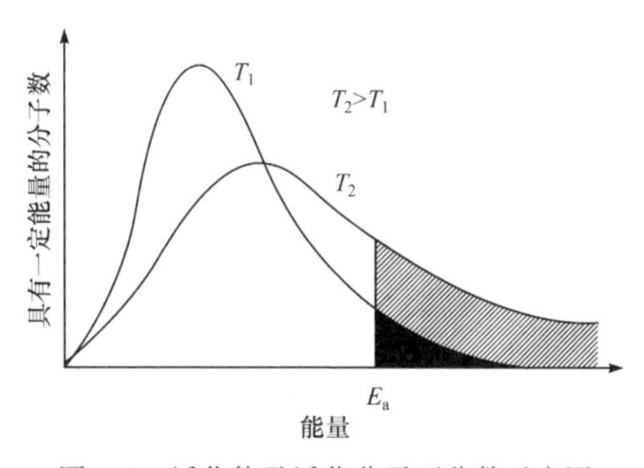

图 4.1　活化能及活化分子百分数示意图

(3) 活化分子按一定取向进行碰撞而发生反应,这时引起活化分子间发生化学反应的碰撞称为有效碰撞。例如,$NO_2+CO = NO+CO_2$,只有当 CO 分子中的碳原子与 NO_2 分子中的氧原子相碰撞时才能发生化学反应;而碳原子与氮原子相碰撞的这种取向,则不会发生化学反应，见图 4.2。

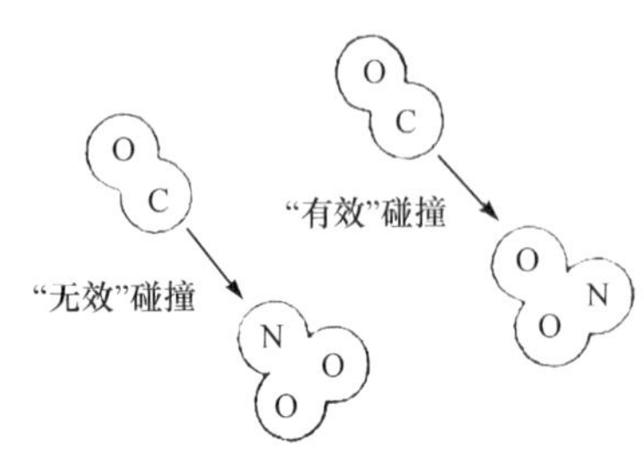

图 4.2　分子碰撞的不同取向

分子处于有利于发生反应取向的碰撞机会占全部碰撞机会的百分数，称为取向因子 P。因此，能量足够、方位适宜的分子对发生的碰撞才是有效碰撞，即只有能导致化学反应的碰撞才是有效碰撞，速率的表达式为

$$v=Z\cdot f\cdot P \tag{4.6}$$

分别代入相关因子，则为

$$v=PfZ=PfZ_0c(\mathrm{A})c(\mathrm{B}) \tag{4.7}$$

式中，P 与浓度、温度无关；f 与温度有关，与浓度无关；Z_0 与浓度无关，因此 $PfZ_0(k=PfZ_0)$ 与浓度无关，与温度、催化剂有关，故可写成

$$v=kc(A)c(B) \tag{4.8}$$

碰撞理论成功解释了一些简单的气体双原子反应的反应速率与活化能的关系，但无法揭示活化能 E_a 的真正本质，存在一定的局限性。

第三节　影响化学反应速率的因素

反应速率的大小，主要取决于反应物的化学性质，但也受浓度、压力、温度及催化剂因素的影响。

一、浓度对化学反应速率的影响

1863 年，挪威化学家古德贝格(Guldberg)和瓦格(Waage)提出质量作用定律，定量描述了反应物浓度与反应速率之间的关系。

1. 质量作用定律

在一定条件下，基元反应的速率与反应式中各反应物浓度的幂的乘积成正比。例如

$$NO_2(g)+CO(g)=\!=\!=NO(g)+CO_2(g)$$

$$v\propto c(NO_2)c(CO)$$

或写成

$$v=kc(NO_2)c(CO)$$

对于任一基元反应

$$a\mathrm{A}+b\mathrm{B}=\!=\!=g\mathrm{G}+h\mathrm{H}$$

$$v=kc^a(\mathrm{A})c^b(\mathrm{B}) \tag{4.9}$$

式(4.9)称为速率方程。式中，k 为速率常数，在一定条件（温度、催化剂）下，k 为定值，当温度改变或加入催化剂时，k 值就要发生改变，k 受反应性质及温度决定，一般由实验测定。

值得注意的是：

(1) 质量作用定律只适用于基元反应，不适用于复杂反应，如果不能确定一个反应是否为基元反应，就不能根据反应式直接写出其速率方程。

(2) 质量作用定律只适用于均相体系发生的反应。

2. 反应级数

在速率方程中，反应物浓度方次之和称为反应级数。例如，速率方程：

$$v=kc^m(\mathrm{A})c^n(\mathrm{B})$$

式中，m，n 为反应的级数，对反应物 A 是 m 级，对反应物 B 是 n 级，总反应级数为$(m+n)$级，要写出速率方程，必须由实验测定速率常数和反应级数。

(1) 对于基元反应，可以直接根据反应方程式中各反应物的计量系数写出速率方程。

例如，基元反应

$$NO_2(g)+CO(g)=\!=\!=NO(g)+CO_2(g)$$

其速率方程式：

$$v=kc(NO_2)\cdot c(CO)$$

(2) 对于非基元反应，不能简单地根据反应方程式中反应物的计量系数写出速率方程，需要根据实验确定。

例 4.1 600K 时，反应 $2NO+O_2=\!=\!=2NO_2$ 的实验数据如下：

$c(NO)/(\mathrm{mol\cdot L^{-1}})$	$c(O_2)/(\mathrm{mol\cdot L^{-1}})$	$c(NO)$的降低速率$/(\mathrm{mol\cdot L^{-1}\cdot s^{-1}})$
0.01	0.01	2.5×10^{-3}
0.01	0.02	5.0×10^{-3}
0.03	0.02	4.5×10^{-2}

(1) 写出反应的速率方程，求反应级数。

(2) 反应的速率常数 k 为多少？

(3) 当 $c(NO)=0.015\mathrm{mol\cdot L^{-1}}$，$c(O_2)=0.025\mathrm{mol\cdot L^{-1}}$时，反应速率 v 为多少？

解 (1) 反应速率方程为

$$v=kc^x(NO)c^y(O_2)$$

$$v=\frac{1}{2}\frac{\mathrm{d}c(NO_2)}{\mathrm{d}t}=kc^x(NO)c^y(O_2)$$

分别代入数据得

$$\begin{cases}\frac{1}{2}(2.5\times10^{-3}\mathrm{mol\cdot L^{-1}\cdot s^{-1}})=k(0.01\mathrm{mol\cdot L^{-1}})^x(0.01\mathrm{mol\cdot L^{-1}})^y & ①\\ \frac{1}{2}(5.0\times10^{-3}\mathrm{mol\cdot L^{-1}\cdot s^{-1}})=k(0.01\mathrm{mol\cdot L^{-1}})^x(0.02\mathrm{mol\cdot L^{-1}})^y & ②\\ \frac{1}{2}(4.5\times10^{-2}\mathrm{mol\cdot L^{-1}\cdot s^{-1}})=k(0.03\mathrm{mol\cdot L^{-1}})^x(0.02\mathrm{mol\cdot L^{-1}})^y & ③\end{cases}$$

由①、②解得 $y=1$

由②、③解得 $x=2$

故速率方程为 $v=kc^2(NO)c(O_2)$

反应级数为 3。

(2) 将表格中数据分别代入①、②、③中，分别解得

$$k_1=1.25\times10^3\mathrm{L^6\cdot mol^{-2}\cdot s^{-1}}$$

$$k_2=1.25\times10^3\mathrm{L^6\cdot mol^{-2}\cdot s^{-1}}$$

$$k_3=1.25\times10^3\mathrm{L^6\cdot mol^{-2}\cdot s^{-1}}$$

$$\bar{k}=\frac{k_1+k_2+k_3}{3}=\frac{1.25\times10^3\mathrm{L^6\cdot mol^{-2}\cdot s^{-1}}+1.25\times10^3\mathrm{L^6\cdot mol^{-2}\cdot s^{-1}}+1.25\times10^3\mathrm{L^6\cdot mol^{-2}\cdot s^{-1}}}{3}$$

$$=1.25\times10^3\mathrm{L^6\cdot mol^{-2}\cdot s^{-1}}$$

(3) 当 $c(NO)=0.015\mathrm{mol\cdot L^{-1}}$，$c(O_2)=0.025\mathrm{mol\cdot L^{-1}}$时，有

$$v=kc^2(NO)c(O_2)=1.25\times10^3\mathrm{L^6\cdot mol^{-2}\cdot s^{-1}}\times(0.015\mathrm{mol\cdot L^{-1}})^2\times(0.025\mathrm{mol\cdot L^{-1}})$$

$$=7.0\times10^{-3}\mathrm{mol\cdot L^{-1}\cdot s^{-1}}$$

二、压力对化学反应速率的影响

对于气体参加的化学反应，压力对反应速率的影响与浓度一样。增大压力，气体浓度增大，反应速率加快；减少压力，气体浓度减少，反应速率减慢。压力对固体、液体的影响很小，一般不考虑。

三、温度对化学反应速率的影响

除了浓度、压力对反应速率的影响外，温度也是影响反应速率的重要因素，而且温度的影响要比浓度、压力的影响大得多。对于大多数反应，当温度升高时，不论是吸热反应还是放热反应，其反应速率均会显著加快。例如，氢气和氧气生成水的反应，在常温下，几乎察觉不到，若加热到 973K 时，以爆炸速率瞬间完成。

升高温度，反应速率加快，是因为反应物之间的碰撞频率增大引起的吗？有实验表明，当温度从 300K 升高到 400K 时，分子间的碰撞频率只提高了约 0.15 倍，反应速率则增大约 1000 倍，显然温度升高使碰撞频率增大不是反应速率加快的根本原因。范特霍夫规则指出温度每上升 10℃，反应速率就增大到原来的 2～4 倍。

为了定量描述温度对反应速率的影响，1889 年，瑞典物理化学家阿伦尼乌斯(S. Arrhenius)提出了反应速率常数和温度之间的关系式：

$$k=Ae^{-\frac{E_a}{RT}} \tag{4.10}$$

式中，A 为指前因子，是常数；E_a 为反应的活化能；R 为摩尔气体常量；T 为热力学温度。

从式(4.10)中可见，温度或活化能发生微小的变化，将引起 k 值显著的变化。对一定的反应，E_a 基本不变，T 越高，$e^{-E_a/RT}$ 越大，反应速率就越快。当 T 一定时，E_a 越大，$e^{-E_a/RT}$ 越小，k 越小，反应速率就越慢。反之，E_a 越小的反应，k 就越大，反应速率越快。

对于同一反应，在温度 T_1 和 T_2 时，反应速率常数分别为 k_1 和 k_2，则有

$$k_1=Ae^{-\frac{E_a}{RT_1}} \tag{4.11}$$

$$k_2=Ae^{-\frac{E_a}{RT_2}} \tag{4.12}$$

结合以上二式，得

$$\ln\frac{k_2}{k_1}=\frac{E_a}{R}\left(\frac{T_2-T_1}{T_1T_2}\right) \tag{4.13}$$

或

$$\lg\frac{k_2}{k_1}=\frac{E_a}{2.303R}\left(\frac{T_2-T_1}{T_1T_2}\right) \tag{4.14}$$

利用式(4.13)和式(4.14)，可计算反应的活化能 E_a 及不同温度下的速率常数。

例 4.2 已知某反应的活化能 $E_a=180\text{kJ}\cdot\text{mol}^{-1}$，在 600K 时速率常数 $k_1=1.3\times10^{-8}\text{L}\cdot\text{mol}^{-1}\cdot\text{s}^{-1}$，计算 700K 时的速率常数 k_2。

解

$$\lg\frac{k_2}{k_1}=\frac{E_a}{2.303R}\left(\frac{T_2-T_1}{T_1T_2}\right)$$

$$\lg\frac{k_2}{1.3\times10^{-8}\text{L}\cdot\text{mol}^{-1}\cdot\text{s}^{-1}}=\frac{180\text{kJ}\cdot\text{mol}^{-1}}{2.303\times8.314\times10^{-3}\text{kJ}\cdot\text{mol}^{-1}\cdot\text{K}^{-1}}\left(\frac{700\text{K}-600\text{K}}{700\text{K}\times600\text{K}}\right)$$

$$k_2=2.25\times10^{-6}\text{L}\cdot\text{mol}^{-1}\cdot\text{s}^{-1}$$

例 4.3　在 301K 时，鲜牛奶大约 4h 变酸，若在 278K 冰箱内可保持 48h，假设反应速率与其变酸时间成反比，试估算牛奶变酸反应的活化能。

解

$$\lg\frac{k_2}{k_1}=\frac{E_a}{2.303R}\left(\frac{T_2-T_1}{T_1T_2}\right)$$

$$\lg\frac{48\text{h}}{4\text{h}}=\frac{E_a}{2.303\times8.314\times10^{-3}\text{kJ}\cdot\text{mol}^{-1}\cdot\text{K}^{-1}}\left(\frac{301\text{K}-278\text{K}}{278\text{K}\times301\text{K}}\right)$$

$$E_a=75.18\text{kJ}\cdot\text{mol}^{-1}$$

四、催化剂对化学反应速率的影响

催化剂是一种能改变化学反应速率，而本身的化学性质和质量在反应前后不发生任何变化的物质。加快反应速率的催化剂称为正催化剂，降低反应速率的催化剂称为负催化剂。若不明确，通常指的均为正催化剂。

催化剂参加反应，改变了反应历程，降低了活化能，见图 4.3。E_a 是反应的活化能，E_{ac} 是加入催化剂后反应的活化能，显然 $E_a>E_{ac}$，催化剂降低了活化能，增加了活化分子百分数，加快了反应速率。从图 4.3 还可以看出，逆反应的活化能 E'_a 降为 E'_{ac}，这表明催化剂在加快正反应的反应速率的同时，也加快了逆反应的反应速率。

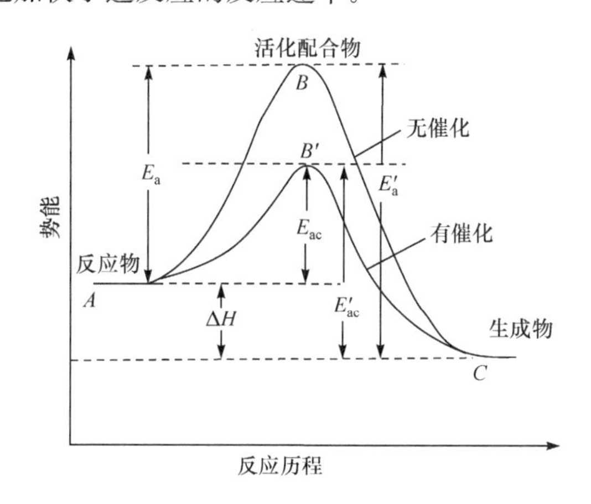

图 4.3　催化剂对反应速率的影响

一个化学反应无论是否加入催化剂，反应体系的始、终态能量之差都不会改变，故催化剂不影响反应的能量变化。催化剂正、逆反应的活化能降低程度相等，说明对正反应有效的催化剂，必对逆反应也具有催化作用，催化剂使正、逆反应的速率以同等倍数增加，因此催化剂只是缩短达到化学平衡的时间，没有改变平衡状态，即催化剂对化学平衡无影响。

习　题

1. 解释概念。

　活化分子　瞬时反应速率　平均反应速率　基元反应　非基元反应　反应级数

2. 判断下列说法是否正确，并说明理由。

　(1) 符合质量作用定律的反应一定是基元反应。

　(2) 反应物浓度增加，反应速率一定增大。

　(3) 已知某反应 2A+B══C 的速率方程为 $v=c^2(\text{A})c(\text{B})$，则该反应为基元反应。

　(4) 加入正催化剂后，化学平衡向正反应方向移动。

(5) 提高温度,反应速率加快的原因是降低了活化能。

(6) 加入正催化剂,反应速率加快的原因是降低了活化能。

3. 人体中某种酶催化反应的 $E_a=55.0\text{kJ}\cdot\text{mol}^{-1}$,若体温由37℃升到39.5℃,反应速率将增加多少倍?

4. 已知反应 $2NO(g)+Cl_2(g)=\!=\!=2NOCl(g)$ 为基元反应。

(1) 反应的速率方程是什么?

(2) 反应级数是多少?

(3) 其他条件不变,如果容器体积增加到原来的2倍,反应速率如何变化?

(4) 如果容器体积不变,将NO的浓度增加到原来的3倍,反应速率又将怎样变化?

5. 反应 $CO+H_2O=\!=\!=CO_2+H_2$ 在288.2K时速率常数 k 为 $3.1\times10^{-4}\text{mol}\cdot\text{L}^{-1}\cdot\text{s}^{-1}$,313K时速率常数 k 为 $8.15\times10^{-1}\text{mol}\cdot\text{L}^{-1}\cdot\text{s}^{-1}$,求反应的活化能,并求303K时的反应速率常数。

6. 1073K时,反应 $2H_2+2NO=\!=\!=2H_2O+N_2$ 的实验数据如下:

$c(NO)/(\text{mol}\cdot\text{L}^{-1})$	$c(H_2)/(\text{mol}\cdot\text{L}^{-1})$	NO的降低速率/$(\text{mol}\cdot\text{L}^{-1}\cdot\text{s}^{-1})$
6.00×10^{-3}	1.00×10^{-3}	3.18×10^{-3}
6.00×10^{-3}	2.00×10^{-3}	6.36×10^{-3}
1.00×10^{-3}	6.00×10^{-3}	0.48×10^{-3}
2.00×10^{-3}	6.00×10^{-3}	1.92×10^{-3}

(1) 写出该反应的速率方程,并求反应级数。

(2) 反应的速率常数 k 为多少?

7. 填下列表格。

影响因素	反应速率 v	速率常数 k	活化能 E_a	活化分子百分数
浓度				
温度				
催化剂				

第五章 化学热力学基础及化学平衡

化学热力学与化学动力学是研究化学反应的两个方面。化学热力学主要讨论化学反应及其相关的物理化学变化过程中能量转化、化学反应的方向及反应进行限度等基本问题。

第一节 热力学及热力学第一定律

一、热力学中的常用术语

1. 系统和环境

热力学把被研究的对象称为系统，系统以外与系统相联系的部分称为环境。根据系统与环境的关系，热力学的系统分为三种：①敞开系统，系统与环境之间既有物质交换又有能量交换；②封闭系统，系统与环境之间没有物质交换，只有能量交换；③孤立系统，系统和环境之间既没有物质交换，也没有能量交换。热力学研究中通常遇到的系统是封闭系统。

2. 过程和途径

通常把系统发生的变化称为过程，而完成这个过程的具体步骤则称为途径。热力学中常见的过程有以下几种：

(1) 等温过程，即系统的温度保持不变的过程。

(2) 定压过程，即系统的压力保持不变的过程。

(3) 定容过程，即系统的体积保持不变的过程。

(4) 绝热过程，即系统和环境之间无热量交换的过程。

3. 状态函数及其性质

任何一个系统的状态都可以用一些物理量来确定。每个物理量代表系统的一种性质，如气体的状态可用压力(p)、体积(V)、温度(T)及物质的量(n)等物理量来确定。当系统处于一定的状态时，这些物理量都有确定的值。倘若其中某一物理量发生变化，系统的状态就会发生相应的变化，也就是说系统的状态与这些物理量之间有一定的函数关系，热力学中把描述系统状态的这些物理量称为状态函数。

状态函数具有如下性质：

(1) 系统的一种状态函数代表系统的一种性质，对于每一种状态都有确定的值，而与系统形成的途径无关。例如，现在有一杯温度为 300K 的水，300K 是该系统状态函数 T 的一个确定值，不管这杯水是由冷水加热而来还是由沸水冷却而来，结果都是 300K。

(2) 当系统的状态发生变化时，状态函数也随之改变，并且其变化值只与系统的始态和终态有关，与变化的途径无关。例如，某气体由状态Ⅰ($p_1=100\text{kPa}, V=20\text{L}$)变成状态Ⅱ($p_2=200\text{kPa}, V_2=10\text{L}$)，上述变化无论经过什么途径，其状态函数的变化值均是 $\Delta p=p_2-p_1=$

100kPa,$\Delta V = V_2 - V_1 = -10L$。

以前我们熟悉的物理量如温度(T)、压力(p)、体积(V)、物质的量(n)、密度(ρ)等均为状态函数。本章将学习几个新的热力学状态函数,如系统的热力学能(U)、焓(H)、熵(S)、吉布斯自由能(G)。

4. 热力学能、功、热

热力学系统内部的能量称为热力学能(又称内能),用符号U表示,单位为J(或kJ)。它包括系统内分子的能量(平动能、振动能、转动能等),分子间的势能,分子内原子、电子的能量等。热力学能是系统内部能量的总和,它是系统本身的性质,由系统的状态决定。系统的状态一定,热力学能就具有确定的值,也就是说热力学能是系统的状态函数。

系统能量的改变可以由许多方式来实现,从大的方面看共有三种:热、功和辐射。热力学仅考虑前两种能量变化。

热是由于温度不同,在系统和环境之间交换的能量,用Q表示,单位为J或kJ。通常规定,系统从环境吸收热,Q为正值,即$Q>0$;系统向环境释放热,Q为负值,即$Q<0$。

在热力学中,系统和环境之间除了热以外,以其他形式交换的能量称为功,用符号W表示,单位为J或kJ。并规定:系统对环境做功,W为负值,即$W<0$;环境对系统做功,W为正值,即$W>0$。根据做功的方式不同,功又分为体积功和非体积功。体积功是指系统和环境之间因体积变化所做的功;非体积功是指除体积功以外,系统和环境之间以其他形式所做的功,如表面功、机械功、电功等。

由热和功的定义可知,热和功总是与系统的变化联系着,没有过程,系统的状态没有变化,系统和环境之间无法交换能量,也就没有功和热。由此可见,功和热不是状态函数。

5. 热力学的标准状态

对于同一系统,在不同的状态时,其性质是不同的。在热力学中,为了研究的方便,对物质规定了标准状态。热力学对物质的标准状态规定如下:

(1) 气体物质的标准状态是指该物质的物理状态为气态,并且气体的压力(或在混合气体中的分压)值为100kPa。热力学将100kPa规定为标准压力,用符号$p^{\ominus}$表示。

(2) 溶液的标准状态是指在标准压力下($p=p^{\ominus}$),溶质的质量摩尔浓度$b=1mol \cdot kg^{-1}$时的状态。热力学用$b^{\ominus}$表示标准浓度,即$b^{\ominus}=1mol \cdot kg^{-1}$。在溶液计算中,通常作近似处理,用物质的量浓度($c$)代替质量摩尔浓度($b$),这样溶质的标准状态近似地看成是溶质的物质的量浓度为$1mol \cdot L^{-1}$,符号为$c^{\ominus}$,即$c^{\ominus}=1mol \cdot L^{-1}$。

(3) 液体和固体的标准状态是指处于一个标准压力下纯物质的物理状态。

在热力学的有关计算中,要注明其状态,如标准状态下的焓变记为$\Delta H^{\ominus}(T)$,标准熵变记为$\Delta S^{\ominus}(T)$。

6. 化学反应进度

反应进度是表示反应进行程度的物理量,用符号ξ表示,单位为mol。定义为

$$n_B(\xi) = n_B(0) + \nu_B \xi \tag{5.1}$$

式中,$n_B(0)$,$n_B(\xi)$分别为反应进度$\xi=0$(反应未开始)和$\xi=\xi$时物质B的物质的量;ν_B为物质B在反应式中的计量数,反应物的计量数取负值,产物的计量数取正值。例如,对于反应$2C_2H_2(g)+5O_2(g)=\!=\!=4CO_2(g)+2H_2O(g)$中各物质的计量数分别为:$\nu(C_2H_2)=-2$,$\nu(O_2)=$

-5，$\nu(CO_2)=4$，$\nu(H_2O)=2$。

由于 $n_B(0)$ 为常数，因此有

$$d\xi=\nu_B^{-1}dn_B$$

对于有限量的反应，则由式(5.1)，变为

$$\Delta\xi=\nu_B^{-1}\Delta n_B$$

$\Delta\xi=1mol$，表明反应进度为 1mol。

需要注意的是，反应进度与化学反应方程式的写法有关，与选择系统中何种物质无关。例如

	$O_2(g)$	$+2H_2(g)$	$=\!=\!=2H_2O(g)$
开始时，n/mol	3	4	0
t 时，n/mol	2	2	2

$$\xi=\frac{\Delta n(O_2)}{\nu(O_2)}=\frac{\Delta n(H_2)}{\nu(H_2)}=\frac{\Delta n(H_2O)}{\nu(H_2O)}$$

$$=\frac{2mol-3mol}{-1}=\frac{2mol-4mol}{-2}=\frac{2mol-0mol}{2}$$

$$=1mol$$

$\xi=1mol$ 说明 2mol H_2 与 1mol O_2 完全作用，生成了 2mol H_2O。

若将上面反应写成 $\frac{1}{2}O_2(g)+H_2(g)=\!=\!=H_2O(g)$，则 t 时的反应进度为

$$\xi=\frac{2mol-3mol}{-1/2}=\frac{2mol-4mol}{1}=\frac{2mol-0mol}{1}=2mol$$

二、热力学第一定律

热力学第一定律就是众所周知的能量守恒定律，其文字叙述如下：自然界中一切物质都具有能量，能量有各种形式，它能从一种形式转化为另一种形式，从一个物体传递给另一个物体，而在传递和转化的过程中能量的总和不变。

由热力学第一定律可知，当一封闭系统由状态Ⅰ变化到状态Ⅱ，则其热力学能(U)的改变量就等于在系统变化过程中，系统和环境之间传递的热量和所做功的代数和，即

$$\Delta U=Q+W \tag{5.2}$$

式(5.2)是热力学第一定律的数学表达式，它说明系统的热力学能的变化与热和功的数量关系。在应用式(5.2)时，要特别注意每个物理量的符号规定及意义。

第二节　热　化　学

一、化学反应热

反应热是指化学反应发生后，使产物的温度回到反应物的温度，且系统不做非体积功时，所吸收或放出的热量。由于热与过程有关，在讨论反应热时应指明具体的过程，通常用到的有两种过程的反应热：定容反应热和定压反应热。

1. 定容反应热

化学反应在恒容条件下进行，这时的反应热即定容反应热，用符号 Q_V 表示，单位

J·mol⁻¹或kJ·mol⁻¹。由热力学第一定律可知,$\Delta V=0, W=0$,则有

$$\Delta U = Q_V \tag{5.3}$$

式(5.3)表示恒容过程的反应热等于系统热力学能的变化,即系统吸热,热力学能升高;系统放热,热力学能降低。

2. 定压反应热

如果反应是在恒压条件下进行,这时的反应热称为定压反应热,用符号 Q_p 表示,单位为 $J \cdot mol^{-1}$或$kJ \cdot mol^{-1}$。由式(5.3)得

$$\Delta U = Q_p - p\Delta V$$

$$Q_p = \Delta U + p\Delta V \tag{5.4}$$

若将 $\Delta U=U_2-U_1, \Delta V=V_2-V_1, p=p_1=p_2$ 代入式(5.4),则有

$$Q_p=(U_2+p_2V_2)-(U_1+p_1V_1)$$

U, p, V 都是状态函数,其组合也必为状态函数,热力学将它们的组合定义为一个新的状态函数——焓,符号 H,即

$$H = U + pV$$

则有

$$Q_p=\Delta H \tag{5.5}$$

式(5.5)表明,在定压条件下,系统的焓变 ΔH(单位 $J \cdot mol^{-1}$或 $kJ \cdot mol^{-1}$)等于恒压反应热。$\Delta H>0$,反应吸热;$\Delta H<0$,反应放热。

注意:焓(H)是与热力学能相联系的一个物理量,与热力学能一样,人们只能得到其变化值(ΔH),无法得到其绝对值。化学反应的焓变通常用符号 $\Delta_r H(T)$表示。当反应进度为1mol 时,化学反应的摩尔焓变表示为 $\Delta_r H_m(T)$;如反应是在标准状态下进行,则为标准摩尔焓变,用 $\Delta_r H_m^{\ominus}(T)$表示。

3. 热化学方程式的写法

表示化学反应与反应热关系的方程称为热化学方程。由于反应热与反应条件、物质的量等有关,在书写热化学方程时要特别注意以下几点:

(1) 用 $\Delta_r H_m(T)$和 $\Delta_r U_m(T)$,分别表示定压和定容摩尔反应热。

(2) 注明反应条件,如 $\Delta_r H_m^{\ominus}(298.15K)$表示某化学反应在 298.15K 时,标准状态下进行1mol 反应时的焓变。如不注明温度,通常指 298.15K。

(3) 注明反应物的物态,固态物质应注明晶形。例如

$$C(石墨)+O_2(g) \longrightarrow CO_2(g) \qquad \Delta_r H_m^{\ominus}=-393.5kJ \cdot mol^{-1}$$

(4) 反应热的数值与反应式要一一对应。

$$H_2(g)+\frac{1}{2}O_2(g) \longrightarrow H_2O(l) \qquad \Delta_r H_m^{\ominus}=-285.8kJ \cdot mol^{-1}$$

$$2H_2(g)+O_2(g) \longrightarrow 2H_2O(l) \qquad \Delta_r H_m^{\ominus}=-571.6kJ \cdot mol^{-1}$$

(5) 正、逆反应的反应热,数值相等,符号相反。

$$H_2O(l) \longrightarrow H_2(g)+\frac{1}{2}O_2(g) \qquad \Delta_r H_m^{\ominus}=285.8kJ \cdot mol^{-1}$$

二、反应热的计算

1. 赫斯定律

化学反应的反应热可以由实验测得,但有些反应由于自身的反应特点(如速率慢、副反应

多等)或测试条件的限制,很难准确测量。因此,用热化学方法计算反应热是化学家十分关注的问题。

1840 年,俄国化学家赫斯(G. H. Hess)在总结大量实验事实的基础上,提出了著名的热化学定律:一个化学反应若能分成几步来进行,总反应的焓变 $\Delta_r H_m$ 等于各步反应的焓变 $\Delta_r H_m(i)$ 之和。赫斯定律实质上是热力学第一定律的引申。

例 5.1　已知 298.15K,标准状态下

(1) $C(石墨)+O_2(g)=\!=\!=CO_2(g)$　　$\Delta_r H^\ominus_{m_1}=-393.5kJ\cdot mol^{-1}$

(2) $CO(g)+\frac{1}{2}O_2(g)=\!=\!=CO_2(g)$　　$\Delta_r H^\ominus_{m_2}=-283.0kJ\cdot mol^{-1}$

求:(3) $C(石墨)+\frac{1}{2}O_2(g)=\!=\!=CO(g)$的 $\Delta_r H^\ominus_{m_3}$。

解　上面三个反应有如下的关系:

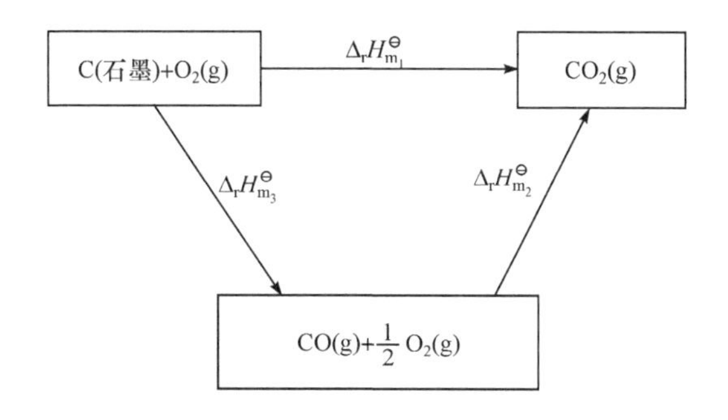

由赫斯定律可知:　　$\Delta_r H^\ominus_{m_1}=\Delta_r H^\ominus_{m_2}+\Delta_r H^\ominus_{m_3}$

$$\Delta_r H^\ominus_{m_3}=\Delta_r H^\ominus_{m_1}-\Delta_r H^\ominus_{m_2}=(-393.5kJ\cdot mol^{-1})-(-283.0kJ\cdot mol^{-1})=-110.5kJ\cdot mol^{-1}$$

例 5.1 反映了赫斯定律的重大意义。由于反应的特殊性,人们不能控制 C(石墨)与$O_2(g)$反应完全转化为 CO(g)而不产生 $CO_2(g)$,因此无法准确测定其反应热,而反应(1)和(2)的反应热是易测得的。赫斯定律使人们能用计算的方法,利用一些已知反应热的数据,间接求算一些难于测量反应的反应热。

应用赫斯定律时应注意:①所有反应的条件应一致;②方程式中计量数有变动时,焓变有相应系数的变动。

2. 标准摩尔生成焓

用赫斯定律计算反应热,需要知道许多相关反应的反应热,有时将一个复杂反应分解成几个已知反应热的反应并不很容易。为此化学家寻求计算反应热的更简单的方法。前面已经推导出等压反应热在数值上等于该条件下系统状态发生变化时的焓变,即 $Q_p=H_2-H_1$。如果知道反应物和产物的焓,反应热的计算将更加简单。但焓的绝对值是无法得到的,人们采取了一种相对的方法来定义物质的焓值,从而计算 $\Delta_r H^\ominus_{m_1}$。

1) 标准摩尔生成焓

物质 B 的标准摩尔生成焓是指在一定温度条件下,由指定单质生成物质 B($\nu_B=+1$)时的标准摩尔焓变,符号 $\Delta_f H^\ominus_m(T)$,如 298.15K 标准状态下:

$$C(石墨)+O_2(g)=\!=\!=CO_2(g)\qquad \Delta_f H^\ominus_m(CO_2,g)=\Delta_r H^\ominus_m=-393.5kJ\cdot mol^{-1}$$

$$H_2(g)+\frac{1}{2}O_2(g)\longrightarrow H_2O(l) \qquad \Delta_f H_m^\ominus(H_2O,l)=\Delta_r H_m^\ominus=-285.8kJ\cdot mol^{-1}$$

$$C(石墨)+2H_2(g)+\frac{1}{2}O_2(g)\longrightarrow CH_3OH(g)$$

$$\Delta_f H_m^\ominus(CH_3OH,g)=\Delta_r H_m^\ominus=-200.7kJ\cdot mol^{-1}$$

$$\frac{1}{2}N_2(g)+\frac{1}{2}O_2(g)\longrightarrow NO(g) \qquad \Delta_f H_m^\ominus(NO,g)=\Delta_r H_m^\ominus=90.25kJ\cdot mol^{-1}$$

$$I_2(s)\longrightarrow I_2(g) \qquad \Delta_f H_m^\ominus(I_2,g)=\Delta_r H_m^\ominus=62.44kJ\cdot mol^{-1}$$

由此可见,物质的标准摩尔生成焓只是一种特殊的焓变,它是以指定单质的标准摩尔生成焓是零为标准的一个相对值。这里的指定单质一般选择 298.15K 时较稳定的形态,如 $I_2(s)$、$O_2(g)$,但也有个别例外,如白磷为指定单质,但 298.15K 时红磷更稳定。部分指定单质及其他形态的 $\Delta_f H_m^\ominus$ 列于表 5.1 中。

表 5.1 某些单质的标准摩尔生成焓 $\Delta_f H_m^\ominus$(298.15K)

指定单质	$\Delta_f H_m^\ominus$/(kJ·mol^{-1})	其他形态	$\Delta_f H_m^\ominus$/(kJ·mol^{-1})
石墨 C(石)	0.0	C(金)	+1.9
氧气 $O_2(g)$	0.0	$O_3(g)$	+143
硫 S(斜)	0.0	S(单)	+0.3
		$S_2(g)$	+124.9
溴 Br(l)	0.0	$Br_2(g)$	+30.9
碘 $I_2(s)$	0.0	$I_2(g)$	+62.4
磷 P_4(白)	0.0	P(红)	−18
		P(黑)	−39

常见物质 298.15K 时标准摩尔生成焓数值可查热力学数据表及本书附录二。在没有特别说明温度时,本书所用 $\Delta_f H_m^\ominus$ 的数据为 298.15K 时的数值。

2) 物质的标准摩尔生成焓的应用

物质的标准摩尔生成焓除了能告诉人们由单质生成某物质的焓变情况外,更重要的意义是计算化学反应的定压反应热。由赫斯定律可推导出下面计算反应热的公式:

$$\Delta_r H_m^\ominus(298.15K)=\sum_B \nu_B \Delta_f H_m^\ominus(B,298.15K) \tag{5.6}$$

式(5.6)表明,化学反应的标准摩尔焓变等于各反应物和产物的标准摩尔生成焓与其计量数乘积之和。从计算式中可以看出,反应方程式配平计量数不同,反应的焓变不同,反应焓变与反应方程式要一一对应。式(5.6)也适合由离子参加反应的标准摩尔焓变的计算[①]。

例 5.2 计算 298.15K 标准状态下反应的 $\Delta_r H_m^\ominus$:

$$2Al(s)+Fe_2O_3(s)\longrightarrow Al_2O_3(s)+2Fe(s)$$

解 $\Delta_r H_m^\ominus=[\Delta_f H_m^\ominus(Al_2O_3,s)+2\Delta_f H_m^\ominus(Fe,s)]-[\Delta_f H_m^\ominus(Fe_2O_3,s)+2\Delta_f H_m^\ominus(Al,s)]$

$=(-1676kJ\cdot mol^{-1}+2\times 0kJ\cdot mol^{-1})-(-824.2kJ\cdot mol^{-1}+2\times 0kJ\cdot mol^{-1})$

$=-851.8kJ\cdot mol^{-1}$

该反应放出大量的热,能使系统温度迅速提高。

① 离子的标准摩尔生成焓是以 H^+ 为参考标准而得到的相对值,规定在 100kPa 下,1mol·L^{-1}理想溶液中 H^+ 的标准生成焓等于零为参考标准,即规定:$\Delta_f H_m^\ominus(H^+)=0$。

应用物质的标准摩尔生成焓计算反应热非常简单，并且可以用少量的实验数据获得大量化学反应的焓变值。焓变随温度变化不很大，在一般化学计算中可近似地认为

$$\Delta_r H_m^{\ominus}(T) \approx \Delta_r H_m^{\ominus}(298.15\text{K})$$

第三节 化学反应的自发性

一、自发过程

自然界中发生的许多变化是自发进行的，如铁在潮湿的空气中生锈，水自高处向低处流动，热从高温物体传向低温物体等。这种在一定条件下不需外力做功就能自动进行的过程(或化学反应)称为自发过程；反之称为非自发过程。科学家通过对大量自发过程的分析，总结出自发过程有如下几个特点：

(1) 自发过程是单向的，其逆过程是不能自发进行的，除非外力对其做功。

(2) 自发过程可以被用来做非体积功，如电功。

(3) 自发过程只能进行到一定的程度。例如，温度相等($\Delta T=0$)时，热不会自动传递；两处水位相等时，水不会自动流动等。这里需要指出的是，自发过程并不意味着进行很快的过程，如 N_2 与 H_2 作用生成 NH_3 是自发过程，但在低温、无催化剂时反应极慢。另外，非自发反应不是一定不能发生的反应，只是说在一定条件下，无外力做功时不发生反应；当条件改变时，也可能成为自发反应。例如，$CaCO_3$ 分解反应，在 100kPa，298.15K 时，反应不能自动进行；当减小 CO_2 分压或提高反应温度时，$CaCO_3$ 可自动分解。生石灰就是由 $CaCO_3$ 高温分解得到的。

早在 19 世纪，人们利用反应的焓(反应热)变来预言反应的自发性，认为放热反应是自发的。大量的实验事实也证明，大多数放热反应是自发的，如甲烷燃烧、氢气燃烧等均为放热反应。但很快人们就注意到有些吸热反应也能自发进行，如常温、常压下冰会自动融化，氯化钾、氯化铵等晶体会自动地在水中溶解，而这些过程均为吸热过程。由此可见，除焓变以外，还有另外的因素影响反应的自发性，这个因素就是熵。

二、熵的初步概念

1. 熵

混乱度是系统或物质的一个重要属性，为了定量描述系统的混乱度，引入了熵的概念。

熵是系统混乱度的量度，用符号 S 表示，单位 $J \cdot mol^{-1} \cdot K^{-1}$。系统的混乱度越低，熵值就越小；混乱度越高，熵值就越大。系统的混乱度是系统本身的一种性质，由其状态决定，所以熵是系统的一个状态函数，在系统的状态发生变化时有焓变，同时有熵变。

2. 物质的标准摩尔熵

与焓变不同，物质的熵可以得到其绝对值。20 世纪初，人们根据一系列实验现象加上科

学推测得到:在 0K 时,任何物质的完美晶体的熵值为零[①]。通过实验和计算可以得到物质的绝对熵。在标准状态和指定温度下,1mol 纯物质的熵值称为物质的标准摩尔熵,符号 $S_m^\ominus$,单位 $J \cdot mol^{-1} \cdot K^{-1}$。一般热力学数据表和本书附录二给出了 298.15K 物质的标准摩尔熵值。由熵的数值及熵的意义可知,物质的熵有如下的变化规律:

(1) 物质的熵值随温度的升高而增大,如 $CS_2(l)$在 161K 时,$S_m^\ominus = 103\ J \cdot mol^{-1} \cdot K^{-1}$,而在 298.15K 时,$S_m^\ominus = 150 J \cdot mol^{-1} \cdot K^{-1}$。

(2) 对于同一物质,气态熵值大于液态熵值,而液态熵值又大于固态熵值,如 298.15K 时,H_2O 的气态、液态 $S_m^\ominus$ 分别为 $188.7 J \cdot mol^{-1} \cdot K^{-1}$、$69.9\ J \cdot mol^{-1} \cdot K^{-1}$。

(3) 对于摩尔质量相同的物质,结构越复杂,$S_m^\ominus$ 越大,如 298.15K 时,$S_m^\ominus(C_2H_4, g) = 219.4\ J \cdot mol^{-1} \cdot K^{-1}$,$S_m^\ominus(N_2, g) = 192 J \cdot mol^{-1} \cdot K^{-1}$。

3. 熵变的计算

熵和焓一样是系统的一个状态函数,熵变计算遵循热化学定律,在计算时,应注意物质在反应式中的计量数。化学反应的标准摩尔熵变有如下计算公式:

$$\Delta_r S_m^\ominus(298.15K) = \sum \nu_i S_m^\ominus \qquad (5.7)$$

$\Delta_r S_m^\ominus > 0$,是熵增反应,有利于反应自发进行;$\Delta_r S_m^\ominus < 0$,是熵减反应,不利于反应的自发进行。

例 5.3 计算 $CaCO_3$ 分解反应的 $\Delta_r S_m^\ominus(298.15K)$。

解 $CaCO_3$ 分解反应式 $CaCO_3(s) = CaO(s) + CO_2(g)$

$$\begin{aligned}\Delta_r S_m^\ominus(298.15K) &= S_m^\ominus(CO_2, g) + S_m^\ominus(CaO, s) - S_m^\ominus(CaCO_3, s)\\ &= 213.6 J \cdot mol^{-1} \cdot K^{-1} + 39.7 J \cdot mol^{-1} \cdot K^{-1} - 92.9 J \cdot mol^{-1} \cdot K^{-1}\\ &= 160.4 J \cdot mol^{-1} \cdot K^{-1}\end{aligned}$$

例 5.4 计算反应 $CaO(s) + SO_3(g) = CaSO_4(s)$ 的 $\Delta_r S_m^\ominus(298.15K)$。

解

$$\begin{aligned}\Delta_r S_m^\ominus(298.15K) &= S_m^\ominus(CaSO_4, s) - S_m^\ominus(CaO, s) - S_m^\ominus(SO_3, g)\\ &= 107 J \cdot mol^{-1} \cdot K^{-1} - 39.7 J \cdot mol^{-1} \cdot K^{-1} - 256.6 J \cdot mol^{-1} \cdot K^{-1}\\ &= -189.3 J \cdot mol^{-1} \cdot K^{-1}\end{aligned}$$

计算结果说明,$CaCO_3(s)$分解是一个熵增的过程,而 $CaSO_4$ 的生成是一个熵减过程。利用物质标准熵值的变化规律,可初步估计一个反应的熵变情况:①气体分子数增加的反应,$\Delta_r S_m^\ominus > 0$,即熵增过程;②气体分子数减少的反应,$\Delta_r S_m^\ominus < 0$,即熵减过程;③不涉及气体分子数变化过程,如液体物质(或溶质的粒子数)增多,则为熵增,固态熔化、晶体溶解等也均为熵增过程。

尽管物质的熵值随温度的升高而增加,但对于一个反应来说,温度升高时,产物和反应物的熵值增加程度相近,熵变不十分显著,在一般的计算中可做近似处理:

$$\Delta_r S_m^\ominus(T) \approx \Delta_r S_m^\ominus(298.15K)$$

三、吉布斯自由能

反应的焓变和熵变是反应能否自发进行的两个因素。要讨论反应的自发性,就需要一个

---

① 热力学第三定律的一种表述。

新的函数，它既能综合系统的焓和熵两个状态函数，又能作为反应自发性的判据。美国物理学家吉布斯(J. W. Gibbs)于 1876 年提出用自由能来综合熵和焓，其定义为

$$G \equiv H - TS$$

由定义可知，吉布斯自由能与焓一样无法确定其绝对值，只能得到其变化值 ΔG。G 是状态函数，具有状态函数的性质，在计算时符合热化学定律。化学反应的吉布斯自由能变用 $\Delta_r G$ 表示，如反应在标准状态下进行 1mol 反应，则其吉布斯自由能变为标准摩尔吉布斯自由能变，记为 $\Delta_r G_m^\ominus(T)$。

经热力学推导，在等温等压且不做非体积功的条件下，吉布斯自由能变是判断反应自发性的判据：

$\Delta_r G_m < 0$，反应正向自发进行；

$\Delta_r G_m > 0$，正向反应不能自发进行，逆向反应自发进行；

$\Delta_r G_m = 0$，反应达到平衡状态(化学反应的最大限度)。

如果系统处于标准状态，则可用标准摩尔吉布斯自由能变去判断标准状态下反应自发进行的方向：

$\Delta_r G_m^\ominus < 0$，反应正向自发进行；

$\Delta_r G_m^\ominus > 0$，正向反应不能自发进行，逆向反应自发进行；

$\Delta_r G_m^\ominus = 0$，反应达到平衡状态。

自发进行的过程(包括化学反应)总是向吉布斯自由能减少的方向进行。自发过程的特点之一是系统可以对外做非体积功 W'。很显然，W' 与 ΔG 必有联系。经热力学证明，系统在等温、等压条件下，对外做的最大非体积功等于系统吉布斯自由能的减少，即 $W'_{max} = \Delta G$。

四、标准摩尔吉布斯自由能变的计算

1. 利用物质的标准摩尔生成吉布斯自由能计算 $\Delta_r G_m^\ominus(298.15K)$

物质 B 的标准摩尔生成吉布斯自由能是指在指定温度和标准状态条件下，由指定单质生成物质 B($\nu_B = +1$)时的吉布斯自由能变，符号是 $\Delta_f G_m^\ominus(T)$。如下面反应对应的标准摩尔吉布斯自由能变即为相应物质的标准摩尔生成吉布斯自由能。

$C(石墨) + O_2(g) = CO_2(g)$　　$\Delta_r G_m^\ominus = \Delta_f G_m^\ominus(CO_2, g) = -394.38 kJ \cdot mol^{-1}$

$H_2(g) + \frac{1}{2}O_2(g) = H_2O(g)$　　$\Delta_r G_m^\ominus = \Delta_f G_m^\ominus(H_2O, g) = -228.6 kJ \cdot mol^{-1}$

$\frac{1}{2}N_2(g) + O_2(g) = NO_2(g)$　　$\Delta_r G_m^\ominus = \Delta_f G_m^\ominus(NO_2, g) = 51.84 kJ \cdot mol^{-1}$

$C(石墨) = C(金刚石)$　　$\Delta_r G_m^\ominus = \Delta_f G_m^\ominus(C, 金刚石) = 2.90 kJ \cdot mol^{-1}$

$C(石墨) = C(石墨)$　　$\Delta_r G_m^\ominus = \Delta_f G_m^\ominus(C, 石墨) = 0$

由定义可知，指定单质的 $\Delta_f G_m^\ominus(T) = 0$ 。298.15K 时常见物质的 $\Delta_f G_m^\ominus$ 见附录二，在计算过程中如不特别指明温度，均指 298.15K。

利用物质的标准摩尔生成吉布斯自由能可以方便地计算 $\Delta_r G_m^\ominus(298.15K)$，即

$$\Delta_r G_m^\ominus(298.15K) = \sum_B \nu_B \Delta_f G_m^\ominus(B, 298.15K) \tag{5.8}$$

例 5.5　计算标准状态,298.15K 时,生产水煤气反应的 $\Delta_r G_m^\ominus(298.15K)$,并说明在该条件下,反应自发进行的方向。

解　写出配平的反应式

$$C(石墨)+H_2O(g)=CO(g)+H_2(g)$$

$$\begin{aligned}\Delta_r G_m^\ominus &= \Delta_f G_m^\ominus(CO,g)+\Delta_f G_m^\ominus(H_2,g)-\Delta_f G_m^\ominus(H_2O,g)-\Delta_f G_m^\ominus(C,石墨)\\ &=(-137.2kJ\cdot mol^{-1}+0kJ\cdot mol^{-1})-(-228.6kJ\cdot mol^{-1}-0kJ\cdot mol^{-1})\\ &=91.4kJ\cdot mol^{-1}>0\end{aligned}$$

由于 $\Delta_r G_m^\ominus>0$,该反应在标准状态,298.15K 时,不能正向自发进行,实际生产过程中,该反应是在高温条件下进行的。这一事实也说明,温度对吉布斯自由能变影响比较大。

2. 任意温度下 $\Delta_r G_m^\ominus(T)$ 的求算

焓变和熵变在一般的计算中都可忽略它们随温度的变化,但吉布斯自由能受温度的影响很大,不能忽略。经热力学推证,等温、等压条件下,吉布斯自由能变与温度有下列关系:

$$\Delta_r G_m = \Delta_r H_m - T\Delta_r S_m \tag{5.9}$$

对于标准状态下化学反应的标准摩尔吉布斯自由能变有如下关系式:

$$\Delta_r G_m^\ominus(T) = \Delta_r H_m^\ominus(T) - T\Delta_r S_m^\ominus(T) \tag{5.10}$$

或近似为　$\Delta_r G_m^\ominus(T)=\Delta_r H_m^\ominus(298.15K)-T\Delta_r S_m^\ominus(298.15K)$

式(5.9)、式(5.10)是热力学中一个非常重要的公式,称为吉布斯-亥姆霍兹(Gibbs-Helmholtz)公式。该公式的应用之一就是利用焓变和熵变计算任意温度下,标准态时反应的吉布斯自由能变。

例 5.6　计算说明 $N_2O_4(g)=2NO_2$ 在标准状态下 298K 和 500K 时,反应自发进行的方向。

解

	$N_2O_4(g)$	$=2NO_2(g)$
$\Delta_f H_m^\ominus/(kJ\cdot mol^{-1})$	9.16	33.2
$S_m^\ominus/(J\cdot mol^{-1}\cdot K^{-1})$	304	240

$$\begin{aligned}\Delta_r H_m^\ominus &= 2\Delta_f H_m^\ominus(NO_2,g)-\Delta_f H_m^\ominus(N_2O_4,g)\\ &=2\times 33.2kJ\cdot mol^{-1}-9.16kJ\cdot mol^{-1}\\ &=57.24kJ\cdot mol^{-1}\end{aligned}$$

$$\begin{aligned}\Delta S_m^\ominus &= 2S_m^\ominus(NO_2,g)-S_m^\ominus(N_2O_4,g)\\ &=2\times 240J\cdot mol^{-1}\cdot K^{-1}-304J\cdot mol^{-1}\cdot K^{-1}\\ &=176J\cdot mol^{-1}\cdot K^{-1}\end{aligned}$$

$$\begin{aligned}\Delta_r G_m^\ominus(298K) &= \Delta_r H_m^\ominus(298K)-T\Delta_r S_m^\ominus(298K)\\ &=57.24kJ\cdot mol^{-1}-298K\times 176\times 10^{-3}kJ\cdot mol^{-1}\cdot K^{-1}\\ &=4.79kJ\cdot mol^{-1}>0\end{aligned}$$

即标准状态下,298K 时该反应逆向自发进行。

$$\begin{aligned}\Delta_r G_m^\ominus(500K) &= \Delta_r H_m^\ominus(298K)-T\Delta_r S_m^\ominus(298K)\\ &=57.24kJ\cdot mol^{-1}-500K\times 176\times 10^{-3}kJ\cdot mol^{-1}\cdot K^{-1}\\ &=-30.76kJ\cdot mol^{-1}<0\end{aligned}$$

即标准状态下,500K 时,反应正向自发进行。

由计算可知,该反应是一个吸热、熵增的反应,吸热不利于反应的正向进行,低温时反应逆向进行;熵增有利于反应正向进行,提高温度使正向反应趋势变大。熵变和焓变对反应自发性贡献相矛盾时,反应的自发方向往往是由反应的温度条件决定。

五、吉布斯-亥姆霍兹公式的应用

吉布斯-亥姆霍兹公式除了能计算标准摩尔吉布斯自由能变外，还能根据反应的 $\Delta_r H_m^{\ominus}$ 和 $\Delta_r S_m^{\ominus}$ 方便地估算反应的温度条件（温度对化学反应方向的影响）及反应自发进行方向发生逆转时的温度（又称转变温度）。

1. 估计反应的温度条件

根据 $\Delta_r H_m^{\ominus}$ 和 $\Delta_r S_m^{\ominus}$ 的情况，可将化学反应分为四类，它们的反应方向受温度影响，见表 5.2。

表 5.2　等温等压条件下反应方向与温度的关系

序号	ΔH	ΔS	$\Delta G=\Delta H-T\Delta S$	反应自发进行的温度条件
1	(+)	(−)	(+)	任何温度下，反应不能正向自发
2	(−)	(+)	(−)	任何温度下，反应均能正向自发
3	(+)	(+)	低温(+)	低温时，反应正向不自发
			高温(−)	高温时，反应正向自发
4	(−)	(−)	低温(−)	低温时，反应正向自发
			高温(+)	高温时，反应正向不自发

表 5.2 表明，对焓变和熵变符号相反的反应如 1、2 两种情况，反应方向不受温度的影响；当反应焓变和熵变的符号相同时，如 3、4 两种情况，温度对反应方向起决定性作用，例 5.6 已经说明了这一点。

2. 转变温度的计算

当反应的焓变和熵变符号相同时，随着温度的改变吉布斯自由能变 ΔG 会改变符号，即化学反应改变方向。例如，对于 $\Delta H>0$，$\Delta S>0$ 的反应，当温度从低到高发生变化时，吉布斯自由能变 ΔG 随之变化，从 $\Delta G>0 \rightarrow \Delta G=0 \rightarrow \Delta G<0$。化学反应在 $\Delta G=0$ 时达到平衡，此时的温度称为转变温度。转变温度可由吉布斯-亥姆霍兹公式求得。

$$\Delta_r G_m^{\ominus}=\Delta_r H_m^{\ominus}-T\Delta_r S_m^{\ominus} \qquad \Delta_r G_m^{\ominus}=0$$

$$T_{转}=\frac{\Delta_r H_m^{\ominus}}{\Delta_r S_m^{\ominus}}$$

$\Delta_r H_m^{\ominus}<0$，$\Delta_r S_m^{\ominus}<0$，$T<T_{转}$ 时反应正向自发；

$\Delta_r H_m^{\ominus}>0$，$\Delta_r S_m^{\ominus}>0$，$T>T_{转}$ 时反应正向自发。

例 5.7　计算标准状态下，由 N_2、H_2 合成 NH_3 时，反应的温度范围。

解

	$N_2(g)$	$+3H_2(g)$	$=\!=\!=2NH_3(g)$
$\Delta_f H_m^{\ominus}/(kJ \cdot mol^{-1})$	0	0	−46.1
$S_m^{\ominus}/(J \cdot mol^{-1} \cdot K^{-1})$	192	130	192.3

$$\begin{aligned}\Delta_r H_m^{\ominus} &= 2\Delta_f H_m^{\ominus}(NH_3,g)-\Delta_f H_m^{\ominus}(N_2,g)-3\Delta_f H_m^{\ominus}(H_2,g)\\ &=2\times(-46.1kJ \cdot mol^{-1})-0kJ \cdot mol^{-1}-3\times 0kJ \cdot mol^{-1}\\ &=-92.2kJ \cdot mol^{-1}\end{aligned}$$

$$\begin{aligned}\Delta_r S_m^\ominus &= 2S_m^\ominus(NH_3,g) - S_m^\ominus(N_2,g) - 3S_m^\ominus(H_2,g)\\ &= 2\times 192.3J\cdot mol^{-1}\cdot K^{-1} - 192J\cdot mol^{-1}\cdot K^{-1} - 3\times 130J\cdot mol^{-1}\cdot K^{-1}\\ &= -197.4J\cdot mol^{-1}\cdot K^{-1}\end{aligned}$$

要使合成氨反应正向进行,须使 $\Delta_r G_m^\ominus<0$,则

$$T_{转}=\frac{\Delta_r H_m^\ominus}{\Delta_r S_m^\ominus}=\frac{-92.2kJ\cdot mol^{-1}}{-197.4\times 10^{-3}kJ\cdot mol^{-1}\cdot K^{-1}}=467K$$

$\Delta_r H_m^\ominus<0$,$\Delta_r S_m^\ominus<0$,$T<T_{转}$,$\Delta_r G_m^\ominus<0$,反应正向进行。所以,合成氨反应的温度应控制低于 467K。

合成氨反应是一个熵减反应,高温不利于反应的进行。低温时反应趋势大,但由于动力学的原因,合成氨的反应一般控制在 $T=773K$,$p=30\ 000kPa$,有催化剂的作用下进行。

例 5.8 金属锡有两种晶形:灰锡和白锡,利用有关的热力学数据计算,标准状态下白锡与灰锡的相变温度。

解 物质的相变温度又称相变点,即物质的凝固点、沸点或同种物质不同晶形的转变点。

	Sn(白)══Sn(灰)	
$\Delta_f H_m^\ominus/(kJ\cdot mol^{-1})$	0	−2.1
$S_m^\ominus/(J\cdot mol^{-1}\cdot K^{-1})$	51.5	44.1

$$\begin{aligned}\Delta_r H_m^\ominus &= \Delta_f H_m^\ominus(Sn,灰) - \Delta_f H_m^\ominus(Sn,白)\\ &= -2.1kJ\cdot mol^{-1}\end{aligned}$$

$$\begin{aligned}\Delta_r S_m^\ominus &= S_m^\ominus(Sn,灰) - S_m^\ominus(Sn,白)\\ &= 44.1J\cdot mol^{-1}\cdot K^{-1} - 51.5J\cdot mol^{-1}\cdot K^{-1}\\ &= -7.4J\cdot mol^{-1}\cdot K^{-1}\end{aligned}$$

相变点 $\Delta_r G_m^\ominus=0$,则

$$T_{转}=\frac{\Delta_r H_m^\ominus}{\Delta_r S_m^\ominus}=\frac{-2.1kJ\cdot mol^{-1}}{-7.4\times 10^{-3}J\cdot mol^{-1}\cdot K^{-1}}=283.8K$$

例 5.8 是计算标准状态下的相变温度,在实际应用中,也可以近似估计某些物质的熔点、沸点。

第四节 化学平衡

在研究化学反应时,人们除了注意反应自发进行的方向和反应速率外,还非常关心化学反应完成的程度,即在一定条件下,化学反应进行的最大限度(反应物的最大转化率)及反应达到最大限度时各物质间量的关系,这便是化学平衡要解决的问题。

一、化学平衡状态

等温、等压条件下,$\Delta_r G<0$ 的反应正向自发进行。随着反应的进行,$\Delta_r G$ 不断增大,当 $\Delta_r G=0$ 时,反应不能正向自发,也不能逆向自发,即反应达到了最大限度——平衡状态。这时系统内各物质的浓度或分压不再随时间而变化。从动力学角度看,达到化学平衡时,化学反应并没有停止,只是正、逆反应速率相等的状态,所以说化学平衡是动态平衡。很显然,趋向平衡态是所有过程(反应)自发进行的方向,达到平衡态可以是双向的,即一个反应可以从正向反应进行到达平衡态,也可以从逆向反应开始达到平衡态。

二、标准平衡常数 $K^\ominus(T)$

反应达到平衡后,反应物和产物的浓度或分压不再随时间而变化,这时系统内物质浓度或

分压的定量关系符合标准平衡常数[①]表达式。

1. 标准平衡常数的表达式

对于可逆反应

$$aA(g)+bB(aq) \rightleftharpoons dD(g)+eE(aq)$$

反应达到平衡后，系统内各物质的浓度或分压符合下列关系式：

$$K^{\ominus}(T)=\frac{(p_D/p^{\ominus})^d(c_E/c^{\ominus})^e}{(p_A/p^{\ominus})^a(c_B/c^{\ominus})^b} \tag{5.11}$$

式(5.11)称为标准平衡常数表达式，式中各物理量意义：p_D、p_A 分别为系统内气体 D、A 的平衡分压，单位 kPa；$p^{\ominus}$ 为标准压力，$p^{\ominus}=100$kPa；$p_D/p^{\ominus}$、$p_A/p^{\ominus}$ 分别为 D、A 的相对分压；c_E、c_B 分别为系统内物质 E、B 的平衡浓度，单位 mol · L^{-1}；$c^{\ominus}$ 为标准浓度，$c^{\ominus}=1$mol · L^{-1}；$c_E/c^{\ominus}$、$c_B/c^{\ominus}$ 分别为反应达到平衡时 E、B 的相对浓度；$K^{\ominus}(T)$ 为标准平衡常数。$K^{\ominus}(T)$ 是化学反应的特性常数，仅与反应的本质及反应温度有关，与物质的起始浓度或起始分压及反应达到平衡的方向和时间无关。$K^{\ominus}(T)$ 的单位是 1。

标准平衡常数 $K^{\ominus}(T)$ 的物理意义很明显，即 $K^{\ominus}(T)$ 的大小代表反应进行趋势大小。$K^{\ominus}(T)$ 越大，反应进行的趋势越大，到达平衡时，反应物的转化率越高；$K^{\ominus}(T)$ 越小，反应进行的趋势越小，反应物的转化率越低。

2. 书写标准平衡常数表达式时应注意事项

(1) $K^{\ominus}(T)$ 要与反应式对应。同一反应，书写方式不同，其 $K^{\ominus}(T)$ 值不相同，如

$$N_2(g)+3H_2(g) \rightleftharpoons 2NH_3(g) \qquad K_1^{\ominus}(T)=\frac{[p(NH_3)/p^{\ominus}]^2}{[p(H_2)/p^{\ominus}]^3[p(N_2)/p^{\ominus}]}$$

$$\frac{1}{2}N_2(g)+\frac{3}{2}H_2(g) \rightleftharpoons NH_3(g) \qquad K_2^{\ominus}(T)=\frac{p_{(NH_3)}/p^{\ominus}}{[p(N_2)/p^{\ominus}]^{1/2}[p(H_2)/p^{\ominus}]^{3/2}}$$

标准平衡常数之间的关系为

$$K_2^{\ominus}(T)=[K_1^{\ominus}(T)]^{1/2}$$

此关系可推广为普遍的形式，即如果反应式中两边物质的化学计量数都乘以 n，则对应反应的标准平衡常数等于原反应标准平衡常数的 n 次方。例如

$$H_2(g)+\frac{1}{2}O_2(g) = H_2O(l) \qquad K_1^{\ominus}$$

$$2H_2(g)+O_2(g) = 2H_2O(l) \qquad K_2^{\ominus}=(K_1^{\ominus})^2$$

(2) 正、逆反应所对应的标准平衡常数互为倒数。例如

$$2H_2(g)+O_2(g) = 2H_2O(g) \qquad K_1^{\ominus}=\frac{[p(H_2O)/p^{\ominus}]^2}{[p(H_2)/p^{\ominus}]^2[p(O_2)/p^{\ominus}]}$$

$$2H_2O(g) = 2H_2(g)+O_2(g) \qquad K_2^{\ominus}=\frac{[p(H_2)/p^{\ominus}]^2[p(O_2)/p^{\ominus}]}{[p(H_2O)/p^{\ominus}]^2}$$

两者之间的关系为

---

① 标准平衡常数又称热力学平衡常数，与之相对应的有实验平衡常数 K，它们的表达式不同，但遵循的规律相同。本书仅介绍标准平衡常数。有时为了书写简便，用相对分压或相对浓度直接代入平衡常数表达式。

$$K_1^{\ominus}=\frac{1}{K_2^{\ominus}}$$

(3) 有纯固体、纯液体及稀溶液中溶剂参加反应时，它们的相对浓度为 1[①]。例如

$$CaCO_3(s) \longrightarrow CaO(s)+CO_2(g) \qquad K^{\ominus}=p(CO_2)/p^{\ominus}$$

$$Br_2(l) \longrightarrow Br_2(g) \qquad K^{\ominus}=p(Br_2,g)/p^{\ominus}$$

$$Cr_2O_7^{2-}(aq)+3H_2O \longrightarrow 2CrO_4^{2-}+2H_3O^+ \qquad K^{\ominus}=\frac{[c(CrO_4^{2-})/c^{\ominus}]^2[c(H_3O^+)/c^{\ominus}]^2}{c(Cr_2O_7^{2-})/c^{\ominus}}$$

3. 反应商

与标准平衡常数相对应的，说明系统处于任意态时，系统内各物质数量关系的物理量称为反应商，用 Q 表示，单位是 1。

对可逆反应

$$aA(g)+bB(aq) \longrightarrow dD(g)+eE(aq)$$

反应商的表达式为

$$Q=\frac{(p_D/p^{\ominus})^d(c_E/c^{\ominus})^e}{(p_A/p^{\ominus})^a(c_B/c^{\ominus})^b} \tag{5.12}$$

由式(5.11)与式(5.12)对比可知，反应商和标准平衡常数的表达式完全一样，所不同的是:标准平衡常数只能表达平衡态时，系统内各物质之间数量关系;反应商则能表示反应进行到任意时刻(包括平衡状态)时系统内各物质浓度之间的数量关系。当反应达到平衡时的反应商用 Q^{eq} 来表示，即 $Q^{eq}=K^{\ominus}$。可见，标准平衡常数是特殊的反应商。Q 与 $K^{\ominus}$ 的关系是讨论化学平衡移动(反应自发进行的方向)的依据。

三、范特霍夫等温方程式

前面已学习过一个处于标准状态下的反应，可以根据其标准摩尔自由能变 $\Delta_r G_m^{\ominus}(T)$ 去判断反应自发进行的方向。但实际的化学反应不可能总处于标准状态，因此必须用具有普遍意义的判据 $\Delta_r G_m$ 去判断化学反应的自发性才更符合实际。经化学热力学推证，在等温等压时，$\Delta_r G_m$ 与 $\Delta_r G_m^{\ominus}(T)$ 及反应商 Q 有如下的关系:

$$\Delta_r G_m(T)=\Delta_r G_m^{\ominus}(T)+RT\ln Q \tag{5.13}$$

式(5.13)称范特霍夫(van't Hoff)等温式。式中，$\Delta_r G_m(T)$ 为温度为 T(K)时，任意状态下反应的摩尔吉布斯自由能变，单位 $kJ \cdot mol^{-1}$;$\Delta_r G_m^{\ominus}(T)$ 是 T(K)时的标准摩尔吉布斯自由能变;R 为摩尔气体常量($8.314J \cdot mol^{-1} \cdot K^{-1}$);$T$ 为热力学温度;Q 为反应商。

当反应达到平衡态时，$\Delta_r G_m(T)=0$，$Q=K^{\ominus}(T)$，则式(5.13)变为

$$\Delta_r G_m^{\ominus}(T)=-RT\ln K^{\ominus}(T) \tag{5.14}$$

式(5.14)是热力学对标准平衡常数的定义式。利用式(5.14)可由热力学数据计算得到反应的标准平衡常数。

例 5.9　试由热力学数据确定下列反应:

$$CaCO_3(s) \longrightarrow CaO(s)+CO_2(g)$$

---

① 纯固体、纯液体及稀溶液中的溶剂，它们纯态即为标准状态，而处于标准状态时其相对浓度均为 1。

(1) 在 200℃时的标准平衡常数 $K^{\ominus}$；

(2) 当 $p(CO_2)=1.0\text{kPa}$ 时，反应的 $\Delta_r G_m$ 及反应自发进行的方向。

解　(1) 写出配平方程式，查热力学数据：

	$CaCO_3(s)$	$=\!=\!=$	$CaO(s)$	+	$CO_2(g)$
$\Delta_f H_m^{\ominus}/(\text{kJ}\cdot\text{mol}^{-1})$	−1206.9		−635.1		−393.5
$S_m^{\ominus}/(\text{J}\cdot\text{mol}^{-1}\cdot\text{K}^{-1})$	92.9		39.7		213.6

$$\begin{aligned}\Delta_r H_m^{\ominus} &= \Delta_f H_m^{\ominus}(CO_2,g)+\Delta_f H_m^{\ominus}(CaO,s)-\Delta_f H_m^{\ominus}(CaCO_3,s)\\ &=(-393.5\text{kJ}\cdot\text{mol}^{-1})+(-635.1\text{kJ}\cdot\text{mol}^{-1})-(-1206.9\text{kJ}\cdot\text{mol}^{-1})\\ &=178.3\text{kJ}\cdot\text{mol}^{-1}\end{aligned}$$

$$\begin{aligned}\Delta_r S_m^{\ominus} &= S_m^{\ominus}(CO_2,g)+S_m^{\ominus}(CaO,s)-S_m^{\ominus}(CaCO_3,s)\\ &=213.6\text{J}\cdot\text{mol}^{-1}\cdot\text{K}^{-1}+39.7\text{J}\cdot\text{mol}^{-1}\cdot\text{K}^{-1}-92.9\text{J}\cdot\text{mol}^{-1}\cdot\text{K}^{-1}\\ &=160.4\text{J}\cdot\text{mol}^{-1}\cdot\text{K}^{-1}\end{aligned}$$

$$\begin{aligned}\Delta_r G_m^{\ominus}(473\text{K}) &= \Delta_r H_m^{\ominus}(298\text{K})-T\Delta S_m^{\ominus}(298\text{K})\\ &=178.3\text{kJ}\cdot\text{mol}^{-1}-473\text{K}\times160.4\times10^{-3}\text{kJ}\cdot\text{mol}^{-1}\cdot\text{K}^{-1}\\ &=102.4\text{kJ}\cdot\text{mol}^{-1}\end{aligned}$$

(2) 由 $\Delta_r G_m^{\ominus}=-RT\ln K^{\ominus}$ 得

$$102.4\text{kJ}\cdot\text{mol}^{-1}=-8.314\times10^{-3}\text{kJ}\cdot\text{mol}^{-1}\cdot\text{K}^{-1}\times473\text{K}\times\ln K^{\ominus}$$

$$K^{\ominus}=4.7\times10^{-12}$$

$$\begin{aligned}\Delta_r G_m(473\text{K}) &= \Delta_r G_m^{\ominus}(473\text{K})+RT\ln Q\\ &=102.4\text{kJ}\cdot\text{mol}^{-1}+8.314\times10^{-3}\text{kJ}\cdot\text{mol}^{-1}\cdot\text{K}^{-1}\times473\text{K}\ \ln\frac{1.0\text{kPa}}{100\text{kPa}}\\ &=84.5\text{kJ}\cdot\text{mol}^{-1}>0\end{aligned}$$

即该条件下，$CaCO_3$ 不分解，相反，CaO 与 CO_2 可反应生成 $CaCO_3$。$CaCO_3$ 分解反应是一个吸热、熵增的反应，高温有利于分解。实际生产中采取高温并减小 CO_2 分压的方法。

四、非标准状态下化学反应方向的判断

在等温、等压下，处于非标准状态下反应自发进行的方向应用 $\Delta_r G_m(T)$ 判断。

将 $\Delta_r G_m^{\ominus}=-RT\ln K^{\ominus}$ 代入式(5.13)，得

$$\Delta_r G_m(T)=-RT\ln K^{\ominus}+RT\ln Q$$

$$\Delta_r G_m(T)=RT\ln\frac{Q}{K^{\ominus}}\tag{5.15}$$

式(5.15)是等温方程式的另一表达形式，该式表明反应商和平衡常数的相对大小决定着反应自发进行的方向：

$Q<K^{\ominus}$，$\Delta_r G_m<0$，正向反应自发进行；

$Q=K^{\ominus}$，$\Delta_r G_m=0$，反应处于平衡态；

$Q>K^{\ominus}$，$\Delta_r G_m>0$，正向反应不自发。

例 5.10　298K 时，有反应

$$H_2(g)+CO_2(g)=\!=\!=H_2O(g)+CO(g)$$

计算：(1) 标准状态下反应自发进行的方向；

(2) 计算反应标准平衡常数 $K^{\ominus}(298\text{K})$；

(3) 判断当 $p(CO_2)=20\text{kPa}$，$p(H_2)=10\text{kPa}$，$p(H_2O)=0.020\text{kPa}$，$p(CO)=0.010\text{kPa}$ 时化学反应进行的方向。

解　(1) $\Delta_r G_m^\ominus(298K)=[\Delta_f G_m^\ominus(H_2O,g)+\Delta_f G_m^\ominus(CO,g)]-[\Delta_f G_m^\ominus(H_2,g)+\Delta_f G_m^\ominus(CO_2,g)]$

$$=[(-228.6kJ\cdot mol^{-1})+(-137.2kJ\cdot mol^{-1})]-[(0kJ\cdot mol^{-1})+(-394.4kJ\cdot mol^{-1})]$$

$$=28.6kJ\cdot mol^{-1}>0$$

标准状态下,反应逆向自发。

(2)
$$\Delta_r G_m^\ominus=-RT\ln K^\ominus$$

$$28.6kJ\cdot mol^{-1}=-8.314\times10^{-3}J\cdot mol^{-1}\cdot K^{-1}\times298K\times\ln K^\ominus$$

$$K^\ominus=9.7\times10^{-6}$$

(3) $Q=\dfrac{[p(H_2O)/p^\ominus][p(CO)/p^\ominus]}{[p(H_2)/p^\ominus][p(CO_2)/p^\ominus]}=\dfrac{(0.020kPa/100kPa)\times(0.010kPa/100kPa)}{(20kPa/100kPa)\times(10kPa/100kPa)}=1.0\times10^{-6}$

$Q<K^\ominus$,该条件下,反应正向进行。

例 5.11　计算反应 $Ag_2CO_3(s)═══Ag_2O(s)+CO_2(g)$ 在 298K,达到平衡时 CO_2 的分压。为防止 Ag_2CO_3 分解,容器内空气中 CO_2 的压力分数应控制在什么范围?

解
$$\Delta_r G_m^\ominus(298K)=\Delta_f G_m^\ominus(Ag_2O,s)+\Delta_f G_m^\ominus(CO_2,g)-\Delta_f G_m^\ominus(Ag_2CO_3,s)$$

$$=(-11.2kJ\cdot mol^{-1})+(-394.4kJ\cdot mol^{-1})-(-437.1kJ\cdot mol^{-1})$$

$$=31.5kJ\cdot mol^{-1}$$

$$\Delta_r G_m^\ominus=-RT\ln K^\ominus$$

$$31.5kJ\cdot mol^{-1}=-8.314\times10^{-3}kJ\cdot mol^{-1}\times298K\times\ln K^\ominus$$

$$K^\ominus=3.0\times10^{-6}$$

所以

$$p(CO_2)=K^\ominus p^\ominus=3.0\times10^{-6}\times100kPa=3.0\times10^{-4}kPa$$

容器内空气中 CO_2 的压力分数必须大于或等于其平衡态时压力分数,才能保持 Ag_2CO_3 不分解,即

$$\frac{p(CO_2)}{p_{总}}\geqslant\frac{2.6\times10^{-4}kPa}{101.3kPa}=2.6\times10^{-6}$$

五、多重平衡

通常遇到的化学平衡系统中,往往同时存在多个化学平衡,并且相互联系着,有的物质同时参加多个化学反应,这种在一个系统中同时存在几个相互联系的化学平衡的现象称为多重平衡。

有一系统存在如下平衡:

$$CO_2(g)+H_2(g)\rightleftharpoons CO(g)+H_2O(g)\qquad K_1^\ominus\qquad ①$$

$$CoO(s)+H_2(g)\rightleftharpoons Co(s)+H_2O(g)\qquad K_2^\ominus\qquad ②$$

$$CoO(s)+CO(g)\rightleftharpoons Co(s)+CO_2(g)\qquad K_3^\ominus\qquad ③$$

系统中的三个平衡不是独立存在的,而是相互联系着的。反应物和产物同时参与两个化学平衡,如 $H_2(g)$参与式①、式②两个平衡;$CO_2(g)$参与式①、式③两个平衡;CoO、CO、Co 等也都同时参与两个化学平衡。各化学平衡之间就是由这些同时参加多个平衡的物质联系起来的。再如,大家非常熟悉的沉淀溶解平衡:

$$BaCO_3(s)\rightleftharpoons Ba^{2+}(aq)+CO_3^{2-}(aq)\qquad K_4^\ominus\qquad ④$$

$$BaSO_4(s)\rightleftharpoons Ba^{2+}(aq)+SO_4^{2-}(aq)\qquad K_5^\ominus\qquad ⑤$$

$$BaCO_3(s)+SO_4^{2-}(aq)\rightleftharpoons BaSO_4(s)+CO_3^{2-}(aq)\qquad K_6^\ominus\qquad ⑥$$

上面三个平衡之间的关系为

式⑥=式④+式⑤

多重平衡系统中,相互联系的各化学反应的标准平衡常数之间必然有联系,即各反应标准平衡常数遵从多重平衡原理。

若干反应方程式相加或相减,所得反应的标准平衡常数等于若干反应标准平衡常数之积或商,该原理称多重平衡原理。例如,前面沉淀溶解多重平衡中,它们标准平衡常数之间的关系为:$K_6^\ominus = K_4^\ominus \cdot K_5^\ominus$。

多重平衡原理可以由热力学来证明:

式①　$\Delta_r G_{m_1}^\ominus = -RT\ln K_1^\ominus$

式②　$\Delta_r G_{m_2}^\ominus = -RT\ln K_2^\ominus$

式③　$\Delta_r G_{m_3}^\ominus = -RT\ln K_3^\ominus$

如式①=式②+式③,由热化学定律可知:

$$\Delta_r G_{m_1}^\ominus = \Delta_r G_{m_2}^\ominus + \Delta_r G_{m_3}^\ominus$$
$$-RT\ln K_1^\ominus = -RT\ln K_2^\ominus - RT\ln K_3^\ominus$$
$$K_1^\ominus = K_2^\ominus \cdot K_3^\ominus$$

在处理多重平衡系统时应注意以下几点:

(1) 计算多重平衡常数时应注意,如方程式计量数有变动,对应的标准平衡常数应有方次的变动。例如

$$Mg(OH)_2(s) \rightleftharpoons Mg^{2+} + 2OH^- \qquad K_1^\ominus \qquad ①$$
$$NH_3 + H_2O \rightleftharpoons NH_4^+ + OH^- \qquad K_2^\ominus \qquad ②$$
$$Mg(OH)_2(s) + 2NH_4^+ \rightleftharpoons Mg^{2+} + 2NH_3 + 2H_2O \qquad K_3^\ominus \qquad ③$$

上面三个平衡的关系为

式③=式①-2×式②

则标准平衡常数关系为

$$K_3^\ominus = K_1^\ominus / (K_2^\ominus)^2$$

(2) 多重平衡系统中,有些物质同时参加多个化学平衡,但由于是在同一个系统中,每种物质的浓度或分压只有一个值,同时满足各平衡式。

例 5.12　在煤气反应炉中,同时发生下列两个反应:

(1)$2C(s) + O_2(g) = 2CO(g)$　　$K_1^\ominus = 1.6\times10^{48}$

(2)$C(s) + O_2(g) = CO_2(g)$　　$K_2^\ominus = 1.4\times10^{69}$

当两个反应均达到化学平衡时,炉内 CO_2 的分压为 2.0×10^{-3}kPa,计算炉内 CO 的分压。

解　$K_1^\ominus = \dfrac{[p(CO)/p^\ominus]^2}{p(O_2)/p^\ominus}$　　$p(CO) = \{K_1^\ominus \cdot [p(O_2)/p^\ominus]\}^{\frac{1}{2}} \cdot p^\ominus$

$K_2^\ominus = \dfrac{p(CO_2)/p^\ominus}{p(O_2)/p^\ominus}$　　$p(O_2) = \dfrac{p(CO_2)/p^\ominus}{K_2^\ominus/p^\ominus} = \dfrac{p(CO_2)}{K_2^\ominus}$

所以

$$p(CO) = \left[K_1 \cdot \frac{p(CO_2)}{p^\ominus K_2^\ominus}\right]^{\frac{1}{2}} \cdot p^\ominus$$
$$= \left(1.6\times10^{48} \times \frac{2.0\times10^{-3}\text{kPa}}{100\text{kPa}\times1.4\times10^{69}}\right)^{\frac{1}{2}} \times 100\text{kPa}$$
$$= 1.5\times10^{-11}\text{kPa}$$

六、化学平衡的移动

化学平衡是在一定条件下,正、逆反应速率相等时的一种动态平衡,一旦维持平衡的条件

改变,反应必将向新条件下的另一平衡态转化,把这种由于条件改变,化学反应从一个平衡态转化到另一平衡态的过程称为化学平衡的移动。由前面学习的知识可知,平衡移动是由反应商或平衡常数的改变使$Q \neq K^{\ominus}$引起的,化学平衡移动的结果是重新达到$Q=K^{\ominus}$平衡点。影响化学平衡的外界因素是浓度、温度和压力。

1. 浓度对化学平衡的影响

对于任意给定的化学反应,达到平衡态时,$Q=K^{\ominus}$。在温度不变的情况下,改变系统内物质的浓度,反应商Q随之改变,使$Q \neq K^{\ominus}$,化学平衡发生移动,其移动的方向由Q与$K^{\ominus}$的相对大小决定。

等温条件下,$K^{\ominus}$不变,改变系统内物质浓度,如增加反应物浓度或减小产物的浓度,Q变小,即$Q<K^{\ominus}$,平衡正向移动。增加产物浓度或减小反应物浓度,Q变大,即$Q>K^{\ominus}$,平衡逆向移动。

2. 压力对化学平衡的影响

压力的变化对没有气体参加的反应几乎没有影响,这里仅讨论有气体参加的化学平衡受压力的影响情况。压力对平衡的影响与浓度对平衡的影响一样是通过改变反应商Q,使$Q \neq K^{\ominus}$,从而使平衡发生移动。改变压力有多种方法,它们对平衡的影响各不相同。如在等温、等容条件下改变某种物质的分压,其对平衡的影响与浓度的影响一样,这里不再讨论。另一种改变压力的方法是改变系统的总压力,总压力改变对不同类型的反应有不同的影响。

设某温度下,有如下反应:

$$aA(g)+bB(g) \Longrightarrow dD(g)+eE(g)$$

平衡时

$$Q_1=K^{\ominus}=\frac{(p_E/p^{\ominus})^e(p_D/p^{\ominus})^d}{(p_A/p^{\ominus})^a(p_B/p^{\ominus})^b}$$

现将系统的总压力增加至原来的n倍,由分压定律可知,系统内各组分的分压均增加到原来的n倍,此时的反应商为

$$Q_2=\frac{(np_E/p^{\ominus})^e(np_D/p^{\ominus})^d}{(np_A/p^{\ominus})^a(np_B/p^{\ominus})^b}=n^{(d+e)-(a+b)}K^{\ominus}$$

$(d+e)-(a+b)>0$,正向反应是气体分子数增加反应:

$n>1$,增加系统压力,$Q_2>K^{\ominus}$,平衡逆向移动(向气体分子数减少的方向移动);

$n<1$,减小系统压力,$Q_2<K^{\ominus}$,平衡正向移动(向气体分子数增加的方向移动)。

$(d+e)-(a+b)<0$,正向反应是气体分子数减少的反应:

$n>1$,增加压力,$Q_2<K^{\ominus}$,平衡正向移动(向气体分子数减少的方向移动);

$n<1$,减小压力,$Q_2>K^{\ominus}$,平衡逆向移动(向气体分子数增多的方向移动)。

$(d+e)-(a+b)=0$时,反应前后气体分子数不变:

$n>1$或$n<1$,$Q_2=K^{\ominus}$,平衡不发生移动。

由上面的分析可知:增大系统的总压力,平衡向气体分子数减少的一方移动;减少系统总压力,平衡向气体分子数增多的一方移动;对于反应前、后气体分子数相等的反应,压力改变不能使平衡发生移动。

3. 温度对平衡的影响

温度对化学平衡的影响与前面两个因素有本质的区别,温度的影响是通过改变标准平衡

常数使 $Q \neq K^{\ominus}$，从而使平衡发生移动。

由 $\Delta_r G_m^{\ominus} = -R\ln K^{\ominus}$，$\Delta_r G_m^{\ominus} = \Delta_r H_m^{\ominus} - T\Delta_r S_m^{\ominus}$ 得

$$-RT\ln K^{\ominus} = \Delta_r H_m^{\ominus} - T\Delta_r S_m^{\ominus} \tag{5.16}$$

即

$$\ln K^{\ominus} = -\frac{\Delta_r H_m^{\ominus}}{RT} + \frac{\Delta_r S_m^{\ominus}}{R}$$

温度变化时，$K^{\ominus}$ 也变化：

$$\ln K_1^{\ominus} = -\frac{\Delta_r H_m^{\ominus}}{RT_1} + \frac{\Delta_r S_m^{\ominus}}{R}$$

$$\ln K_2^{\ominus} = -\frac{\Delta_r H_m^{\ominus}}{RT_2} + \frac{\Delta_r S_m^{\ominus}}{R}$$

上两式合并，得

$$\ln \frac{K_2^{\ominus}}{K_1^{\ominus}} = \frac{\Delta_r H_m^{\ominus}}{R}\left(\frac{T_2 - T_1}{T_2 T_1}\right) \tag{5.17}$$

由式(5.17)可以看出温度对平衡影响有以下的规律：

$\Delta_r H_m^{\ominus} > 0$，升高温度($T_2 > T_1$)时，$K_2^{\ominus} > K_1^{\ominus}$，即吸热反应，标准平衡常数随温度升高而增大，这时 $Q < K_2^{\ominus}$，平衡正向移动；

$\Delta_r H_m^{\ominus} < 0$，升高温度($T_2 > T_1$)时，$K_2^{\ominus} < K_1^{\ominus}$，即放热反应，标准平衡常数随温度升高而减小，这时 $Q > K_2^{\ominus}$，平衡逆向移动。

由上可知，升高温度，平衡向吸热的方向移动。同样可分析得到，降低温度，平衡向放热方向移动。

式(5.16)或式(5.17)除了说明温度对平衡移动的影响外，还有下面几个方面的意义：

(1) 温度对平衡常数的影响与反应的焓变有关，$\Delta_r H_m^{\ominus}$ 的绝对值越大，温度对标准平衡常数的影响越大。对于 $\Delta_r H_m^{\ominus}$ 绝对值很小的反应，不易用改变温度的方法使平衡移动。例如，已知有两个吸热反应，其标准摩尔焓变 $\Delta_r H_{m_A}^{\ominus} > \Delta_r H_{m_B}^{\ominus}$，当使它们的反应温度均由 298.15K 升高到 398K 时，两反应平衡常数增大倍数不同，即 $K_{A_2}^{\ominus}/K_{A_1}^{\ominus} > K_{B_2}^{\ominus}/K_{B_1}^{\ominus}$。

(2) 对于同一反应，在较低温度范围内温度对平衡常数的影响更大。例如，已知某反应的 $\Delta_r H_m^{\ominus} = 15\text{kJ}\cdot\text{mol}^{-1}$，当反应温度分别由 298K 升高至 398K 和由 698K 升高到 798K 时，标准平衡常数变化倍数不同，反应温度由 298K 升至 398K 时，标准平衡常数变化更大。

(3) 利用公式可定量计算不同温度下标准平衡常数热力学函数 $\Delta_r H_m^{\ominus}$ 或 $\Delta_r S_m^{\ominus}$。

例 5.13　用减压蒸馏的方法精制苯酚。已知苯酚的正常沸点为 455.15K，如外压减至 $p = 1.33 \times 10^4$ kPa，苯酚的沸点为多少？已知，苯酚在标准状态下蒸发热为 48.14kJ · mol⁻¹。

解　　苯酚(l)══苯酚(g)　　$K^{\ominus} = \dfrac{p(\text{苯酚})}{p^{\ominus}}$

正常沸点：　$p_{1\text{苯酚}} = 1.01 \times 10^5\,\text{Pa}$　　$T_1 = 455.15\text{K}$

减压：　$p_{2\text{苯酚}} = 1.33 \times 10^4\,\text{Pa}$　　$T_1 = ?$

$$\Delta_r H_m^{\ominus} = 48.14\text{kJ}\cdot\text{mol}^{-1}$$

由 $\ln \dfrac{K_2^{\ominus}}{K_1^{\ominus}} = \dfrac{\Delta_r H_m^{\ominus}}{R}\left(\dfrac{T_2 - T_1}{T_2 T_1}\right)$ 得

$$\ln \frac{p_{2\text{苯酚}}}{p_{1\text{苯酚}}} = \frac{\Delta_r H_m^{\ominus}}{R}\left(\frac{T_2 - T_1}{T_2 T_1}\right)$$

$$\ln \frac{1.33 \times 10^4\,\text{Pa}}{1.01 \times 10^5\,\text{Pa}} = \frac{48.14\text{kJ}\cdot\text{mol}^{-1}}{8.314 \times 10^{-3}\text{kJ}\cdot\text{mol}^{-1}\cdot\text{K}^{-1}}\left(\frac{T_2 - 455.15\text{K}}{455.15\text{K} \times T_2}\right)$$

解得 $T_2 = 392\text{K}$

在减压的条件下,苯酚在 392K 时即可沸腾。

式(5.18)是一个非常有实用意义的公式,称为克劳修斯-克拉珀龙(Clausius-Clapeyron)方程式。此式经常用于计算液体的饱和蒸气压、沸点、蒸发热等。

浓度、压力和温度是化学平衡移动的外界因素,勒夏特列(Le Chatelier)把外界条件对化学平衡的影响概括为一条普遍的规律:如果对平衡系统施加外力,平衡将沿着减小此外力的方向移动,此原理称为勒夏特列原理。

催化剂对化学反应的影响只是动力学的问题,它对热力学函数 $\Delta_r H_m^{\ominus}$、$\Delta_r S_m^{\ominus}$ 及 $\Delta_r G_m^{\ominus}$ 均无影响,故催化剂不能影响化学平衡,只能改变达到化学平衡的时间。

习　题

1. 判断下列说法是否正确,并说明理由。

(1) 指定单质的 $\Delta_f G_m^{\ominus}$,$\Delta_f H_m^{\ominus}$,$S_m^{\ominus}$ 均为零。

(2) 298.15K 时,反应 $O_2(g) + S(g) \xlongequal{} SO_2(g)$ 的 $\Delta_r G_m^{\ominus}$,$\Delta_r H_m^{\ominus}$,$\Delta_r S_m^{\ominus}$ 分别等于 $SO_2(g)$ 的 $\Delta_f G_m^{\ominus}$,$\Delta_f H_m^{\ominus}$,$S_m^{\ominus}$。

(3) $\Delta_r G_m^{\ominus} < 0$ 的反应必能自发进行。

(4) 从化学平衡的角度看,升高温度,有利于吸热反应;降低温度,有利于放热反应。

(5) 因为反应前后分子数相等,所以增加系统压力对化学平衡没有影响。

2. 指出下列各关系式成立的条件。

(1) $\Delta U = Q_V$　　(2) $\Delta H = Q_p$　　(3) $\Delta G = \Delta H - T\Delta S$

3. 指出下列过程 ΔG、ΔH、ΔS 的正、负号,并说明使过程自发进行的温度条件。

(1) 气体被吸附在固体表面　　(2) $Ag^+(aq) + I^-(aq) \xlongequal{} AgI(s)$

(3) $MgCO_3(s) \xlongequal{} MgO(s) + CO_2(g)$　　(4) 液体凝固

4. 一热力学系统在等温等容的条件下发生变化时,放热 15kJ,同时做电功 35kJ。假若系统在发生变化时不做非体积功(其他条件不变),计算系统能放出多少热。

5. 由下列热化学方程式计算液体过氧化氢在 298.15K 时的 $\Delta_f H_m^{\ominus}(H_2O_2, l)$。

(1) $H_2(g) + \frac{1}{2}O_2(g) \xlongequal{} H_2O(g)$　　$\Delta_r H_m^{\ominus} = -214.82\text{kJ} \cdot \text{mol}^{-1}$

(2) $2H(g) + O(g) \xlongequal{} H_2O(g)$　　$\Delta_r H_m^{\ominus} = -926.92\text{kJ} \cdot \text{mol}^{-1}$

(3) $2H(g) + 2O(g) \xlongequal{} H_2O_2(g)$　　$\Delta_r H_m^{\ominus} = -1070.6\text{kJ} \cdot \text{mol}^{-1}$

(4) $2O(g) \xlongequal{} O_2(g)$　　$\Delta_r H_m^{\ominus} = -498.34\text{kJ} \cdot \text{mol}^{-1}$

(5) $H_2O_2(l) \xlongequal{} H_2O_2(g)$　　$\Delta_r H_m^{\ominus} = 51.46\text{kJ} \cdot \text{mol}^{-1}$

6. 由下列的热力学数据计算 NaCl(s)的晶格能。

(1) $\frac{1}{2}Cl_2(g) \xlongequal{} Cl(g)$　　$\Delta_r H_{m_1}^{\ominus} = \frac{1}{2}D = 119.8\text{kJ} \cdot \text{mol}^{-1}$

(2) $Na(s) \xlongequal{} Na(g)$　　$\Delta_r H_{m_2}^{\ominus} = S = 108.4\text{kJ} \cdot \text{mol}^{-1}$

(3) $Na(g) \xlongequal{} Na^+(g) + e^-$　　$\Delta_r H_{m_3}^{\ominus} = I_1 = 495.8\text{kJ} \cdot \text{mol}^{-1}$

(4) $Cl(g) + e \xlongequal{} Cl^-(g)$　　$\Delta_r H_{m_4}^{\ominus} = E = -348.7\text{kJ} \cdot \text{mol}^{-1}$

(5) $Na(s) + \frac{1}{2}Cl_2(g) \xlongequal{} NaCl(s)$　　$\Delta_r H_{m_5}^{\ominus} = \Delta_f H_m^{\ominus} = -411.2\text{kJ} \cdot \text{mol}^{-1}$

7. 在 101.3kPa 和 80.1℃下,苯的气化热 $Q = 30.5\text{kJ} \cdot \text{mol}^{-1}$,计算该条件下,苯气化过程的 ΔU_m、ΔH_m、ΔG_m、ΔS_m。

8. 计算下列反应标准状态下，298.15K 时的 $\Delta_r G_m^\ominus$，并判断该条件下反应自发进行的方向。

(1) $2Al(s)+Fe_2O_3(s)\xlongequal{}Al_2O_3(s)+2Fe(s)$

(2) $SiO_2(s)+4HF(g)\xlongequal{}SiF_4(g)+2H_2O(g)$

(3) $I_2(s)\xlongequal{}I_2(g)$

9. 室温下暴露在空气中的金属铜，表面会因生成 CuO（黑）而失去光泽。将金属铜加热到一定温度 T_1 时，黑色 CuO 转化为红色 Cu_2O，再继续加热至温度升至 T_2 时，金属表面氧化物消失。写出上述后两个反应的方程式，并估计 T_1、T_2 的取值范围。

10. 已知 298.15K 标准状态下，$S_m^\ominus$(s,正交)$=31.8J\cdot mol^{-1}\cdot K^{-1}$，$S_m^\ominus$(s,单斜)$=32.6J\cdot mol^{-1}\cdot K^{-1}$。

$$S(单斜)+O_2(g)\xlongequal{}SO_2(g) \qquad \Delta_r H_m^\ominus=-297.2kJ\cdot mol^{-1}$$

$$S(正交)+O_2(g)\xlongequal{}SO_2(g) \qquad \Delta_r H_m^\ominus=-296.9kJ\cdot mol^{-1}$$

通过计算结果比较在标准状态下，温度分别为 25℃和 95℃时两种晶形硫的稳定性。

11. 计算反应 $MgCO_3(s)\xlongequal{}MgO(s)+CO_2(g)$ 的 $K^\ominus$(298.15K)。已知大气中含 CO_2 的摩尔分数约为 0.031%[$p(CO_2)/p_{空}$]，试分析说明菱镁矿（$MgCO_3$）能否稳定存在于自然界中。

12. 在 1120℃ 时：

(1) $CO_2(g)+H_2(g)\rightleftharpoons CO(g)+H_2O(g)$　$K^\ominus=2.0$

(2) $2CO_2(g)\rightleftharpoons 2CO(g)+O_2(g)$　$K^\ominus=1.4\times10^{-12}$

计算该温度下 $H_2(g)+\frac{1}{2}O_2(g)\rightleftharpoons H_2O(g)$ 的 $K^\ominus$。

13. 分别分析降低反应温度或增加系统总压力，下列平衡向哪个方向移动。

(1) $2SO_2(g)+O_2(g)\rightleftharpoons 2SO_3(g)$　$\Delta_r H_m^\ominus>0$

(2) $NH_4Cl(s)\rightleftharpoons NH_3(g)+HCl(g)$　$\Delta_r H_m^\ominus>0$

(3) $PbO(s)+SO_3(g)\rightleftharpoons PbSO_4(s)$　$\Delta_r H_m^\ominus<0$

14. 已知下列物质在 298.15K 时 $\Delta_f G_m^\ominus$($kJ\cdot mol^{-1}$)数值。

$NiSO_4\cdot 6H_2O(s)$	$NiSO_4(s)$	$H_2O(g)$
−2221.7	−773.6	−228.4

(1) 计算反应 $NiSO_4\cdot 6H_2O\rightleftharpoons NiSO_4(s)+6H_2O(g)$ 的 $\Delta_r G_m^\ominus$(298.15K)；

(2) 计算 298.15K 时 $NiSO_4\cdot 6H_2O$ 的饱和蒸气压 $p(H_2O)$；

(3) 要使 $NiSO_4\cdot 6H_2O$ 在空气中不风化，空气中水的蒸气压要维持多大？

15. 制备高纯镍通常采用的方法是将粗镍在 323K 与 CO 反应，生成的 $Ni(CO)_4$ 经提纯后在约 473K 时分解得到纯镍，其反应式为

$$Ni(s)+4CO(g)\underset{473K}{\overset{323K}{\rightleftharpoons}}Ni(CO)_4(l)$$

(1) 估计上述反应 $\Delta_r H_m^\ominus$，$\Delta_r S_m^\ominus$ 的正负号；

(2) 用热力学的方法分析该方法提纯镍的合理性；

(3) 用化学平衡移动原理说明该方法提纯镍的原理。

16. 压力锅内，水在约 383K 时沸腾，计算压力锅内水的蒸气压。

17. 判断下列反应在 298.15K，给定条件下，反应自发进行的方向。

(1) $Cr_2O_7^{2-}+6Fe^{2+}+14H^+\xlongequal{}6Fe^{3+}+2Cr^{3+}+7H_2O$

$K^\ominus=9.0\times10^{56}$，pH=4.0，其他物质均处于标准态；

(2) $CO_2(g)+2NH_3(g)\xlongequal{}H_2O(g)+CO(NH_2)_2(s)$

$K^\ominus=0.60$，$p(CO_2)=p(NH_3)=1p^\ominus$，$p(H_2O)=2p^\ominus$；

(3) $CuSO_4\cdot 5H_2O\rightleftharpoons CuSO_4(s)+5H_2O(g)$

$K^\ominus=6.5\times10^{-14}$，$p(H_2O)=23kPa$。

18\. 298.15K 时，反应

$$Ag^{+}(aq)+Fe^{2+}(aq) \rightleftharpoons Ag(s)+Fe^{3+}(aq) \qquad K^{\ominus}=3.0$$

若反应开始时，Ag^{+}、Fe^{2+} 的浓度均为 0.1mol · L^{-1}，计算反应达到平衡时系统内各物质的浓度。

19\. 工业制硝酸的反应式(298.15K)为

$$3NO_2(g)+H_2O(l) \rightleftharpoons 2HNO_3(l)+NO(g) \qquad \Delta_r H_m^{\ominus}=-71.82kJ \cdot mol^{-1}$$

为提高 NO_2 的转化率，在实际操作中可以采取哪些措施？

第六章　酸碱反应及酸碱平衡

第一节　酸碱概念的发展过程

人们最初对酸碱的认识是从它们的反应现象、特征入手的。将有酸味、使石蕊变红的物质称为酸；有涩味及肥皂似的滑腻感、使石蕊变蓝的物质称为碱。

1887 年，瑞典化学家阿伦尼乌斯提出了电离理论，凡是在水溶液中能解离出 H^+ 的物质称为酸，能在水中解离出 OH^- 的物质称为碱。电离理论是历史上的第一个酸碱理论，首次对酸碱赋予了科学的定义，由此获 1903 年的诺贝尔化学奖。但该理论把酸和碱仅局限于水溶液中，也不能解释某些物质如 NH_3 具有碱性，$AlCl_3$ 具有酸性等非水溶液酸碱现象。

1905 年，美国科学家富兰克林(Franklin)提出了酸碱溶剂理论。酸碱溶剂理论扩展了酸碱电离理论，扩大了酸碱的范畴，可以在非水溶液中使用。但酸碱溶剂理论只适用于溶剂能解离成正、负离子的系统，不适用于不能解离的溶剂及无溶剂体系。

1923 年，丹麦化学家布朗斯台德(Brönsted)和英国化学家劳莱(Lowry)各自独立提出了酸碱质子理论。酸碱质子理论扩大了酸碱的概念和应用范围，不仅解释了水溶液中的酸碱反应，对非水溶液及无溶剂条件下的酸碱反应也能给予很好的解释。

1923 年，美国化学家路易斯(Lewis)提出了酸碱的电子理论。凡是能够接受电子对的分子或离子都是酸(Lewis 酸)，凡是能够给出电子对的分子或离子都为碱(Lewis 碱)。酸碱的电子理论极大地扩展了酸碱的范围。由于酸碱电子理论对酸碱的认识过于宽泛，反而不易表达和掌握酸碱的特征。除了在有机合成化学中经常用酸碱电子理论来解释许多反应现象外，在大多数情况下都是用酸碱质子理论来讨论酸碱的反应与分类。

1939 年，苏联化学家乌萨维奇提出酸碱正负论。能中和碱，形成盐并放出阳离子或结合阴离子(电子)的物质为酸；能中和酸放出阴离子(电子)或结合阳离子的物质为碱。酸碱正负论包括了涉及任意数目的电子转移反应，更适用于氧化还原反应。

1939 年，鲁克斯提出氧负离子酸碱理论。酸是氧离子的接受体，碱是氧离子的给予体。特别适用高温氧化物反应，在冶金、玻璃陶瓷、硅酸盐工业中有很重要的作用，其他方面无法使用。

1963 年，美国化学家佩尔松(Pearson)提出软硬酸碱理论。该理论是解释酸碱反应及其性质的现代理论。目前在化学研究中得到了广泛的应用，其中最重要的是对配合物稳定性的判别和其反应机理的解释。

本章重点介绍酸碱质子理论。

第二节　酸碱质子理论

一、酸碱概念

凡是能给出质子(H^+)的分子或离子称为酸，如 HCl、HAc、NH_4^+、HCO_3^-、H_2CO_3。凡是

能接受质子的分子或离子称为碱,如 NH_3、Ac^-、Cl^-、HCO_3^-、CO_3^{2-}。根据酸碱质子理论,酸给出质子后变为碱,碱接受质子后变为酸,其关系举例如下:

$$酸 \rightleftharpoons 碱 + 质子$$

$$HCl \rightleftharpoons Cl^- + H^+$$

$$HAc \rightleftharpoons Ac^- + H^+$$

$$NH_4^+ \rightleftharpoons NH_3 + H^+$$

$$HCO_3^- \rightleftharpoons CO_3^{2-} + H^+$$

$$H_2CO_3 \rightleftharpoons HCO_3^- + H^+$$

由上式可见,HCl、HAc、NH_4^+、HCO_3^-、H_2CO_3 给出质子后变成相应的碱 Cl^-、Ac^-、NH_3、CO_3^{2-}、HCO_3^-。而 HCO_3^- 既可以给出质子,又可以接受质子,称为两性物质,为两性物质的还有 HPO_4^{2-}、$H_2PO_4^-$ 等,质子理论扩大了酸碱的范围,没有了盐的定义。例如,NH_4Cl 中的 NH_4^+ 是离子酸,NaAc 中的 Ac^- 是离子碱。

酸给出质子后余下的部分是碱,碱接受质子后又变为酸,酸与碱的这种相互依存、相互转化的关系,称为酸碱的共轭关系。酸与它的共轭碱、碱与它的共轭酸互称共轭酸碱对。酸越强,其共轭碱越弱;碱越弱,其共轭酸越强。例如,HCl 是强酸,HAc 是弱酸,则 Ac^- 的碱性比 Cl^- 强,Cl^- 是极弱的碱,弱到不能接受质子。

二、酸碱反应

上述讲的共轭酸碱关系的半反应是不能单独存在的,因为酸给出质子需要有接受质子的碱,而碱接受质子需要有给出质子的酸。酸碱质子理论认为,酸碱解离反应是酸碱和溶剂分子之间发生的质子传递反应。例如

$$\underset{酸_1}{HCl} + \underset{碱_2}{H_2O} = \underset{酸_2}{H_3O^+} + \underset{碱_1}{Cl^-} \quad (H^+: HCl \rightarrow H_2O)$$

$$\underset{酸_1}{HAc} + \underset{碱_2}{H_2O} \rightleftharpoons \underset{酸_2}{H_3O^+} + \underset{碱_1}{Ac^-} \quad (H^+: HAc \rightarrow H_2O)$$

$$\underset{酸_1}{NH_4^+} + \underset{碱_2}{H_2O} \rightleftharpoons \underset{酸_2}{H_3O^+} + \underset{碱_1}{NH_3} \quad (H^+: NH_4^+ \rightarrow H_2O)$$

$$\underset{碱_1}{NH_3} + \underset{酸_2}{H_2O} \rightleftharpoons \underset{碱_2}{OH^-} + \underset{酸_1}{NH_4^+} \quad (H^+: H_2O \rightarrow NH_3)$$

$$\underset{碱_1}{Ac^-} + \underset{酸_2}{H_2O} \rightleftharpoons \underset{碱_2}{OH^-} + \underset{酸_1}{HAc} \quad (H^+: H_2O \rightarrow Ac^-)$$

$$\underset{碱_1}{PO_4^{3-}} + \underset{酸_2}{H_2O} \rightleftharpoons \underset{碱_2}{OH^-} + \underset{酸_1}{HPO_4^{2-}}$$

（H^+ 由 H_2O 转移给 PO_4^{3-}）

酸碱反应是由较强的酸和较强的碱向生成较弱的酸和较弱的碱的方向自发进行。

三、酸碱的强弱

根据酸碱质子理论，酸碱的强弱不仅取决于酸碱本身释放质子和接受质子的能力，也取决于溶剂接受和释放质子的能力。

例如，以水为溶剂，H_2O、HAc、H_2SO_4 的酸性依次增强。以 HNO_3 为溶质，以 H_2O 为溶剂时，HNO_3 为强酸；以 HAc 为溶剂时，HNO_3 为弱酸；以 H_2SO_4 为溶剂时，HNO_3 为碱。可见，酸可以变成碱，碱可以变成酸，这是质子理论与酸碱电离理论的区别。最常见的溶剂为水，因此酸碱相对强弱可以用解离平衡常数和解离度来衡量。

1. 酸(碱)的标准平衡常数

酸(碱)标准平衡常数可通过热力学计算出来。例如

$$HAc + H_2O \rightleftharpoons H_3O^+ + Ac^-$$

$\Delta_f G_m^\ominus/(kJ \cdot mol^{-1})$　-399.61　-237.2　-237.2　-372.46

$$\begin{aligned}\Delta_r G_m^\ominus &= \Delta_f G_m^\ominus(H_3O^+,aq)+\Delta_f G_m^\ominus(Ac^-,aq)-\Delta_f G_m^\ominus(HAc,aq)-\Delta_f G_m^\ominus(H_2O,l)\\ &= -237.2kJ\cdot mol^{-1}+(-372.46kJ\cdot mol^{-1})-(-399.61kJ\cdot mol^{-1})\\ &\quad -(-237.2kJ\cdot mol^{-1})\\ &= 27.15kJ\cdot mol^{-1}\\ &= -RT\ln K_a^\ominus\\ &= -8.314\times10^{-3}kJ\cdot mol^{-1}\cdot K^{-1}\times298.15K\times\ln K_a^\ominus\end{aligned}$$

$$K_a^\ominus = 1.8\times10^{-5}$$

$$K_a^\ominus(HAc)=\frac{[c(H_3O^+)/c^\ominus][c(Ac^-)/c^\ominus]}{c(HAc)/c^\ominus}=1.8\times10^{-5}$$

$K_a^\ominus$ 称 HAc 的解离常数，它与所有的标准平衡常数一样，只与温度有关。在一定温度下，类型相同的酸碱可用 $K_a^\ominus(K_b^\ominus)$ 比较其酸性和碱性的相对强弱，平衡常数越大，酸碱的强度也越大。

2. 解离度

除了用解离平衡常数表示弱酸弱碱的相对强度外，也可以用解离度(α)来表示：

$$\alpha=\frac{已解离的分子总数}{解离前的分子总数}\times100\% \tag{6.1}$$

解离度 α 与弱酸、弱碱的解离平衡常数之间有一定的关系，现以一元弱酸 HA 的解离为例说明。

$$HA(aq)+H_2O(l) \longrightarrow H_3O^+(aq)+A^-(aq)$$

起始浓度/$(mol\cdot L^{-1})$　c　　0　　0

平衡浓度/$(mol\cdot L^{-1})$　$c-c\alpha$　　$c\alpha$　　$c\alpha$

$$K_a^\ominus(HA)=\frac{[c(H_3O^+)/c^\ominus][c(A^-)/c^\ominus]}{c(HA)/c^\ominus}=\frac{(c\alpha/c^\ominus)(c\alpha/c^\ominus)}{(c-c\alpha)/c^\ominus}$$

当 α 很小时，$1-\alpha\approx1$，则

$$\alpha=\sqrt{\frac{K_a^\ominus}{c_0/c^\ominus}} \tag{6.2}$$

式(6.2)表明弱酸的解离度与其浓度的平方根成反比,即浓度越稀,解离度越大,此关系式称为稀释定律。

第三节　水的自偶解离平衡

一、溶剂自偶解离平衡

溶剂分子间的质子传递反应称为溶剂自偶解离平衡,又称质子自递平衡。例如,纯水为溶剂,水分子之间质子自递反应为

$$H_2O+H_2O \rightleftharpoons H_3O^+ + OH^- \quad (H^+ \text{ 由第一个 } H_2O \text{ 转移至第二个 } H_2O)$$

其标准平衡常数为

$$K_w^\ominus=[c(H_3O^+)/c^\ominus][c(OH^-)/c^\ominus] \tag{6.3}$$

式中,$K_w^\ominus$ 为水的离子积常数,简称离子积,它只与温度有关。由于水的解离是吸热反应,温度越高,$K_w^\ominus$ 值越大,$K_w^\ominus$ 随温度变化不明显,一般取值为 1.0×10^{-14}。

二、溶液的 pH

当 $c(H_3O^+)=c(OH^-)=1.0\times10^{-7}\,mol\cdot L^{-1}$时,为中性溶液;当 $c(H_3O^+)>1.0\times10^{-7}\,mol\cdot L^{-1}$时,为酸性溶液;当 $c(H_3O^+)<1.0\times10^{-7}\,mol\cdot L^{-1}$时,为碱性溶液。当 $c(H_3O^+)$在 $1.0\sim1.0\times10^{-14}\,mol\cdot L^{-1}$时,溶液的酸碱性通常用 pH(pOH)来表示。

$$pH=-lg[c(H_3O^+)/c^\ominus] \tag{6.4}$$

$$pOH=-lg[c(OH^-)/c^\ominus] \tag{6.5}$$

将式(6.3)两边分别取负对数,则有

$$pH+pOH=pK_w^\ominus=14.00 \tag{6.6}$$

用 pH 表示水溶液酸碱性较为方便,$c(H_3O^+)$越大,pH 越小,溶液酸性越强,碱性越弱;反之,$c(H_3O^+)$越小,pH 越大,溶液酸性越弱,碱性越强。

用 pH(pOH)表示水溶液酸碱性,一般在 0～14。若 pH<0.00 或 pH>14.00 时,直接用 $c(H_3O^+)$或 $c(OH^-)$表示溶液的酸碱性更方便。

第四节　弱酸、弱碱的解离

一、一元弱酸、弱碱的解离

在水溶液中,能给出一个 H_3O^+(或 OH^-)的弱酸(或弱碱)称为一元弱酸(或弱碱)。一元弱酸 HA、一元弱碱 B^- 在水溶液中的解离反应分别为

$$HA(aq)+H_2O(l) \rightleftharpoons H_3O^+(aq)+A^-(aq)$$

$$B^-(aq)+H_2O(l) \rightleftharpoons OH^-(aq)+HB(aq)$$

其标准平衡常数表达式分别为

$$K_a^\ominus(HA)=\frac{[c(H_3O^+)/c^\ominus][c(A^-)/c^\ominus]}{c(HA)/c^\ominus}$$

$$K_b^{\ominus}(B^-)=\frac{[c(OH^-)/c^{\ominus}][c(HB)/c^{\ominus}]}{c(B^-)/c^{\ominus}}$$

式中，$K_a^{\ominus}(HA)$、$K_b^{\ominus}(B^-)$分别为一元弱酸、一元弱碱的解离常数，它们和其他平衡常数一样，只与温度有关，与浓度无关。

常见的分子弱酸、分子弱碱的解离常数见附录三。而离子酸、离子碱的解离常数需要根据其对应的共轭碱、共轭酸的解离常数求得。例如

$$Ac^- + H_2O \rightleftharpoons OH^- + HAc$$

$$K_b^{\ominus}=\frac{[c(HAc)/c^{\ominus}][c(OH^-)/c^{\ominus}]}{c(Ac^-)/c^{\ominus}}=\frac{K_w^{\ominus}}{K_a^{\ominus}(HAc)}$$

$$NH_4^+ + H_2O \rightleftharpoons H_3O^+ + NH_3$$

$$K_a^{\ominus}=\frac{[c(H^+)/c^{\ominus}][c(NH_3)/c^{\ominus}]}{c(NH_4^+)/c^{\ominus}}=\frac{[c(H^+)/c^{\ominus}][c(NH_3)/c^{\ominus}][c(OH^-)/c^{\ominus}]}{[c(NH_4^+)/c^{\ominus}][c(OH^-)/c^{\ominus}]}=\frac{K_w^{\ominus}}{K_b^{\ominus}}$$

由此可见，共轭酸碱对的 $K_a^{\ominus}$ 和 $K_b^{\ominus}$ 之间有确定的关系，即

$$K_a^{\ominus}\cdot K_b^{\ominus}=K_w^{\ominus} \tag{6.7}$$

$K_a^{\ominus}$ 值越大，说明酸的酸性越强，则其 $K_b^{\ominus}$ 值越小，说明相应的共轭碱的碱性越弱。通过分子酸或分子碱的解离常数，按式(6.7)可求得对应的共轭离子酸或共轭离子碱的解离常数。

当$(c/c^{\ominus})\cdot K_a^{\ominus}>20K_w^{\ominus}$，$(c/c^{\ominus})/K_a^{\ominus}>500$ 时，计算一元弱酸溶液 $c(H_3O^+)$的最简式为

$$c(H_3O^+)/c^{\ominus}=\sqrt{(c/c^{\ominus})\cdot K_a^{\ominus}} \tag{6.8}$$

当$(c/c^{\ominus})\cdot K_b^{\ominus}>20K_w^{\ominus}$，$(c/c^{\ominus})/K_b^{\ominus}>500$ 时，计算一元弱碱溶液 $c(OH^-)$的最简式为

$$c(OH^-)/c^{\ominus}=\sqrt{(c/c^{\ominus})\cdot K_b^{\ominus}} \tag{6.9}$$

例 6.1　计算 0.10mol · L^{-1} HAc 溶液中的 $c(H_3O^+)$和 pH。已知 $K_a^{\ominus}(HAc)=1.8\times10^{-5}$。

解　因为 $(c/c^{\ominus})\cdot K_a^{\ominus}=(0.10mol\cdot L^{-1}/1.0mol\cdot L^{-1})\times1.8\times10^{-5}=1.8\times10^{-6}>20K_w^{\ominus}$

$$(c/c^{\ominus})/K_a^{\ominus}=(0.10mol\cdot L^{-1}/1.0mol\cdot L^{-1})/1.8\times10^{-5}=5.6\times10^{3}>500$$

所以$(H_3O^+)/c^{\ominus}=\sqrt{(c/c^{\ominus})\cdot K_a^{\ominus}}=\sqrt{(0.10mol\cdot L^{-1}/1.0mol\cdot L^{-1})\times1.8\times10^{-5}}=1.3\times10^{-3}$

$$c(H_3O^+)=1.3\times10^{-3}mol\cdot L^{-1}$$

$$pH=-\lg[c(H_3O^+)/c^{\ominus}]=-\lg(1.3\times10^{-3}mol\cdot L^{-1}/1.0mol\cdot L^{-1})=2.89$$

例 6.2　计算 0.10mol · L^{-1} NH_4Cl 溶液中的 $c(H_3O^+)$和 pH。已知 $K_b^{\ominus}(NH_3)=1.8\times10^{-5}$。

解　$$K_a^{\ominus}(NH_4^+)=K_w^{\ominus}/K_b^{\ominus}(NH_3)=1.0\times10^{-14}/1.8\times10^{-5}=5.6\times10^{-10}$$

因为　$(c/c^{\ominus})\cdot K_a^{\ominus}=(0.10mol\cdot L^{-1}/1.0mol\cdot L^{-1})\times5.6\times10^{-10}=5.6\times10^{-11}>20K_w^{\ominus}$

$$(c/c^{\ominus})/K_a^{\ominus}=(0.10mol\cdot L^{-1}/1.0mol\cdot L^{-1})/5.6\times10^{-10}=1.8\times10^{8}>500$$

所以 $c(H_3O^+)/c^{\ominus}=\sqrt{(c/c^{\ominus})\cdot K_a^{\ominus}}=\sqrt{(0.10mol\cdot L^{-1}/1.0mol\cdot L^{-1})\times5.6\times10^{-10}}=7.48\times10^{-6}$

$$c(H_3O^+)=7.48\times10^{-6}mol\cdot L^{-1}$$

$$pH=-\lg[c(H_3O^+)/c^{\ominus}]=-\lg(7.48\times10^{-6}mol\cdot L^{-1}/1.0mol\cdot L^{-1})=5.13$$

例 6.3　计算 0.10mol · L^{-1} NaAc 溶液中的 $c(OH^-)$和 pH。已知 $K_a^{\ominus}(HAc)=1.8\times10^{-5}$。

解　$$K_b^{\ominus}(Ac^-)=K_w^{\ominus}/K_a^{\ominus}(HAc)=1.0\times10^{-14}/1.8\times10^{-5}=5.6\times10^{-10}$$

因为　$(c/c^{\ominus})\cdot K_b^{\ominus}=(0.10mol\cdot L^{-1}/1.0mol\cdot L^{-1})\times5.6\times10^{-10}=5.6\times10^{-11}>20K_w^{\ominus}$

$$(c/c^{\ominus})/K_b^{\ominus}=(0.10mol\cdot L^{-1}/1.0mol\cdot L^{-1})/5.6\times10^{-10}=1.8\times10^{8}>500$$

所以 $c(OH^-)/c^{\ominus}=\sqrt{(c/c^{\ominus})\cdot K_b^{\ominus}}=\sqrt{(0.10mol\cdot L^{-1}/1.0mol\cdot L^{-1})\times5.6\times10^{-10}}=7.53\times10^{-6}$

$$c(OH^-)=7.53\times10^{-6}mol\cdot L^{-1}$$

$$pOH=-\lg[c(OH^-)/c^{\ominus}]=-\lg(7.53\times10^{-6}mol\cdot L^{-1}/1.0mol\cdot L^{-1})=5.12$$

$$pH=14-pOH=14-5.12=8.88$$

二、多元弱酸、弱碱的解离

多元弱酸、弱碱在水溶液的解离是分步进行的。例如

$$H_2CO_3 + H_2O \rightleftharpoons H_3O^+ + HCO_3^-$$

$$K_{a_1}^{\ominus} = \frac{[c(H_3O^+)/c^{\ominus}][c(HCO_3^-)/c^{\ominus}]}{c(H_2CO_3)/c^{\ominus}} = 4.3\times10^{-7}$$

$$HCO_3^- + H_2O \rightleftharpoons H_3O^+ + CO_3^{2-}$$

$$K_{a_2}^{\ominus} = \frac{[c(H_3O^+)/c^{\ominus}][c(CO_3^{2-})/c^{\ominus}]}{c(HCO_3^-)/c^{\ominus}} = 5.61\times10^{-11}$$

$K_{a_1}^{\ominus}$ 和 $K_{a_2}^{\ominus}$ 分别为 H_2CO_3 的第一、第二步解离常数。一般情况下，若 $K_{a_1}^{\ominus} \gg K_{a_2}^{\ominus}$，可忽略第三步解离，这是因为 H_2CO_3 的第二步解离使 HCO_3^- 再给出 H_3O^+，要比第一步解离困难得多。因此，计算多元酸的 H_3O^+ 浓度可按一元酸处理，且 $(c/c^{\ominus})\cdot K_{a_1}^{\ominus} > 20K_w^{\ominus}$，$(c/c^{\ominus})/K_{a_1}^{\ominus} > 500$ 时，多元酸的 $c(H_3O^+)$ 用最简式(6.7)计算。

二元弱碱在水溶液中的解离反应也是分步进行的。例如

$$CO_3^{2-} + H_2O \rightleftharpoons HCO_3^- + OH^-$$

$$K_{b_1}^{\ominus} = \frac{[c(HCO_3^-)/c^{\ominus}][c(OH^-)/c^{\ominus}]}{c(CO_3^{2-})/c^{\ominus}} = \frac{K_w^{\ominus}}{K_{a_2}^{\ominus}} = 1.8\times10^{-4}$$

$$HCO_3^- + H_2O \rightleftharpoons H_2CO_3 + OH^-$$

$$K_{b_2}^{\ominus} = \frac{[c(H_2CO_3)/c^{\ominus}][c(OH^-)/c^{\ominus}]}{c(HCO_3^-)/c^{\ominus}} = \frac{K_w^{\ominus}}{K_{a_1}^{\ominus}} = 2.3\times10^{-8}$$

$K_{b_1}^{\ominus}$ 和 $K_{b_2}^{\ominus}$ 分别为 CO_3^{2-} 的第一、第二步解离常数。若 $K_{b_1}^{\ominus} \gg K_{b_2}^{\ominus}$，计算溶液酸度时，可按一元弱碱处理，且 $(c/c^{\ominus})\cdot K_{b_1}^{\ominus} > 20K_w^{\ominus}$，$(c/c^{\ominus})/K_{b_1}^{\ominus} > 500$ 时，多元碱的 $c(OH^-)$ 用最简式(6.8)计算。

例 6.4　计算 $0.10mol\cdot L^{-1}$ H_2S 水溶液的 $c(H_3O^+)$、$c(HS^-)$ 和 $c(S^{2-})$。已知 $K_{a_1}^{\ominus}(H_2S)=9.1\times10^{-8}$，$K_{a_2}^{\ominus}(H_2S)=1.1\times10^{-12}$。

解　因为 $K_{a_1}^{\ominus} \gg K_{a_2}^{\ominus}$，且

$$(c/c^{\ominus})\cdot K_{a_1}^{\ominus} = (0.10mol\cdot L^{-1}/1.0mol\cdot L^{-1})\times9.1\times10^{-8} = 9.1\times10^{-9} > 20K_w^{\ominus}$$

$$(c/c^{\ominus})/K_{a_2}^{\ominus} = (0.10mol\cdot L^{-1}/1.0mol\cdot L^{-1})/1.1\times10^{-7} = 9.1\times10^{5} > 500$$

所以 $(H_3O^+)/c^{\ominus} = \sqrt{(c/c^{\ominus})\cdot K_a^{\ominus}} = \sqrt{(0.10mol\cdot L^{-1}/1.0mol\cdot L^{-1})\times9.1\times10^{-8}} = 9.5\times10^{-5}$

$$c(H_3O^+) = 9.5\times10^{-5}mol\cdot L^{-1}$$

$$c(HS^-) = 9.5\times10^{-5}mol\cdot L^{-1}$$

$$pH = -\lg[c(H_3O^+)/c^{\ominus}] = -\lg(9.5\times10^{-5}mol\cdot L^{-1}/1.0mol\cdot L^{-1}) = 4.02$$

S^{2-} 的浓度需按第二步解离求算：

$$HS^- + H_2O \rightleftharpoons H_3O^+ + S^{2-}$$

$$K_{a_2}^{\ominus}(H_2S) = \frac{[c(H_3O^+)/c^{\ominus}][c(S^{2-})/c^{\ominus}]}{c(HS^-)/c^{\ominus}} = \frac{c(S^{2-})}{c^{\ominus}} = 1.1\times10^{-12}$$

$$c(S^{2-}) = 1.1\times10^{-12}mol\cdot L^{-1}$$

例 6.5　计算 $0.10mol\cdot L^{-1}$ Na_2S 溶液中 $c(OH^-)$、$c(S^{2-})$、$c(HS^-)$。已知 $K_{a_1}^{\ominus}(H_2S)=9.1\times10^{-8}$，$K_{a_2}^{\ominus}(H_2S)=1.1\times10^{-12}$。

解　S^{2-} 的解离是分步进行的：

$$S^{2-} + H_2O \rightleftharpoons OH^- + HS^-$$

$$K_{b_1}^{\ominus} = \frac{[c(OH^-)/c^{\ominus}][c(HS^-)/c^{\ominus}]}{c(S^{2-})/c^{\ominus}} = \frac{K_w^{\ominus}}{K_{a_2}^{\ominus}} = \frac{1.0\times10^{-14}}{1.1\times10^{-12}} = 9.1\times10^{-3}$$

$$HS^- + H_2O \rightleftharpoons OH^- + H_2S$$

$$K_{b_2}^{\ominus} = \frac{[c(OH^-)/c^{\ominus}][c(H_2S)/c^{\ominus}]}{c(HS^-)/c^{\ominus}} = \frac{K_w^{\ominus}}{K_{a_1}^{\ominus}} = \frac{1.0 \times 10^{-14}}{9.1 \times 10^{-8}} = 1.1 \times 10^{-7}$$

因为 $K_{b_1}^{\ominus} \gg K_{b_2}^{\ominus}$，可按一元碱处理。

又因为

$$(c/c^{\ominus})/K_{b_1}^{\ominus} = (0.10\text{mol}\cdot L^{-1}/1.0\text{mol}\cdot L^{-1})/9.1 \times 10^{-3} = 10.99 < 500$$

所以不能用最简式计算溶液的 $c(OH^-)$。

$$S^{2-} + H_2O \rightleftharpoons OH^- + HS^-$$

平衡浓度/(mol·L^{-1})　　0.10$-x$　　x　　x

$$K_{b_1}^{\ominus} = \frac{[c(OH^-)/c^{\ominus}]\cdot[c(HS^-)/c^{\ominus}]}{c(S^{2-})/c^{\ominus}} = \frac{(x/1\text{mol}\cdot L^{-1})(x/1\text{mol}\cdot L^{-1})}{(0.10\text{mol}\cdot L^{-1} - x)/1\text{mol}\cdot L^{-1}} = 9.1 \times 10^{-3}$$

$$x = c(OH^-) = 2.6 \times 10^{-2}\text{mol}\cdot L^{-1}$$

$$pOH = -\lg[c(OH^-)/c^{\ominus}] = -\lg(2.6 \times 10^{-2}\text{mol}\cdot L^{-1}/1.0\text{mol}\cdot L^{-1}) = 1.59$$

$$pH = 14 - pOH = 14 - 1.59 = 12.41$$

$$c(HS^-) = 2.6 \times 10^{-2}\text{mol}\cdot L^{-1}$$

$$c(S^{2-}) = 0.10\text{mol}\cdot L^{-1} - 2.6 \times 10^{-2}\text{mol}\cdot L^{-1} = 7.4 \times 10^{-2}\text{mol}\cdot L^{-1}$$

由上述例题可以得出以下结论：

(1) 多元弱酸、弱碱的解离是分步进行的，H_3O^+、OH^- 主要来自于弱酸、弱碱的第一步解离，计算 $c(H_3O^+)$、$c(OH^-)$ 只考虑第一步解离。

(2) 对于二元弱酸 H_2A，$c(A^-)/c^{\ominus} \approx K_{a_2}^{\ominus}$，与弱酸初始浓度无关。

三、两性物质的酸碱性

水溶液中两性物质的 $c(H_3O^+)$ 计算公式如下：

$$c(H_3O^+)/c^{\ominus} = \sqrt{K_{a_1}^{\ominus}\cdot K_{a_2}^{\ominus}} \tag{6.10}$$

$$pH = \frac{1}{2}(pK_{a_1}^{\ominus} + pK_{a_2}^{\ominus}) \tag{6.11}$$

式中，$K_{a_1}^{\ominus}$ 为两性物质对应其共轭酸的解离常数；$K_{a_2}^{\ominus}$ 为两性物质作为酸的解离常数。

例 6.6　计算 0.10mol·L^{-1} $NaHCO_3$ 溶液的 pH。已知 $K_{a_1}^{\ominus}(H_2CO_3) = 4.2 \times 10^{-7}$，$K_{a_2}^{\ominus}(H_2CO_3) = 5.6 \times 10^{-11}$。

解　$$c(H_3O^+)/c^{\ominus} = \sqrt{K_{a_1}^{\ominus}\cdot K_{a_2}^{\ominus}} = \sqrt{4.2 \times 10^{-7} \times 5.6 \times 10^{-11}} = 4.85 \times 10^{-9}$$

$$pH = -\lg[c(H_3O^+)/c^{\ominus}] = -\lg(4.85 \times 10^{-9}\text{mol}\cdot L^{-1}/1.0\text{mol}\cdot L^{-1}) = 8.31$$

四、离子酸、离子碱的混合液

NH_4Ac、NH_4CN、$HCOONH_4$ 是离子酸和离子碱的混合液，溶液的 $c(H_3O^+)$ 计算公式如下：

$$c(H_3O^+)/c^{\ominus} = \sqrt{K_w^{\ominus}\cdot \frac{K_a^{\ominus}(\text{分子酸})}{K_b^{\ominus}(\text{分子碱})}} \tag{6.12}$$

例 6.7　计算 0.10mol·L^{-1} NH_4Ac 溶液的 pH。已知 $K_a^{\ominus}(HAc) = 1.8 \times 10^{-5}$，$K_b^{\ominus}(NH_3) = 1.8 \times 10^{-5}$。

解　$$c(H_3O^+)/c^{\ominus} = \sqrt{K_w^{\ominus}\cdot \frac{K_a^{\ominus}(\text{分子酸})}{K_b^{\ominus}(\text{分子碱})}} = \sqrt{1.0 \times 10^{-14} \times \frac{1.8 \times 10^{-5}}{1.8 \times 10^{-5}}} = 1.0 \times 10^{-7}$$

$$pH = -\lg[c(H_3O^+)/c^{\ominus}] = -\lg(1.0 \times 10^{-7}\text{mol}\cdot L^{-1}/1.0\text{mol}\cdot L^{-1}) = 7.00$$

五、高价金属离子的水解

高价金属水合离子是一种多元离子酸，如 $Fe(H_2O)_6^{3+}$、$Al(H_2O)_6^{3+}$ 等金属水合离子在水溶液中也能分步解离显酸性，现以 $Fe(H_2O)_6^{3+}$ 水合离子为例说明在水溶液的分步解离。

$$[Fe(H_2O)_6]^{3+}+H_2O = [Fe(OH)(H_2O)_5]^{2+}+H_3O^+$$
$$[Fe(OH)(H_2O)_5]^{2+}+H_2O = [Fe(OH)_2(H_2O)_4]^{+}+H_3O^+$$
$$[Fe(OH)_2(H_2O)_4]^{+}+H_2O = [Fe(OH)_3(H_2O)_3]\downarrow+H_3O^+$$

最后以$[Fe(OH)_3(H_2O)_3]$沉淀析出，配制这些金属离子的水溶液时，为了防止沉淀析出，必须在溶液中先加入适量强酸。

第五节　酸碱平衡的移动

弱酸弱碱的解离平衡是一种动态的平衡，当外界条件改变时，旧的平衡就会被破坏，建立新的平衡，从而导致弱酸、弱碱的解离度增大或减小。

一、同离子效应和盐效应

1. 同离子效应

例如，在 HAc 溶液存在下列平衡：

$$HAc+H_2O \rightleftharpoons H_3O^+ + Ac^-$$

向 HAc 溶液中加入与 HAc 具有相同离子的强酸或 NaAc，由于增大了溶液中的 H_3O^+ 或 Ac^-，HAc 解离平衡向逆反应方向移动，从而使 HAc 的解离度降低。像这样向弱电解质溶液中加入与弱电解质具有相同离子的强电解质，使弱电解质解离度降低的现象，称为同离子效应。

例 6.8　分别计算 $0.10mol\cdot L^{-1}$ HAc 溶液和向 1L $0.10mol\cdot L^{-1}$ HAc 溶液加入 0.10mol NaAc 晶体(忽略体积变化)的解离度 α。已知 $K_a^\ominus(HAc)=1.8\times10^{-5}$。

解　因为 $(c/c^\ominus)\cdot K_a^\ominus=(0.10mol\cdot L^{-1}/1.0mol\cdot L^{-1})\times1.8\times10^{-5}=1.8\times10^{-6}>20K_w^\ominus$

$$(c/c^\ominus)/K_a^\ominus=(0.10mol\cdot L^{-1}/1.0mol\cdot L^{-1})/1.8\times10^{-5}=5.6\times10^{3}>500$$

所以　$c(H_3O^+)/c^\ominus=\sqrt{(c/c^\ominus)\cdot K_a^\ominus}=\sqrt{(0.10mol\cdot L^{-1}/1.0mol\cdot L^{-1})\times1.8\times10^{-5}}=1.34\times10^{-3}$

$$c(H_3O^+)=1.34\times10^{-3}mol\cdot L^{-1}$$

$$\alpha=\frac{\text{已解离的分子总数}}{\text{解离前的分子总数}}\times100\%$$
$$=\frac{1.34\times10^{-3}mol\cdot L^{-1}}{0.10mol\cdot L^{-1}}\times100\%$$
$$=1.34\%$$

当加入 NaAc，则

	HAc+H_2O ⇌	H_3O^+	+Ac^-
起始浓度/$(mol\cdot L^{-1})$	0.10	0	0.10
平衡浓度/$(mol\cdot L^{-1})$	$0.10-x$	x	$0.10+x$

$$K_a^\ominus(HAc)=\frac{[c(H_3O^+)/c^\ominus][c(Ac^-)/c^\ominus]}{c(HAc)/c^\ominus}=\frac{(x/1mol\cdot L^{-1})[(0.10mol\cdot L^{-1}+x)/1mol\cdot L^{-1}]}{(0.10mol\cdot L^{-1}-x)/1mol\cdot L^{-1}}=1.8\times10^{-5}$$

因为 $0.10mol\cdot L^{-1}-x\approx0.10mol\cdot L^{-1}$，$0.10mol\cdot L^{-1}+x\approx0.10mol\cdot L^{-1}$，有

$$x=1.8\times10^{-5}mol\cdot L^{-1}$$

$$c(H_3O^+) = 1.8\times10^{-5}\,mol\cdot L^{-1}$$

$$\alpha = \frac{c(H_3O^+)}{c}\times100\% = \frac{1.8\times10^{-5}\,mol\cdot L^{-1}}{0.10\,mol\cdot L^{-1}}\times100\% = 0.018\%$$

可见因同离子效应，大大降低了 HAc 的解离度。在实际工作中，常利用同离子效应作为控制溶液中离子浓度，特别是控制氢离子浓度的方法和手段。

2. 盐效应

向弱电解质溶液中加入不同离子的强电解质，平衡向右移动，使弱酸、弱碱的解离度增大，这种现象称为盐效应。

例如，在 HAc 溶液中加入 NaCl，由于 NaCl 完全解离，增大了溶液中离子的总浓度，使得 H_3O^+、Ac^- 被更多的异号离子 Cl^- 或 Na^+ 包围，离子之间的相互牵制作用增大，从而降低了 Ac^-、H_3O^+ 重新结合成 HAc 的概率，导致解离度增大。

二、同离子效应的应用

利用同离子效应，可以控制弱酸或弱碱溶液的 $c(H_3O^+)$ 或 $c(OH^-)$，从而来调节溶液的酸碱性。另外利用同离子效应控制弱酸的酸根离子浓度，使金属离子发生不同程度的沉淀，达到金属离子分离目的。

例如，常用可溶性硫化物作为沉淀剂来分离金属离子。

H_2S 是二元弱酸，是分步解离的，分步解离平衡如下：

$$H_2S + H_2O \rightleftharpoons H_3O^+ + HS^- \qquad K^\ominus_{a_1} = \frac{[c(H_3O^+)/c^\ominus][c(HS^-)/c^\ominus]}{c(H_2S)/c^\ominus} = 9.1\times10^{-8}$$

$$HS^- + H_2O \rightleftharpoons H_3O^+ + S^{2-} \qquad K^\ominus_{a_2} = \frac{[c(H_3O^+)/c^\ominus][c(S^{2-})/c^\ominus]}{c(HS^-)/c^\ominus} = 1.1\times10^{-12}$$

两步解离平衡加和，得

$$H_2S + 2H_2O \rightleftharpoons 2H_3O^+ + S^{2-} \qquad K^\ominus_{a_1}\cdot K^\ominus_{a_2} = \frac{[c(H_3O^+)/c^\ominus]^2[c(S^{2-})/c^\ominus]}{c(H_2S)/c^\ominus} = 1.0\times10^{-19}$$

从总的标准平衡常数表达式可以看出，$c(H_3O^+)$、$c(S^{2-})$ 和 $c(H_2S)$ 存在定量关系，根据需要可通过外加 $c(H_3O^+)$ 来控制溶液中的 $c(S^{2-})$。

例 6.9　在 $0.10\,mol\cdot L^{-1}$ 的 HCl 中通 H_2S 至饱和（$0.10\,mol\cdot L^{-1}$），求溶液中的 S^{2-} 的浓度。

解

$$H_2S + 2H_2O \rightleftharpoons 2H_3O^+ + S^{2-}$$

平衡浓度/($mol\cdot L^{-1}$)　　0.10　　0.10　　x

$$K^\ominus = K^\ominus_{a_1}\cdot K^\ominus_{a_2} = \frac{[c(H_3O^+)/c^\ominus]^2[c(S^{2-})/c^\ominus]}{c(H_2S)/c^\ominus} = \frac{(0.10\,mol\cdot L^{-1}/1\,mol\cdot L^{-1})^2(x/1\,mol\cdot L^{-1})}{0.10\,mol\cdot L^{-1}/1\,mol\cdot L^{-1}} = 1.0\times10^{-19}$$

$$x = c(S^{2-}) = 1.0\times10^{-18}\,mol\cdot L^{-1}$$

与例 6.4 相比，无同离子效应时 $c(S^{2-}) = K^\ominus_{a_2}(H_2S)c^\ominus = 1.1\times10^{-12}\,mol\cdot L^{-1}$，而在 $0.10\,mol\cdot L^{-1}$ HCl 同离子效应的作用下，溶液中 S^{2-} 浓度大大降低了。

第六节　缓冲溶液

一、缓冲溶液概念

弱酸及其共轭碱(如 $HAc\text{-}Ac^-$)或弱碱及其共轭酸(如 $NH_3\text{-}NH_4^+$)组成的溶液能够抵抗外加的少量强酸、强碱或稀释,而溶液的 pH 基本保持不变的作用,称为缓冲作用,具有缓冲作用的溶液称为缓冲溶液。缓冲溶液具有重要的意义和广泛的应用。例如,土壤中含有硅酸、磷酸和腐殖酸及其共轭碱组成的缓冲体系,使土壤 pH 保持在 5～8,以利于植物的正常生长;人体血液中含 $H_2CO_3\text{-}HCO_3^-$,$H_2PO_4^-\text{-}HPO_4^{2-}$,$HHbO_2\text{-}KHbO_2$(带氧血红蛋白)和 HHb-KHb(血红蛋白)等缓冲体系,使血液的 pH 保持在 7.35～7.45,以维持人体正常的生命活动,超出这个范围就会出现“酸中毒”或“碱中毒”,pH 若改变 0.4 单位,人体就会出现生命危险。

二、缓冲原理

以 $HAc\text{-}Ac^-$ 缓冲溶液为例说明缓冲溶液为什么具有抵抗外加酸、碱和稀释作用。在 $HAc\text{-}Ac^-$ 缓冲溶液中存在以下解离平衡:

$$HAc + H_2O \rightleftharpoons H_3O^+ + Ac^-$$

在缓冲溶液中存在着大量的 HAc 和 Ac^-,当外加少量的 H_3O^+ 时,溶液中的 Ac^- 就会与之作用生成 HAc,解离平衡向逆反应方向移动,以抵消外加的 H_3O^+。当外加少量的 OH^- 时,溶液中的 HAc 就会与之作用生成 Ac^-,解离平衡向正反应方向移动,以抵消外加的 OH^-。当稀释时,一方面降低了 H_3O^+ 的浓度,另一方面由于解离度的增大而使 H_3O^+ 浓度增大,因此溶液的 pH 基本不变。

缓冲溶液的缓冲能力是有限度的。当外加大量的强酸、强碱或无限稀释,或加入的强酸、强碱的量接近缓冲溶液组分的量时,缓冲溶液就会失去缓冲作用。

三、缓冲溶液 pH 计算

弱酸及其共轭碱组成的缓冲溶液,其溶液 H_3O^+ 浓度的计算公式为

$$\frac{c(H_3O^+)}{c^\ominus} = K_a^\ominus \frac{c(\text{酸})/c^\ominus}{c(\text{共轭碱})/c^\ominus} \tag{6.13}$$

弱碱及其共轭酸组成的缓冲溶液,其溶液 OH^- 浓度的计算公式为

$$\frac{c(OH^-)}{c^\ominus} = K_b^\ominus \frac{c(\text{碱})/c^\ominus}{c(\text{共轭酸})/c^\ominus} \tag{6.14}$$

分别将式(6.13)和式(6.14)两边取负对数,则

$$pH = pK_a^\ominus - \lg \frac{c(\text{酸})/c^\ominus}{c(\text{共轭碱})/c^\ominus} \tag{6.15}$$

$$pOH = pK_b^\ominus - \lg \frac{c(\text{碱})/c^\ominus}{c(\text{共轭酸})/c^\ominus} \tag{6.16}$$

由式(6.15)和式(6.16)可见,缓冲溶液的 pH(pOH)主要取决于 $pK_a^\ominus$($PK_b^\ominus$),即取决于弱酸的解离常数 $K_a^\ominus$($K_b^\ominus$)的大小,又与共轭酸碱对浓度的比值有关,因此可通过调节共轭酸碱对

浓度的比值调节溶液的 pH。

例 6.10　HAc-NaAc 缓冲溶液 10mL，HAc、NaAc 的浓度均为 $1.0\text{mol}\cdot\text{L}^{-1}$，分别加入 $0.20\text{mol}\cdot\text{L}^{-1}$ HCl 溶液 0.5mL，$0.20\text{mol}\cdot\text{L}^{-1}$ NaOH 溶液 0.5mL，计算溶液 pH 各为多少。已知 $\text{p}K_a^\ominus=4.75$。

解　未外加酸碱时，缓冲溶液的 pH 为

$$\begin{aligned}\text{pH}&=\text{p}K_a^\ominus-\lg\frac{c(\text{HAc})/c^\ominus}{c(\text{Ac}^-)/c^\ominus}\\&=4.75-\lg\frac{1.0\text{mol}\cdot\text{L}^{-1}/1.0\text{mol}\cdot\text{L}^{-1}}{1.0\text{mol}\cdot\text{L}^{-1}/1.0\text{mol}\cdot\text{L}^{-1}}\\&=4.75\end{aligned}$$

加入 0.5mL $0.20\text{mol}\cdot\text{L}^{-1}$ HCl 溶液后，根据 HCl 和 Ac^- 反应方程式可知，HAc 增加了 1.0×10^{-4}mol，Ac^- 减少了 1.0×10^{-4}mol，故溶液中 HAc、Ac^- 的浓度分别为

$$c(\text{HAc})=10.1\times10^{-3}\text{mol}/10.5\times10^{-3}\text{L}=0.962\text{mol}\cdot\text{L}^{-1}$$

$$c(\text{Ac}^-)=9.9\times10^{-3}\text{mol}/10.5\times10^{-3}\text{L}=0.943\text{mol}\cdot\text{L}^{-1}$$

$$\begin{aligned}\text{pH}&=\text{p}K_a^\ominus-\lg\frac{c(\text{HAc})/c^\ominus}{c(\text{Ac}^-)/c^\ominus}\\&=4.75-\lg\frac{0.962\text{mol}\cdot\text{L}^{-1}/1.0\text{mol}\cdot\text{L}^{-1}}{0.943\text{mol}\cdot\text{L}^{-1}/1.0\text{mol}\cdot\text{L}^{-1}}\\&=4.74\end{aligned}$$

同理，加入 0.5mL $0.20\text{mol}\cdot\text{L}^{-1}$ NaOH 溶液后，溶液的 pH 为

$$\begin{aligned}\text{pH}&=\text{p}K_a^\ominus-\lg\frac{c(\text{HAc})/c^\ominus}{c(\text{Ac}^-)/c^\ominus}\\&=4.75-\lg\frac{0.943\text{mol}\cdot\text{L}^{-1}/1.0\text{mol}\cdot\text{L}^{-1}}{0.962\text{mol}\cdot\text{L}^{-1}/1.0\text{mol}\cdot\text{L}^{-1}}\\&=4.76\end{aligned}$$

计算结果表明，加入 HCl、NaOH 后溶液的 pH 各改变了 0.01 个单位，溶液 pH 基本保持不变。

四、缓冲容量

缓冲溶液的缓冲能力大小用缓冲容量来衡量。使缓冲溶液 pH 改变一个单位所需要加入的酸或碱的量，称为缓冲容量。缓冲容量越大，抵抗外加酸碱的能力就越强。如何提高缓冲溶液的缓冲能力呢？

（1）提高共轭酸碱对的浓度。

组成缓冲溶液的共轭酸碱对的浓度越大，其缓冲能力越强。但浓度不宜过高，一般控制在 $0.1\sim1.0\text{mol}\cdot\text{L}^{-1}$ 为宜。

（2）调节共轭酸碱对浓度比值。

共轭酸碱对浓度之比称为缓冲比，当缓冲比为 1 时，缓冲能力最强。一般要求缓冲比在 10∶1～1∶10，其对应的 pH 及 pOH 变化范围为

$$\text{pH}=\text{p}K_a^\ominus\pm1 \tag{6.17}$$

$$\text{pOH}=\text{p}K_b^\ominus\pm1 \tag{6.18}$$

此范围称缓冲溶液的有效缓冲范围。显然缓冲溶液的有效缓冲范围取决于 $K_a^\ominus(K_b^\ominus)$。

五、缓冲溶液的选择和配制

在实际工作中常需要配制缓冲溶液。配制缓冲溶液时，首先选择共轭酸碱对的 $\text{p}K_a^\ominus$（$\text{p}K_b^\ominus$）等于或接近于所需的 pH（pOH），如果 $\text{p}K_a^\ominus$（$\text{p}K_b^\ominus$）与所需的 pH（pOH）不相等时，可通过调节共轭酸碱对浓度之比，得到所需 pH（pOH）。常用的缓冲溶液见表 6.1。

表 6.1　常用的缓冲溶液

缓冲溶液	$pK_a^\ominus$	缓冲范围
HCOOH-NaCOOH	3.75	2.75～4.75
HAc-NaAc	4.75	3.75～5.75
NaH_2PO_4-Na_2HPO_4	7.21	6.21～8.21
Na_2HPO_4-Na_3PO_4	12.66	11.66～13.66
$NaHCO_3$-Na_2CO_3	10.25	9.25～11.25
NH_3-NH_4Cl	9.25	8.25～10.25

例 6.11　要配制一定体积 pH＝3.20 的缓冲溶液，选用 HCOOH-HCOONa、HAc-NaAc、H_3BO_3-NaH_2BO_3 中哪一对为好？已知 $K_a^\ominus(HCOOH)=1.8\times10^{-4}$，$K_a^\ominus(HAc)=1.8\times10^{-5}$，$K_{a_1}^\ominus(H_3BO_3)=5.8\times10^{-10}$。

解　由于 HCOOH 的 $pK_a^\ominus=3.75$，接近于所需溶液的 pH，所以选择 HCOOH-HCOONa。

习　　题

1. 在水溶液中下列反应自发进行：

$$H_3O^+ + NH_3 = NH_4^+ + H_2O$$
$$H_2S + S^{2-} = 2HS^-$$
$$NH_4^+ + HS^- = H_2S + NH_3$$

请按酸由强到弱的顺序进行排列。

2. 在 HAc 溶液中加入下列物质，HAc 的解离平衡如何移动？

(1) $KNO_3(s)$　(2) HCl(aq)　(3) NaAc(s)　(4) NaOH(s)

3. 简答题。

(1) 试定性地说明为什么 NaH_2PO_4 溶液显酸性。

(2) 用质子酸碱理论解释在水溶液中 NH_3 与 HPO_4^{2-} 哪一个碱性强。已知 $K_b^\ominus(NH_3)=1.8\times10^{-5}$，$K_{a_1}^\ominus(H_3PO_4)=7.5\times10^{-3}$，$K_{a_2}^\ominus(H_3PO_4)=6.8\times10^{-8}$，$K_{a_3}^\ominus(H_3PO_4)=3.6\times10^{-13}$。

4. 分别计算下列溶液的 pH：

(1) $0.10mol\cdot L^{-1}$的 HAc 溶液　(2) $0.20mol\cdot L^{-1}$的 NH_4Cl 溶液

(3) $0.10mol\cdot L^{-1}$的 NaAc 溶液　(4) $0.10mol\cdot L^{-1}$的 H_2CO_3 溶液

(5) $0.10mol\cdot L^{-1}$的 $NaHCO_3$ 溶液　(6) $0.10mol\cdot L^{-1}$的 Na_2CO_3 溶液

(7) $0.10mol\cdot L^{-1}$的 NH_4CN 溶液

(8) $10mL\ 0.20mol\cdot L^{-1}$ NaAc＋$10mL\ 0.10mol\cdot L^{-1}$ HCl

(9) $50mL\ 0.20mol\cdot L^{-1}$ HAc＋$50mL\ 0.10mol\cdot L^{-1}$ NaOH

(10) $5mL\ 0.20mol\cdot L^{-1}$ NH_3＋$5mL\ 0.15mol\cdot L^{-1}$ NH_4Cl

5. 计算下列各缓冲溶液的有效缓冲范围。

(1) HCOOH-NaCOOH　(2) NH_3-NH_4Cl　(3) $NaHCO_3$-Na_2CO_3　(4) H_2CO_3-$NaHCO_3$

6. 人体血液 pH＝7.5，碳酸各种型体的总浓度为 $0.0242mol\cdot L^{-1}$，则人体血液中碳酸的型体是什么？其浓度各为多少？已知 $pK_{a_1}^\ominus=6.37$，$pK_{a_2}^\ominus=10.25$。

7. 将 $10mL\ 0.20mol\cdot L^{-1}$的 HCl 溶液与 $10mL\ 0.50mol\cdot L^{-1}$的 NaAc 溶液混合后，计算：

(1) 溶液的 pH；

(2) 在混合溶液中加入 $1mL\ 0.50mol\cdot L^{-1}$的 NaOH，溶液的 pH；

(3) 在混合溶液中加入 $1mL\ 0.50mol\cdot L^{-1}$的 HCl，溶液的 pH；

(4) 将混合溶液稀释一倍，溶液的 pH；

以上结果说明什么问题？

8. 欲配制 pOH=5.00 的缓冲溶液，需在 100mL 浓度为 0.2mol·L^{-1} NH_3 溶液中加入浓度为 0.5mol·L^{-1} 的 HCl 多少毫升？已知 $pK_b^\ominus=4.75$。
9. 将一未知一元弱酸溶于未知量水中，并用一未知浓度的强碱去滴定，已知当用去 3.05mL 强碱时，溶液 pH=4.00；用去 12.91mL 强碱时，pH=5.00，则该弱酸的解离常数是多少？
10. 取某二元弱酸(H_2A)的 KHA 0.002mol，溶于 100mL 水，测得溶液 pH 为 5.00，向此溶液中加入 0.1mol·L^{-1} KOH 水溶液 10mL 后，溶液的 pH 为 7.00，试求该二元弱酸的 $K_{a_1}^\ominus$，$K_{a_2}^\ominus$。
11. 二元弱酸 H_2B，当溶液的 pH=1.92 时，$c(H_2B)=c(HB^-)$；pH=6.22 时，$c(HB^-)=c(B^{2-})$，试计算：
    (1) 二元弱酸 H_2B 的 $K_{a_1}^\ominus$，$K_{a_2}^\ominus$。
    (2) 将 0.1mol·L^{-1}的 H_2B 溶液调至 pH=4.07 时，溶液中存在的是 H_2B 还是 HB^- 还是 B^{2-}？
    (3) 将 0.1000mol·L^{-1}的 H_2B 溶液滴加到 0.1000mol·L^{-1}的 NaOH 溶液中，当滴加的体积 $V(NaOH)=V(H_2B)$；$V(NaOH)=2V(H_2B)$时，溶液 pH 各是多少？

第七章　沉淀溶解平衡

电解质按溶解度大小可分为易溶、可溶、微溶和难溶电解质。绝对不溶于水的物质是不存在的，只是溶解的多少而已。以水为溶剂，习惯上将溶解度小于 0.10g/100g 水的物质称为难溶物。

第一节　溶度积原理

一、溶度积

将难溶电解质 $BaSO_4$ 固体放入水中，$BaSO_4$ 固体表面的正、负离子受水分子偶极的作用，固体表面的 Ba^{2+}、SO_4^{2-} 不断进入水溶液中，此过程称为沉淀的溶解。随着溶液中 Ba^{2+}、SO_4^{2-} 离子浓度的不断增大，Ba^{2+}、SO_4^{2-} 相互碰撞结合成 $BaSO_4$ 固体，又重新返回到晶体表面，此过程称为沉淀。在一定温度下，当沉淀和溶解的速率相等时，难溶电解质就达到了沉淀溶解平衡。$BaSO_4$ 的沉淀溶解平衡如下：

$$BaSO_4(s) \underset{沉淀}{\overset{溶解}{\rightleftharpoons}} Ba^{2+}(aq) + SO_4^{2-}(aq)$$

达到平衡时溶液为饱和溶液。与酸碱解离平衡不同的是，沉淀溶解平衡是一个多相平衡。

难溶电解质的沉淀溶解平衡可以用下列通式表示：

$$A_mB_n(s) \underset{沉淀}{\overset{溶解}{\rightleftharpoons}} mA^{n+}(aq) + nB^{m-}(aq)$$

其标准平衡常数的表达式为

$$K_{sp}^{\ominus} = [c(A^{n+})/c^{\ominus}]^m\ [c(B^{m-})/c^{\ominus}]^n \tag{7.1}$$

式中，$K_{sp}^{\ominus}$为溶度积常数，它只与难溶电解质的本质和温度有关，与离子浓度无关。改变浓度可引起沉淀溶解平衡的移动。难溶电解质的溶度积常数见附录五。

二、溶度积和溶解度的换算

对于同类型难溶电解质，$K_{sp}^{\ominus}$越大，溶解度越大。对于不同类型难溶电解质，不能直接用$K_{sp}^{\ominus}$大小比较溶解度的大小，需要通过计算进行比较。设 s 为难溶电解质在水中的溶解度（1mol・L^{-1}），$K_{sp}^{\ominus}$与 s 相互换算关系如下。

1. AB 型难溶电解质

$$AB(s) = A^{+}(aq) + B^{-}(aq)$$

平衡浓度/(mol・L^{-1})　　　　s　　　　s

$$K_{sp}^{\ominus} = [c(A^{+})/c^{\ominus}][c(B^{-})/c^{\ominus}] = (s/c^{\ominus})^2$$

$$s/c^{\ominus} = \sqrt{K_{sp}^{\ominus}} \tag{7.2}$$

2. AB_2 型难溶电解质

$$AB_2(s) \rightleftharpoons A^{2+}(aq) + 2B^-(aq)$$

平衡浓度/(mol · L^{-1})　　　　s　　　　$2s$

$$K_{sp}^{\ominus} = [c(A^+)/c^{\ominus}][c(B^-)/c^{\ominus}]^2 = (s/c^{\ominus})(2s/c^{\ominus})^2 = 4(s/c^{\ominus})^3$$

$$s/c^{\ominus} = \sqrt[3]{\frac{K_{sp}^{\ominus}}{4}} \tag{7.3}$$

3. AB_3 型难溶电解质

$$AB_3(s) \rightleftharpoons A^{3+}(aq) + 3B^-(aq)$$

平衡浓度/(mol · L^{-1})　　　　s　　　　$3s$

$$K_{sp}^{\ominus} = [c(A^+)/c^{\ominus}][c(B^-)/c^{\ominus}]^3 = (s/c^{\ominus})(3s/c^{\ominus})^3 = 27(s/c^{\ominus})^4$$

$$s/c^{\ominus} = \sqrt[4]{\frac{K_{sp}^{\ominus}}{27}} \tag{7.4}$$

例 7.1　25℃时，比较 Ag_2CrO_4 与 AgCl 溶解度的大小。已知 $K_{sp}^{\ominus}(Ag_2CrO_4) = 9.0 \times 10^{-12}$，$K_{sp}^{\ominus}(AgCl) = 1.56 \times 10^{-10}$。

解

$$s(AgCl)/c^{\ominus} = \sqrt{K_{sp}^{\ominus}(AgCl)} = \sqrt{1.56 \times 10^{-10}} = 1.25 \times 10^{-5}$$

$$s(AgCl) = 1.25 \times 10^{-5}\ mol \cdot L^{-1}$$

$$s(Ag_2CrO_4)/c^{\ominus} = \sqrt[3]{\frac{K_{sp}^{\ominus}(Ag_2CrO_4)}{4}} = \sqrt[3]{\frac{9.0 \times 10^{-12}}{4}} = 1.3 \times 10^{-4}$$

$$s(Ag_2CrO_4) = 1.3 \times 10^{-4}\ mol \cdot L^{-1}$$

虽然 $K_{sp}^{\ominus}(AgCl) > K_{sp}^{\ominus}(Ag_2CrO_4)$，但 AgCl 的溶解度却比 Ag_2CrO_4 的小。因此，比较不同类型难溶电解质溶解度大小不能直接用 $K_{sp}^{\ominus}$来判断，必须通过计算。

第二节　沉淀的生成

一、溶度积规则

难溶电解质的沉淀溶解平衡如下：

$$A_mB_n(s) \underset{沉淀}{\overset{溶解}{\rightleftharpoons}} mA^{n+}(aq) + nB^{m-}(aq)$$

非标准状态下，根据化学反应等温式

$$\Delta_r G_m(T) = \Delta_r G_m^{\ominus}(T) + RT\ln Q = -RT\ln K^{\ominus} + RT\ln Q = RT\ln(Q/K^{\ominus})$$

Q 称为离子积，因此可用 Q 与 $K_{sp}^{\ominus}$的大小判断沉淀的生成和溶解。

(1) $Q > K_{sp}^{\ominus}$，过饱和溶液，有沉淀生成，直到达到新的平衡。

(2) $Q = K_{sp}^{\ominus}$，饱和溶液，沉淀与溶解达到平衡状态。

(3) $Q < K_{sp}^{\ominus}$，不饱和溶液，无沉淀生成或原来的沉淀继续溶解，直到达到新的平衡。

上述结论称为溶度积规则，用来判断沉淀的生成和溶解。

根据溶度积规则，当 $Q > K_{sp}^{\ominus}$时，则有沉淀生成。

例 7.2 将等体积的 $c(AgNO_3)=4.0\times10^{-3}mol\cdot L^{-1}$ 的硝酸银水溶液与 $c(K_2CrO_4)=4.0\times10^{-3}mol\cdot L^{-1}$ 的铬酸钾水溶液混合，有无 Ag_2CrO_4 沉淀析出？已知 $K_{sp}^{\ominus}(Ag_2CrO_4)=9.0\times10^{-12}$。

解 两种溶液等体积混合浓度减小一半，则有

$$c(Ag^+)=2.0\times10^{-3}mol\cdot L^{-1} \qquad c(CrO_4^{2-})=2.0\times10^{-3}mol\cdot L^{-1}$$

$$\begin{aligned}Q&=[c(Ag^+)/c^{\ominus}]^2[c(CrO_4^{2-})/c^{\ominus}]\\&=[2.0\times10^{-3}mol\cdot L^{-1}/1.0mol\cdot L^{-1}]^2[2.0\times10^{-3}mol\cdot L^{-1}/1.0mol\cdot L^{-1}]\\&=8.0\times10^{-9}>9.0\times10^{-12}\end{aligned}$$

所以有 Ag_2CrO_4 沉淀生成。

二、影响沉淀生成的因素

1. 同离子效应的影响

$BaSO_4$ 的沉淀溶解平衡：

$$BaSO_4(s)\underset{沉淀}{\overset{溶解}{\rightleftharpoons}}Ba^{2+}(aq)+SO_4^{2-}(aq)$$

向 $BaSO_4$ 饱和溶液中加入与其具有相同离子的 H_2SO_4，沉淀溶解平衡就会向逆反应方向移动，直到达到新的平衡，由于 $c(Ba^{2+})/c^{\ominus}$ 与 $c(SO_4^{2-})/c^{\ominus}$ 乘积是个常数，$c(SO_4^{2-})/c^{\ominus}$ 增大，$c(Ba^{2+})/c^{\ominus}$ 必然减小，同离子效应使难溶电解质的溶解度降低，因此利用同离子效应可以使某种离子沉淀趋于完全。

例 7.3 计算 298.15K 时，$BaSO_4$ 在纯水及 $0.01mol\cdot L^{-1}$ 的 Na_2SO_4 溶液中的溶解度。已知 $K_{sp}^{\ominus}(BaSO_4)=1.1\times10^{-10}$。

解 $BaSO_4$ 在纯水中的溶解度为 s_1。

$$K_{sp}^{\ominus}=[c(Ba^{2+})/c^{\ominus}][c(SO_4^{2-})/c^{\ominus}]=(s_1/c^{\ominus})(s_1/c^{\ominus})=1.1\times10^{-10}$$

$$s_1=1.0\times10^{-5}mol\cdot L^{-1}$$

$BaSO_4$ 在 Na_2SO_4 溶液中的溶解度为 s_2。

$$BaSO_4(s)=\!=\!=Ba^{2+}(aq)+SO_4^{2-}(aq)$$

平衡浓度/$(mol\cdot L^{-1})$ $\qquad s_2 \qquad s_2+0.01$

$$\begin{aligned}K_{sp}^{\ominus}&=[c(Ba^{2+})/c^{\ominus}][c(SO_4^{2-})/c^{\ominus}]\\&=(s_2/c^{\ominus})[(s_2+0.01mol\cdot L^{-1})/c^{\ominus}]\\&=1.1\times10^{-10}\end{aligned}$$

$$s_2+0.01mol\cdot L^{-1}\approx0.01mol\cdot L^{-1}$$

$$s_2=1.08\times10^{-8}mol\cdot L^{-1}$$

由例 7.4 可知，由于同离子效应 $BaSO_4$ 在 Na_2SO_4 溶液中溶解度降低了。如果继续加大沉淀剂 Na_2SO_4 的浓度，被沉淀的 Ba^{2+} 浓度还会变小，但无论加多大浓度的 Na_2SO_4，被沉淀 Ba^{2+} 的浓度都不可能为零，只要被沉淀离子的浓度 $c<1.0\times10^{-6}mol\cdot L^{-1}$，就可以认为该离子沉淀完全了。沉淀剂一般过量为 20%～50%，如果加入沉淀剂过多，反而会引起盐效应或其他副反应。

2. 盐效应的影响

如果向 $BaSO_4$ 饱和溶液中加入不含相同离子的强电解质，由于溶液中离子浓度的增大，离子强度也会增大，则难溶电解质的溶解度必增大。

第三节　沉淀的溶解

根据溶度积规则，只要设法降低难溶电解质相关离子的浓度使 $Q<K_{sp}^{\ominus}$，沉淀就会溶解。沉淀溶解的方法包括使相关离子生成气体、弱电解质和配离子等。

一、酸溶法

强酸强碱形成的难溶电解质如 $BaSO_4$ 不能用酸溶法溶解，弱酸强碱形成的难溶电解质如 $CaCO_3$、MnS 等可通过酸溶法溶解。

1. 强酸溶

强酸 HB 溶解难溶电解质 MA 的过程如下：

$$
\begin{array}{rl}
MA(s) \rightleftharpoons & M^{+}(aq) + A^{-}(aq) \\
& \qquad\qquad + \\
HB(aq) \rightleftharpoons & B^{-}(aq) + H^{+}(aq) \\
& \qquad\qquad \Vert \\
& \qquad\qquad HA(aq)
\end{array}
$$

酸溶反应

$$MA(s)+H^{+}(aq) \rightleftharpoons M^{+}(aq)+HA(aq)$$

强酸溶解反应的标准平衡常数表达式为

$$K^{\ominus}=\frac{K_{sp}^{\ominus}(MA)}{K_{a}^{\ominus}(HA)} \tag{7.5}$$

$K^{\ominus}$称为酸溶平衡常数。酸溶平衡常数 $K^{\ominus}$的大小由难溶电解质的 $K_{sp}^{\ominus}(MA)$和生成弱酸的 $K_{a}^{\ominus}(HA)$两个因素决定，$K_{sp}^{\ominus}(MA)$越大，$K_{a}^{\ominus}(HA)$越小，则 $K^{\ominus}$越大，反应进行的程度越大，说明难溶电解质越容易溶解。$K^{\ominus}>1.0\times10^{6}$ 时，反应进行很彻底；$K^{\ominus}>1.0\times10^{-6}$时，反应可以进行；$K^{\ominus}<1.0\times10^{-6}$时，反应几乎不能进行。利用酸溶平衡常数可以进行沉淀溶解的计算。

例 7.4　使 0.05mol CaF_2 完全溶解，需要 1L 多大浓度的盐酸？已知 $K_{a}^{\ominus}(HF)=3.5\times10^{-4}$，$K_{sp}^{\ominus}(CaF_2)=1.5\times10^{-10}$。

解
$$CaF_2(s)+2H_3O^{+}(aq) \rightleftharpoons Ca^{2+}(aq)+2HF(aq)+2H_2O(l)$$

平衡浓度/($mol\cdot L^{-1}$)　　x　　0.05　　0.10

$$K^{\ominus}=\frac{[c(Ca^{2+})/c^{\ominus}][c(HF)/c^{\ominus}]^2}{[c(H_3O^{+})/c^{\ominus}]^2}=\frac{(0.05mol\cdot L^{-1}/1mol\cdot L^{-1})(0.10mol\cdot L^{-1}/1mol\cdot L^{-1})^2}{(x/1mol\cdot L^{-1})^2}$$

$$=\frac{K_{sp}^{\ominus}(CaF_2)}{[K_{a}^{\ominus}(HF)]^2}=\frac{1.50\times10^{-10}}{(3.5\times10^{-4})^2}=1.23\times10^{-3}$$

$$x=0.64mol\cdot L^{-1}$$

故溶解 0.05mol CaF_2 需要 HCl 的浓度为

$$c(HCl)=0.64mol\cdot L^{-1}+2\times0.05mol\cdot L^{-1}=0.74mol\cdot L^{-1}$$

2. 弱酸溶

弱酸 HD 溶解难溶电解质 MA 的过程如下：

$$
\begin{array}{l}
MA(s) \rightleftharpoons M^{+}(aq) + A^{-}(aq) \\
\qquad\qquad\qquad\qquad\quad + \\
HD(aq) \rightleftharpoons D^{-}(aq) + H^{+}(aq) \\
\qquad\qquad\qquad\qquad\quad \| \\
\qquad\qquad\qquad\qquad HA(aq)
\end{array}
$$

酸溶反应

$$MA(s)+HD(aq) \rightleftharpoons M^{+}(aq)+HA(aq)+D^{-}(aq)$$

弱酸溶解反应的标准平衡常数表达式为

$$K^{\ominus}=\frac{K_{sp}^{\ominus}(MA)K_{a}^{\ominus}(HD)}{K_{a}^{\ominus}(HA)} \tag{7.6}$$

酸溶平衡常数 $K^{\ominus}$ 大小由难溶电解质的 $K_{sp}^{\ominus}(MA)$、弱酸的 $K_{a}^{\ominus}(HD)$ 及生成弱酸的 $K_{a}^{\ominus}(HA)$ 决定，$K_{sp}^{\ominus}(MA)$ 越大，$K_{a}^{\ominus}(HD)$ 越大，$K_{a}^{\ominus}(HA)$ 越小，则 $K^{\ominus}$ 越大，反应进行的程度越大，说明难溶电解质越容易溶解。

例 7.5 欲使 0.01mol MnS 完全溶解，需要 1L 多大浓度的 HAc？已知 $K_{a}^{\ominus}(HAc)=1.8\times10^{-5}$，$K_{a_1}^{\ominus}(H_2S)=9.1\times10^{-8}$，$K_{a_2}^{\ominus}(H_2S)=1.1\times10^{-12}$，$K_{sp}^{\ominus}(MnS)=4.65\times10^{-14}$。

解 $MnS(s)+2HAc(aq) \rightleftharpoons Mn^{2+}(aq)+H_2S(aq)+2Ac^{-}(aq)$

平衡浓度/($mol\cdot L^{-1}$)　　x　　0.01　　0.01　　0.02

$$K^{\ominus}=\frac{[c(Mn^{2+})/c^{\ominus}][c(H_2S)/c^{\ominus}][c(Ac^{-})/c^{\ominus}]^2}{[c(HAc)/c^{\ominus}]^2}$$

$$=\frac{(0.01mol\cdot L^{-1}/1mol\cdot L^{-1})(0.01mol\cdot L^{-1}/1mol\cdot L^{-1})(0.02mol\cdot L^{-1}/1mol\cdot L^{-1})^2}{(x/1mol\cdot L^{-1})^2}$$

$$=\frac{[K_{sp}^{\ominus}(MnS)][K_{a}^{\ominus}(HAc)]^2}{K_{a_1}^{\ominus}(H_2S)K_{a_2}^{\ominus}(H_2S)}=\frac{(4.65\times10^{-14})(1.8\times10^{-5})^2}{(9.1\times10^{-8})(1.1\times10^{-12})}$$

$$x=0.016mol\cdot L^{-1}$$

$$c(HAc)=0.016mol\cdot L^{-1}+2\times0.01mol\cdot L^{-1}=0.036mol\cdot L^{-1}$$

二、通过氧化还原使沉淀溶解

对于溶度积很小的金属硫化物如 CuS、Ag_2S 等，即使加入高浓度的强酸液也不能溶解。但加入具有氧化性的硝酸，由于发生氧化还原反应，将 S^{2-} 氧化成单质 S，降低了 S^{2-} 的浓度，使 $Q<K_{sp}^{\ominus}$，沉淀便溶解，其反应式如下：

$$3CuS+8HNO_3 = 3Cu(NO_3)_2+3S\downarrow+2NO\uparrow+4H_2O$$

$$3Ag_2S+8HNO_3 = 6AgNO_3+3S\downarrow+2NO\uparrow+4H_2O$$

三、生成配合物使沉淀溶解

一些难溶电解质因生成配离子而溶解。例如，AgCl 加入过量的盐酸生成配离子 $[AgCl_2]^{-}$ 而溶解，对于溶度积更小的金属硫化物如 HgS 在浓 HNO_3 中也不溶解，但却能溶于王水、$FeCl_3$ 的盐酸溶液中，这是因为 Hg^{2+} 与 Cl^{-} 生成稳定的 $[HgCl_4]^{2-}$，S^{2-} 被 HNO_3、$FeCl_3$ 氧化生成单质硫。上述难溶电解质生成配离子的反应方程式如下：

$$AgCl+Cl^- \longrightarrow [AgCl_2]^-$$

$$3HgS+12Cl^-+2NO_3^-+8H^+ \longrightarrow 3[HgCl_4]^{2-}+3S+2NO+4H_2O$$

$$HgS+4Cl^-+2Fe^{3+} \longrightarrow [HgCl_4]^{2-}+S+2Fe^{2+}$$

第四节　分步沉淀

一、分步沉淀概述

向含有 0.01mol·L^{-1}的 I^- 和 0.01mol·L^{-1}的 Cl^- 的混合溶液中，逐滴加入 $AgNO_3$ 溶液，先生成黄色的 AgI 沉淀，后生成白色的 AgCl 沉淀。这种向离子混合溶液中逐滴加入沉淀剂，离子按先后顺序被沉淀出来的现象称为分步沉淀。

根据溶度积原理，通过计算来解释为什么黄色的 AgI 先沉淀，白色的 AgCl 后沉淀。

AgI 开始沉淀时所需的 Ag^+ 浓度为

$$c(Ag^+)/c^\ominus=\frac{K_{sp}^\ominus(AgI)}{c(I^-)/c^\ominus}=\frac{1.51\times10^{-16}}{0.1mol\cdot L^{-1}/1mol\cdot L^{-1}}=1.56\times10^{-15}$$

$$c(Ag^+)=1.51\times10^{-15}mol\cdot L^{-1}$$

AgCl 开始沉淀时所需的 Ag^+ 浓度为

$$c(Ag^+)/c^\ominus=\frac{K_{sp}^\ominus(AgCl)}{c(Cl^-)/c^\ominus}=\frac{1.56\times10^{-10}}{0.1mol\cdot L^{-1}/1mol\cdot L^{-1}}=1.56\times10^{-9}$$

$$c(Ag^+)=1.56\times10^{-9}mol\cdot L^{-1}$$

计算表明，沉淀 I^- 所需要的 Ag^+ 浓度比沉淀 Cl^- 所需要的 Ag^+ 浓度要小得多，当逐滴加入 $AgNO_3$ 溶液时，先生成 AgI 沉淀，随着 $AgNO_3$ 逐滴加入，当 Ag^+ 的浓度达到 1.56×10^{-9}mol·L^{-1}时，Cl^- 才开始沉淀。

由此可见，随着沉淀剂的逐滴加入，离子积最先达到溶度积的难溶电解质最先沉淀。即最先满足 $Q>K_{sp}^\ominus$，最先生成沉淀，哪种离子沉淀所需的沉淀剂浓度小，哪种离子先生成沉淀。沉淀类型相同，当被沉淀离子浓度相同或相近时，可直接用 $K_{sp}^\ominus$ 大小判断生成沉淀的顺序，$K_{sp}^\ominus$ 小的先沉淀，$K_{sp}^\ominus$ 大的后沉淀。沉淀类型相同，当被沉淀离子浓度不同时，需要通过溶度积规则计算判断生成沉淀先后顺序。

例 7.6　向海水 $c(Cl^-)\geqslant 2.2\times10^6\ c(I^-)$ 中逐滴加入 $AgNO_3$ 溶液，沉淀顺序如何？已知 $K_{sp}^\ominus(AgCl)=1.56\times10^{-10}$，$K_{sp}^\ominus(AgI)=1.51\times10^{-16}$。

解　AgI 开始沉淀时所需的 Ag^+ 浓度为

$$c(Ag^+)/c^\ominus=\frac{K_{sp}^\ominus(AgCl)}{c(Cl^-)/c^\ominus}=\frac{1.56\times10^{-10}}{2.2\times10^6\times c(I^-)/c^\ominus}=\frac{7.09\times10^{-17}}{c(I^-)/c^\ominus}$$

AgCl 开始沉淀时所需的 Ag^+ 浓度为

$$c(Ag^+)/c^\ominus=\frac{K_{sp}^\ominus(AgI)}{c(I^-)/c^\ominus}=\frac{1.51\times10^{-16}}{c(I^-)/c^\ominus}$$

故 AgCl 先沉淀，AgI 后沉淀。

如果沉淀类型不同，需根据溶度积规则通过计算判断生成沉淀的先后顺序。

例 7.7　向含有 0.1mol·L^{-1}的 Cl^- 和 0.1mol·L^{-1} CrO_4^{2-} 的混合溶液中，逐滴加入 $AgNO_3$ 溶液，哪个离子先沉淀？哪个离子后沉淀？已知 $K_{sp}^\ominus(AgCl)=1.56\times10^{-10}$，$K_{sp}^\ominus(Ag_2CrO_4)=1.12\times10^{-12}$。

解　AgCl 开始沉淀时所需的 Ag^+ 浓度为

$$c(Ag^+)/c^\ominus=\frac{K_{sp}^\ominus(AgI)}{c(I^-)/c^\ominus}=\frac{1.51\times10^{-16}}{0.1mol\cdot L^{-1}/1mol\cdot L^{-1}}=1.51\times10^{-15}$$

Ag_2CrO_4 开始沉淀时所需的 Ag^+ 浓度为

$$c(Ag^+)/c^\ominus=\sqrt{\frac{K_{sp}^\ominus(Ag_2CrO_4)}{c(CrO_4^{2-})/c^\ominus}}=\sqrt{\frac{1.12\times10^{-12}}{0.1mol\cdot L^{-1}/1mol\cdot L^{-1}}}=3.3\times10^{-6}$$

$$c(Ag^+)=3.3\times10^{-6}mol\cdot L^{-1}$$

由于沉淀 Cl^- 所需的 Ag^+ 浓度比沉淀CrO_4^{2-} 所需 Ag^+ 浓度小得多,故 Cl^- 先沉淀,CrO_4^{2-} 后沉淀。

二、分步沉淀的应用

利用分步沉淀可以分离混合离子。溶液中含有多种离子,生成各沉淀所需要沉淀剂的浓度相差越大,越容易通过分步沉淀达到分离离子的目的。离子完全分离的标准是先被沉淀的离子已经沉淀完全,$c<1.0\times10^{-6}mol\cdot L^{-1}$,后被沉淀的离子尚未生成沉淀,$Q<K_{sp}^\ominus$。

例 7.8 向浓度均为 $0.1mol\cdot L^{-1}$的 Cl^-、I^- 混合溶液中逐滴加入 $AgNO_3$ 溶液,能否将两种离子完全分离? 已知 $K_{sp}^\ominus(AgCl)=1.56\times10^{-10}$,$K_{sp}^\ominus(AgI)=1.51\times10^{-16}$。

解　方法一

同类型的难溶电解质,被沉淀离子浓度又相同,根据溶度积直接判断 AgI 先沉淀,AgCl 后沉淀。

当 I^- 被沉淀完全时,溶液中的 Ag^+ 浓度为

$$c(Ag^+)/c^\ominus=\frac{K_{sp}^\ominus(AgI)}{c(I^-)/c^\ominus}=\frac{1.51\times10^{-16}}{1.0\times10^{-6}mol\cdot L^{-1}/1mol\cdot L^{-1}}=1.51\times10^{-10}$$

$$c(Ag^+)=1.51\times10^{-10}mol\cdot L^{-1}$$

$$\begin{aligned}Q(AgCl)&=[c(Ag^+)/c^\ominus][c(Cl^-)/c^\ominus]\\&=(1.51\times10^{-10})\times0.1\\&=1.51\times10^{-11}<K_{sp}^\ominus(AgCl)\end{aligned}$$

Cl^- 还没有被沉淀,故可以将两种离子完全分离。

方法二

同类型的难溶电解质,被沉淀离子浓度又相同,根据溶度积直接判断 AgI 先沉淀,AgCl 后沉淀。

当 AgCl 开始生成沉淀时,溶液中的 Ag^+ 浓度为

$$c(Ag^+)/c^\ominus=\frac{K_{sp}^\ominus(AgCl)}{c(Cl^-)/c^\ominus}=\frac{1.56\times10^{-10}}{0.1mol\cdot L^{-1}/1mol\cdot L^{-1}}=1.56\times10^{-9}$$

$$c(Ag^+)=1.56\times10^{-9}mol\cdot L^{-1}$$

此时溶液的 I^- 浓度为

$$c(I^-)/c^\ominus=\frac{K_{sp}^\ominus(AgI)}{c(Ag^+)/c^\ominus}=\frac{1.51\times10^{-16}}{1.56\times10^{-9}}=9.68\times10^{-8}$$

$$c(I^-)=9.68\times10^{-8}mol\cdot L^{-1}<1.0\times10^{-6}mol\cdot L^{-1}$$

故可以将两种离子完成分离。

第五节　沉淀的转化

一、沉淀转化概述

将 Na_2S 溶液加到黄色 $PbCrO_4$ 沉淀中,有黑色的 PbS 沉淀生成,这种由一种沉淀借助于某一试剂的作用转化成另一种沉淀的过程称为沉淀的转化。此沉淀转化的反应式为

$$S^{2-}(s)+PbCrO_4(aq)=\!=\!=PbS(s)+CrO_4^{2-}(aq)$$

反应的标准平衡常数为

$$K^{\ominus}=\frac{K_{sp}^{\ominus}(PbCrO_4)}{K_{sp}^{\ominus}(PbS)}=\frac{1.77\times10^{-14}}{9.04\times10^{-29}}=1.96\times10^{-14}$$

此反应的标准平衡常数很大，说明反应进行得完全。

沉淀转化的程度取决于溶度积及沉淀类型。沉淀转化倾向于溶解度大的转化为溶解度小的。若类型相同，溶度积大的沉淀易于转化成溶度积小的沉淀。

例 7.9　0.10mol CaC_2O_4 完全转化成 $CaCO_3$，需要加入 1L 至少多大浓度的 Na_2CO_3？已知 $K_{sp}^{\ominus}(CaC_2O_4)=2.34\times10^{-9}$，$K_{sp}^{\ominus}(CaCO_3)=4.96\times10^{-9}$

解　$CaC_2O_4(s)+CO_3^{2-}(aq)=\!=\!=CaCO_3(s)+C_2O_4^{2-}(aq)$

平衡浓度/$(mol\cdot L^{-1})$　　x　　0.10

$$K^{\ominus}=\frac{c(C_2O_4^{2-})/c^{\ominus}}{c(CO_3^{2-})/c^{\ominus}}=\frac{K_{sp}^{\ominus}(CaC_2O_4)}{K_{sp}^{\ominus}(CaCO_3)}$$

$$=\frac{2.34\times10^{-9}}{4.96\times10^{-9}}=0.47$$

$$=\frac{0.10mol\cdot L^{-1}/1.0mol\cdot L^{-1}}{x/1.0mol\cdot L^{-1}}$$

$$x=0.21mol\cdot L^{-1}$$

$$c(Na_2CO_3)=0.21mol\cdot L^{-1}+0.10mol\cdot L^{-1}=0.31mol\cdot L^{-1}$$

二、沉淀转化的应用

1. 处理工业废水

工业上常用 FeS、MnS 等难溶电解质作为沉淀剂去除废水中的 Cu^{2+}、Hg^{2+}、Pb^{2+} 等重金属离子。例如，FeS 作为沉淀剂处理废水中重金属的反应式如下：

$$FeS(s)+Cu^{2+}(aq)=\!=\!=CuS(s)+Fe^{2+}(aq)$$

$$FeS(s)+Hg^{2+}(aq)=\!=\!=HgS(s)+Fe^{2+}(aq)$$

$$FeS(s)+Pb^{2+}(aq)=\!=\!=PbS(s)+Fe^{2+}(aq)$$

2. 去除水垢

锅炉水垢中除 $CaCO_3$、$Mg(OH)_2$ 外，还有大量的使水垢更加坚实的 $CaSO_4$，$CaSO_4$ 不能用酸溶法去除，可先用饱和 $NaCO_3$ 溶液处理，使之转化为疏松、易溶于酸的 $CaCO_3$。去除水垢的反应式如下：

$$CaSO_4(s)+CO_3^{2-}(aq)=\!=\!=CaCO_3(s)+SO_4^{2-}(aq)$$

$$CaCO_3(s)+2H_3O^+(aq)=\!=\!=Ca^{2+}(aq)+H_2CO_3(aq)$$

$$\hookrightarrow CO_2\uparrow+H_2O$$

3. 护牙防齿

牙齿表面由一层使牙齿坚固的物质羟基磷灰石[$Ca_5(PO_4)_3(OH)$]组成，它在唾液中存在下列平衡：

$$Ca_5(PO_4)_3(OH)(s)=\!=\!=5Ca^{2+}(aq)+3PO_4^{3-}(aq)+OH^-(aq)$$

进食后，食物在细菌和酶的作用下发酵生成有机酸，有机酸腐蚀了羟基磷灰石，使其溶解。

使用含氟牙膏,可以使难溶的$[Ca_5(PO_4)_3(OH)]$转化成更难溶的氟磷灰石$[Ca_5(PO_4)_3F]$,从而抵抗酸的侵蚀,使牙齿更加坚固。沉淀转化的反应式如下:

$$Ca_5(PO_4)_3(OH)(s)+F^-(aq)=\!=\!=[Ca_5(PO_4)_3F](aq)+OH^-(aq)$$

习　题

1. 25℃时,分别计算 AgBr、Ag_2CrO_4、$CaSO_4$ 在水中的溶解度。
2. 计算下列情况下 AgCl 的溶解度。
   (1) 在纯水中
   (2) 在 $0.01mol\cdot L^{-1}$ NaCl 溶液中
   (3) 在 $0.01mol\cdot L^{-1}$ $NaNO_3$ 溶液中
   (4) 在 $0.01mol\cdot L^{-1}$ $CaCl_2$ 溶液中
3. 分别用纯水、$0.02mol\cdot L^{-1}$ H_2SO_4 溶液洗涤 $BaSO_4$ 沉淀,以去除其他电解质杂质。假设洗涤过程中 $BaSO_4$ 是饱和溶液,分别计算用两种洗涤液在洗涤过程中 $BaSO_4$ 的损失量。
4. 10mL $0.2mol\cdot L^{-1}$ $MgCl_2$ 溶液与 10mL $0.2mol\cdot L^{-1}$的 $NH_3\cdot H_2O$ 混合,有无沉淀生成?若不生成 $Mg(OH)_2$ 沉淀,至少需要加多少克 NH_4Cl?
5. 将 0.1mol MnS 完全溶解在 1L 盐酸中,所需盐酸的最低浓度是多少?
6. 某溶液中含有 Ag^+、Pb^{2+}、Ba^{2+}、Sr^{2+},各种离子浓度均为 $0.10mol\cdot L^{-1}$。如果逐滴加入 $K_2Cr_2O_7$ 溶液(忽略因加入 $K_2Cr_2O_7$ 溶液体积的变化),计算说明上述离子的沉淀顺序。
7. 计算 1L $0.2mol\cdot L^{-1}$ Na_2CO_3 溶液可使多少克 $CaSO_4$ 转化为 $CaCO_3$。
8. 沉淀 0.10mol $Mg(OH)_2$ 和 0.10mol $Fe(OH)_3$ 中各需要 1L 多大浓度的 NH_4^+ 溶液才能使其溶解?已知 $K_{sp}^{\ominus}[Mg(OH)_2]=1.2\times10^{-11}$,$K_{sp}^{\ominus}[Fe(OH)_3]=1.1\times10^{-36}$,$K_b^{\ominus}(NH_3)=1.79\times10^{-5}$。
9. 向 1L pH=5.00 的缓冲溶液中加入含有 0.01mol $FeCl_3$ 和 0.01mol $NiSO_4$ 的混合液(忽略体积变化),计算说明:
   (1) 能否生成 $Fe(OH)_3$、$Ni(OH)_2$?
   (2) 反应后溶液中的 Fe^{3+}、Ni^{2+} 的浓度为多少?
   (3) 能否将 Fe^{3+}、Ni^{2+} 分离?
   已知 $K_{sp}^{\ominus}[Fe(OH)_3]=2.6\times10^{-39}$,$K_{sp}^{\ominus}[Ni(OH)_2]=5.5\times10^{-16}$。
10. 简答题。
    (1) 在提纯化学试剂 $Mn(Ac)_2$ 时,需控制 pH 在 4~5 以除去杂质 Fe^{3+},试说明原因。已知 $K_{sp}^{\ominus}[Mn(OH)_2]=2.1\times10^{-13}$,$K_{sp}^{\ominus}[Fe(OH)_3]=2.6\times10^{-39}$。
    (2) $CaCO_3$ 是否溶于 HAc 和 HCl?已知 $K_{sp}^{\ominus}(CaCO_3)=8.7\times10^{-9}$,$K_a^{\ominus}(HAc)=1.8\times10^{-5}$,$K_{a_1}^{\ominus}(H_2CO_3)=4.3\times10^{-7}$,$K_{a_2}^{\ominus}(H_2CO_3)=5.61\times10^{-11}$。
    (3) 人的牙齿表面有一层釉质,其组成为羟基磷灰石 $Ca_5(PO_4)_3OH$($K_{sp}^{\ominus}=6.8\times10^{-37}$),人们常使用含氟牙膏防止蛀牙,牙膏中的氟化物可使羟基磷灰石转化为氟磷灰石 $Ca_5(PO_4)_3F$($K_{sp}^{\ominus}=1\times10^{-60}$),试计算这两种难溶化合物相互转化的平衡常数。
    (4) 为了防止热带鱼池中水藻的生长,需使水中的 Cu^{2+} 质量浓度保持 $0.75mg\cdot L^{-1}$。为此可将固体含铜化合物放在池底。选择 $CuSO_4$、CuS、$Cu(OH)_2$、$CuCO_3$、$Cu(NO_3)_2$ 哪种物质最为适宜?已知 $K_{sp}^{\ominus}(CuS)=1.27\times10^{-36}$,$K_{sp}^{\ominus}[Cu(OH)_2]=2.2\times10^{-20}$,$K_{sp}^{\ominus}(CuCO_3)=1.44\times10^{-10}$。
    (5) 写出 MnS 作为沉淀剂去除废水中的 Cu^{2+}、Hg^{2+}、Pb^{2+} 等重金属离子的反应式,并分别计算其标准平衡常数。

第八章　配位化合物

配位化合物简称配合物，旧称络合物。历史上发现的第一个配合物是亚铁氰化铁$Fe_4[Fe(CN)_6]_3$（普鲁士蓝），它是普鲁士人于1704年在染料作坊中为寻找蓝色染料，将兽皮、兽血同碳酸钠在铁锅中强烈煮沸而得到的，后经研究确定其化学式为$Fe_4[Fe(CN)_6]_3$。目前配合物已成为现代无机化学研究中的主要课题，并形成一门独立的分支学科——配位化学，它是化学学科中最活跃，具有很多生长点的前沿学科之一。配合物的种类繁多，应用范围极广。因此，配合物成为化学工作者必须了解和掌握的知识之一。

本章首先介绍配合物的基本概念，然后介绍配合物的化学键理论，最后讨论配合物的稳定性，配合物在溶液中的解离平衡及其有关的多重平衡。

第一节　配合物的基本概念

一、配合物的定义

在无机化合物中，除了常见的一些简单化合物（如 HF、AgCl、NH_3、$CuSO_4$ 等）之外，绝大多数的化合物是由这些简单化合物相互作用形成的分子间化合物。例如

$$AgCl+2NH_3 = [Ag(NH_3)_2]Cl$$

$$SiF_4+2HF = H_2[SiF_6]$$

$$K_2SO_4+Al_2(SO_4)_3+24H_2O = K_2SO_4\cdot Al_2(SO_4)_3\cdot 24H_2O$$

如果将这些复杂的化合物溶于水，其中$K_2SO_4\cdot Al_2(SO_4)_3\cdot 24H_2O$便完全解离成$K^+(aq)$、$Al^{3+}(aq)$、$SO_4^{2-}(aq)$，就像是$K_2SO_4$与$Al_2(SO_4)_3$的混合水溶液一样，这类分子间化合物称为复盐，而$[Ag(NH_3)_2]Cl$和$H_2[SiF_6]$在水溶液中则解离为简单离子$Cl^-(aq)$、$H^+(aq)$和复杂离子$Ag(NH_3)_2^+$、$SiF_6^{2-}$，这些复杂离子在水溶液中相对稳定地存在。将这种具有稳定结构的复杂离子称为配离子，配离子是通过配位键形成的复杂离子，在晶体及溶液中都能相对稳定地存在。

根据1980年中国化学会颁布的《无机化学命名原则》，配合物的定义为：由可以给出孤对电子或多个不定域电子的一定数目的离子或分子（称为配体）和具有接受孤对电子或多个不定域电子空轨道的原子或离子（称中心原子或离子）按一定的组成和空间构型所形成的化合物。

二、配合物的组成

配合物的组成一般分为内界和外界两部分。内界用方括号括起来，其中包括中心离子（或原子）和一定数目的配位体。它是配合物的特征部分，其余的部分是外界。例如

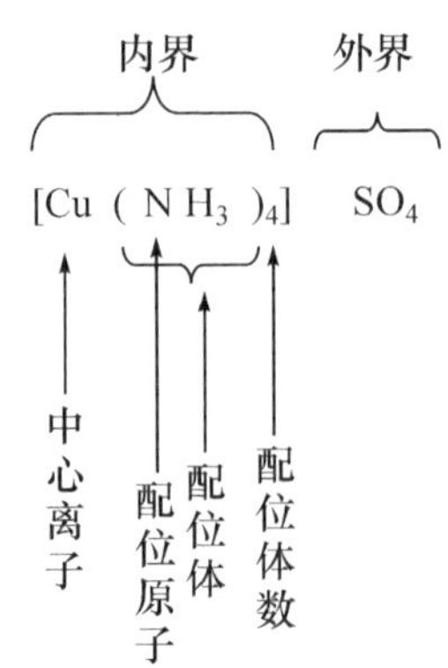

配合物的内界组分很稳定,在水溶液中几乎不解离,而外界组分可解离出来。不带电荷的内界本身就是配合物,如$[Ni(CO)_4]$、$[CoCl_3(NH_3)_3]$;带电荷的内界称配离子,如$[Cu(NH_3)_4]^{2+}$、$[Fe(CN)_6]^{3-}$等。由配离子与带相反电荷的离子结合而成的中性分子也称配合物,如$[Cu(NH_3)_4]SO_4$、$K_3[Fe(CN)_6]$等。

1. 中心离子(原子)

中心离子或中心原子(也称配合物的形成体)位于配离子的中心,中心离子(原子)一般具有空轨道。绝大多数的配合物形成体是金属离子(或金属原子),特别是过渡金属离子(原子),如$[Cu(NH_3)_4]^{2+}$中的Cu^{2+}、$[Ni(CO)_4]$中的 Ni 等。另外,一些具有高氧化态的非金属元素和一些半径较小、电荷较高的主族金属元素也是常见的形成体,如SiF_6^{2-}中的Si(Ⅳ)、PF_6^-中的P(Ⅴ)、AlF_6^{3-}中的Al(Ⅲ)等。

2. 配位体

在配离子中同中心离子(或原子)结合的离子或分子称配位体(ligand,可用 L 代表),简称配体,如H_2O、NH_3、CO、CN^-为常见的配体。在配体中直接同中心离子(或原子)相联结的原子称配位原子,如H_2O中的 O 原子,NH_3中的 N 原子,以及 CO、CN^-中的 C 原子。

配位原子的共同特点是它们必须至少含一对孤对电子,如$:NH_3$、$[:\ddot{\underset{..}{F}}:]^-$、$[:C\equiv N:]^-$、$:C=O:$等。常见的配位原子主要是周期表中电负性较大的非金属原子,如 N、O、S、C、F、Cl、Br、I 等原子。

根据配体中所含配位原子的数目多少,将配体分成两大类。

单基配位体:只含有一个配位原子同中心离子结合的配体称单基配位体,又称单齿配体,如F^-、Cl^-、OH^-、CN^-、NH_3、H_2O,一些常见的单基配位体见表 8.1。

表 8.1 常见的单基配位体

中性分子配体及其名称		阴离子配体及其名称			
H_2O	水(aqua)	F^-	氟(fluoro)	NH_2^-	氨基(amide)
NH_3	氨(amine)	Cl^-	氯(chloro)	NO_2^-	硝基(nitro)
CO	羰基(carbonyl)	Br^-	溴(bromo)	NO^-	亚硝酸根(nitrite)
NO	亚硝酰基(nitrosyl)	I^-	碘(iodo)	SCN^-	硫氰酸根(thiocyano)
CH_3NH_2	甲胺(methylamine)	OH^-	羟基(hydroxo)	NCS^-	异硫氰酸根(isothiocyano)
C_5H_5N	吡啶(pyridine,缩写 Py)	CN^-	氰(cyano)	$S_2O_3^{2-}$	硫代硫酸根(thiosulfate)
$(NH_2)_2CO$	尿素(area)	O^{2-}	氧(oxo)	CH_3COO^-	乙酸根(acetate)
		O_2^{2-}	过氧(peroxo)		

多基配位体：含有两个或两个以上配位原子并能同时和一个中心离子相结合的配体称多基配位体，又称多齿配体，如 $C_2O_4^{2-}$、$H_2N—CH_2—CH_2—NH_2$（乙二胺，缩写为 en），多齿配体多数是有机分子。一些常见的多基配位体见表 8.2。

表 8.2　常见的多基配位体

分子式	中英文名称（和缩写）
$^{-}O-C(=O)-C(=O)-O^{-}$	草酸根（ox） oxalate
$H_2N-CH_2-CH_2-NH_2$	乙二胺（en） ethylenediamine
N　N	1,10-菲咯啉（phen） *o*-phenanthroline
$(^{-}OOC-CH_2)_2N-CH_2-CH_2-N(CH_2-COO^{-})_2$	乙二胺四乙酸（EDTA） ethylenediaminetetraacetic acid

3. 配位数

在配体中直接与中心离子结合的配位原子的数目称中心离子的配位数。如果配体是单基的，则中心离子的配位数就是配体数目。例如，$[Ag(NH_3)_2]^+$、$[Cu(NH_3)_4]^{2+}$、$[SiF_6]^{2-}$ 的配位数分别为 2、4、6；如果配体是多基的，则中心离子的配位数为配位体数目与其基数的乘积。例如，$[Pt(en)_2]^{2+}$ 的配位数为 $2\times2=4$，中心离子的配位数一般为 2～12，常见的为 2、4、6、8。一些常见金属离子的配位数见表 8.3。

表 8.3　常见的金属离子的配位数

1 价金属离子		2 价金属离子		3 价金属离子	
Cu^+	2,4	Ca^{2+}	6	Al^{3+}	4,6
Ag^+	2	Fe^{2+}	6	Sc^{3+}	6
Au^+	2,4	Co^{2+}	4,6	Cr^{3+}	6
		Ni^{2+}	4,6	Fe^{3+}	6
		Cu^{2+}	4,6	Co^{3+}	6
		Zn^{2+}	4,6	Au^{3+}	4

中心离子配位数的多少一般取决于中心离子和配位体的性质（半径、电荷、中心离子核外电子排布等）及形成配合物的条件（浓度、温度）。

中心离子的电荷越高，吸引配体的数目越多，配位数越大。例如，Pt^{2+}、Pt^{4+} 与 Cl^- 形成配离子时，Pt^{2+} 只形成配位数为 4 的 $PtCl_4^{2-}$，Pt^{4+} 可形成配位数为 6 的 $PtCl_6^{2-}$。配体的电荷越高，不仅增加中心离子对配体的引力，还增加了配体之间的斥力，结果使配位数减小。例如，NH_3 与 Zn^{2+} 形成配位数为 6 的 $[Zn(NH_3)_6]^{2+}$，CN^- 与 Zn^{2+} 只能形成配位数为 4 的 $[Zn(CN)_4]^{2-}$。

中心离子的半径越大，其周围可容纳的配体越多，配位数越大。例如，Al^{3+} 半径比 B^{3+} 半径大，它们与 F^- 形成的配离子分别为 $[AlF_6]^{3-}$ 和 $[BF_4]^-$。配位体的半径越大，则中心离子周围容纳的配位体数越少，配位数就越小。例如，Al^{3+} 与离子半径大的 Cl^- 形成 $[AlCl_4]^-$，与离子半径小的 F^- 形成 $[AlF_6]^{3-}$。

此外，配位体的浓度、形成配离子时的温度也是影响配位数大小的因素。配位体浓度较大时，有利于形成高配位的配离子；升高温度，由于热振动的增加，削弱了配位体和中心离子的结合力，使配位数下降。有关中心离子的电子构型的影响将在配合物的化学键理论一节中介绍。

4. 配离子的电荷

配离子的电荷等于中心离子的电荷与配体总电荷的代数和。例如

$[Fe(CN)_6]^{3-}$ 配离子电荷数为 $(+3)+(-1)\times6=-3$；

$[Cu(NH_3)_4]^{2+}$ 配离子电荷数为 $(+2)+(0)\times4=+2$。

如果带电荷的配离子与外界离子组成电中性的配合物，那么可以较简便地通过外界离子的电荷来确定配离子的电荷，如 $[Cu(NH_3)_4]SO_4$ 的外界为 SO_4^{2-}，据此可知配离子的电荷为 +2，同时还可推知中心离子是 Cu^{2+}。

三、配合物的命名和化学式的书写

配合物的组成比较复杂，需按统一的规则命名。

1. 配合物的命名

配合物的命名服从无机化合物命名的一般原则：在含配离子的化合物中，命名时阴离子名称在前，阳离子名称在后。若为配阳离子化合物，则称“某化某”或“某酸某”，若为配阴离子化合物，则配阴离子与外界阳离子之间用“酸”字连接。配合物与一般无机化合物命名的不同点在于配离子的命名，而配离子命名顺序为：配位体数—配位体—合—中心离子(原子)—中心离子(原子)的氧化数(用圆括号内的罗马数字表示)。

若配离子内界含有两个以上的不同配位体，则配位体之间用小黑点“·”分开。

各配位体命名的顺序按以下规则：

(1) 无机配位体在前、有机配位体在后。

(2) 先列出阴离子配位体，后列出阳离子配位体、中性分子配位体。

(3) 同种类型的配位体，则按配位原子元素符号的英文字母顺序排列。

(4) 同类配位体的配位原子也相同，则将含较少原子数的配位体排在前面。

(5) 配位原子相同，配位体所含的原子数目也相同，则按在结构式中与配位原子相连的原子的元素符号的英文顺序排列。

(6) 配位体的个数用二、三、四等数字写在该配位体名称的前面。

下面是一些配合物命名的实例：

<table>
<tr><td>$[Cu(NH_3)_4]SO_4$</td><td>硫酸四氨合铜(Ⅱ)</td><td rowspan="4">配位盐</td></tr>
<tr><td>$[CoCl_2H_2O(NH_3)_3]Cl$</td><td>氯化二氯·水·三氨合钴(Ⅲ)</td></tr>
<tr><td>$K[FeCl_2(C_2O_4)(en)]$</td><td>二氯·草酸根·乙二胺合铁(Ⅲ)酸钾</td></tr>
<tr><td>$[Pt(Py)_4][PtCl_4]$</td><td>四氯合铂(Ⅱ)酸四吡啶合铂(Ⅱ)</td></tr>
</table>

$H_2[SiF_6]$	六氟合硅(Ⅳ)酸	配位酸
$H_2[PtCl_6]$	六氯合铂(Ⅳ)酸	
$[Ag(NH_3)_2]OH$	氢氧化二氨合银(Ⅰ)	配位碱
$[Ni(NH_3)_4](OH)_2$	二氢氧化四氨合镍(Ⅱ)	
$[Cr(OH)_3(H_2O)(en)]$	三羟基·水·乙二胺合铬(Ⅲ)	中性配合物
$[Fe(CO)_5]$	五羰基合铁	

一些常见的配合物通常也用习惯上的简单叫法。例如,$[Ag(NH_3)_2]^+$称银氨配离子,$K_4[Fe(CN)_6]$称亚铁氰化钾(黄血盐),H_2SiF_6称氟硅酸,K_4PtCl_6称氯铂酸钾。

2. 配合物的化学式书写

根据配合物的名称可直接写出配合物的化学式,书写时应注意:

(1) 在含配离子的化合物(如$[Ag(NH_3)_2]Cl$,$Na_3[AlF_6]$)化学式中,阳离子写在前面,阴离子写在后面。

(2) 在配离子的化学式中,先写出中心离子的符号,然后按命名的顺序依次写出有关配位体及其数目。例如

氯化二氯·四水合铬(Ⅲ)	$[CrCl_2(H_2O)_4]Cl$
四(硫氰酸根)二氨合铬(Ⅲ)酸铵	$(NH_4)_2[Cr(SCN)_4(NH_3)_2]$

四、配合物的分类

配合物所涉及的范围很广、种类极多,主要可分下列几类。

1. 简单配合物

简单配合物是中心离子与单基配体直接配位所形成的配合物,如$K_2[PtCl_6]$、$Na_3[AlF_6]$、$[Cu(NH_3)_4]SO_4$。另外大量的水合物实际上也是以水为配位体的简单配合物,如$FeCl_3 \cdot 6H_2O$即$[Fe(H_2O)_6]Cl_3$,$CrCl_3 \cdot 6H_2O$即$[Cr(H_2O)_6]Cl_3$。

这类简单配合物也称维尔纳配合物。

2. 螯合物

凡是由多基配位体(如乙二胺等)以两个或两个以上的配位原子同时和一个中心离子配位所形成的具有环状结构的配合物,称螯合物或内配合物。例如

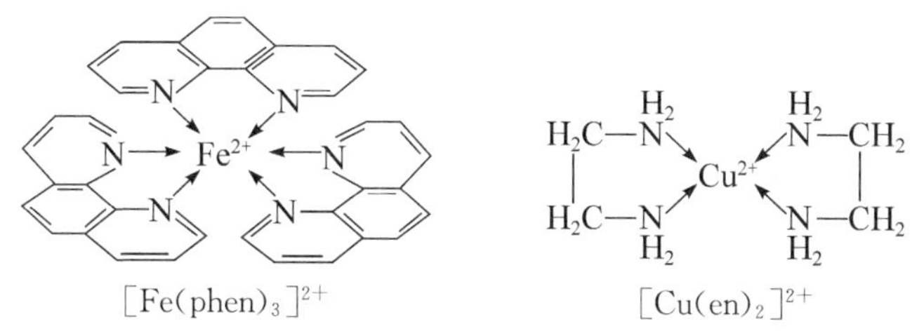

$[Fe(phen)_3]^{2+}$　　$[Cu(en)_2]^{2+}$

这类配合物中的多基配位体与中心离子的结合,犹如螃蟹的爪同时钳住了中心离子而构成环状结构。关于螯合物将在本章的第四节作详细介绍。

3. 多核配合物

多核配合物是指一个配合物中有2个或2个以上的中心离子或原子,这些中心离子或原子借助于一定的原子或原子团(如NH_2、—OH、—O—、—Cl等)而连接成一个整体,这些原子

或原子团称桥基,桥基具有一对以上的孤对电子,因而能与两个或两个以上的金属离子或原子配合,如

$$\begin{matrix} C_2H_4 & & Cl & & Cl \\ & Pd & & Pd & \\ Cl & & Cl & & C_2H_4 \end{matrix} \qquad \left[(H_2O)_4Fe \begin{matrix} OH \\ \\ OH \end{matrix} Fe(H_2O)_4 \right]SO_4$$

4. 多酸型配合物

多酸是一种复杂的配合物,它可看作由一定数目的酸酐分子与原酸结合而得到的多核配合物。原酸中的金属或非金属原子(离子)作为多酸配合物中的中心原子(离子),而酸酐分子作为配位体。如果多酸是由原酸和它的酸酐组成的,称同多酸(isopoly acid),如 $H_6Mo_7O_{24}$、$H_2Cr_2O_7$;如果多酸是由原酸和不同的酸酐组成的,则称杂多酸(heteropoly acid),如 12-钼磷酸($H_3[PMo_{12}O_{40}]$)、12-钼硅酸($H_4[SiMo_{12}O_{40}]$),其结构见图 8.1。

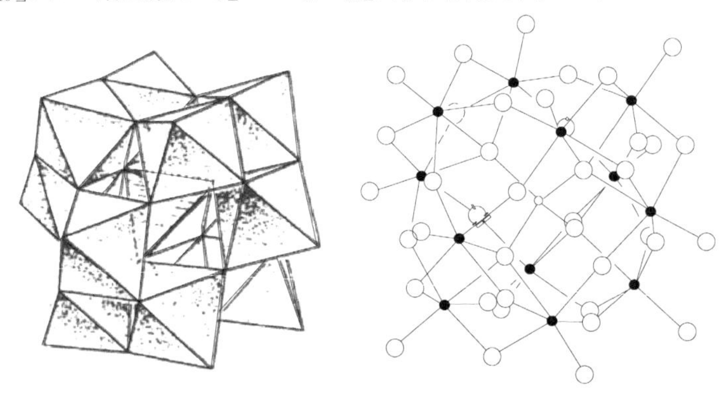

图 8.1　杂多酸结构

同多酸、杂多酸的酸性都比相应的简单酸强,其中杂多酸还改变了原酸的氧化、还原性。例如,$H_3[PMo_{12}O_{40}]$、$H_4[SiMo_{12}O_{40}]$中的 Mo(Ⅵ)比在钼酸中易还原,在适当的还原剂作用下就能还原成钼磷蓝和钼硅蓝,因此常应用在分析化学上。除此之外,多酸在药物化学、催化、非线性光学功能特性、质子导电功能特性和磁特性等方面有着广阔的应用前景。由于多酸的高相对分子质量及独特结构,20 世纪 90 年代初发现了多酸超分子化合物,将它作为一类新型电、磁、非线性光学材料极具有开发价值。近年来,杂多酸(盐)作为光催化剂在光催化降解有机污染物方面显示出独特的优势而备受关注。

5. 羰基配合物

羰基配合物是过渡金属元素与配体 CO 所形成的一类配合物,无论在理论研究还是实际应用上,这类配合物都占有特殊的重要的地位。例如,$Ni(CO)_4$、$Fe(CO)_5$ 可作为汽油的抗震剂替代四乙基铅,减少汽车尾气中铅的污染,保护环境。

6. 金属簇状配合物

金属簇状配合物是指含有金属—金属键(M—M 键)的多面体分子，见图 8.2。它们的电子结构是以离域的多中心键为特征。簇状配合物由于它的性质、结构和成键方式等多方面的特殊性，引起了合成化学、理论化学、材料化学界的极大兴趣。

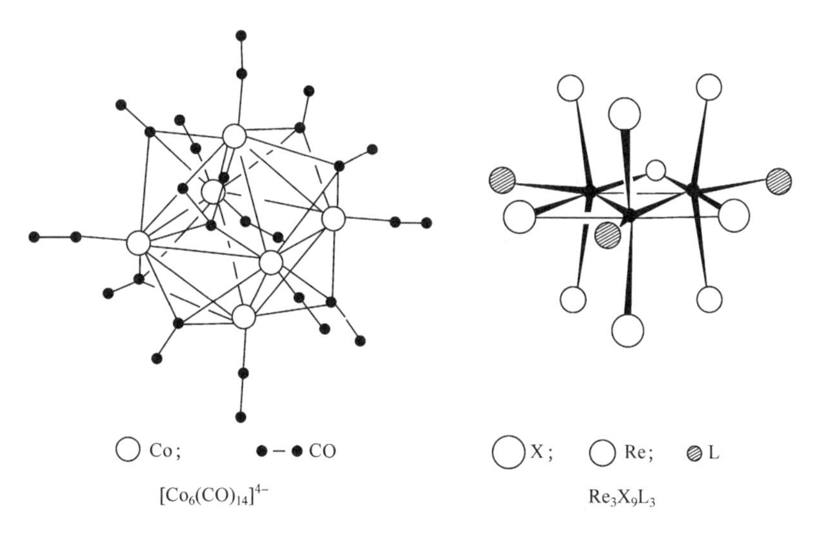

图 8.2　金属簇状配合物

7. 夹心配合物

夹心配合物是指金属对称地夹在两大平行的碳环体系之间，如$(C_5H_5)_2Fe$、$(C_6H_6)_2Cr$、$(C_5H_5)_2Mn$ 都是典型的夹心配合物，见图 8.3。

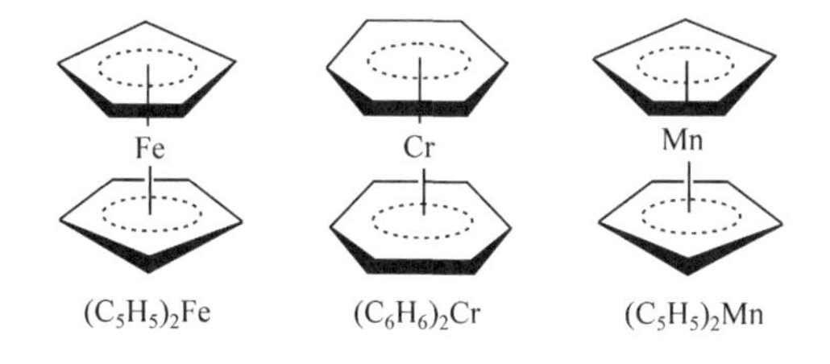

图 8.3　夹心配合物

现在夹心配合物的范围逐渐扩大。广义的夹心配合物还包括具有不对称环的倾斜夹心配合物$[(C_5H_5)_2TiCl_2]$，见图 8.4(a)；多层夹心配合物$(C_5H_5)_3Ni_2$，见图 8.4(b)。

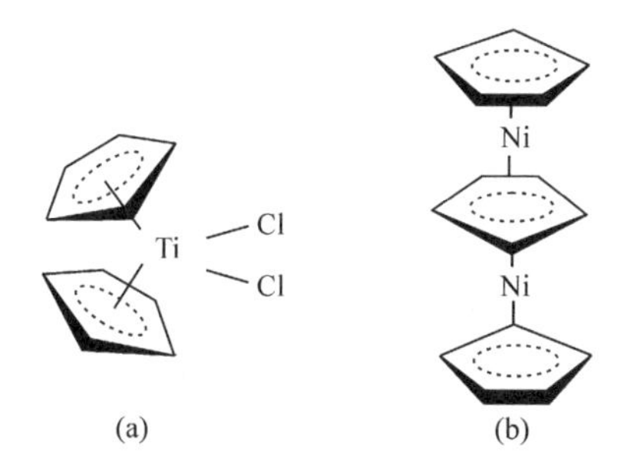

图 8.4　倾斜夹心配合物(a)和多层夹心配合物(b)

8. 大环配体配合物

大环配体配合物是指各种大环配位体和金属原子(离子)所形成的配合物,最典型的是冠醚配合物,如[Cs(18-冠-6)(SCN)]配合物,见图 8.5。冠醚配合物有许多用途,广泛应用于许多有机反应或金属有机反应,也用于镧系元素的萃取分离。

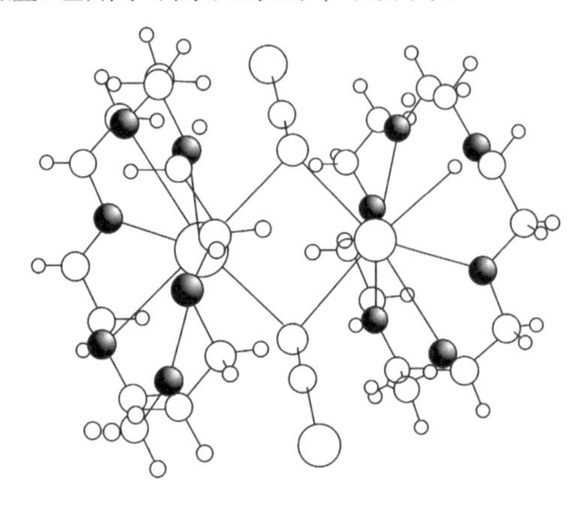

图 8.5 [Cs(18-冠-6)(SCN)]配合物的结构

血红素是生物体内起十分重要作用的天然大环配合物之一,它是亚铁离子的卟啉螯合物,Fe^{2+} 处于卟啉大环中心,而卟啉提供的四个氮原子占据四个配位位置,见图 8.6(a)。在光合作用中起捕集光能作用的叶绿素 a 也是大环配合物,见图 8.6(b)。

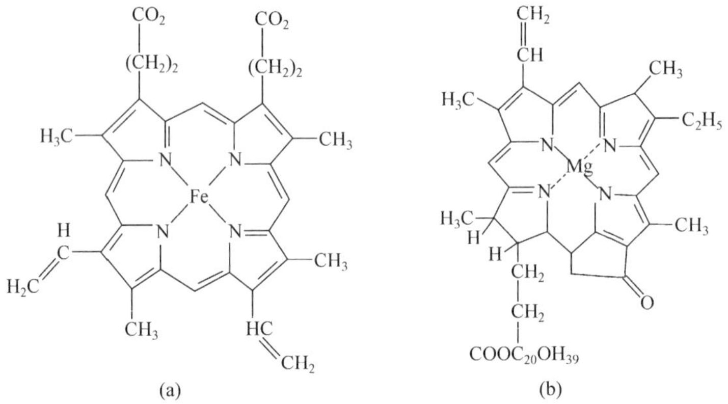

(a) (b)

图 8.6 血红素(a)和叶绿素 a(b)的结构式

大环配合物化学是近 20 年来获得巨大发展的新兴学科,有关大环配合物的合成、性能和结构的研究都属于近代科学发展的前沿。21 世纪的领先科学是生命科学,大环配合物无疑是现代配位化学发展的主要方向之一。

9. 过渡金属卡宾配合物

1964 年,由于发现了一种新型的配合物——卡宾配合物(结构见图 8.7),从而开创了过渡金属卡宾配合物化学,它作为有机金属化学的前沿领域之,一直受到人们的极大关注。许多著名化学家驰骋在这个前沿领域中,并取得了令人瞩目的成就。卡宾配合物的合成将通往有机合成道路上的“黄金通道”打开。新型卡宾配合物的合成和结构等是有待继续开发的“金三角”，为此，在有机化学界将会掀起一股“淘金热”，并推动其他学科的发展。

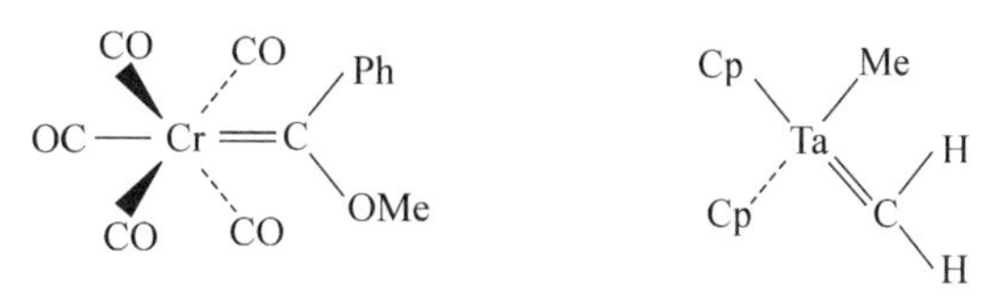

图 8.7　过渡金属卡宾配合物

第二节　配合物的价键理论

1928 年，鲍林首先把轨道杂化理论应用于配合物中，后经修改补充，逐渐形成了近代配位化合物的价键理论。

一、价键理论的要点

价键理论认为中心离子(原子)必须有空的价电子轨道；配位体的配位原子必须含有孤对电子；在形成配合物时，中心离子(原子)的价层空轨道进行杂化，以接受配位原子提供的孤对电子形成配位键。

由于中心离子的杂化轨道具有一定的方向性，因而中心离子采用不同类型的杂化轨道与配位体配位，就会得到不同空间构型的配合物。中心离子的杂化轨道除了前面讲过的 sp、sp^2、sp^3 杂化轨道外，还有 d 轨道参加杂化。

二、配合物的空间构型

杂化轨道的数目和类型直接影响配合物的空间构型、配位数和稳定性。下面介绍常见的配位数为 2、4、6 的配合物的结构。

1. 配位数为 2 的配合物

Ag^+ 的价电子构型为 $4d^{10}5s^0$，价轨道中的电子排布为

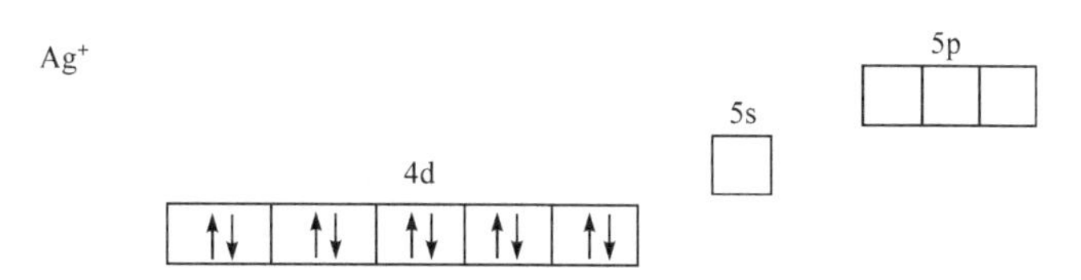

形成配离子$[Ag(NH_3)_2]^+$时，其中 1 个 5s 轨道和 1 个 5p 轨道经杂化后形成两个新的能量相等的 sp 杂化轨道，分别接受两个 NH_3 分子提供的孤对电子，生成 2 个配位共价键，其形成可表示为

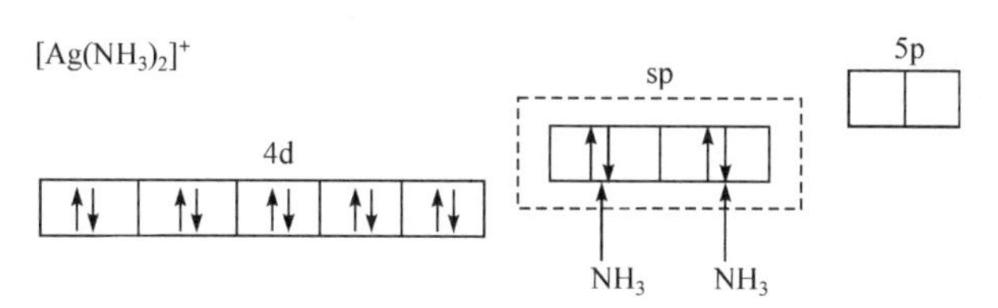

虚线框内表示的是sp杂化轨道,其中的电子是由配位体NH_3分子中N原子提供的孤对电子,由于sp杂化轨道为直线形,故$[Ag(NH_3)_2]^+$的空间构型为直线形。

2. 配位数为4的配合物

配位数为4的配合物,空间构型有两种:正四面体和平面正方形,以$[Ni(NH_3)_4]^{2+}$和$[Ni(CN)_4]^{2-}$为例分别讨论。

Ni^{2+}价电子构型为$3d^8 4s^0$,价轨道中的电子排布为

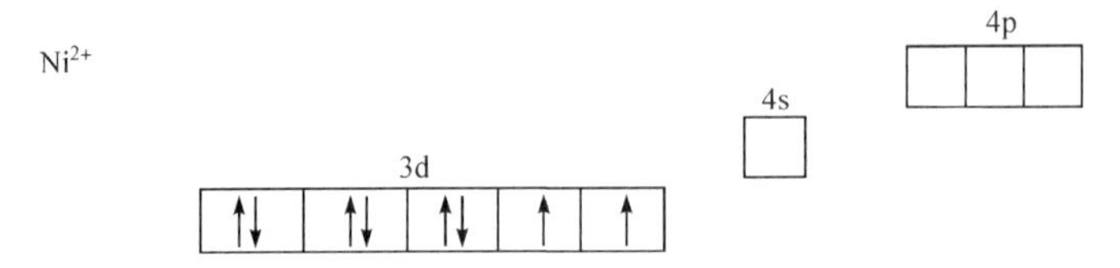

形成$[Ni(NH_3)_4]^{2+}$时能量相近的4s、4p都是空轨道,可进行杂化形成4个等性sp^3杂化轨道,接受4个NH_3分子中N原子提供的孤对电子,生成4个配位共价键,表示如下:

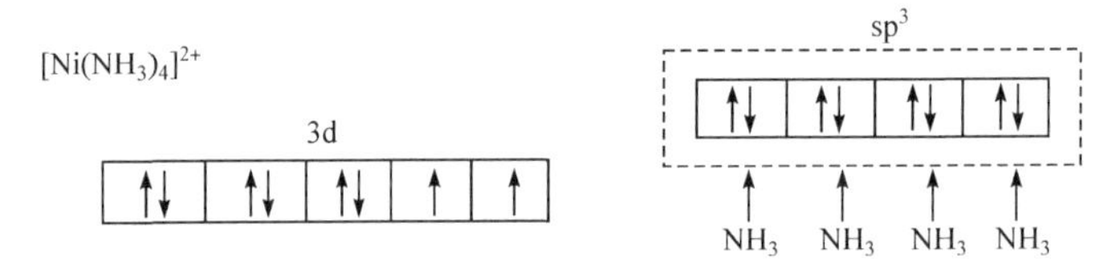

由于4个sp^3杂化轨道指向正四面体的四个顶点,因此$[Ni(NH_3)_4]^{2+}$的空间构型为正四面体,见图8.8(a)。形成$[Ni(CN)_4]^{2-}$时,如果Ni^{2+}也采用sp^3杂化成键,其空间构型必为正四面体。但通过磁矩测定:$[Ni(CN)_4]^{2-}$中没有未成对电子,且空间构型为平面正方形。磁矩(μ)与物质中未成对电子数(n)的近似关系如下:

$$\mu=\sqrt{n(n+2)} \tag{8.1}$$

式中,n为中心离子的未成对电子数;μ为磁矩,单位为玻尔磁子(B. M.)。物质中有未成对电子,具有顺磁性,物质中没有未成对电子表现出抗磁性(反磁性)。

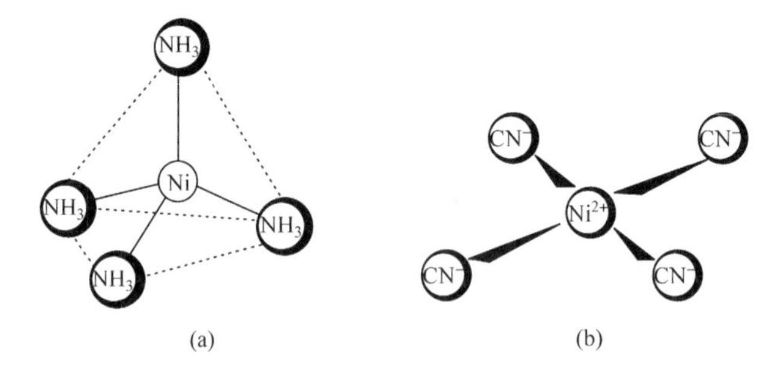

图8.8　$[Ni(NH_3)_4]^{2+}$的结构(a)和$[Ni(CN)_4]^{2-}$的结构(b)

由此可推知:Ni^{2+}与CN^-形成$[Ni(CN)_4]^{2-}$时,Ni^{2+} 3d轨道上的2个未成对电子重新分布,合并到一个d轨道上,空出1个3d轨道与1个4s轨道,2个4p轨道进行杂化,构成4个等性dsp^2杂化轨道用来接受4个CN^-中C原子提供的孤对电子,形成4个配位共价键,可表示如下:

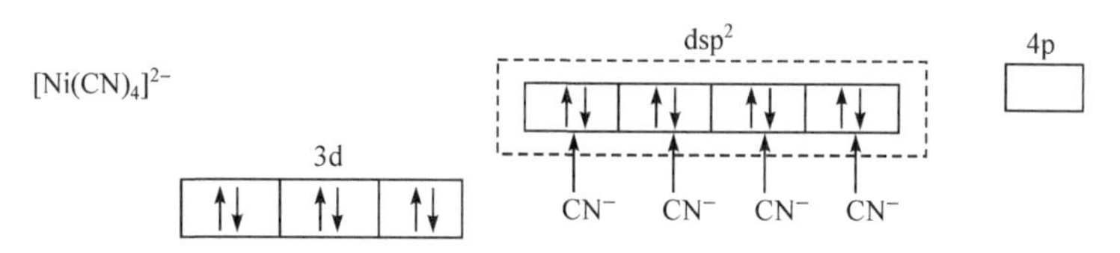

由于4个 dsp^2 杂化轨道指向平面正方形的四个顶点，因此 $[Ni(CN)_4]^{2-}$ 具有平面正方形的空间构型，见图8.8(b)。

从上述分析可见，同一个中心离子 Ni^{2+} 与不同配体形成配离子时，虽然配位数相同，但由于中心离子采取不同类型的杂化轨道成键，因而所形成的配离子的空间构型是不同的。

3. 配位数为6的配合物

配位数为6的配合物空间构型为八面体，现以 $[CoF_6]^{3-}$ 和 $[Co(CN)_6]^{3-}$ 为例说明。

Co^{3+} 的价电子构型为 $3d^6 4s^0$，价轨道中的电子排布为

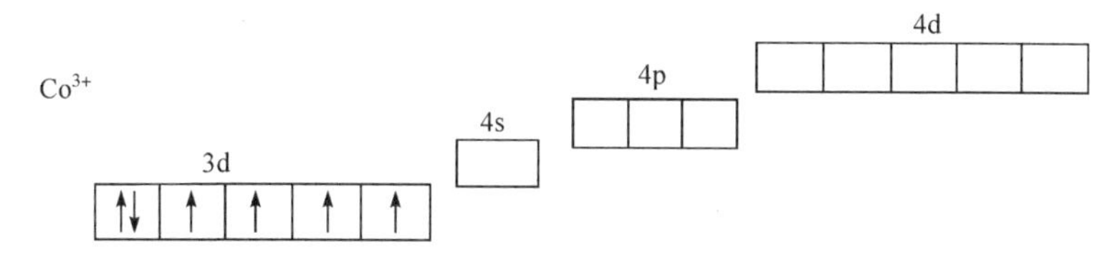

Co^{3+} 与 F^- 形成 $[CoF_6]^{3-}$，实验测得 $[CoF_6]^{3-}$ 与 Co^{3+} 有相同的磁矩，说明配离子保留未成对电子数，具有顺磁性。Co^{3+} 是利用外层的4s、4p和2个4d轨道杂化形成6个等性 sp^3d^2 杂化轨道，与6个 F^- 形成6个配位共价键，表示如下：

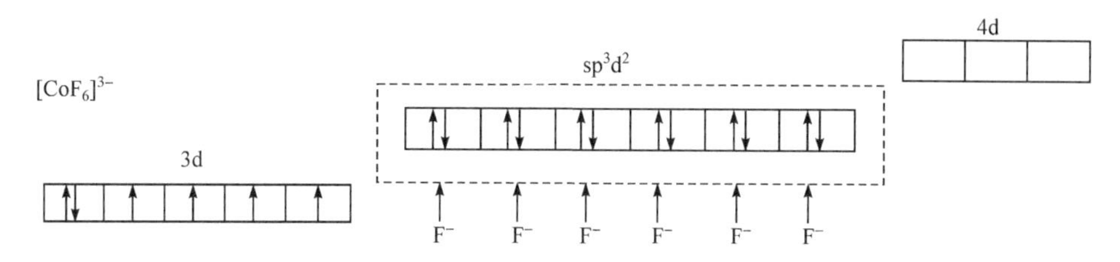

6个 sp^3d^2 杂化轨道指向八面体的八个顶点，因此 $[CoF_6]^{3-}$ 配离子的空间构型为八面体。

Co^{3+} 与 CN^- 形成 $[Co(CN)_6]^{3-}$，实验测得磁矩为零，说明配离子中没有未成对电子，具有反磁性。形成 $[Co(CN)_6]^{3-}$ 时，Co^{3+} 受配位体的影响，3d电子进行了重排，6个电子偶合成对，空出2个3d轨道与4s、4p空轨道杂化成6个等性的 d^2sp^3 杂化轨道，此杂化轨道与6个配体 CN^- 形成6个配位共价键，表示如下：

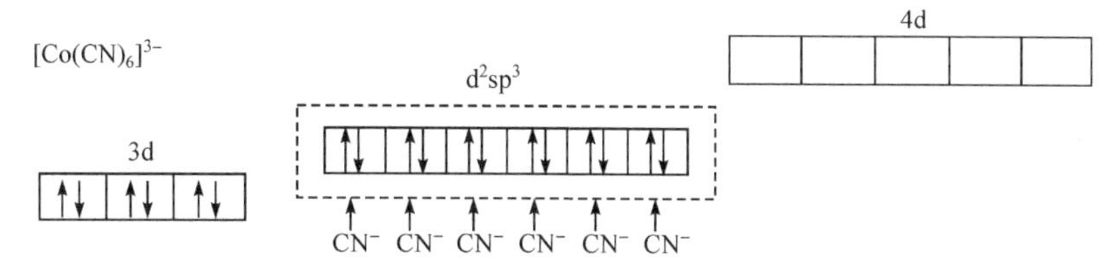

$[Co(CN)_6]^{3-}$ 也为正八面体构型。表8.4列出了常见配位数、配离子的杂化轨道类型与配离子的空间构型关系。

表 8.4 杂化轨道与配合物空间构型的关系

配位数	杂化轨道类型	空间构型	配合物举例
2	sp	直线形	$[Ag(NH_3)_2]^+$、$[Ag(CN)_2]^-$
3	sp^2	平面三角形	$[CuCl_3]^{2-}$、$[Cu(CN)_3]^{2-}$
4	dsp^2	平面正方形	$[Ni(CN)_4]^{2-}$，Pt(Ⅱ)、Pd(Ⅱ)配合物
	sp^3	正四面体	$[Co(SCN)_4]^{2-}$，Zn(Ⅱ)、Cd(Ⅱ)配合物
5	dsp^3	三角双锥体	$[Ni(CN)_5]^{3-}$、$Fe(CO)_5$
6	sp^3d^2	正八面体	$[CoF_6]^{3-}$、$[FeF_6]^{3-}$
	d^2sp^3		$[Fe(CN)_6]^{3-}$、$[Co(NH_3)_6]^{3+}$

三、外轨型配合物和内轨型配合物

$[Ni(NH_3)_4]^{2+}$、$[CoF_6]^{3-}$的中心离子与配体成键时，中心离子的电子构型并不改变，以外层的 ns、np、nd 轨道组成杂化轨道，配体的孤对电子只是简单地“投入”中心离子的外层轨道上，这样形成的配合物称外轨型配合物。$[Ni(CN)_4]^{2-}$、$[Co(CN)_6]^{3-}$则不同，成键时中心离子的电子构型发生了改变，电子重排，以$(n-1)$dnsnp 轨道组成杂化轨道，配体的孤对电子“插入”中心离子的内层轨道上，这样形成的配合物称内轨型配合物。

由于$(n-1)$d 轨道的能量比 nd 轨道能量低，因此内轨型配合物比外轨型配合物稳定。前者在水溶液中的稳定常数较大，较难解离成简单离子；后者在水溶液中的稳定常数较小，相对较容易解离成简单离子。

在测定配合物的磁矩时，将那些含有未成对电子数较多的配合物称高自旋配合物，它们具有很大的磁矩，未成对电子数目越大，顺磁磁矩越高。将那些不含未成对电子或含未成对电子数少的配合物称低自旋配合物。它们的磁矩很小或是反磁性物质。一般来说，外轨型配合物多为高自旋配合物，内轨型配合物多为低自旋配合物。表 8.5 列出了某些配离子的磁矩。

表 8.5 某些配离子的磁矩

配离子		中心离子内层($n-1$)"轨道"电子排布	杂化轨道类型	未成对电子数	磁矩/B. M.	
					理论值 [$\mu=\sqrt{n(n+2)}$]	实验值
高自旋配离子	$[FeF_6]^{3-}$	Fe^{3+} ↑ ↑ ↑ ↑ ↑	sp^3d^2	5	5.92	5.88
	$[Fe(H_2O)_6]^{2+}$	Fe^{2+} ↑↓ ↑ ↑ ↑ ↑	sp^3d^2	4	4.90	5.30
	$[CoF_6]^{3-}$	Co^{3+} ↑↓ ↑ ↑ ↑ ↑	sp^3d^2	4	4.90	—
	$[Co(NH_3)_6]^{2+}$	Co^{2+} ↑↓ ↑↓ ↑ ↑ ↑	sp^3d^2	3	3.87	—
	$[MnCl_4]^{2+}$	Mn^{2+} ↑ ↑ ↑ ↑ ↑	sp^3	5	5.92	5.88
低自旋配离子	$[Fe(CN)_6]^{3-}$	Fe^{3+} ↑↓ ↑↓ ↑ _ _	d^2sp^3	1	1.73	2.3
	$[Co(NH_3)_6]^{3+}$	Co^{3+} ↑↓ ↑↓ ↑↓ _ _	d^2sp^3	0	0	0
	$[Mn(CN)_6]^{4-}$	Mn^{2+} ↑↓ ↑↓ ↑ _ _	d^2sp^3	1	1.73	1.70
	$[Ni(CN)_4]^{2-}$	Ni^{2+} ↑↓ ↑↓ ↑↓ ↑↓ _	dsp^2	0	0	0

影响内轨型配合物和外轨型配合物形成的因素如下。

1. 中心离子的构型

8 电子构型、18 电子构型、18+2 电子构型的阳离子，其内层轨道是全充满的，如 Al^{3+}、Ag^{+}、Bi^{3+} 等只能形成外轨型配合物，这些外轨型配合物又都是低自旋配合物。

9～17 电子构型的阳离子，既可形成外轨型配合物，也可形成内轨型配合物。其中 9 电子构型、10 电子构型、11 电子构型的阳离子无论形成内轨型还是外轨型配合物，所含的未成对电子数目是相同的，有的内轨型配合物也是高自旋的配合物。

需要强调指出：外轨型、内轨型配合物和高自旋、低自旋配合物是有着一定联系的，但含义又不同。

2. 中心离子的电荷

中心离子的电荷越多，对电子的吸引力越强，易形成内轨型配合物，如 $[Co(NH_3)_6]^{2+}$ 为外轨型配合物，而 $[Co(NH_3)_6]^{3+}$ 为内轨型配合物。

3. 配位原子的电负性

配体中电负性较大的配位原子，如氧（配体 H_2O，OH^- 以 O 配位）、卤离子 X^-（如 F^-），它们不易提供孤对电子，对中心离子的内层 d 电子作用很弱，其孤对电子只能进入中心离子的外层轨道上。因此，这些配位体与中心离子易形成外轨型配合物。

配体中电负性小的配位原子，如碳（配体 CN^- 以 C 配位）、氮（配体 NO_2 以 N 配位），它们易提供孤对电子，对中心离子的内层 d 电子影响很大，使 d 电子发生重排，挤入少数轨道，配体的孤对电子深入中心离子的内层轨道上。因此，这些配体倾向于形成内轨型配合物。

若 CO、CN^- 进入生物体内，就会强烈地与生物体内的许多金属离子形成内轨型配合物，其稳定性极高。从而破坏正常的生理机能，导致机体损伤甚至是死亡，这就是煤气(CO)、氰化物毒性强的主要原因。

价键理论成功地说明了许多配合物的空间结构和配位数、磁性和稳定性，但由于该理论毕竟还是一个定性理论，存在着一定的局限性。例如，价键理论无法说明高、低自旋产生的原因，也不能解释过渡金属元素配离子普遍具有特征颜色的现象，也不能定量说明配合物的性质。20世纪50年代后期，该理论逐渐被晶体场理论和分子轨道理论所取代，它们在许多方面弥补了价键理论的不足。然而由于价键理论比较简单，通俗易懂，对初步掌握配合物结构至今仍不失为一个重要理论。

第三节 配位平衡

一、配位平衡及配位化合物的稳定常数

1. 稳定常数的表示方法

金属离子在水溶液中常以水合离子存在，当在溶液中加入配体时，则配体取代水分子形成配离子。例如，向含 Cu^{2+} 的水溶液逐渐加入 NH_3 时，则首先生成$[Cu(NH_3)]^{2+}$，随着 NH_3 量的增加，逐渐形成$[Cu(NH_3)_2]^{2+}$、$[Cu(NH_3)_3]^{2+}$、$[Cu(NH_3)_4]^{2+}$。配离子是分步形成的可逆反应，各种配离子在溶液中建立如下平衡：

$$Cu^{2+}(aq)+NH_3(aq) \rightleftharpoons [Cu(NH_3)]^{2+}(aq)$$

$$K_1^{\ominus}=\frac{c([Cu(NH_3)]^{2+})/c^{\ominus}}{[c(Cu^{2+})/c^{\ominus}][c(NH_3)/c^{\ominus}]} \tag{8.2}$$

$$[Cu(NH_3)]^{2+}(aq)+NH_3(aq) \rightleftharpoons [Cu(NH_3)_2]^{2+}(aq)$$

$$K_2^{\ominus}=\frac{c([Cu(NH_3)_2]^{2+})/c^{\ominus}}{\{c([Cu(NH_3)]^{2+})/c^{\ominus}\}[c(NH_3)/c^{\ominus}]} \tag{8.3}$$

$$[Cu(NH_3)_2]^{2+}(aq)+NH_3(aq) \rightleftharpoons [Cu(NH_3)_3]^{2+}(aq)$$

$$K_3^{\ominus}=\frac{c([Cu(NH_3)_3]^{2+})/c^{\ominus}}{\{c([Cu(NH_3)_2]^{2+})/c^{\ominus}\}[c(NH_3)/c^{\ominus}]} \tag{8.4}$$

$$[Cu(NH_3)_3]^{2+}(aq)+NH_3(aq) \rightleftharpoons [Cu(NH_3)_4]^{2+}(aq)$$

$$K_4^{\ominus}=\frac{c([Cu(NH_3)_4]^{2+})/c^{\ominus}}{\{c([Cu(NH_3)_3]^{2+})/c^{\ominus}\}[c(NH_3)/c^{\ominus}]} \tag{8.5}$$

式中，$K_1^{\ominus}$、$K_2^{\ominus}$、$K_3^{\ominus}$、$K_4^{\ominus}$ 分别为第一、二、三、四级稳定常数，也称逐级稳定常数。各逐级稳定常数的乘积就是 Cu^{2+} 与 NH_3 生成$[Cu(NH_3)_4]^{2+}$总反应的稳定常数，用 $K_f^{\ominus}$ 表示。

总反应：

$$Cu^{2+}(aq)+4NH_3(aq) \rightleftharpoons [Cu(NH_3)_4]^{2+}(aq)$$

$$K_f^{\ominus}=K_1^{\ominus}\cdot K_2^{\ominus}\cdot K_3^{\ominus}\cdot K_4^{\ominus}=\frac{c([Cu(NH_3)_4]^{2+})/c^{\ominus}}{[c(Cu^{2+})/c^{\ominus}][c(NH_3)/c^{\ominus}]^4} \tag{8.6}$$

化学上有时也用 $\beta_1,\beta_2,\cdots,\beta_n$ 表示配合物的累积稳定常数：

$$Cu^{2+}(aq)+NH_3(aq) \rightleftharpoons [Cu(NH_3)]^{2+}(aq)$$

$$\beta_1=\frac{c([Cu(NH_3)]^{2+})/c^{\ominus}}{[c(Cu^{2+})/c^{\ominus}][c(NH_3)/c^{\ominus}]}=K_1^{\ominus} \tag{8.7}$$

$$Cu^{2+}(aq)+2NH_3(aq) \rightleftharpoons [Cu(NH_3)_2]^{2+}(aq)$$

$$\beta_2=\frac{c([Cu(NH_3)_2]^{2+})/c^{\ominus}}{[c(Cu^{2+})/c^{\ominus}][c(NH_3)/c^{\ominus}]^2}=K_1^{\ominus}\cdot K_2^{\ominus} \tag{8.8}$$

$$Cu^{2+}(aq)+3NH_3(aq)\rightleftharpoons[Cu(NH_3)_3]^{2+}(aq)$$

$$\beta_3=\frac{c([Cu(NH_3)_3]^{2+})/c^{\ominus}}{[c(Cu^{2+})/c^{\ominus}][c(NH_3)/c^{\ominus}]^3}=K_1^{\ominus}\cdot K_2^{\ominus}\cdot K_3^{\ominus} \tag{8.9}$$

$$Cu^{2+}(aq)+4NH_3(aq)\rightleftharpoons[Cu(NH_3)_4]^{2+}(aq)$$

$$\beta_4=\frac{c([Cu(NH_3)_4]^{2+})/c^{\ominus}}{[c(Cu^{2+})/c^{\ominus}][c(NH_3)/c^{\ominus}]^4}=K_1^{\ominus}\cdot K_2^{\ominus}\cdot K_3^{\ominus}\cdot K_4^{\ominus} \tag{8.10}$$

可见，最高累积常数 β_n 就是总稳定常数 $K_f^{\ominus}$。

用配离子的解离形式，即不稳定常数，用 $K_d^{\ominus}$ 表示。它同样可以表示配离子在溶液中的稳定性，如 $[Cu(NH_3)_4]^{2+}$ 在溶液中的解离平衡为

$$[Cu(NH_3)_4]^{2+}\rightleftharpoons Cu^{2+}+4NH_3$$

$$K_d^{\ominus}=\frac{[c(Cu^{2+})/c^{\ominus}][c(NH_3)/c^{\ominus}]^4}{c([Cu(NH_3)_4]^{2+})/c^{\ominus}} \tag{8.11}$$

配离子的解离也是分步进行的，因此也存在逐级不稳定常数，其乘积才是该配离子的不稳定常数，$K_f^{\ominus}$ 与 $K_d^{\ominus}$ 互为倒数关系：

$$K_f^{\ominus}=\frac{1}{K_d^{\ominus}} \tag{8.12}$$

对于逐级常数来说，第一级不稳定常数为最后一级稳定常数的倒数，据此类推，反之亦然。对于配合物而言，只需要用一种常数来表示它在水溶液中的稳定性即可(有的书中稳定常数用 $K_{稳}^{\ominus}$ 表示)。配离子的 $K_f^{\ominus}$ 值越大，则配离子在水溶液中越稳定，也就越难解离。表 8.6 列出了几种常见金属氨配离子的逐级稳定常数。

表 8.6　几种金属氨配离子的逐级稳定常数

配离子	$K_1^{\ominus}$	$K_2^{\ominus}$	$K_3^{\ominus}$	$K_4^{\ominus}$	$K_5^{\ominus}$	$K_6^{\ominus}$
$[Ag(NH_3)_2]^+$	2.2×10^3	5.1×10^3				
$[Zn(NH_3)_4]^{2+}$	2.3×10^2	2.8×10^2	3.2×10^2	1.4×10^2		
$[Cu(NH_3)_4]^{2+}$	2.0×10^4	4.7×10^3	1.1×10^3	2.0×10^2	0.35	
$[Ni(NH_3)_6]^{2+}$	6.3×10^2	1.7×10^2	5.4×10^1	1.5×10^1	5.6	1.1

由表 8.6 可见，一般配离子的逐级稳定常数相差不大，因此要计算配离子水溶液中各级离子浓度比较复杂。在实际工作中，一般总是要加入过量的配位剂，这样就可以认为溶液中存在的很大部分是最高配位的配离子，而其他低配位数的配离子可以忽略不计。因此，讨论有关配离子平衡问题，只需要 $K_f^{\ominus}$(或 $K_d^{\ominus}$)进行分析计算，这样计算就大为简化了。

一些常见配离子的 $K_f^{\ominus}$ 列于附录十二。

对于同类型的配离子可以直接用 $K_f^{\ominus}$ 比较其稳定性，对于不同类型的配离子只有通过计算才能比较它们的稳定性。

2. 配离子平衡浓度的计算

例 8.1　将 $c(AgNO_3)=0.04mol\cdot L^{-1}$ 的硝酸银溶液与 $c(NH_3)=2.0mol\cdot L^{-1}$ 的氨水等体积混合，计算平衡后溶液中银离子的浓度。已知 $K_f^{\ominus}=1.62\times10^7$。

解　设 $c(Ag^+)=x\text{mol}\cdot L^{-1}$，则

$$Ag^+ \quad + \quad 2NH_3 \rightleftharpoons [Ag(NH_3)_2]^+$$

平衡浓度/$(\text{mol}\cdot L^{-1})$　　x　　$1.0-2(0.02-x)$　　$0.02-x$

由于 $K_f^\ominus$ 很大，反应进行较完全，则

$$c(NH_3)=1.0\text{mol}\cdot L^{-1}-2(0.02\text{mol}\cdot L^{-1}-x)\approx 0.96\text{mol}\cdot L^{-1}$$

$$c[Ag(NH_3)_2^+]=0.02\text{mol}\cdot L^{-1}-x\approx 0.02\text{mol}\cdot L^{-1}.$$

$$K_f^\ominus([Ag(NH_3)_2]^+)=\frac{c([Ag(NH_3)_2]^+)/c^\ominus}{[c(Ag^+)/c^\ominus][c(NH_3)/c^\ominus]^2}=\frac{0.02\text{mol}\cdot L^{-1}/1\text{mol}\cdot L^{-1}}{(x/1\text{mol}\cdot L^{-1})(0.96\text{mol}\cdot L^{-1}/1\text{mol}\cdot L^{-1})^2}=1.62\times 10^7$$

$$x=1.34\times 10^{-9}\text{mol}\cdot L^{-1}$$

二、配位平衡的移动

配离子 $ML_x^{(n-x)+}$、金属离子 M^{n+} 和配位体 L^- 在水溶液中存在着如下平衡：

$$M^{n+}+xL^- \rightleftharpoons ML_x^{(n-x)+}$$

若向溶液中加入各种试剂(如酸、碱、沉淀剂、氧化还原剂及其他配位剂)，则 M^{n+} 或 L^- 就可能与这些试剂发生各种化学反应，而改变原溶液中各组分的浓度，从而使上述配位平衡移动，这一过程所涉及的是配位平衡与其他各种化学平衡相互联系的多重平衡，下面分别进行讨论。

1. 配位平衡与酸碱平衡

许多配位体是弱酸根，如 F^-、CN^-、SCN^-、CO_3^{2-} 等和 NH_3 及有机酸根离子，它们都能与外加酸生成弱酸而使配位平衡移动。例如

$$Fe^{3+}+6F^- \rightleftharpoons [FeF_6]^{3-}$$
$$+$$
$$6H^+$$
$$\Downarrow\!\Uparrow$$
$$6HF$$

在$[FeF_6]^{3-}$ 的配位平衡体系中加酸，由于加入的 H^+ 与 F^- 生成弱酸 HF，导致了$[FeF_6]^{3-}$按箭头所指的方向解离，从而使$[FeF_6]^{3-}$的稳定性减小，这种作用称配体的酸效应。配体的酸效应是通过加酸，使配体的浓度降低而使配位平衡向解离方向移动的。在以上体系中同时存在两种平衡：

$$[FeF_6]^{3-} \rightleftharpoons Fe^{3+}+6F^- \qquad 1/K_f^\ominus$$

$$+)\quad 6F^-+6H^+ \rightleftharpoons 6HF \qquad 1/(K_a^\ominus)^6$$

总反应　$$[FeF_6]^{3-}+6H^+ \rightleftharpoons Fe^{3+}+6HF \qquad K^\ominus=\frac{1}{K_f^\ominus\cdot(K_a^\ominus)^6}$$

可见，$K_f^\ominus$ 越小，生成的酸越弱($K_a^\ominus$ 越小)，则 $K^\ominus$ 值越大，配离子越容易被酸分解。

若将上述$[FeF_6]^{3-}$ 溶液的酸度降低，中心离子 Fe^{3+} 可以水解生成 $Fe(OH)_3$ 沉淀，从而使$[FeF_6]^{3-}$解离，即

$$\begin{array}{l} \overleftarrow{\qquad\qquad\qquad\qquad} \\ Fe^{3+} + 6F^- \rightleftharpoons [FeF_6]^{3-} \\ \quad + \\ \quad 3OH^- \\ \quad \Updownarrow \\ \quad Fe(OH)_3 \end{array}$$

总反应

$$FeF_6^{3-} + 3OH^- \rightleftharpoons Fe(OH)_3 + 6F^- \qquad K^\ominus = \frac{1}{K_{sp}^\ominus \cdot K_f^\ominus}$$

可见，$K_{sp}^\ominus$越小，$K_f^\ominus$ 越小，则 $K^\ominus$值越大，配离子越容易解离。这种通过降低溶液的酸度而使中心离子浓度降低导致配位平衡向解离方向移动的现象，称为中心离子的水解效应。

改变溶液的酸度既能改变配体的浓度，又能改变中心离子的浓度，从而导致配位平衡的移动，影响配合物的稳定性。因此，要使配合物得以稳定存在，必须控制溶液的酸度。

例 8.2　有一含 $c([Ag(NH_3)_2]^+)=0.05mol \cdot L^{-1}$，$c(Cl^-)=0.05mol \cdot L^{-1}$，$c(NH_3)=4.0mol \cdot L^{-1}$的银氨配离子、氯离子与氨水的混合液，向此溶液中滴加 HNO_3 至有白色沉淀开始生成，计算此时溶液中 $c(NH_3)$及溶液的 pH。已知 $K_{sp}^\ominus(AgCl)=1.56\times10^{-10}$，$K_f^\ominus[Ag(NH_3)_2^+]=1.62\times10^7$，$pK_b^\ominus(NH_3)=4.75$。

解　开始生成沉淀时

$$\frac{c(Ag^+)}{c^\ominus} = \frac{K_{sp}^\ominus(AgCl)}{c(Cl^-)/c^\ominus} = \frac{1.56\times10^{-10}}{0.05mol \cdot L^{-1}/1mol \cdot L^{-1}} = 3.12\times10^{-9}$$

所以

$$c(Ag^+)=3.12\times10^{-9}mol \cdot L^{-1}$$

设

$$c(NH_3)=x$$

$$Ag^+ \quad + \quad 2NH_3 \quad \rightleftharpoons \quad [Ag(NH_3)_2]^+$$

平衡浓度/$(mol \cdot L^{-1})$　3.12×10^{-9}　　x　　$0.050-3.12\times10^{-9}\approx0.050$

$$\begin{aligned} K_f^\ominus([Ag(NH_3)_2]^+) &= \frac{c([Ag(NH_3)_2]^+)/1mol \cdot L^{-1}}{[c(Ag^+)/c^\ominus][c(NH_3)/c^\ominus]^2} \\ &= \frac{0.05mol \cdot L^{-1}/1mol \cdot L^{-1}}{(3.12\times10^{-9}mol \cdot L^{-1}/1mol \cdot L^{-1})(x/1mol \cdot L^{-1})} \\ &= 1.62\times10^7 \end{aligned}$$

$$x = 0.98mol \cdot L^{-1}$$

$$c(NH_4^+) = 4.0mol \cdot L^{-1} - 0.98mol \cdot L^{-1} = 3.02mol \cdot L^{-1}$$

$$pOH = pK_b^\ominus(NH_3) - \lg\frac{c(NH_3)/c^\ominus}{c(NH_4^+)/c^\ominus} = 4.75 - \lg\frac{0.98mol \cdot L^{-1}/1mol \cdot L^{-1}}{3.02mol \cdot L^{-1}/1mol \cdot L^{-1}} = 5.23$$

所以

$$pH=8.76$$

2. 配位平衡与沉淀溶解平衡

向配合物溶液中加入沉淀剂，则中心离子会与沉淀剂生成沉淀，可使配位平衡向解离的方向移动；同理，向某一沉淀中加入一种能与金属离子形成配合物的配位剂，可使沉淀溶解生成配合物，这就是配位平衡与沉淀平衡的相互影响。两者的关系是沉淀剂和配位剂共同争夺金属离子的过程。

例如，向 $AgNO_3$ 溶液中加入少许 NaCl 溶液，产生白色的 AgCl 沉淀；再加入氨水，沉淀溶解，生成无色的$[Ag(NH_3)_2]^+$；再加入 KBr 溶液，有淡黄色 AgBr 沉淀生成；继续加入 $Na_2S_2O_3$ 溶液，沉淀又溶解生成无色的$[Ag(S_2O_3)_2]^{3-}$；再加入 KI 溶液，又有黄色的 AgI 沉淀生成;再加 KCN 溶液,沉淀又溶解生成无色的$[Ag(CN)_2]^-$;最后加入 Na_2S 溶液,又得到黑色的 Ag_2S 沉淀。由于 Ag_2S 的 $K_{sp}^\ominus$极小,目前还没有合适的配位剂能使它溶解。以上过程可表示如下:

$$Ag^+(aq) \xrightarrow{Cl^-} AgCl \xrightarrow{NH_3} [Ag(NH_3)_2]^+(aq) \xrightarrow{Br^-} AgBr \xrightarrow{S_2O_3^{2-}}$$

$$[Ag(S_2O_3)_2]^{3-}(aq) \xrightarrow{I^-} AgI \xrightarrow{CN^-} [Ag(CN)_2]^-(aq) \xrightarrow{S^{2-}} Ag_2S$$

决定上述各反应方向的是 $K_f^\ominus$ 和 $K_{sp}^\ominus$及配位剂与沉淀剂的浓度。配合物的 $K_f^\ominus$ 越大,沉淀的 $K_{sp}^\ominus$越大,则沉淀越易被配位剂所溶解;相反,配合物的 $K_f^\ominus$ 越小,沉淀的 $K_{sp}^\ominus$越小,则配离子越容易被沉淀剂所沉淀。有关配位剂和沉淀剂的加入量可根据多重平衡计算。

例 8.3　(1)向 1.0L 的 $c(AgNO_3)=0.1mol\cdot L^{-1}$的硝酸银溶液中加入 0.10mol KCl 生成 AgCl 沉淀,若要使 AgCl 沉淀刚好溶解,求溶液中氨水的浓度 $c(NH_3)$。

(2) 向上述已溶解了 AgCl 的溶液中加入 0.10mol KI,能否产生 AgI 沉淀? 如能生成沉淀则至少需加入多少 KCN 才能使 AgI 恰好溶解?(假设加入各试剂时溶液的体积不变)

已知:$K_{sp}^\ominus(AgCl)=1.56\times10^{-10}$,$K_{sp}^\ominus(AgI)=1.5\times10^{-16}$;

$K_f^\ominus([Ag(NH_3)_2]^+)=1.62\times10^7$,$K_f^\ominus[Ag(CN)_2]^-=1.3\times10^{21}$。

解　(1) AgCl 沉淀溶于氨水形成$[Ag(NH_3)_2]^+$,达到平衡时 Ag^+必须同时满足下列两个平衡关系式:

$$AgCl \rightleftharpoons Ag^+ + Cl^-$$

$$K_1^\ominus = [c(Ag^+)/c^\ominus][c(Cl^-)/c^\ominus] = K_{sp}^\ominus(AgCl)$$

$$Ag^+ + 2NH_3 \rightleftharpoons [Ag(NH_3)_2]^+$$

$$K_2^\ominus = \frac{c([Ag(NH_3)_2]^+)/c^\ominus}{[c(Ag^+)/c^\ominus][c(NH_3)/c^\ominus]^2} = K_f^\ominus([Ag(NH_3)_2]^+)$$

两个反应式相加,即为 AgCl 沉淀溶于氨水的反应式:

$$AgCl + 2NH_3 \rightleftharpoons [Ag(NH_3)_2]^+ + Cl^-$$

$$K^\ominus = K_1^\ominus \cdot K_2^\ominus = K_{sp}^\ominus(AgCl)\cdot K_f^\ominus([Ag(NH_3)_2]^+)$$

要使 AgCl 完全溶解,溶液中的 $c([Ag(NH_3)_2]^+)=c(Cl^-)=0.10mol\cdot L^{-1}$,代入上式得

$$\begin{aligned}K^\ominus &= \frac{\{c([Ag(NH_3)_2]^+)/c^\ominus\}[c(Cl^-)/c^\ominus]}{[c(NH_3)/c^\ominus]^2}\\ &= K_{sp}^\ominus(AgCl)\cdot K_f^\ominus([Ag(NH_3)_2]^+)\\ &= \frac{(0.10mol\cdot L^{-1}/1mol\cdot L^{-1})(0.10mol\cdot L^{-1}/1mol\cdot L^{-1})}{[c(NH_3)/1mol\cdot L^{-1}]^2}\\ &= 1.56\times10^{-10}\times1.62\times10^{-7}\end{aligned}$$

$$c(NH_3) = 1.98mol\cdot L^{-1}$$

生成 $0.10mol\cdot L^{-1}[Ag(NH_3)_2]^+$ 还需 $0.20mol\cdot L^{-1}$ NH_3,则开始时溶液中 NH_3 的总浓度至少应为 $2.18mol\cdot L^{-1}$才能使 AgCl 沉淀完全溶解。

(2) AgCl 沉淀溶解后,溶液中 $c(NH_3)=1.98mol\cdot L^{-1}$,则 $c(Ag^+)$应为

$$\frac{1}{K_2^\ominus} = \frac{[c(Ag^+)/c^\ominus][c(NH_3)/c^\ominus]^2}{c([Ag(NH_3)_2]^+)/c^\ominus}$$

即

$$\frac{1}{1.62\times10^7} = \frac{[c(Ag^+)/c^\ominus](1.98mol\cdot L^{-1}/1mol\cdot L^{-1})^2}{0.10mol\cdot L^{-1}/1mol\cdot L^{-1}}$$

$$c(Ag^+)=1.57\times10^{-9}mol\cdot L^{-1}$$

溶液中加入 0.10mol KI 时,$c(I^-)=0.10mol\cdot L^{-1}$,则

$$Q=[c(Ag^+)/c^\ominus][c(I^-)/c^\ominus] = 1.57\times10^{-9}\times0.10 = 1.57\times10^{-10} > K_{sp}^\ominus(AgI)$$

所以有沉淀生成。

假定生成的0.10mol AgI溶于KCN，形成$[Ag(CN)_2]^-$建立平衡，则有

$$[c(Ag^+)/c^\ominus][c(I^-)/c^\ominus]=K_{sp}^\ominus(AgI)$$

$$\frac{c([Ag(CN)_2]^-)/c^\ominus}{[c(Ag^+)/c^\ominus][c(CN^-)/c^\ominus]^2}=K_f^\ominus([Ag(CN)_2]^-)$$

按照(1)的方法，可求解溶液中的$c(CN^-)=2.2\times10^{-4}mol\cdot L^{-1}$，则每升溶液中加入的KCN至少应为(0.2mol+0.000 22mol)≈0.2mol才能使AgI溶解。

例8.4　若向$c([Ag(NH_3)_2]^+)=0.1mol\cdot L^{-1}$的银氨配离子溶液中加入固体NaCl，使$c(NaCl)=0.001mol\cdot L^{-1}$时，有无AgCl沉淀生成？同样在$c(NH_3)=2mol\cdot L^{-1}$的$c([Ag(NH_3)_2]^+)=0.1mol\cdot L^{-1}$的混合溶液中加入固体NaCl，使$c(NaCl)=0.001mol\cdot L^{-1}$，有无AgCl沉淀生成？试从两种情况下求得的结果得出必要的结论。

解　设$c(Ag^+)=x mol\cdot L^{-1}$，则

$$[Ag(NH_3)_2]^+ \rightleftharpoons Ag^+ + 2NH_3$$

平衡浓度/$(mol\cdot L^{-1})$　　$0.1-x$　　x　　$2x$

$$K^\ominus=\frac{1}{K_f^\ominus([Ag(NH_3)_2]^+)}=\frac{[c(Ag^+)/c^\ominus][c(NH_3)/c^\ominus]^2}{c([Ag(NH_3)_2]^+)/c^\ominus}=\frac{(x/1mol\cdot L^{-1})(2x/1mol\cdot L^{-1})^2}{(0.1mol\cdot L^{-1}-x)/1mol\cdot L^{-1}}$$

因$K_f^\ominus$数值很大，则解离出的Ag^+很少，故可做近似计算，即$c([Ag(NH_3)_2]^+)=0.1mol\cdot L^{-1}-x\approx0.1mol\cdot L^{-1}$，则

$$\frac{1}{1.62\times10^7}=\frac{(x/1mol\cdot L^{-1})(2x/1mol\cdot L^{-1})^2}{0.1mol\cdot L^{-1}/1mol\cdot L^{-1}}$$

$$x=1.15\times10^{-3}mol\cdot L^{-1}$$

$$Q=[c(Ag^+)/c^\ominus][c(Cl^-)/c^\ominus]=1.15\times10^{-3}\times0.001=1.15\times10^{-6}>K_{sp}^\ominus(AgCl)$$

所以有沉淀生成。

第二种情况下，设$c(Ag^+)=x' mol\cdot L^{-1}$，则

$$[Ag(NH_3)_2]^+ \rightleftharpoons Ag^+ + 2NH_3$$

平衡浓度/$(mol\cdot L^{-1})$　　$0.1-x'$　　x'　　$2x'+2$

$$K^\ominus=\frac{1}{K_f^\ominus[Ag(NH_3)_2]^+}=\frac{[c(Ag^+)/c^\ominus][c(NH_3)/c^\ominus]^2}{c([Ag(NH_3)_2]^+)/c^\ominus}=\frac{(x'/1mol\cdot L^{-1})[(2x'+2mol\cdot L^{-1})/1mol\cdot L^{-1}]^2}{(0.1mol\cdot L^{-1}-x')/1mol\cdot L^{-1}}$$

做近似计算

$$c(NH_3)=2x'+2mol\cdot L^{-1}\approx2mol\cdot L^{-1}$$

$$c([Ag(NH_3)_2]^+)=0.1mol\cdot L^{-1}-x\approx0.1mol\cdot L^{-1}$$

则有

$$\frac{1}{1.62\times10^7}=\frac{(x'/1mol\cdot L^{-1})(2mol\cdot L^{-1}/1mol\cdot L^{-1})^2}{0.1mol\cdot L^{-1}/1mol\cdot L^{-1}}$$

$$x'=1.54\times10^{-9}mol\cdot L^{-1}$$

$$Q=[c(Ag^+)/c^\ominus][c(Cl^-)/c^\ominus]=1.54\times10^{-9}\times0.001=1.54\times10^{-12}<K_{sp}^\ominus(AgCl)$$

所以无沉淀生成。

结论：加入过量的配位剂，平衡向生成配合物的方向移动，配离子的解离程度降低，配离子在溶液中的浓度加大，实践中常借助加入过量的配位剂使中心离子配位完全以增加配离子的稳定性。

3. 配位平衡与氧化还原平衡

配位平衡与氧化还原平衡也是相互影响和相互制约的。例如，在含$[Fe(SCN)_6]^{3-}$的溶液中加入$SnCl_2$后，溶液的血红色颜色消失，这是由于Sn^{2+}将溶液中少量的Fe^{3+}还原，降低了离子的浓度，从而使配位平衡向配离子解离的方向移动，破坏了配离子，其过程如下：

$$2[Fe(SCN)_6]^{3-} \rightleftharpoons 12SCN^- + 2Fe^{3+}$$
$$+$$
$$Sn^{2+}$$
$$\Updownarrow$$
$$2Fe^{2+} + Sn^{4+}$$

总反应

$$2[Fe(SCN)_6]^{3-} + Sn^{2+} \rightleftharpoons 2Fe^{2+} + 12SCN^- + Sn^{4+}$$

氧化还原反应可以破坏配位平衡,影响配离子的稳定性;同样,配位反应也可以影响氧化还原反应的方向。例如,Fe^{3+}可以将I^-氧化成I_2,如果向含Fe^{3+}的溶液中加入F^-,Fe^{3+}与F^-就生成稳定的$[FeF_6]^{3-}$,从而降低了Fe^{3+}的氧化能力,增强了Fe^{2+}的还原能力,使氧化还原平衡向着箭头所指的方向移动,结果在F^-存在的条件下,I_2把Fe^{2+}氧化成Fe^{3+},其过程如下:

$$2Fe^{3+} + 2I^- \rightleftharpoons 2Fe^{2+} + I_2$$
$$+$$
$$12F^-$$
$$\Updownarrow$$
$$2[FeF_6]^{3-}$$

总反应

$$2Fe^{2+} + I_2 + 12F^- \rightleftharpoons 2[FeF_6]^{3-} + 2I^-$$

配合物的形成改变氧化还原反应的方向,这是金属离子的浓度变化导致相应物质不同氧化态的电极电势发生改变的结果,有关这方面的详细内容见本书第九章。

4. 配合物的相互转化和平衡

当溶液中存在两种能与同一金属离子配位的配体,或者存在两种能与同一配体配位的金属离子时,就会发生相互间的争夺及平衡。这种争夺及平衡转化主要取决于配离子稳定性的大小,一般平衡总是倾向于生成配离子稳定常数大的方向转化,而两种配离子的稳定常数相差越大,转化越完全。

例 8.5 向$[Ag(NH_3)_2]^+$溶液中加入足量固体 KCN,求反应的平衡常数。已知$K_f^\ominus([Ag(NH_3)_2]^+) = 1.62\times10^7$,$K_f^\ominus([Ag(CN)_2]^-) = 1.3\times10^{21}$。

解
$$[Ag(NH_3)_2]^+ + 2CN^- \rightleftharpoons [Ag(CN)_2]^- + 2NH_3$$

$$K^\ominus = \frac{K_f^\ominus([Ag(CN)_2]^-)}{K_f^\ominus([Ag(NH_3)_2]^+)} = \frac{1.3\times10^{21}}{1.62\times10^7} = 8.0\times10^{13}$$

$K^\ominus$值很大,说明反应进行得很彻底,$[Ag(NH_3)_2]^+$几乎完全转化成为$[Ag(CN)_2]^-$。

第四节　螯　合　物

一、螯合物概述

螯合物是由一个中心离子与多基配体形成的具有环状结构的配合物,也称内配合物。能与中心离子形成螯合物的配体称为螯合剂。例如，多基配体乙二胺(en)和 Cu^{2+} 形成的配合物 $[Cu(en)_2]^{2+}$ 具有环状结构：

$$Cu^{2+} + 2\begin{array}{l}CH_2—NH_2\\ |\\ CH_2—NH_2\end{array} \longrightarrow \left[\begin{array}{ccccc}H_2C—H_2N & & & & NH_2—CH_2\\ | & \searrow & & \swarrow & |\\ & & Cu & & \\ | & \nearrow & & \nwarrow & |\\ H_2C—H_2N & & & & NH_2—CH_2\end{array}\right]^{2+}$$

在结构中，常用箭头表示中心离子与配位原子间的配位键。在螯合物中，中心离子与螯合剂分子(或离子)数目之比称为螯合比，上述螯合物的螯合比为 1∶2。螯合物的环上有几个原子就称几元环。上述螯合物是由两个五元环组成的。大多数螯合物是五元环或六元环，多于六元环或少于五元环的螯合物一般不稳定。

螯合物的形成条件有以下几点。

(1) 中心离子有空轨道能接受配体提供的孤对电子。

(2) 多基配体(螯合剂)必须含有两个或两个以上都能给出孤对电子的原子，且这些原子必须同时与同一中心离子配位形成具有环状结构的配合物。

若配体中的一个原子即使能给出两对孤对电子，对同一中心离子配位，也是不能形成环状结构的。若能给出的两对孤对电子同两个中心离子配位，形成的是多核配合物，而不是螯合物，如

$$\begin{array}{ccccc} \diagdown & & Cl & & \diagup\\ & M & & M & \\ \diagup & & Cl & & \diagdown\end{array}$$

。

(3) 两个或两个以上能给出孤对电子的原子应该相隔两个或三个其他原子，以便与中心离子形成稳定的五元环或六元环。多于或少于五元环、六元环的螯合物都不稳定，且少见。

如果一个螯合剂与中心离子形成的五、六元环数目越多，螯合物就越稳定，如 Ca^{2+} 与 EDTA(简式为 H_4Y)作用：

$$Ca^{2+} + Y^{4-} \rightleftharpoons [CaY]^{2-}$$

形成的螯合物中有五个五元环，因此很稳定，其立体结构如图 8.9 所示。

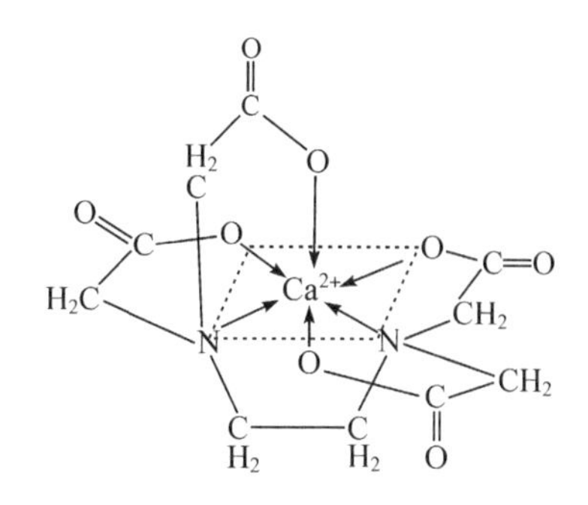

图 8.9　EDTA 与 Ca^{2+} 形成螯合物的立体结构

大多数螯合剂是有机化合物，常见的螯合剂有

草酸	丙二酸	柠檬酸
COOH—COOH	$CH_2(COOH)_2$	$HO—C(COOH)(CH_2—COOH)_2$

$$\begin{array}{l}COOH\\ |\\ COOH\end{array}\qquad CH_2\begin{array}{l}\diagup COOH\\ \diagdown COOH\end{array}\qquad \begin{array}{l}\quad\ \ CH_2—COOH\\ \quad\ \ |\\ HO—C—COOH\\ \quad\ \ |\\ \quad\ \ CH_2—COOH\end{array}$$

草酸　　丙二酸　　柠檬酸

$$\begin{array}{l}COOH\\ |\\ CHOH\\ |\\ CHOH\\ |\\ COOH\end{array}\qquad\qquad H_2N—CH_2—CH_2—NH_2$$

酒石酸　　邻二氮菲　　乙二胺(en)

$$\begin{matrix} HOOC—CH_2 & & & & CH_2—COOH \\ & \diagdown & & \diagup & \\ & N—CH_2—CH_2—N & & & \\ & \diagup & & \diagdown & \\ HOOC—CH_2 & & & & CH_2—COOH \end{matrix}$$

乙二胺四乙酸(EDTA)

有极少数是无机物，如三聚磷酸钠与 Ca^{2+} 可形成螯合物的结构如下：

$$\left[\begin{matrix} & O & & O & & O & \\ & \uparrow & & \uparrow & & \uparrow & \\ —O— & P & —O— & P & —O— & P & —O— \\ & | & & | & & | & \\ & O & & O & & O & \\ & | & & & \diagdown Ca \diagup & & \\ & Na & & & & & \end{matrix} \right]_n$$

由于 Ca^{2+}、Mg^{2+} 都能与三聚磷酸钠形成稳定的螯合物，因此常把三聚磷酸钠加入锅炉水中，用以防止钙、镁形成难溶盐沉淀结在锅炉内壁上生成水垢。

大多数金属元素都可以与螯合剂形成稳定的螯合物，表 8.7 中粗黑线范围内的 22 个元素既能形成稳定的螯合物，也能形成比较稳定的非螯合配合物；粗线以外、折线以内的元素，也能形成稳定的螯合物，但非螯合配合物的稳定性较差；虚线和折线之间的碱金属和碱土金属，也能同配位本领强的螯合剂形成具有一定稳定性的螯合物，但不能形成非螯合配合物。

表 8.7　周期表中生成稳定程度不同螯合物的金属离子的分布情况

H																	He
Li	Be											B	C	N	O	F	Ne
Na	Mg											Al	Si	P	S	Cl	Ar
K	Ca	Sc	Ti	V	Cr	Mn	Fe	Co	Ni	Cu	Zn	Ga	Ge	As	Se	Br	Kr
Rb	Sr	Y	Zr	Nb	Mo	Tc	Ru	Rh	Pd	Ag	Cd	In	Sn	Sb	Te	I	Xe
Cs	Ba	La	Hf	Ta	W	Re	Os	Ir	Pt	Au	Hg	Tl	Pb	Bi	Po	At	Rn
Fr	Ra	Ac	Rf	Ha													

二、螯合物的稳定性

螯合物与具有相同数目配位原子的一般配合物相比具有特殊的稳定性。这种特殊的稳定性是由环状结构的形成而产生的，通常称螯合效应。例如，$[Ni(en)_3]^{2+}$ 在高度稀释的溶液中相当稳定，而 $[Ni(CH_3NH_2)_6]^{2+}$ 在同样条件下却早已析出氢氧化镍沉淀了。

形成螯合物是熵值增加的过程。例如，Ni^{2+} 与乙二胺形成螯合物的反应：

$$[Ni(H_2O)_6]^{2+} + 3en \rightleftharpoons [Ni(en)_3]^{2+} + 6H_2O$$

根据标准自由能变与平衡常数的关系：

$$\Delta_r G_m^\ominus(T) = RT\ln K_f^\ominus$$

$$\Delta_r G_m^\ominus(T) = \Delta_r H_m^\ominus(T) - T\Delta_r S_m^\ominus(T)$$

所以
$$\ln K_f^{\ominus}=\frac{\Delta_r S_m^{\ominus}(T)}{R}-\frac{\Delta_r H_m^{\ominus}(T)}{RT}$$

金属离子在水溶液中皆为水合离子，在一般配合物的形成中，每个配体只取代一个水分子，因此反应前后溶液中独立粒子的总数不变。发生螯合反应时，每个螯合剂分子或离子可以取代两个以上的水分子，反应后溶液中独立粒子的总数增加了，体系熵值相应增大，$\Delta_r S_m^{\ominus}>0$。又由于配位体改变时，$\Delta_r H_m^{\ominus}$ 变化不大，因此上式中发生螯合反应时的 $K_f^{\ominus}$ 增大，说明螯合物更加稳定。螯合物之所以比一般配合物稳定，就是由于螯合反应熵值增加，因而螯合效应实际上是熵效应。

从结构角度讨论为什么螯合物中的螯合环一般是五元环、六元环才稳定？因为这两种环的夹角分别为 108°和 120°，这样有利于成键，而生成三元环、四元环（相应环的夹角为 60°或 90°）的张力较大，不易生成稳定的螯合物。

螯合物稳定性很高，很少有逐级解离现象，且一般都具有特殊颜色，难溶于水，易溶于有机溶剂，因此被广泛应用于沉淀分离、溶剂萃取、比色定量测定等方面。

第五节　配合物的应用

在自然界中大多数化合物是以配合物的形式存在，配合物的形成能够更明显地表现各个元素的化学个性，因此配合物化学所涉及的范围和应用是非常广泛的。高分子材料、染料、电镀、医药、金属的分离、提取、分析技术、化工合成的催化等都与配合物有密切关系。与配合物相关的学科也很多，如药物学、分析化学、生物无机化学等。配位化学的研究促进了这些学科的发展；反之，这些学科的发展为深入研究配位化学提供了有利的条件。本节扼要地介绍配合物应用的几个实例。

一、配合物在分析化学中的应用

分析化学的任务是确定物质的元素组成及各组成元素之间的数量关系。为了准确、迅速地完成这一任务，常需要一些特殊的配合剂或螯合剂。例如，丁二酮肟（又称镍试剂）是检出 Ni^{2+} 的常用试剂，它与 Ni^{2+} 在氨溶液中生成鲜红色的螯合物沉淀。又如，常用 NCS^- 来检测 Fe^{3+}、Co^{2+} 等的存在。

$$Fe^{3+}+nNCS^- = [Fe(NCS)_n]^{3-n}\ (n=1\sim6)\text{（血红色）}$$
$$Co^{2+}+4NCS^- = [Co(NCS)_4]^{2-}\text{（蓝色）}$$

像这样在溶液中同时含有多种离子，要检出或测定某一离子时，其他离子往往也会发生同类反应而干扰检出或测定的离子，就需要加入掩蔽剂，使其与干扰离子生成稳定的配合物以消除干扰。例如，用 NCS^- 检出 Co^{2+} 时，少量的 Fe^{3+} 会干扰检出，如果向溶液中先加 NH_4F 或 NaF，则 Fe^{3+} 与 F^- 生成稳定的 $[FeF_6]^{3-}$，从而消除了 Fe^{3+} 对 Co^{2+} 检出的干扰。这在分析化学上称为掩蔽效应，所加的配位剂称掩蔽剂。

另外，在定量分析中，配合物也有着极其广泛的应用。例如，配位滴定法就是利用金属离子与配位剂形成配合物的反应来测定一些成分的含量。其他的定量分析方法如比色法、分光光度法、极谱法等几乎都和配合物有密切关系。此外，分析化学中常用的指示剂、显色剂都是一些特殊的配合物，有关知识将在分析化学课程中进一步学习。

二、配合物在生物化学中的应用

生物体中的许多金属元素都是以配合物的形式存在的。例如,血红素是铁的配合物,它与呼吸作用密切相关;叶绿素是镁的配合物,在光合作用中起关键作用;生物体内对生化作用起催化的各种酶分子,几乎都是复杂的配合物,它们控制着生物体内极其重要的化学反应。

血红蛋白是Fe(Ⅱ)的配合物,在Fe(Ⅱ)周围的配体中有一个是水分子,它与O_2易发生可逆的交换作用,血液中的血红蛋白在肺部摄取氧,将H_2O交换下来,通过血液循环将O_2输送到身体所需的各个部分,同时,将H_2O交换上去。

$$\text{血红蛋白}\cdot H_2O+O_2 \underset{\text{肺部}}{\rightleftharpoons} \text{血红蛋白}\cdot O_2+H_2O \underset{\text{身体各部位}}{\rightleftharpoons} \text{血红蛋白}\cdot H_2O+O_2$$

CO、CN^-进入人体内时,它们可以与血红蛋白形成比血红蛋白·O_2更稳定的配合物,使血红蛋白中断输氧,造成组织缺氧而中毒,这就是煤气(含CO)及氰化物(含CN^-)中毒的基本原理。

此外,利用配合物形成可用于解毒治病。当人体铅、汞中毒,可肌肉注射含EDTA的溶液,以形成可溶性的螯合物从人体中排出;EDTA的钙盐还是排出人体内铀、钍、钚、钚等放射性元素的高效解毒剂;顺式二氯二氨合铂(Ⅱ)是抗癌药物;维生素B_{12}(钴的螯合物)对生物体内核酸合成具有重要作用,同时它也具有抗恶性贫血症的作用;刀豆球朊是Mn^{2+}、Ca^{2+}的配合物,对血液起凝聚作用;金的含硫、含膦配合物,一系列铜的水杨酸配合物可用于治疗风湿性关节炎。

近年来已成功地合成出结构类似血红素Fe^{2+}的配合物,如铁卟啉、取代型的杂多阴离子,它们均可模拟血红素,完成可逆载氧而作为血代。另外,铝卟啉[Al(Ⅲ)-porphyria]可作为固定CO_2的新型催化剂。

生物化学是一门新兴的、充满活力的边缘学科,它是当前配位化学中一个极其重要而又引人入胜的领域。

三、配合物在其他方面的应用

1. 配位催化

利用形成配合物引起的催化作用称配位催化反应。此反应活性高、选择性好、反应条件温和,在有机合成中占据重要地位。例如,乙烯(C_2H_4)经催化氧化成为乙醛(CH_3CHO),就是利用Pd^{2+}与乙烯形成配合物实现的。

$$C_2H_4+\frac{1}{2}O_2 \xrightarrow[\text{在稀盐酸中}]{PdCl_2+CuCl_2} CH_3CHO$$

此反应的中间过程是生成$[Pd(C_2H_4)(H_2O)Cl_2]$,Pd^{2+}起到削弱乙烯分子中碳原子间化学键作用。实验证明,乙烯的碳碳键长从133.5pm增长至137pm,从而使乙烯的碳碳键长活化,为加成反应创造有利条件,在合成橡胶、合成树脂时也经常应用配位催化反应。目前,国内外利用配位催化生产化工产品的约占工业催化的15%,预示着将来会有更大的发展。

2. 冶金工业

在湿法冶金,特别是贵金属的提取中,配合物起着重要的作用。例如,提取金、银时,将含金、银的矿石在 CN^- 存在下氧化成 $[Au(CN)_2]^-$、$[Ag(CN)_2]^-$ 而溶解，然后与未溶矿物分开，反应如下：

$$4Au + 8NaCN + 2H_2O + O_2 \rightleftharpoons 4Na[Au(CN)_2] + 4NaOH$$

$$4Ag + 8NaCN + 2H_2O + O_2 \rightleftharpoons 4Na[Ag(CN)_2] + 4NaOH$$

再用活泼金属（如锌）还原，可得单质金或银：

$$2[Au(CN)_2]^- + Zn \longrightarrow [Zn(CN)_4]^{2-} + 2Au$$

$$2[Ag(CN)_2]^- + Zn \longrightarrow [Zn(CN)_4]^{2-} + 2Ag$$

贵金属铂的提取是利用王水溶解含铂矿粉，铂便转化为氯铂酸 $H_2[PtCl_6]$，再将 $H_2[PtCl_6]$ 转化为 $(NH_4)_2[PtCl_6]$ 沉淀，将沉淀分离出来，在高温下便可得到海绵状的金属铂。

$$3Pt + 18HCl + 4HNO_3 = 3H_2[PtCl_6] + 4NO + 8H_2O$$

$$H_2[PtCl_6] + 2NH_4Cl = (NH_4)_2[PtCl_6]\downarrow + 2HCl$$

$$3(NH_4)_2[PtCl_6] \xlongequal{800℃} 3Pt + 16HCl + 2NH_4Cl + 2N_2$$

目前，湿法冶金也向着无毒无污染的方向发展。改用 $S_2O_3^{2-}$ 替代 CN^- 浸出贵金属时，在溶液中加入 $[Cu(NH_3)_4]^{2+}$，加速了贵金属的溶解，在此过程中发生了贵金属的氧化、配位等化学反应。

$$Au + 5S_2O_3^{2-} + [Cu(NH_3)_4]^{2+} = [Au(S_2O_3)_2]^{3-} + 4NH_3 + [Cu(S_2O_3)_3]^{5-}$$

浸出液中的 $[Au(S_2O_3)_2]^{3-}$ 和 $[Cu(S_2O_3)_3]^{5-}$ 根据它们的电极反应的电势不同，用电沉积法先后析出贵金属 Au 及 Cu，以达到分离和提取的目的。

3. 电镀

电镀是使电解液中某种金属离子在阴极上还原为金属镀层的过程。为了保证金属镀层既耐腐蚀又美观，常用金属离子的配合物作电镀液。电镀上最常用的配体为 CN^-，因为 CN^- 与绝大部分金属离子都能形成稳定的配离子，然而含氰电镀液毒性太大，对环境污染十分严重。近年来，不用剧毒氰化物的电镀在国内外都取得了很大的进展，人们逐步找到了替代氰化物作配位剂的新型电镀液，如氨三乙酸、焦磷酸盐等，并逐步建立了"无氰电镀"新工艺。

除上述领域外，配合物还在核燃料和反应堆材料的生产，激光材料的分离、提纯，原子能、火箭、太阳能储存等高科技领域及环境保护、印染、鞣革等国民经济的许多重要部门都有着广泛的应用。因此，对配合物的更深入研究及应用方兴未艾，前景诱人。

习　题

1. 指出下列配合物的中心离子（或原子）、配体、配位数、配离子电荷及名称。

   $K_2[PtCl_6]$　$[Ag(NH_3)_2]Cl$　$[CrCl(NH_3)_5]Cl_2$　$[CoCl(NH_3)(en)_2]Cl_2$

   $[PtCl_2(OH)_2(NH_3)_2]$　$Ni(CO)_4$　$K_3[Fe(CN)_5(CO)]$　$K_2Na[Co(ONO)_6]$

2. 写出下列配合物的化学式。

   氯化二氯·水·三氨合钴(Ⅲ)　　四(硫氰酸根)·二氨合铬(Ⅲ)酸铵

   三羟基·水·乙二胺合铬(Ⅲ)　　二氯·草酸根·乙二胺合铁(Ⅲ)

   二(硫代硫酸根)合银(Ⅰ)酸钠　　六氯合铂(Ⅳ)酸钾

3. 下列说法是否正确？为什么？

   (1) 在配离子中，中心离子的配位数就是与它结合的配体个数。

   (2) 具有 d^8 电子构型的中心离子，在形成八面体配合物时，必定以 sp^3d^2 轨道杂化，属外轨型配合物。

4. 用反应式表示下列实验现象。

(1) AgCl 沉淀不能溶解在 NH_4Cl 溶液中,却能溶解在 $NH_3 \cdot H_2O$ 中。

(2) 用 NH_4SCN 溶液检出 Co^{2+} 时,加入 NH_4F 可消除 Fe^{3+} 的干扰。

(3) 在$[Cu(NH_3)_4]^{2+}$溶液中加入 H_2SO_4,溶液的颜色由深蓝色变成浅蓝色。

(4) 螯合剂 EDTA 常作为重金属元素的解毒剂。

(5) 衣服上不慎沾上黄色铁斑点,用草酸即可将其消除。

(6) CdS 能溶于 KI 溶液中。

5. 根据下面列出一些配合物磁矩的测定值,判断下列配离子中心体所采用的杂化轨道类型和配离子的空间构型,则哪些是内轨型? 哪些是外轨型? 哪些是低自旋的? 哪些是高自旋的?

$[FeF_6]^{3-}$ 5.90 B. M.

$[Fe(CN)_6]^{4-}$ 0 B. M.

$[Fe(CN)_6]^{3-}$ 2.3 B. M.

$[Co(NH_3)_6]^{3+}$ 0 B. M.

$[Co(NH_3)_6]^{2+}$ 4.2 B. M.

$[Mn(CN)_6]^{4-}$ 1.8 B. M.

$[Mn(CN)_6]^{3-}$ 3.2 B. M.

$[Fe(H_2O)_6]^{2+}$ 5.30 B. M.

$[Ni(CN)_4]^{2-}$ 0 B. M.

$[Pt(CN)_4]^{2-}$ 0 B. M.

6. (1) 指出在下列化合物中哪些可能作为有效的螯合剂。

(a) H_2O (b)过氧化氢 HO—OH (c) $H_2N—CH_2—CH_2—CH_2—NH_2$ (d) $(CH_3)_3N—NH_2$

(2) 下列各配合物中具有平面四方形或八面体几何构型,哪个当中的 CO_3^{2-} 是螯合剂?

(a) $[Co(CO_3)(NH_3)_5]^+$ (b) $[Co(CO_3)(NH_3)_4]^+$

(c) $[Pt(CO_3)(en)]$ (d) $[Pt(CO_3)(NH_3)(en)]$

7. 写出下列反应的配平方程式并计算反应平衡常数。

(1) AgI 溶解在 NaCN 中。

(2) AgBr 微溶在 NH_3 水中,但当酸化溶液时又析出沉淀(分别写出两个方程式)。

8. 计算 AgBr 在 $c(Na_2S_2O_3)=1.00mol \cdot L^{-1}$ 的硫代硫酸钠溶液中的溶解度 $s(mol \cdot L^{-1})$。$c(Na_2S_2O_3)=1.00mol \cdot L^{-1}$ 的硫代硫酸钠 500mL 可溶解 AgBr 多少克?

9. 将 $c(AgNO_3)=0.10moL \cdot L^{-1}$ 的银氨配离子溶液 40.0mL 与 $c(NH_3)=6.0mol \cdot L^{-1}$ 的氨水 20.0mL 混合并稀释至 100mL。试计算:

(1) 平衡时 $c(Ag)^+$、$c[Ag(NH_3)_2]^+$ 和 $c(NH_3)$。

(2) 在混合稀释后的溶液中加入 0.010mol KCl 固体,是否有 AgCl 沉淀产生?

(3) 要阻止 AgCl 沉淀产生,则应取 $c(NH_3)=12.0mol \cdot L^{-1}$ 的氨水多少毫升?

10. 分别计算 $Zn(OH)_2(s)$ 溶于氨水生成$[Zn(OH)_4]^{2-}$ 和$[Zn(NH_3)_4]^{2+}$ 时的 $K^\ominus$。若控制 $c(NH_3)=c(NH_4^+)=1.0mol \cdot L^{-1}$,则 $Zn(OH)_2$ 溶于氨水中主要生成哪一种配离子? $c([Zn(NH_3)_4]^{2+})$: $c([Zn(OH)_4]^{2-})$为多少?

11. 向含 $c([Cd(NH_3)_4]^{2+})=0.01mol \cdot L^{-1}$,$c(NH_3)=2.0mol \cdot L^{-1}$ 的四氨合镉(Ⅱ)溶液中加入固体 KCN,使 $c(KCN)=0.14mol \cdot L^{-1}$,计算溶液中的 $c([Cd(NH_3)_4]^{2+})$,$c([Cd(CN)_4]^{2-})$(不考虑 CN^- 的水解)。

12. 当溶液 pH=6.00 时,要使 $c(Fe^{3+})=0.10mol \cdot L^{-1}$ 的铁盐溶液不生成 $Fe(OH)_3$ 沉淀,可加入固体 NH_4F,试计算 1L 溶液中最少应加入多少克 NH_4F(不考虑 F^- 的水解)。

13. 试用价键理论解释:

(1) $[Ni(CN)_4]^{2-}$ 为平面正方形,而$[Zn(NH_3)_4]^{2+}$ 为正四面体形。

(2) $[Fe(CN)_6]^{4-}$ 为反磁性,而$[FeF_6]^{3-}$ 为顺磁性。

第九章　氧化还原反应

化学反应按是否有电子转移或偏移(或氧化数是否变化)分为氧化还原反应和非氧化还原反应两大类。酸碱反应和沉淀反应就是非氧化反应;如果反应过程中有电子转移(偏移)就是氧化反应。

第一节　基本概念

一、氧化数

氧化数又称氧化值或氧化态,是某元素一个原子的形式电荷数,这种电荷数由假设把成键中的电子指定给电负性较大的原子而求得。氧化数有一些人为因素,它是按一定规则指定了的形式电荷数,确定氧化数的规则如下:

(1) 在单质中,元素的氧化数为零。

(2) 在离子化合物中,元素的氧化数等于该元素离子的电荷。

(3) 氧元素的氧化数在正常氧化物中为-2,如 MgO,P_2O_5;在过氧化物中氧化数为-1,如 H_2O_2 和 Na_2O_2;在氟化氧中为$+2$,如 OF_2。

(4) 氢在金属氢化物中氧化数为-1,氢在其他化合物中的氧化数均为$+1$。

(5) 碱金属的氧化数是$+1$,碱土金属的氧化数为$+2$。

(6) 共价化合物中,把属于两原子的共用电子对指定给两原子中电负性较大的原子时,在两原子上形成的电荷数就是它们的氧化数。例如,H_2O 中氧原子的氧化数为-2,氢的氧化数为$+1$,可见,在共价化合物中元素的氧化数是原子在化合态时的"形式电荷"。

(7) 分子或复杂离子的总电荷数等于其中各元素氧化数的代数和。

氧化数和化合价是两个不同的概念。化合价表示原子之间相互化合时原子得失电子或共用电子对的数目,它只能是整数。氧化数是一种形式电荷数,它可以是整数,也可以是分数,且有正、负之分。在同一化合物中,元素的化合价和氧化数有时相同,有时不相同。

氧化数是一个重要的基本概念,可用它来定义与氧化还原反应相关的概念和配平氧化还原反应方程式。

二、氧化与还原

最初把与氧结合的过程称为氧化,也称氧化反应;把从化合物中除去氧的过程称为还原,也称还原反应。之后发现有很多与氧无关的反应中原子之间也发生了电子转移,由此重新定义了氧化和还原。物质失电子的过程称为氧化,物质得电子的过程称还原。还有一些反应,电子没有发生完全转移,而是电子发生偏移,因此用氧化数定义氧化和还原更为合理,即元素氧化数升高的过程称为氧化,元素氧化数降低的过程称为还原。

在反应过程中有元素氧化数变化的反应称为氧化还原反应,该反应由两个半反应构成,即氧化反应和还原反应。在氧化还原反应中,氧化数降低的物质称为氧化剂,本身具有氧化性,被还原,其产物为还原产物;氧化数升高的物质称为还原剂,本身具有还原性,被氧化,其产物为氧化产物。在氧化还原反应中,一种元素氧化数升高的数值总是与另一种元素氧化数降低的数值相等。

需要值得注意的是,氧化剂和还原剂是一个相对概念。当氧化剂与氧化能力更强的氧化剂反应时,它就变成还原剂;当还原剂与还原能力更强的还原剂反应时,则变成氧化剂。例如,H_2O_2与还原性或弱氧化性物质如 I^-、Fe^{2+}、S^{2-}、SO_2 等反应时做氧化剂;当与强氧化剂如 $KMnO_4$、Cl_2等反应做还原剂;当自身分解时,既是氧化剂又是还原剂。

三、氧化还原反应类型

氧化还原反应分为一般氧化还原反应、自身氧化还原反应和歧化反应。

(1) 一般氧化还原反应,如

$$2Na + Cl_2 = 2NaCl$$

氧化剂和还原剂为不同的物质,氧化和还原发生在不同的物质中,此类氧化还原反应称为一般氧化还原反应。

(2) 自身氧化还原反应,如

$$2KClO_3 = 2KCl + 3O_2$$

同一物质既是氧化剂又是还原剂,但氧化、还原发生在不同元素的原子上,此类氧化还原反应称为自身氧化还原反应。

(3) 歧化反应,如

$$4KClO_3 = 3KClO_4 + KCl$$

同一物质中的同一元素的原子部分被氧化、部分被还原,此类特殊的自身氧化还原反应称为歧化反应。

四、氧化还原电对

在氧化还原反应中,氧化剂与它的还原产物、还原剂与它的氧化产物组成电对,称为氧化还原电对。例如

$$Zn + Cu^{2+} = Zn^{2+} + Cu \tag{9.1}$$

在氧化还原电对中,氧化数高的物质称为氧化型物质,氧化数低的物质称为还原型物质。氧化还原电对表示方法为 Ox/Red,如 Zn^{2+}/Zn、Cu^{2+}/Cu。

任何氧化还原反应均可分解为两个半反应,其中一个为氧化反应,一个为还原反应。无论氧化反应还是还原反应,半反应均写成:氧化型$+ne^- =$还原型。例如,将(9.1)拆成两个半反应,分别为

$$Zn^{2+} + 2e^- = Zn$$

$$Cu^{2+} + 2e^- = Cu$$

另外,有 H^+ 和 OH^- 参加的半反应,H^+ 和 OH^- 的氧化数在反应前后并没有发生变化,通常称它为反应介质。反应介质不同,反应产物往往也不同。例如

$$MnO_4^- + 8H^+ + 5e^- = Mn^{2+} + 4H_2O$$

$$MnO_4^- + 2H_2O + 2e^- = MnO_2 + 4OH^-$$

第二节　氧化还原反应方程式的配平

氧化还原反应的配平方法有氧化值法和离子-电子法，本书只介绍离子-电子法。离子-电子法的基本步骤如下：

(1) 用离子反应式的形式写出基本反应。

(2) 将总反应分为两个半反应，一个是氧化反应，一个是还原反应。

(3) 分别对两个半反应进行原子数配平，然后进行电荷配平。

(4) 根据得失电子总数相等的原则，分别在两个半反应式上乘以适当的系数。

(5) 检验原子数、电荷数是否配平。

例 9.1　配平反应式：$I_2 + S_2O_3^{2-} \longrightarrow I^- + S_4O_6^{2-}$。

解　(1) 将离子反应式拆分为两个半反应，一个表示氧化过程，一个表示还原过程。

氧化过程：　$S_2O_3^{2-} \longrightarrow S_4O_6^{2-}$

还原过程：　$I_2 \longrightarrow I^-$

(2) 分别对两个半反应式进行原子数配平：

$$2S_2O_3^{2-} \longrightarrow S_4O_6^{2-}$$

$$I_2 \longrightarrow 2I^-$$

(3) 分别对两个半反应式进行电荷数配平，即在半反应式的左边或右边添加一定数目的电子：

$$2S_2O_3^{2-} = S_4O_6^{2-} + 2e^-$$

$$I_2 + 2e^- = 2I^-$$

(4) 根据氧化剂、还原剂得、失电子数相等的原则，分别将两个半反应式乘以适当的系数后加和，即得到配平的离子反应式：

$$2S_2O_3^{2-} = S_4O_6^{2-} + 2e^- \quad \times 1$$

$$+)\quad I_2 + 2e^- = 2I^- \quad \times 1$$

$$I_2 + 2S_2O_3^{2-} = 2I^- + S_4O_6^{2-}$$

在进行半反应式的原子数配平时，若出现“多余”或“缺少”氧原子的情况，必定有 H^+ 或 OH^- 参加了反应，配平时可根据反应介质条件，按下列方法进行。

介质条件	反应物中的O原子	半反应式	
		反应物中需补充的物质	生成物
酸性	多	H^+	H_2O
	少	H_2O	H^+
碱性	多	H_2O	OH^-
	少	OH^-	H_2O
中性	多	H_2O	OH^-
	少	H_2O	H^+

例 9.2　配平反应式：$MnO_4^- + SO_3^{2-} \longrightarrow Mn^{2+} + SO_4^{2-}$(酸性介质)。

解　(1) 将离子反应式拆分为两个半反应：

$$MnO_4^- \longrightarrow Mn^{2+}$$
$$SO_3^{2-} \longrightarrow SO_4^{2-}$$

(2) 原子数配平：

$$MnO_4^- + 8H^+ \longrightarrow Mn^{2+} + 4H_2O$$
$$SO_3^{2-} + H_2O \longrightarrow SO_4^{2-} + 2H^+$$

(3) 电荷配平：

$$MnO_4^- + 8H^+ + 5e^- = Mn^{2+} + 4H_2O$$
$$SO_3^{2-} + H_2O = SO_4^{2-} + 2H^+ + 2e^-$$

(4) 两个半反应叠加：

$$2MnO_4^- + 5SO_3^{2-} + 6H^+ = 2Mn^{2+} + 5SO_4^{2-} + 3H_2O$$

第三节　原电池和电极电势

一、原电池及表示方法

将锌片插入硫酸铜溶液中，锌溶解而铜析出，发生了如下的氧化还原反应：

$$Zn(s) + Cu^{2+}(aq) \rightleftharpoons Zn^{2+}(aq) + Cu(s)$$

反应的本质是 Zn 失去了电子，被氧化成了 Zn^{2+}，而 Cu^{2+} 得到电子，被还原成了 Cu，电子的转移是无序的，因此不可能定向运动形成电流，化学能只能转变成了热能散失到环境中。

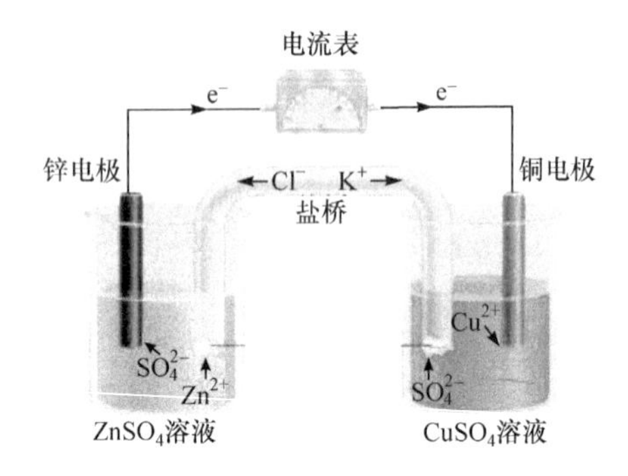

图 9.1　原电池装置图

如将上述反应按图 9.1 装置。将锌片插入 $ZnSO_4$ 溶液中放到一个烧杯中，将铜片插入 $CuSO_4$ 溶液中放到另一个烧杯中，用充满含有饱和 KCl 溶液的琼脂冻胶的倒置 U 形管作为盐桥将两个烧杯中的溶液连接起来，在锌片和铜片间连接导线并安装一个安培计，便发现安培计的指针发生了偏转，说明有电流产生。这种利用氧化还原反应将化学能转变成电能的装置，就称为原电池。

在原电池中，电子流出的电极称为负极，在负极上发生氧化反应；电子流入的电极称为正极，在正极上发生还原反应。在上述 Cu-Zn 原电池中，Cu 为正极，Zn 为负极。

负极：　$Zn(s) = Zn^{2+}(aq) + 2e^-$　(氧化反应)

正极：　$Cu^{2+}(aq) + 2e^- = Cu(s)$　(还原反应)

在原电池中，组成电池的导体称为电极，在电极上发生的反应称为电极反应或半电池反应。两个半电池反应组成了原电池的电池反应，即

$$Zn(s) + Cu^{2+}(aq) \rightleftharpoons Zn^{2+}(aq) + Cu(s)$$

原电池的每个半电池都是同种元素不同氧化态的两种物质组成的。氧化值高的物质称为氧化态，氧化值低的物质称为还原态。氧化态和相应的还原态组成了氧化还原对(电对)，通常用“氧化态/还原态”来表示。例如，Cu-Zn 原电池中，两个半电池的氧化还原对分别表示为 Zn^{2+}/Zn、Cu^{2+}/Cu。

原电池可以用简单的符号表示，称为原电池符号。例如，Cu-Zn 原电池的电池符号为

$$(-)Zn(s) | ZnSO_4(c_1) \| CuSO_4(c_2) | Cu(s)(+)$$

在电池符号中，将负极写在左边，正极写在右边，用单竖线表示相与相间的界面，用双竖线表示盐桥。c 表示溶液的浓度，若为气体，则用分压表示。例如

$$(-)Pt | H_2(p^{\ominus}) | HAc(0.1mol \cdot L^{-1}) \| H^+(1mol \cdot L^{-1}) | H_2(p^{\ominus}) | Pt(+)$$

例 9.3　写出下列电池反应对应的原电池符号：

(1) $MnO_4^- + 5Fe^{2+} + 8H^+ = 2Mn^{2+} + 5Fe^{3+} + 4H_2O$

(2) $2Ag + Cu^{2+} = 2Ag^+ + Cu$

解　(1) $(-)Pt | Fe^{2+}(c_1), Fe^{3+}(c_2) \| MnO_4^-(c_3), H^+(c_4), Mn^{2+}(c_5) | Pt(+)$

(2) $(-)Ag | Ag^+(c_1) \| Cu^{2+}(c_2) | Cu(+)$

二、电极电势

原电池的两极用导线连接起来时有电流通过，说明两极之间存在着电势差，即两个电极的电势是不相等的。电极电势是怎样产生的呢？

1. 电极电势的产生

现以金属电极为例说明。将金属浸入其盐溶液时，在金属与其盐溶液接触的界面上会发生金属溶解和金属离子沉积两个不同的过程，当金属溶解速率和金属离子沉积速率相等时，就达到了动态平衡。

$$M(s) \rightleftharpoons M^{n+}(aq) + ne^-$$

金属越活泼，其盐溶液的浓度越小，金属溶解速率就大于金属离子的沉积速率，金属表面带负电荷，而靠近金属的溶液带正电荷，达到平衡时，在金属与溶液的界面上形成了双电层，见图 9.2(a)，这时在金属与其盐溶液界面上就产生了电势差，这个电势差称为电极电势。相反，金属越不活泼，其盐溶液的浓度越大，则金属离子的沉积速率大于金属溶解速率，金属表面带正电荷，而靠近金属的溶液带负电荷，也形成了双电层，见图 9.2(b)，同样也产生了电极电势。

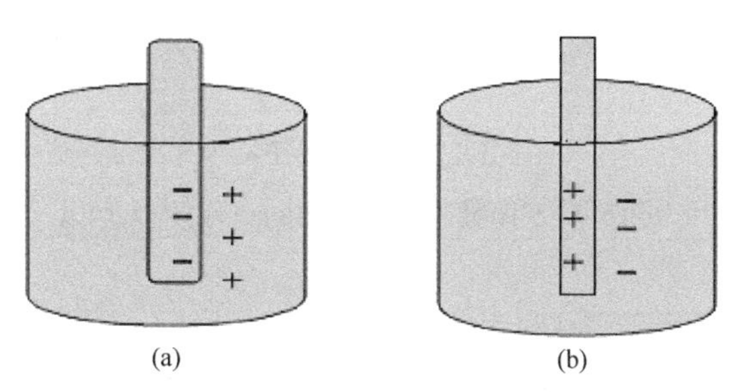

图 9.2　金属表面的双电层示意图

金属的电极电势大小除与金属的本质有关外，还与其盐溶液的浓度及温度有关。例如，Cu-Zn 原电池中，由于锌、铜的金属活泼性不同，产生的电极电势就不同，Cu^{2+}/Cu 电对的电极电势大于 Zn^{2+}/Zn，因此用导线将两极连接后，电子才能不断地从锌极流向铜极。

电极电势的大小反映了金属得失电子能力的大小。但电极电势的绝对值尚无法测定，只能采取一个相对的标准，即选定一个参比电极，并以此为基准，从而确定其他电极的电极电势相对值。通常选取的参比电极是标准氢电极。

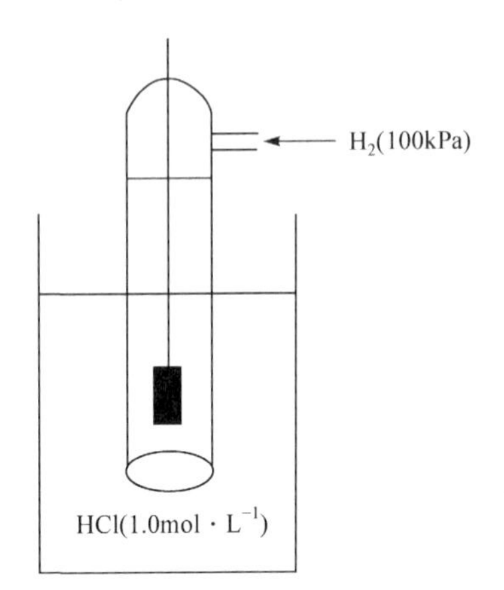

图 9.3　标准氢电极示意图

2. 标准电极电势

1) 标准氢电极

标准氢电极如图 9.3 所示。将镀有一层海绵状铂黑的铂片浸入浓度为 1.0mol · L^{-1} 的氢离子溶液中,不断通入压力为 100kPa 的纯氢气,铂黑吸附 H_2 达到饱和,这样的电极即为标准氢电极,电极反应为

$$2H^+(aq)+2e^- = H_2(g)$$

规定在 298.15K 时,标准氢电极的电极电势为零,即 $\varphi^{\ominus}(H^+/H_2)=0V$。

2) 标准电极电势的测定

测定某电极的标准电极电势的方法是,把该电极和标准氢电极组成原电池,测定原电池的电动势,就可测出某电极的标准电极电势。例如,将标准氢电极与标准铜电极组成原电池:

$$Pt|H_2(100kPa)|H^+(1.0mol \cdot L^{-1}) \| Cu^{2+}(1.0mol \cdot L^{-1})|Cu(s)$$

测得标准电池电动势为 0.340V:

$$\varepsilon^{\ominus}=\varphi_+^{\ominus}-\varphi_-^{\ominus}=\varphi^{\ominus}(Cu^{2+}/Cu)-\varphi^{\ominus}(H^+/H_2)=0.340V$$

因为

$$\varphi^{\ominus}(H^+/H_2)=0V$$

所以

$$\varphi^{\ominus}(Cu^{2+}/Cu)=0.340V$$

按照此方法,可以测定许多电对的标准电极电势,见附录十三。

第四节　原电池电动势和反应自由能变

在恒温恒压下,反应系统自由能变等于系统能做的最大有用功,即 $-\Delta_r G_m = W_{max}$。对于原电池反应来说,系统所能做的最大有用功就是电功。电功等于通过的电量 Q 与电动势 ε 的乘积,即

$$W_{max}=Q\varepsilon=nF\varepsilon \tag{9.2}$$

式中,F 为法拉第常量,$F=96485C \cdot mol^{-1}=96.48kJ \cdot V^{-1} \cdot mol^{-1}$;$n$ 为电池反应中得失电子数。故有

$$\Delta_r G_m=-nF\varepsilon \tag{9.3}$$

如原电池的电池反应是在标准状态下进行的,原电池的电动势就是标准电动势,则

$$\Delta_r G_m^{\ominus}=-nF\varepsilon^{\ominus} \tag{9.4}$$

根据式(9.4),可从原电池的标准电动势 $\varepsilon^{\ominus}$ 求出电池反应的 $\Delta_r G_m^{\ominus}$,也可从反应的 $\Delta_r G_m^{\ominus}$ 求出原电池的标准电动势 $\varepsilon^{\ominus}$。

例 9.4　已知 $\varphi^{\ominus}(Ce^{4+}/Ce^{2+})=1.44V$,$\varphi^{\ominus}(Fe^{3+}/Fe^{2+})=0.68V$,若组成原电池:(1) 写出该原电池的电池符号;(2) 写出电池反应;(3) 计算 298.15K 时电池反应的 $\Delta_r G_m^{\ominus}$。

解　(1)电池符号:$(-)Pt \mid Fe^{3+}(c_1),Fe^{2+}(c_2) \| Ce^{4+}(c_3),Ce^{2+}(c_4) \mid Pt(+)$

(2) 电池反应:$Ce^{4+}+2Fe^{2+} = 2Fe^{3+}+Ce^{2+}$

(3)
$$\begin{aligned}\Delta_r G_m^\ominus &= -nF\varepsilon^\ominus \\ &= -nF[\varphi^\ominus(Ce^{4+}/Ce^{2+}) - \varphi^\ominus(Fe^{3+}/Fe^{2+})] \\ &= -2\times 96.48\text{kJ}\cdot\text{V}^{-1}\cdot\text{mol}^{-1}\times(1.44\text{V}-0.68\text{V}) \\ &= -146.65\text{kJ}\cdot\text{mol}^{-1}\end{aligned}$$

第五节　电极电势的影响因素及应用

标准电极电势是在标准状态下测定的,实际中的电极反应往往不是在标准状态下进行的。那么任意状态下的电极电势与标准电极电势有怎样的定量关系呢?影响电极电势的因素又有哪些呢?

一、能斯特公式

能斯特(W. Nernst)从理论上推导出了浓度、温度是影响电极电势的因素,并得到了定量关系式。

设某一电极反应为

$$a\,\text{氧化态} + ne^- \Longrightarrow b\,\text{还原态}$$

任意状态下,则有

$$\varphi(\text{氧化态/还原态}) = \varphi^\ominus(\text{氧化态/还原态}) + \frac{RT}{nF}\ln\frac{[c(\text{氧化态})/c^\ominus]^a}{[c(\text{还原态})/c^\ominus]^b} \tag{9.5}$$

式(9.5)称为能斯特公式。式中,R 为摩尔气体常量,$R=8.314\text{J}\cdot\text{mol}^{-1}\cdot\text{K}^{-1}$;$n$ 为电极反应中的得失电子数;F 为法拉第常量,$F=96485\text{C}\cdot\text{mol}^{-1}$;$T$ 为热力学温度。

当 $T=298.15\text{K}$ 时,将自然对数变换成以 10 为底的对数,则

$$\varphi(\text{氧化态/还原态}) = \varphi^\ominus(\text{氧化态/还原态}) + \frac{0.0592\text{V}}{n}\lg\frac{[c(\text{氧化态})/c^\ominus]^a}{[c(\text{还原态})/c^\ominus]^b} \tag{9.6}$$

利用能斯特公式可以计算任意态时的电极电势,但应用能斯特公式需要注意以下几点:

(1) 在电极反应中出现纯固体或纯液体,则视为常数不写在能斯特公式中;若为气体,则用相对分压表示。例如

$$Fe^{3+} + 3e^- \Longrightarrow Fe$$

$$\varphi(Fe^{3+}/Fe) = \varphi^\ominus(Fe^{3+}/Fe) + \frac{0.0592\text{V}}{3}\lg[c(Fe^{3+})/c^\ominus]$$

$$2H^+ + 2e^- \Longrightarrow H_2$$

$$\varphi(H^+/H_2) = \varphi^\ominus(H^+/H_2) + \frac{0.0592\text{V}}{2}\lg\frac{[c(H^+)/c^\ominus]^2}{p(H_2)/p^\ominus}$$

(2) 在电极反应中有 H^+ 或 OH^- 参加,则将这些物质均写在能斯特公式中。例如

$$MnO_4^- + 8H^+ + 5e^- \Longrightarrow Mn^{2+} + 4H_2O$$

$$\varphi(MnO_4^-/Mn^{2+}) = \varphi^\ominus(MnO_4^-/Mn^{2+}) + \frac{0.0592\text{V}}{5}\lg\frac{[c(MnO_4^-)/c^\ominus][c(H^+)/c^\ominus]^8}{c(Mn^{2+})/c^\ominus}$$

$$Cr_2O_7^{2-} + 14H^+ + 6e^- \Longrightarrow 2Cr^{3+} + 7H_2O$$

$$\varphi(Cr_2O_7^{2-}/Cr^{3+}) = \varphi^\ominus(Cr_2O_7^{2-}/Cr^{3+}) + \frac{0.0592\text{V}}{6}\lg\frac{[c(Cr_2O_7^{2-})/c^\ominus][c(H^+)/c^\ominus]^{14}}{[c(Cr^{3+})/c^\ominus]^2}$$

二、影响电极电势的因素

1. 浓度对电极电势的影响

标准电极电势是组成电极的氧化态和还原态物质的浓度均为 $1.0mol\cdot L^{-1}$时的电势。当氧化态或还原态物质浓度发生变化时,电极电势也将随之改变,利用能斯特公式计算。

例 9.5 已知 $\varphi^{\ominus}(Fe^{3+}/Fe^{2+})=0.771V$,求下列两种情况下的 $\varphi(Fe^{3+}/Fe^{2+})$。

(1) $c(Fe^{2+})=1.0mol\cdot L^{-1}$,$c(Fe^{3+})=0.10mol\cdot L^{-1}$

(2) $c(Fe^{2+})=0.10mol\cdot L^{-1}$,$c(Fe^{3+})=1.0mol\cdot L^{-1}$

解 电极反应为

$$Fe^{3+}+e^{-}\!=\!=\!=Fe^{2+}$$

(1)
$$\begin{aligned}\varphi(Fe^{3+}/Fe^{2+})&=\varphi^{\ominus}(Fe^{3+}/Fe^{2+})+\frac{0.0592V}{1}\lg\frac{c(Fe^{3+})/c^{\ominus}}{c(Fe^{2+})/c^{\ominus}}\\&=0.771V+\frac{0.0592V}{1}\lg\frac{0.1mol\cdot L^{-1}/1mol\cdot L^{-1}}{1.0mol\cdot L^{-1}/1mol\cdot L^{-1}}\\&=0.712V\end{aligned}$$

(2)
$$\begin{aligned}\varphi(Fe^{3+}/Fe^{2+})&=\varphi^{\ominus}(Fe^{3+}/Fe^{2+})+\frac{0.0592V}{1}\lg\frac{c(Fe^{3+})/c^{\ominus}}{c(Fe^{2+})/c^{\ominus}}\\&=0.771V+\frac{0.0592V}{1}\lg\frac{1.0mol\cdot L^{-1}/1mol\cdot L^{-1}}{0.1mol\cdot L^{-1}/1mol\cdot L^{-1}}\\&=0.830V\end{aligned}$$

由上述例题计算表明,当降低氧化态物质浓度时,其电极电势值减小,相应的氧化态物质的氧化能力减弱,还原态物质的还原能力增强;当降低还原态物质浓度时,其电极电势值增大,相应的氧化态物质的氧化能力增强,还原态物质的还原能力减弱。

2. 酸度对电极电势的影响

当在电极反应中有 H^{+}或 OH^{-}参加时,酸度的改变必将引起电极电势的变化,从而改变了电对的氧化还原能力。

例 9.6 已知 $MnO_4^{-}+8H^{+}+5e^{-}\!=\!=\!=Mn^{2+}+4H_2O$ 的 $\varphi^{\ominus}(MnO_4^{-}/Mn^{2+})=1.507V$,分别计算 $c(H^{+})$为 $0.01mol\cdot L^{-1}$和 $10mol\cdot L^{-1}$,而其他物质处于标准态时 $\varphi(MnO_4^{-}/Mn^{2+})$的值。

解 电极反应为

$$MnO_4^{-}+8H^{+}+5e^{-}\!=\!=\!=Mn^{2+}+4H_2O$$

相应的能斯特公式为

$$\varphi(MnO_4^{-}/Mn^{2+})=\varphi^{\ominus}(MnO_4^{-}/Mn^{2+})+\frac{0.0592V}{5}\lg\frac{[c(MnO_4^{-})/c^{\ominus}][c(H^{+})/c^{\ominus}]^8}{c(Mn^{2+})/c^{\ominus}}$$

当 $c(H^{+})=0.01mol\cdot L^{-1}$时,则有

$$\begin{aligned}\varphi(MnO_4^{-}/Mn^{2+})&=\varphi^{\ominus}(MnO_4^{-}/Mn^{2+})+\frac{0.0592V}{5}\lg\frac{[c(MnO_4^{-})/c^{\ominus}][c(H^{+})/c^{\ominus}]^8}{c(Mn^{2+})/c^{\ominus}}\\&=1.570V+\frac{0.0592V}{5}\lg\frac{(1mol\cdot L^{-1}/1mol\cdot L^{-1})(0.01mol\cdot L^{-1}/1mol\cdot L^{-1})^8}{1mol\cdot L^{-1}/1mol\cdot L^{-1}}\\&=1.32V\end{aligned}$$

当 $c(H^{+})=10mol\cdot L^{-1}$时,则有

$$\varphi(MnO_4^-/Mn^{2+})=\varphi^\ominus(MnO_4^-/Mn^{2+})+\frac{0.0592V}{5}\lg\frac{[c(MnO_4^-)/c^\ominus][c(H^+)/c^\ominus]^8}{c(Mn^{2+})/c^\ominus}$$
$$=1.570V+\frac{0.0592V}{5}\lg\frac{(1mol\cdot L^{-1}/1mol\cdot L^{-1})(10mol\cdot L^{-1}/1mol\cdot L^{-1})^8}{1mol\cdot L^{-1}/1mol\cdot L^{-1}}$$
$$=1.60V$$

计算结果表明，$\varphi(MnO_4^-/Mn^{2+})$随着 H^+ 浓度增大而明显增大，故 MnO_4^- 的氧化能力明显增强。

3. 沉淀和配合物的生成对电极电势的影响

沉淀和配合物的生成对电极电势的影响，实际上也是浓度对电极电势的影响。当沉淀剂、配位剂与电对中的氧化态物质反应，氧化态物质的浓度就减小了，使得电极电势降低，增大了还原态物质的还原能力；当沉淀剂、配位剂与电对中的还原态物质反应时，还原态物质的浓度就减小了，使得电极电势升高，增大了氧化态物质的氧化能力。

例 9.7　已知 $\varphi^\ominus(Cu^{2+}/Cu^+)=0.15V$，$\varphi^\ominus(I_2/I^-)=0.54V$，计算 $\varphi^\ominus(Cu^{2+}/CuI)$，并判断 Cu^{2+} 是否能氧化 I^-。已知 $K_{sp}^\ominus(CuI)=1.1\times10^{-12}$。

解　电极反应为　$Cu^{2+}+I^-+e^-=\!=\!=CuI$

$$\varphi^\ominus(Cu^{2+}/CuI)=\varphi^\ominus(Cu^{2+}/Cu^+)+0.0592V\lg\frac{c(Cu^{2+})/c^\ominus}{c(Cu^+)/c^\ominus}$$
$$=\varphi^\ominus(Cu^{2+}/Cu^+)+0.0592V\lg\frac{[c(Cu^{2+})/c^\ominus][c(I^-)/c^\ominus]}{K_{sp}^\ominus(CuI)}$$
$$=0.15V+0.0592V\lg\frac{(1mol\cdot L^{-1}/1mol\cdot L^{-1})(1mol\cdot L^{-1}/1mol\cdot L^{-1})}{1.27\times10^{-12}}$$
$$=0.85V$$

因 I^- 和还原态物质 Cu^+ 反应生成了 CuI 沉淀，Cu^+ 的浓度大大降低，从而显著地增大了 Cu^{2+} 的氧化能力，使得 $\varphi^\ominus(Cu^{2+}/CuI)>\varphi^\ominus(I_2/I^-)$，所以 I^- 能被 Cu^{2+} 氧化成 I_2。反应式为

$$2Cu^{2+}+4I^-=\!=\!=2CuI+I_2$$

例 9.8　实验测得下列原电池

$(-)Cu\,|\,[Cu(NH_3)_4]^{2+}(1mol\cdot L^{-1}),NH_3(1mol\cdot L^{-1})\,\|\,H_3O^+(1mol\cdot L^{-1})\,|\,H_2(p^\ominus),Pt(+)$

电动势 $\varepsilon=0.054V$，试求 $K_f^\ominus([Cu(NH_3)_4]^{2+})$。

解

$$\varphi(Cu^{2+}/Cu)=\varphi^\ominus(Cu^{2+}/Cu)+\frac{0.0592V}{2}\lg[c(Cu^{2+})/c^\ominus]$$
$$=\varphi^\ominus(Cu^{2+}/Cu)+\frac{0.0592V}{2}\lg\frac{c([Cu(NH_3)_4]^{2+})/c^\ominus}{K_f^\ominus([Cu(NH_3)_4]^{2+})[c(NH_3)/c^\ominus]^4}$$
$$=0.34V+\frac{0.0592V}{2}\lg\frac{1mol\cdot L^{-1}/1mol\cdot L^{-1}}{K_f^\ominus([Cu(NH_3)_4]^{2+})(1mol\cdot L^{-1}/1mol\cdot L^{-1})}$$
$$=0.34V+\frac{0.0592V}{2}\lg\frac{1}{K_f^\ominus([Cu(NH_3)_4]^{2+})}$$
$$\varepsilon=\varphi^\ominus(H^+/H_2)-\varphi(Cu^{2+}/Cu)$$
$$=0V-\left(0.34V+\frac{0.0592V}{2}\lg\frac{1}{K_f^\ominus([Cu(NH_3)_4]^{2+})}\right)$$
$$=0.054V$$
$$K_f^\ominus([Cu(NH_3)_4]^{2+})=2.1\times10^{13}$$

三、电极电势的应用

1. 判断氧化剂、还原剂的相对强弱

电极电势的大小，反映了氧化还原对中氧化态物质和还原态物质氧化还原能力的相对

强弱。$\varphi^{\ominus}(\varphi)$越大,相应电对中氧化态物质越易得电子,为越强的氧化剂,其对应的还原态物质则越难失去电子,为越弱的还原剂;与此相反,$\varphi^{\ominus}(\varphi)$越小,相应电对中还原态物质越易失去电子,为越强的还原剂,其对应的氧化态物质越难得电子,为越弱的氧化剂。例如,$\varphi^{\ominus}(MnO_4^-/Mn^{2+})$为1.507V,$\varphi^{\ominus}(Fe^{3+}/Fe^{2+})$为0.771V,由此可知,$MnO_4^-$ 氧化性比 Fe^{3+} 强,Mn^{2+} 还原性比 Fe^{2+} 弱。

例 9.9 有4种氧化剂 H_2O_2、MnO_4^-、$Cr_2O_7^{2-}$ 和 Fe^{3+},选择哪种氧化剂能使 Cl^-、Br^-、I^- 混合液中的 I^- 氧化成 I_2,而 Cl^-、Br^- 不被氧化?

解 查表得到相关的 $\varphi^{\ominus}$ 值:

$Cl_2+2e^- = 2Cl^-$　　$\varphi^{\ominus}(Cl_2/Cl^-)=1.36V$

$Br_2+2e^- = 2Br^-$　　$\varphi^{\ominus}(Br_2/Br^-)=1.07V$

$I_2+2e^- = 2I^-$　　$\varphi^{\ominus}(I_2/I^-)=0.5345V$

$MnO_4^-+8H^++5e^- = Mn^{2+}+4H_2O$　　$\varphi^{\ominus}(MnO_4^-/Mn^{2+})=1.507V$

$Cr_2O_7^{2-}+14H^++6e^- = 2Cr^{3+}+7H_2O$　　$\varphi^{\ominus}(Cr_2O_7^{2-}/Cr^{3+})=1.23V$

$Fe^{3+}+e^- = Fe^{2+}$　　$\varphi^{\ominus}(Fe^{3+}/Fe^{2+})=0.771V$

$H_2O_2+2H^++2e^- = 2H_2O$　　$\varphi^{\ominus}(H_2O_2/H_2O)=1.77V$

由上述数据可知,在酸性介质中 H_2O_2、$KMnO_4$ 能使 Cl^-、Br^-、I^- 都被氧化;而 $Cr_2O_7^{2-}$ 不能氧化 Cl^-,却能使 Br^-、I^- 都被氧化;Fe^{3+} 只能氧化 I^-,而不能氧化 Cl^-、Br^-。故选择 Fe^{3+}。

2. 判断氧化还原反应进行的方向

判断化学反应自发进行方向的判据是 Δ_rG_m。对于氧化还原反应,由于 Δ_rG_m 与 ε 之间的关系为 $\Delta_rG_m=-nF\varepsilon$,所以可以用 ε 判断氧化还原反应自发的方向。

$\Delta_rG_m<0,\varepsilon>0$,反应正向自发进行;

$\Delta_rG_m>0,\varepsilon<0$,反应逆向自发进行;

$\Delta_rG_m=0,\varepsilon=0$,反应处于平衡状态。

当反应是在标准状态下进行的,则为

$\Delta_rG_m^{\ominus}<0,\varepsilon^{\ominus}>0$,反应正向自发进行;

$\Delta_rG_m^{\ominus}>0,\varepsilon^{\ominus}<0$,反应逆向自发进行;

$\Delta_rG_m^{\ominus}=0,\varepsilon^{\ominus}=0$,反应处于平衡状态。

若使 $\varepsilon^{\ominus}(\varepsilon)>0$,则必须 $\varphi_+^{\ominus}(\varphi_+)>\varphi_-^{\ominus}(\varphi_-)$,即氧化剂电对的电极电势大于还原剂电对的电极电势。氧化还原自发反应方向为由较强氧化剂和较强还原剂生成较弱氧化剂和较弱还原剂。

一般来说,当两个电对的电极电势相差不大时,可通过改变氧化态和还原态物质的浓度来改变氧化还原反应方向。若两个电对的电极电势相差较大时,仅靠改变氧化态和还原态物质的浓度,不能达到改变氧化还原反应方向的目的。

例 9.10 298.15K,标准状态下,反应 $MnO_2(s)+4HCl(aq) = MnCl_2(aq)+Cl_2(g)+2H_2O(l)$ 能否自发进行?若改用 $10mol\cdot L^{-1}$ HCl 能否与 MnO_2 反应制取 $Cl_2(g)$?(设其他物质处于标准态)

解　　$\varphi^{\ominus}(MnO_2/Mn^{2+})=1.224V,\varphi^{\ominus}(Cl_2/Cl^-)=1.36V$

正极:　　$MnO_2(s)+4H^+(aq)+2e^- = Mn^{2+}(aq)+2H_2O(l)$

负极:　　$Cl_2(g)+2e^- = 2Cl^-(aq)$

$$\varepsilon^{\ominus}=\varphi^{\ominus}(MnO_2/Mn^{2+})-\varphi^{\ominus}(Cl_2/Cl^-)=1.224V-1.36V=-0.136V$$

因为 $\varepsilon^{\ominus}<0$，所以在标准状态下，该反应不能正向自发进行。

当 HCl 的浓度为 $10mol\cdot L^{-1}$，其他物质处于标态时，则有

$$\begin{aligned}\varphi(MnO_2/Mn^{2+})&=\varphi^{\ominus}(MnO_2/Mn^{2+})+\frac{0.0592V}{2}\lg\frac{[c(H^+)/c^{\ominus}]^4}{c(Mn^{2+})/c^{\ominus}}\\&=1.224V+\frac{0.0592V}{2}\lg\frac{(10mol\cdot L^{-1}/1mol\cdot L^{-1})^4}{1mol\cdot L^{-1}/1mol\cdot L^{-1}}\\&=1.34V\end{aligned}$$

$$\begin{aligned}\varphi(Cl_2/Cl^-)&=\varphi^{\ominus}(Cl_2/Cl^-)+\frac{0.0592V}{2}\lg\frac{p(Cl_2)/p^{\ominus}}{[c(Cl^-)/c^{\ominus}]^2}\\&=1.360V+\frac{0.0592V}{2}\lg\frac{100kPa/100kPa}{(10mol\cdot L^{-1}/1mol\cdot L^{-1})^2}\\&=1.30V\end{aligned}$$

$$\varepsilon=\varphi(MnO_2/Mn^{2+})-\varphi(Cl_2/Cl^-)=1.34V-1.30V=0.04V>0$$

所以可以用 $10mol\cdot L^{-1}$ HCl 与 MnO_2 反应制取氯气。

3. 判断氧化还原反应进行的程度

氧化还原反应进行的程度用标准平衡常数来衡量。标准吉布斯自由能变与标准平衡常数、原电池标准电动势的关系为

$$\begin{cases}\Delta_r G_m^{\ominus}=-RT\ln K^{\ominus}\\\Delta_r G_m^{\ominus}=-nF\varepsilon^{\ominus}\end{cases}$$

联立可得

$$\ln K^{\ominus}=\frac{nF\varepsilon^{\ominus}}{RT}=\frac{n(\varphi_{正}^{\ominus}-\varphi_{负}^{\ominus})}{RT}\tag{9.7}$$

在 $T=298.15K$ 时，将自然对数变换成以 10 为底的对数，则

$$\lg K^{\ominus}=\frac{n\varepsilon^{\ominus}}{0.0592V}=\frac{n(\varphi_{正}^{\ominus}-\varphi_{负}^{\ominus})}{0.0592V}\tag{9.8}$$

应用式(9.8)时应注意，n 是氧化还原反应中的得失电子数，电极电势一定是标准电极电势 $\varphi^{\ominus}$。所以说，在一定温度下，氧化还原反应进行的程度是由正、负两个电极的标准电极电势之差值决定的，差值越大，反应进行的程度越大。一个化学反应的 $K^{\ominus}$ 若大于 1.0×10^6，就可认为该反应进行得很彻底。根据式(9.8)，若 $n=1$，则 $\varepsilon^{\ominus}=0.36V$；若 $n=2$，则 $\varepsilon^{\ominus}=0.18V$；若 $n=3$，则 $\varepsilon^{\ominus}=0.12V$，因此常用 $\varepsilon^{\ominus}$ 是否大于 0.2～0.4V 来判断氧化还原是否能自发进行。

例 9.11　计算 298.15K 下反应 $Zn(s)+Cu^{2+}(aq)\rightleftharpoons Zn^{2+}(aq)+Cu(s)$ 的标准平衡常数。

解

$$\begin{aligned}\lg K^{\ominus}&=\frac{n\varepsilon^{\ominus}}{0.0592V}\\&=\frac{n[\varphi^{\ominus}(Cu^{2+}/Cu)-\varphi^{\ominus}(Zn^{2+}/Zn)]}{0.0592V}\\&=\frac{2\times[0.3394V-(-0.7621V)]}{0.0592V}\\&=37.21\end{aligned}$$

$$K^{\ominus}=1.63\times10^{37}$$

$K^{\ominus}$ 值很大，说明反应进行得很彻底。

第六节　元素标准电极电势图及应用

一、元素标准电极电势图

将同一元素多种氧化态按照由高到低的顺序排列成横行，两个氧化态物质之间形成电对，用直线把它们连接起来，并在直线上方标出相应电对的标准电极电势，就形成了元素的标准电极电势图。根据溶液酸、碱性介质的不同，标准电极电势图分为酸性介质 $\varphi_A^\ominus$ 和碱性介质 $\varphi_B^\ominus$。例如

$\varphi_A^\ominus/V$　　Cu^{2+} —0.153— Cu^+ —0.522— Cu（Cu^{2+} 与 Cu 之间：0.342）

$\varphi_B^\ominus/V$　　ClO_4^- —0.36— ClO_3^- —0.50— ClO^- —0.40— Cl_2 —1.36— Cl^-（ClO_3^- 与 Cl_2 之间：0.48）

二、元素标准电极电势图的应用

1. 从元素标准电极电势图判断物质能否发生歧化反应

某一元素有 3 种不同氧化态的物质，其元素电势图如下：

$$A \xrightarrow{\varphi^\ominus(A/B)} B \xrightarrow{\varphi^\ominus(B/C)} C$$

若 $\varphi^\ominus(B/C) > \varphi^\ominus(A/B)$，在两个氧化还原对 B/C、A/B 中，物质 B 既是较强的氧化剂又是较强的还原剂，可发生 B══A+C 的歧化反应，$\varphi^\ominus(B/C)$ 比 $\varphi^\ominus(A/B)$ 大得越多，歧化反应程度越大。故从 Cu 的标准电极电势图中可以判断 Cu^+ 在水溶液中不能稳定存在，将发生歧化反应：

$$2Cu^+(aq) = Cu^{2+}(aq) + Cu(s)$$

2. 计算未知电对的标准电极电势

若已知两个或两个以上的相关电对的标准电极电势，可求算出另一些电对的标准电极电势。例如，某元素标准电极电势图为

$$A \xrightarrow[n_1]{\varphi^\ominus(A/B)} B \xrightarrow[n_2]{\varphi^\ominus(B/C)} C$$

（A 与 C 之间：$\varphi^\ominus(A/C)$，n）

图中，n_1、n_2、n 为得失电子数目。

$$\varphi^\ominus(A/C) = \frac{n_1\varphi^\ominus(A/B) + n_2\varphi^\ominus(B/C)}{n_1 + n_2} \tag{9.9}$$

若有 i 个相邻电对，则

$$\varphi^\ominus = \frac{n_1\varphi_1^\ominus + n_2\varphi_2^\ominus + \cdots + n_i\varphi_i^\ominus}{n_1 + n_2 + \cdots + n_i} \tag{9.10}$$

例 9.12　根据碱性介质中磷元素标准电极电势图，计算 $\varphi^{\ominus}_{(H_2PO_2^-/PH_3)}$。

解　$\varphi^{\ominus}_{B}/V$　　$H_2PO_2^- \xrightarrow{-1.82} P_4 \xrightarrow{-0.87} PH_3$

$$H_2PO_2^- + e^- = \frac{1}{4}P_4 + 2OH^-$$

$$\frac{1}{4}P_4 + 3H_2O + 3e^- = PH_3 + 3OH^-$$

$$\varphi^{\ominus}(H_2PO_2^-/PH_3) = \frac{n_1\varphi^{\ominus}(H_2PO_2^-/P_4) + n_2\varphi^{\ominus}(P_4/PH_3)}{n_1+n_2}$$

$$= \frac{1\times(-1.82V) + 3\times(-0.87V)}{1+3}$$

$$= -1.11V$$

例 9.13　已知

$$Cu^{2+} \xrightarrow{0.159V} Cu^+ \longrightarrow Cu \quad (Cu^{2+} \to Cu: 0.34V)$$

求 $\varphi^{\ominus}(Cu^{2+}/Cu)$。试判断哪个物质能发生歧化反应，写出歧化反应，并计算该反应的 $K^{\ominus}$。

解

$$\varphi^{\ominus}(Cu^{2+}/Cu) = \frac{[n_1\varphi^{\ominus}(Cu^{2+}/Cu^+) + n_2\varphi^{\ominus}(Cu^+/Cu)]}{(n_1+n_2)}$$

$$0.34V = \frac{[0.159V + \varphi^{\ominus}(Cu^+/Cu)]}{(1+1)}$$

$$\varphi^{\ominus}(Cu^+/Cu) = 0.521V$$

因为

$$\varphi^{\ominus}(Cu^+/Cu) > \varphi^{\ominus}(Cu^{2+}/Cu^+)$$

故 Cu^+ 发生歧化反应生成 Cu^{2+} 和 Cu，歧化反应如下：

$$2Cu^+ = Cu^{2+} + Cu$$

$$\lg K^{\ominus} = \frac{n\varepsilon^{\ominus}}{0.0592V} = \frac{n[\varphi^{\ominus}(Cu^+/Cu) - \varphi^{\ominus}(Cu^{2+}/Cu^+)]}{0.0592V}$$

$$= \frac{0.521V - 0.159V}{0.0592V}$$

$$= 6.11$$

$$K^{\ominus} = 1.30\times10^6$$

习　　题

1. 用离子-电子法配平下列反应式。

$MnO_4^- + SO_3^{2-} \longrightarrow Mn^{2+} + SO_4^{2-}$（酸性介质）

$MnO_4^- + SO_3^{2-} \longrightarrow MnO_2\downarrow + SO_4^{2-}$（中性介质）

$MnO_4^- + SO_3^{2-} \longrightarrow MnO_4^{2-} + SO_4^{2-}$（碱性介质）

$MnO_4^- + C_2O_4^{2-} \longrightarrow Mn^{2+} + CO_2$（酸性介质）

$Cr_2O_7^{2-} + SO_3^{2-} \longrightarrow Cr^{3+} + SO_4^{2-}$（酸性介质）

$Bi(OH)_3 + Cl_2 \longrightarrow BiO_3^- + Cl^-$（碱性介质）

2. 用符号表示下列氧化还原反应所组成的原电池。

(1) $2Ag(aq) + Zn(s) = 2Ag^+(aq) + Zn^{2+}(aq)$

(2) $2FeCl_3(aq) + Cu(s) = 2FeCl_2(aq) + CuCl_2(aq)$

(3) $2Fe^{3+}(aq) + Sn^{2+}(aq) = 2Fe^{2+}(aq) + Sn^{4+}(aq)$

(4) $2MnO_4^-(aq) + 10Cl^-(aq) + 16H^+(aq) = 2Mn^{2+}(aq) + 5Cl_2(g) + 8H_2O(l)$

3. 计算下列反应在 298.15K 的标准平衡常数，并说明反应进行的完全程度。

(1) $2MnO_4^- + 5H_2O_2 + 16H^+ = 2Mn^{2+} + 5O_2 + 8H_2O$

(2) $2[Fe(CN)_6]^{4-}+Cl_2 = 2Cl^-+2[Fe(CN)_6]^{3-}$

(3) $3CuS(s)+2NO_3^-+8H^+ = 3Cu^{2+}+3S+2NO+4H_2O$

(4) $2Fe^{3+}+2Br^- = 2Fe^{2+}+Br_2$

4. 计算下列电极在 298.15K 时的电极电势。

(1) $Pt|\ H^+(0.10mol\cdot L^{-1}), Mn^{2+}(1.0\times10^{-3}mol\cdot L^{-1}), MnO_4^-(0.10mol\cdot L^{-1})$

(2) $Ag(s)\ |\ AgBr(s)\ |\ Br^-(1.0\times10^{-2}mol\cdot L^{-1})$

(3) $Hg(l)\ |\ HgCl_4^{2-}(0.10mol\cdot L^{-1}), Cl^-(2.0mol\cdot L^{-1})$

5. 由两个氢半电池 $Pt|H_2(p^\ominus)|H^+(0.1mol\cdot L^{-1})$ 和 $Pt|H_2(p^\ominus)|H^+(x)$ 组成一原电池,测得该原电池的电动势为 0.016V,若 $Pt|H_2(p^\ominus)|H^+(x)$ 作为该原电池的正极,则组成该半电池的溶液中 H^+ 浓度是多少?

6. 对于电极 MnO_4^-/Mn^{2+} 和 Zn^{2+}/Zn 组成的原电池:

(1) 计算 298.15K 下,当 MnO_4^-、Mn^{2+}、Zn^{2+} 的浓度均为 $1mol\cdot L^{-1}$,H^+ 浓度为 $0.1mol\cdot L^{-1}$ 时,原电池的电动势。并写出原电池符号。

(2) 计算该氧化还原反应的 $\Delta_r G_m^\ominus$。

(3) 计算该氧化还原反应的平衡常数 $K^\ominus$。

7. $(-)Ag|AgCl, Cl^-(0.01mol\cdot L^{-1})\ \|\ Ag^+(0.01mol\cdot L^{-1})|Ag(+)$

电动势 ε 为 0.34V,求 AgCl 的 $K_{sp}^\ominus$。

8. $(-)H_2(1000kPa)|HAc(0.1mol\cdot L^{-1})\ \|\ H^+(1mol\cdot L^{-1})|H_2(100kPa)(+)$

25℃时测定电动势为 0.17V,求 $K_a^\ominus$。

9. 已知 $\varphi^\ominus(Cr_2O_7^{2-}/Cr^{3+})=1.33V$,$\varphi^\ominus(Cl_2/Cl^-)=1.36V$。计算说明 $K_2Cr_2O_7$ 能否与 $10mol\cdot L^{-1}$ HCl 反应生成氯气(其他物质处于标态),写出方程式,并求 $K^\ominus$。

10. 已知下列元素电势图:

$\varphi_A^\ominus$　　$MnO_4^- \xrightarrow{1.69V} MnO_2 \xrightarrow{1.23V} Mn^{2+}$　　$IO_3^- \xrightarrow{1.19V} I_2 \xrightarrow{0.54V} I^-$

写出下列两种条件下,$KMnO_4$ 与 KI 溶液反应的方程式。

(1) KI 过量;

(2) $KMnO_4$ 过量。

11. 已知:$\varphi^\ominus(Fe^{3+}/Fe^{2+})=0.771V$,$\varphi^\ominus(Fe^{2+}/Fe)=-0.447V$。

(1) 计算 $\varphi^\ominus(Fe^{3+}/Fe)$;

(2) 利用 $2Fe^{3+}+Fe = 3Fe^{2+}$ 反应设计一个原电池,并计算该反应的平衡常数。

12. 试用电极电势解释下列现象。

(1) 配制 $SnCl_2$ 试剂时,除加 HCl 外,还要加入金属锡粒。

(2) Fe 与 Cl_2 反应的产物是 $FeCl_3$,而与 HCl 反应的产物是 $FeCl_2$。

(3) Co^{2+} 在水溶液中很稳定,但 $[Co(NH_3)_6]^{2+}$ 却会被空气迅速氧化。

(4) Fe^{3+} 能将 I^- 氧化为 I_2,如先向 Fe^{3+} 中加入 NaF,再加入 KI,没有 I_2 生成。

第十章　定量分析化学概论

第一节　概　　述

一、分析化学的任务

分析化学是研究物质的化学组成和结构的分析方法及相关理论的科学，是化学表征和测量的学科。分析化学的任务是获取关于物质系统的化学组成、成分含量和化学结构等方面的信息，所以分析化学也可以认为是一门信息科学。

当前科学发展的特点之一是学科与学科之间的交叉和相互渗透很突出，因此与分析化学密切相关的边缘学科不断涌现，如环境分析化学、生物分析化学、食品分析等，随着这些边缘学科的出现与发展，必将给分析化学注入新的活力，所以分析化学在21世纪将以新的风貌展现在世人面前。

二、分析方法

分析方法种类很多，范围很广。根据其分析任务、分析对象、测定原理及试样用量等分为不同的类型。

1. 定性分析、定量分析和结构分析

定性分析是确定物质的化学成分；定量分析是测定有关组分的含量；结构分析是确定物质的分子结构或晶体结构等。

2. 无机分析和有机分析

无机分析的对象是无机物，有机分析的对象是有机物。对有机物的分析除了鉴定组成元素外，还要进行官能团分析。

3. 化学分析法和仪器分析法

化学分析法又称经典分析法，是以物质的化学反应为基础的分析方法，包括滴定分析法和重量分析法。

仪器分析法是以物质的物理性质或物理化学性质为基础的分析方法，又称为物理化学分析法。它主要包括光谱分析法、电分析法、色谱分析法、质谱分析法和核磁共振波谱法等。由于仪器分析法具有快速、灵敏的特点，随着分析仪器种类的增多及普及，其应用范围日益扩大。

4. 常量分析、半微量分析和微量分析

根据试样用量的多少可分为常量、半微量和微量分析，如表10.1所示。

表 10.1 各种分析方法的试样用量

方法	试样质量	试液体积
常量分析	>0.1g	>10mL
半微量分析	0.01～0.1g	1～10mL
微量分析	0.1～10mg	0.01～1mL
超微量分析	<0.1mg	<0.01mL

另外，根据被测组分含量的高低还可以分为常量(>1%)、微量(0.01%～1%)和痕量(<0.01%)成分的分析。

5. 常规分析和仲裁分析

一般化验室日常工作中的分析项目称为常规分析或例行分析。当不同的单位对分析结果有争议时，请有关部门用指定的国家标准分析方法进行的分析称为仲裁分析。

三、定量分析过程

定量分析的任务是测定物质中有关组分的含量。要完成一项定量分析工作，通常包括以下几个分析步骤。

1. 取样

取样是分析过程中至关重要的步骤，如果所取的样品没有代表性，即使分析结果很准确也没有意义，甚至可能导致错误的结论，给生产或科研带来很大损失。在分析工作中，一般只需极小量试样，而它所代表的则是吨级或更多的物料。取有代表性的样品通常使用的方法是多点采取原始物料，即从大批物料中的不同部位和深度，选取多个取样点取样，所得样品经多次粉碎、过筛、混匀、缩分，以制得少量的分析试样。

2. 试样的干燥

经粉碎的试样具有较大的表面积，易吸收空气中的水分，此吸附水为湿存水，可采取烘干的办法除去。但有些样品烘干时易分解或干燥后在空气中更易吸水，宜采取风干法干燥。有些物质遇热易爆炸，则只能在室温下于干燥器中除去水分。

3. 试样的分解

要对试样采取化学法分析，首先要将试样分解，制成溶液，然后测定。根据试样性质的不同采取不同的分解方法。最常用的是酸溶法，如用稀酸、浓酸、混合酸等分解样品；也可采用碱溶法，如用 NaOH 分解样品；或用熔融法。熔融法是将试样与固体熔剂混合后，在高温条件下熔融分解，再用水或酸浸取，使其转入溶液中。常用的酸性熔剂有焦硫酸钾或硫酸氢钾。常用的碱性熔剂有碳酸钠、氢氧化钠和过氧化钠等。

4. 消除干扰

复杂样品中常含有多种组分，在测定某一组分时，常受到其他组分的干扰，应当设法消除。采用掩蔽剂消除干扰是一种简单、有效的办法。但在许多情况下，没有合适的掩蔽剂，就要采用分离方法来消除共存组分的干扰。常用的分离方法有沉淀分离、萃取分离、离子交换和色谱法分离等。

5. 测定

根据被测组分的性质、含量及对分析结果准确度的要求，选择合适的分析方法进行测定。由于各种分析方法在准确度、灵敏度、选择性和适用范围等各方面不尽相同，因此要根据实际情况选择合适的分析方法。

6. 计算分析结果

根据试样质量，测量所得数据及分析过程中有关反应的计量关系，计算出试样中待测组分的含量，经过数据处理，正确地报出分析结果。这些程序的完成表示整个分析过程的圆满结束。

第二节　滴定分析法

滴定分析法是定量化学分析中重要的分析方法之一。被测物 A 与试剂 B 发生化学反应：

$$aA + bB = cC + dD$$

滴定分析法根据反应式中的计量关系求出分析结果。按化学反应的类型又可分为酸碱滴定法、配位滴定法、氧化还原滴定法和沉淀滴定法等。滴定分析法具有简单、快速、准确等优点，所以应用范围很广。

在滴定分析的过程中，将一种已知准确浓度的试剂溶液(即滴定剂)滴加到被测物质的溶液中，称为滴定。当加入的滴定剂的量与被滴定物质的量恰好符合化学反应式所表示的化学计量关系时，反应达到化学计量点。在化学计量点时，往往没有任何外部特征为人们所察觉，所以一般借助一种试剂的颜色改变来确定，这一试剂成为指示剂。在滴定时，指示剂颜色突然改变的一点称为滴定终点。滴定过程到此结束。滴定终点与化学计量不一定完全一致，由此而产生的误差称为终点误差。

一、滴定分析法对化学反应的要求

化学反应的类型多种多样，但并非所有的化学反应都适用于滴定分析。适合滴定分析的化学反应必须具备以下条件：

(1) 反应必须按一定的反应式进行，即反应具有确定的化学计量关系，这就是定量测定的基础。

(2) 反应必须定量地进行完全。通常要求反应的完全程度达 99.9%以上。

(3) 反应速度要快。如果反应速度慢，可通过采用加热或加入催化剂等方法来加快反应速度。

(4) 必须有适当的方法来确定终点。

二、滴定分析法的滴定方式

由于化学反应不一定能完全满足上述条件，根据不同的情况采用不同的滴定方式。

1. 直接滴定法

凡能满足上述要求的化学反应,都可以用滴定剂直接滴定被测物质,这种滴定方式称为直接滴定法。它是滴定分析中最常用和最基本的滴定方法。例如,用 HCl 溶液滴定 NaOH 溶液,用 $K_2Cr_2O_7$ 溶液滴定 Fe^{2+} 的溶液,用 EDTA 溶液滴定 Zn^{2+} 溶液等。

2. 返滴定法

当反应较慢或反应物是固体时,可先加入一定量过量的滴定剂,待反应完成后,再用另一种滴定剂回滴剩余的滴定剂。这种滴定方式称为返滴定法或回滴法。例如,Al^{3+} 与 EDTA 的反应较慢,不能直接滴定,可先加入一定量过量的 EDTA 标准溶液,加热促使反应完全,溶液冷却后,再用 Zn^{2+} 标准溶液滴定过剩的EDTA。

3. 置换滴定法

如果测定反应比较复杂,没有确定的化学计量关系,则不能用直接滴定法测定,可以用适当的试剂与其反应,使其定量地置换出另一种物质,再用标准溶液滴定此物质,这种方法称为置换滴定法。例如,$Na_2S_2O_3$ 溶液不能直接测定 $K_2Cr_2O_7$ 及其他氧化剂,因为 $K_2Cr_2O_7$ 不仅能把 $S_2O_3^{2-}$ 氧化为 $S_4O_6^{2-}$,还会有 SO_4^{2-} 生成,使两者间无一定的计量关系。这种情况可采用置换滴定法。在含有 $K_2Cr_2O_7$ 的酸性溶液中加入过量的 KI,$K_2Cr_2O_7$ 被还原并置换出一定量的 I_2,再用 $Na_2S_2O_3$ 溶液滴定置换出的 I_2,即可测得 $K_2Cr_2O_7$ 的含量。

4. 间接滴定法

不能与滴定剂直接反应的物质,有时可以通过另外的化学反应间接地进行测定。例如,Ca^{2+} 不能被 $KMnO_4$ 氧化,可先使之沉淀为 CaC_2O_4,用酸溶解沉淀,与 Ca^{2+} 结合的 $C_2O_4^{2-}$ 释放出来,再用 $KMnO_4$ 标准溶液滴定释放出的 $C_2O_4^{2-}$,这样就间接地测出了 Ca^{2+} 的含量。

三、基准物质和标准溶液

1. 基准物质

用于直接配制标准溶液或标定溶液浓度的物质,称为基准物质。基准物质必须符合以下要求:

(1) 物质的组成与化学式相符,若含结晶水等,其结晶水的含量也应与化学式完全相符。例如,硼砂($Na_2B_4O_7 \cdot 10H_2O$)、草酸($H_2C_2O_4 \cdot 2H_2O$)等。

(2) 试剂的纯度足够高(99.9%以上)。

(3) 试剂稳定,易于保存。例如,不易吸收空气中的水分和 CO_2,不易被空气氧化等。

(4) 试剂最好具有比较大的摩尔质量,可以减少称量误差。

常用的基准物质有纯金属和纯化合物,如金属锌、$K_2Cr_2O_7$、KIO_3 和 $H_2C_2O_4 \cdot 2H_2O$ 等。

2. 标准溶液

标准溶液是具有准确浓度的试剂溶液。在滴定分析法中常用作滴定剂。

在滴定分析中,标准溶液常用物质的量浓度和滴定度来表示。

物质的量浓度简称浓度，是指溶液中所含溶质的物质的量除以溶液的体积。对溶质而言，其物质 A 的量浓度用 c_A 表示：

$$c_A=\frac{n_A}{V}$$

c_A 单位为 $mol \cdot L^{-1}$ 或 $mmol \cdot mL^{-1}$。

滴定度是指 1mL 滴定剂溶液相当于被测物质的质量，常用 $T_{X/S}$ 表示，X 为被测物质的化学式，S 为滴定剂的化学式。例如，$T_{Fe/K_2Cr_2O_7}=0.05000g \cdot mL^{-1}$，表示 1mL $K_2Cr_2O_7$ 标准溶液可定量滴定 0.05000g Fe。如果固定称量试样的质量，滴定度可直接表示为滴定剂可定量滴定的被测物质的百分含量。例如，$T_{Fe/K_2Cr_2O_7}=1.00\% \cdot mL^{-1}$，表示 1mL $K_2Cr_2O_7$ 溶液可定量滴定试样中含量为 1%的铁。滴定度虽然不是法定单位，但在生产单位的例行分析中，由于分析对象一般比较固定，计算方便，常用滴定度表示标准溶液的浓度。

标准溶液的配制有两种方法：

(1) 直接法。准确称量一定量的基准物质，溶解后定量地转移至容量瓶中，用去离子水稀释至刻度。根据基准物质的质量和容量瓶的体积，即可计算出该标准溶液的准确浓度。

(2) 标定法。很多化学试剂或由于不易提纯，或由于组成不定等原因，不能作为基准物质直接配制标准溶液，则要采用标定法。即先配成近似于所需浓度的溶液，然后用基准物质或另一种标准溶液来确定其浓度，这一过程称为标定。例如，NaOH 纯度不定且易吸收空气中的水分，可先大致配成所需要的浓度，然后再用基准物质标定。$Na_2S_2O_3$ 和 $KMnO_4$ 等试剂不纯且易分解，也采用标定法配制。

四、滴定分析的计算

滴定分析计算的主要依据是滴定反应中反应物之间的化学计量关系，简称为量比规则。

设滴定剂与被测物质发生以下反应：

$$aA+bB \longrightarrow cC+dD$$

则 A 物质的量与 B 物质的量比为 $\frac{a}{b}$，$\frac{a}{b}$ 称为该反应的化学计量数比。A 物质的量 n_A 与 B 物质的量 n_B 之间有下列关系：

$$n_A=\frac{a}{b}n_B$$

1. 直接滴定法

例 10.1 在硫酸介质中，用 $KMnO_4$ 溶液滴定 0.2010g $Na_2C_2O_4$，消耗 30.00mL，计算 $c(KMnO_4)$。已知 $M(Na_2C_2O_4)=134.0g \cdot mol^{-1}$。

解 滴定反应为

$$2MnO_4^-+5C_2O_4^{2-}+16H^+ \longrightarrow 2Mn^{2+}+10CO_2+8H_2O$$

$$n(KMnO_4)=\frac{2}{5}n(Na_2C_2O_4)$$

$$c(KMnO_4)=\frac{2m(Na_2C_2O_4)}{5M(Na_2C_2O_4)V(KMnO_4)}=\frac{2\times 0.2010g}{5\times 134.0g \cdot mol^{-1}\times 0.03000L}=0.02000mol \cdot L^{-1}$$

2. 返滴定法

例 10.2　称取铝试样 0.2000g，溶解后加入 $0.02082\text{mol}\cdot\text{L}^{-1}$ EDTA 标准溶液 30.00mL，然后以 $0.02012\text{mol}\cdot\text{L}^{-1}$ Zn^{2+} 标准溶液返滴定，消耗 7.20mL，计算 $w(Al_2O_3)$。已知 $M(Al_2O_3)=102.0\text{g}\cdot\text{mol}^{-1}$。

解　滴定反应为

$$Al^{3+}+H_2Y^{2-}=\!=\!=AlY^{-}+2H^{+}\qquad Zn^{2+}+H_2Y^{2-}=\!=\!=ZnY^{2-}+2H^{+}$$

$$n(Zn^{2+})=n_2(\text{EDTA})=0.02012\text{mol}\cdot\text{L}^{-1}\times0.00720\text{L}$$

$$n(Al^{3+})=n(\text{EDTA})-n(Zn^{2+})\quad n(Al_2O_3)=\frac{1}{2}n(Al^{3+})=\frac{1}{2}n_1(\text{EDTA})$$

$$w(Al_2O_3)=\frac{\frac{1}{2}[n(\text{EDTA})-n(Zn^{2+})]M(Al_2O_3)}{m_s}$$

$$=\frac{\frac{1}{2}(0.02082\text{mol}\cdot\text{L}^{-1}\times0.03000\text{L}-0.02012\text{mol}\cdot\text{L}^{-1}\times0.00720\text{L})\times102.0\text{g}\cdot\text{mol}^{-1}}{0.2000\text{g}}$$

$$=0.1223$$

3. 间接滴定法

例 10.3　检验某患者血液中的含钙量，取 2.00mL 血液，稀释后用 $(NH_4)_2C_2O_4$ 溶液处理，使 Ca^{2+} 生成沉淀 CaC_2O_4，沉淀过滤洗涤后溶解于强酸中，然后用 $0.0100\text{mol}\cdot\text{L}^{-1}$ 的 $KMnO_4$ 溶液滴定，用去 1.20mL，计算此血液中钙的浓度。

解　涉及的反应如下：

$$Ca^{2+}+C_2O_4^{2-}=\!=\!=CaC_2O_4\downarrow$$

$$CaC_2O_4+2H^{+}=\!=\!=Ca^{2+}+H_2C_2O_4$$

$$2MnO_4^{-}+5C_2O_4^{2-}+16H^{+}=\!=\!=2Mn^{2+}+10CO_2\uparrow+8H_2O$$

$$n(Ca^{2+})=n(C_2O_4^{2-})=\frac{5}{2}n(MnO_4^{-})=\frac{5}{2}c(MnO_4^{-})V(MnO_4^{-})$$

$$c(Ca^{2+})=\frac{\frac{5}{2}c(MnO_4^{-})V(MnO_4^{-})}{V}=\frac{\frac{5}{2}\times0.0100\text{mol}\cdot\text{L}^{-1}\times0.0120\text{L}}{0.00200\text{L}}=0.0150\text{mol}\cdot\text{L}^{-1}$$

4. 置换滴定法

例 10.4　碘量法测定试样中 $K_2Cr_2O_7$ 的含量时，采用置换滴定法，称取样品 0.5000g，加入过量 KI，生成的 I_2 用 $0.2000\text{mol}\cdot\text{L}^{-1}$ $Na_2S_2O_3$ 标准溶液滴定至终点，消耗 25.00mL，计算样品中 $K_2Cr_2O_7$ 的质量分数。

解　反应如下：

$$Cr_2O_7^{2-}+6I^{-}+14H^{+}=\!=\!=2Cr^{3+}+3I_2+7H_2O$$

$$I_2+2S_2O_3^{2-}=\!=\!=2I^{-}+S_4O_6^{2-}$$

$$M(K_2Cr_2O_7)=294.2\text{ g}\cdot\text{mol}^{-1}$$

$$n(K_2Cr_2O_7)=\frac{1}{6}n(Na_2S_2O_3)$$

$$w(K_2Cr_2O_7)=\frac{1}{6}\frac{c(Na_2S_2O_3)V(Na_2S_2O_3)M(K_2Cr_2O_7)}{m_s}$$
$$=\frac{1}{6}\frac{\times 0.2000mol\cdot L^{-1}\times 0.02500L\times 294.2g\cdot mol^{-1}}{0.5000g}$$
$$=0.4903$$

5. 滴定度的计算

例 10.5 计算 0.02000mol·L^{-1} $K_2Cr_2O_7$ 溶液对 Fe 和 Fe_2O_3 的滴定度。已知 $M(Fe)=55.85g\cdot mol^{-1}$，$M(Fe_2O_3)=159.7g\cdot mol^{-1}$。

解 滴定反应为

$$6Fe^{2+}+Cr_2O_7^{2-}+14H^+=\!=\!=6Fe^{3+}+2Cr^{3+}+7H_2O$$
$$n(Fe^{2+})=6n(K_2Cr_2O_7)$$
$$T_{Fe/K_2Cr_2O_7}=\frac{m(Fe)}{V(K_2Cr_2O_7)}=\frac{6c(K_2Cr_2O_7)V(K_2Cr_2O_7)M(Fe)}{V(K_2Cr_2O_7)}$$
$$=\frac{6\times 0.02000mol\cdot L^{-1}\times 0.001L\times 55.85g\cdot mol^{-1}}{1mL}$$
$$=0.006702g\cdot mL^{-1}$$
$$n(Fe_2O_3)=3n(K_2Cr_2O_7)$$
$$T_{Fe_2O_3/K_2Cr_2O_7}=\frac{m(Fe_2O_3)}{V(K_2Cr_2O_7)}=\frac{3c(K_2Cr_2O_7)V(K_2Cr_2O_7)M(Fe_2O_3)}{V(K_2Cr_2O_7)}$$
$$=\frac{3\times 0.02000mol\cdot L^{-1}\times 0.001L\times 159.7g\cdot mol^{-1}}{1mL}$$
$$=0.009582g\cdot mL^{-1}$$

五、滴定分析法中的测量误差

滴定分析过程中的测量误差来自以下两个方面。

1. 称量误差

在滴定分析过程中，称量是必不可少的步骤之一，称量误差直接影响到分析结果的准确度。由于一般分析天平每一次称量有±0.0001g 的误差，每称一份样品要读数两次，所以称量的绝对误差为 0.0002g，称量的相对误差取决于所称试样的质量 m_s，则

$$称量相对误差=\frac{\pm 0.0002g}{m_s(g)}\times 100\%$$

为满足滴定分析准确度的要求，称量的相对误差应在±0.1%以内，因此所称每一份试样的质量至少应为

$$m_s=\frac{0.0002g}{0.1\%}\times 100\%=0.2g$$

在实际滴定分析中，试样的称取量既要考虑称量相对误差的要求，也要考虑溶液的浓度及滴定体积的要求。

2. 体积测量误差

滴定分析法中溶液体积的测量是通过容量分析仪器测得的。容量分析仪器具有准确的体

积,一般用玻璃制造。最常用的容量分析仪器有三种:容量瓶、移液管和滴定管。

如果滴定管读数可准确至 0.01mL,量取一份滴定剂溶液需要读数两次,则读数误差一般为±0.02mL,读数不准引起的相对误差取决于量取的试样的体积。

$$试液的体积=\frac{0.02\text{mL}}{0.1\%}\times 100\%=20\text{mL}$$

所以,一般标准溶液用量控制在 20～30mL。但要注意,在滴定时,从滴定管放出滴定剂的速度快慢不同,由于液体在管壁上的附壁效应,管壁上所附溶液的量也不相同,由此引起的滴定剂体积的测量误差称为滴沥误差。为减小滴沥误差,滴定速度不要太快。

第三节　定量分析误差

如前所述,测量结果的准确度是定量分析的第一指标。但是在分析过程中由于各种因素的影响,不可能得到绝对准确的分析结果。即使采用最可靠的分析方法,使用最精密的仪器,由技术很熟练的人员进行操作并进行多次重复测定,也不可能得到完全一致绝对准确的结果。这就表明,在分析过程中误差是客观存在的。因此,我们应当了解分析过程中误差产生的原因及误差出现的规律性,并采取相应措施减小误差,使测定结果尽量接近客观真值。

一、准确度及其表征——误差

1. 绝对误差和相对误差

准确度表示测定值(x)和真实值(x_T)的接近程度。测定值与真实值之间差别越小,则分析结果的准确度越高,测定值与真实值之差称为误差。误差越大,准确度越低;误差越小,准确度越高。所以,误差的大小可以衡量准确度的高低。根据表示方式的不同,误差可分为绝对误差和相对误差。

绝对误差是测定值与真实值之差。测定值大于真实值,误差为正值;反之,误差为负值。绝对误差可表示为

$$E=\bar{x}-x_T \tag{10.1}$$

相对误差是指绝对误差在真实值中所占的比率。在分析化学中用百分率或千分率表示:

$$\text{RE}=\frac{E}{x_T}\times 100\% \tag{10.2}$$

一个量的真实值要通过测量来获得。由于任何测量过程和测量方法都难免有误差,因而真实值是不可能准确知道的。实际上往往用标准值来代替真实值。所谓"标准值"是由技术熟练的人员采用多种可靠的分析方法反复多次测定出的比较准确的结果。

例 10.6　用沉淀滴定法测得 NaCl 试剂中 Cl 的质量分数为 60.53%,计算测量的绝对误差和相对误差。

解　纯 NaCl 试剂中 w(Cl)为 60.66%,有

$$E=60.53\%-60.66\%=-0.13\%$$

$$\text{RE}=\frac{-0.13\%}{60.66\%}\times 100\%=-0.2\%$$

2. 系统误差和随机误差

根据误差的性质和产生的原因,可将误差分为系统误差和随机误差。

1）系统误差

系统误差又称可测误差，是由某些分析方法本身造成的误差。它具有单向性，即测定结果系统地偏高或偏低，重复测定重复出现，误差的大小往往可以估计，并可设法减小或校正。

根据系统误差的性质和产生的原因，可分为：

（1）方法误差。方法误差是指分析方法本身造成的误差。例如，重量分析中沉淀的溶解；滴定分析中反应进行不完全，滴定终点和化学计量点不相符等，都可以导致分析结果系统的偏低或偏高。方法的正确选择和方法的校正可以克服方法误差。

（2）仪器误差。由仪器本身不够精确而造成仪器误差，如砝码的质量、容量仪器刻度不够准确等。

（3）试剂误差。试剂误差是由试剂不纯所引起的误差，如试剂和蒸馏水中含有杂质等。

（4）操作误差。操作误差是由分析人员的操作不当所引起的误差。例如，测量滴定剂体积时读数偏高或偏低、对滴定终点颜色敏感性不同等。通过加强训练，可减小此类误差。

2）随机误差

随机误差是由某些无法控制、无法避免的偶然因素造成的。随机误差又称偶然误差。例如，测量时条件的突然改变包括环境的温度、湿度和气压的微小变动，仪器性能的微小变化等，所有这些都会引起测量数值的波动。由于随机误差是由偶然因素引起的，似乎没有规律性，有时大，有时小；有时正，有时负，所以又称不可测误差。随机误差在分析操作中是无法避免的。但在消除了系统误差后，在同样条件下进行多次测量就会发现，偶然误差的分布服从统计规律：

（1）小误差出现的概率大；大误差出现的概率小。

（2）绝对值相近的正误差和负误差出现的概率相等。

上述规律可用正态分布曲线来表示。正态分布就是高斯分布，正态分布曲线呈对称钟形，如图 10.1 所示。

由正态分布可求出随机误差出现在某区间内的规律。例如，测定值 x 在 $\mu \pm 1\sigma$ 间的概率是 68.3%；在 $\mu \pm 2\sigma$ 间的概率为 95.5%；在 $\mu \pm 3\sigma$ 间的概率为 99.7%。由此可见，随机误差超过 $\pm 3\sigma$ 的测量值出现的概率极小，仅为 0.3%。其中 μ 为总体平均值，没有系统误差时，它就是真值。σ 表示测量次数无限多时的标准偏差，$x-\mu$ 表示随机误差。标准偏差将在下面叙述。

在消除系统误差的情况下，如果严格操作，增加测定次数，分析结果的算术平均值就越接近 μ。也就是说采用“多次测量取平均值”的方法可以减小随机误差。

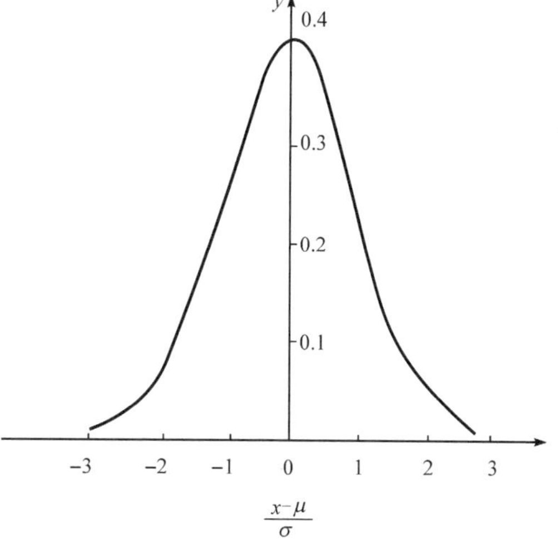

图 10.1　标准正态分布曲线

3）过失误差

由于分析工作者的过失(如溶液溅出、加错试剂、读错刻度等)造成的错误,使分析结果有较大的“误差”。这种“过失误差”不能算作偶然误差。如果发现由过失引起的错误,应该把该次测量结果弃去。

二、精密度及其表征——偏差

精密度是指在相同条件下操作,几次平行测定结果相互接近的程度。它体现了测定结果的再现性。平行测定结果越接近,分析结果的精密度越高。精密度的高低用偏差来衡量。偏差小,表示测定结果的精密度高;偏差大,表示精密度低。

1. 偏差

偏差分为绝对偏差和相对偏差。设一组 n 次测量结果为 $x_1, x_2, \cdots, x_n$,其算术平均值为

$$\overline{x}=\frac{x_1+x_2+\cdots+x_n}{n}$$

绝对偏差(d_i)是某单次测定值与相应的算术平均值之差,该次测量的绝对偏差为

$$d_i=x_i-\overline{x} \tag{10.3}$$

相对偏差(d_r)是绝对偏差占算术平均值的百分数:

$$d_r=\frac{d_i}{\overline{x}}\times 100\% \tag{10.4}$$

d_i 值有正有负,各次平行测量的偏差之和等于零,所以分析结果的精密度不能用绝对偏差之和来表示。

例 10.7　三次平行测定某样品中氯的质量分数为 0.2512、0.2521、0.2509,计算测定结果的绝对偏差和相对偏差。

解

$$\overline{x}=\frac{0.2512+0.2521+0.2509}{3}=0.2514$$

$$d_1=0.2512-0.2514=-0.0002$$

$$d_{r1}=\frac{-0.0002}{0.2514}\times 100\%=-0.08\%$$

$$d_2=0.2521-0.2514=0.0007$$

$$d_{r2}=\frac{0.0007}{0.2514}\times 100\%=0.28\%$$

$$d_3=0.2509-0.2514=-0.0005$$

$$d_{r3}=\frac{0.0005}{0.2514}\times 100\%=-0.20\%$$

2. 平均偏差和相对平均偏差

平均偏差($\overline{d}$)是指各次测量结果偏差的绝对值的平均

$$\overline{d}=\frac{|d_1|+|d_2|+\cdots+|d_n|}{n} \tag{10.5}$$

式中,n 为测定次数。

相对平均偏差($\overline{d_r}$)表示平均偏差在测定结果的算术平均值中所占的百分率,即

$$\overline{d_r}=\frac{\overline{d}}{\overline{x}}\times 100\% \tag{10.6}$$

例 10.8　根据例 10.7 中的测定结果,计算平均偏差和相对平均偏差。

解

$$\overline{d}=\frac{|-0.0002|+|0.0007|+|-0.0005|}{3}=0.0005$$

$$\overline{d_r}=\frac{0.0005}{0.2514}\times 100\%=0.2\%$$

一般来说,平均偏差可以衡量精密度的高低,但也不尽然,如例 10.9。

例 10.9　甲、乙两人对同一样品进行了 10 次测定,结果如下:

甲　10.3　10.4　9.80　9.70　10.0　9.60　10.2　10.3　10.1　9.70

乙　10.0　9.80　10.1　10.5　9.30　9.80　10.2　10.3　10.1　9.90

求各自的平均偏差。

解

$$\overline{x}_{甲}=10.0 \qquad \overline{d}_{甲}=0.24$$

$$\overline{x}_{乙}=10.0 \qquad \overline{d}_{乙}=0.24$$

由计算结果可见,甲、乙两人测定结果的平均偏差相同,但乙的测定结果的分散度更大一些,精密度差一些。例 10.9 说明在某些情况下平均偏差不能充分反映测定结果的精密度,为此又引入了标准偏差的概念。

3. 标准偏差

标准偏差能更客观地反映测定结果的精密度,可分为标准偏差和相对标准偏差。

标准偏差又称均方根偏差或均方差,其定义为

$$S=\sqrt{\frac{d_1^2+d_2^2+\cdots+d_n^2}{n-1}} \tag{10.7}$$

式中,$(n-1)$为自由度,因为 n 次测量中只有$(n-1)$个独立的偏差。由于标准偏差的定义式中是单次测量的绝对偏差平方后再求和,所以它比平均偏差能更灵敏地反映出测量结果的离散程度。在例 10.9 中,甲、乙两人测定结果的标准偏差为

$$S_{甲}=0.28 \qquad S_{乙}=0.33$$

所以标准偏差客观地说明了甲测定结果的精密度比乙高。

以统计学的观点,测定次数无限多时,可将测定结果的总体平均值当作真实值 μ,在这种情况下,可用 σ 表示标准偏差,定义为

$$\sigma=\sqrt{\frac{\sum_{i=1}^{n}(x_i-\mu)^2}{n}} \tag{10.8}$$

实际上,$n\geqslant 20$ 时,就可使用式(10.8)。必须注意 S 和 σ 的区别:前者是对有限次测量而言,表示测量值对平均值的偏离;后者是对无限次测量而言,表示测量值对真实值 μ 的偏离。

相对标准偏差也称变异系数,它定义为标准偏差在$\overline{x}$中所占的百分率,用 S_r 表示。

$$S_r=\frac{S}{\overline{x}}\times 100\% \tag{10.9}$$

对同一样品测定,一组 n 次测量有一个平均值,多组 n 次测量有多个平均值,这些平均值

也不会完全相等,会有一定的波动,可以想象平均值的精密度比单次测定的精密度更好。平均值的精密度用平均值的标准偏差来表示。对有限次测量而言,其定义为

$$S_{\bar{x}}=\frac{S}{\sqrt{n}} \tag{10.10}$$

对无限次测量而言,平均值的标准偏差用$\sigma_{\bar{x}}$来表示,其定义为

$$\sigma_{\bar{x}}=\frac{\sigma}{\sqrt{n}} \tag{10.11}$$

由此可见,平均值的标准偏差与测定次数的平方根成反比。增加测量次数可以提高测量的精密度,如图 10.2 所示。由图 10.2 可见,$S_{\bar{x}}$减小的速度在$n>5$时开始变慢,$n>10$时变得更慢,因此过多地增加测定次数对减少测量误差并无多大实际意义。在实际工作中测定的次数无须过多,只需 4～6 次即可。

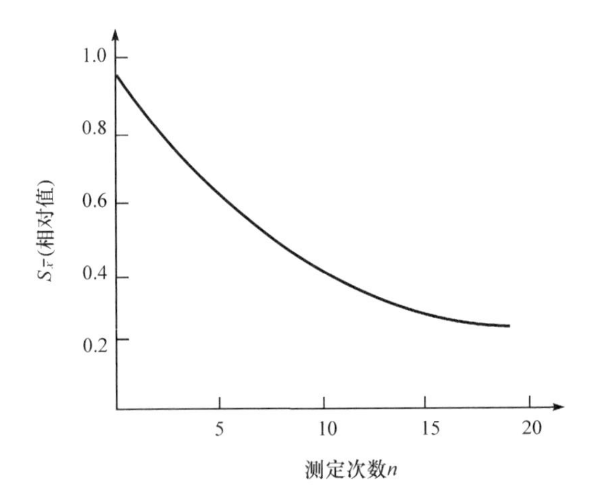

图 10.2　平均值的标准偏差与测量次数的关系

例 10.10　为标定一标准溶液的浓度进行了 4 次测定,结果为 0.2041mol · L^{-1}、0.2049mol · L^{-1}、0.2039mol · L^{-1}和 0.2043mol · L^{-1},计算测定结果的标准偏差、相对标准偏差和平均值的标准偏差。

解　$\bar{x}=\frac{0.2041\text{mol}\cdot\text{L}^{-1}+0.2049\text{mol}\cdot\text{L}^{-1}+0.2039\text{mol}\cdot\text{L}^{-1}+0.2043\text{mol}\cdot\text{L}^{-1}}{4}=0.2043\text{mol}\cdot\text{L}^{-1}$

$$S=\sqrt{\frac{(0.0002\text{mol}\cdot\text{L}^{-1})^2+(0.0006\text{mol}\cdot\text{L}^{-1})^2+(0.0004\text{mol}\cdot\text{L}^{-1})^2+(0.0000\text{mol}\cdot\text{L}^{-1})^2}{4-1}}$$

$=0.0004\text{mol}\cdot\text{L}^{-1}$

$$S_r=\frac{0.0004\text{mol}\cdot\text{L}^{-1}}{0.2043\text{mol}\cdot\text{L}^{-1}}\times100\%=0.2\%$$

$$S_{\bar{x}}=\frac{0.0004\text{mol}\cdot\text{L}^{-1}}{\sqrt{4}}=0.0002\text{mol}\cdot\text{L}^{-1}$$

三、准确度和精密度

如前所述,准确度表示测定值与真实值接近的程度,用误差来衡量。准确度的高低主要取决于系统误差。精密度表示几次平行测定结果相互接近的程度,精密度的高低用偏差来衡量。

两者的含义是不同的。定量分析中准确度与精密度的关系如何呢？又如何从这两方面来衡量分析结果呢？可用图 10.3 来说明。

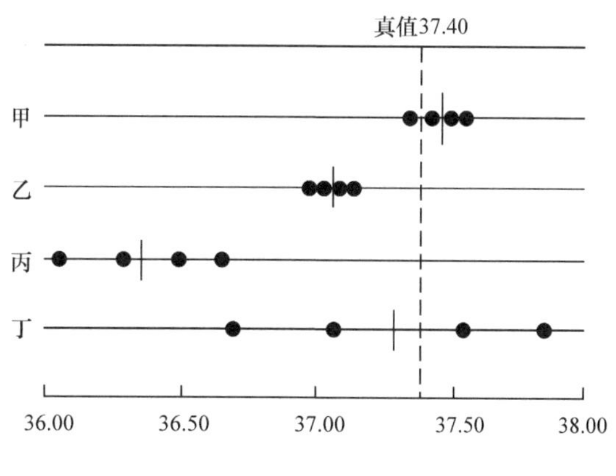

图 10.3 准确度与精密度的关系

● 表示单次测量结果；| 表示平均值

由图 10.3 可见，甲的测量结果准确度和精密度均好，结果可靠；乙的精密度虽好，但准确度差，测量中可能存在系统误差；丙的精密度和准确度均较差；丁的平均值虽接近真值，但数据的精密度太差，不能算作好的分析结果，因为它是由较大的正负误差凑巧得来的。由此可见，精密度高是保证准确度的前提。精密度低说明所测结果不可靠。对于教学实验来说，首先要重视测量结果的精密度。但是高的精密度不一定能保证高的准确度，消除系统误差之后，才可得到精密度高准确度也高的分析结果。

四、异常值的取舍

在一组平行测定的数值中，有时会出现与其他数据差别很远的个别值，这一数据称为异常值或离群值。如果它是由于过失引起的，则应将它舍弃，否则就应该用统计方法进行检验，决定其取舍。现介绍异常值的两种取舍方法，即 $4\bar{d}$法和 Q 值检验法。

1. $4\bar{d}$法

$4\bar{d}$ 法是在一组数据中除去异常值后，求出其余数据的平均值$\bar{x}$和绝对平均值偏差 $\bar{d}$。如果异常值 x'与$\bar{x}$之差的绝对值大于或等于 $\bar{d}$的 4 倍，则将异常值舍去，否则应予保留。

例 10.11 测定某药物中钴的含量($\mu g \cdot g^{-1}$)，得以下结果：0.25，0.27，0.31，0.40，试问 0.40 这个数据应保留否？

解

$$\bar{x}=\frac{0.25+0.27+0.31}{3}=0.28(\mu g \cdot g^{-1})$$

$$\bar{d}=\frac{|0.25-0.28|+|0.27-0.28|+|0.31-0.28|}{3}=0.023(\mu g \cdot g^{-1})$$

异常值与平均值之差的绝对值为

$$|0.40\mu g \cdot g^{-1}-0.28\mu g \cdot g^{-1}|=0.12\mu g \cdot g^{-1}>4\bar{d}$$

所以，异常值 0.40 应该舍去。

$4\bar{d}$ 法方法简单，但在计算 $\bar{x}$ 和 $\bar{d}$ 的过程中首先排除了异常值，使求得的平均偏差有人为的因素，有可能把正常值判为异常值。

2. Q 值检验法

Q 值检验法的具体步骤如下：

(1) 将测定值按大小顺序排列。

(2) 计算异常值与相邻值之差 d。

(3) 计算测定值的极差 R。

(4) 计算 Q 值。

$$Q_{计算}=\frac{|d|}{R} \tag{10.12}$$

(5) 查表比较,决定取舍。若 $Q_{计算}>Q_{表}$,将异常值舍去,否则应予保留。

例 10.12 测定某土壤样品中锌的质量分数如下：6.963×10^{-5},7.121×10^{-5},7.087×10^{-5},7.138×10^{-5},7.123×10^{-5},7.119×10^{-5},7.207×10^{-5},试用 Q 值检验法检验并说明 6.963×10^{-5} 这个值应否舍去(置信度 95%)。

解

$$Q_{计算}=\frac{7.087\times10^{-5}-6.963\times10^{-5}}{7.207\times10^{-5}-6.963\times10^{-5}}=0.51$$

查表 10.2,置信度为 95%,$n=7$ 时,$Q_{表}=0.59$,$Q_{计算}<Q_{表}$,故 6.963×10^{-5} 这个数据应保留。

表 10.2　舍弃商 Q 值表

测定次数 n	3	4	5	6	7	8	9	10
$Q_{0.90}$	0.94	0.76	0.64	0.56	0.51	0.47	0.44	0.41
$Q_{0.95}$	0.97	0.84	0.73	0.64	0.59	0.54	0.51	0.49

"置信度"在此指"舍去异常值的判断是正确的"这一事件的概率。

Q 值检验法比 $4\bar{d}$法更富有统计意义,所以优于 $4\bar{d}$法。

第四节　有限数据的统计处理

一、基本概念

为了更科学地反映研究对象的客观存在,分析化学中采用统计方法来处理各种测量数据。在统计学中,把所考查对象的全体称为总体。自总体中随机抽出的一组测量值称为样本。样本中所含的个体数为样本容量。数据处理的任务是通过对有限次数据合理的分析,对总体值作出科学的论断,其中包括对总体平均值的估计和对它的统计检验。

对无限次测量而言,总体平均值 μ 是数据集中趋势的表征,总体标准偏差 σ 是分散程度的表征,但它们是未知的。在有限次测定中,只能通过测定结果对 μ 和 σ 作出合理的估计。例如,$\bar{x}$ 是总体平均值的最佳估计值。对有限次测定,测量值是围绕着算术平均值集中的。另外,由于 σ 也未知,因此只好用样本标准偏差来估计测量数据的分散情况。

二、t 分布曲线

在定量分析中,通常做少数测定,用 S 代替 σ 时必然引起误差。英国统计学家、化学家戈塞特(W. S. Gosset)研究了这个问题,提出了一个新的函数值——t 值,这样随机误差就不是正态分布而是 t 分布(图 10.4)。t 定义为

$$t=\frac{\overline{x}-\mu}{S_{\overline{x}}}=\frac{\overline{x}-\mu}{S}\sqrt{n} \tag{10.13}$$

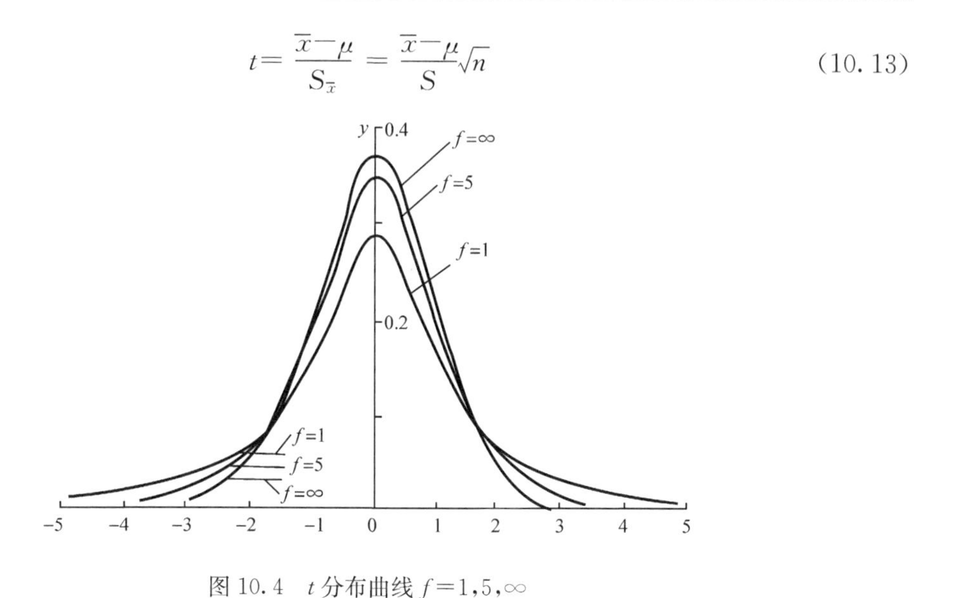

图 10.4　t 分布曲线 $f=1,5,\infty$

t 分布曲线随自由度 $f(f=n-1)$变化。当 $n\rightarrow\infty$时，t 分布曲线即为正态分布曲线。t 值不仅随概率而异，而且还随 f 的变化而变化。不同概率与 f 值所相应的 t 值已由统计学家算出。常用的部分 t 值列于表 10.3 中。表 10.3 中 P 表示置信度，即为在某一 t 值时，测定值落在$(\mu\pm tS)$范围内的概率。落在此范围外的概率为$(1-P)$，称为显著性水准，用 α 表示。引用 t 值时，常用脚注说明，一般表示为 $t_{\alpha,f}$。

表 10.3　$t_{\alpha,f}$ 值表(双边)

f	置信度，显著性水准		
	$P=0.90$ $\alpha=0.10$	$P=0.95$ $\alpha=0.05$	$P=0.99$ $\alpha=0.01$
1	6.31	12.71	63.66
2	2.92	4.30	9.92
3	2.35	3.18	5.84
4	2.13	2.78	4.60
5	2.02	2.57	4.03
6	1.94	2.45	3.71
7	1.90	2.36	3.50
8	1.86	2.31	3.36
9	1.83	2.26	3.25
10	1.81	2.23	3.17
20	1.72	2.09	2.84
∞	1.64	1.96	2.58

三、置信区间

对于少量测量数据,要根据 t 分布进行统计处理。

$$\mu = \bar{x} \pm tS_{\bar{x}} = \bar{x} \pm \frac{tS}{\sqrt{n}} \tag{10.14}$$

它表示在一定置信度下,以平均值为中心,包括总体平均值 μ 的范围,此范围称为平均值的置信区间。

例 10.13　测定了被汞污染的鱼体中汞的质量分数为:2.06×10^{-6},1.93×10^{-6},2.16×10^{-6},1.89×10^{-6},2.12×10^{-6},1.95×10^{-6},试计算置信度为 90%和 95%时,平均值的置信区间。

解　　$\bar{x}=2.02\times10^{-6}$　$S=1.1\times10^{-7}$

置信度为 90%时,$t_{0.10,5}=2.02$,则

$$\mu = \bar{x} \pm tS_{\bar{x}} = \bar{x} \pm \frac{tS}{\sqrt{n}} = 2.02\times10^{-6} \pm \frac{2.02\times1.1\times10^{-7}}{\sqrt{6}} = (2.02\pm0.09)\times10^{-6}$$

置信度为 95%时,$t_{0.05,5}=2.57$,则

$$\mu = 2.02\times10^{-6} \pm \frac{2.57\times1.1\times10^{-7}}{\sqrt{6}} = (2.02\pm0.12)\times10^{-6}$$

由例 10.13 可见,置信度高,置信区间大。置信度高低说明了估计的把握程度。区间的大小反映了估计的精度。置信区间越大,所估计的区间包括真值的可能性越大,在分析化学中一般将置信度定在 90%或 95%。

四、显著性检验

定量分析中,所测得的结果总是波动的,平均值 $\bar{x}$ 多数不等于真值,这种差异是由随机误差造成的,还是由系统误差造成的? 这类问题在统计学中属于"假设检验"。如果分析结果之间存在系统误差,则认为它们之间有显著性差异。这就是说,分析结果之间的差异纯属偶然误差引起的,是正常的、不可避免的。显著性差异检验的方法有好几种,在分析化学中最重要的是 t 检验法和 F 检验法。

1. 对总体平均值的检验

对总体平均值的检验采用 t 检验法。t 检验法是检验测定结果的平均值与标准试样的标准值(μ)之间是否存在显著性差异。

作 t 检验时,首先根据下式计算 t 值:

$$t_{计算} = \frac{|\bar{x}-\mu|}{S}\sqrt{n}$$

然后再根据置信度和自由度由表中查出 $t_{\alpha,f}$ 值。若 $t_{计算} > t_{表}$,则存在显著性差异,否则不存在显著性差异。

例 10.14　为了鉴定一个分析方法,取基准物(含量 100%)进行了 10 次平行测定,其平均结果为 99.7%,$S=0.4\%$,试对此分析方法作出评价。

解　　$x=99.7\%$,$S=0.4\%$,$n=10$

$$t_{计算}=\frac{|99.7-100|}{0.4}\sqrt{n}=2.37 \qquad t_{表}=2.262$$

$$t_{计算}>t_{表}$$

由此可见，测定结果与基准物的纯度有显著性差异，可以认为该分析方法有系统误差。

2. 两组平均值的显著性检验

不同分析人员或同一分析人员采用不同的分析方法测定同一试样时，所得平均值一般是不相等的。要判断两组数据之间是否存在系统误差，即两组平均值之间是否有显著性差异，通常采用如下步骤：先用 F 检验法检验两标准偏差之间是否有显著性差异，再用 t 检验法检验两平均值之间是否有显著性差异。

1) F 检验法

设两组数据为：n_1　$\overline{x}_1$　S_1

　　　　　　　n_2　$\overline{x}_2$　S_2

$$F_{计算}=\frac{S_{大}^2}{S_{小}^2} \tag{10.15}$$

然后按置信度查表得 $F_{表}$，若 $F_{计算}<F_{表}$，说明 S_1 和 S_2 不存在显著性差异；否则，存在显著性差异。

2) t 检验法

按式(10.16)计算 t 值：

$$t_{计算}=\frac{|\overline{x}_1-\overline{x}_2|}{S}\sqrt{\frac{n_1n_2}{n_1+n_2}} \tag{10.16}$$

式中，S 为合并标准偏差，其计算公式复杂，在此不介绍。

为了简化起见，有时不计算合并标准偏差。若 $S_1=S_2$，则 $S=S_1=S_2$；若 $S_1\neq S_2$，则 S 取 $S_{小}$。总自由度 $f=n_1+n_2-2$。根据 S 和 f 查表得 t 表，当 $t_{计算}>t_{表}$ 时，说明两组平均值有显著性差异；否则，无显著性差异。

例 10.15　某一 Na_2CO_3 试样采用两种方法测定，得到两组结果：

方法一　$\overline{x}_1=42.34\%$，$S_1=0.10$，$n_1=5$

方法二　$\overline{x}_2=42.44\%$，$S_2=0.12$，$n_2=4$

试比较置信度为 95%时两组结果有无显著性差异。

解　F 检验法

$$F_{计算}=\frac{S_{大}^2}{S_{小}^2}=1.44$$

$$f_{大}=4-1=3 \qquad f_{小}=5-1=4$$

$F_{表}=6.59$(表 10.4)，则 $F_{计算}<F_{表}$，说明两组数据的标准偏差没有显著差异。

t 检验法

$$t_{计算}=\frac{|42.34-42.44|}{0.10}\sqrt{\frac{5\times4}{5+4}}=1.49$$

$f=n_1+n_2-2=7$，$t_{表}=2.37$，$t_{计算}<t_{表}$，说明 $\overline{x}_1$ 与 $\overline{x}_2$ 无显著差异。所以，两组结果无显著性差异。

表 10.4　置信度 95%时 F 值(单边)

$f_{小}$ \ $f_{大}$	2	3	4	5	6	7	8	9	10	∞
2	19.00	19.16	19.25	19.30	19.33	19.36	19.37	19.38	19.39	19.50
3	9.55	9.28	9.12	9.01	8.94	8.88	8.84	8.81	8.78	8.53
4	6.94	6.59	6.39	6.26	6.16	6.09	6.04	6.00	5.96	5.63
5	5.79	5.41	5.19	5.05	4.95	4.88	4.82	4.78	4.74	4.36
6	5.14	4.76	4.53	4.39	4.28	4.21	4.15	4.10	4.06	3.67
7	4.74	4.35	4.12	3.97	3.87	3.79	3.73	3.68	3.63	3.23
8	4.46	4.07	3.84	3.69	3.58	3.50	3.44	3.39	3.34	2.93
9	4.26	3.86	3.63	3.48	3.37	3.29	3.23	3.18	3.13	2.71
10	4.10	3.71	3.48	3.33	3.22	3.14	3.07	3.02	2.97	2.54
∞	3.00	2.60	2.37	2.21	2.10	2.01	1.94	1.88	1.83	1.00

注:$f_{大}$ 为大方差数据的自由度;$f_{小}$ 为小方差数据的自由度。

第五节　提高分析结果准确度的方法

根据以上所述,误差是造成分析结果不准确的直接因素,因此要提高分析结果的准确度,必须采取措施减小随机误差,消除系统误差。当然更要注意操作,避免过失。为减小分析过程中的误差,要采取以下措施。

一、选择合适的分析方法

分析方法种类很多,但各种分析方法的准确度和灵敏度不同。重量分析法和滴定分析法准确度高,但灵敏度较低,适用于常量组分的测定。仪器分析法的灵敏度高,但准确度较低,适用于微量组分的测定。在实际工作中,要根据具体情况,采用合适的方法。例如,测定铁矿石中的含铁量,采用滴定分析法;测定土壤样品中的含铁量,因其含量较低,要采用光度法。

二、减少随机误差

我们知道,增加平行测定次数,可以减少随机误差。但测定次数过多费时费力,得不偿失,一般平行测定 3～5 次即可。

三、消除系统误差

造成系统误差的原因很多,要根据具体情况采用不同的方法来检验和消除系统误差。

1. 对照实验

对照实验是检验系统误差的有效方法。进行对照实验时,常用已知结果的标准试样与被测试样进行对照实验,或用可靠的分析方法(一般选用国家颁布的标准方法或公认的经典法)进行对照实验。进行对照实验时,尽量选择与试样组成相近的标准试样进行对照分析。根据标准试样的分析结果，可判断分析结果有无系统误差。

在判断系统误差的过程中，为了使判断结果可靠，宜采用有关的统计方法检验。

2. 空白实验

试剂中含有干扰杂质或被测组分，以及溶液对器皿的侵蚀而引起的系统误差可以通过空白实验来扣除。

空白实验是在不加试样的情况下，在相同的条件下进行分析实验，所得结果称为空白值，然后从试样分析结果中扣除。

3. 校正仪器

由仪器不准确引起的系统误差，可以通过校准仪器来消除。例如，砝码、移液管和滴定管在精确的分析中必须进行校准，并在分析计算中采用校正值。

4. 减小测量误差

在分析过程中，各种测量误差都会影响分析结果的准确度，要得到准确的分析结果，必须减小测量误差。一方面测量误差与仪器有关，仪器的精度越高，测量误差越小，所以在精确的分析中要对仪器进行校正；另一方面测量误差与操作有关。正确的操作，其测量误差与仪器的精确一致，不正确的操作将会引起较大的测量误差，所以要非常重视基本操作训练，严格遵守操作规则。

另外，如前所述，适当地增大测量值，如试样质量或试液体积等，可减小测量的相对误差。

第六节　有效数字及运算规则

定量分析中总要涉及各种物理量的测量和分析结果计算中的数字表示问题。数字的位数不仅表示数量，也反映了测量的精确程度，因此为了得到准确的分析结果，不仅要准确地进行测量，而且要正确地记录数字的位数和正确地计算。这就要涉及有效数字的概念及计算。

一、有效数字

在分析过程中，任何一个测量值的准确度都有一定限制，它取决于测量仪器精度，因此测量数据的位数不得随意表示。例如，用一般万分之一分析天平称量某试样的质量为 0.5182g，在这一数字中，0.518 是准确的，最后一位数字是估计的，是可疑的。准确数字与最后一位数字都是有效数字。有效数字，就是实际能测量到的准确数字加上最后一位可疑数字。这位可疑数字不是臆造的，而是测量出来的，与准确数字相比只不过测得不那么准确而已。如用滴定管量取溶液的体积应记录为 24.00mL，用量筒量取溶液的体积应记录为 24mL。

1. 有效数字的位数

有效数字位数的确定是有一定规则的。例如

25.120	1.0098	五位
1.320	10.72%	四位
2.84	1.98%	三位
0.032	1.8×10^{-2}	两位
0.05	2×10^{5}	一位
360	54	位数模糊

由以上数据可以看出:

(1) 非零数字都是有效数字。

(2) 数字"0"有双重意义。若作为普通数字使用为有效数字,若起定位的作用,则不是有效数字。

(3) 对于pH、pM等对数值,其有效数字的位数取决于小数部分(尾数)数字的位数。例如,pH=8.26,有效数字为两位。

(4) 遇到倍数、分数关系,非测量所得,可视为无限位有效数字。

2. 有效数字的修约规则

计算过程中往往遇到有关测量值的有效数字位数不同,计算时需要舍弃某些有效数字中的一位或几位,这种舍弃多余数字的过程称为数字修约。目前采用的修约规则为"四舍六入五成偶",具体做法是:被修约的那个数字等于或小于4时舍去;等于或大于6时进位;等于5而后面的数为零时,若5前面为偶数则舍,为奇数则入;当5后还有不是零的任何数时无论5前面是偶数是奇数均入。根据这一规则将下列数字修约为两位数字:

3.2$\dot{4}$8	3.2	"四舍"
8.3$\dot{8}$7	8.4	"六入"
6.5$\dot{5}$	6.6	"五成偶"
6.4$\dot{5}$	6.4	"五成偶"
6.4$\dot{5}$1	6.5	"均入"

使用"数字修约规则"时,请注意,对原测量值要一次修约到位,不能逐次修约。例如,将2.5$\dot{4}$91修约为两位时,一次修约为2.5,不能先修约为2.55,然后再修约为2.6。

二、数据运算规则

计算分析结果时,各个测量值的误差都会传递到结果,因此要按照有效数字的运算规则合理取舍,这样既简化了计算,又不会使准确度受到损失。

1. 有效数字的加减运算

加减运算是各个数据绝对误差的传递,因此结果的绝对误差应与各数值中绝对误差最大的那个数相适应。按照绝对误差最大的数据来决定其他数据保留的位数。简言之,当几个数据相加减时,它们的和与差只能保留一位可疑数字,应以小数点后位数最少的数字为依据。例如

不修约相加	绝对误差传递	修约后相加
25.1	±0.1	25.1
2.45	±0.01	2.4
+ 0.5824	±0.0001	+ 0.6
28.1324	±0.1	28.1

由于误差已传递到小数点后第一位，它决定了总和的不确定性为±0.1，其后几位数字相加之和均为可疑数字，计算时如再考虑它们将没有任何意义。

2. 有效数字的乘除运算

乘除运算是各个数值相对误差的传递，因此结果的相对误差应与各数据中相对误差最大的那个数相适。例如

$$\frac{0.0325\times5.013\times60.06}{209.8}=?$$

式中各个数的相对误差为

$$0.0325 \qquad \frac{\pm0.0001}{0.0325}\times100\%=\pm0.3\%$$

$$5.013 \qquad \frac{\pm0.001}{5.013}\times100\%=\pm0.02\%$$

$$60.06 \qquad \frac{\pm0.01}{60.06}\times100\%=\pm0.02\%$$

$$209.8 \qquad \frac{\pm0.1}{209.8}\times100\%=\pm0.05\%$$

以上四个数中以0.0325的相对误差最大，应以它为标准，将其他数字都修约为三位有效数字进行运算：

$$\frac{0.0325\times5.01\times60.1}{210}=0.466$$

简言之，乘除运算中按照有效数字位数最少的那个数来保留其他各数的位数进行计算。

另外注意，在计算中如果遇到首位数等于或大于8的数字，可多计一位有效数字，如0.92可按三位有效数字对待。凡涉及化学平衡的有关计算，由于常数一般为两位有效数字，故保留两位有效数字。常量组分的重量法和滴定法的测定，方法误差为0.1%，一般取四位有效数字。

习　题

1. 若将 $H_2C_2O_4\cdot2H_2O$ 基准物质长期保存在干燥器中，用以标定NaOH溶液的浓度时，结果偏高还是偏低？用该NaOH溶液测定有机酸的摩尔质量时，对测定结果有什么影响？
2. 用基准物质 Na_2CO_3 标定HCl溶液时，下列情况对测定结果有什么影响？
   (1) 滴定速度太快，附在滴定管上HCl的溶液来不及流下来，就读取滴定体积。
   (2) 将HCl标准溶液倒入滴定管前，没用HCl溶液荡洗滴定管。
   (3) 锥形瓶中的 Na_2CO_3 用蒸馏水溶解时，多加50mL蒸馏水。
   (4) 滴定管活塞漏出溶液。
3. 下列情况引起的误差是系统误差还是随机误差？
   (1) 使用有缺损的砝码。
   (2) 称量时试样吸收了空气中的水分。

(3) 天平零点稍有变动。

(4) 读取滴定管读数时,最后一位数字估计不准。

(5) 重量法测定 SiO_2 时,试样中硅酸沉淀不完全。

(6) 用含有杂质的基准物质来标定盐酸溶液。

4. 今取 $KHC_2O_4 \cdot H_2C_2O_4 \cdot 2H_2O$ 溶液 25.00mL,用 0.1000mol·L^{-1} NaOH 溶液标定,消耗 NaOH 溶液 20.00mL,再以此 $KHC_2O_4 \cdot H_2C_2O_4 \cdot 2H_2O$ 溶液 25.00mL 在酸性溶液中标定 $KMnO_4$ 溶液,用去 $KMnO_4$ 溶液 30.00mL,求 $c(KMnO_4)$。

5. 称取分析纯 $CaCO_3$ 0.1750g 溶于过量的 40.00mL HCl 溶液中,反应完全后滴定过量的 HCl 消耗 3.05mL NaOH 溶液。已知 20.00mL 该 NaOH 溶液相当于 22.06mL HCl 溶液,计算此 HCl 溶液和 NaOH 溶液的物质的量浓度。

6. 今有两种 HCl 溶液,$c_1(HCl)=0.175mol \cdot L^{-1}$,$c_2(HCl)=0.0550mol \cdot L^{-1}$,如果要配制 $c(HCl)=0.100mol \cdot L^{-1}$ HCl 溶液 1.00L,需取上述两种溶液各多少?

7. 称取含铝试样 0.2018g,溶解后加入 0.02081mol·L^{-1} EDTA 标准溶液 30.00mL。调节酸度并加热使 Al^{3+} 定量反应,过量的 EDTA 用 0.020 35mol·L^{-1} Zn^{2+} 标准溶液返滴定,消耗 Zn^{2+} 溶液 6.5mL,计算试样中 Al_2O_3 的质量分数。

8. 称取铁矿试样 0.5000g,将其溶解,使全部铁还原成亚铁离子,用 0.01500mol·L^{-1} $K_2Cr_2O_7$ 标准溶液滴定至化学计量点时,用去 $K_2Cr_2O_7$ 标准溶液 33.45mL,求试样中 Fe 和 Fe_2O_3 的质量分数及此 $K_2Cr_2O_7$ 溶液对 Fe 和 Fe_2O_3 的滴定度。

9. 要求在滴定时消耗 0.2mol·L^{-1} NaOH 溶液 25~30mL,应称取基准物质邻苯二甲酸氢钾多少克?

10. 用纯 As_2O_3 标定 $KMnO_4$ 溶液的浓度。若 0.2112g As_2O_3 在酸性溶液中恰好与 36.42mL $KMnO_4$ 反应。求该 $KMnO_4$ 溶液的物质的量浓度。

11. 用 $KMnO_4$ 法间接测定石灰石中 CaO 的含量。若试样中 CaO 的含量为 40%,为使滴定时消耗 $c(KMnO_4)=0.02mol \cdot L^{-1}$ 约 30mL,应该称取试样多少克?

12. 测定某样品中氮的含量时,六次平行测定的结果是 20.48%,20.55%,20.58%,20.60%,20.53%,20.50%,计算这组数据的平均偏差、标准偏差、相对标准偏差和平均值的标准偏差。

13. 用沉淀法测定纯 NaCl 中氯的百分含量,得到下列结果(%):59.82,60.06,60.46,59.86,60.24,计算绝对误差、相对误差、平均偏差、相对平均偏差。

14. 测定一试剂的浓度时,得以下数据:0.1011mol·L^{-1},0.1010mol·L^{-1},0.1012mol·L^{-1},0.1016mol·L^{-1},用 $4\bar{d}$ 法检验,最后一个数据是否应保留。

15. 用光度法测定某植物样品中铁的质量分数为(%):4.89,4.92,4.90,4.88,4.86,4.85,4.71,4.86,4.87,4.99,分别用 $4\bar{d}$ 法和 Q 值检验法判断有无异常值取舍。

16. 下列各数含有几位有效数字?

0.0052 5.048×10^{21} 4.1200 5.32×10^{-10} 956 1000 1.0×10^{3} pH=5.20 时的 $c(H^+)$

17. 计算下列结果。

(1) 113.24+4.402+0.3244。

(2) 0.2000×(25.00−1.52)×246.47/(2.0000×1000)。

(3) pH=0.03,计算 $c(H^+)$。

18. 测定试样中 CaO 的质量分数为(%):35.65,35.69,35.72,35.60,比较置信度为 90%和 95%时,总体平均值的置信区间。

19. 以新方法测定标准样品中氯的质量分数,四次测定的平均值为 16.72%,标准偏差为 0.08%,标准值为 16.62%,试述此结果与标准值有无显著性差异(置信度为 95%)。

20. 用两种不同的方法测定植物样品中铁的质量分数,所得结果如下(%):

第一种方法 1.26,1.25,1.22

第二种方法 1.35,1.31,1.33,1.34

试述两种方法之间是否有显著差异(置信度为 90%)。

第十一章　酸碱滴定法

酸碱滴定法是基于酸碱反应的滴定分析方法，也称为中和滴定法，一般需要借助酸碱指示剂在滴定过程中颜色的变化来判断滴定终点。该方法简便、快速、成本低且无须昂贵仪器，因此应用广泛。本章以酸碱质子理论为基础，首先介绍酸度对酸碱组分平衡浓度的影响，着重讨论各种类型酸碱滴定曲线、指示剂的选择及酸碱滴定法的应用。

第一节　酸碱组分的平衡浓度与分布分数

酸碱滴定体系中通常同时存在着多种酸碱组分，这些组分的平衡浓度随溶液中H^+浓度的变化而变化。酸度对体系中各组分平衡浓度的影响是选择酸碱滴定条件的重要依据。定义溶液中某酸碱组分的平衡浓度占其总浓度的分数为分布分数，以δ表示。分布分数的大小能够定量说明溶液中各种酸碱组分的分布情况，并利于计算有关各组分的平衡浓度。

一、一元酸溶液

一元酸仅有一级解离，因此在溶液中仅以两种组分形式存在。例如，乙酸在溶液中以HAc和Ac^-两种形式存在。假设c_0为某一元弱酸HA的初始浓度，溶液中HA和A^-的平衡浓度分别为$c(HA)$和$c(A^-)$，其分布分数分别为$\delta(HA)$和$\delta(A^-)$。根据分布分数的定义，有

$$\delta(\mathrm{HA})=\frac{c(\mathrm{HA})}{c_0(\mathrm{HA})}$$

$$\delta(\mathrm{A^-})=\frac{c(\mathrm{A^-})}{c_0(\mathrm{HA})}$$

总浓度

$$c_0(\mathrm{HA})/c^\ominus=c(\mathrm{HA})/c^\ominus+c(\mathrm{A^-})/c^\ominus=c(\mathrm{HA})/c^\ominus+\frac{K_a^\ominus c(\mathrm{HA})/c^\ominus}{c(\mathrm{H^+})/c^\ominus}=[c(\mathrm{HA})/c^\ominus]\left[1+\frac{K_a^\ominus}{c(\mathrm{H^+})/c^\ominus}\right]$$

所以

$$\delta(\mathrm{HA})=\frac{c(\mathrm{HA})}{c_0(\mathrm{HA})}=\frac{c(\mathrm{H^+})/c^\ominus}{c(\mathrm{H^+})/c^\ominus+K_a^\ominus}$$

同理

$$\delta(\mathrm{A^-})=\frac{c(\mathrm{A^-})}{c_0(\mathrm{HA})}=\frac{K_a^\ominus}{c(\mathrm{H^+})/c^\ominus+K_a^\ominus}$$

因此

$$\delta(\mathrm{HA})+\delta(\mathrm{A^-})=1$$

例 11.1　计算 pH 4.00 时，0.10mol·L^{-1} HAc溶液中 HAc 和 Ac^- 的分布分数和平衡浓度。

解　查得 $K_a^\ominus(\mathrm{HAc})=1.8\times10^{-5}$，有

$$\delta(\mathrm{HAc})=\frac{c(\mathrm{H^+})/c^\ominus}{c(\mathrm{H^+})/c^\ominus+K_a^\ominus}=\frac{1.0\times10^{-4}}{1.0\times10^{-4}+1.8\times10^{-5}}=0.85$$

$$\delta(\mathrm{Ac^-})=\frac{K_a^\ominus}{c(\mathrm{H^+})/c^\ominus+K_a^\ominus}=\frac{1.8\times10^{-5}}{1.0\times10^{-4}+1.8\times10^{-5}}=0.15$$

$$c(\mathrm{HAc})=c_0(\mathrm{HAc})\delta(\mathrm{HAc})=0.10\mathrm{mol\cdot L^{-1}}\times0.85=0.085\mathrm{mol\cdot L^{-1}}$$

$$c(\mathrm{Ac^-})=c_0(\mathrm{HAc})\delta(\mathrm{Ac^-})=0.10\mathrm{mol\cdot L^{-1}}\times0.15=0.015\mathrm{mol\cdot L^{-1}}$$

对某一元弱酸 HA 溶液,分别计算其在不同 pH 下的 $\delta(\mathrm{HA})$ 和 $\delta(\mathrm{A^-})$ 并对 pH 作图,可以得到 HA 的 δ-pH 曲线,称为分数分布图。如图 11.1 所示,$\delta(\mathrm{HAc})$ 随 pH 的升高而增大,$\delta(\mathrm{Ac^-})$ 随 pH 的升高而减小。当 $\mathrm{pH}=\mathrm{p}K_a^\ominus$ 时,$\delta(\mathrm{HAc})=\delta(\mathrm{Ac^-})=0.5$,即 HAc 与 $\mathrm{Ac^-}$ 各占一半;当 $\mathrm{pH}<\mathrm{p}K_a^\ominus$ 时,弱酸主要以 HAc 的形式存在;当 $\mathrm{pH}>\mathrm{p}K_a^\ominus$ 时,弱酸主要以 $\mathrm{Ac^-}$ 的形式存在。上述结论可以推广到其他一元酸,即一元弱酸的分布分数图形状都相同,其中两曲线的交点位置随 $\mathrm{p}K_a^\ominus$ 数值大小而变化。一元弱碱体系可以按照一元弱酸体系类似的方法来处理。

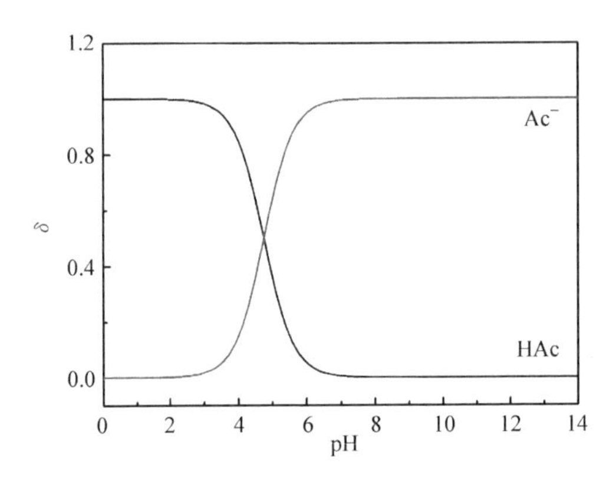

图 11.1 乙酸溶液中 HAc 和 $\mathrm{Ac^-}$ 的分布分数与溶液 pH 的关系($\mathrm{p}K_a^\ominus=4.76$)

二、多元酸溶液

多元酸溶液中含有多种酸碱组分,且其分布较为复杂。假设 $c_0(\mathrm{H_2A})$ 为某二元弱酸 $\mathrm{H_2A}$ 的初始浓度,溶液中 $\mathrm{H_2A}$、$\mathrm{HA^-}$ 和 $\mathrm{A^{2-}}$ 的平衡浓度分别为 $c(\mathrm{H_2A})$、$c(\mathrm{HA^-})$ 和 $c(\mathrm{A^{2-}})$,其分布分数分别为 $\delta(\mathrm{H_2A})$、$\delta(\mathrm{HA^-})$ 和 $\delta(\mathrm{A^{2-}})$。根据分布分数的定义,三种分布分数可以分别表示为

$$\delta(\mathrm{H_2A})=\frac{c(\mathrm{H_2A})}{c_0(\mathrm{H_2A})}=\frac{[c(\mathrm{H^+})/c^\ominus]^2}{[c(\mathrm{H^+})/c^\ominus]^2+K_{a_1}^\ominus c(\mathrm{H^+})/c^\ominus+K_{a_1}^\ominus K_{a_2}^\ominus}$$

$$\delta(\mathrm{HA^-})=\frac{c(\mathrm{HA^-})}{c_0(\mathrm{H_2A})}=\frac{K_{a_1}^\ominus c(\mathrm{H^+})/c^\ominus}{[c(\mathrm{H^+})/c^\ominus]^2+K_{a_1}^\ominus c(\mathrm{H^+})/c^\ominus+K_{a_1}^\ominus K_{a_2}^\ominus}$$

$$\delta(\mathrm{A^{2-}})=\frac{c(\mathrm{A^{2-}})}{c_0(\mathrm{H_2A})}=\frac{K_{a_1}^\ominus K_{a_2}^\ominus}{[c(\mathrm{H^+})/c^\ominus]^2+K_{a_1}^\ominus c(\mathrm{H^+})/c^\ominus+K_{a_1}^\ominus K_{a_2}^\ominus}$$

$$\delta(\mathrm{H_2A})+\delta(\mathrm{HA^-})+\delta(\mathrm{A^{2-}})=1$$

图 11.2 为草酸($\mathrm{H_2C_2O_4}$)溶液中各组分的分布分数曲线。由图可见,当溶液 pH 变化时,有时仅有两种组分受到影响,有时则三者同时变化。

例 11.2 计算 $\mathrm{pH}=4.00$ 时,$0.010\mathrm{mol\cdot L^{-1}}$ 酒石酸溶液中酒石酸根的浓度。

解 查得酒石酸的 $\mathrm{p}K_{a_1}^\ominus=3.04$,$\mathrm{p}K_{a_2}^\ominus=4.37$。

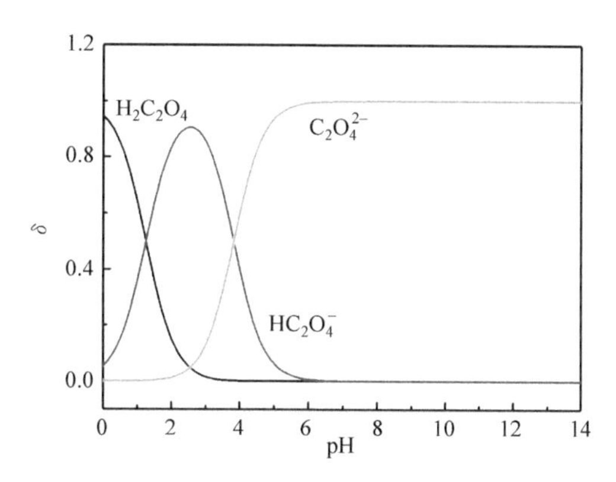

图 11.2　草酸溶液中各组分的分布分数曲线($pK_{a_1}^{\ominus}=1.25$, $pK_{a_2}^{\ominus}=3.81$)

$$\delta(A^{2-})=\frac{c(A^{2-})}{c_0(H_2A)}=\frac{K_{a_1}^{\ominus}K_{a_2}^{\ominus}}{[c(H^+)/c^{\ominus}]^2+K_{a_1}^{\ominus}c(H^+)/c^{\ominus}+K_{a_1}^{\ominus}K_{a_2}^{\ominus}}$$
$$=\frac{10^{-3.04}\times10^{-4.37}}{(10^{-4.00})^2+10^{-3.04}\times10^{-4.00}+10^{-3.04}\times10^{-4.37}}$$
$$=0.28$$

$$c(A^{2-})=c_0(H_2A)\delta(A^{2-})=0.010\text{mol}\cdot L^{-1}\times0.28=0.028\text{mol}\cdot L^{-1}$$

与之类似，三元酸 H_3A 溶液中可能有四种组分存在，其分布分数分别为

$$\delta(H_3A)=\frac{c(H_3A)}{c_0(H_3A)}=\frac{[c(H^+)/c^{\ominus}]^3}{[c(H^+)/c^{\ominus}]^3+K_{a_1}^{\ominus}[c(H^+)/c^{\ominus}]^2+K_{a_1}^{\ominus}K_{a_2}^{\ominus}c(H^+)/c^{\ominus}+K_{a_1}^{\ominus}K_{a_2}^{\ominus}K_{a_3}^{\ominus}}$$

$$\delta(H_2A^-)=\frac{c(H_2A^-)}{c_0(H_3A)}=\frac{K_{a_1}^{\ominus}[c(H^+)/c^{\ominus}]^2}{[c(H^+)/c^{\ominus}]^3+K_{a_1}^{\ominus}[c(H^+)/c^{\ominus}]^2+K_{a_1}^{\ominus}K_{a_2}^{\ominus}c(H^+)/c^{\ominus}+K_{a_1}^{\ominus}K_{a_2}^{\ominus}K_{a_3}^{\ominus}}$$

$$\delta(HA^{2-})=\frac{c(HA^{2-})}{c_0(H_3A)}=\frac{K_{a_1}^{\ominus}K_{a_2}^{\ominus}c(H^+)/c^{\ominus}}{[c(H^+)/c^{\ominus}]^3+K_{a_1}^{\ominus}[c(H^+)/c^{\ominus}]^2+K_{a_1}^{\ominus}K_{a_2}^{\ominus}c(H^+)/c^{\ominus}+K_{a_1}^{\ominus}K_{a_2}^{\ominus}K_{a_3}^{\ominus}}$$

$$\delta(A^{3-})=\frac{c(A^{3-})}{c_0(H_3A)}=\frac{K_{a_1}^{\ominus}K_{a_2}^{\ominus}K_{a_3}^{\ominus}}{[c(H^+)/c^{\ominus}]^3+K_{a_1}^{\ominus}[c(H^+)/c^{\ominus}]^2+K_{a_1}^{\ominus}K_{a_2}^{\ominus}c(H^+)/c^{\ominus}+K_{a_1}^{\ominus}K_{a_2}^{\ominus}K_{a_3}^{\ominus}}$$

$$\delta(H_3A)+\delta(H_2A^-)+\delta(HA^{2-})+\delta(A^{3-})=1$$

磷酸溶液中各组分分布分数如图 11.3 所示。其他多元弱酸的分布分数可依此类推。

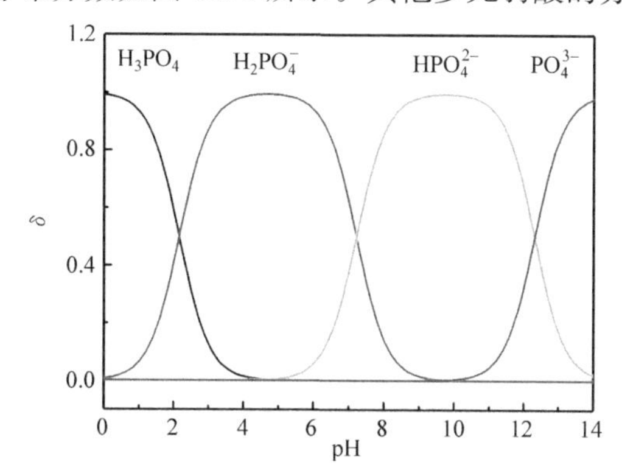

图 11.3　磷酸溶液中各组分的分布分数($pK_{a_1}^{\ominus}=2.16$, $pK_{a_2}^{\ominus}=7.21$, $pK_{a_3}^{\ominus}=12.32$)

对于弱碱，可以采用类似的方法处理。若将其作为酸的共轭碱来对待，它的最高级共轭酸可视作其原始酸的存在形式。在计算时要注意是采用碱的标准碱解离常数 $K_b^\ominus$ 还是用相应共轭酸的标准酸解离常数 $K_a^{\ominus\prime}$。例如，对NH_3溶液，若按碱来处理，各分布分数为

$$\delta(NH_3)=\frac{c(NH_3)}{c_0(NH_3)}=\frac{c(OH^-)/c^\ominus}{c(OH^-)/c^\ominus+K_b^\ominus}$$

$$\delta(NH_4^+)=\frac{c(NH_4^+)}{c_0(NH_3)}=\frac{K_b^\ominus}{c(OH^-)/c^\ominus+K_b^\ominus}$$

若按酸来处理，NH_4^+ 为原始酸组分，各分布分数为

$$\delta(NH_4^+)=\frac{c(NH_4^+)}{c_0(NH_4^+)}=\frac{c(H^+)/c^\ominus}{c(H^+)/c^\ominus+K_a^{\ominus\prime}}$$

$$\delta(NH_3)=\frac{c(NH_3)}{c_0(NH_4^+)}=\frac{K_a^{\ominus\prime}}{c(H^+)/c^\ominus+K_a^{\ominus\prime}}$$

综上所述，分布分数取决于酸碱物质的标准解离常数和溶液中 H^+ 的浓度，而与其总浓度无关。同一酸碱物质的不同形式的分布分数之和恒为 1。

第二节　酸碱指示剂

一、常见酸碱指示剂的变色原理

酸碱指示剂通常是有机弱酸或弱碱，它们的酸式及共轭碱式具有明显不同的颜色。当溶液 pH 改变时，指示剂可能获得质子转化为酸式，也可能给出质子转化为碱式，从而引起颜色的变化，可用来指示滴定的终点。以下介绍酸碱滴定中常用的指示剂。

1. 甲基橙

甲基橙(methyl orange，MO)是双色指示剂，它在溶液中存在着如下平衡：

$(CH_3)_2N$—⟨苯环⟩—N═N—⟨苯环⟩—SO_3^-　　碱式(黄色)

H^+ ⇅ OH^-

$(CH_3)_2N$—⟨苯环⟩—N—N(H)—⟨苯环⟩—SO_3^-　　酸式(红色)

甲基橙的碱式具有偶氮结构，在溶液中呈现黄色；其酸式具有醌式结构，为红色双偶极离子。由上述平衡可见，当溶液酸度增大时，酸式成分增多，溶液呈红色；当溶液酸度降低时，碱式成分增多，溶液呈黄色。

2. 酚酞

酚酞(phenolphthalein，PP)是一种单色指示剂。它是弱的有机酸，在溶液中有如下平衡：

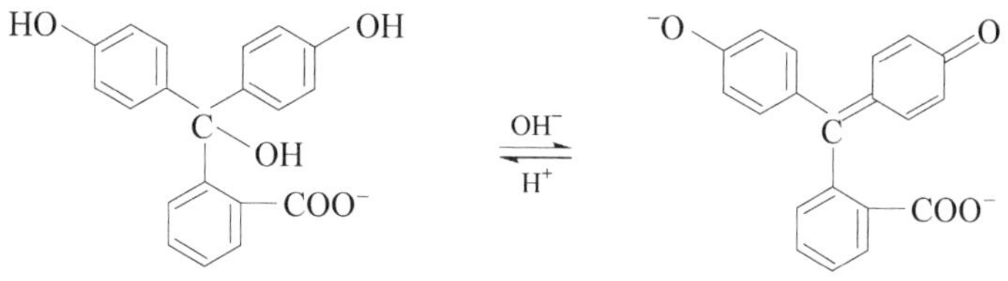

酸式(无色)　　　　　　　　碱式(红色)

酚酞的酸式为无色离子，碱式具有醌式结构，为红色离子。在浓溶液中，可转化为无色的羧酸盐式：

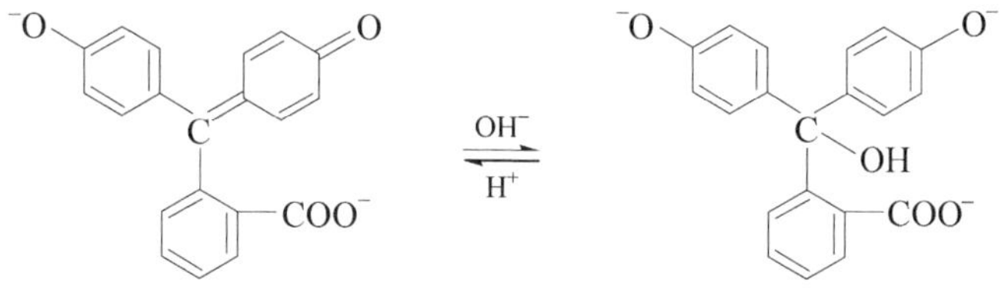

(无色)

二、酸碱指示剂的变色点及变色范围

为了说明溶液酸度对指示剂颜色变化的影响，以 HIn 代表指示剂的酸式，In^- 代表指示剂的碱式，$K_a^\ominus(HIn)$代表指示剂的标准解离常数，则在溶液中指示剂的解离平衡关系如下：

$$HIn \rightleftharpoons H^+ + In^-$$

因此

$$K_a^\ominus(HIn)=\frac{[c(H^+)/c^\ominus][c(In^-)/c^\ominus]}{c(HIn)/c^\ominus}$$

$$pH=pK_a^\ominus(HIn)-\lg\frac{c(HIn)/c^\ominus}{c(In^-)/c^\ominus}$$

在一定温度下，某特定指示剂的 $K_a^\ominus(HIn)$是常数，不影响指示剂的颜色变化。比值 $\frac{c(HIn)/c^\ominus}{c(In^-)/c^\ominus}$随溶液酸度的变化而变化，从而引起颜色的改变。

$\frac{c(HIn)/c^\ominus}{c(In^-)/c^\ominus}\leqslant\frac{1}{10}$时，溶液呈现的主要是碱式色；

$\frac{c(HIn)/c^\ominus}{c(In^-)/c^\ominus}\geqslant 10$ 时，溶液呈现的主要是酸式色；

$\frac{c(HIn)/c^\ominus}{c(In^-)/c^\ominus}=1$ 时，溶液呈现混合色。

当溶液的 pH 由 $pK_a^\ominus(HIn)-1$ 变化到 $pK_a^\ominus(HIn)+1$ 时，能够明显地看到溶液由指示剂的酸式色转变为碱式色。定义 $pH=pK_a^\ominus(HIn)$为酸碱指示剂的理论变色点，$pH=pK_a^\ominus(HIn)\pm1$ 为指示剂的理论变色范围。

但是，人眼实际观察到的指示剂实际变色范围与理论变色范围之间通常存在一定的差异。例如，甲基橙的理论变色范围为 2.4～4.4，而实际观察结果为 3.1～4.4，这是因为人眼对红色较为敏感。当酸式(HIn)浓度仅为碱式(In^-)浓度的 2 倍时，就能看到由碱式色(黄色)向酸式色(红色)的变化。此时 $pH=3.4+\lg\frac{1}{2}=3.1$。此外，由于不同的人对颜色敏感程度不同，观察的结果也会有差异。

指示剂的变色不是突变，而是在一个 pH 范围内变化。指示剂的变色范围越窄，指示变色越敏锐。表 11.1 列出了常用酸碱指示剂及其变色范围。当指示剂的变色点与化学计量点不一致时，指示剂指示终点时会产生一定的误差。

表 11.1　常见酸碱指示剂及其变色范围

指示剂	变色范围 pH	颜色		$pK_a^\ominus(HIn)$	组成
		酸式色	碱式色		
百里酚蓝(第一次变色)	1.2～2.8	红	黄	1.6	0.1%的 20%乙醇溶液
甲基黄	2.9～4.0	红	黄	3.3	0.1%的 90%乙醇溶液
甲基橙	3.1～4.4	红	黄	3.4	0.05%的水溶液
溴酚蓝	3.1～4.6	黄	紫	4.1	0.1%的 20%乙醇溶液或其钠盐水溶液
溴甲酚绿	3.8～5.4	黄	蓝	4.9	0.1%水溶液，每 100mg 指示剂加 $0.05mol\cdot L^{-1}$ NaOH 2.9mL
甲基红	4.4～6.2	红	黄	5.2	0.1%的 60%乙醇溶液或其钠盐水溶液
溴百里酚蓝	6.0～7.6	黄	蓝	7.3	0.1%的 20%乙醇溶液或其钠盐水溶液
中性红	6.8～8.0	红	黄橙	7.4	0.1%的 60%乙醇溶液
酚红	6.7～8.4	黄	红	8.0	0.1%的 60%乙醇溶液或其钠盐水溶液
酚酞	8.0～9.6	无	红	9.1	0.1%的 90%乙醇溶液
百里酚蓝(第二次变色)	8.0～9.6	黄	蓝	8.9	0.1%的 20%乙醇溶液
百里酚酞	9.4～10.6	无	蓝	10.0	0.1%的 90%乙醇溶液

三、影响指示剂变色范围的主要因素

1. 指示剂用量

指示剂的用量会影响指示剂的变色范围。指示剂用量要适当：用量太小，颜色太浅，变色不够敏锐；用量太多，因指示剂本身作为弱酸或弱碱也会消耗一定量滴定剂，会带来额外的误差。指示剂用量对双色指示剂和单色指示剂变色范围的影响是不同的。

对于甲基橙等双色指示剂，在酸度一定时，指示剂的用量不会影响$\frac{c(In^-)}{c(HIn)}$，因此指示剂用量多少不会影响它的变色范围。对于单色指示剂如酚酞，指示剂的用量会影响变色范围。例如，在 50～100mL 溶液中加入 2～3 滴 0.1%酚酞，在 pH≈9 时出现微红色。在同样条件下，加 10～15 滴酚酞，则在 pH≈8 时出现微红色。

2. 温度

温度变化会引起指示剂解离常数的变化，从而导致指示剂变色范围也发生变化。例如，甲基橙在室温下的变色范围为 3.1～4.4，而在 100℃时变色范围为 2.5～3.7。所以滴定应在室温下进行。若需对体系进行加热，则要将其冷却后再进行滴定。

3. 离子强度

溶液中离子强度的变化影响 H^+ 的活度，从而使指示剂的解离常数发生改变。因此，指示剂的变色范围也会随着离子强度的变化而发生改变。离子强度对于不同类型指示剂的变色范围影响不同。一般而言，在滴定过程中不宜有大量盐类存在。

4. 其他

湿度、溶剂种类等也会影响指示剂的变色范围。此外，人眼对深色比对浅色灵敏，因此滴定通常选择从无色到有色、从浅色到深色的变色次序。例如，酸滴定碱通常选择甲基橙为指示剂，而碱滴定酸通常选择酚酞为指示剂。

四、混合指示剂

单一指示剂变色范围一般比较宽，有的在变色过程中还出现难以辨别的过渡色。在某些酸碱滴定中，为了达到一定的准确度，需要将滴定终点限制在较窄小的 pH 范围内。这时可采用混合指示剂。

混合指示剂通常有两大类：一类是同时使用两种指示剂，利用彼此颜色之间的互补作用，具有很窄的变色范围，且在滴定终点有敏锐的颜色变化，可以正确地指示滴定终点；另一类是由指示剂与惰性染料（如亚甲基蓝、靛蓝二磺酸钠）组成的，也是利用颜色的互补作用来提高变色的敏锐度。

例如，将甲基橙与靛蓝二磺酸钠按 1∶1 的比例混合，靛蓝二磺酸钠在滴定过程中始终呈蓝色，只作为甲基橙变色的背景。因此，随着溶液 pH 的改变，混合指示剂由黄绿色或紫色变化为紫色或黄绿色，中间呈近乎无色的浅灰色，变色敏锐，易于辨别。

又如，将溴甲酚绿与甲基红按 3∶1 的比例混合，pH＝5.1 时，由于绿色和橙色相互叠加，溶液呈灰色，颜色变化十分明显，使变色范围缩小，可用于 Na_2CO_3 标定 HCl 时指示终点。

第三节　酸碱滴定曲线与指示剂的选择

在酸碱滴定过程中，随着滴定剂的加入，溶液的 pH 不断发生变化，并在化学计量点附近 pH 发生突变。以滴定剂加入的体积（V）或滴定分数（a）为横坐标，以溶液的 pH 为纵坐标作图，得到酸碱滴定曲线。酸碱滴定曲线是选择合适酸碱指示剂的重要依据。

一、强碱滴定强酸或强酸滴定强碱

强酸和强碱在溶液中全部解离，它们之间的滴定反应为

$$H^+ + OH^- \longrightarrow H_2O$$

设酸碱滴定反应的标准平衡常数为 $K_t^\ominus$,则对于强酸滴定强碱的反应:

$$K_t^\ominus = \frac{1}{K_w^\ominus}$$

由此可见,强酸与强碱之间的反应很完全。

现以 0.1000mol · L^{-1} NaOH 溶液滴定 20.00mL 0.1000mol · L^{-1} HCl 溶液为例,讨论强碱滴定强酸时的滴定曲线和指示剂选择。

1. 滴定前

溶液的酸度等于 HCl 的原始浓度,即 $c(H^+)=0.1000\text{mol} \cdot L^{-1}$,pH=1.00。

2. 滴定开始至化学计量点前

溶液的酸度取决于剩余 HCl 溶液的浓度,即

$$c(H^+) = \frac{c(HCl)V(HCl) - c(NaOH)V(NaOH)}{V(HCl) + V(NaOH)}$$

当加入 NaOH 溶液 18.00mL 时,滴定分数 $a=90.00\%$:

$$c(H^+) = 0.1000\text{mol} \cdot L^{-1} \times \frac{20.00\text{mL} - 18.00\text{mL}}{20.00\text{mL} + 18.00\text{mL}} = 5.26 \times 10^{-3}\text{mol} \cdot L^{-1}$$

$$pH = 2.28$$

当加入 NaOH 溶液 19.80mL 时,滴定分数 $a=99.00\%$:

$$c(H^+) = 0.1000\text{mol} \cdot L^{-1} \times \frac{20.00\text{mL} - 19.80\text{mL}}{20.00\text{mL} + 19.80\text{mL}} = 5.03 \times 10^{-4}\text{mol} \cdot L^{-1}$$

$$pH = 3.30$$

当加入 NaOH 溶液 19.98mL 时,滴定分数 $a=99.90\%$:

$$c(H^+) = 0.1000\text{mol} \cdot L^{-1} \times \frac{20.00\text{mL} - 19.98\text{mL}}{20.00\text{mL} + 19.98\text{mL}} = 5.00 \times 10^{-5}\text{mol} \cdot L^{-1}$$

$$pH = 4.30$$

3. 化学计量点时

加入 NaOH 溶液 20.00mL,HCl 全部被中和,溶液呈中性,滴定分数 $a=100.00\%$:

$$c(H^+)/c^\ominus = c(OH^-)/c^\ominus = \sqrt{K_w^\ominus} = \sqrt{1.0 \times 10^{-14}} = 1.0 \times 10^{-7}$$

$$pH = 7.00$$

4. 化学计量点后

溶液的酸度取决于过量的 NaOH 溶液的浓度,即

$$c(OH^-) = \frac{c(NaOH)V(NaOH) - c(HCl)V(HCl)}{V(NaOH) + V(HCl)}$$

当加入 NaOH 溶液 20.02mL 时,滴定分数 $a=100.10\%$:

$$c(OH^-) = 0.1000\text{mol} \cdot L^{-1} \times \frac{20.02\text{mL} - 20.00\text{mL}}{20.02\text{mL} + 20.00\text{mL}} = 5.00 \times 10^{-5}\text{mol} \cdot L^{-1}$$

$$pOH = 4.30$$
$$pH = 9.70$$

当加入 NaOH 溶液 20.20mL 时，滴定分数 $a=101.00\%$：

$$c(OH^-) = 0.1000mol \cdot L^{-1} \times \frac{20.20mL - 20.00mL}{20.20mL + 20.00mL} = 4.98 \times 10^{-4} mol \cdot L^{-1}$$
$$pOH = 3.30$$
$$pH = 10.70$$

当加入 NaOH 溶液 22.00mL 时，滴定分数 $a=110.00\%$：

$$c(OH^-) = 0.1000mol \cdot L^{-1} \times \frac{22.00mL - 20.00mL}{22.00mL + 20.00mL} = 4.76 \times 10^{-3} mol \cdot L^{-1}$$
$$pOH = 2.32$$
$$pH = 11.68$$

按照此式分别计算加入不同体积 NaOH 溶液时的 pH，其结果列入表 11.2。

表 11.2　0.1000mol · L^{-1} NaOH 溶液滴定 20.00mL 0.1000mol · L^{-1} HCl 溶液

加入 NaOH 溶液体积/mL	滴定分数/%	过量 NaOH 溶液体积/mL	$c(H^+)/(mol \cdot L^{-1})$	pH
0.00	0.00		1.00×10^{-1}	1.00
18.00	90.00		5.26×10^{-3}	2.28
19.80	99.00		5.02×10^{-4}	3.30
19.96	99.80		1.00×10^{-4}	4.00
19.98	99.90		5.00×10^{-5}	4.30
20.00	100.00		1.00×10^{-7}	7.00
20.02	100.10	0.02	2.00×10^{-10}	9.70
20.04	100.20	0.04	1.00×10^{-10}	10.00
20.20	101.00	0.20	2.00×10^{-11}	10.70
22.00	110.00	2.00	2.10×10^{-12}	11.68
40.00	200.00	20.00	3.33×10^{-13}	12.52

由图 11.4 可见，滴定开始时，滴定曲线平坦，这是由于溶液中有大量 HCl 存在，其缓冲作用使加入的 NaOH 对溶液 pH 的改变不大。随着滴定剂 NaOH 溶液的加入，溶液中剩余的 HCl 逐渐减少，其缓冲作用减弱。pH 变化稍有增大，曲线逐渐向上倾斜。加入的 NaOH 溶液体积从 19.98mL 增加到 20.02mL 时，溶液的 pH 由 4.30 变为 9.70，相当于一滴 NaOH 溶液的加入能使溶液 H^+ 的浓度改变十几万倍，使溶液由酸性变为碱性。在此阶段，滴定曲线近似垂直于横坐标轴，成为滴定曲线中的“突跃”部分，称为滴定突跃。突跃所在的 pH 范围称为滴定突跃范围。继续滴加 NaOH 溶液，NaOH 过量，由于其缓冲作用，溶液的 pH 变化逐渐减慢，曲线又变得平坦。

表示在酸碱滴定中溶液 pH 变化的曲线称为滴定曲线。在酸碱滴定中可以根据滴定曲线及滴定突跃来选择合适的指示剂。最理想的指示剂应该恰好在化学计量点时变色，但实际上凡是指示剂变色点 pH 处于滴定突跃范围内的指示剂均可满足滴定分析准确度的要求。上例

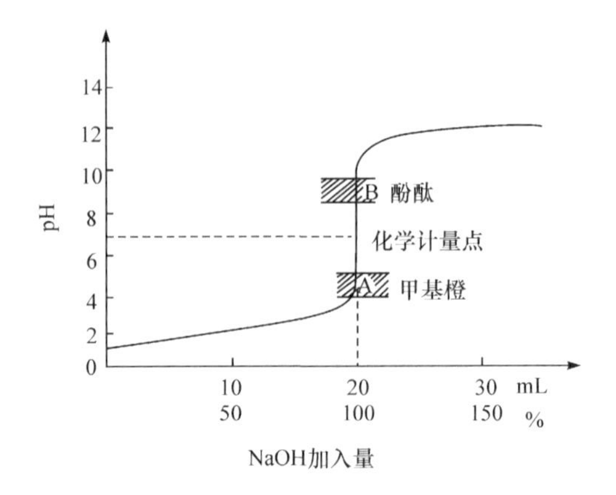

图 11.4　0.1000mol · L^{-1} NaOH 溶液滴定 20.00mL 0.1000mol · L^{-1} HCl 溶液的滴定曲线

中可以采用酚酞或甲基红为指示剂。若以甲基橙作为指示剂,要滴定至恰好变为黄色。

滴定突跃的大小与滴定剂及待测液的浓度相关。如图 11.5 所示,随着溶液浓度增大,滴定突跃范围增大。浓度每增大 10 倍,滴定突跃范围增加 2 个 pH 单位;反之,浓度每降低 10 倍,滴定突跃范围也相应减小 2 个 pH 单位。指示剂的选择也与浓度相关。例如,采用 0.0100mol · L^{-1} NaOH 溶液滴定 0.0100mol · L^{-1} HCl 溶液,滴定突跃范围为 5.30～8.70。由于突跃范围减小,甲基橙不再适用。

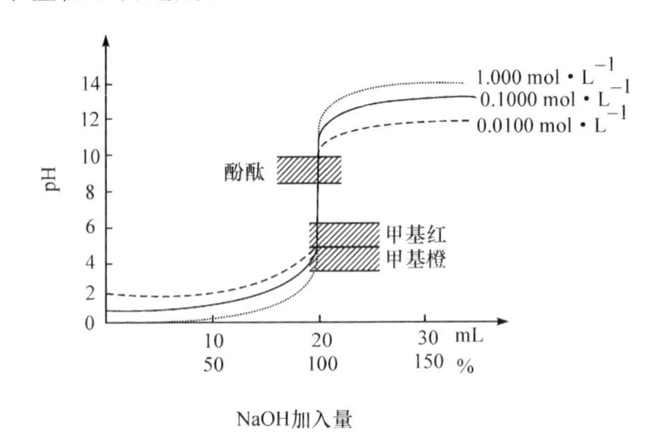

图 11.5　不同浓度 NaOH 溶液滴定不同浓度 HCl 溶液的滴定曲线

若以 0.1000mol · L^{-1} HCl 溶液滴定 0.1000mol · L^{-1} NaOH 溶液,情况相似但 pH 变化方向相反,可以选用酚酞或甲基红作指示剂。若采用甲基橙作指示剂,滴定终点溶液由黄色变为橙色,将有较大的误差。

二、强碱滴定一元弱酸或强酸滴定一元弱碱

1. 强碱滴定弱酸

可以采用强碱滴定甲酸、乙酸、苯甲酸等一元弱酸。滴定反应为

$$HA + OH^- \longrightarrow H_2O + A^-$$

标准滴定常数

$$K_t^\ominus = \frac{c(A^-)/c^\ominus}{[c(HA)/c^\ominus][c(OH^-)/c^\ominus]} = \frac{K_a^\ominus}{K_w^\ominus}$$

因此，$K_t^\ominus$ 与 $K_a^\ominus$ 成正比，$K_a^\ominus$ 越大，反应进行得越完全。若 $K_a^\ominus$ 太小，反应不能定量完全进行，则该弱酸不能被准确滴定。此外，强碱滴定弱酸的 $K_t^\ominus$ 比强碱滴定强酸的小，说明反应的完全程度不及强酸强碱滴定。

以下以 $0.1000mol \cdot L^{-1}$ NaOH 溶液滴定 20.00mL $0.1000mol \cdot L^{-1}$ HAc 溶液为例，讨论强碱滴定弱酸时的滴定曲线和指示剂选择。

1) 滴定前

溶液为 $0.1000mol \cdot L^{-1}$ HAc 溶液。根据判据，可采用最简式计算 $c(H^+)$。

$$c(H^+)/c^\ominus = \sqrt{(c_0/c^\ominus) \cdot K_a^\ominus} = \sqrt{(0.1000mol \cdot L^{-1}/1mol \cdot L^{-1}) \times 1.8 \times 10^{-5}} = 1.34 \times 10^{-3}$$

$$pH = 2.87$$

2) 滴定开始至化学计量点前

溶液中存在滴定产物 Ac^- 和剩余的 HAc，可按照缓冲溶液计算 pH。

$$pH = pK_a^\ominus - \lg \frac{c(HAc)/c^\ominus}{c(Ac^-)/c^\ominus}$$

当加入 NaOH 溶液 19.98mL 时，滴定分数 $a = 99.90\%$：

$$c(HAc) = 0.1000mol \cdot L^{-1} \times \frac{20.00mL - 19.98mL}{20.00mL + 19.98mL} = 5.00 \times 10^{-5} mol \cdot L^{-1}$$

$$c(Ac^-) = 0.1000mol \cdot L^{-1} \times \frac{19.98mL}{20.00mL + 19.98mL} = 5.00 \times 10^{-2} mol \cdot L^{-1}$$

$$pH = pK_a^\ominus - \lg \frac{c(HAc)/c^\ominus}{c(Ac^-)/c^\ominus} = 4.74 - \lg \frac{5.00 \times 10^{-5} mol \cdot L^{-1}/1mol \cdot L^{-1}}{5.00 \times 10^{-2} mol \cdot L^{-1}/1mol \cdot L^{-1}} = 7.74$$

3) 化学计量点时

加入 NaOH 溶液 20.00mL，NaOH 与 HAc 定量反应完全，滴定产物为 NaAc。根据判据，可采用最简式计算。

$$c(OH^-)/c^\ominus = \sqrt{(c_0/c^\ominus) \cdot K_b^\ominus} = \sqrt{\left(\frac{0.0500mol \cdot L^{-1}}{1mol \cdot L^{-1}}\right) \times \left(\frac{1.00 \times 10^{-14}}{1.8 \times 10^{-5}}\right)} = 5.30 \times 10^{-6}$$

$$pOH = 5.28$$

$$pH = 14.00 - pOH = 14.00 - 5.28 = 8.72$$

4) 化学计量点后

溶液中存在过量的 NaOH 和 Ac^-，体系的酸度由过量的 NaOH 决定，即

$$c(OH^-) = \frac{c(NaOH)V(NaOH) - c(HAc)V(HAc)}{V(NaOH) + V(HAc)}$$

当加入 NaOH 溶液 20.02mL 时，滴定分数 $a = 100.10\%$：

$$c(OH^-) = 0.1000mol \cdot L^{-1} \times \frac{20.02mL - 20.00mL}{20.02mL + 20.00mL} = 5.00 \times 10^{-5} mol \cdot L^{-1}$$

$$pOH = 4.30$$

$$pH = 9.70$$

按照此式分别计算加入不同体积 NaOH 溶液时的 pH，将其结果列入表 11.3。

表 11.3 0.1000mol · L^{-1} NaOH 溶液滴定 20.00mL 0.1000mol · L^{-1} HAc 溶液

加入 NaOH 溶液体积/mL	滴定分数/%	过量 NaOH 溶液体积/mL	pH
0.00	0.00		2.87
18.00	90.00		5.70
19.80	99.00		6.73
19.98	99.90		7.74
20.00	100.00		8.72
20.02	100.10	0.02	9.70
20.20	101.00	0.20	10.70
22.00	110.00	2.00	11.70
40.00	200.00	20.00	12.52

由图 11.6 可见,用 NaOH 滴定相同浓度的 HCl 和 HAc 的滴定曲线是有差别的。滴定开始时,由于 HAc 的酸性比 HCl 弱,因此曲线的起点更高。滴定开始后,由于反应产物 Ac^- 抑制了 HAc 的解离,溶液中的 $c(H^+)$ 较快地降低,pH 迅速增大。此后,HAc 不断地被滴定,其浓度逐渐降低,而 NaAc 浓度也逐渐增加,溶液的缓冲容量增大,pH 变化缓慢,曲线变得比较平坦。当 HAc 被滴定 50%时,溶液的缓冲容量最大,曲线斜率最小。接近化学计量点时,溶液中剩余的 HAc 已经很少,溶液缓冲作用变小,pH 变化迅速。在化学计量点时,溶液为碱性的 NaAc 溶液。化学计量点后,溶液 pH 的变化规律与滴定 HCl 相似,两者曲线基本重合。由图 11.6 可见,强碱滴定弱酸的突跃范围比滴定同浓度强酸的突跃范围要窄且在弱碱性区,因此可以采用酚酞或百里酚蓝作指示剂。

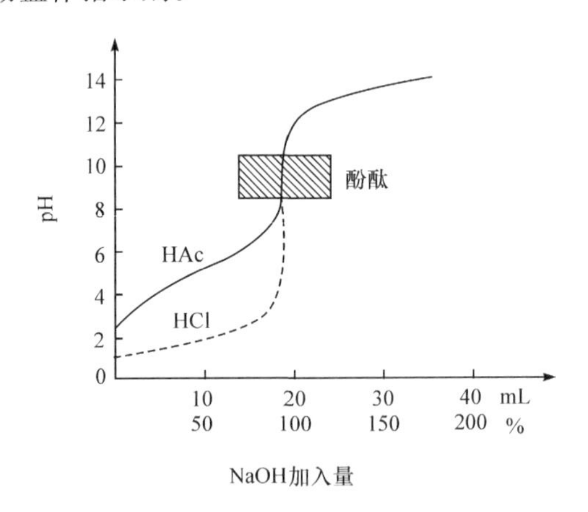

图 11.6 0.1000mol · L^{-1} NaOH 溶液滴定 20.00mL 0.1000mol · L^{-1} HCl 溶液与 20.00mL 0.1000mol · L^{-1} HAc 溶液的滴定曲线

综上所述,强碱滴定弱酸时,弱酸的浓度和强度是影响滴定突跃的两个重要因素。表 11.4 列出了强碱滴定弱酸的滴定突跃范围随弱酸的强度和浓度变化的情况。

表 11.4　强碱滴定弱酸的滴定突跃范围随弱酸浓度和强度的变化

突跃 pH \ c pK_a	$1.0000mol\cdot L^{-1}$		$0.1000mol\cdot L^{-1}$		$0.0100mol\cdot L^{-1}$	
	突跃范围	ΔpH	突跃范围	ΔpH	突跃范围	ΔpH
$pK_a^\ominus=5$	8.00～11.00	3.00	8.00～10.00	2.00	8.00～9.04	1.08
$pK_a^\ominus=6$	9.00～11.00	2.00	8.96～10.04	1.08	8.79～9.21	0.42
$pK_a^\ominus=7$	9.96～11.02	1.06	9.79～10.21	0.42	8.43～9.57	0.14
$pK_a^\ominus=8$	10.79～11.21	0.42	10.43～10.57	0.14		
$pK_a^\ominus=9$	11.43～11.57	0.14				

由表 11.4 可见，当弱酸强度一定时，随着溶液浓度的增大，滴定突跃范围增大；浓度越小，突跃范围越小。当浓度变化时，突跃起点的 pH 基本不变，而突跃终点的 pH 随浓度而变化。浓度每增大 10 倍，滴定突跃范围增加 1 个 pH 单位；反之，浓度每降低 10 倍，滴定突跃范围也相应减小 1 个 pH 单位。

当弱酸浓度一定时，酸越强，滴定突跃范围越大；酸越弱，滴定突跃范围越小。$K_a^\ominus$ 每增大 10 倍，突跃起点的 pH 约减小 1 个单位，而终点的 pH 变化很小。

以指示剂确定终点时，如果滴定突跃范围太小，则确定终点就会很困难。人眼对指示剂变色的判断至少有±0.3 个 pH 单位的不确定性，这种由终点观察的不确定性引起的误差称为终点观察误差。如果滴定终点 pH 与化学计量点 pH 之间的差别为 0.3 个 pH 单位，要求滴定终点≤0.2%，则可以由终点误差公式得到$(c/c^\ominus)K_a^\ominus \geqslant 1.0\times10^{-8}$。可依据该条件判断某一弱酸能否被强碱直接准确滴定。与之类似，某一元弱碱能否被强酸直接准确滴定的判据为$(c/c^\ominus)K_b^\ominus \geqslant 1.0\times10^{-8}$。

对某些极弱的酸，虽然不能直接准确滴定，但可以采用以下方法使弱酸强化，再进行滴定。

1）利用配位反应

例如，硼酸（H_3BO_3）的 $pK_a^\ominus=9.24$，为极弱的酸，不能用 NaOH 溶液直接准确滴定。如果在硼酸溶液中加入某些多元醇，如甘油或甘露醇等，则 H_3BO_3 能与它们形成较强的多元醇配位酸。在硼酸溶液中加入甘露醇，形成的甘露醇配位酸的 $pK_a^\ominus=4.26$，酸性较强，可以用 NaOH 溶液直接滴定，以酚酞或百里酚酞作为指示剂。

2）利用沉淀反应

例如，磷酸（H_3PO_4）的 $pK_{a_3}^\ominus=12.21$，因此无法直接准确滴定到其第三个终点。可以在 HPO_4^{2-} 溶液中加入钙盐，生成 $Ca_3(PO_4)_2$ 沉淀，从而定量置换出 H^+，可以用 NaOH 溶液滴定。

$$3Ca^{2+} + 2HPO_4^{2-} = Ca_3(PO_4)_2 + 2H^+$$

3）利用氧化还原反应

利用氧化还原反应也可以使弱酸转化为强酸，再进行滴定。例如，H_2SO_3 的 $pK_{a_2}^\ominus$ 较小，为提高滴定的准确度，可以用 I_2、H_2O_2 或溴水等将 H_2SO_3 氧化为 H_2SO_4，再用 NaOH 溶液滴定。

$$H_2SO_3 + H_2O_2 = H_2SO_4 + H_2O$$

4）利用离子交换反应

利用离子交换剂与离子的交换作用也可以使弱酸转化为强酸。例如，NH_4Cl 流经酸性离子交换树脂，置换出的 HCl 可以用 NaOH 溶液滴定。

$$R—SO_3^- H^+ + NH_4Cl \longrightarrow R—SO_3^- NH_4^+ + HCl$$

2. 强酸滴定弱碱

可以用 HCl 溶液滴定 NH_3、甲胺(CH_3NH_2)及乙醇胺($HOCH_2CH_2NH_2$)等弱碱。滴定反应为

$$B + H^+ \longrightarrow BH^+$$

标准滴定常数

$$K_t^\ominus = \frac{c(BH^+)/c^\ominus}{[c(B)/c^\ominus][c(H^+)/c^\ominus]} = \frac{K_b^\ominus}{K_w^\ominus}$$

因此,$K_t^\ominus$与$K_b^\ominus$成正比,$K_b^\ominus$越大,反应进行得越完全。若$K_b^\ominus$太小,反应不能定量进行,则该弱酸不能被准确滴定。

以 0.1000mol·L^{-1} HCl 溶液滴定 20.00mL 0.1000mol·L^{-1}NH_3溶液为例,计算各滴定点的 pH 列于表 11.5 并绘制滴定曲线。由图 11.7 可知,其滴定突跃范围为 pH 6.25~4.30,应选择甲基红和溴甲酚绿作指示剂。若采用甲基橙作指示剂,应滴定至橙色,终点将稍拖后,使误差增大。

表 11.5　0.1000mol·L^{-1}HCl 溶液滴定 20.00mL 0.1000mol·L^{-1}NH_3溶液

加入 HCl 溶液体积/mL	滴定分数/%	pH
0.00	0.00	11.13
18.00	90.00	8.30
19.96	99.80	6.55
19.98	99.90	6.25
20.00	100.00	5.28
20.02	100.10	4.30
20.20	101.00	3.30
22.00	110.00	2.30
40.00	200.00	1.48

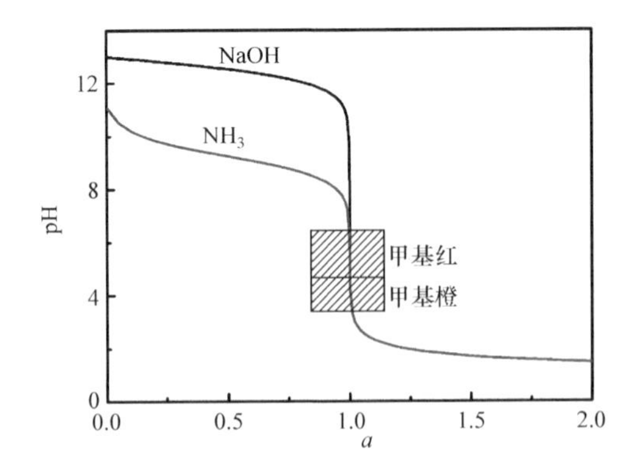

图 11.7　0.1000mol·L^{-1}HCl 溶液滴定 20.00mL 0.1000mol·L^{-1}NaOH 溶液与 20.00mL 0.1000mol·L^{-1}NH_3溶液的滴定曲线

综上所述,用强酸滴定弱碱的滴定曲线与强碱滴定弱酸类似,其突跃范围处于酸性范围。

被滴定的碱越弱，突跃范围越窄，越难以用指示剂确定终点。为使滴定突跃加大，一般选强酸、强碱为滴定剂，而且浓度不能太小。与滴定弱酸类似，弱碱的强度和浓度均会影响滴定突跃的大小和反应的完全程度。当以指示剂变色判断终点时，弱碱被准确滴定的判据是$(c_b/c^{\ominus})K_b^{\ominus} \geqslant 1.0 \times 10^{-8}$。

其他各类滴定曲线与酸碱滴定曲线类似：在配位滴定曲线中以 pM 代替 pH（M 为金属离子浓度）；在沉淀滴定曲线中也以 pM 代替 pH；在氧化还原滴定曲线中，则以电势 E 代替 pH。

三、多元酸碱的滴定

1. 多元酸的滴定

常见的多元酸通常是弱酸，在水溶液中分步解离，其滴定反应也可以分步进行。例如，用 NaOH 溶液滴定二元酸 H_2A，滴定反应如下：

$$H_2A + OH^- \longrightarrow HA^- + H_2O$$
$$HA^- + OH^- \longrightarrow A^{2-} + H_2O$$

标准滴定常数

$$K_{t_1}^{\ominus} = \frac{c(HA^-)/c^{\ominus}}{[c(H_2A)/c^{\ominus}][c(OH^-)/c^{\ominus}]} = \frac{K_{a_1}^{\ominus}}{K_w^{\ominus}}$$
$$K_{t_2}^{\ominus} = \frac{c(A^{2-})/c^{\ominus}}{[c(HA^-)/c^{\ominus}][c(OH^-)/c^{\ominus}]} = \frac{K_{a_2}^{\ominus}}{K_w^{\ominus}}$$

用强碱滴定多元酸时，既要考虑能否被准确滴定，又要考虑能否分步滴定。与滴定一元弱酸类似，被滴定的酸足够强，即$(c_a/c^{\ominus})K_{a_i}^{\ominus} \geqslant 1.0 \times 10^{-8}$，就可以被准确滴定。至于是否能够分步滴定，要取决于相邻的两个滴定突跃能否分开，即取决于相邻两个 $K_a^{\ominus}$ 的大小。若相邻 $K_a^{\ominus}$ 值相差不大，当第一个 H^+ 还没被滴定完全，第二个 H^+ 又被滴定了，这样就无法形成两个独立的滴定突跃，不能分步滴定。如果检测终点的误差为 0.3 个 pH 单位，允许滴定误差为±0.5%，则由误差公式可以得出 $\Delta \lg K_a^{\ominus} \geqslant 1.0 \times 10^5$，即可形成两个独立的滴定突跃，实现分步滴定。

同理，对于混合酸的滴定，当两弱酸（HA＋HB）混合时，如果被滴定的酸足够强，即$(c_a/c^{\ominus})K_a^{\ominus} \geqslant 1.0 \times 10^{-8}$时，则可以准确滴定。若$(c_{a_1}K_{a_1}^{\ominus})/(c_{a_2}K_{a_2}^{\ominus}) \geqslant 1.0 \times 10^5$，则可以分别滴定。当某一强酸与某一弱酸（$H^+$ ＋HA）混合时，若对于弱酸 HA 有$(c_a/c^{\ominus})K_a^{\ominus} \geqslant 1.0 \times 10^{-8}$时，可测其总量；若$(c_a/c^{\ominus})K_a^{\ominus} \leqslant 1.0 \times 10^{-8}$，仅可准确测出强酸含量。

例 11.3　用 $0.2000 mol \cdot L^{-1}$ NaOH 滴定 $0.2000 mol \cdot L^{-1}$ H_3PO_4，试计算各化学计量点 pH 并选择指示剂。

解　查表可知磷酸的 $pK_{a_1}^{\ominus} = 2.12$，$pK_{a_2}^{\ominus} = 6.38$，$pK_{a_3}^{\ominus} = 12.63$。

(1) 滴定的可行性判断。

$(c_a/c^{\ominus})K_{a_1}^{\ominus} \geqslant 1.0 \times 10^{-8}$ 且 $\lg K_{a_1}^{\ominus} - \lg K_{a_2}^{\ominus} \geqslant 5$，能够实现第一级的准确分步滴定。

$(c_a/c^{\ominus})K_{a_2}^{\ominus} \approx 1.0 \times 10^{-8}$ 且 $\lg K_{a_2}^{\ominus} - \lg K_{a_3}^{\ominus} \geqslant 5$，能够较为准确地实现第二级的分步滴定。

$(c_a/c^{\ominus})K_{a_3}^{\ominus} < 1.0 \times 10^{-8}$，第三级不能被直接准确滴定。

(2) 化学计量点 pH 的计算和指示剂的选择。

当第一级 H^+ 被完全滴定后，溶液中溶质的主要成分为 NaH_2PO_4。

$$pH = \frac{1}{2}(pK_{a_1}^{\ominus} + pK_{a_2}^{\ominus}) = \frac{1}{2}(2.12 + 6.38) = 4.25$$

可采用甲基橙作指示剂，滴定终点时溶液由红色变为黄色。

当第二级 H^+ 被完全滴定后,溶液中溶质的主要成分为 Na_2HPO_4。

$$pH=\frac{1}{2}(pK_{a_2}^{\ominus}+pK_{a_3}^{\ominus})=\frac{1}{2}(6.38+12.63)=9.51$$

可选用百里酚酞(变色点 pH≈10)作指示剂,终点时溶液由无色变为浅蓝色。

2. 多元碱的滴定

强酸滴定二元弱碱 B^{2-} 的滴定反应如下:

$$B^{2-}+H^+ \rlap{=}{=\!=} HB^-$$

$$HB^-+H^+ = H_2B$$

标准滴定常数

$$K_{t_1}^{\ominus}=\frac{c(HB^-)/c^{\ominus}}{[c(B^{2-})/c^{\ominus}][c(H^+)/c^{\ominus}]}=\frac{K_{b_1}^{\ominus}}{K_w^{\ominus}}$$

$$K_{t_2}^{\ominus}=\frac{c(H_2B)/c^{\ominus}}{[c(HB^-)/c^{\ominus}][c(H^+)/c^{\ominus}]}=\frac{K_{b_2}^{\ominus}}{K_w^{\ominus}}$$

同上,用强酸滴定多元碱时,既要考虑能否被准确滴定,又要考虑能否分步滴定。

能被准确滴定的条件是 $(c_b/c^{\ominus})K_{b_i}^{\ominus}\geqslant 1.0\times10^{-8}$;可以分步滴定的条件是 $\Delta\lg K_b^{\ominus}\geqslant 5$。

例 11.4　以 $0.1000mol\cdot L^{-1}$ HCl 滴定 20.00mL $0.1000mol\cdot L^{-1}$ Na_2CO_3。试计算各化学计量点 pH 并选择指示剂。

解　查表可知碳酸的 $pK_{a_1}^{\ominus}=6.38$,$pK_{a_2}^{\ominus}=10.25$,因此对于室温下的 CO_3^{2-},有

$$pK_{b_1}^{\ominus}=14.00-pK_{a_2}^{\ominus}=14.00-10.25=3.75$$

$$pK_{b_2}^{\ominus}=14.00-pK_{a_1}^{\ominus}=14.00-6.38=7.62$$

(1) 滴定可行性的判断。

$(c_b/c^{\ominus})K_{b_1}^{\ominus}\geqslant 1.0\times10^{-8}$ 且 $\lg K_{b_2}^{\ominus}-\lg K_{b_1}^{\ominus}\approx 4$,可分步滴定但第一步突跃不明显。

$(c_b/c^{\ominus})K_{b_2}^{\ominus}\approx 1.0\times10^{-8}$,第二步突跃也不明显。可采用剧烈摇动、煮沸除 CO_2 等方式弥补。

(2) 化学计量点 pH 的计算和指示剂的选择。

第一级 CO_3^{2-} 被完全滴定后,溶液中溶质的主要成分为 $NaHCO_3$

$$pH=\frac{1}{2}(pK_{a_1}^{\ominus}+pK_{a_2}^{\ominus})=\frac{1}{2}(6.38+10.25)=8.32$$

可采用酚酞作指示剂,滴定终点时溶液由红色变为无色,准确度不高。

第二级 HCO_3^- 被完全滴定后,溶液中溶质的主要成分为 $0.0333mol\cdot L^{-1}$ CO_2。

$$c(H^+)/c^{\ominus}=\sqrt{(c_0/c^{\ominus})\cdot K_{a_1}^{\ominus}}=\sqrt{(0.0333mol\cdot L^{-1}/1mol\cdot L^{-1})\times 4.2\times10^{-7}}=1.18\times10^{-4}$$

$$pH=3.93$$

可采用甲基橙作指示剂,滴定终点时溶液由黄色变为橙色,准确度不高。

第四节　酸碱滴定法的应用

酸碱滴定法能够直接用于滴定一般的酸碱及能与酸或碱起反应的物质,也能够间接地测定许多并不呈酸性或碱性的物质,因此在生产实际中应用非常广泛。许多化工产品,如纯碱、烧碱、硫酸铵和碳酸氢钠等,一般都采用酸碱滴定法测定其主成分的含量。食品及某些化工原料中碳、硫、磷、硅和氮等元素的测定也可以采用酸碱滴定法。在有机合成工业和医药工业中的原料、中间产品及成品的分析等也经常用到酸碱滴定法。以下介绍酸碱标准溶液的配制与

标定及应用实例。

一、常用酸碱标准溶液的配制与标定

1. 酸标准溶液

酸碱滴定法中最常用的标准溶液是 $0.1mol \cdot L^{-1}$ HCl 溶液，有时也用 HNO_3 溶液或 H_2SO_4 溶液。其中，HCl 溶液不能直接配制，需要先配制成近似所需要的浓度，使用前用基准物质进行标定。常用的基准物质是无水碳酸钠（Na_2CO_3）和硼砂（$Na_2B_4O_7 \cdot 10H_2O$）。

无水碳酸钠价格便宜但吸湿性强，因此使用前必须在 270～300℃加热约 1h，然后存放于干燥器中备用。滴定时，采用甲基橙或甲基橙-靛蓝作指示剂。标定 HCl 的反应式为

$$Na_2CO_3 + 2HCl \xlongequal{} 2NaCl + H_2O + CO_2$$

由于碳酸钠摩尔质量较小，称量误差较大。也可以采用碳酸氢钠（$NaHCO_3$）标定盐酸溶液。

$$NaHCO_3 + HCl \xlongequal{} NaCl + H_2O + CO_2$$

硼砂溶于水后存在如下平衡：

$$B_4O_7^{2-} + 5H_2O \xlongequal{} 2H_3BO_3 + 2H_2BO_3^-$$

硼酸（H_3BO_3）的酸性极弱（$pK_a^\ominus = 9.27$），其共轭碱 $H_2BO_3^-$ 标定 HCl 的反应式为

$$H_2BO_3^- + H^+ \xlongequal{} H_3BO_3$$

$$B_4O_7^{2-} + 2H^+ + 5H_2O \xlongequal{} 4H_3BO_3$$

化学计量点的 pH 由 H_3BO_3 的浓度决定，可以选用甲基红作为指示剂。硼砂的主要优点是摩尔质量大，称量误差小，无吸湿性，稳定，易得纯品等；缺点是易于风化失去部分结晶水，需要保存在湿度为 60%的恒湿器中。

2. 碱标准溶液

氢氧化钠具有很强的吸湿性，且易与空气中的 CO_2 反应，因此不能直接配制标准溶液，而是先配制成近似所需浓度的溶液，使用前进行标定。标定可以采用的基准物质包括邻苯二甲酸氢钾（$KHC_8H_4O_4$）及草酸（$H_2C_2O_4 \cdot 2H_2O$）等。

邻苯二甲酸氢钾易溶于水，不含结晶水，且在空气中不吸水、易保存、摩尔质量较大，因此较为常用。邻苯二甲酸氢钾标定氢氧化钠的反应式为

$$C_6H_4(COOH)(COO^-) + OH^- \xlongequal{} C_6H_4(COO^-)_2 + H_2O$$

草酸是二元弱酸，仅能被一次滴定至 $C_2O_4^{2-}$，因此可以采用酚酞作指示剂。

二、酸碱滴定中 CO_2 的影响

酸碱滴定中 CO_2 的来源很多，如试剂本身吸收 CO_2 或滴定过程中溶液吸收了 CO_2 等。若配制的 NaOH 溶液吸收了 CO_2 或 NaOH 试剂本身吸收了空气中的 CO_2，当采用 HCl 滴定时，相当于滴定 NaOH 和 Na_2CO_3 的混合液。采用甲基橙为指示剂时，由于滴定终点为弱酸性（pH≈5），Na_2CO_3 被滴定为 H_2CO_3，NaOH 与 HCl 的化学计量关系比仍为 1∶1，不会多消耗 NaOH 标准溶液，对测定结果影响很小。当采用酚酞作为指示剂时，滴定终点为弱碱性（pH≈9），Na_2CO_3 被滴定为 $NaHCO_3$，NaOH 与 HCl 的化学计量关系比变为 2∶1，会多消耗

NaOH 标准溶液,对测定结果有明显影响。

为消除酸碱滴定中 CO_2 的影响,应采取如下措施:

(1) 配制不含 Na_2CO_3 的 NaOH 溶液。

通常采用两种方法:一种方法是先配制饱和 NaOH 溶液(约 50%),Na_2CO_3 由于溶解度小沉于底部,吸取上层清液,用不含 CO_2 的蒸馏水稀释至所需浓度;另一种方法是在较浓的 NaOH 溶液中加入 $BaCl_2$ 或 $Ba(OH)_2$,使 CO_3^{2-} 转化为 $BaCO_3$ 沉淀,然后取上层清液稀释。

(2) 正确保存配制好的 NaOH 标准溶液。

可将 NaOH 标准溶液保存在虹吸管及含碱石棉[含 $Ca(OH)_2$]的试剂瓶中,以防止其吸收空气中的 CO_2。由于 NaOH 溶液的浓度会发生变化,应重新标定。

(3) 标定和测定时应采用同一种指示剂,并在相同条件下进行,以消除 CO_2 的影响。

(4) 使用的蒸馏水应先加热煮沸以除去 CO_2。

三、酸碱滴定法应用实例

1. 氮的测定

用酸碱滴定法可以测定蛋白质、生物碱、土壤及化肥等化合物中的氮含量。通常将试样经过适当的处理,将含氮化合物分解并转化为 NH_4^+,然后进行测定。常用的测定方法有蒸馏法和甲醛法。

1) 蒸馏法

对于有机含氮化合物,于蒸馏烧瓶中用浓硫酸消化处理以破坏有机物,通常加入 $CuSO_4$ 作催化剂。试剂消化分解后,有机物中的氮转化为 NH_4^+。加入过量的浓 NaOH 溶液,使 NH_4^+ 转化为 NH_3,然后加热蒸馏,并用过量的 H_2SO_4 溶液吸收 NH_3。蒸馏完毕,采用 NaOH 标准溶液返滴定过量的 HCl,以甲基红或甲基橙为指示剂。这种方法称为凯氏定氮法,它适用于蛋白质、胺类、酰胺类及尿素等有机化合物中氮含量的测定。

如果需要测定食品中蛋白质的含量,应将所测得的氮的质量乘以换算系数。各种食品中蛋白质的换算系数不同,如乳类为 6.38、花生为 5.46、小麦为 5.70 等。

2) 甲醛法(弱酸强化)

首先利用甲醛与 NH_4^+ 作用,定量置换出酸并生成质子化的六亚甲基四胺[$(CH_2)_6N_4H^+$]:

$$4NH_4^+ + 6HCHO \xlongequal{} (CH_2)_6N_4H^+ + 3H^+ + 6H_2O$$

然后用 NaOH 标准溶液滴定,采用酚酞为指示剂。$(CH_2)_6N_4H^+$ 的 $pK_a^{\ominus}=5.15$,它也可以被 NaOH 滴定,产物为 $(CH_2)_6N_4$。

$$(CH_2)_6N_4H^+ + OH^- \xlongequal{} (CH_2)_6N_4 + H_2O$$

甲醛中常含有甲酸,应预先中和除去。此时应以甲基红为指示剂,不能采用酚酞作指示剂,否则将部分中和 NH_4^+。

2. 混合碱的测定

混合碱通常是指 NaOH 和 Na_2CO_3 或 $NaHCO_3$ 和 Na_2CO_3 的混合物。由例 11.4 可知,混合碱的滴定通常用酚酞作指示剂确定第一计量点,溶液颜色由红色变为浅红色,难以判断。虽然可以采用甲酚红和百里酚蓝的混合指示剂确定第一计量点,但终点颜色的变化不明显。以甲基橙作指示剂指示滴定的第二计量点,滴定终点不敏锐。这是由于过第一计量点后,形成了

HCO_3^-/CO_3^{2-}缓冲体系，使 pH 逐渐降低，甲基橙的颜色逐渐变化。为了解决上述问题，采用由酚酞、百里酚蓝、溴百里酚蓝、甲基橙按一定的比例混合而成的多组混合指示剂。

1）烧碱中 NaOH 和 Na_2CO_3含量的测定

NaOH 俗名烧碱，在生产和储存过程中，常因吸收空气中的 CO_2生成 Na_2CO_3。烧碱中 NaOH 和 Na_2CO_3含量的测定方法有两种：双指示剂法和氯化钡法。

（1）双指示剂法。

双指示剂法是指在同一份试样中使用两种指示剂连续滴定，根据滴定剂的浓度和所消耗的体积计算两个待测组分的含量。准确称取试样 m_s，溶解后先以酚酞为指示剂，用 HCl 标准溶液滴定至粉红色消失，消耗 HCl 溶液的体积记为 V_1，此时 NaOH 全部被中和，Na_2CO_3被中和至 $NaHCO_3$。再以甲基橙为指示剂，继续用 HCl 标准溶液滴定至溶液由黄色变为橙色，消耗 HCl 溶液的体积记为 V_2，此时 Na_2CO_3被中和至 H_2CO_3。滴定过程如图 11.8 所示。

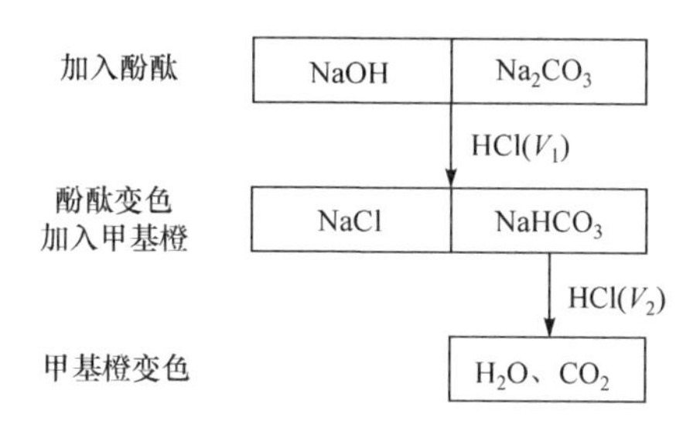

图 11.8 双指示剂法测定烧碱中的 NaOH 和 Na_2CO_3

（2）氯化钡法。

取两份等量试液进行滴定。第一份试液以甲基橙为指示剂，用 HCl 标准溶液滴定至溶液由黄色变为橙色，消耗 HCl 标准溶液体积记为 V_1，此时 NaOH 和 Na_2CO_3被完全滴定，因此可以测定总碱量。第二份试液中加入稍过量的 $BaCl_2$，Na_2CO_3转化为 $BaCO_3$沉淀，然后用酚酞作指示剂，用 HCl 标准溶液滴定，消耗 HCl 标准溶液体积记为 V_2。显然，V_2是中和 NaOH 所需 HCl 溶液的体积，(V_1-V_2)是中和 Na_2CO_3为 $NaHCO_3$所需 HCl 溶液的体积。

2）纯碱中 Na_2CO_3和 $NaHCO_3$含量的测定

Na_2CO_3俗名纯碱，在生产和储存过程中，常因吸收空气中的 CO_2生成 $NaHCO_3$。烧碱中 Na_2CO_3和 $NaHCO_3$含量的测定同样可以采用双指示剂法和氯化钡法两种方法。

（1）双指示剂法。

双指示剂法测定纯碱中 Na_2CO_3和 $NaHCO_3$含量的方法如图 11.9 所示。

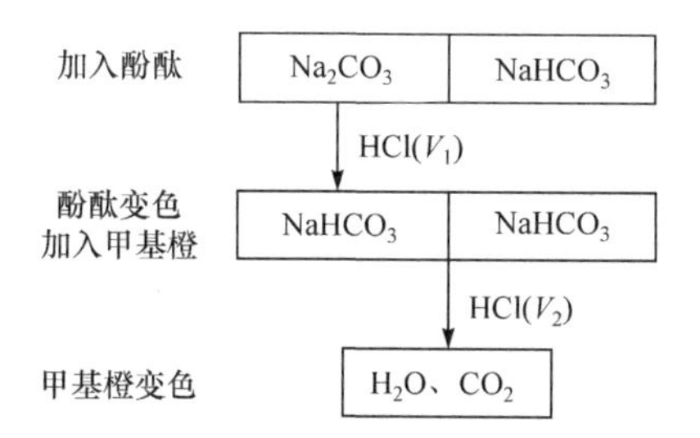

图 11.9 双指示剂法测定纯碱中的 NaOH 和 Na_2CO_3

双指示剂法不仅适用于混合碱的定量分析，还可以用于未知碱试样的定性分析。根据所消耗 HCl 标准溶液体积及其之间的关系，可以如表 11.6 所示定性判断所存在的组分。

表 11.6 定性分析未知碱试样

V_1与V_2的关系	试样的组成	V_1与V_2的关系	试样的组成
$V_1 \neq 0, V_2 = 0$	NaOH	$V_2 \neq 0, V_1 = 0$	$NaHCO_3$
$V_1 = V_2 \neq 0$	Na_2CO_3	$V_1 > V_2 > 0$	NaOH 和 Na_2CO_3
$V_2 > V_1 > 0$	Na_2CO_3和 $NaHCO_3$		

(2) 氯化钡法。

取两份等量试液进行滴定。第一份试液以甲基橙为指示剂,用 HCl 标准溶液滴定至溶液由黄色变为橙色,消耗 HCl 标准溶液体积记为 V_1,此时 Na_2CO_3和 $NaHCO_3$被完全滴定,因此可以测定总碱量。第二份试液中先准确加入过量的 NaOH,使 $NaHCO_3$转化为 Na_2CO_3,然后加入稍过量的 $BaCl_2$,将 Na_2CO_3 转化为 Ba_2CO_3 沉淀。待沉淀完全后,以酚酞作指示剂,用 HCl 标准溶液滴定剩余的 NaOH,消耗 HCl 标准溶液体积记为 V_2。可根据其反应的计量关系计算出纯碱中 Na_2CO_3和 $NaHCO_3$的含量。

3. 有机酸的测定

一些有机酸是重要的化工原料,其纯度是质量好坏的重要标准。测定有机酸纯度主要采用酸碱滴定法。以草酸为例。草酸为二元酸,它不能分步滴定,可以采用酚酞作指示剂,用 NaOH 一次滴定测得其总量。

乙酸是重要的化工原料,也是人们日常生活中的调味品。食醋中主要含有乙酸,也含有一些其他有机弱酸。测定乙酸总量采用酸碱滴定法。以酚酞作指示剂,用 NaOH 标准溶液滴定,则乙酸及其他强度足够大的弱酸同时被滴定。若食醋颜色过深,影响终点时对颜色变化的观察,则可以采用活性炭脱色。

习 题

1. 在 pH=5.00 的溶液中,若 H_3PO_4 的总浓度为 0.1000mol·L^{-1},试分别计算溶液中 H_3PO_4、$H_2PO_4^-$、HPO_4^{2-} 及 PO_4^{3-} 的浓度。
2. 将 0.3026g $H_2C_2O_4 \cdot 2H_2O$ 溶于水,配制成 200mL 溶液。试分别计算此溶液的 pH 及 $H_2C_2O_4$、$HC_2O_4^-$ 及 $C_2O_4^{2-}$ 的浓度。
3. 称取 1.6160g 硫酸铵固体,用水溶解后,转入 250mL 容量瓶中定容。吸取 25.00mL,加过量 NaOH 蒸馏,再用 40.00mL 0.05100mol·L^{-1}的 H_2SO_4溶液吸收产生的 NH_3,剩余的 H_2SO_4用 17.00mL 0.09600mol·L^{-1}的 NaOH 溶液返滴定。试计算试样中 NH_3的质量分数。
4. 用 0.0010mol·L^{-1} NaOH 标准溶液滴定 0.0010mol·L^{-1} HCl 溶液的突跃范围是 5.3~8.7,求用 0.1000mol·L^{-1}NaOH 溶液滴定 0.1000mol·L^{-1}HCl 溶液的突跃范围。
5. 一碱性试样可能含 Na_2CO_3、$NaHCO_3$和 NaOH 中的一种或两种,用 0.1000mol·L^{-1}HCl 滴定样品溶液,以酚酞为指示剂,滴至终点用去 20.00mL HCl。

   (1) 若该试样是 Na_2CO_3和 NaOH 两物质的等物质的量混合物,继续在该溶液中加入甲基橙为指示剂还需消耗多少 HCl 才能滴定至终点?

   (2) 若该试样是由等物质的量 Na_2CO_3、$NaHCO_3$组成,则以甲基橙为指示剂还需消耗多少 HCl 才至滴定终点?
6. 用下列物质标定 NaOH 溶液浓度所得的浓度偏高、偏低还是准确?为什么?

   (1) 部分风化的 $H_2C_2O_4 \cdot H_2O$。

（2）含有少量不溶性中性杂质的邻苯二甲酸氢钾。

7. 什么是酸碱滴定的 pH 突跃范围？影响强酸（碱）和一元弱酸（碱）滴定突跃范围的因素有哪些？

8. 在用邻苯二甲酸氢钾标定 NaOH 溶液的浓度时，若在实验过程中发生下列过失的情况，试说明每种情况下 NaOH 溶液所测得的浓度是偏大还是偏小。

（1）滴定管中 NaOH 溶液的初读数应为 1.00mL，误记为 0.10mL。

（2）称量邻苯二甲酸氢钾的质量应为 0.3518g，误记为 0.3578g。

9. 某一弱碱型指示剂的 $K_{In}^{\ominus}=1.3\times10^{-5}$，此指示剂的变色范围是多少？

10. 称取分析纯 Na_2CO_3 1.3350g，配成一级标准物质溶液 250.0mL，用来标定近似浓度为 0.1mol · L^{-1} HCl 溶液，测得一级标准物质溶液 25.00mL 恰好与 HCl 溶液 24.50mL 反应完全。求此 HCl 溶液的准确浓度。

11. 标定浓度为 0.1mol · L^{-1} 的 NaOH 溶液，欲消耗 25mL 左右的 NaOH 溶液，应称取一级标准物质草酸（$H_2C_2O_4\cdot 2H_2O$）的质量约为多少？若改用邻苯二甲酸氢钾（$KHC_8H_4O_4$），结果又如何？

12. 化学计量点和滴定终点有何不同？在各类酸碱滴定中，计量点、滴定终点和中性点之间的关系如何？

13. 用 NaOH 溶液滴定某一元弱酸时，已知加入 40.00mL NaOH 溶液时达到化学计量点，而加入 NaOH 标准溶液 16.00mL 时，溶液的 pH 为 6.20。求此弱酸的标准解离常数。

14. 浓度均为 0.1000mol · L^{-1} 的下列各酸，哪些能用 0.1000mol · L^{-1} NaOH 溶液直接滴定？哪些不能？如能直接滴定，应选用什么指示剂，各有几个滴定突跃？

（1）蚁酸（HCOOH）　$pK_a^{\ominus}=3.75$

（2）邻苯二甲酸（$H_2C_8H_4O_4$）　$pK_{a_1}^{\ominus}=2.89$，$pK_{a_2}^{\ominus}=5.51$

（3）硼酸（H_3BO_3）　$pK_a^{\ominus}=9.27$

15. 某试样中含有 Na_2CO_3、$NaHCO_3$ 和不与酸反应的杂质，称取该样品 0.6839g 溶于水，用 0.2000mol · L^{-1} 的 HCl 溶液滴定至酚酞的红色褪去，用去 HCl 溶液 23.10mL。加入甲基橙指示剂后，继续用 HCl 标准溶液滴定至由黄色变为橙色，又用去 HCl 溶液 26.81mL。计算样品中两种主要成分的质量分数。

16. 准确称取粗铵盐 1.000g，加过量 NaOH 溶液，将产生的氨经蒸馏吸收在 50.00mL 0.2500mol · L^{-1} H_2SO_4 溶液中。过量的酸用 0.5000mol · L^{-1} NaOH 溶液返滴定时，用去 NaOH 溶液 1.56mL。计算样品中氨的质量分数。

17. 已知某 NaOH 标准溶液吸收了二氧化碳，有部分 NaOH 变成了 Na_2CO_3。用此 NaOH 溶液测定 HCl 的含量，以甲基橙为指示剂，对测定结果会有什么影响？为什么？使用酚酞作指示剂又如何？

第十二章 配位滴定法

以配位反应为基础的滴定分析法称为配位滴定法。配位滴定反应所涉及的平衡关系复杂，为了定量处理各种因素对配位平衡的影响，人们引入副反应系数和条件稳定常数的概念，这种简便的处理方法也广泛应用于涉及复杂平衡的其他体系。

第一节 概 述

配位反应很多，但能用于配位滴定的并不多，只有符合滴定分析法对滴定反应的要求的反应才可用于配位滴定，即反应的速度要快，反应产物要稳定，并具有确定的化学计量关系，同时要有适当的方法确定滴定反应的终点。

配位滴定法中，通常被测定的物质是金属离子，所用的滴定剂为配位剂，配位剂可分为无机配位剂和有机配位剂两大类。

无机配位剂大多是单基配位体，可与金属形成多级配合物，且配合物的逐级形成常数比较接近，配合物多数不稳定，反应的产物常是混合体，无法进行定量计算。因此，无机配位剂通常只用作掩蔽剂、显色剂和指示剂。真正能用于配位滴定的只有 Ag^+ 与 CN^- 和 Hg^{2+} 与 Cl^- 等反应。

有机配位剂通常是分子中含有两个以上的配位原子的多基配位体，能与金属离子形成具有环状结构的螯合物，不仅稳定性高，且一般只形成一种型体的配合物。目前使用最多的是氨羧配位剂。

氨羧配位剂是一类含有氨基二乙酸[$—N(CH_2COOH)_2$]基团的有机配位剂（或称螯合剂），这类分子中含有氨氮和羧氧两种配位能力很强的配位原子，可以和许多金属离子形成稳定的环状结构的配合物（或称螯合物）。这类常用的配位剂列于表 12.1。其中，EDTA 是目前应用最广泛的一种有机配位剂，可以滴定几十种金属离子，该滴定法也称为 EDTA 法。通常的配位滴定法，主要是指 EDTA 滴定法。

表 12.1 常用的氨羧配位剂

名称	结构式	符号	缩写形式
氨基三乙酸	$N(CH_2COOH)_3$（N—CH_2COOH，N—CH_2COOH，N—CH_2COOH）	H_3X	ATA 或 NTA
乙二胺四乙酸	$(HOOCH_2C)_2N—H_2CH_2C—N(CH_2COOH)_2$	H_4Y	EDTA
乙二胺四乙酸二钠盐	$(NaOOCH_2C)(HOOCH_2C)N—H_2CH_2C—N(CH_2COOH)(CH_2COONa)$	Na_2H_2Y	EDTA

续表

名称	结构式	符号	缩写形式
1,2-二胺基环己烷四乙酸	环己烷-1,2-二基 $[N(CH_2COOH)_2]_2$（两个 N 上各连 CH_2COOH、CH_2COOH）		DCTA
乙二醇二乙醚二胺四乙酸	$H_2C—OCH_2CH_2N(CH_2COOH)_2$ $\vert$ $H_2C—OCH_2CH_2N(CH_2COOH)_2$		EGTA
乙二胺四丙酸	$(HOOCH_2CH_2C)_2N—H_2C—CH_2N(CH_2CH_2COOH)_2$		EDTP

第二节　EDTA 的分析特性

一、EDTA 的性质

EDTA 是乙二胺四乙酸的缩写，常以 H_4Y 表示。该物质在水中的溶解度小（22℃时，0.02g/100mL 水），难溶于酸和有机溶剂，易溶于碱生成相应的盐。分析中常用其二钠盐（$Na_2H_2Y \cdot 2H_2O$），也简称为 EDTA，22℃时 100mL 水中可溶解 11.1g $Na_2H_2Y \cdot 2H_2O$，其水溶液 pH 约为 4.50。

在水溶液中，EDTA 分子中两个羧基上的 H^+ 会转移到氮原子上，形成双极离子：

$$\begin{array}{c} ^{-}OOCH_2C \quad\quad\quad\quad\quad\quad\quad\quad\quad\quad CH_2COOH \\ \diagdown\quad\quad\quad\quad\quad\quad\quad\quad\diagup \\ \overset{+}{N}H—H_2CH_2C—H\overset{+}{N} \\ \diagup\quad\quad\quad\quad\quad\quad\quad\quad\diagdown \\ HOOCH_2C \quad\quad\quad\quad\quad\quad\quad\quad\quad\quad CH_2COO^{-} \end{array}$$

因此，酸性溶液中，H_4Y 的两个失去质子的羧基可以再接受两个质子而形成 H_6Y^{2+}。这样 EDTA 就相当于一个六元酸，其各级解离常数为

$pK_{a_1}^{\ominus}$（—COOH 的解离）=0.90　　$pK_{a_2}^{\ominus}$（—COOH 的解离）=1.60

$pK_{a_3}^{\ominus}$（—COOH 的解离）=2.00　　$pK_{a_4}^{\ominus}$（—COOH 的解离）=2.67

$pK_{a_5}^{\ominus}$（$>NH^+$ 的解离）=6.16　　$pK_{a_6}^{\ominus}$（$>NH^+$ 的解离）=10.26

在水溶液中 EDTA 以七种型体存在，型体分布图见图 12.1。在不同 pH 时，EDTA 的主要存在型体如表 12.2 所示。

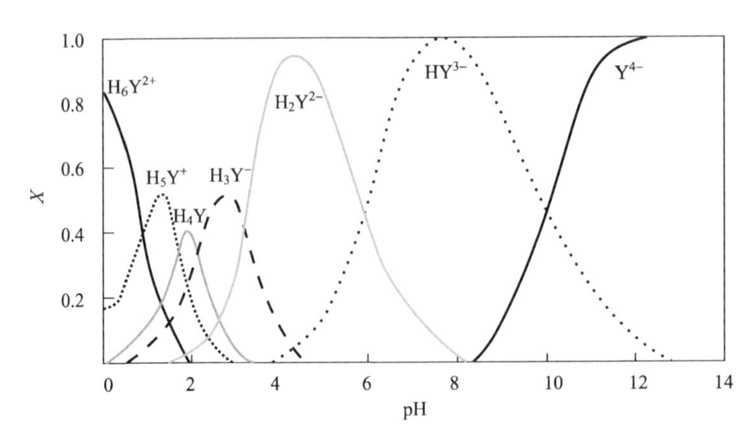

图 12.1　EDTA 各种型体的分布图

表 12.2　不同 pH 下的 EDTA 的存在型体

pH	主要存在型体	pH	主要存在型体
<0.90	H_6Y^{2+}	2.67～6.16	H_2Y^{2-}
0.90～1.60	H_5Y^{+}	6.16～10.26	HY^{3-}
1.60～2.00	H_4Y	>10.26	Y^{4-}
2.00～2.67	H_3Y^{-}		

在 EDTA 各型体与金属离子形成的配合物中，Y^{4-} 与金属离子形成的配合物最为稳定，所以 EDTA 在碱性溶液中配位能力强。因此，溶液的酸度便成为影响 MY 配合物稳定性的一个重要因素。

二、EDTA 与金属离子形成配合物的特点

1. 螯合比恒定

EDTA 分子中有六个可配位原子，能与金属离子形成六个配位键，EDTA 与金属离子形成的配合物的螯合比一般为 1∶1。例如

$$M^{2+} + H_2Y^{2-} = MY^{2-} + 2H^{+}$$

$$M^{3+} + H_2Y^{2-} = MY^{-} + 2H^{+}$$

$$M^{4+} + H_2Y^{2-} = MY + 2H^{+}$$

CaY 螯合物及 MY 螯合物的立体构型见第八章的图 8.9。

2. 所形成的配合物稳定性高

由于 EDTA 配合物含有多个稳定的五元环结构，一般具有高的稳定性，因此滴定反应进行的完全程度高。EDTA 与金属离子的配位反应可简写成(略去了离子电荷)：

$$M + Y \rightleftharpoons MY$$

其标准平衡常数表达式为

$$K_f^{\ominus}(MY) = \frac{c(MY)/c^{\ominus}}{[c(M)/c^{\ominus}] \cdot [c(Y)/c^{\ominus}]} \tag{12.1}$$

$K_f^\ominus(MY)$为 MY 的形成常数，$K_f^\ominus(MY)$越大，生成的配合物越稳定(在第八章中已经学习过)。

在配位滴定中根据 MY 的形成常数的大小，将 EDTA 配合物分为四组(表 12.3)。

表 12.3　MY 稳定性分组

分组	$\lg K_f^\ominus(MY)$	金属离子
Ⅰ	>20	除 Al^{3+}、稀土离子外，所有的 3 价、4 价离子及 Hg^{2+}、Sn^{2+}
Ⅱ	12～19	除碱土金属离子、Hg^{2+}、Sn^{2+}外，所有的 2 价离子及 Al^{3+}和稀土离子
Ⅲ	7～11	碱土金属离子和 Ag^+
Ⅳ	2.8(Li^+) 1.7(Na^+)	碱金属离子

了解这一分组情况，对选择配位滴定的酸度及判断混合离子滴定时有无干扰非常有帮助。

3. 配位作用广泛

EDTA 具有广泛的配位性能，几乎能与所有金属离子形成稳定的螯合物。

4. 可溶性

多数 MY 螯合物带有电荷，水溶性好，有利于滴定。

5. 颜色变化

EDTA 与无色金属离子形成无色螯合物，与有色金属离子常形成颜色更深些的螯合物。例如

CuY^{2-}	NiY^{2-}	CoY^{2-}	FeY^{2-}	MnY^{2-}	CrY^{2-}
深蓝	蓝绿	紫红	黄	紫红	深紫

6. 反应速率快

大多数金属离子与 EDTA 配位反应速率快，但也有个别离子反应较慢。室温下，Fe^{3+}和 Al^{3+}与 EDTA 配位较慢，前者需加热，后者需煮沸才能进行。

第三节　副反应系数和条件稳定常数

一、配位反应的副反应及副反应系数

1. 副反应

在配位滴定中，除了 EDTA 与金属离子的主反应外，还存在许多副反应，主反应和副反应的关系如下：

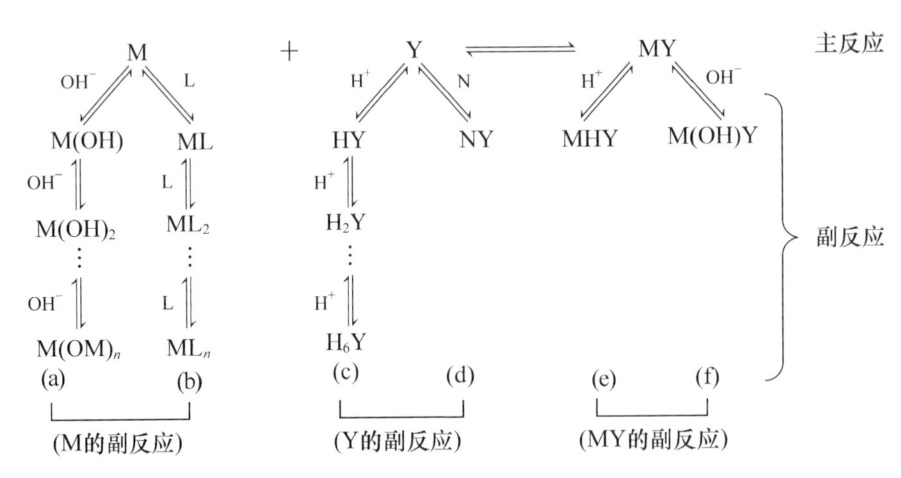

其中,(a)为 M 的水解效应;(b)为 M 的配位效应;(c)为 EDTA 的酸效应;(d)为 EDTA 的共存离子效应;(e)和(f)是产物 MY 的副反应(一般只有在强酸性或强碱性介质中,产物 MY 才发生副反应,故通常可不予考虑)。这些副反应的存在都会影响到主反应进行的完全程度。

当 M 发生副反应时,溶液中未参与主反应的金属离子(未与 Y 配位形成 MY 的金属离子 M)不仅以 M 型体,还以 ML,ML_2,…,M(OH),$M(OH)_2$,…型体存在,所有这些未与 Y 配位的 M 的型体的浓度总和用 $c'(M)$表示:

$$c'(M)=c(M)+c(ML)+\cdots+c(ML_n)+c[M(OH)]+\cdots+c[M(OH)_m]$$

当 EDTA 发生副反应时,溶液中未参与主反应的 EDTA(未与 M 配位形成 MY 的 Y)不仅以 Y 型体,还以 NY,HY,…,H_6Y 等多种型体存在,这些型体的总和用 $c'(Y)$表示:

$$c'(Y)=c(Y)+c(NY)+c(HY)+\cdots+c(H_6Y)$$

同理,若 MY 发生副反应,所形成的配合物的浓度可用总浓度 $c'(MY)$表示:

$$c'(MY)=c(MY)+c(MHY)+c[M(OH)Y]$$

显然,反应物发生副反应,降低了游离的 M 型体或 Y 型体的浓度,使主反应的完全程度降低;而生成物发生副反应,会使主反应的完全程度提高。实际工作中,副反应是无法避免的。当主反应与多个副反应同时存在时,体系中各物质以多种型体存在,根据各种反应物的初始浓度,很难确定 M 型体和 Y 型体及 MY 型体的平衡浓度,使得利用绝对稳定常数 $K_f^{\ominus}(MY)$ 定量处理化学平衡十分困难。且在有副反应发生时,绝对稳定常数的大小已不能客观反映主反应的完成程度。

为此,林邦提出了利用副反应系数对绝对稳定常数进行校正的处理方法,该方法是解决这类复杂平衡问题的有力工具。该方法的关键是首先利用副反应系数确定溶液中 M、Y、MY 各型体的平衡浓度与各自的总浓度之间的定量关系。

2. 副反应系数

以 EDTA 的副反应为例,若滴定剂 EDTA 发生酸效应及共存离子效应等副反应,则反应达到平衡时,溶液中未与 M 配位的 EDTA 各种型体的浓度总和为

$$c'(Y)=c(Y)+c(NY)+c(HY)+\cdots+c(H_6Y)$$

$c'(Y)$与游离的 Y 的平衡浓度 $c(Y)$之比,称作 EDTA 的副反应系数 α_Y:

$$\alpha_Y=\frac{c'(Y)}{c(Y)}=\frac{c(Y)+c(NY)+c(HY)+\cdots+c(H_6Y)}{c(Y)} \tag{12.2}$$

式中，α_Y 为 EDTA 副反应进行程度的大小，其值越大，表示副反应越严重。当 α_Y 为其最小值 1 时，则 $c'(Y)=c(Y)$，表示 EDTA 未发生副反应。EDTA 与 H^+ 及与溶液中共存金属离子 N 发生副反应的程度，分别用酸效应系数 $\alpha_{Y(H)}$ 和共存离子效应系数 $\alpha_{Y(N)}$ 表示：

$$\alpha_{Y(H)}=\frac{c(Y)+c(HY)+\cdots+c(H_6Y)}{c(Y)}$$

$$\alpha_{Y(N)}=\frac{c(Y)+c(NY)}{c(Y)} \tag{12.3}$$

α_Y 与 $\alpha_{Y(N)}$、$\alpha_{Y(H)}$ 的关系为

$$\alpha_Y=\alpha_{Y(N)}+\alpha_{Y(H)}-1 \tag{12.4}$$

若金属离子发生副反应，可用金属离子的副反应系数 α_M 表示其发生的程度：

$$\alpha_M=\frac{c'(M)}{c(M)}$$

式中，$c(M)$ 为金属离子 M 的平衡浓度；$c'(M)$ 为未与 Y 配位的金属离子各种存在型体浓度之和。若配合物 MY 发生副反应，可用 MY 的副反应系数 α_{MY} 表示其发生的程度：

$$\alpha_{MY}=\frac{c'(MY)}{c(MY)}$$

Y^{4-} 是质子碱，易于接受质子形成其共轭酸，因此以上各种副反应中，酸度对 EDTA 的影响，即 EDTA 的酸效应对主反应完全程度影响总是存在的，且往往是最为严重的副反应，不容忽略。

二、EDTA 的酸效应系数

若无共存离子 N 的干扰，EDTA 的副反应系数就是其酸效应系数 $\alpha_{Y(H)}$，我们可以用 $\alpha_{Y(H)}$ 的大小来衡量体系中的 H^+ 浓度对配位反应完全程度的影响。

$$\begin{aligned}\alpha_{Y(H)}&=\frac{c'(Y)}{c(Y)}=\frac{c(Y)+c(HY)+\cdots+c(H_6Y)}{c(Y)}=1+\frac{c(HY)}{c(Y)}+\frac{c(H_2Y)}{c(Y)}+\cdots+\frac{c(H_6Y)}{c(Y)}\\&=1+\frac{c(H^+)/c^{\ominus}}{K^{\ominus}_{a_6}}+\frac{[c(H^+)/c^{\ominus}]^2}{K^{\ominus}_{a_5}K^{\ominus}_{a_6}}+\cdots+\frac{[c(H^+)/c^{\ominus}]^6}{K^{\ominus}_{a_1}K^{\ominus}_{a_2}K^{\ominus}_{a_3}K^{\ominus}_{a_4}K^{\ominus}_{a_5}K^{\ominus}_{a_6}}\end{aligned} \tag{12.5}$$

由式(12.5)可以看出，$\alpha_{Y(H)}$ 仅是 $c(H^+)$ 的函数，由此可计算出任意酸度下的 $\alpha_{Y(H)}$ 值，表 12.4 提供了不同 pH 下的 $\lg\alpha_{Y(H)}$ 值。当介质为强酸性（pH＜1.00）时，溶液中游离的 EDTA 主要以 H_6Y 型体存在，此时 $\alpha_{Y(H)}$ 数值很大，表示酸效应非常严重，会大大降低主反应 $M+Y══MY$ 的完全程度。随介质 pH 升高，$\alpha_{Y(H)}$ 数值变小，主反应的完全程度逐渐升高，在强碱性溶液中，$\alpha_{Y(H)}\approx1.0$，此时酸效应对反应 $M+Y══MY$ 的影响可忽略。

表 12.4　EDTA 的 $\lg\alpha_{Y(H)}$ 值

pH	$\lg\alpha_{Y(H)}$	pH	$\lg\alpha_{Y(H)}$	pH	$\lg\alpha_{Y(H)}$
0.0	23.64	4.5	7.44	9.0	1.28
0.5	20.75	5.0	6.45	9.5	0.83
1.0	18.01	5.5	5.51	10.0	0.45
1.5	15.55	6.0	4.65	10.5	0.20
2.0	13.51	6.5	3.92	11.0	0.07
2.5	11.90	7.0	3.32	11.5	0.02
3.0	10.60	7.5	2.78	12.0	0.01
3.5	9.48	8.0	2.27	13.0	0.00
4.0	8.44	8.5	1.77		

三、条件稳定常数

若利用 M、Y、MY 在一定反应条件下的副反应系数分别将 M、Y、MY 型体的平衡浓度 $c(\text{M})$、$c(\text{Y})$、$c(\text{MY})$校正为 $c'(\text{M})$、$c'(\text{Y})$和 $c'(\text{MY})$：

$$c(\text{M})=c'(\text{M})/\alpha_{\text{M}}$$

$$c(\text{Y})=c'(\text{Y})/\alpha_{\text{Y}}$$

$$c(\text{MY})=c'(\text{MY})/\alpha_{\text{MY}}$$

则

$$K_{\text{f}}^{\ominus}(\text{MY})=\frac{c(\text{MY})/c^{\ominus}}{[c(\text{M})/c^{\ominus}][c(\text{Y})/c^{\ominus}]}=\frac{\alpha_{\text{M}}\alpha_{\text{Y}}}{\alpha_{\text{MY}}}\cdot\frac{c'(\text{MY})/c^{\ominus}}{[c'(\text{M})/c^{\ominus}][c'(\text{Y})/c^{\ominus}]}$$

或

$$K_{\text{f}}^{\ominus}(\text{MY})\cdot\frac{\alpha_{\text{MY}}}{\alpha_{\text{M}}\alpha_{\text{Y}}}=\frac{c'(\text{MY})/c^{\ominus}}{[c'(\text{M})/c^{\ominus}][c'(\text{Y})/c^{\ominus}]}$$

在体系温度、酸度和其他配位剂等条件一定时，$K_{\text{f}}^{\ominus}(\text{MY})$及各副反应系数均为常数，因此在上述特定条件下，上式右侧项也必为常数。此常数即为配合物 MY 的条件稳定常数 $K_{\text{f}}^{\ominus\prime}(\text{MY})$：

$$K_{\text{f}}^{\ominus\prime}(\text{MY})=\frac{c'(\text{MY})/c^{\ominus}}{[c'(\text{M})/c^{\ominus}][c'(\text{Y})/c^{\ominus}]}\tag{12.6}$$

条件稳定常数与绝对稳定常数之间的关系为

$$K_{\text{f}}^{\ominus\prime}(\text{MY})=K_{\text{f}}^{\ominus}(\text{MY})\cdot\frac{\alpha_{\text{MY}}}{\alpha_{\text{M}}\alpha_{\text{Y}}}$$

$$\lg K_{\text{f}}^{\ominus\prime}(\text{MY})=\lg K_{\text{f}}^{\ominus}(\text{MY})+\lg\alpha_{\text{MY}}-\lg\alpha_{\text{M}}-\lg\alpha_{\text{Y}}\tag{12.7}$$

式中，$K_{\text{f}}^{\ominus\prime}(\text{MY})$为配位反应达到平衡时，$c'(\text{M})$、$c'(\text{Y})$和 $c'(\text{MY})$间的关系，其数值大小不但与 $K_{\text{f}}^{\ominus}(\text{MY})$有关，还受副反应系数的影响。若反应物 M、Y 副反应严重，α_{M}、α_{Y} 较大，则 $K_{\text{f}}^{\ominus\prime}(\text{MY})$远小于 $K_{\text{f}}^{\ominus}(\text{MY})$，反应的实际完全程度差。所以，$K_{\text{f}}^{\ominus\prime}(\text{MY})$比 $K_{\text{f}}^{\ominus}(\text{MY})$能更客观地反映出一定条件下配位反应的完全程度。

在影响配位滴定的各种副反应中，最严重的是配位剂的酸效应。一般情况下，若仅考虑 Y 的酸效应，忽略其他各种副反应的影响，条件稳定常数可进一步简化为

$$\lg K_f^{\ominus\prime}(MY)=\lg K_f^{\ominus}(MY)-\lg\alpha_{Y(H)} \quad (12.8)$$

例 12.1　只考虑 EDTA 的酸效应的影响，若 Zn^{2+} 与 EDTA 发生配位反应，计算溶液的 pH 分别为 2.00 和 5.00 时的 $\lg K_f^{\ominus\prime}(ZnY)$。

解　已知 $\lg K_f^{\ominus}(ZnY)=16.50$。

pH=2.00 时，$\lg\alpha_{Y(H)}=13.51$，有

$$\lg K_f^{\ominus\prime}(ZnY)=\lg K_f^{\ominus}(ZnY)-\lg\alpha_{Y(H)}=16.50-13.51=2.99$$

pH=5.00 时，$\lg\alpha_{Y(H)}=6.45$，有

$$\lg K_f^{\ominus\prime}(ZnY)=\lg K_f^{\ominus}(ZnY)-\lg\alpha_{Y(H)}=16.50-6.45=10.05$$

由此可见，ZnY 在 pH=2.00 时稳定性极差，而在 pH=5.00 时很稳定。同一配合物的绝对稳定常数相同，但在不同 pH 下，由于酸效应的影响，其条件稳定常数有很大差异，表明配位反应的完全程度会受到介质酸度的强烈影响。因此，在配位滴定过程中，必须严格控制介质酸度，以保证滴定反应的完全程度，获得准确的分析结果。

第四节　配位滴定法基本原理

一、配位滴定曲线

配位滴定曲线是考察随着滴定剂 EDTA 的加入，被滴定金属离子浓度变化的曲线，通常以加入 EDTA 的体积为横坐标，金属离子 M 浓度的负对数 pM 为纵坐标。

下面用一个例子来说明配位滴定中溶液 pM 的变化和滴定曲线的绘制。

在 pH=5.50 时，只考虑 EDTA 酸效应，用 $c(H_2Y^{2-})=0.02000mol\cdot L^{-1}$的 EDTA 标准溶液滴定 20.00mL 等浓度的 Zn^{2+}[$\lg\alpha_{Y(H)}=5.51$，$\lg K_f^{\ominus}(ZnY)=16.50$]。

因只考虑酸效应，则 $\lg K_f^{\ominus\prime}(ZnY)=16.50-5.51=10.99$，即$K_f^{\ominus\prime}(ZnY)=10^{10.99}$。

为计算 pZn，可将滴定过程分为 4 个阶段处理。

1. 滴定前

$$c(Zn^{2+})=0.02000mol\cdot L^{-1}$$

$$pZn=1.70$$

2. 滴定开始至化学计量点之前

溶液中有剩余的金属离子 Zn^{2+} 和滴定产物 ZnY。由于 $\lg K_f^{\ominus\prime}(ZnY)$较大，剩余的 Zn^{2+} 对 ZnY 的解离又有一定的抑制作用，ZnY 的解离可以忽略，此时可按剩余的金属离子的浓度计算 pZn。

$$c(Zn^{2+})=\frac{c_0(Zn^{2+})V_0(Zn^{2+})-c_0(Y)V(Y)}{V_0(Zn^{2+})+V(Y)}$$

根据上述关系，可计算出滴定开始到达计量点之前任一点的 $c(Zn^{2+})$。

例如，加入 19.98mL EDTA 溶液时(此时相对误差为－0.1%)：

$$c(Zn^{2+})=0.02000mol\cdot L^{-1}\times\frac{20.00mL-19.98mL}{20.00mL+19.98mL}=1.00\times10^{-5}mol\cdot L^{-1}$$

$$pZn=5.00$$

3. 化学计量点时

此时，由于所形成的配合物 MY 相当稳定，可根据配合物的解离平衡关系和条件平衡常数计算 pM：

$$K_f^{\ominus\prime}(\mathrm{MY})=\frac{c(\mathrm{MY})/c^{\ominus}}{[c(\mathrm{M})/c^{\ominus}][c'(\mathrm{Y})/c^{\ominus}]}$$

此时有 $c(\mathrm{M})=c'(\mathrm{Y})$。由于形成的配合物 MY 相当稳定，溶液中剩余的游离的 M 很少，则 $c(\mathrm{MY})=c_{sp}(\mathrm{M})-c(\mathrm{M})\approx c_{sp}(\mathrm{M})$，式中，$c_{sp}(\mathrm{M})$为计量点时金属离子的分析浓度，为金属离子初始浓度 $c_0(\mathrm{Zn^{2+}})$的二分之一，代入平衡常数表达式后可得

$$c(\mathrm{M})/c^{\ominus}=\sqrt{\frac{c_{sp}(\mathrm{M})/c^{\ominus}}{K_f^{\ominus\prime}(\mathrm{MY})}}$$

$$\mathrm{pM}=\frac{1}{2}\{\lg K_f^{\ominus\prime}(\mathrm{MY})+\mathrm{p}[c_{sp}(\mathrm{M})/c^{\ominus}]\} \tag{12.9}$$

$$\mathrm{pZn}=(10.99+2.00)/2=6.50$$

4. 化学计量点后

一般情况下，若配合物 MY 较稳定，可忽略其解离。可根据过量的 EDTA，按下式计算$c(\mathrm{M})$：

$$c(\mathrm{M})/c^{\ominus}=\frac{c(\mathrm{MY})}{c'(\mathrm{Y})}\times\frac{1}{K_f^{\ominus\prime}(\mathrm{MY})}$$

例如，加入 20.02mL EDTA 溶液时（此时相对误差为+0.1%）：

$$c(\mathrm{ZnY})\approx 0.02000\mathrm{mol\cdot L^{-1}}\times\frac{20.00\mathrm{mL}}{20.00\mathrm{mL}+20.02\mathrm{mL}}\approx 1.000\times10^{-2}\mathrm{mol\cdot L^{-1}}$$

$$c'(\mathrm{Y})\approx 0.02000\mathrm{mol\cdot L^{-1}}\times\frac{20.02\mathrm{mL}-20.00\mathrm{mL}}{20.00\mathrm{mL}+20.02\mathrm{mL}}\approx 1.000\times10^{-5}\mathrm{mol\cdot L^{-1}}$$

$$c(\mathrm{Zn})/c^{\ominus}=\frac{1.000\times10^{-2}\mathrm{mol\cdot L^{-1}}}{1.000\times10^{-5}\mathrm{mol\cdot L^{-1}}\times10^{10.99}}=10^{7.99}$$

则

$$\mathrm{pZn}=7.99$$

依据上述方法，可计算出滴定过程中各点的 pZn 值，列于表 12.5。

表 12.5　pH=5.50，$c(\mathrm{H_2Y^{2-}})$=0.02000mol·L^{-1}EDTA 滴定 20.00mL 等浓度 $\mathrm{Zn^{2+}}$ 时溶液 pZn

V(EDTA)/mL	pZn	V(EDTA)/mL	pZn			V(EDTA)/mL	pZn
0.00	1.70	19.98	5.00			20.20	8.99
15.00	2.54	20.00	6.50	（计量点）	滴定突跃	22.00	9.97
18.00	2.98	20.02	7.99			40.00	10.81

利用表中所列数据，以 pZn 为纵坐标，V(EDTA)或滴定分数为横坐标作图便得配位滴定曲线，见图 12.2。

由图 12.2 可见，配位滴定中，在化学计量点前后，pM 变化剧烈，产生 pM 突跃。此例中，化学计量点前后−0.1%～+0.1%误差范围，pZn 由 5.00 突跃至 7.99，即 ΔpM=2.99。

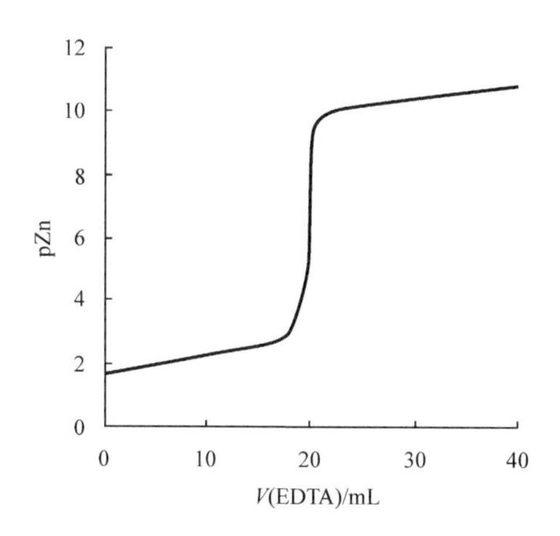

图 12.2　$c(H_2Y^{2-})=0.02000\mathrm{mol\cdot L^{-1}}$ EDTA 滴定 20.00mL 等浓度 Zn^{2+} 的滴定曲线(pH=5.50)

与酸碱滴定的 pH 突跃类似，影响配位滴定突跃范围大小的主要因素是被滴定金属离子的浓度及条件稳定常数。

1) $K_f^{\ominus\prime}(MY)$的影响

配合物的条件稳定常数体现了一定条件下配位滴定的完全程度。当 $c(M)$一定时，$K_f^{\ominus\prime}(MY)$越大，滴定突跃范围越大。决定配合物条件常数大小的因素是配合物的绝对稳定常数 $K_f^{\ominus}(MY)$及 M、Y、MY 的副反应系数。$K_f^{\ominus}(MY)$只取决于金属离子本性。因此，实际滴定中，影响$K_f^{\ominus\prime}(MY)$值大小的只是被滴定金属离子和滴定剂的副反应系数，反应物 M 和 Y 的副反应系数越大，$K_f^{\ominus\prime}(MY)$越小，滴定的突跃越小。通常影响滴定的副反应是酸效应，在金属离子和 EDTA 初始浓度及绝对稳定常数一定时，随着 pH 增大，酸效应系数减小，条件稳定常数增大，突跃范围变大(图 12.3)。

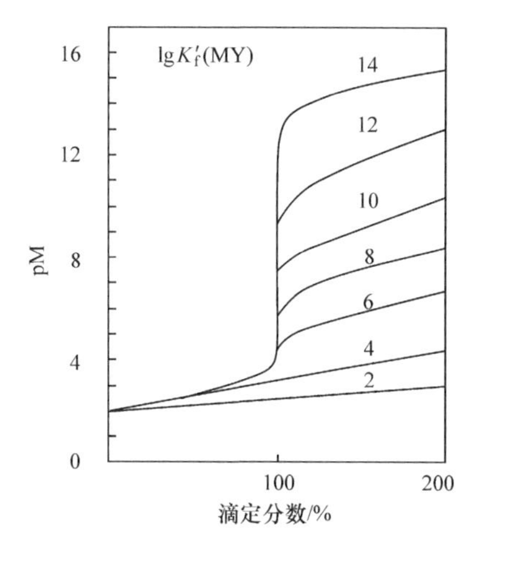

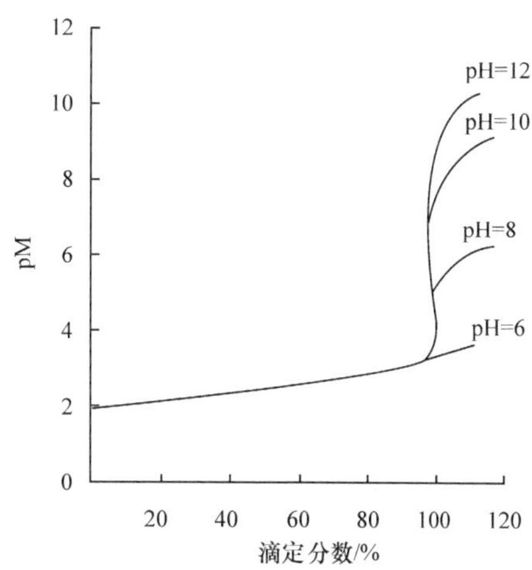

图 12.3　条件稳定常数及 pH 对滴定突跃的影响

因此，绝对稳定常数和酸效应系数对滴定突跃有重要影响，在配位滴定中选择适宜的介质酸度十分重要。

2）浓度的影响

当$K_f^{\ominus}{}'(MY)$一定时，金属离子的初始浓度越大，突跃范围越大（图 12.4）。

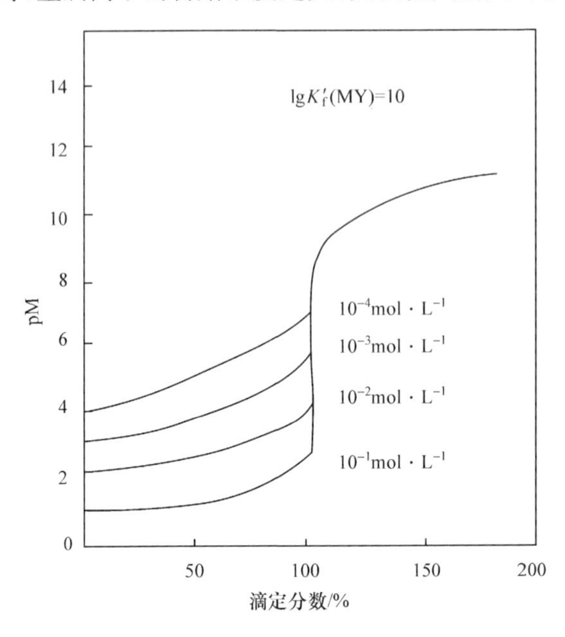

图 12.4　不同浓度溶液的滴定曲线

二、单一金属离子配位滴定的条件

准确进行配位滴定时所需的条件，取决于所允许的误差范围和检测终点的准确度大小。实验证明，在用金属指示剂指示配位滴定终点时，目测终点至少有±0.2 pM 单位的误差，若允许终点误差为±0.1%，要求 $\lg\{[c_{sp}(M)/c^{\ominus}]\cdot K_f^{\ominus}{}'(MY)\}\geqslant 6.0$，式中 $c_{sp}(M)$为计量点时金属离子的分析浓度，由于 EDTA 标准溶液与被测物浓度相同，因此 $c_{sp}(M)$等于被测金属离子初始浓度的一半。

$$[c_{sp}(M)/c^{\ominus}]\cdot K_f^{\ominus}{}'(MY)\geqslant 1.0\times10^6 \qquad (12.10)$$

由于$K_f^{\ominus}{}'(MY)$ 一般较大，配位滴定中 EDTA 标准溶液及被测物浓度一般为 $0.02mol\cdot L^{-1}$左右，因此也常用 $\lg K_f^{\ominus}{}'(MY)\geqslant 8.0$ 作为配位滴定可行性的判据。

例 12.2　只考虑 EDTA 的酸效应，在 pH＝8.00 的缓冲溶液中，用 $c(H_2Y^{2-})=0.02000mol\cdot L^{-1}$的 EDTA 能否滴定等浓度的 Ca^{2+}？能否滴定等浓度的 Mg^{2+}？在溶液 pH＝10.00 时的情况又如何？

解　查表得

$$\lg K_f^{\ominus}(CaY)=10.69 \qquad \lg K_f^{\ominus}(MgY)=8.70$$

pH＝8.00 时，$\lg\alpha_{Y(H)}=2.27$，有

$$\lg K_f^{\ominus}{}'(CaY)=\lg K_f^{\ominus}(CaY)-\lg\alpha_{Y(H)}=10.69-2.27=8.42>8.0$$

$$\lg K_f^{\ominus}{}'(MgY)=\lg K_f^{\ominus}(MgY)-\lg\alpha_{Y(H)}=8.70-2.27=6.43<8.0$$

故 Ca^{2+} 在 pH＝8.00 时可被准确滴定，但此时 Mg^{2+} 不能被准确滴定。

pH＝10.00 时，$\lg\alpha_{Y(H)}=0.45$，有

$$\lg K_f^{\ominus}{}'(CaY)=\lg K_f^{\ominus}(CaY)-\lg\alpha_{Y(H)}=10.69-0.45=10.24>8.0$$

$$\lg K_f^{\ominus}{}'(MgY)=\lg K_f^{\ominus}(MgY)-\lg\alpha_{Y(H)}=8.70-0.45=8.25>8.0$$

故 pH＝10.00 时，Ca^{2+}、Mg^{2+} 均可被滴定。

三、单一离子滴定的适宜酸度范围

由以上讨论可知，若只考虑 EDTA 的酸效应（无其他副反应），单一离子被准确滴定的条件是

$$\lg K_f^{\ominus\prime}(MY)=\lg K_f^{\ominus}(MY)-\lg\alpha_{Y(H)}\geqslant 8.0 \tag{12.11}$$

对于一种确定的金属离子，$\lg K_f^{\ominus}(MY)$为一定值，欲使该金属离子能被准确滴定，就必然存在一个最大（允许）的 $\lg\alpha_{Y(H)}$，该数值对应于介质的最高酸度，即该离子被准确滴定所允许的最高酸度（最低 pH）。

例 12.3　计算用 $c(H_2Y^{2-})=0.02000mol\cdot L^{-1}$ 的 EDTA 溶液能否滴定等浓度的 Zn^{2+} 时溶液的最低 pH（最高酸度）。已知 $\lg K_f^{\ominus}(ZnY)=16.50$。

解　由 $\lg K_f^{\ominus\prime}(ZnY)\geqslant 8.0$，可算得 $\lg\alpha_{Y(H)}$ 的最大值：

$$\lg\alpha_{Y(H)}=\lg K_f^{\ominus}(ZnY)-8.0=16.50-8.0=8.50$$

查表 12.4，此时

$$pH=4.0$$

利用 $\lg\alpha_{Y(H)}=\lg K_f^{\ominus}(ZnY)-8.0$，可计算出滴定各金属离子时所允许的最低 pH，以 $\lg\alpha_{Y(H)}$ 或 $\lg K_f^{\ominus}(MY)$为横坐标，pH 为纵坐标，可得 EDTA 的酸效应曲线，如图 12.5 所示。从酸效应曲线上可查到某一金属离子被单独滴定时所允许的最高酸度（最低 pH）。需要说明的是，此最高酸度适用的条件是：终点误差≤±0.1%，$c_{sp}(M)=0.01mol\cdot L^{-1}$，$\Delta pM=0.2$，只考虑酸效应，无其他副反应的单一金属离子体系。

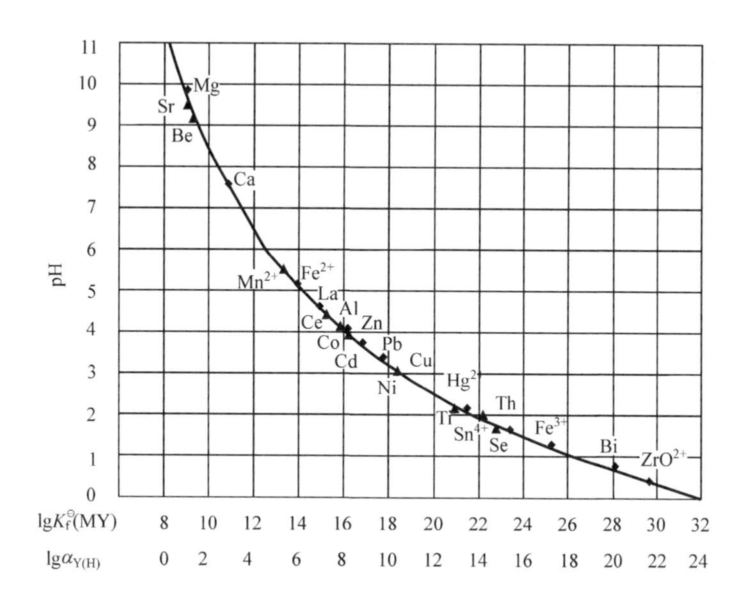

图 12.5　EDTA 的酸效应曲线

在配位滴定中，如果仅从 Y 的酸效应角度考虑，似乎酸度越低，$K_f^{\ominus\prime}(MY)$越大，滴定突跃也越大。但实际上，对多数金属离子来说，随着酸度降低，其水解趋势会逐渐增大，以至于当酸度降低到一定程度时，会产生相应的氢氧化物等沉淀，这必然会影响滴定的进行和准确度。因此，对于大多数金属离子，若要准确滴定，除了存在最高酸度外，还存在一允许的最低酸度，通常把金属离子开始生成氢氧化物沉淀时的酸度称为配位滴定的最低酸度（最高 pH），它可由

金属离子氢氧化物沉淀的溶度积近似求得。

例 12.4　计算用 $c(\text{EDTA})=0.02\text{mol}\cdot\text{L}^{-1}$ 的 EDTA 滴定等浓度的 Zn^{2+} 时的最低酸度。已知 $K_{sp}^{\ominus}[Zn(OH)_2]=1.2\times10^{-17}$。

解　$$K_{sp}^{\ominus}[Zn(OH)_2]=[c(Zn^{2+})/c^{\ominus}][c(OH^-)/c^{\ominus}]^2=1.2\times10^{-17}$$

生成该沉淀时，溶液中 OH^- 的临界浓度为

$$c(OH^-)/c^{\ominus}=\sqrt{\frac{K_{sp}^{\ominus}[Zn(OH)_2]}{c(Zn^{2+})/c^{\ominus}}}=\sqrt{\frac{1.2\times10^{-17}}{2.0\times10^{-2}}}=2.5\times10^{-8}$$

此时，对应的 pH 为 7.6，即为滴定所允许的最低酸度。

实际工作中，配位滴定的酸度控制在最高酸度与最低酸度之间，这个酸度范围称为单一离子滴定的适宜酸度范围。如前所示，EDTA 滴定 Zn^{2+} 时，溶液应控制的适宜酸度范围为 $4.0\leqslant\text{pH}\leqslant7.6$。在配位滴定过程中，随着配合物的生成，不断有 H^+ 释出：

$$M+H_2Y=\!=\!=MY+2H^+$$

溶液酸度不断增大，所以在配位滴定中，通常需要加入缓冲溶液来控制溶液的 pH。

第五节　金属指示剂

能与金属离子生成有色配合物而指示滴定终点，或能够指示溶液中金属离子浓度变化的显色剂称为金属指示剂。

一、金属指示剂的性质和作用原理

金属指示剂是一些有机配位剂，能与金属离子形成有色配合物，但其配合物的颜色与指示剂本身的颜色不同：

$$\underset{}{M}+\underset{\text{甲色}}{In}=\!=\!=\underset{\text{乙色}}{MIn}$$

式中，In 为金属指示剂的阴离子；M 为金属离子；MIn 为金属离子与金属指示剂所形成的配合物。

这种金属离子与指示剂所形成的配合物比该金属离子与 EDTA 生成的配合物的稳定性稍差。因此，滴定之前被滴定溶液中加入少许金属指示剂后，生成 MIn，溶液显示 MIn 颜色(乙色)。滴定开始后，滴加的 EDTA 先与游离的 M 配位，至终点时发生如下置换反应，放出游离的指示剂，使滴定体系产生由乙色到甲色的明显颜色变化，进而指示滴定终点。

$$\underset{\text{乙色}}{MIn}+Y=\!=\!=MY+\underset{\text{甲色}}{In}$$

许多金属指示剂不仅具有配位剂的性质，而且本身是多元弱酸或多元弱碱，具有酸碱指示剂的性质，能随溶液 pH 的变化而显示出不同的颜色。例如，铬黑 T 是一个三元酸，在溶液中有下列平衡：

$$\underset{\substack{\text{红色}\\ \text{pH}<6.00}}{H_2In^-}\rightleftharpoons\underset{\substack{\text{纯蓝色}\\ \text{pH}=8.11}}{HIn^{2-}}\rightleftharpoons\underset{\substack{\text{橙色}\\ \text{pH}>12.00}}{In^{3-}}$$

铬黑 T 与金属离子形成紫红色的配合物，在 pH 为 8.00～11.00 时进行滴定，终点由金属离子配合物的紫红色变成游离指示剂的纯蓝色，颜色变化才显著，而在 pH<6.00 或 pH>12.00

时，游离指示剂的颜色与形成金属离子配合物的颜色没有显著的差别，不能指示滴定终点。因此，使用金属指示剂，必须注意控制适宜的 pH 范围。

二、金属指示剂必须具备的条件

许多有机配位体与金属离子作用都会有颜色变化，能用作金属指示剂的却不多。金属指示剂必须具备如下条件：

(1) 在滴定的 pH 范围内，指示剂 In 与金属-指示剂配合物 MIn 应有明显的颜色差异，这样才能使终点颜色变化明显。

(2) MIn 配合物要有适当的稳定性：若比 MY 的稳定性过低，将引起终点提前；反之，则终点拖后。

(3) In 与 M 的配位反应要迅速、灵敏，具有良好的可逆性。

(4) 指示剂应具有一定的稳定性以便保存。

三、指示剂的封闭、僵化及变质现象

配位滴定时，若$K_f^{\ominus\prime}(\text{MIn}) > K_f^{\ominus\prime}(\text{MY})$，即使滴入过量的 EDTA，也不能置换出 MIn 中的游离态指示剂 In，因此不能引起溶液明显的颜色变化，无法指示终点，这种现象称为金属指示剂的封闭现象。例如，Al^{3+}、Fe^{3+}、Cu^{2+}、Ni^{2+}、Ti^{4+}等金属离子对铬黑 T 和二甲酚橙有封闭作用。引起指示剂封闭的离子可以是被测离子，也可以是共存离子。如果是被测离子引起的，一般可采用返滴定方式予以避免，如 Al^{3+} 对二甲酚橙有封闭作用，可采用返滴定方式测定 Al^{3+} 的含量；如果引起封闭的原因是共存的干扰离子，则应采用掩蔽或预分离的方法予以消除。

有时虽然 MIn 的稳定性比 MY 的稳定性低$[K_f^{\ominus\prime}(\text{MIn}) < K_f^{\ominus\prime}(\text{MY})]$，但由于 MIn 的溶解度较小，MIn 与 Y 的置换反应缓慢，导致终点时颜色转变不明显，终点拖长，这种现象称为指示剂的僵化。解决此问题的办法是加热或适当加入与水互溶的有机溶剂以增加 MIn 的溶解度，增大 MIn 溶解度，加快置换反应速率。

金属指示剂大多是具有双键的有色配合物，易被阳光、氧化剂、空气分解，或发生聚合作用。特别是在水溶液中，有些金属指示剂不够稳定，易变质失效，不能久存。故有些金属指示剂常与固体 NaCl 或 KCl 混合配成固体混合物，保存在棕色瓶中，可直接加到试液中使用。在配制某些指示剂水溶液时，加入少量抗氧化剂也可增加稳定性。一般金属指示剂都不宜久放，最好是现用现配。

四、金属指示剂的变色点和选择

指示剂和金属离子的配位反应与其他配位反应一样，受各种副反应的影响。指示剂阴离子是一弱碱，有结合质子的倾向，如果只考虑 In 的酸效应，则有

$$K_f^{\ominus\prime}(\text{MIn}) = \frac{c(\text{MIn})/c^{\ominus}}{[c(\text{M})/c^{\ominus}][c'(\text{In})/c^{\ominus}]} = \frac{K_f^{\ominus}(\text{MIn})}{\alpha_{\text{In(H)}}} \tag{12.12}$$

$$\lg K_f^{\ominus\prime}(\text{MIn}) = \lg\frac{c(\text{MIn})}{c'(\text{In})} + \text{pM} = \lg K_f^{\ominus}(\text{MIn}) - \lg\alpha_{\text{In(H)}}$$

在 $c(\text{MIn}) = c'(\text{In})$时，溶液呈混合色，此点称为金属指示剂的变色点，此时的 pM 用 $\text{pM}_{变}$表示，其值可依下式算得：

$$\text{pM}_{变} = \lg K_f^{\ominus\prime}(\text{MIn}) = \lg K_f^{\ominus}(\text{MIn}) - \lg\alpha_{\text{In(H)}} \tag{12.13}$$

表 12.6 列出了铬黑 T 指示剂与多种金属离子在不同 pH 下的变色点 $pM_{变}$数值。

表 12.6 金属指示剂铬黑 T 在不同 pH 下的 $\lg\alpha_{In(H)}$ 值及变色点 pM 值

pH	6.0	7.0	8.0	9.0	10.0	11.0	12.0	13.0
$\lg\alpha_{In(H)}$	6.0	4.6	3.6	2.6	1.6	0.7	0.1	
pCa			1.8	2.8	3.8	4.7	5.3	5.4
pMg	1.0	2.4	3.4	4.4	5.4	6.3		
pMn	3.6	5.0	6.2	7.8	9.7	11.5		
pZn	6.9	8.3	9.3	10.5	12.2	13.9		

滴定金属离子 M 时，应选用变色点 $pM_{变}$落在 pM 突跃范围内，与计量点 $pM_{计}$接近的指示剂。为此，一般需严格控制介质 pH 在一较窄的范围，原因是：滴定的 pM 突跃范围、$pM_{计}$及指示剂变色点 $pM_{变}$均受介质酸度影响，另外还要保证指示剂本身颜色与配合物颜色有明显差别。

例 12.5 在 pH＝5.50 时，用 $c(H_2Y^{2-})=0.02000mol\cdot L^{-1}$ EDTA 滴定等浓度的 Zn^{2+}，选用二甲酚橙指示剂是否适当?

解 此滴定反应，计量点时 pZn＝6.50。

在终点误差±0.1%范围内，pZn 突跃为 5.00～7.99(参见第四节)。在 pH＝5.50，以二甲酚橙为指示剂滴定 Zn^{2+} 时，变色点 pZn＝5.70，其值与 $pZn_{计}$接近，且落在突跃范围内。

又因 pH<6.00 时，二甲酚橙(黄色)与二甲酚橙-金属离子配合物(红色)颜色明显不同，故此时选用二甲酚橙为指示剂适当，可以保证终点变色明显，终点误差<－0.1%。

因为金属离子指示剂的常数很不齐全，所以在实际工作中大多采用实验方法来选择指示剂，即先试验其终点时颜色变化的敏锐程度，然后再检查滴定结果是否准确。

五、常用金属指示剂

目前已合成的金属指示剂有 300 多种。下面介绍几种最常用的金属指示剂。

1. 铬黑 T

铬黑 T 简称 EBT，是一种偶氮染料，化学名称为 1-(1-羟基-2-萘偶氮基)-6-硝基-2-萘酚-4-磺酸钠，使用最适宜的 pH 范围是 8.00～11.00，在此酸度范围内其自身为蓝色，与金属所形成的配合物的颜色为紫红色。在 pH＝10.00 的缓冲溶液中，EBT 可作为 EDTA 直接滴定 Mg^{2+}、Zn^{2+}、Pb^{2+}、Mn^{2+} 等的指示剂，特别适用于 Mg^{2+} 的滴定，终点十分敏锐，由紫红色变为蓝色。但该指示剂用于滴定 Ca^{2+} 时，指示终点不敏锐，可采用“间接指示剂”加以改善，即在滴定之前于试液中加入少量 MgY 配合物，由于 $\lg K_f^{\ominus}$ 的大小有如下顺序：

$$CaY\ (10.7) > MgY\ (8.7) > Mg\text{-}EBT\ (7.0) > Ca\text{-}EBT\ (5.4)$$

当在含 Ca^{2+} 的试液中加入少量 MgY 后，将发生如下反应：

$$MgY + Ca^{2+} \xlongequal{} CaY + Mg^{2+}$$

再加入 EBT 指示剂后生成 Mg-EBT(紫红色)，终点时颜色的转变源于如下反应：

$$\underset{(紫红色)}{Mg\text{-}EBT} + Y \xlongequal{} MgY + \underset{(蓝色)}{EBT}$$

该反应变色十分敏锐，由于滴定前加入的 MgY 最终又变回 MgY，所以它并不影响 Ca^{2+}

与 EDTA 的计量关系。

Al^{3+}、Fe^{3+}、Co^{2+}、Ni^{2+}、Cu^{2+}、Ti^{4+} 等离子对铬黑 T 有封闭作用。EBT 在水溶液中易发生分子聚合而变质，通常与 NaCl、KCl 或 KNO_3 等配制成固体指示剂使用。

2. 钙指示剂

钙指示剂简称 NN，其化学名称为 1-(2-羟基-4-磺基-1-萘偶氮基)-2-羟基-3-萘甲酸，其钠盐为黑紫色粉末，很稳定。在 pH=10.00～13.00 条件下呈蓝色，Ca-NN 配合物为酒红色，用于指示 pH 在 12.00～13.00 时滴定 Ca^{2+} 的终点，效果较好。对 EBT 产生封闭作用的离子对 NN 指示剂也存在封闭作用。该指示剂一般与 NaCl 混合配制成固体指示剂使用。

3. 二甲酚橙

二甲酚橙简称 XO，其化学名称为 3,3′-双[N,N-二(羧甲基)氨甲基]-邻甲酚磺酞酞，一般所用的是二甲酚橙的四钠盐，为紫色结晶，易溶于水，pH>6.30 时呈红色，pH<6.30 时呈黄色，它与金属离子配合物呈紫红色。因此，它只能在 pH<6.30 的酸性溶液中使用。通常配成 0.2%～0.5%的水溶液，可保存 2～3 周。

XO 可用来指示 EDTA 直接滴定下列离子的终点：ZrO^{2+}(pH<1.00)、Bi^{3+}(pH 1.00～2.00)、Th^{4+}(pH 2.30～ 3.50)、Pb^{2+}、Zn^{2+}、Cd^{2+}、Hg^{2+}、La^{3+}、Y^{3+} 及稀土离子(pH 5.00～6.00)等。

对 XO 有封闭作用的离子有 Fe^{3+}、Al^{3+}、Ni^{2+}、Cu^{2+}、Ti^{4+} 等，其中 Fe^{3+} 和 Ti^{4+} 可用抗坏血酸还原，Al^{3+} 可用氟化物、Ni^{2+} 可用邻菲罗啉加以掩蔽。

4. 其他常用金属指示剂

其他常用金属指示剂见表 12.7。

表 12.7　常用金属指示剂

指示剂	使用 pH 范围	颜色变化		直接滴定的离子
		In	MIn	
PAN	2～12	黄	红	pH=2～3，Bi^{3+}、Th^{4+} pH=4～5，Cu^{2+}、Ni^{2+}
酸性铬蓝 K	8～13	蓝	红	pH=10，Mg^{2+}、Zn^{2+} pH=13，Ca^{2+}
磺基水杨酸	1.5～3	无色	紫红	pH=1.5～3，Fe^{3+}

第六节　混合离子的滴定

配位滴定中，样品成分往往很复杂，除被测组分 M 外，还含有 N 等多种金属离子。由于 EDTA 对大多数金属离子都有很强的配位能力，所以除了对混合离子中 M 进行滴定的主反应外，还存在 EDTA 的酸效应和 N 离子的共存离子效应，所以 MY 的条件平衡常数$K_f^{\ominus\prime}$(MY)不但受到介质酸度的影响，也受到共存离子 N 的影响。

$$\lg K_f^{\ominus\prime}(\mathrm{MY})=\lg K_f^{\ominus}(\mathrm{MY})-\lg\alpha_{\mathrm{Y}}$$

$$\lg\alpha_{\mathrm{Y}}=\lg[\alpha_{\mathrm{Y(H)}}+\alpha_{\mathrm{Y(N)}}-1]$$

此时能否保证 $\lg K_f^{\ominus\prime}(MY) \geqslant 8.0$，实现对混合离子中 M 的滴定(对 M 的选择性滴定)，不仅与介质酸度即 $\alpha_{Y(H)}$ 有关，还与 N 的干扰程度即 $\alpha_{Y(N)}$ 有关。$\alpha_{Y(N)}$ 与 N 的浓度 $c(N)$ 及配合物的稳定性 $K_f^{\ominus}(NY)$ 有关：$c(N)$ 和 $K_f^{\ominus}(NY)$ 越大，$\alpha_{Y(N)}$ 就越大，N 的干扰也就越严重。那么，$K_f^{\ominus}(MY)$ 与 $K_f^{\ominus}(NY)$ 相差多少才能实现 M 的分步滴定？如何创造条件提高滴定的选择性？对这些问题本书只做简单介绍。

1. 控制酸度进行分步滴定

只要满足 $\dfrac{c(M)K_f^{\ominus}(MY)}{c(N)K_f^{\ominus}(NY)} \geqslant 1.0\times10^6$，控制适当的介质酸度，就可实现对 M 离子的分步滴定(终点误差 $\leqslant \pm0.01\%$)。至于能否继续滴定 N 离子，则属于单一离子滴定问题。粗略地讲，介质 pH 约为 M 离子单独被滴定时最低 pH，第一计量点附近就有明显 pM 突跃。实际工作中，还要考虑金属离子水解、指示剂的选择等因素，以确定分步滴定的酸度范围。例如，浓度均约为 $0.02\text{mol}\cdot L^{-1}$ 的 Bi^{3+}、Pb^{2+} 混合溶液的滴定，$K_f^{\ominus}(BiY)=1.0\times10^{28}$，$K_f^{\ominus}(PbY)=1.0\times10^{18}$，$\dfrac{c(Bi^{3+})K_f^{\ominus}(BiY)}{c(Pb^{2+})K_f^{\ominus}(PbY)} > 1.0\times10^6$，可进行 Bi^{3+}、Pb^{2+} 的分步滴定：在 pH=1.00 时滴定 Bi^{3+} 后，调节 pH=5.00～6.00，再滴定 Pb^{2+}。二甲酚橙指示剂在 pH=1.00 时只与 Bi^{3+} 形成红色配合物，第一终点时转为黄色；pH=5.00～6.00，二甲酚橙又与 Pb^{2+} 形成红色配合物，第二终点时又变为黄色。

2. 使用掩蔽剂的选择性滴定

若待测离子配合物与干扰金属离子的配合物的稳定常数差别不够大，或小于干扰金属离子配合物的稳定常数，可用掩蔽剂与干扰离子反应，以消除干扰，这就是掩蔽法。掩蔽作用的实质是降低了干扰离子浓度，减小了 $\alpha_{Y(N)}$，增大了主反应的条件平衡常数，保证 $\lg K_f^{\ominus\prime}(MY) \geqslant 8$，因而能准确滴定待测离子 M。应用掩蔽法时，干扰离子存在的量不能太大，否则将得不到满意的结果。

掩蔽法按所用反应类型不同，可分为配位掩蔽法、沉淀掩蔽法和氧化还原掩蔽法等。其中用得最多的是配位掩蔽法。

1) 配位掩蔽法

利用配位反应对干扰离子进行掩蔽的方法称为配位掩蔽法。

为了达到良好的掩蔽效果，必须选择合适的掩蔽剂，还应注意控制溶液的酸度。表 12.8 列出了一些常用的掩蔽剂和被掩蔽的金属离子。例如，在 Al^{3+}、Ca^{2+}、Mg^{2+} 混合溶液中，加入三乙醇胺，并调节 pH 为 10.0，即可用 EDTA 测定 Ca^{2+}、Mg^{2+} 的总量。

表 12.8　常用的配位掩蔽剂及使用条件

掩蔽剂	被掩蔽的金属离子	使用条件
三乙醇胺	Al^{3+}、Fe^{3+}、Sn^{4+}、TiO^{2+}、Mn^{2+}	酸性溶液中加入后调节 pH=10
氟化物	Al^{3+}、Sn^{4+}、TiO^{2+}、ZrO^{2+}	溶液 pH>4.0
氰化物	Cd^{2+}、Hg^{2+}、Cu^{2+}、Co^{2+}、Ni^{2+}、Fe^{2+}、Zn^{2+}	溶液 pH>8.0
乙酰丙酮	Al^{3+}、Fe^{3+}	溶液 pH=5.0～6.0
邻二氮菲	Cu^{2+}、Co^{2+}、Ni^{2+}、Zn^{2+}	溶液 pH=5.0～6.0
柠檬酸	Bi^{3+}、Fe^{3+}、Sn^{4+}、Th^{4+}、Ti^{4+}、ZrO^{2+}	中性溶液

2）沉淀掩蔽法

加入沉淀剂使干扰离子的浓度降低，不必分离沉淀直接进行滴定的方法，称为沉淀掩蔽法。例如，在强碱性溶液中（pH=12.00），用 EDTA 滴定 Ca^{2+} 及 Mg^{2+} 混合溶液中的 Ca^{2+} 时，强碱与 Mg^{2+} 形成 $Mg(OH)_2$ 沉淀而不干扰 Ca^{2+} 的滴定，此时 OH^- 是 Mg^{2+} 的沉淀掩蔽剂。

沉淀掩蔽法不是一种理想的方法，它常存在沉淀不完全、被测离子共沉淀及因吸附指示剂影响终点观察等缺点。

在配位滴定中，采取沉淀掩蔽法的实例如表 12.9 所示。

表 12.9　常用的沉淀掩蔽剂

掩蔽剂	被掩蔽离子	待测离子	pH	指示剂
硫酸盐	Ba^{2+}、Sr^{2+}	Ca^{2+}、Mg^{2+}	10	铬黑 T
NH_4F	Ba^{2+}、Sr^{2+}、Ca^{2+}、Mg^{2+}	Zn^{2+}、Cd^{2+}、Mn^{2+}	10	铬黑 T
H_2SO_4	Pb^{2+}	Bi^{3+}	1	二甲酚橙
硫化钠或铜试剂	Cu^{2+}、Pb^{2+}、Bi^{3+}、Hg^{2+}、Cd^{2+}	Ca^{2+}、Mg^{2+}	10	铬黑 T
KI	Cu^{2+}	Zn^{2+}	5～6	PAN
NaOH	Mg^{2+}	Ca^{2+}	12	钙指示剂

3）氧化还原掩蔽法

改变干扰离子的价态而消除干扰的方法，称为氧化还原掩蔽法，其原理是同种金属离子的不同价态与 EDTA 所形成的配合物的稳定性有差异。例如，$\lg K_f^{\ominus}[Fe(Ⅲ)Y]=25.1$，$\lg K_f^{\ominus}[Fe(Ⅱ)Y]=14.33$，说明 Fe^{3+} 与 EDTA 形成的配合物比 Fe^{2+} 与 EDTA 形成的配合物稳定得多。在 pH=1.00 用 EDTA 滴定 Bi^{3+} 时，Fe^{3+} 干扰测定。可用羟胺（NH_2OH）或抗坏血酸等还原剂将 Fe^{3+} 还原为 Fe^{2+}，消除对 Bi^{3+} 滴定的干扰，以达到选择性滴定 Bi^{3+} 的目的。

常用的还原剂有抗坏血酸、羟胺、联胺、硫脲、$Na_2S_2O_3$ 等。

第七节　配位滴定法的应用

由于 EDTA-金属配合物一般都很稳定，加之配位滴定可以采取直接、返滴定、置换滴定和间接滴定等多种方式进行，因此周期表中大多数元素都能用配位滴定法测定。适当的滴定方式，在一些情况下还能扩大其应用范围、提高滴定的准确度。

一、配位滴定方式

1. 直接滴定法

用 EDTA 标准溶液直接滴定被测离子的方法称为直接滴定法。这种方法操作简便，引入误差较小，所以只要条件允许，应尽量采用。

例如，水的总硬度测定：取适量体积为 V_s 的水样，加 NH_3-NH_4Cl 缓冲溶液调节溶液的 pH=10.00，以铬黑 T 为指示剂，用EDTA标准溶液滴定，溶液颜色由酒红色变为蓝色即为终点。水的总硬度可表示为

$$c(Ca^{2+}+Mg^{2+})=\frac{c(EDTA)\cdot V(EDTA)}{V_s}$$

当水中有较多的 Fe^{3+}、Al^{3+}、Cu^{2+} 等离子时,会封闭指示剂而干扰测定。可用三乙醇胺掩蔽 Fe^{3+}、Al^{3+},用 KCN 或 Na_2S 等掩蔽 Cu^{2+}。通常水中所含的上述离子极微,可不加掩蔽剂而不影响滴定。植物中钙、镁及土壤交换性钙等也可用此法进行测定。

2. 返滴定法

返滴定法就是先在试液中加入已知过量的 EDTA 标准溶液,使待测离子完全反应后,再用其他金属离子的标准溶液返滴定过量的 EDTA,之后根据 EDTA 和金属离子标准溶液的浓度和体积求得待测离子的含量。有些待测离子虽然能与 EDTA 形成稳定的配合物,但对指示剂有封闭作用,或缺少合适的指示剂,或有些待测离子与 EDTA 配位反应的速率很慢,或本身易水解,此时可采用返滴定方式进行测定。

例如,Al^{3+} 与 EDTA 的配位速率太慢,且在滴定反应酸度下水解,还对二甲酚橙指示剂有封闭作用,因此铝盐不能用 EDTA 直接滴定。采用返滴定法测定铝的含量时,先在酸性条件加入已知过量的 EDTA 标准溶液,煮沸几分钟使之配位完全后,调节 pH $\approx$ 5.50,以二甲酚橙为指示剂,用锌标准溶液返滴定剩余的 EDTA,进而求算出 Al^{3+} 的含量。

3. 置换滴定法

利用置换反应,置换出等物质的量的另一种金属离子,或置换出 EDTA,然后进行滴定的方法,称为置换滴定法。

1) 置换出金属离子

当被测离子 M 与 EDTA 形成的配合物不够稳定时,可由 M 置换出配合物 NL 中的金属离子 N,再用 EDTA 标准溶液滴定所置换出的 N,从而可计算出 M 的含量。

$$M + NL \Longrightarrow ML + N$$

$$N + Y \Longrightarrow NY$$

例如,Ag^+ 与 EDTA 配合物不够稳定[$\lg K_f^\ominus(AgY) = 7.30$],不能用 EDTA 直接滴定。若加入过量的$[Ni(CN)_4]^{2-}$于含 Ag^+ 试液中,则发生如下置换反应:

$$2Ag^+ + [Ni(CN)_4]^{2-} \Longrightarrow 2[Ag(CN)_2]^- + Ni^{2+}$$

此反应的平衡常数较大,反应进行较完全。置换出的 Ni^{2+} 可用 EDTA 滴定法测定。例如,银币中 Ag 的测定:试样溶于硝酸后,加氨性缓冲溶液调 pH $\approx$ 10.00,以紫脲酸胺为指示剂,加入过量的$[Ni(CN)_4]^{2-}$,再以 EDTA 滴定置换出的 Ni^{2+},即得 Ag 的含量。

2) 析出法

若测定有多种组分存在的试液中的一种组分,将被测离子与干扰离子全部以 EDTA 滴定后,加入待测离子 M 的高选择性配位剂 L,定量置换出配合物 MY 中的 EDTA。再用另一种金属离子标准溶液滴定置换出的 EDTA,进而求得 M 的含量。采用析出法不仅选择性高,而且简便。

例如,测定土壤中铝含量时,土壤中共存的 Fe^{3+} 等金属离子严重干扰对 Al^{3+} 的测定。可先采用返滴定法测定金属离子的总量,然后,向溶液中加入 Al^{3+} 的高选择性配位剂 NaF,定量置换出与 Al^{3+} 配位的 EDTA,析出与铝盐等物质的量的 EDTA,即

$$AlY^- + 6F^- + 2H^+ \Longrightarrow AlF_6^{3-} + H_2Y^{2-}$$

溶液冷却后再以 Zn^{2+} 标准溶液滴定析出的 EDTA,即得 Al^{3+} 的含量。此法测 Al^{3+} 的选择性较高,仅对 Zr^{4+}、Ti^{4+}、Sn^{2+} 干扰测定。

4. 间接滴定法

有些金属离子和非金属离子不能与 EDTA 配位，或生成配合物不稳定，这时可采用间接滴定法进行测定。例如，K^+ 可定量转化为 $K_2Na[Co(ONO)_6]\cdot 6H_2O$ 沉淀，过滤洗涤并用酸溶解后，用 EDTA 滴定溶液中的 Co^{2+}，这样可间接测定 K^+ 的含量。

二、EDTA 标准溶液的配制和标定

1. 标准溶液的配制

常用 EDTA 标准溶液的浓度为 0.01～0.05mol·L^{-1}，一般采用 EDTA 二钠盐（$Na_2H_2Y\cdot 2H_2O$）配制，其摩尔质量为 372.24g·mol^{-1}。若直接配制标准溶液，必须先将 EDTA 在 80℃下干燥过夜或在 120℃下烘至恒量。

由于蒸馏水中含有杂质（Ca^{2+}、Mg^{2+}、Pb^{2+} 等），EDTA 标准溶液的配制大多采用标定的方法，即先配制成近似浓度的溶液，然后用基准物质标定。

2. EDTA 溶液的标定

标定 EDTA 的基准物质很多，如 Zn、Cu、ZnO、$CaCO_3$ 及 $MgSO_4\cdot 7H_2O$ 等，可能的情况下，所选基准物最好与被测物一致，以减小测定误差。

金属锌的纯度高又稳定，Zn^{2+} 及 ZnY 均无色，既能在 pH＝5.00～6.00 时以二甲酚橙为指示剂来标定，又可在 pH＝10.00 的氨性溶液中以铬黑 T 为指示剂来标定，终点均很敏锐，所以实验室中常被采用。

金属锌的表面有一层氧化物，应用 HCl 洗涤 2～3 次，然后用蒸馏水洗净，再用丙酮漂洗 1～2 次，沥干后于 110℃烘干 5min 备用。

EDTA 标准溶液应贮存在聚乙烯或硬质玻璃瓶中。若在软质玻璃瓶中存放，玻璃中的 Ca^{2+} 会被 EDTA 溶解（形成 CaY），从而使 EDTA 的浓度不断降低。较长时间保存的 EDTA 标准溶液，在使用前应重新标定。

习　题

1. 什么是指示剂的封闭和僵化现象？它对配位滴定有何影响？如何消除？
2. EDTA 配位滴定过程中，影响突跃范围大小的主要因素有哪些？
3. 在配位滴定中控制适当的酸度有什么意义？实际应用时应如何全面考虑选择滴定时的 pH？
4. 计算 EDTA 二钠盐水溶液 pH 的近似公式是__________（EDTA 相当于六元酸）。
5. 白云石是一种碳酸盐石，主要成分为碳酸钙和碳酸镁。常采用配位滴定测定白云石中的钙、镁含量。若试样经盐酸溶解后，调节 pH＝10.00，可用 EDTA 滴定 Ca^{2+}、Mg^{2+} 的总量，试解释原因。若另取一份试液，调节 pH＞12.00，可用 EDTA 单独滴定 Ca^{2+}，试解释原因。若另取一份试液，调节 pH ≈ 8.00，用 EDTA 滴定，可测定什么？为什么？
6. 计算 pH＝4.50 时，用 $c(H_2Y^{2-})$＝0.02000mol·L^{-1} EDTA 溶液滴定同浓度 $NiCl_2$ 溶液达化学计量点时 pNi 值。
7. pH＝5.00 时，能否用 0.02mol·L^{-1} EDTA 准确滴定同浓度的 Mg^{2+}？当 pH＝10.00 时，情况如何？
8. 试求用 EDTA 溶液滴定浓度各为 0.02mol·L^{-1} 的 Fe^{3+} 或 Fe^{2+} 溶液时，所允许的最低酸度和最高酸度。
9. 用 0.01060mol·L^{-1} EDTA 标准溶液滴定水中钙和镁的含量，取 100.00mL 水样，以铬黑 T 为指示剂，在

pH=10.0时滴定,消耗EDTA 31.30mL。另取一份水样,加NaOH使之呈强碱性,用钙指示剂指示终点,消耗EDTA 19.20mL 。求算该水样的总硬度(以$CaCO_3$ mg · L^{-1}表示)和水样中的钙及镁的分量[以CaO(mg · L^{-1})和MgO(mg · L^{-1})表示]。

10. 称取0.5000g煤试样,灼烧并使硫完全氧化为SO_4^{2-},处理成溶液并除去重金属离子后,加入0.05000mol · L^{-1} $BaCl_2$溶液20.00mL,使之生成$BaSO_4$沉淀。过滤后,滤液中的Ba^{2+}用0.02500mol · L^{-1} EDTA滴定,用去20.00mL。计算煤试样中硫的质量分数。

11. 称取含锌、铝的试样0.1200g,溶解后调节pH=3.5,加入0.02500mol · L^{-1}的EDTA溶液50.00mL,加热煮沸,冷却后,加乙酸缓冲溶液,此时pH=5.5,以二甲酚橙为指示剂,用0.02000mol · L^{-1}的Zn^{2+}标准溶液滴定至红色,用去5.08mL。加足量NH_4F煮沸,再用上述锌标准溶液滴定,用去20.70mL。计算试样中锌和铝的质量分数。

12. Al^{3+}配位滴定测定方法是先加入过量的EDTA标准溶液于酸性试剂中,调节pH≈5.00~6.00,加入二甲酚橙指示剂,用Zn^{2+}标准溶液返滴过量的EDTA。计算pH=5.00时$K_f'(AlY)$、滴定的最低pH和最高pH,并说明为何不采用直接滴定法测Al^{3+}。

第十三章　氧化还原滴定法

氧化还原滴定法是以氧化还原反应为基础的滴定分析法。该方法应用广泛，能直接或间接地测定许多无机物和有机物。常用的氧化还原滴定法有高锰酸钾法、重铬酸钾法、碘量法、铈量法和溴酸钾法等。

第一节　氧化还原滴定基本知识

氧化还原电对通常可分为可逆电对和不可逆电对两类。可逆电对是指在氧化还原反应的任一瞬间，氧化态和还原态物质都能迅速建立平衡的电对，如 Fe^{3+}/Fe^{2+}、Ce^{4+}/Ce^{2+}、I_2/I^- 等，其电极电势严格遵从能斯特方程。不可逆电对是指在氧化还原反应的任一瞬间都不能真正建立起平衡，其实际电极电势与理论计算值相差较大的电对，只能由实验测定，如 MnO_4^-/Mn^{2+}、$Cr_2O_7^{2-}/Cr^{3+}$、$CO_2/H_2C_2O_4$、$S_4O_6^{2-}/S_2O_3^{2-}$ 等。

另外，氧化还原电对还可以分为对称电对和不对称电对。对称电对中，氧化态和还原态物质的系数相同，如 Fe^{3+}/Fe^{2+}、Ce^{4+}/Ce^{3+}、MnO_4^-/Mn^{2+} 等；不对称电对中，氧化态和还原态物质的系数不同，如 I_2/I^-、$Cr_2O_7^{2-}/Cr^{3+}$、$S_4O_6^{2-}/S_2O_3^{2-}$ 等。

一、氧化还原反应进行的程度及条件平衡常数 $K^{\ominus\prime}$

在第九章中已经学习过，对于水溶液中的氧化还原反应

$$n_2\mathrm{Ox}_1+n_1\mathrm{Red}_2 \xlongequal{\quad} n_2\mathrm{Red}_1+n_1\mathrm{Ox}_2$$

其标准平衡常数表达式为

$$K^{\ominus}=\frac{[a(\mathrm{Red}_1)/c^{\ominus}]^{n_2}[a(\mathrm{Ox}_2)/c^{\ominus}]^{n_1}}{[a(\mathrm{Ox}_1)/c^{\ominus}]^{n_2}[a(\mathrm{Red}_2)/c^{\ominus}]^{n_1}} \tag{13.1}$$

式中，$a(\mathrm{Ox})$ 和 $a(\mathrm{Red})$ 分别为氧化态和还原态的活度，可利用活度系数 γ 对浓度进行校正。

$$a(\mathrm{Ox})=\gamma(\mathrm{Ox})c(\mathrm{Ox})$$

$$a(\mathrm{Red})=\gamma(\mathrm{Red})c(\mathrm{Red})$$

若忽略活度与浓度的差别，$K^{\ominus}$ 表达式可近似写为

$$K^{\ominus}=\frac{[c(\mathrm{Red}_1)/c^{\ominus}]^{n_2}[c(\mathrm{Ox}_2)/c^{\ominus}]^{n_1}}{[c(\mathrm{Ox}_1)/c^{\ominus}]^{n_2}[c(\mathrm{Red}_2)/c^{\ominus}]^{n_1}}$$

一定温度下，$K^{\ominus}$ 是与浓度无关的常数，$K^{\ominus}$ 越大，表示反应进行完全的趋势越大。但实际反应完全程度与反应进行的条件，如反应物是否发生副反应有关。

类似于对复杂配位平衡的处理，此时可应用林邦对复杂平衡系统的处理方法，利用副反应系数将各物种的平衡浓度校正为平衡时各种存在型体的总浓度（分析浓度），则氧化态（还原态）物质的平衡浓度为溶液中氧化态（还原态）物质的分析浓度与其副反应系数之比：

$$c(\mathrm{Ox})=\frac{c'(\mathrm{Ox})}{\alpha(\mathrm{Ox})} \qquad c(\mathrm{Red})=\frac{c'(\mathrm{Red})}{\alpha(\mathrm{Red})}$$

将以上关系式代入 $K^{\ominus}$ 表达式，得

$$K^{\ominus}=\frac{\left[\frac{c'(\mathrm{Red_1})/c^{\ominus}}{\alpha(\mathrm{Red_1})}\right]^{n_2}\left[\frac{c'(\mathrm{Ox_2})/c^{\ominus}}{\alpha(\mathrm{Ox_2})}\right]^{n_1}}{\left[\frac{c'(\mathrm{Ox_1})/c^{\ominus}}{\alpha(\mathrm{Ox_1})}\right]^{n_2}\left[\frac{c'(\mathrm{Red_2})/c^{\ominus}}{\alpha(\mathrm{Red_2})}\right]^{n_1}}$$

则

$$K^{\ominus}\cdot\frac{\alpha^{n_2}(\mathrm{Red_1})\alpha^{n_1}(\mathrm{Ox_2})}{\alpha^{n_2}(\mathrm{Ox_1})\alpha^{n_1}(\mathrm{Red_2})}=\frac{[c'(\mathrm{Red_1})/c^{\ominus}]^{n_2}[c'(\mathrm{Ox_2})/c^{\ominus}]^{n_1}}{[c'(\mathrm{Ox_1})/c^{\ominus}]^{n_2}[c'(\mathrm{Red_2})/c^{\ominus}]^{n_1}}$$

式中,各物种浓度均为平衡时各自存在型体的总浓度(分析浓度)。反应条件一定时,$K^{\ominus}$和各副反应系数均为常数。令

$$K^{\ominus\prime}=K^{\ominus}\cdot\frac{\alpha^{n_2}(\mathrm{Red_1})\alpha^{n_1}(\mathrm{Ox_2})}{\alpha^{n_2}(\mathrm{Ox_1})\alpha^{n_1}(\mathrm{Red_2})}\tag{13.2}$$

则

$$K^{\ominus\prime}=\frac{[c'(\mathrm{Red_1})/c^{\ominus}]^{n_2}[c'(\mathrm{Ox_2})/c^{\ominus}]^{n_1}}{[c'(\mathrm{Ox_1})/c^{\ominus}]^{n_2}[c'(\mathrm{Red_2})/c^{\ominus}]^{n_1}}\tag{13.3}$$

式中,$K^{\ominus\prime}$为氧化还原反应的条件平衡常数,其数值大小不但与$K^{\ominus}$有关,还受副反应系数的影响。一定条件下$K^{\ominus\prime}$是与浓度无关的常数,表征了平衡状态时参加反应的各物种总浓度之间的定量关系。若反应物发生了副反应,即$\alpha(\mathrm{Ox_1})$、$\alpha(\mathrm{Red_2})$较大,则导致$K^{\ominus\prime}$减小,表示反应完全程度降低;若生成物发生副反应,则引起$K^{\ominus\prime}$增大,即反应完全程度升高。所以条件平衡常数可以客观反映出有副反应发生时氧化还原反应的完全程度。

298.15K 时,氧化还原反应的标准平衡常数与正、负电极标准电极电势之差的关系为

$$\lg K^{\ominus}=\frac{n(\varphi_1^{\ominus}-\varphi_2^{\ominus})}{0.0592\mathrm{V}}\tag{13.4}$$

式中,$\varphi_1^{\ominus}$为电对$\mathrm{Ox_1/Red_1}$的标准电极电势;$\varphi_2^{\ominus}$为电对$\mathrm{Ox_2/Red_2}$的标准电极电势;n为氧化还原反应中的得失电子数。

为求得影响条件平衡常数的因素,将式(13.4)代入式(13.2),得

$$\begin{aligned}\lg K^{\ominus\prime}&=\frac{n(\varphi_1^{\ominus}-\varphi_2^{\ominus})}{0.0592\mathrm{V}}+\lg\frac{\alpha^{n_2}(\mathrm{Red_1})}{\alpha^{n_2}(\mathrm{Ox_1})}-\lg\frac{\alpha^{n_1}(\mathrm{Red_2})}{\alpha^{n_1}(\mathrm{Ox_2})}\\&=\frac{n(\varphi_1^{\ominus}-\varphi_2^{\ominus})}{0.0592\mathrm{V}}+\frac{n}{0.0592\mathrm{V}}\cdot\frac{0.0592\mathrm{V}}{n}\left[\lg\frac{\alpha^{n_2}(\mathrm{Red_1})}{\alpha^{n_2}(\mathrm{Ox_1})}-\lg\frac{\alpha^{n_1}(\mathrm{Red_2})}{\alpha^{n_1}(\mathrm{Ox_2})}\right]\\&=\frac{n}{0.0592\mathrm{V}}\left\{\left[\varphi_1^{\ominus}+\frac{0.0592\mathrm{V}}{n}\lg\frac{\alpha^{n_2}(\mathrm{Red_1})}{\alpha^{n_2}(\mathrm{Ox_1})}\right]-\left[\varphi_2^{\ominus}+\frac{0.0592\mathrm{V}}{n}\lg\frac{\alpha^{n_1}(\mathrm{Red_2})}{\alpha^{n_1}(\mathrm{Ox_2})}\right]\right\}\end{aligned}$$

令 $\varphi_1^{\ominus\prime}=\varphi_1^{\ominus}+\frac{0.0592\mathrm{V}}{n}\lg\frac{\alpha^{n_2}(\mathrm{Red_1})}{\alpha^{n_2}(\mathrm{Ox_1})}$,$\varphi_2^{\ominus\prime}=\varphi_2^{\ominus}+\frac{0.0592\mathrm{V}}{n}\lg\frac{\alpha^{n_1}(\mathrm{Red_2})}{\alpha^{n_1}(\mathrm{Ox_2})}$,则

$$\lg K^{\ominus\prime}=\frac{n(\varphi_1^{\ominus\prime}-\varphi_2^{\ominus\prime})}{0.0592\mathrm{V}}\tag{13.5}$$

式中,$\varphi^{\ominus\prime}$为电极的条件电极电势。氧化还原反应的条件平衡常数取决于正、负极条件电极电势的差。一般来讲,若二者的差值大于 0.4V,则反应完全程度可满足氧化还原滴定分析的要求。

二、条件电极电势

298.15K 时,对于电极 $\mathrm{Ox}+ne^{-}\longrightarrow\mathrm{Red}$,其条件电极电势为

$$\varphi^{\ominus\prime}=\varphi^{\ominus}+\frac{0.0592\text{V}}{n}\lg\frac{\alpha(\text{Red})}{\alpha(\text{Ox})} \tag{13.6}$$

根据能斯特方程

$$\varphi=\varphi^{\ominus}+\frac{0.0592\text{V}}{n}\lg\frac{c(\text{Ox})/c^{\ominus}}{c(\text{Red})/c^{\ominus}}$$

利用副反应系数将平衡浓度校正为总浓度(分析浓度)：

$$\begin{aligned}\varphi&=\varphi^{\ominus}+\frac{0.0592\text{V}}{n}\lg\frac{\alpha(\text{Red})}{\alpha(\text{Ox})}+\frac{0.0592\text{V}}{n}\lg\frac{c'(\text{Ox})/c^{\ominus}}{c'(\text{Red})/c^{\ominus}}\\&=\varphi^{\ominus\prime}+\frac{0.0592\text{V}}{n}\lg\frac{c'(\text{Ox})/c^{\ominus}}{c'(\text{Red})/c^{\ominus}}\end{aligned}$$

由此可知，条件电极电势是在一定介质条件下，氧化态、还原态的分析浓度均为 $1\text{mol}\cdot\text{L}^{-1}$ 时，校正了各种外界因素(离子强度、各种副反应)影响后的实际电极电势。与标准电极电势相比，条件电极电势可更客观地反映一定外界条件下，氧化态(还原态)物质的氧化(还原)能力的强弱，能更直观、准确地判断一定条件下氧化还原反应的完全程度和反应方向。

条件电极电势可由电对的标准电极电势、活度系数和副反应系数计算。但当溶液中离子强度较大时，活度系数不易求得，副反应较多时，副反应系数的计算也很困难，所以条件电极电势一般是通过实验测定的。在缺乏条件电极电势数据时，可用相近条件的 $\varphi^{\ominus\prime}$ 或 $\varphi^{\ominus}$ 值近似计算。

例 13.1　计算 298.15K 时，在 $c(\text{HCl})=1\text{mol}\cdot\text{L}^{-1}$ 的盐酸介质中，用Fe^{2+}将 $c(K_2Cr_2O_7)=0.100\text{mol}\cdot\text{L}^{-1}$ 的重铬酸钾还原 50%时的 $\varphi(Cr_2O_7^{2-}/Cr^{3+})$(忽略体积变化)。

解

$$Cr_2O_7^{2-}+6Fe^{2+}+14H^+ = 2Cr^{3+}+6Fe^{3+}+7H_2O$$

当 50% $K_2Cr_2O_7$ 被还原时：

$$c(Cr_2O_7^{2-})=0.0500\text{mol}\cdot\text{L}^{-1}\qquad c(Cr^{3+})=0.100\text{mol}\cdot\text{L}^{-1}$$

此介质条件下，查表得 $\varphi^{\ominus\prime}(Cr_2O_7^{2-}/Cr^{3+})=1.00\text{ V}$，则

$$Cr_2O_7^{2-}+14H^++6e^- = 2Cr^{3+}+7H_2O$$

$$\begin{aligned}\varphi(Cr_2O_7^{2-}/Cr^{3+})&=\varphi^{\ominus\prime}(Cr_2O_7^{2-}/Cr^{3+})+\frac{0.0592\text{V}}{6}\lg\frac{c'(Cr_2O_7^{2-})/c^{\ominus}}{[c'(Cr^{3+})/c^{\ominus}]^2}\\&=1.00\text{V}+\frac{0.0592\text{V}}{6}\times\lg\frac{0.0500\text{mol}\cdot\text{L}^{-1}/1\text{mol}\cdot\text{L}^{-1}}{(0.100\text{mol}\cdot\text{L}^{-1}/1\text{mol}\cdot\text{L}^{-1})^2}\\&=1.01\text{V}\end{aligned}$$

用条件电极电势计算时，对有 H^+ 或 OH^- 参加反应的电极，$c(H^+)$或 $c(OH^-)$已作为介质条件包含在 $\varphi^{\ominus\prime}$之中了，因此能斯特方程对数项中不含 $c(H^+)$或 $c(OH^-)$。

一定条件下，若两电对的 $\varphi^{\ominus\prime}$值相差较大，则用改变反应物分析浓度的方法很难改变反应方向，通常可根据 $\varphi^{\ominus\prime}$对一定条件下发生的氧化还原反应方向做出判断。

三、影响条件电极电势的因素

条件电极电势的大小除了取决于物质的本性外，还与反应条件密切相关，特别与副反应的影响有关。

1. 介质酸度的影响

酸度对有 H^+ 或OH^- 直接参加电极反应的电对的条件电极电势有影响，而且对氧化态或

还原态物质为弱酸或弱碱的电对也有影响,这是由于酸度会影响氧化态或还原态物质的存在型体浓度,从而影响其条件电极电势。

例 13.2 298.15K 时,忽略离子强度影响,计算在 $c(H^+)=1.0mol·L^{-1}$ 和 pH=8.0 的介质中,电对 $H_3AsO_4/HAsO_2$ 的条件电极电势。已知:H_3AsO_4 的 $pK_{a_1}^\ominus=2.2$,$pK_{a_2}^\ominus=7.0$,$pK_{a_3}^\ominus=11.5$;$HAsO_2$ 的 $pK_a^\ominus=9.2$。

解 $H_3AsO_4+2H^++2e^- \rightleftharpoons HAsO_2+2H_2O \qquad \varphi^\ominus=0.56V$

在电极反应中有 H^+ 参加,且 H_3AsO_4 和 $HAsO_2$ 均为弱酸,只在强酸介质中才主要以 H_3AsO_4 和 $HAsO_2$ 型体存在,在 pH>2.0 时必须考虑 H_3AsO_4 的解离,在 pH>9.0 时还必须考虑 $HAsO_2$ 的解离。若忽略离子强度的影响,该电对的能斯特方程为

$$\varphi(H_3AsO_4/HAsO_2)=\varphi^\ominus(H_3AsO_4/HAsO_2)+\frac{0.0592V}{2}\lg\frac{[c(H_3AsO_4)/c^\ominus]\cdot[c(H^+)/c^\ominus]^2}{c(HAsO_2)/c^\ominus}$$

$$=\varphi^\ominus(H_3AsO_4/HAsO_2)+\frac{0.0592V}{2}\lg\frac{[c(H^+)/c^\ominus]^2\cdot[c'(H_3AsO_4)/c^\ominus]\cdot\alpha(HAsO_2)}{[c'(HAsO_2)/c^\ominus]\cdot\alpha(H_3AsO_4)}$$

$$=\varphi^\ominus(H_3AsO_4/HAsO_2)+\frac{0.0592V}{2}\lg\frac{[c(H^+)/c^\ominus]^2\cdot\alpha(HAsO_2)}{\alpha(H_3AsO_4)}+\frac{0.0592V}{2}\lg\frac{c'(H_3AsO_4)/c^\ominus}{c'(HAsO_2)/c^\ominus}$$

其条件电极电势表达式为

$$\varphi^{\ominus\prime}(H_3AsO_4/HAsO_2)=\varphi^\ominus(H_3AsO_4/HAsO_2)+\frac{0.0592V}{2}\lg\frac{[c(H^+)/c^\ominus]^2\cdot\alpha(HAsO_2)}{\alpha(H_3AsO_4)}$$

当 $c(H^+)=1.0mol·L^{-1}$ 时,$\alpha(H_3AsO_4)\approx\alpha(HAsO_2)\approx1$,故

$$\varphi^{\ominus\prime}(H_3AsO_4/HAsO_2)\approx\varphi^\ominus(H_3AsO_4/HAsO_2)=0.56V$$

在 pH=8.0 时

$$\alpha(H_3AsO_4)=\frac{[c(H^+)/c^\ominus]^3+[c(H^+)/c^\ominus]^2K_{a_1}^\ominus+[c(H^+)/c^\ominus]K_{a_1}^\ominus K_{a_2}^\ominus+K_{a_1}^\ominus K_{a_2}^\ominus K_{a_3}^\ominus}{[c(H^+)/c^\ominus]^3}$$

代入数据得 $\alpha(H_3AsO_4)=10^{6.8}$

$$\alpha(HAsO_2)=\frac{[c(H^+)/c^\ominus]+K_a^\ominus}{c(H^+)/c^\ominus}=\frac{10^{-8.0}+10^{-9.2}}{10^{-8.0}}=1.06$$

$$\varphi^{\ominus\prime}(H_3AsO_4/HAsO_2)=\varphi^\ominus(H_3AsO_4/HAsO_2)+\frac{0.0592V}{2}\lg\frac{(10^{-8.0})^2\times1.06}{10^{6.8}}=-0.11V$$

而电对 I_2/I^- 的电极电势与 pH 无关,其条件电极电势值与标准电极电势值无明显区别,因此反应 $H_3AsO_4+2H^++2I^- \rightleftharpoons HAsO_2+I_2+2H_2O$ 在 $c(H^+)=1.0mol·L^{-1}$ 的强酸性介质中正向自发,而在 pH=8.0 的介质中则逆向自发。

2. 沉淀反应的影响

若氧化态或还原态物质发生沉淀反应,降低了氧化态或还原态物质的平衡浓度,必使电对的条件电极电势降低或升高,从而影响到氧化态或还原态物质的氧化还原能力,甚至可影响氧化还原反应的方向。

3. 配位反应的影响

体系中共存的其他离子或分子常与氧化态或还原态物质发生配位反应,也会改变电对的条件电极电势。若氧化态物质形成了较稳定的配合物,即 $\alpha(Ox)>\alpha(Red)$,从而引起条件电极电势的降低。例如,碘量法测铜时,一般先加入 NaF 来消除 Fe^{3+} 的干扰,因为 F^- 可与氧化

态物质Fe^{3+}生成较稳定的配合物$[FeF_6]^{3-}$，使$\varphi^{\ominus\prime}(Fe^{3+}/Fe^{2+})$显著降低，$Fe^{3+}$不能氧化$I^-$，从而提高滴定的选择性。$H_3PO_4$与$Fe^{3+}$也能生成稳定的配合物$[Fe(HPO_4)_2]^-$，使$\varphi^{\ominus\prime}(Fe^{3+}/Fe^{2+})$降低，$Fe^{2+}$的还原能力得以提高，所以用$K_2Cr_2O_7$滴定$Fe^{2+}$时，若溶液中有$H_3PO_4$，可提高反应的完全程度。

若还原态物质生成较稳定配合物，则会升高条件电极电势。例如，邻二氮菲与亚铁形成的配合物中，$[Fe(ph)_3]^{2+}$比$[Fe(ph)_3]^{3+}$稳定得多，故当介质中含邻二氮菲时，$\varphi^{\ominus\prime}(Fe^{3+}/Fe^{2+}) > \varphi^{\ominus}(Fe^{3+}/Fe^{2+})$。

四、氧化还原反应的速率

由于氧化还原反应机理较复杂，之前讨论的反应的平衡常数只能判断反应发生的可能性，所以有些氧化还原反应尽管完成程度很高，但反应速率很慢，不创造条件使其加速进行则不能用于滴定分析。一般可采用以下一些方法加快反应速率。

1. 增加反应物浓度

根据质量作用定律，基元反应的反应速率与反应物浓度的乘积成正比。但氧化还原反应往往是分步进行的，其方程式只反映了反应物与生成物间的计量关系，因此不能笼统地按总反应式的计量关系来判断浓度对反应速率的影响程度。一般来说，反应物浓度越大，反应速率越快。有H^+参与的反应中，酸度增大也能加速反应。例如，在酸性介质中，以$K_2Cr_2O_7$为基准物标定$Na_2S_2O_3$标准溶液时，需首先利用下列反应析出一定量的I_2：

$$Cr_2O_7^{2-} + 6I^- + 14H^+ \xlongequal{} 2Cr^{3+} + 3I_2 + 7H_2O$$

此反应速率很慢，一般需几小时方可完成，所以通常加入5～6倍于理论量的KI，并在较高酸度$[c(H_2SO_4)=0.4mol \cdot L^{-1}]$下进行，反应可在5min内完成。

2. 升高温度

对大多数反应来说，温度每升高10℃，反应速率可增大到原来的2～4倍。在酸性溶液中，用$KMnO_4$滴定$H_2C_2O_4$时，常温下反应缓慢，需加热至75～85℃进行。但要注意温度不能太高，若超过85℃，在较高的酸度下，会使$H_2C_2O_4$分解。而对易挥发物质如I_2也不能通过加热来加快反应速率。因此，在氧化还原滴定中，要根据反应的具体情况，严格控制体系的温度变化范围，才能得到准确的分析结果。

3. 使用催化剂

使用催化剂是加快反应速率的有效措施之一。加入催化剂可改变原来的反应历程，降低反应的活化能，从而使得反应速率大大提高。例如，用$K_2Cr_2O_7$法测土壤有机质时，需用Ag^+作为催化剂，并在加热下进行。

上述$KMnO_4$和$H_2C_2O_4$的反应即使在75～85℃下进行，滴定刚开始反应依然缓慢，但随后反应速率大大加快，原因是滴定过程中产生的Mn^{2+}对该反应有催化作用。这种由于生成物本身引起催化作用的反应称为自动催化反应。

4. 诱导效应的影响

氧化还原滴定中，有时会遇到由于一个反应的发生，促进另一个氧化还原反应加快进行的

现象,称为诱导效应。例如,在酸性介质中MnO_4^-氧化Cl^-速率极慢:

$$2MnO_4^- + 10Cl^- + 16H^+ \longrightarrow 2Mn^{2+} + 5Cl_2 + 8H_2O \quad ①$$

但若溶液中同时含有Fe^{2+},由于反应:

$$MnO_4^- + 5Fe^{2+} + 8H^+ \longrightarrow 2Mn^{2+} + 5Fe^{3+} + 4H_2O \quad ②$$

的发生,将使反应①大大加速。此例中,反应②对反应①的加速作用即为诱导效应,反应②称为诱导反应,反应①称为受诱反应,Fe^{2+}为诱导体,Cl^-为受诱体,MnO_4^-为作用体。

诱导效应与催化作用是不同的。催化剂参加反应后仍恢复原状,而诱导作用中诱导体和受诱体都会消耗作用体,滴定分析中作用体的用量增加,从而使分析结果产生误差。在用$KMnO_4$标准溶液滴定Fe^{2+}时,不宜用盐酸调节,通常选用硫酸介质,从而防止受诱反应的发生使结果偏高。

第二节　氧化还原滴定基本原理

在氧化还原滴定中,随滴定剂的逐滴加入,反应物和产物的浓度不断改变,导致有关电对的电极电势也随之不断改变。以加入的标准溶液的体积(或滴定百分率)为横坐标,溶液的电极电势为纵坐标作图,就可以得到氧化还原滴定曲线。曲线形象地说明了滴定过程中溶液的电极电势,特别是计量点附近的电极电势变化的规律,因此可作为选择指示剂的依据。对于可逆对称电对(如$Ce^{4+} + e^- \longrightarrow Ce^{3+}$,$Fe^{3+} + e^- \longrightarrow Fe^{2+}$等),即电极反应中氧化态和还原态物质物质的量相同的可逆电极间的滴定反应,滴定曲线可利用能斯特方程的计算结果作图。不可逆电对的滴定反应只能通过实验数据绘制滴定曲线。

一、氧化还原滴定曲线

298.15K时,在$1mol \cdot L^{-1}$的硫酸介质中,用$c(Ce^{4+}) = 0.1000mol \cdot L^{-1}$的$CeSO_4$标准溶液滴定20.00mL的$c(Fe^{2+}) = 0.1000mol \cdot L^{-1}$的$FeSO_4$,反应为可逆对称电对间的反应,滴定方程式为

$$Ce^{4+} + Fe^{2+} \longrightarrow Ce^{3+} + Fe^{3+}$$

在此反应条件下,$\varphi^{\ominus\prime}(Ce^{4+}/Ce^{3+}) = 1.44V$,$\varphi^{\ominus\prime}(Fe^{3+}/Fe^{2+}) = 0.68V$。滴定开始后,每加入一滴$Ce^{4+}$溶液,反应迅速建立平衡状态,此时两电对的电极电势必定相等,即

$$\varphi = \varphi^{\ominus\prime}(Fe^{3+}/Fe^{2+}) + \frac{2.303RT}{F}\lg\frac{c'(Fe^{3+})/c^{\ominus}}{c'(Fe^{2+})/c^{\ominus}}$$

$$= \varphi^{\ominus\prime}(Ce^{4+}/Ce^{3+}) + \frac{2.303RT}{F}\lg\frac{c'(Ce^{4+})/c^{\ominus}}{c'(Ce^{3+})/c^{\ominus}}$$

在滴定的不同阶段,可选用便于计算的电对来计算溶液的电极电势,然后绘制滴定曲线。

1. 滴定开始到化学计量点前

在化学计量点之前,由于滴入的Ce^{4+}立即被还原为Ce^{3+},所以溶液中剩余的Ce^{4+}的浓度不易求得。但可根据滴入的Ce^{4+}标准溶液的体积,计算产生的$c(Fe^{3+})$和剩余的$c(Fe^{2+})$,因此这时通过计算$\varphi^{\ominus}(Fe^{3+}/Fe^{2+})$求得溶液的电极电势值较为方便。

例如,滴入Ce^{4+}标准溶液19.98mL,即终点误差为-0.1%时,有

$$c'(Fe^{3+})=0.1000mol \cdot L^{-1}\times\frac{19.98mL}{19.98mL+20.00mL}$$

$$c'(Fe^{2+})=0.1000mol \cdot L^{-1}\times\frac{20.00mL-19.98mL}{19.98mL+20.00mL}$$

可得

$$\frac{c'(Fe^{3+})}{c'(Fe^{2+})}\approx10^{3}$$

$$\varphi(Fe^{3+}/Fe^{2+})=\varphi^{\ominus\prime}(Fe^{3+}/Fe^{2+})+\frac{2.303RT}{F}\lg\frac{c'(Fe^{3+})/c^{\ominus}}{c'(Fe^{2+})/c^{\ominus}}\approx0.68V+3\times0.0592V=0.86V$$

同理，可利用相同方法计算出化学计量点前任一点的溶液电势值。

2. 化学计量点时

当滴入 Ce^{4+} 溶液的体积为 20.00mL 时，体系达到化学计量点。此时溶液中的 Ce^{3+} 和 Fe^{3+} 的浓度都比较大，均为 $0.05000mol \cdot L^{-1}$，但此时剩余的反应物的浓度都很小，且不宜直接求得，因此不能单独应用一个电对的能斯特方程计算溶液的电势，只能根据有关组分的浓度关系，由两个电对的能斯特方程联立求得。对于对称电对的氧化还原反应，在化学计量点时，有

$$Ox_1+n_1e^-\longrightarrow Red_1 \qquad \varphi_{计}=\varphi_1=\varphi_1^{\ominus\prime}+\frac{2.303RT}{n_1F}\lg\frac{c'(Ox_1)/c^{\ominus}}{c'(Red_1)/c^{\ominus}}$$

$$Ox_2+n_2e^-\longrightarrow Red_2 \qquad \varphi_{计}=\varphi_2=\varphi_2^{\ominus\prime}+\frac{2.303RT}{n_2F}\lg\frac{c'(Ox_2)/c^{\ominus}}{c'(Red_2)/c^{\ominus}}$$

以上二式相加，得

$$(n_1+n_2)\varphi_{计}=n_1\varphi_1^{\ominus\prime}+n_2\varphi_1^{\ominus\prime}+\frac{2.303RT}{F}\lg\frac{[c'(Ox_1)/c^{\ominus}][c'(Ox_2)/c^{\ominus}]}{[c'(Red_1)/c^{\ominus}][c'(Red_2)/c^{\ominus}]}$$

又因在计量点时，各物质浓度之间的关系为

$$\frac{c'(Ox_2)}{c'(Red_1)}=\frac{n_1}{n_2} \qquad \frac{c'(Ox_1)}{c'(Red_2)}=\frac{n_2}{n_1}$$

故可得

$$\varphi_{计}=\frac{n_1\varphi_1^{\ominus\prime}+n_2\varphi_2^{\ominus\prime}}{n_1+n_2} \tag{13.7}$$

根据式(13.7)，可算得在 $c(H_2SO_4)=1mol \cdot L^{-1}$ 的硫酸介质中，反应 $Ce^{4+}+Fe^{2+}=\!=\!=Ce^{3+}+Fe^{3+}$ 在化学计量点时，溶液的电极电势：

$$\varphi_{计}=\frac{0.68V+1.44V}{2}=1.06V$$

显然，对称性氧化还原反应的化学计量点电势与有关组分的浓度无关。不对称性氧化还原反应的 $\varphi_{计}$ 与有关组分的浓度有关，这里不再介绍。

3. 化学计量点后

化学计量点之后，由于 Fe^{2+} 几乎全部被氧化成 Fe^{3+}，溶液中剩余的 $c(Fe^{2+})$ 很小且不易求得，而此时过量的 Ce^{4+} 与产生的 Ce^{3+} 的浓度易于计算，可由 Ce^{4+}/Ce^{3+} 的电极电势计算计量点后各点的电势值。例如，滴入 Ce^{4+} 标准溶液 20.02mL，即当终点误差为+0.1%时：

$$c'(Ce^{3+}) = 0.1000\text{mol}\cdot L^{-1} \times \frac{20.00\text{mL}}{20.00\text{mL}+20.02\text{mL}}$$

$$c'(Ce^{4+}) = 0.1000\text{mol}\cdot L^{-1} \times \frac{20.02\text{mL}-20.00\text{mL}}{20.00\text{mL}+20.02\text{mL}}$$

可得

$$c'(Ce^{4+})/c'(Ce^{3+}) \approx 10^{-3}$$

$$\varphi(Ce^{4+}/Ce^{3+}) = \varphi^{\ominus\prime}(Ce^{4+}/Ce^{3+}) + \frac{2.303RT}{F}\lg\frac{c'(Ce^{4+})/c^{\ominus}}{c'(Ce^{3+})/c^{\ominus}} = 1.44\text{V} - 3\times 0.059\text{V} = 1.26\text{V}$$

同理,可用同样的方法计算出化学计量点后任一点的溶液电极电势值。

整个滴定过程中溶液电势的计算结果见表 13.1,根据这些数据可绘制出滴定曲线(图 13.1)。

表 13.1　0.1000mol · L^{-1} Ce^{4+} 标准溶液滴定 20.00mL 0.1000mol · L^{-1} Fe^{2+} 溶液

滴入 Ce^{4+} 的体积 V/mL	滴定分数/%	溶液电极电势 φ/V	
1.00	5.0	0.60	
2.00	10.0	0.62	
4.00	20.0	0.64	
8.00	40.0	0.67	
10.00	50.0	0.68	
12.00	60.0	0.69	
18.00	90.0	0.74	
19.80	99.0	0.80	
19.98	99.9	0.86	滴定突跃
20.00	100.0	1.06	
20.02	100.1	1.26	
22.00	110.0	1.38	
30.00	150.0	1.42	
40.00	200.0	1.44	

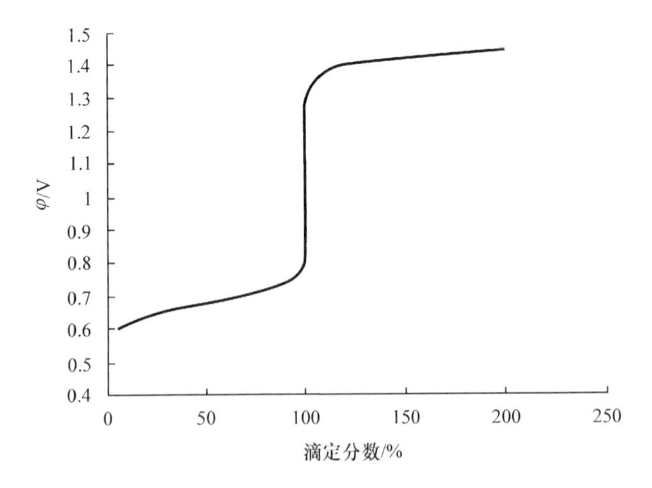

图 13.1　0.1000mol · L^{-1} Ce^{4+} 标准溶液滴定 0.1000mol · L^{-1} Fe^{2+} 溶液的滴定曲线

由图 13.1 可见，化学计量点前后±0.1%误差范围之内，溶液电极电势由 0.86V 猛增至 1.26V，即产生了 0.4V 的电极电势突跃。化学计量点前后溶液电极电势的突跃是氧化还原滴定曲线的重要特征，可依据此数值的大小判断氧化还原滴定的完全程度，以及选择合适的氧化还原指示剂。

298.15K 时，对称电对的氧化还原反应：

$$n_2\mathrm{Ox}_1 + n_1\mathrm{Red}_2 = n_1\mathrm{Ox}_2 + n_2\mathrm{Red}_1$$

在终点误差为±0.1%内，滴定突跃为$\left(\varphi_2^{\ominus\prime}+\frac{3\times0.0592}{n_2}\right)\mathrm{V}\sim\left(\varphi_1^{\ominus\prime}-\frac{3\times0.0592}{n_1}\right)\mathrm{V}$，即氧化还原滴定中，突跃范围的大小主要取决于两电对条件电极电势的差值，而与浓度无关。$\Delta\varphi^{\ominus\prime}$越大，即反应的完全程度越高，突跃范围就越大，越容易实现准确滴定。

二、氧化还原滴定中的指示剂

氧化还原滴定可选用指示剂来指示滴定终点。氧化还原滴定中常用的指示剂可分为以下几种类型。

1. 氧化还原指示剂

氧化还原指示剂是一类本身可以发生氧化还原反应的物质，其氧化态 In(Ox) 和还原态 In(Red) 具有不同的颜色，在滴定过程中，因被氧化或被还原而发生颜色变化以指示终点。指示剂的电极反应为

$$\underset{\text{氧化态颜色}}{\mathrm{In(Ox)}} + ne^- \longrightarrow \underset{\text{还原态颜色}}{\mathrm{In(Red)}}$$

其能斯特方程为

$$\varphi=\varphi^{\ominus\prime}+\frac{2.303RT}{nF}\lg\frac{c'(\mathrm{In})_{\mathrm{Ox}}/c^{\ominus}}{c'(\mathrm{In})_{\mathrm{Red}}/c^{\ominus}}$$

随着溶液电极电势的变化，$c'(\mathrm{In})_{\mathrm{Ox}}$和 $c'(\mathrm{In})_{\mathrm{Red}}$也不断变化。当二者浓度相等时，$\varphi=\varphi^{\ominus\prime}$，此时溶液的电极电势称为指示剂的变色点电极电势，数值上等于指示剂的条件电极电势，此时溶液呈现氧化态颜色和还原态颜色的混合色。如果溶液电极电势 $\varphi>\varphi^{\ominus\prime}$，指示剂被氧化，$c'(\mathrm{In})_{\mathrm{Ox}}$增大，溶液颜色发生变化。但当 $c'(\mathrm{In})_{\mathrm{Ox}}/c'(\mathrm{In})_{\mathrm{Red}}\geqslant10.0$ 时，溶液只呈现指示剂氧化态的颜色；当$c'(\mathrm{In})_{\mathrm{Ox}}/c'(\mathrm{In})_{\mathrm{Red}}\leqslant0.1$ 时，溶液只呈现指示剂还原态的颜色。因此，在 298.15K 时，氧化还原指示剂的变色范围为

$$\varphi=\varphi^{\ominus\prime}\pm\frac{0.0592\mathrm{V}}{n} \tag{13.8}$$

氧化还原指示剂的选择原则是：指示剂的变色点电极电势 $\varphi^{\ominus\prime}$尽量与反应的计量点电极电势 $\varphi_{计}$ 相接近，或至少落在滴定突跃的电极电势范围内。例如，在 1mol · L^{-1} H_2SO_4介质中用Ce^{4+}滴定 Fe^{2+}时，计量点电极电势为 1.06V，误差±0.1%范围内的电极电势突跃为 0.86～1.26V，可选择邻二氮菲亚铁($\varphi^{\ominus\prime}=1.06$V)或邻苯胺基苯甲酸($\varphi^{\ominus\prime}=0.89$V)指示终点。若选二苯胺磺酸钠($\varphi^{\ominus\prime}=0.85$V)将导致终点提前，终点误差将高于－0.1%。常用氧化还原指示剂见表 13.2。

表 13.2　常用氧化还原指示剂及其配制方法

指示剂	$\varphi^{\ominus\prime}(In)/V$	颜色变化		配制方法
	$c(H^+)=1mol\cdot L^{-1}$	In(Red)	In(Ox)	
亚甲基蓝	0.52	无	蓝	0.05%水溶液
二苯胺磺酸钠	0.85	无	紫红	0.8g 指示剂,2g Na_2CO_3 加水稀释至 100mL
邻苯胺基苯甲酸	0.89	无	紫红	0.1g 指示剂溶于 20mL 5%的 Na_2CO_3 中,加水稀释至 100mL
邻二氮菲亚铁	1.06	红	浅蓝	1.485g 邻二氮菲,0.695g $FeSO_4\cdot 7H_2O$ 加水稀释至 100mL

2. 自身指示剂

在氧化还原滴定中,有些标准溶液或被滴定物质本身具有颜色,而滴定产物无色或颜色很浅,则滴定时不需要另加指示剂,可直接以滴定剂或被测物本身颜色来判断终点,这类物质称为自身指示剂。例如,$KMnO_4$ 标准溶液具有很深的紫红色,作为氧化剂滴定 Fe^{2+}、H_2O_2、$C_2O_4^{2-}$ 等还原性物质时,反应生成物颜色很浅或无色,计量点后稍过量的$KMnO_4$(浓度为 $2\times10^{-6}mol\cdot L^{-1}$)就可使溶液显示浅红色而指示终点。

3. 特殊指示剂

有些物质本身并不具有氧化还原性,但却能与滴定剂或被测物生成具有特殊颜色的物质,从而起到指示氧化还原滴定终点的作用,这类指示剂称为特殊(或专用)指示剂。例如,β-直链淀粉与碘作用可生成深蓝色物质,反应快速灵敏,可利用深蓝色的出现或消失来指示终点。I_2 的浓度低至 $2\times10^{-5}mol\cdot L^{-1}$时仍可显色,当 I_2 被还原为 I^- 时,深蓝色立即消失。因此,碘量法中可用淀粉作指示剂。

第三节　重要的氧化还原滴定法及应用

一、高锰酸钾法

1. 基本原理

高锰酸钾法是以 $KMnO_4$ 标准溶液为滴定剂的氧化还原滴定法。$KMnO_4$ 是一种强氧化剂,其氧化能力及还原产物与溶液的酸度有关。

在强酸性溶液中,MnO_4^- 氧化能力最强,还原产物为 Mn^{2+}:

$$MnO_4^- + 8H^+ + 5e^- \longrightarrow Mn^{2+} + 4H_2O \qquad \varphi^{\ominus}=1.51V$$

在弱酸性、中性或弱碱性溶液中,MnO_4^- 被还原为 MnO_2:

$$MnO_4^- + 2H_2O + 3e^- \longrightarrow MnO_2 + 4OH^- \qquad \varphi^{\ominus}=0.59V$$

在强碱性溶液中,还原产物为 MnO_4^{2-}:

$$MnO_4^- + e^- \longrightarrow MnO_4^{2-} \qquad \varphi^{\ominus} = 0.56V$$

在强酸性介质中，$KMnO_4$可定量氧化很多还原性物质，生成的 Mn^{2+} 接近无色，便于滴定终点的观察，故高锰酸钾法大多在 0.5～1mol·L^{-1}的 H_2SO_4溶液中进行。因盐酸具有还原性，而 HNO_3本身也有氧化性，所以 $KMnO_4$法中不用它们调节介质酸度。在强碱性溶液中，甘油、甲酸、甲醇、苯酚、葡萄糖等有机物与 $KMnO_4$反应比在酸性条件下速率快，故常在强碱性介质中测定有机质。

高锰酸钾的氧化能力强，可直接或间接测定许多无机物和有机物；在强酸性条件下，还可以作为自身指示剂指示滴定终点，测定时无须另加指示剂，因此高锰酸钾法得到了广泛应用。

该法的不足之处在于：$KMnO_4$ 不易制得高纯度的试剂，只能用间接法配制标准溶液。因溶液不够稳定，需避光、密封保存。另外，$KMnO_4$氧化性很强，易发生副反应，导致滴定的选择性较差。

2. $KMnO_4$标准溶液的配制与标定

高锰酸钾法中常用 $c(KMnO_4)=0.02mol \cdot L^{-1}$左右的标准溶液。$KMnO_4$商品试剂中常含有少量 MnO_2 和其他杂质，配制溶液的蒸馏水中也存在少量的还原性物质，它们会将 $KMnO_4$缓慢地还原为 MnO_2 沉淀。另外，酸、碱、光也能促使 $KMnO_4$ 溶液分解。因此，$KMnO_4$ 标准溶液需采用间接法配制，即称取稍多于理论量值的 $KMnO_4$，溶解在一定体积的蒸馏水中，加热保持煮沸并保持微沸 1h。放置 2～3 天后，用微孔玻璃漏斗或玻璃棉滤除沉淀，滤液储存于棕色瓶中，经标定后，置于暗处保存备用。

用来标定 $KMnO_4$溶液的基准物通常有 $Na_2C_2O_4$、$H_2C_2O_4 \cdot 2H_2O$、$(NH_4)_2Fe(SO_4)_2 \cdot 6H_2O$ 及 As_2O_3 等，其中 $Na_2C_2O_4$ 较为常用，因为它易提纯、性质稳定、不含结晶水，在 105～110℃下烘干 2h，放置于干燥器中冷却至室温后即可称量使用。

在 H_2SO_4 溶液中，MnO_4^- 和 $H_2C_2O_4$ 会发生如下反应：

$$2MnO_4^- + 5H_2C_2O_4 + 6H^+ = 2Mn^{2+} + 10CO_2\uparrow + 8H_2O$$

利用该反应标定 $KMnO_4$溶液时，应注意控制以下反应条件：

1）温度

在室温下，反应速率很慢，因此可将溶液加热至 75～85℃后进行滴定，滴定结束时溶液的温度不要低于 60℃。但温度超过 90℃时 $H_2C_2O_4$ 会分解导致标定结果偏高。

2）酸度

滴定过程中，溶液酸度过高会引起 $H_2C_2O_4$ 分解，过低则有 $MnO_2 \cdot 2H_2O$ 沉淀生成。一般滴定初始，溶液中 $c(H_2SO_4)$ 应为 0.5～1.0mol·L^{-1}，滴定结束时，应在 0.2～0.5mol·L^{-1}为宜。

3）滴定速度

滴定开始时，由于滴定反应速率缓慢，滴定速度也应很慢，待第一滴加入的 $KMnO_4$完全反应褪色后再加入第二滴，否则滴入的 $KMnO_4$来不及与$Na_2C_2O_4$ 作用，就在酸中分解而引起误差：

$$4MnO_4^- + 12H^+ = 4Mn^{2+} + 5O_2\uparrow + 6H_2O$$

反应产生的Mn^{2+}对此反应具有自动催化作用，因此随着滴定剂的加入，反应被加速，滴定速度可以适当加快，至溶液出现粉红色，且在1min内不褪色，可认为达到滴定终点。

此外，标定时所用的仪器一定要洗净，所用的硫酸、蒸馏水和器皿不能混有Cl^-、Fe^{2+}等还原性物质。为了消除干扰，还可做空白测定。已经标定的$KMnO_4$溶液久置后，使用前必须过滤并重新标定。

3. 高锰酸钾法的应用

1）直接滴定法（H_2O_2的测定）

在酸性介质中，$KMnO_4$可与H_2O_2发生如下定量反应：

$$2MnO_4^- + 5H_2O_2 + 6H^+ = 2Mn^{2+} + 5O_2\uparrow + 8H_2O$$

此反应可在室温下进行，因温度过高会加速H_2O_2的分解。滴定开始时应缓慢滴加，此时反应速率较慢，之后因产生的Mn^{2+}的自催化作用而加速，滴定速度也可随之加快。

2）间接滴定法（Ca含量的测定）

首先将试样中的钙转化为Ca^{2+}，再在适当酸度下将Ca^{2+}定量转化为CaC_2O_4沉淀，将沉淀过滤、洗涤后溶于热的稀硫酸中，以$KMnO_4$标准溶液滴定生成的$H_2C_2O_4$，依据反应消耗的$KMnO_4$的量可计算出钙的含量。

$$Ca^{2+} + C_2O_4^{2-} = CaC_2O_4\downarrow$$

$$Ca_2C_2O_4 + 2H^+ = Ca^{2+} + H_2C_2O_4$$

$$2MnO_4^- + 5H_2C_2O_4 + 6H^+ = 2Mn^{2+} + 10CO_2\uparrow + 8H_2O$$

3）返滴法（软锰矿中MnO_2含量的测定）

在硫酸介质中，用已知过量的$Na_2C_2O_4$标准溶液还原矿样，再用$KMnO_4$标准溶液返滴定过量的$Na_2C_2O_4$，由此可计算得到MnO_2的含量。

$$MnO_2 + H_2C_2O_4 + 2H^+ = Mn^{2+} + 2CO_2\uparrow + 2H_2O$$

$$2MnO_4^- + 5H_2C_2O_4 + 6H^+ = 2Mn^{2+} + 10CO_2\uparrow + 8H_2O$$

MnO_2含量可通过下式计算：

$$w(MnO_2) = \frac{[c(Na_2C_2O_4)V(Na_2C_2O_4) - (5/2)c(KMnO_4)V(KMnO_4)]}{m_s} \cdot M(MnO_2)$$

由于$\varphi^\ominus(MnO_4^-/MnO_2) > \varphi^\ominus(MnO_2/Mn^{2+})$，$MnO_4^-$能与$Mn^{2+}$反应生成棕色的$MnO_2$沉淀，而二氧化锰固体与还原剂反应缓慢，因此高锰酸钾法中，绝对不可用还原剂滴定高锰酸钾。

二、重铬酸钾法

1. 基本原理

重铬酸钾法是以重铬酸钾标准溶液为滴定剂的氧化还原滴定法，其基本反应为

$$Cr_2O_7^{2-} + 14H^+ + 6e^- = 2Cr^{3+} + 7H_2O \qquad (\varphi^\ominus = 1.33V)$$

重铬酸钾法不但可以测定还原性物质，也可与硫酸亚铁等还原性标准溶液配合，测定氧化性物质，或用间接滴定方式测定Pb^{2+}等非氧化还原性物质。

重铬酸钾法具有以下优点：$K_2Cr_2O_7$的纯度高，在 140～150℃下干燥后，可以作为基准物直接配制标准溶液；$K_2Cr_2O_7$标准溶液非常稳定，在密闭条件下可长期保存而浓度不发生改变；$K_2Cr_2O_7$在酸性介质中的氧化性弱于 $KMnO_4$，选择性较好；在 3mol·L^{-1}的盐酸介质中不氧化Cl^-，故可在 HCl 介质中进行滴定。

主要缺点是：$K_2Cr_2O_7$在稀溶液中颜色较浅，还原产物 Cr^{3+} 又呈绿色，滴定中需加氧化还原指示剂确定终点。常用的指示剂有二苯胺磺酸钠、邻二氮菲亚铁等；由于 $K_2Cr_2O_7$氧化能力较弱，故应用范围较窄；$Cr_2O_7^{2-}$ 和 Cr^{3+} 对环境有污染，使用中应注意废弃物的处理。

2. 重铬酸钾法的应用

1）含铁试样中全铁量的测定

重铬酸钾法是铁矿石中全铁量测定的标准方法。先采用浓盐酸加热分解和 $SnCl_2$还原方法将矿石中所有形态的铁转化为可溶性的 Fe^{2+}。待溶液冷却后，用 $HgCl_2$除去过量的 $SnCl_2$，然后以二苯胺磺酸钠为指示剂，在 H_2SO_4-H_3PO_4 混合酸介质中，用 $K_2Cr_2O_7$标准溶液滴定 Fe^{2+}，滴定反应为

$$Cr_2O_7^{2-}+6Fe^{2+}+14H^+ = 2Cr^{3+}+6Fe^{3+}+7H_2O$$

介质中加入 H_3PO_4 有两个作用：一是 H_3PO_4 与 Fe^{3+} 生成无色配合物 $Fe(HPO_4)_2^-$，降低了 $\varphi^{\ominus\prime}(Fe^{3+}/Fe^{2+})$，增大了突跃范围（突跃范围向低电势方向延伸），使指示剂二苯胺磺酸钠的变色点落在突跃范围内；二是消除了 Fe^{3+} 的黄色，有利于观察终点时指示剂颜色的变化。

2）土壤有机质含量的测定

土壤有机质含量是衡量土壤肥力的重要指标之一。由于有机质组成复杂，为方便起见，常以碳含量折算为有机质含量。土壤中有机质平均含碳量为 58%，若由含碳量换算为有机质含量时，应乘以相应的换算系数 1.724。在 Ag_2SO_4 存在下，有机质的平均氧化率可达 96%，所以有机质氧化校正系数为 1.04。测定时主要反应为

$$2K_2Cr_2O_7+8H_2SO_4+3C = 2Cr_2(SO_4)_3+2K_2SO_4+3CO_2\uparrow+8H_2O$$

$$K_2Cr_2O_7+6FeSO_4+7H_2SO_4 = Cr_2(SO_4)_3+K_2SO_4+3Fe_2(SO_4)_3+7H_2O$$

称取一定量的土壤试样，加入一定体积过量的 $K_2Cr_2O_7$ 标准溶液和少量的催化剂 Ag_2SO_4，在浓 H_2SO_4 存在下加热至 170～180℃，使土壤有机质中的 C 氧化为CO_2 逸出。剩余的 $K_2Cr_2O_7$用$FeSO_4$ 标准溶液返滴定，滴定时溶液中加入适量 H_3PO_4，以二苯胺磺酸钠为指示剂，终点时指示剂的蓝紫色刚好褪去，呈现 Cr^{3+} 的绿色。与此同时，尚需做空白测定。

除催化作用外，Ag_2SO_4 还可使土壤中Cl^-生成 AgCl 沉淀而排除Cl^-的干扰。

土壤有机质含量可按下式计算：

$$w(\text{有机质})=\frac{[V_0(FeSO_4)-V(FeSO_4)]\times c(FeSO_4)\times M(C)\times 1.724\times 1.04}{4m_s}$$

式中，m_s为土壤试样质量；$V_0(FeSO_4)$、$V(FeSO_4)$分别为空白测定和测定试样时所消耗 $FeSO_4$ 标准溶液的体积。

3）水中化学耗氧量(COD)的测定

在环境监测中，常用重铬酸钾法测定水体的污染程度，作为评价水质的重要指标。水中化学耗氧量(COD_{Cr})定义为水体中能被酸性重铬酸钾标准溶液氧化的还原性物质的总量。其测

定方法是:在 H_2SO_4 介质中以 Ag_2SO_4 或 $HgSO_4$ 为催化剂,向水样中加入过量的 $K_2Cr_2O_7$ 标准溶液,加热消解。之后以邻二氮菲亚铁为指示剂,用 $FeSO_4$ 标准溶液返滴定剩余的 $K_2Cr_2O_7$。与此同时,需做空白测定。分析结果以 $\rho(O_2)/(mg \cdot L^{-1})$ 表示。

三、碘量法

1. 基本原理

碘量法是基于 I_2 的氧化性及 I^- 的还原性来进行滴定的氧化还原滴定法。基本反应是

$$I_2 + 2e^- \longrightarrow 2I^- \qquad (\varphi^{\ominus} = 0.54V)$$

由该电对的标准电极电势值可见,I_2 是较弱的氧化剂,只能与一些较强的还原性物质反应;而 I^- 是中等强度的还原剂,能与许多氧化剂反应。根据该电对的性质,将碘量法分为直接碘量法和间接碘量法。

1) 直接碘量法

以 I_2 标准溶液直接滴定较强的还原剂,如 S^{2-}、$S_2O_3^{2-}$、Sn^{2+}、H_2SO_3、As(Ⅲ)、Sb(Ⅲ)和维生素 C 等强还原性物质,这种方法称为直接碘量法,也称为碘滴定法。

由于 I_2 氧化性较弱,所以该法应用范围有限。例如,钢铁中硫的测定,可将试样在 1300℃ 的燃烧管中通入 O_2 燃烧,使硫转化为 SO_2,再用 I_2 标准溶液进行滴定。

$$I_2 + SO_2 + 2H_2O = 2I^- + SO_4^{2-} + 4H^+$$

2) 间接碘量法

以过量氧化剂 I^- 与 MnO_4^-、$Cr_2O_7^{2-}$、Cu^{2+}、Fe^{3+}、BrO_3^-、IO_3^- 等反应定量析出 I_2,再用 $Na_2S_2O_3$ 标准溶液滴定析出的 I_2,这种方法称为间接碘量法,也称为滴定碘法。该法应用范围较广,主要反应为

$$2I^- = I_2 + 2e^-$$

$$I_2 + 2S_2O_3^{2-} = 2I^- + S_4O_6^{2-}$$

2. 碘量法的反应条件

1) 溶液的酸度

在直接碘量法中用 I_2 滴定 $Na_2S_2O_3$ 时,必须在中性或弱酸性介质中进行,碱性溶液中,会发生以下反应:

$$S_2O_3^{2-} + 4I_2 + 10OH^- = 2SO_4^{2-} + 8I^- + 5H_2O$$

$$3I_2 + 6OH^- = IO_3^- + 5I^- + 3H_2O$$

在强酸性溶液中,$Na_2S_2O_3$ 溶液会发生分解,而 I^- 在酸性介质中易被空气中的 O_2 氧化:

$$S_2O_3^{2-} + 2H^+ = SO_2\uparrow + S\downarrow + H_2O$$

$$4I^- + 4H^+ + O_2 = 2I_2 + 2H_2O$$

且此反应随酸度增高而加快,这些反应均会使测定产生误差。

间接碘量法中,用 $Na_2S_2O_3$ 滴定 I_2 时,宜在 $pH < 9.0$ 的介质中进行。此时由于 $S_2O_3^{2-}$ 与

I_2反应很快，只要滴定速度较慢并不断摇动溶液（防止 $S_2O_3^{2-}$ 局部过浓），$S_2O_3^{2-}$ 来不及与酸反应就可被 I_2 氧化，即使酸度较高，也可得满意效果。

2）防止 I_2 挥发和 I^- 被氧化

碘量法中两个主要误差来源是 I_2 挥发和 I^- 在酸性溶液中被空气中的 O_2 氧化。

防止 I_2 挥发的方法是：加入过量 KI 以形成 I_3^-；滴定反应在室温下进行；需要放置时应使用加盖的碘量瓶；滴定时不要剧烈摇动溶液。

防止 I^- 被空气氧化的方法是：使用加盖的碘量瓶放置于暗处，以防止光照加速 I^- 的氧化；事先除去对 I^- 氧化有催化作用的 Cu^{2+}、NO_2^- 等；控制溶液酸度不宜太高；滴定速度要适当加快。

3）指示剂的使用

直接碘量法在滴定前加入淀粉指示剂。淀粉遇碘显蓝色，在化学计量点后，溶液中稍过量的碘与淀粉结合使溶液显蓝色，从而来指示终点。

间接碘量法在临近终点时加入淀粉指示剂，滴定至蓝色消失即为终点。若淀粉加入过早，溶液中碘被淀粉表面吸附，不易与 $Na_2S_2O_3$ 发生反应，造成测定误差。

3. 标准溶液的配制与标定

1）$Na_2S_2O_3$标准溶液的配制和标定

$Na_2S_2O_3$标准溶液通常使用 $Na_2S_2O_3 \cdot 5H_2O$ 来配制，但市售的该试剂容易风化，并且含有少量 S^{2-}、S、SO_3^{2-}、CO_3^{2-} 和Cl^-等杂质，因此只能用间接法配制。配好的 $Na_2S_2O_3$标准溶液不稳定，容易见光分解，溶液中的微生物也会导致其分解为 $Na_2S_2O_3$和 S，还可被空气中的 O_2 氧化；在酸性溶液中会发生分解，水中溶解的 CO_2 可使 $Na_2S_2O_3$分解：

$$2Na_2S_2O_3 + O_2 = 2Na_2SO_4 + 2S\downarrow$$

$$Na_2S_2O_3 + CO_2 + H_2O = NaHCO_3 + NaHSO_3 + S\downarrow$$

因此，配制 $Na_2S_2O_3$标准溶液时，首先应将所用蒸馏水煮沸并冷却，以事先驱除水中 O_2和 CO_2并杀死细菌，加入需要量的$Na_2S_2O_3 \cdot 5H_2O$ 溶解，并加入少量 Na_2CO_3 使溶液呈弱碱性，以抑制微生物的生长。配好的 $Na_2S_2O_3$ 标准溶液应保存在棕色试剂瓶中，放置暗处 1～2 周后再标定。放置时间较长的溶液，再次使用前应重新标定。如发现溶液变浑浊，应弃去重配。

标定 $Na_2S_2O_3$溶液可用KIO_3、$KBrO_3$、$K_2Cr_2O_7$等为基准物，其中以 $K_2Cr_2O_7$ 最为常用。准确称取一定量的 $K_2Cr_2O_7$，加入适量 H_2SO_4 控制酸度，再加入过量的KI，置于暗处 5min，待反应完全后，以淀粉为指示剂，立即用 $Na_2S_2O_3$标准溶液滴定至蓝色褪去为终点，其反应为

$$Cr_2O_7^{2-} + 6I^- + 14H^+ = 2Cr^{3+} + 3I_2 + 7H_2O$$

$$I_2 + 2S_2O_3^{2-} = 2I^- + S_4O_6^{2-}$$

标定结果可按下式计算

$$c(Na_2S_2O_3) = \frac{6m(K_2Cr_2O_7)}{M(K_2Cr_2O_7) \cdot V(Na_2S_2O_3)}$$

2）碘标准溶液的配制和标定

I_2具有挥发性，准确称量较为困难，其标准溶液采用间接法配制。先将一定量的 I_2 溶于

KI 的浓溶液中,然后稀释到一定体积。配好的碘标准溶液储存于棕色瓶中于暗处保存,防热并防止与橡皮等有机物接触。

碘标准溶液的浓度可以用 $Na_2S_2O_3$ 标准溶液通过比较滴定而求得,也可用基准物质 As_2O_3 标定。As_2O_3 难溶于水,可用 NaOH 溶液溶解:

$$As_2O_3 + 2OH^- = 2AsO_2^- + H_2O$$

$$HAsO_2 + I_2 + 2H_2O = HAsO_4^{2-} + 2I^- + 4H^+$$

标定时先酸化溶液,然后加 $NaHCO_3$ 调节 pH=8.0 左右,再加入少量淀粉指示剂,用碘标准溶液滴定至溶液变蓝即为终点。可按下式计算碘标准溶液的浓度:

$$c(I_2) = \frac{2m(As_2O_3)}{M(As_2O_3) \cdot V(I_2)}$$

4. 碘量法的应用

1) 胆矾中铜的测定

胆矾($CuSO_4 \cdot 5H_2O$)是一些农药的重要原料,其中所含的铜常通过间接碘量法测定。测定时,在 Cu^{2+} 溶液中加入过量的 KI 后生成难溶物 CuI,并定量析出 I_2,再利用 $Na_2S_2O_3$ 标准溶液滴定析出的 I_2。

$$2Cu^{2+} + 4I^- = 2CuI \downarrow + I_2$$

$$I_2 + 2S_2O_3^{2-} = 2I^- + S_4O_6^{2-}$$

前一个反应中 I^- 不仅是还原剂和配位剂,更是 Cu^+ 的沉淀剂。正是由于 CuI 难溶于水,$\varphi^{\ominus\prime}(Cu^{2+}/Cu^+)$ 升高至大于 $\varphi^{\ominus}(I_2/I^-)$,反应才得以定量完成。为防止 Cu^{2+} 水解,反应在 pH=3~4 的溶液中进行。通常用 HAc 或稀 H_2SO_4 调节酸度。酸度不可过高,以避免在 Cu^{2+} 催化下加快 I^- 被空气的氧化。

CuI 溶解度较大且易吸附 I_2,使滴定终点提前,导致测定结果偏低。可在临近滴定终点时加入 KSCN,使 CuI 转化为溶解度更小的 CuSCN 沉淀,减少对 I_2 的吸附作用,提高测定的准确度。

$$CuI + SCN^- = CuSCN \downarrow + I^-$$

若加入 KSCN 过早,由于溶液中 I_2 浓度较高,会发生下列反应引起误差:

$$I_2 + 2SCN^- = (SCN)_2 + 2I^-$$

若胆矾样品中含有杂质 Fe(Ⅲ),测定时会发生干扰:

$$2Fe^{3+} + 2I^- = 2Fe^{2+} + I_2$$

结果偏高,可加入 NaF 而掩蔽之。

测定结果可按下式计算:

$$w(Cu) = \frac{c(Na_2S_2O_3) \cdot V(Na_2S_2O_3) \cdot M(Cu)}{m_s}$$

2) 漂白粉有效氯的测定

漂白粉是常用的消毒、杀菌剂,它是 $Ca(ClO)_2$ 与 $CaCl_2 \cdot Ca(OH)_2 \cdot H_2O$ 的混合物,通常用化学式 Ca(OCl)Cl 表示,在酸酸性条件下,漂白粉可放出氯气:

$$Ca(OCl)Cl + 2H^+ = Ca^{2+} + Cl_2\uparrow + H_2O$$

加酸后能够放出的氯(具有漂白作用)称为“有效氯”,通常以有效氯的含量表示漂白粉的质量和纯度。一般漂白粉中有效氯的含量为30%～35%。

漂白粉中有效氯的含量常用间接碘量法测定,即在一定量的漂白粉中加入过量KI,生成的I_2用$Na_2S_2O_3$标准溶液滴定。反应为

$$OCl^- + 2I^- + 2H^+ = I_2 + Cl^- + H_2O$$

$$I_2 + 2S_2O_3^{2-} = 2I^- + S_4O_6^{2-}$$

测定结果依下式计算:

$$w(Cl_2) = \frac{c(Na_2S_2O_3)\cdot V(Na_2S_2O_3)\cdot M(Cl_2)}{2m_s}$$

3）葡萄糖的测定

I_2在碱性条件下发生歧化反应生成IO^-,IO^-能将葡萄糖分子中的醛基定量地氧化生成羧基。

$$I_2 + 2OH^- = IO^- + I^- + H_2O$$

$$CH_2(OH)(CHOH)_4CHO + IO^- + OH^- = CH_2(OH)(CHOH)_4COO^- + I^- + H_2O$$

剩余的IO^-在碱性条件下发生歧化反应生成IO_3^-和I^-,将溶液酸化后两者相互作用析出I_2,最后以$Na_2S_2O_3$标准溶液返滴定至终点:

$$3IO^- = IO_3^- + 2I^-$$

$$IO_3^- + 5I^- + 6H^+ = 3I_2 + 3H_2O$$

$$I_2 + 2S_2O_3^{2-} = S_4O_6^{2-} + 2I^-$$

葡萄糖的质量分数可由下式求得:

$$w(C_6H_{12}O_6) = \frac{\left[c(I_2)V(I_2) - \frac{1}{2}c(Na_2S_2O_3)V(Na_2S_2O_3)\right]\cdot M(C_6H_{12}O_6)}{m_s}$$

本法可用于测定医用葡萄糖注射液的浓度,测定前应将试液适当稀释。

习　题

1. 选择题。

(1) $KMnO_4$法在酸性溶液中进行时,调节酸度应用(　　)。

A. H_2SO_4　　B. HCl　　C. HNO_3　　D. HAc

(2) 间接碘量法加入淀粉指示剂的时间是(　　)。

A. 滴定开始前　　B. 滴定到中途

C. 接近终点时　　D. 碘的颜色完全褪去后

(3) 在1.0mol·L^{-1}的HCl介质中,用$FeCl_3$滴定$SnCl_2$,已知$\varphi^{\ominus\prime}(Fe^{3+}/Fe^{2+})=0.77V$,$\varphi^{\ominus\prime}(Sn^{4+}/Sn^{2+})=0.14V$,终点时溶液电极电势为(　　)。

A. 0.56V　　B. 0.54V　　C. 0.46V　　D. 0.35V

(4) 酸性介质中,用草酸钠标定高锰酸钾溶液,滴入高锰酸钾的速度为(　　)。

A. 快速进行　　B. 开始几滴要慢,以后逐渐加快,最后缓慢

C. 始终缓慢　　D. 开始快,然后慢,最后逐渐加快

2. 计算在 0.5mol · L^{-1} 的 H_2SO_4 介质中,反应 $2Fe^{3+} + 2I^- \rightleftharpoons 2Fe^{2+} + I_2$ 的条件平衡常数。已知 $\varphi^{\ominus\prime}(Fe^{3+}/Fe^{2+})=0.68$ V,$\varphi^{\ominus\prime}(I_2/I^-)=0.55$V。
3. 不纯的碘化钾试样 0.518g,用 0.194g $K_2Cr_2O_7$(过量的)处理后,将溶液煮沸,除去析出的碘,然后加入过量的 KI 处理,这时析出的碘用 $c(Na_2S_2O_3)=0.1000$mol · L^{-1} 的$Na_2S_2O_3$ 标准溶液 10.00mL 滴定至终点。计算试样中 KI 的质量分数。
4. 准确量取 H_2O_2 样品溶液 25.00mL,置于 250.0mL 容量瓶中定容;移取 25.00mL,加 H_2SO_4 酸化,用 $c(KMnO_4)=0.02732$mol · L^{-1} 的高锰酸钾标准溶液滴定,消耗 35.86mL。计算样品中 H_2O_2 的质量浓度。
5. 用 $KMnO_4$ 法测定试样中 CaO 含量时,称取试样 1.000g,用酸溶解后,加$(NH_4)_2C_2O_4$ 使Ca^{2+}形成沉淀 CaC_2O_4,沉淀经过滤洗涤后再溶于 H_2SO_4 中,用 $c(KMnO_4)=0.02500$mol · L^{-1} 的高锰酸钾标准溶液滴定 $H_2C_2O_4$,消耗 20.00mL。试计算样品中 CaO 的质量分数。
6. 称取软锰矿 0.3216g 与分析纯 $Na_2C_2O_4$ 0.3685g,共置于一烧杯中,加入 H_2SO_4 并加热,待反应完全后,用 0.02400mol · L^{-1}的$KMnO_4$ 溶液滴定剩余的 $Na_2C_2O_4$,消耗$KMnO_4$ 溶液 11.26mL,计算软锰矿中 MnO_2 的质量分数。
7. 称取 KI 试样 0.5000g,溶于水后先用氯水氧化 I^- 为IO_3^-,煮沸除去 Cl_2,再加入过量的 KI 试剂,滴定 I_2时消耗了 0.02082mol · L^{-1}的 $Na_2S_2O_3$标准溶液 21.30mL。计算试样中 KI 的含量。
8. 土壤试样 1.000g,用重量法获得Al_2O_3 及 Fe_2O_3 共 0.1100g,将此混合氧化物用酸溶解并使铁还原后,用 $c(KMnO_4)=0.01000$mol · L^{-1}的高锰酸钾标准溶液进行滴定,用去 8.00mL。计算土壤样品中 Fe_2O_3 和 Al_2O_3 的质量分数。
9. 将 1.000g 钢样中的 Cr 氧化为 $Cr_2O_7^{2-}$,加入 0.1000mol · L^{-1}的 $FeSO_4$标准溶液 25.00mL,反应完全后,剩余的 Fe^{2+}用 0.01800mol · L^{-1}的 $KMnO_4$标准溶液返滴定,共消耗 7.00mL,计算钢样中 Cr 的质量分数。

第十四章 沉淀滴定法

沉淀滴定法是以沉淀反应为基础的滴定分析方法。沉淀滴定法必须满足以下条件：①沉淀物的溶解度足够小，沉淀物组成稳定；②反应快速、完全，有精确的定量关系；③有合适的指示剂来指示终点；④吸附现象不影响终点观察。形成沉淀的化学反应很多，但符合定量分析滴定的却很少，实际应用最多的是生成难溶性银盐的沉淀反应：

$$Ag^{+} + X^{-} = AgX\downarrow \qquad (X^{-}\text{为 } Cl^{-}、Br^{-}、I^{-}、CN^{-}\text{和 } SCN^{-}\text{等})$$

利用上述沉淀反应的滴定分析法称为银量法。根据所用的指示剂不同，银量法按创立者的名字命名分为莫尔(Mohr)法、福尔哈德(Volhard)法和法扬斯(Fajans)法。

第一节 沉淀滴定法的滴定曲线

用 $AgNO_3$ 标准溶液滴定卤素离子，随着 $AgNO_3$ 溶液的加入，卤素离子的浓度不断发生变化。以滴入的 $AgNO_3$ 溶液的体积为横坐标，以 pX(卤素离子相对浓度的负对数)为纵坐标作图，得到沉淀滴定曲线。

以 0.1000mol·L^{-1} $AgNO_3$ 标准溶液滴定 20.00mL 0.1000mol·L^{-1} NaCl 溶液为例说明。

一、化学计量点前

根据溶液中剩余的 Cl^{-} 浓度计算 pCl。例如，滴入 19.98mL 0.1000mol·L^{-1} $AgNO_3$ 标准溶液，溶液中剩余的 Cl^{-} 浓度为

$$c(Cl^{-}) = 0.02\text{mL}\times 0.1000\text{mol}\cdot L^{-1}/39.98\text{mL} = 5.0\times 10^{-5}\ \text{mol}\cdot L^{-1}$$

$$pCl = -\lg\left[c(Cl^{-})/c^{\ominus}\right] = -\lg\ (5.0\times 10^{-5}\ \text{mol}\cdot L^{-1}/1.0\text{mol}\cdot L^{-1}) = 4.30$$

二、化学计量点时

溶液中的 Cl^{-}、Ag^{+} 浓度相等，根据溶度积常数计算 pCl。例如，滴入 20.00mL 0.1000mol·L^{-1} $AgNO_3$ 标准溶液，溶液中的 Cl^{-} 浓度为

$$\left[c(Cl^{-})/c^{\ominus}\right]\left[c(Ag^{+})/c^{\ominus}\right] = K_{sp}^{\ominus}(AgCl)$$

$$c(Cl^{-})/c^{\ominus} = \sqrt{K_{sp}^{\ominus}(AgCl)} = \sqrt{1.77\times 10^{-10}} = 1.33\times 10^{-5}$$

$$pCl = -\lg\left[c(Cl^{-})/c^{\ominus}\right] = -\lg(1.33\times 10^{-5}\ \text{mol}\cdot L^{-1}/1.0\text{mol}\cdot L^{-1}) = 4.87$$

三、化学计量点后

根据过量的 Ag^{+} 浓度求得 pCl。例如，滴入 20.02mL 0.1000mol·L^{-1} $AgNO_3$ 标准溶液，溶液中的 Cl^{-} 浓度为

$$c(Cl^{-})/c^{\ominus} = \frac{K_{sp}^{\ominus}(AgCl)}{c(Ag^{+})/c^{\ominus}} = \frac{1.77\times 10^{-10}}{0.02\text{mL}\times 0.1000\text{mol}\cdot L^{-1}/40.02\text{mL}} = 3.54\times 10^{-6}$$

$$pCl = -\lg[c(Cl^-)/c^{\ominus}] = -\lg(3.54\times10^{-6}\ mol\cdot L^{-1}/1.0mol\cdot L^{-1}) = 5.45$$

用 0.1000mol · L^{-1} $AgNO_3$ 滴定 20.00mL 0.1000mol · L^{-1} NaCl 的 pCl 和 pAg，见表 14.1。

表 14.1 用 0.1000mol · L^{-1} $AgNO_3$ 滴定 20.00mL 0.1000mol · L^{-1} NaCl 的 pCl 和 pAg

$V(AgNO_3)$/mL	pCl	pAg	$V(AgNO_3)$/mL	pCl	pAg
0.00	1.00	—	20.02	5.45	4.30
5.00	2.28	7.46	20.20	5.44	3.30
19.80	3.30	5.44	22.00	7.42	2.32
19.98	4.30	5.44	40.00	8.44	1.30
20.00	4.87	4.87			

同理，可以计算用 0.1000mol · L^{-1} $AgNO_3$ 滴定 20.00mL 0.1000mol · L^{-1} NaBr 、NaI 的 pBr、pI，用 0.1000mol · L^{-1} $AgNO_3$ 滴定上述 20.00mL 0.1000mol · L^{-1} 卤素离子(X^-)的滴定曲线，见图 14.1。

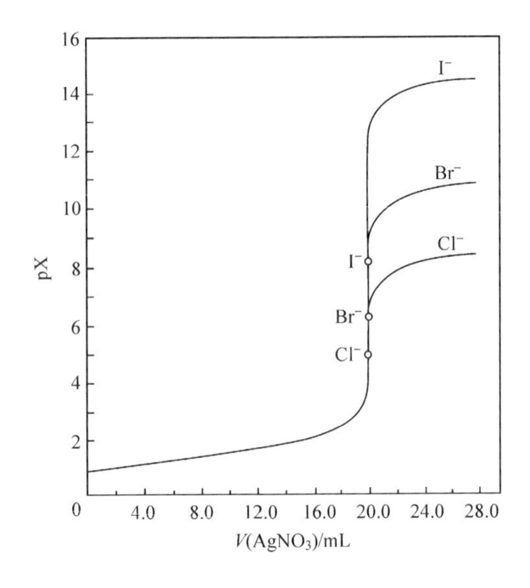

图 14.1 用 0.1000mol · L^{-1} $AgNO_3$ 滴定 20mL 0.1000mol · L^{-1} NaCl 、NaBr 、NaI 的滴定曲线

由图 14.1 可见，沉淀滴定突跃范围的大小与被滴定物质的浓度及沉淀的溶解度有关。浓度越小，突跃范围越小；沉淀的溶解度越小，突跃范围越大，如用 0.1000mol · L^{-1} $AgNO_3$ 分别滴定 0.1000mol · L^{-1} NaCl 、NaBr 、NaI，因为 AgCl 、AgBr、AgI 的溶解度依次减小，故滴定突跃范围依次增大。

第二节 莫 尔 法

莫尔法是以铬酸钾为指示剂，用 $AgNO_3$ 标准溶液滴定卤化物的银量法。

一、滴定原理

在被测 Cl^- 或 Br^- 的中性或弱碱性溶液中，以铬酸钾为指示剂，用 $AgNO_3$ 标准溶液滴定。由于 AgCl 的溶解度小于 Ag_2CrO_4 的溶解度，根据分步沉淀原理，在滴定过程中，首先析出白色 AgCl 沉淀或淡黄色的 AgBr 沉淀，当 Cl^- 或 Br^- 被 Ag^+ 定量沉淀完全后，随着 Ag^+ 浓度逐渐增大，Ag^+ 与 CrO_4^{2-} 生成砖红色 Ag_2CrO_4 沉淀，指示滴定到终点。滴定反应如下：

滴定反应　$Ag^+ + Cl^- = AgCl\downarrow$（白色）　$K_{sp}^{\ominus}(AgCl) = 1.77\times10^{-10}$

终点反应　$2Ag^+ + CrO_4^{2-} = Ag_2CrO_4\downarrow$（砖红色）　$K_{sp}^{\ominus}(Ag_2CrO_4) = 1.1\times10^{-12}$

二、滴定条件

莫尔法的重要条件是控制指示剂的浓度和溶液酸度。

1. 指示剂的浓度

莫尔法是以砖红色 Ag_2CrO_4 沉淀的出现来判断滴定终点的。如果 K_2CrO_4 浓度过大，滴定终点将提前；浓度过小，滴定终点将拖后，这两种情况均影响滴定的准确度。实验证明，CrO_4^{2-} 浓度以 $0.005mol\cdot L^{-1}$ 为宜，滴定误差小于 0.1%。

2. 溶液酸度

溶液的酸度以中性或弱碱性为宜。在酸性溶液中 Ag_2CrO_4 沉淀会溶解，若溶液碱性过高，$AgNO_3$ 则分解，出现 Ag_2O 沉淀，因此莫尔法最适宜 pH 范围为 6.5～10.5。调节溶液的酸度时，若碱性太强，可用稀硝酸中和至甲基红变橙色，再滴加稀 NaOH 至橙色变黄色；酸性太强时，可用 $NaHCO_3$ 或 $Na_2B_4O_7\cdot10H_2O$ 中和。在氨性溶液中，由于配位效应会增大 AgCl 和 Ag_2CrO_4 的溶解度，故应当先用 HNO_3 中和。有铵盐存在时，最适宜的 pH 范围为 6.5～7.2。

3. 干扰离子

莫尔法的选择性差，干扰离子多。凡是与 Ag^+ 生成沉淀的阴离子，如 PO_4^{3-}、AsO_4^{3-}、S^{2-}、CO_3^{2-}、$C_2O_4^{2-}$ 等，与 CrO_4^{2-} 生成沉淀的阳离子，如 Pb^{2+}、Ba^{2+}、Hg^{2+} 等，一些与 Ag^+ 生成配合物的物质，如 NH_3、EDTA 等，均干扰测定。若溶液中含大量的 Cu^{2+}、Co^{2+}、Ni^{2+} 等有色离子也会影响终点的观察。在中性或弱碱性溶液中，易水解的离子，如 Al^{3+}、Fe^{3+}、Bi^{3+}、Sn^{4+} 等也干扰测定。

莫尔法不适宜测定 I^-、SCN^-，是由于 AgI 及 AgSCN 具有吸附作用，强烈吸附 I^-、SCN^-，使终点提前出现，且终点变色不明显，误差较大。

第三节　福尔哈德法

福尔哈德法是以铁铵矾[$NH_4Fe(SO_4)_2\cdot12H_2O$]为指示剂的银量法。按滴定方式的不同，分为直接滴定法和返滴定法。

一、直接滴定法

1. 滴定原理

在 HNO_3 介质中,以铁铵矾作指示剂,用 NH_4SCN 作标准溶液滴定 Ag^+,首先析出白色 AgSCN 沉淀,当接近化学计量点时,NH_4SCN 标准溶液与 Fe^{3+} 生成红色配合物 $FeSCN^{2+}$,即表示达到滴定终点,其反应式如下:

$$Ag^+ + SCN^- \rightleftharpoons AgSCN\downarrow(白色) \qquad K_{sp}^{\ominus}=1.0\times10^{-12}$$

$$Fe^{3+} + SCN^- \rightleftharpoons FeSCN^{2+}(红色) \qquad K_s^{\ominus}=200$$

2. 滴定条件

1) 指示剂的浓度

实验证明,在终点时能观察到 $FeSCN^{2+}$ 明显的红色,$FeSCN^{2+}$ 的最低浓度为 $6\times10^{-6}mol\cdot L^{-1}$,化学计量点时,$SCN^-$ 的浓度为

$$c(SCN^-)/c^{\ominus}=c(Ag^+)/c^{\ominus}=\sqrt{K_{sp}^{\ominus}(AgSCN)}=\sqrt{1.0\times10^{-12}}=1.0\times10^{-6}$$

此时 Fe^{3+} 的浓度为

$$c(Fe^{3+})/c^{\ominus}=\frac{c(FeSCN^{2+})/c^{\ominus}}{K_s^{\ominus}(FeSCN^{2+})[c(SCN^-)/c^{\ominus}]}=\frac{6\times10^{-6}mol\cdot L^{-1}/1mol\cdot L^{-1}}{200\times1.0\times10^{-6}mol\cdot L^{-1}/1mol\cdot L^{-1}}=0.03$$

实际上,$0.03mol\cdot L^{-1}$ 的 Fe^{3+} 浓度太大,使溶液呈较深的黄色,影响终点的观察。通常终点时 Fe^{3+} 浓度控制在 $0.015mol\cdot L^{-1}$ 为宜,其终点误差小于 0.1%。

2) 溶液的酸度

溶液的酸度一般应在 $0.1\sim1mol\cdot L^{-1}$。酸度过低,Fe^{3+} 水解,生成颜色较深的羟基配合物或水合氧化物,影响终点的观察;酸度过高会降低 SCN^- 的浓度。

在滴定过程中,由于 AgSCN 沉淀会强烈地吸附溶液中的 Ag^+,终点会提前出现,使结果偏低。因此,在滴定时,要充分摇动溶液,将吸附的 Ag^+ 及时释放出来。

二、返滴定法

1. 滴定原理

在含有卤素离子(如 Cl^-、Br^-、I^-、SCN^-)的硝酸溶液中,加入一定量且过量的 $AgNO_3$ 标准溶液,然后以铁铵矾为指示剂,用 NH_4SCN 标准溶液返滴定剩余的 $AgNO_3$,计量点时,稍过量的 NH_4SCN 与 Fe^{3+} 生成红色配合物 $FeSCN^{2+}$,即达到滴定终点。反应式如下:

$$Ag^+ + Cl^- = AgCl\downarrow(白色) \qquad K_{sp}^{\ominus}=1.77\times10^{-10}$$

$$Ag^+ + SCN^- \rightleftharpoons AgSCN\downarrow(白色) \qquad K_{sp}^{\ominus}=1.0\times10^{-12}$$

$$Fe^{3+} + SCN^- \rightleftharpoons FeSCN^{2+}(红色) \qquad K_s^{\ominus}=200$$

因 AgCl 的溶解度比 AgSCN 大,近终点时会发生沉淀的转化:

$$AgCl(s) + SCN^- \rightleftharpoons AgSCN(s) + Cl^-$$

由于沉淀转化较慢,$FeSCN^{2+}$ 的红色随着溶液的不断摇动而消失,当得到持久红色时,已

经消耗过多 NH_4SCN 溶液，导致产生较大误差。为避免误差，可采用以下措施：

(1) 在试样中加入过量的 $AgNO_3$ 标准溶液后，加热煮沸溶液，使 AgCl 聚沉，滤去沉淀后，用稀硝酸洗涤，洗涤液并入滤液中，然后用 NH_4SCN 标准溶液滴定滤液中的 Ag^+。

(2) 在试样中加入过量 $AgNO_3$ 标准溶液之后，再加入有机溶剂，如硝基苯或 1,2-二氯乙烷 1～2mL，用力摇动，覆盖沉淀表面，使沉淀与溶液隔离，阻止了 AgCl 沉淀转化为 AgSCN 沉淀。

测定 PO_4^{3-}、CrO_4^{2-}、CO_3^{2-}、CN^-、S^{2-} 时，与测定 Cl^- 相似，必须在返滴定过量的 Ag^+ 之前，将银盐沉淀除去。测定 Br^- 和 I^- 时，因 AgBr、AgI 的溶解度均小于 AgSCN，不会发生沉淀转化，故不必将银盐除去。但是测定 I^- 时，因 Fe^{3+} 能氧化 I^-，因此在加入过量 $AgNO_3$ 溶液使 AgI 定量沉淀之后再加入指示剂。

2. 滴定条件

滴定反应需在酸性介质中进行，酸度一般应大于 $0.3mol \cdot L^{-1}$。若酸度过低，Fe^{3+} 水解生成颜色较深的羟基配合物，甚至析出 $Fe(OH)_3$，影响终点的观察。

3. 干扰离子

强氧化剂和氮的低价氧化物及铜盐、汞盐能与 SCN^- 作用而干扰测定，必须预先将其除去。

福尔哈德法的优点是选择性高。在酸性介质中，许多弱酸根离子，如 PO_4^{3-}、AsO_4^{3-}、CrO_4^{2-}、$C_2O_4^{2-}$、CO_3^{2-} 均不干扰测定。

福尔哈德法应用范围较广，可以测定不能用莫尔法测定的含卤素试样，并且对 Br^-、I^-、SCN^- 均能获得准确结果。此外，一些重金属硫化物也可以用福尔哈德法测定。

第四节　法扬斯法

用吸附指示剂指示滴定终点的银量法，称为法扬斯法。

一、滴定原理

吸附指示剂是一类有机染料，其阴离子被胶体微粒吸附后会引起颜色的变化，从而指示滴定终点。现以 $AgNO_3$ 标准溶液滴定 Cl^-，荧光黄作指示剂为例，说明吸附指示剂的作用原理。

荧光黄是一种有机弱酸，用 HFL 表示。荧光黄在溶液中解离得阴离子 FL^- 呈黄绿色。

$$HFL \rightleftharpoons H^+ + FL^-\text{(黄绿色)}$$

化学计量点前，溶液中 Cl^- 过量时，由于 AgCl 沉淀胶粒吸附 Cl^-，使胶粒带负电荷，不吸附荧光黄阴离子。化学计量点后，溶液 Ag^+ 过量，AgCl 沉淀胶粒吸附 Ag^+，使胶粒带正电荷，此时吸附荧光黄阴离子形成荧光黄银化合物，使沉淀表面呈粉红色，表示到达终点。反应式如下：

计量点前　　$AgCl \cdot Cl^- + FL^-$(黄绿色)

计量点后　　$AgCl \cdot Ag^+ + FL^- \rightleftharpoons AgCl \cdot AgFL$(粉红色)

用 NaCl 滴定 Ag^+，指示剂颜色的变化与 $AgNO_3$ 标准溶液滴定 Cl^- 相反。反应式如下：

计量点前　　$AgCl \cdot Ag^+ + FL^- \rightleftharpoons AgCl \cdot AgFL$(粉红色)

计量点后　　$AgCl \cdot Cl^- + FL^-$(黄绿色)

二、使用吸附指示剂的注意事项

(1) 由于指示剂颜色的变化发生在沉淀表面,为使终点时颜色变化明显,应尽量增大沉淀的比表面积,常加一些保护胶体如糊精、淀粉等,以阻止卤化银凝聚,使沉淀保持胶体状态。

(2) 被测试样溶液浓度太低,生成沉淀则会很少,致使终点颜色变化不明显。例如,用 $AgNO_3$ 滴定 Cl^- 时,Cl^- 的浓度要求在 $0.05mol \cdot L^{-1}$ 以上。但滴定 Br^-、I、SCN^- 时,浓度低至 $0.01mol \cdot L^{-1}$ 时仍可准确滴定。

(3) 适当的溶液酸度。吸附指示剂大多是有机弱酸,由于 $K_a^\ominus$ 各不相同,指示剂呈阴离子状态所需要的酸度也不相同。例如,荧光黄的 $K_a^\ominus = 1.0 \times 10^{-7}$,应在 pH=7~10 滴定;二氯荧光黄的 $K_a^\ominus = 1.0 \times 10^{-4}$,应在 pH=4~10 滴定;曙红的 $K_a^\ominus = 1.0 \times 10^{-2}$,可在 pH≈2 的强酸介质条件下滴定。

(4) 胶体微粒对指示剂的吸附能力应略小于被测离子的吸附能力。否则会导致指示剂在化学计量点前变色。如果胶体微粒对指示剂的吸附能力比对被测离子的吸附能力小很多,终点就会拖后。卤化银对卤化物和几种吸附指示剂的吸附能力如下:

$$I^- > SCN^- > Br^- > \text{曙红} > Cl^- > \text{荧光黄}$$

银量法中常用的一些吸附指示剂见表 14.2。

表 14.2　一些常用吸附指示剂的应用

指示剂	被测离子	滴定剂	滴定条件
荧光黄	Cl^-	Ag^+	pH=7~10(一般为 7~8)
二氯荧光黄	Cl^-	Ag^+	pH=4~10(一般为 5~8)
曙红	I^-、SCN^-、Br^-	Ag^+	pH=2~10(一般为 3~8)
溴甲酚绿	SCN^-	Ag^+	pH=4~15
甲基紫	Ag^+	Cl^-	酸性溶液
罗丹明 6G	Ag^+	Br^-	酸性溶液
钍试剂	SO_4^{2-}	Ba^{2+}	pH=1.5~3.5
溴酚蓝	Hg_2^{2+}	Cl^-、Br^-	酸性溶液

习　题

1. 写出莫尔法、福尔哈德法和法扬斯法测定 Cl^- 的主要反应,指出各方法选用的指示剂及酸度条件。
2. 下列试样可采用哪种银量法测定?并解释原因。
   (1) KCl　(2) NaBr　(3) $BaCl_2$　(4) NH_4Cl　(5) KSCN　(6) $Na_2CO_3 + NaCl$
3. 解释下列情况对测定结果的影响,并说明其原因。
   (1) 在 pH=4.0 时,用莫尔法测定 Cl^-。
   (2) 用福尔哈德法测定 Cl^-,既没有将沉淀滤去,也没有加硝基苯或 1,2-二氯乙烷。
   (3) 用法扬斯法测定 Cl^-,选用曙红作指示剂。
   (4) 用法扬斯法测定 I^-,选用曙红作指示剂。
   (5) 用莫尔法测定 NaCl 和 Na_2SO_4 混合物中的 NaCl。
   (6) 用福尔哈德法测定 I^-,先加铁铵矾指示剂,然后加过量 $AgNO_3$ 标准溶液。
4. 称取 NaCl 试液 20.00mL,加入 K_2CrO_4 指示剂,用 $0.1023mol \cdot L^{-1}$ $AgNO_3$ 标准溶液滴定,用去 27.00mL,

求每升溶液中含 NaCl 多少克。

5. 称取 0.1537g 基准物质 NaCl，进行溶解后，加入 30.00mL $AgNO_3$溶液，过量的 Ag^+ 需用 6.50mL KSCN 溶液回滴。已知 25.00mL $AgNO_3$溶液与 25.50mL KSCN 溶液作用完全，计算 $AgNO_3$溶液和 KSCN 溶液的浓度。
6. 称取 0.5000g 纯盐 KIO_x，经还原为碘化物后，用 0.1000mol · L^{-1} $AgNO_3$溶液滴定，用去 23.36mL，求该盐的化学式。
7. 某混合物仅含 NaCl 和 NaBr，称取该混合物 0.3177g，以 0.1085mol · L^{-1} $AgNO_3$ 溶液滴定，用去 38.76mL，求混合物的组成。
8. 某含磷酸工业废水，用福尔哈德法在 pH＝0.5 时测定 Cl^-，100mL 水样加 20.00mL 0.1180mol · L^{-1} $AgNO_3$溶液，加硝基苯保护沉淀后，再用 0.1017mol · L^{-1}KSCN 溶液滴定消耗 6.53mL，求含氯离子量(以 Cl^-/mol · L^{-1}表示)。

第十五章　重量分析法

重量分析法简称重量法，位列国际化学计量界公认的五个潜在基准方法（重量法、同位素稀释质谱法、库仑法、凝固点下降法和滴定法）之首，它是先用适当的方法将试样中待测组分与其他组分分离后，转化为一定的称量形式，然后采用分析天平直接称量，由所称物质的质量来计算待测组分的含量，其相对误差为±0.1%～±0.2%，准确度很高，但重量法操作较烦琐，分析周期长，且不适用于微量分析和痕量分析。目前，重量分析法主要用于常量的硅、硫、磷、钨、铜、镍、稀土元素和一些药物的精确测定。

第一节　重量法的分类

重量法包括分离和称量两个过程，而根据待测组分与试样中其他组分分离方法的不同，它可以分为挥发重量法、电解重量法、萃取重量法和沉淀重量法，其中尤以沉淀重量法应用最为广泛。

沉淀重量法是以沉淀反应为基础，先将待测组分转化成难溶化合物沉淀下来，再将沉淀过滤、洗涤、烘干或灼烧成为组成一定的物质，最后根据沉淀的质量计算出待测组分的含量。

第二节　沉淀重量法的分析过程和对沉淀的要求

将待测组分制备成溶液，加入适当的沉淀剂使待测组分转化为沉淀形式，经过滤、洗涤、烘干或灼烧，将沉淀转化为称量形式，通过化学计量关系求得分析结果。由于沉淀是经烘干或灼烧后再称量，该过程中可能会发生化学变化，因而称量的物质可能不是原来的沉淀，而是发生转化后的另一种物质，即沉淀形式与称量形式可能相同也可能不同。例如，测定 Ba^{2+} 或 SO_4^{2-} 时，沉淀形式与称量形式均为 $BaSO_4$；而测定 SiO_2 时，沉淀形式为硅酸凝胶（$SiO_2 \cdot xH_2O$），称量形式则为硅酸凝胶灼烧后失去水分的 SiO_2。另外，随着烘干或灼烧条件的不一样，称量形式也可能会发生变化。例如，测定 Ca^{2+} 或 $C_2O_4^{2-}$ 时，沉淀形式为 $CaC_2O_4 \cdot H_2O$，称量形式则会随着烘干或灼烧温度的升高而依次为 $CaC_2O_4 \cdot H_2O$（<135℃）、CaC_2O_4（>225℃）、$CaCO_3$（>500℃）和 CaO（>800℃）。

沉淀能否反映待测组分的含量是沉淀重量法的关键，因此为保证分析结果的准确度且便于实际操作，对沉淀形式和称量形式的要求见表 15.1。

表 15.1　对沉淀形式及称量形式的要求

名称	要求
沉淀形式	(1) 沉淀完全且沉淀的溶解度要小，即要求测定过程中沉淀的溶解损失不应超过分析天平的称量误差(一般应小于 0.2mg) (2) 沉淀的纯度要高，尽量避免杂质对沉淀的沾污，同时沉淀要易于过滤和洗涤，为此应根据晶形沉淀和无定形沉淀的不同特点而选择适当的沉淀条件。对于晶形沉淀，最好是尽可能获得较为粗大的沉淀颗粒 (3) 沉淀易转化为称量形式
称量形式	(1) 称量形式必须有确定的化学组成且与化学式完全相符，这是定量计算的基本依据 (2) 称量形式要稳定，不受空气中水分、CO_2和O_2等的影响 (3) 称量形式的摩尔质量尽可能大。这样待测组分在其中的相对含量越小，就越可以减少称量时的相对误差，有利于提高分析的准确度

第三节　影响沉淀溶解度的因素

一、盐效应

当溶液中有强电解质存在时，强电解质的浓度及所带电荷数越大，溶液中离子强度也就越大，使得沉淀的溶解度越大，这种作用称为盐效应。例如，在 KNO_3存在的情况下，AgCl、$BaSO_4$的溶解度比在纯水中大，而且溶解度随KNO_3浓度的增大而增大。当溶液中KNO_3浓度由 $0mol \cdot L^{-1}$增大到 $0.01mol \cdot L^{-1}$时，AgCl 的溶解度由 $1.25\times10^{-5}mol \cdot L^{-1}$增大到 $1.6\times10^{-5}mol \cdot L^{-1}$。与其他化学因素(如同离子效应、酸效应和配位效应等)相比，一般盐效应对沉淀溶解度增加的影响要小得多，常可以忽略。只有当沉淀的溶解度比较大，且溶液的离子强度很高时，才考虑盐效应的影响。

二、同离子效应

加入含有共同离子的电解质可使难溶电解质溶解度降低，这种效应称为同离子效应。在沉淀重量法中，利用同离子效应，加入过量沉淀剂是降低沉淀溶解度最有效的方法。

例 15.1　以 $BaCl_2$作沉淀剂，将 SO_4^{2-}沉淀成 $BaSO_4$[$K_{sp}^{\ominus}=8.7\times10^{-11}$，$M(BaSO_4)=233.4g \cdot mol^{-1}$]。当加入 $BaCl_2$的量与 SO_4^{2-}的量达到化学计量关系时，计算 250mL 溶液中 $BaSO_4$溶解损失。若利用同离子效应，通过加入过量的 $BaCl_2$来降低溶解损失。假设达到沉淀平衡时 $c(Ba^{2+})=0.01mol \cdot L^{-1}$，则 $BaSO_4$溶解损失又是多少？

解　达到化学计量关系时，$BaSO_4$溶解损失为

$$m(BaSO_4)=cVM=sVM=\sqrt{K_{sp}^{\ominus}}VM=\sqrt{8.7\times10^{-11}}\times1mol \cdot L^{-1}\times0.25L\times233.4g \cdot mol^{-1}=5.44\times10^{-4}g$$

显然溶解损失已大幅度超过重量分析的要求。

若达到沉淀平衡时 $c(Ba^{2+})=0.01mol \cdot L^{-1}$，则 $BaSO_4$溶解损失为

$$m(BaSO_4)=cVM=sVM=\frac{K_{sp}^{\ominus}}{c(Ba^{2+})/c^{\ominus}}VM=\frac{8.7\times10^{-11}}{0.01mol \cdot L^{-1}/1mol \cdot L^{-1}}\times0.25L\times233.4g \cdot mol^{-1}\approx5.0\times10^{-3}g$$

这时候溶解损失已远远小于重量分析的要求，沉淀很完全。

但这里需要注意的是，很多沉淀剂一般都是强电解质，过量沉淀剂在对生成的沉淀产生同

离子效应的同时还会产生盐效应或配位效应等,这不仅削弱了同离子效应的影响,还导致沉淀溶解度的增加。因此,在进行沉淀反应时,沉淀剂不要过量太多,其过量程度应根据沉淀剂的性质来确定。若沉淀剂在烘干或灼烧过程中容易挥发,一般过量50%～100%为宜;而对非挥发性沉淀剂,则需控制沉淀剂过量20%～30%,以免影响沉淀的纯度。

三、酸效应

溶液的酸度对沉淀溶解度的影响,称为酸效应。酸效应的发生主要是由于溶液中H^+浓度的大小对弱酸、多元酸或难溶酸的解离平衡的影响。若沉淀是强酸盐[如AgCl、$BaSO_4$],其溶解度受酸度影响不大。若沉淀是弱酸盐或多元酸盐[如CaC_2O_4、$Ca_3(PO_4)_2$]或难溶酸(如硅酸、钨酸),酸效应就很显著。例如,CaC_2O_4的平衡关系如图15.1所示,当溶液酸度较高时,沉淀溶解平衡将向生成弱酸方向移动,从而增加沉淀的溶解度。CaC_2O_4在纯水和pH 1.0的HCl中的溶解度分别为$5.1\times10^{-5}mol\cdot L^{-1}$和$6.3\times10^{-3}mol\cdot L^{-1}$。因此,对于某些弱酸盐沉淀,为了减少酸效应对沉淀溶解度的影响,通常在较低的酸度下进行沉淀反应。

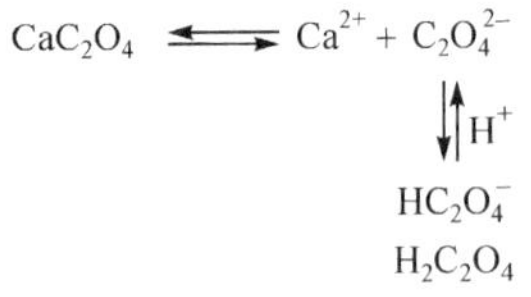

$$CaC_2O_4 \rightleftharpoons Ca^{2+} + C_2O_4^{2-}$$
$$C_2O_4^{2-} \underset{}{\overset{H^+}{\rightleftharpoons}} HC_2O_4^- \quad H_2C_2O_4$$

图15.1　CaC_2O_4的平衡关系

四、配位效应

若沉淀中的金属离子与溶液中存在的配位剂形成可溶性配合物,将促进沉淀溶解平衡向溶解方向移动,从而增大沉淀的溶解度,甚至使沉淀完全溶解,这种效应称为配位效应。仍以CaC_2O_4为例,当溶液中存在EDTA时,因为Ca^{2+}与EDTA的配位反应(图15.2),将使CaC_2O_4的溶解度降低。另外,有些沉淀剂本身就是配位剂,当配位剂过量时,将同时存在同离子效应及配位效应。此时沉淀的溶解度是增加还是减少将取决于沉淀剂的浓度。例如,在过量Cl^-存在下,沉淀AgCl就是这种情况。Cl^-不仅与Ag^+生成沉淀,而且与它生成一系列配离子$[AgCl]^{2-}$、$[AgCl_3]^{2-}$、$[AgCl_4]^{3-}$。理论计算与实验结果均表明,当$c(Cl^-)<4.0\times10^{-3}mol\cdot L^{-1}$时,以同离子效应为主,$c(Cl^-)$增大使沉淀的溶解度减小;而当$c(Cl^-)>4.0\times10^{-3}mol\cdot L^{-1}$时,则以配位效应为主,$c(Cl^-)$增大使沉淀的溶解度增大。

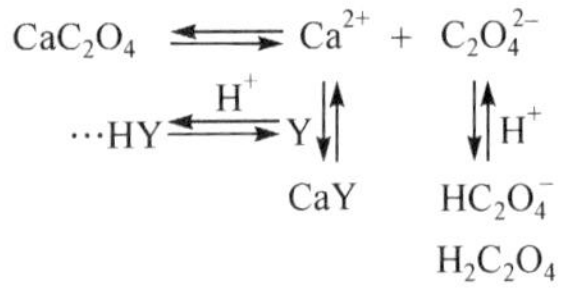

$$CaC_2O_4 \rightleftharpoons Ca^{2+} + C_2O_4^{2-}$$
$$\cdots HY \overset{H^+}{\rightleftharpoons} Y \quad (Ca^{2+} + Y \rightleftharpoons CaY) \qquad C_2O_4^{2-} \overset{H^+}{\rightleftharpoons} HC_2O_4^- \quad H_2C_2O_4$$

图15.2　溶液中存在EDTA时CaC_2O_4的平衡关系

除此之外,影响沉淀溶解度的因素还有温度、溶剂、电解质、沉淀颗粒大小及沉淀结构转变等。

第四节　沉淀的形成和纯度

一、沉淀的类型和形成过程

根据沉淀颗粒大小的不同,可粗略地将沉淀分为晶形沉淀(如$BaSO_4$、$CaC_2O_4\cdot H_2O$和$MgNH_4PO_4\cdot 6H_2O$等)、凝乳状沉淀(如AgCl等)和无定形沉淀(如$Fe_2O_3\cdot xH_2O$等)。晶形沉淀的颗粒直径为0.1～1μm,无定形沉淀的颗粒直径一般小于0.02μm,而凝乳状沉淀的颗粒大小则介于两者之间。

生成的沉淀类型,首先取决于沉淀的性质,但与沉淀形成的条件及沉淀后的处理也有密切关系。沉淀重量分析中总是希望能得到颗粒比较大的晶形沉淀，这样沉淀的纯度高且便于过滤和洗涤。因此，对于沉淀重量分析，了解各种类型沉淀的沉淀过程并掌握控制沉淀条件的方法尤为重要。

沉淀的形成是一个复杂的过程，有关这方面的理论大多是定性的解释或经验公式的描述，如图 15.3 所示，它一般要经过晶核形成和晶核长大两个过程。

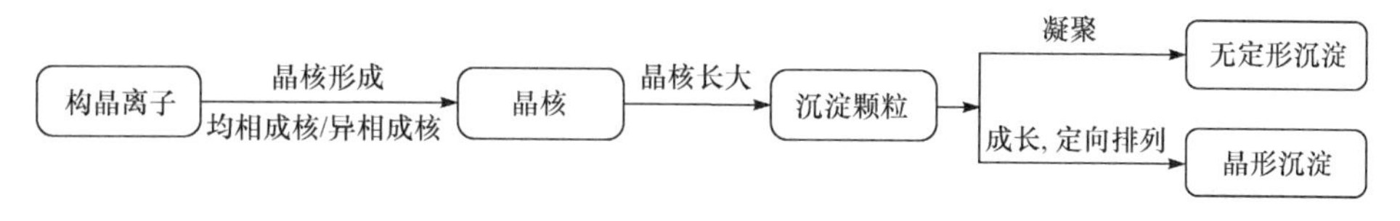

图 15.3　沉淀形成过程

当溶液呈过饱和状态时，构晶离子由于静电作用而缔合起来形成晶核。一般认为晶核含有 4～8 个构晶离子或 2～4 个离子对。例如，$BaSO_4$ 的晶核由 8 个构晶离子（4 个离子对）组成，这种过饱和的溶质从均匀液相中自发地产生晶核的过程称为均相成核。与此同时，在进行沉淀的介质和容器中不可避免地存在大量肉眼看不见的固体微粒。例如，1g 化学试剂中就含有不少于 1.0×10^{10} 个不溶微粒，烧杯壁上也会附有许多 5～10nm 长的“玻璃核”。这些外来杂质也可以起晶核的作用，这个过程称为异相成核。

溶液中有了晶核以后，过饱和的溶质就可以在晶核上沉积出来。晶核逐渐成长为沉淀微粒。沉淀颗粒的大小是由晶核形成速度和晶粒成长速度的相对大小决定的。若前者小于后者，则获得较大的沉淀颗粒，且能定向地排列成为晶形沉淀；若晶核生成极快，势必形成大量微晶，使过剩溶质消耗殆尽而难于长大，只能聚集起来得到细小的无定形沉淀。冯·韦曼（Von Weimarn）在 1925 年根据有关实验现象，提出了如下经验公式，表明沉淀生成的初始速度（晶核形成速度，也称分散度）与溶液的相对过饱和度成正比。

$$v=K\left(\frac{Q-s}{s}\right)$$

式中，v 为沉淀初始速度；Q 为加入沉淀剂瞬间溶质的总浓度；s 为晶核的溶解度，表示对沉淀作用的阻力，即使沉淀重新溶解的能力；$Q-s$ 为过饱和度，它是引起沉淀作用的动力；$(Q-s)/s$ 为相对过饱和度；K 为常数，它与沉淀的性质、温度和介质等相关。溶液的相对过饱和度越小，晶核形成速度就越慢，得到的晶形沉淀颗粒越大。因此，为了获得颗粒较大的沉淀，必须设法降低沉淀时溶液的相对过饱和度。

沉淀的类型不仅取决于沉淀的性质，还取决于沉淀时的条件。如果适当改变沉淀的条件，也可能改变沉淀的类型。实验证明，各种沉淀都有一个能大量地自发产生晶核的相对过饱和度的极限值，称为临界（过饱和）值。控制相对过饱和度在临界值以下，沉淀就以异相成核为主，常能得到大颗粒沉淀；而若超过临界值后，均相成核则占优势，将导致大量细小的微晶出现。不同的沉淀有不同的临界值，例如，$BaSO_4$ 和 $CaC_2O_4 \cdot H_2O$ 分别为 1000 和 31，而 AgCl 仅为 5.5。因此，在沉淀 $BaSO_4$ 时，只要控制试液和沉淀剂不太浓，就很容易保持过饱和度不超过临界值，制备出的 $BaSO_4$ 经常是细粒的晶形沉淀，而 $CaC_2O_4 \cdot H_2O$ 在适当的沉淀条件下得到晶形沉淀也不困难。但沉淀 AgCl 时，因为其临界值很小，即便采用稀释的溶液及加热的操作，每加一滴沉淀剂仍使溶质浓度大大地超过其临界值，从而产生大量均相晶核，而不能成长为晶体状颗粒。

此外，对 $BaSO_4$ 沉淀，其晶核（小颗粒）的溶解度比大颗粒的大得多；而对 AgCl 沉淀，小颗粒与大颗粒的溶解度差不太多,同样条件下,其相对过饱和度就大。所以,AgCl 的溶度积虽然和 $BaSO_4$ 的相近,但通常得到的 AgCl 沉淀都是凝乳状沉淀。至于溶解度极小的沉淀,如 $Fe_2O_3 \cdot xH_2O$ 和某些硫化物,其溶解度很小,即使小心控制溶质浓度 Q,也会使其相对过饱和度很大,从而产生大量均相晶核,只会得到颗粒比 AgCl 更小的胶体沉淀。

二、影响沉淀纯度的因素

沉淀重量分析不仅要求沉淀的溶解度要小,而且要求沉淀是纯净的。但当沉淀从溶液中析出时,不可避免或多或少地夹带溶液中的其他组分。因此,必须了解沉淀形成过程中杂质混入的原因,以找出减少杂质混入的方法,从而获得符合重量分析要求的沉淀。影响沉淀纯度的因素主要是共沉淀和后沉淀。

1. 共沉淀

在进行沉淀反应时,溶液中的某些可溶性杂质混杂在沉淀中共同析出,这种现象称为共沉淀。例如,沉淀 $BaSO_4$ 时,可溶盐 $NaSO_4$ 或 $BaCl_2$ 会被 $BaSO_4$ 沉淀带下来。发生共沉淀现象大致有以下几种原因。

1) 表面吸附

在沉淀的晶格中,构晶离子按照“同电相斥、异电相吸”的规则进行排列。例如,AgCl 晶体中,每个 Ag^+ 周围被 6 个带相反电荷的 Cl^- 包围,整个晶体内部处于静电平衡状态。但处在沉淀表面或边角上的 Ag^+ 或 Cl^-,则至少有一面未与带相反电荷的 Cl^- 或 Ag^+ 连接,使其受到的引力不均衡,因此表面上的离子就有吸附溶液中带相反电荷离子的能力。首先被沉淀表面吸附的离子是溶液中过量的构晶离子,组成吸附层。例如,将 KCl 溶液加入 $AgNO_3$ 中,生成的 AgCl 沉淀表面会吸附过量的 Ag^+ 而带正电荷。为了保持电中性,吸附层外面还需要吸引异电荷离子作为抗衡离子,这里就是 NO_3^-。这些处于较外层的离子结合得较松散,称为扩散层。吸附层和扩散层共同组成包围着沉淀颗粒表面的电偶层。处于电偶层中的正、负离子总数相等,构成了被沉淀表面吸附的化合物——$AgNO_3$ 或其他银盐,也就是沾污沉淀的杂质。这种由沉淀的表面吸附所引起的杂质共沉淀现象称为吸附共沉淀。

沉淀对杂质离子的吸附具有选择性。作为抗衡离子,若各种离子的浓度相同,则优先吸附那些与构晶离子形成溶解度最小或解离度最小的化合物的离子;离子的价数越高,浓度越大,就越易被吸附。这个规则称为吸附规则。

图 15.4 所示就是在过量 $AgNO_3$ 溶液中沉淀 AgCl 的情况。如果溶液中除过量 $AgNO_3$ 外,还有 K^+、Na^+、Ac^- 等离子,按照吸附规则,AgCl 沉淀表面首先吸附溶液中与构晶离子相同的离子 Ag^+ 而不是 Na^+ 或 K^+;作为扩散层被吸附到沉淀表面附近的抗衡离子是 Ac^-,而不是 NO_3^-,因为 AgAc 的溶解度远小于 $AgNO_3$ 的溶解度,最后结果是在 AgCl 沉淀表面有一层 AgAc 杂质共沉淀。

此外,沉淀吸附杂质的量还与沉淀总表面积及温度有关,沉淀的总表面积越大,溶液的温度越低,越易吸附杂质。

2) 包藏

在沉淀过程中,如果沉淀生长太快,表面吸附的杂质还来不及离开沉淀表面就被随后生成的沉淀所覆盖,使杂质或母液被包藏在沉淀内部。这种因为吸附而留在沉淀内部的共沉淀现象称为包藏。包藏的程度也符合吸附规则。例如,将钡盐加到硫酸盐中时,沉淀是在 SO_4^{2-} 过

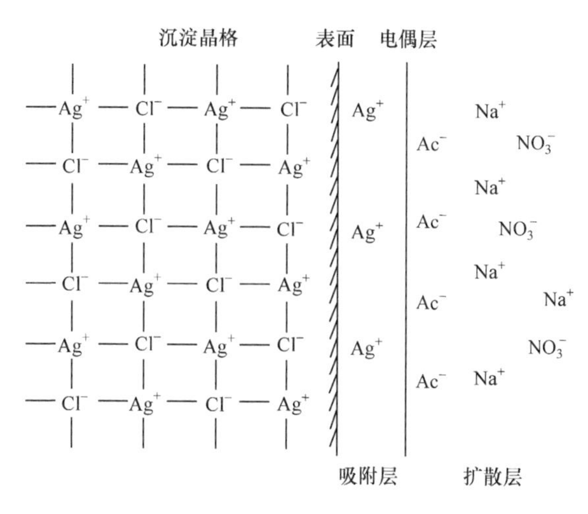

图 15.4　AgCl 沉淀表面吸附示意图

量的情况下进行的，所以 $BaSO_4$ 晶粒吸附 SO_4^{2-} 而带负电，造成杂质阳离子优先被吸附，进而包藏在沉淀内部；反过来，将硫酸盐加到钡盐中时，$BaSO_4$ 沉淀包藏阴离子杂质较为严重，而且 $Ba(NO_3)_2$ 被包藏的量要大于 $BaCl_2$，因为前者的溶解度较小而易于被吸附。根据这个原则可以拟订沉淀步骤，使溶液中主要杂质共沉淀的量减少。

3）生成混晶或固溶体

若溶液中杂质离子与构晶离子的半径相差不超过 5%，晶体结构也类似，则易形成混晶共沉淀，即杂质进入晶格排列而沾污沉淀，如 $BaSO_4$-$PbSO_4$、$CaCO_3$-$NaNO_3$、AgCl-AgBr 等。即便像 $KMnO_4$ 这样的易溶盐也能和 $BaSO_4$ 共沉淀，将新沉淀出来的 $BaSO_4$ 与 $KMnO_4$ 溶液共摇，后者就可通过再结晶过程而深入 $BaSO_4$ 晶格内，使沉淀呈粉红色，而用水洗涤也不会褪色。这些现象表明虽然 $KMnO_4$ 与 $BaSO_4$ 的离子电荷不同，但半径相近，都有 ABO_4 型的化学组成，也能生成固溶体。生成混晶的过程属于化学平衡过程，杂质在溶液中和进入沉淀中的比例取决于该化学反应的平衡常数。因此，只要有能参与形成混晶的杂质离子存在，在主沉淀的沉淀过程中就必然混入这种杂质而造成混晶共沉淀。由于共沉淀的量只与杂质的含量及体系的平衡常数有关，改变沉淀条件、洗涤、陈化，甚至再沉淀都没有很大的效果。

2. 后沉淀

后沉淀是指一种本来难于析出沉淀的物质，或是形成稳定的过饱和溶液而不能单独沉淀的物质，在另一种组分沉淀之后被“诱导”而随后也沉淀下来的现象，而且它们沉淀的量随放置的时间延长而增多。例如，在 Mg^{2+} 存在下沉淀 CaC_2O_4 时，镁由于形成稳定的草酸盐过饱和溶液而不沉淀。如果把 CaC_2O_4 沉淀立即过滤，只发现有少量 Mg^{2+} 被吸附；若是把含有 Mg^{2+} 的母液与 CaC_2O_4 沉淀长时间共热，则 MgC_2O_4 的后沉淀量会显著增多。类似现象在金属硫化物的沉淀分离中也较常见。

三、提高沉淀纯度的方法

为了减小沉淀沾污，提高沉淀的纯度，可采用下列措施：

(1) 选择适当的分析步骤。若溶液中同时存在含量相差很大的两种离子需要沉淀分离，为了防止含量少的离子因共沉淀而损失，应该先沉淀含量少的离子。例如，分析烧结菱镁矿

(含 MgO 90%以上,CaO 1%左右)时,应先沉淀 Ca^{2+},因为 MgC_2O_4 共沉淀严重。可用稀 H_2SO_4 在大量乙醇介质中将 Ca^{2+} 沉淀成 $CaSO_4$ 而分离。

(2) 降低易被吸附的杂质离子的浓度。对于易被吸附的杂质离子,可先分离出去或加以掩蔽。例如,沉淀 $BaSO_4$ 时,溶液中若含有较多的 Fe^{3+}、Al^{3+},可用 EDTA 将其掩蔽,减少干扰离子的共沉淀。

(3) 选择适宜的沉淀条件。例如,以氨水为沉淀剂沉淀 $Fe(OH)_3$ 或 $Al(OH)_3$ 时,为减少沉淀对 Ca^{2+}、Mg^{2+}、Ni^{2+}、Zn^{2+} 这 4 种杂质离子的吸附,必须控制好 NH_4^+ 和 NH_3 的浓度。若 $c(NH_3)$ 固定,随着 $c(NH_4^+)$ 增大,$c(OH^-)$ 就减小,此时 $Fe(OH)_3$ 沉淀所吸附的 OH^- 也少,这就减少了对抗衡离子——阳离子的吸附。另外,$c(NH_4^+)$ 大,也增强了它与其他 2 价阳离子的竞争吸附。因此,上述 4 种离子的吸附量均随 $c(NH_4^+)$ 增大而减少。Zn^{2+}、Ni^{2+} 由于与氨形成配合物,吸附量比 Ca^{2+}、Mg^{2+} 少。而当 $c(NH_4^+)$ 固定时,随着 $c(NH_3)$ 增大,$c(OH^-)$ 也加大,沉淀吸附 Ca^{2+}、Mg^{2+} 也增多。此时 Zn^{2+}、Ni^{2+} 由于与氨形成配合物更为稳定,其吸附量反而减少。因此,若要减少 Ca^{2+}、Mg^{2+} 的吸附,应当是 $c(NH_4^+)$ 大些,$c(NH_3)$ 小些;而要减少 Zn^{2+}、Ni^{2+} 的吸附,则 $c(NH_4^+)$ 和 $c(NH_3)$ 都应当大些。另外,也可选择有机沉淀剂,控制适宜的温度或加以搅拌等,以减少共沉淀。

(4) 选择适当的洗涤剂进行洗涤。吸附作用是一个可逆过程,因此通过洗涤可以洗去沉淀表面吸附的杂质。

(5) 包藏是造成晶形沉淀沾污的主要原因。由于杂质被包藏在结晶的内部,不能用洗涤方法除去,应当通过沉淀陈化方法予以减少。必要时进行再沉淀,即将沉淀过滤、洗涤、溶解后,再进行沉淀。再沉淀时杂质浓度大为减轻,可避免共沉淀现象。

(6) 减少或消除混晶生成的最好方法,是将杂质事先分离除去。例如,将 Pb^{2+} 沉淀成 PbS 与 Ba^{2+} 分离;将 Ce^{3+} 氧化为 Ce^{4+} 而不再与 La^{3+} 生成混晶。用加入配位剂、改变沉淀剂等方法也能防止或减少这类共沉淀。

(7) 后沉淀引入的杂质沾污量比共沉淀要多,且随着沉淀放置时间的延长而增多。避免或减少后沉淀的主要办法是缩短沉淀和母液共置的时间。

第五节　沉淀条件的选择

为了获得准确的分析结果,沉淀必须完全、纯净,而且易于过滤和洗涤。因此,应当根据不同类型沉淀的特点,采用适宜的沉淀条件及相应的后处理。

一、晶形沉淀的沉淀条件

1. 沉淀应在适当稀的溶液中进行

稀溶液过饱和度小,聚集速率小,易得到大颗粒的晶形沉淀,便于过滤和洗涤。同时,由于生成沉淀的比表面积小,从而减小了杂质的吸附。但溶液浓度不能太稀,以免因沉淀溶解度增大而损失。

2. 在热溶液中进行

加热可增大沉淀溶解度,增加离子的扩散速率,有利于得到大颗粒沉淀,也有利于减少吸附杂质的量。在热溶液中生成的沉淀应放置冷却再进行过滤，以减少沉淀溶解的损失。

3. 沉淀剂的添加

沉淀剂须缓慢加入，并不断搅拌，防止局部过饱和度过大。

4. 陈化

沉淀完成后，将沉淀与母液一起放置一段时间，这一过程称为陈化。陈化的目的是获得完整、粗大而纯净的晶形沉淀。陈化时，特别是在加热时，晶体中不完整部分的离子容易重新进入溶液中，而溶液中的离子又不断回到晶体表面，使晶体趋于完整。同时释放出包藏在晶体中的杂质，使沉淀更纯净。此外，由于小晶粒的溶解度比大晶粒大，同一溶液对小结晶是未饱和的，而对大晶粒是过饱和的，因此陈化过程中还会发生小结晶溶解，大结晶长大的现象。

二、无定形沉淀的沉淀条件

无定形沉淀一般含有大量水分子，体积庞大，是疏松的絮状沉淀；大多因为溶解度非常小，无法控制其过饱和度，以至生成大量微小胶粒而不能长成大粒沉淀。对于这种类型的沉淀，重要的是使其聚集紧密，便于过滤；同时尽量减少杂质的吸附，使沉淀纯净。

(1) 沉淀一般在较浓的近沸溶液中进行，沉淀剂加入的速度不必太慢。在浓、热溶液中离子的水化程度较小，得到的沉淀结构紧密、含水量少，容易聚沉。热溶液还有利于防止胶体溶液的生成，减少杂质的吸附。但是在浓溶液中也提高了杂质的浓度。为此，在沉淀完毕后迅速加入大量热水稀释并搅拌，使吸附于沉淀上的过多的杂质解吸，达到稀溶液中的平衡，从而减少杂质的吸附。

(2) 沉淀要在大量电解质存在下进行，以使带电荷的胶体粒子相互凝聚、沉降。电解质通常是灼烧时容易挥发的铵盐，如 NH_4Cl、NH_4NO_3 等，有助于减少沉淀对其他杂质的吸附。已经凝聚好的 $Fe_2O_3 \cdot xH_2O$ 沉淀在过滤洗涤时，由于电解质浓度降低，胶体粒子又重获电荷而相互排斥，使无定形沉淀变成了胶体而穿透滤纸，这种现象称为胶溶。为了防止沉淀的胶溶，不能用纯水洗涤沉淀，应当用稀的、易挥发的电解质热溶液(如 NH_4NO_3)作洗涤液。

(3) 无定形沉淀聚沉后应立即趁热过滤，不必陈化。因为陈化不仅不能改善沉淀的形状，反而使沉淀更趋黏结，杂质难以洗净。趁热过滤还能大大缩短过滤、洗涤的时间。无定形沉淀吸附杂质严重，一次沉淀很难保证纯净。例如，要使铁与其他组分分离而共存阳离子又较多时，最好将过滤后的沉淀溶解于酸中进行再沉淀。

第六节　称量形式的获得

沉淀定量生成后经过滤与母液中其他组分分离。准备烘干的沉淀应采用已恒量的玻璃坩埚(玻璃砂漏斗)减压抽滤，要根据沉淀颗粒大小选择适当孔径的玻璃坩埚；准备高温灼烧的沉淀则用定量滤纸，在玻璃漏斗中过滤。$BaSO_4$、CaC_2O_4 等细晶形沉淀用致密的慢速滤纸，以防穿滤；$Fe_2O_3 \cdot xH_2O$、$Al_2O_3 \cdot xH_2O$ 等无定形沉淀宜采用快速滤纸，否则速度太慢，难以过滤；而 $MgNH_4PO_4 \cdot 6H_2O$ 等粗晶形沉淀则可用中速滤纸。

为了得到纯净的沉淀，必须根据沉淀的性质来选择适当的洗涤液，以除去吸留在沉淀表面的母液。如果沉淀在水中溶解度足够小，且不会形成胶体，用水洗最为方便。若水洗会形成胶体,发生胶溶,则需用稀的、易挥发的电解质水溶液,如 NH_4Cl、NH_4NO_3洗涤。对于溶解度较大的沉淀,如 $BaSO_4$、CaC_2O_4,可先用稀沉淀剂如稀 H_2SO_4、$(NH_4)_2C_2O_4$洗,再用少量水洗去沉淀剂。为提高洗涤效率,既除净杂质,又不致因溶解而损失沉淀,常采用倾泻法,遵循"少量多次"的原则,即用同量的洗液,多进行几次洗涤,这样效果更好。

纯净的沉淀还需要除去吸留的水分和洗涤液中的可挥发性溶质才能得到称量形式。称量形式最初都是灼烧为氧化物,但这并不是唯一的,应视情况而定,只要加热至具有一定组成的物质即可。至于采取烘干还是灼烧的办法,温度和时间如何控制,则要根据沉淀的性质而定。有的沉淀形式本身有固定的组成,只要低温烘去吸附的水分之后即可获得称量形式,如 AgCl、$Ni(C_4H_7N_2O_2)_2$(丁二酮肟镍)、$KC_{24}H_{20}B$(四苯硼酸钾)等,很容易在 105～120℃烘干至恒量。有些有稳定结晶水的化合物,如 $CaC_2O_4 \cdot H_2O$、$Mg(C_9H_6ON)_2 \cdot 2H_2O$(8-羟基喹啉镁)也可以在 105～110℃烘干,以上述化学式作为称量形式。对于有机沉淀剂生成的螯合物沉淀,烘干后的称量形式摩尔质量大,有利于提高分析的准确度。

有的沉淀虽然有固定组成,但沉淀内部含有包藏水或固体表面有吸附水,这些水都不能通过烘干除去,而必须置于坩埚中高温灼烧至恒量。例如,$BaSO_4$ 含有以固溶液形式存在的包藏水,要灼烧至 850℃以上晶粒爆裂后才能除去;AgCl 烘干后还残留有万分之一的吸附水,对于一般的分析来说可以忽略不计,但在精确的相对原子质量测定中,就要加热至熔融温度(455℃),以除净最后的痕量水分。

许多沉淀没有固定的组成,必须经过灼烧使之转变成适当的称量形式。例如,铁、铝等金属的水合氧化物含有不固定的水合水;铜铁试剂、辛可宁等生物碱与金属离子所生成的沉淀,都必须通过高温(1100～1200℃)灼烧成相应的金属氧化物;$MgNH_4PO_4 \cdot 6H_2O$ 的结晶水不稳定,通常在 1100℃灼烧成 $Mg_2P_2O_7$(焦磷酸镁)形式称量。

沉淀在灼烧时组成会发生一系列变化。用热天平称量沉淀在不同温度下的质量,以沉淀质量对温度作图得到热降解曲线,即可确定适宜的灼烧温度及称量形式。由 CaC_2O_4沉淀的热降解曲线可知:CaC_2O_4在 110℃以 $CaC_2O_4 \cdot H_2O$ 形式存在,是稳定的,但此时倾向于保留过多的水分,共沉淀的$(NH_4)_2C_2O_4$也不能分解,因此不是可靠的称量形。无水 CaC_2O_4因有强吸湿性,也不宜于称量。CaC_2O_4沉淀在 500℃加热能定量地转变为 $CaCO_3$,加热至 800℃以上就分解为 CaO,若以 CaO 的形式称量,CaO 会吸收空气中的水和 CO_2,因此以 $CaCO_3$ 作为称量形式,既经济又节省时间,还可避免 CaO 潮解。

在高温灼烧获得称量形式的过程中,盛放沉淀的坩埚也必须以灼烧样品相同的时间和温度灼烧、冷却,直至恒量,因此耗时较长。近年来,采用微波炉干燥 $BaSO_4$ 获得了理想的结果,大大缩短了沉淀重量分析的时间。

在重量分析中,被测组分 A 转化为称量形式 D 的化学计量关系可表示如下:

$$\underset{\text{被测组分}}{aA} + \underset{\text{沉淀剂}}{bB} \longrightarrow \underset{\text{沉淀形式}}{cC} \longrightarrow \underset{\text{称量形式}}{dD}$$

$$m_A = \frac{aM_A}{dM_D} \cdot m_D = Fm_D \tag{15.1}$$

式中,m_D 和 m_A 分别为称量形式 D 和被测组分 A 的质量;M_D 和 M_A 分别为称量形式 D 和被测组分 A 的摩尔质量;F 为换算因数或重量因数。

通过式(15-1)可将称量形式的质量换算成被测组分的质量。重量分析中,被测组分的含量常用质量分数表示。假设试样质量为 m_s,则被测组分 A 的质量分数为

$$w_A=\frac{m_A}{m_s}\times100\%=\frac{Fm_D}{m_s}\times100\% \tag{15.2}$$

例 15.2　称取含铝试样 0.5123g，溶解后用 8-羟基喹啉沉淀。烘干后称得 $Al(C_9H_6ON)_3$ 重 0.3286g。计算样品中铝的质量分数。若将沉淀灼烧成 Al_2O_3 称量，可得称量形式多少克？

解　称量形式为 $Al(C_9H_6ON)_3$ 时，有

$$w(Al)=\frac{m[Al(C_9H_6ON)_3]\cdot F}{m_s}\times100\%=\frac{0.3286g\times0.05873}{0.5123g}\times100\%=3.767\%$$

称量形式为 Al_2O_3 时，因为

$$w(Al)=\frac{m(Al_2O_3)\cdot F}{m_s}\times100\%=\frac{m(Al_2O_3)\times0.5293}{0.5123g}\times100\%=3.767\%$$

所以

$$m(Al_2O_3)=\frac{3.767\%\times0.5123g}{0.5293}=0.03646g$$

从例 15.2 可以看出，后一测定由于称量形式摩尔质量小，同量的 Al 所得称量形式的质量较小，将会引起较大的称量误差。

总之，重量分析法是常用的一种基本的分析方法，它是通过称量来测定待测组分的含量，分析过程中不需要引入容量器皿的数据，也不需要与基准物质或标准滴定溶液进行比较，因此对常量成分的测定具有很高的准确度和精密度。重量分析时应该根据样品和待测成分的性质采用适当的分离方法和称量形式。而一些化学性质相近的物质常共存于混合物中，将这些性质相近的物质完全分离开有时比较麻烦，此时可将重量分析法与滴定分析法或其他分析法相结合，测出这些物质的总质量和总物质的量，然后通过计算分别求出各自的含量。

习　题

1. 为什么重量分析法称为“gold standard technique”？
2. 重量分析的一般误差来源是什么？怎样减小这些误差？
3. 沉淀形式和称量形式有何区别？重量分析中对沉淀形式和称量形式各有什么要求？
4. 为了使沉淀反应定量完成，必须加入适当过量的沉淀剂，为什么又不能过量太多？
5. 影响形成沉淀的性状有哪些？哪些因素主要取决于沉淀本质？哪些因素取决于沉淀条件？
6. 要获得纯净而易于过滤和洗涤的沉淀，需要采取什么措施？
7. 沉淀过程中沉淀为什么被沾污？要想提高沉淀的纯度，宜采取哪些合理措施？
8. 在 $BaSO_4$ 重量法中，为什么沉淀 Ba^{2+} 时要稀释试液，加入 HCl，加热并在不断搅拌下逐滴加入沉淀剂？
9. 称取风干（空气干燥）的石膏试样 1.2030g，经烘干后得吸附水分 0.0208g。再经灼烧又得结晶水 0.2424g，计算分析试样换算成干燥物质时的 $CaSO_4\cdot2H_2O$ 质量分数。
10. 计算下列重量因数。

测定物	称量物
(1) FeO	Fe_2O_3
(2) $KCl(\rightarrow K_2PtCl_6\rightarrow Pt)$	Pt
(3) Al_2O_3	$Al(C_9H_6ON)_3$
(4) P_2O_5	$(NH_4)_3PO_4\cdot12MoO_3$

11. 称取某可溶性盐 0.3232g，用 $BaSO_4$ 重量法测定其中含硫量，得 $BaSO_4$ 沉淀 0.2982g，计算试样含 SO_3 的质量分数。
12. 用重量法测定莫尔盐 $(NH_4)_2SO_4\cdot FeSO_4\cdot6H_2O$ 的纯度，若天平称量误差为 0.2mg，为了使灼烧后 Fe_2O_3

的称量误差不大于0.1%,应最少称取样品多少克?

13. 某石灰石试样中CaO的质量分数约30%。用重量法测定$w(CaO)$时,Fe^{3+}将共沉淀。设Fe^{3+}共沉淀的量为溶液中Fe^{3+}含量的3%,为使产生的误差小于0.1%,试样中Fe_2O_3的质量分数应不超过多少?

14. 测定硅酸盐中SiO_2的质量分数时,称取0.4817g试样,获得0.2630g不纯的SiO_2(主要含有Fe_2O_3、Al_2O_3)。将不纯的SiO_2用H_2SO_4-HF处理,使SiO_2转化为SiF_4除去,残渣经灼烧后质量为0.0013g,计算试样中纯SiO_2的质量分数;若不经H_2SO_4-HF处理,杂质造成的误差有多大?

15. 采用$BaSO_4$重量法测定试样中$w(Ba)$,灼烧时因部分$BaSO_4$还原为BaS,致使Ba的测定值为标准结果的99%,求称量形式$BaSO_4$中BaS的质量分数。

第十六章　吸光光度法

吸光光度法是基于物质对光的选择性吸收而建立起来的分析方法。根据物质对不同范围波长光的吸收，分为可见光吸光光度法、紫外分光光度法及红外分光光度法等。本章重点介绍可见光吸光光度法。

吸光光度法有如下特点。

(1) 灵敏度高。一般吸光光度法的测定下限为 $10^{-5}\sim10^{-6}mol\cdot L^{-1}$，若改进分析方法检测下限甚至可达 $10^{-9}mol\cdot L^{-1}$ 以下，适用于微量组分的分析。

(2) 准确度高。吸光光度法的相对误差为2%～5%，采用精密的分光光度计测定，相对误差为1%～2%，准确度虽不如滴定分析法高，但已经满足测定微量组分准确度的要求。

(3) 选择性好。只要控制适当的显色条件就可直接采用吸光光度法定量测定元素，如钴、铀、镍、铜、银、铁等元素的测定。

(4) 适用浓度范围广。采用示差法可以进行常量(1%～50%)组分的测定。

(5) 简便、快速、应用范围广。吸光光度法所适用的仪器，操作简单，易于掌握。凡是在紫外-可见区有光吸收的无机物和有机物，均可利用吸光光度法加以测定。到目前为止，几乎化学元素周期表上的所有元素(除少数放射性元素和惰性元素之外)均可采用此法测定。

第一节　吸光光度法的基本原理

一、光的基本性质

光是一种电磁波，具有波粒二象性。不同波长的光具有不同的能量，其波长与能量之间的关系为

$$E=h\gamma=\frac{hc}{\lambda} \tag{16.1}$$

式中，h 为普朗克常量，其值为 $6.626\times10^{-34}J\cdot s$；$\gamma$ 为频率，赫(Hz)；c 为光速，其值为 $2.998\times10^{8}m\cdot s^{-1}$；$\lambda$ 为光的波长，米(m)、厘米(cm)、微米(μm)、纳米(nm)等。

按波长(或频率)大小顺序排列就构成了电磁波谱，见表16.1。

表16.1　电磁波谱

光谱名称	频率/Hz	波长	应用
γ射线	$>1.5\times10^{18}$	$1.0\times10^{-10}\sim1.0\times10^{-14}m$	军事，医疗上用来治疗肿瘤
X射线	$1.0\times10^{16}\sim1.0\times10^{20}$	$1.0\times10^{-8}\sim1.0\times10^{-11}m$	X射线诊断，X射线治疗
远紫外	$1.5\times10^{15}\sim3.0\times10^{16}$	10～200nm	医用消毒，验证假钞，测量距离，工程探伤
近紫外	$1.5\times10^{14}\sim1.5\times10^{15}$	200～380nm	
可见	$3.8\times10^{14}\sim7.9\times10^{14}$	380～780nm	定量分析

续表

光谱名称	频率/Hz	波长	应用
近红外	$3.0\times10^{11}\sim6.0\times10^{12}$	$0.78\sim2.5\mu m$	遥控、热成像仪、红外制导
中红外	$6.0\times10^{12}\sim1.2\times10^{14}$	$2.5\sim50\mu m$	
远红外	$1.2\times10^{14}\sim3.8\times10^{14}$	$50\sim300\mu m$	
微波	$1.0\times10^{11}\sim1.0\times10^{18}$	0.1～100cm	雷达或其他通信系统
无线电波	$3\sim3\times10^{7}$	$1.0\times10^{-3}\sim3000m$	电视和无线电广播、手机等

二、物质对光的选择性吸收

可见光是电磁波谱中一段很窄的波段，是指人的肉眼能感觉到的光，波长范围为400～760nm。具有单一波长的光称为单色光，由不同波长组成的光称为复合光，如白光(日光、白炽光)。一束白光通过三棱镜后分解成红、橙、黄、绿、青、蓝、紫等七种颜色的单色光。将这七种单色光按一定强度比例混合便能形成白光，但白光并不一定需要这么多的单色光混合才能形成。若将两种颜色的单色光按一定强度比例混合同样能得到白光，这两种颜色的光称为互补光，如图16.1所示。

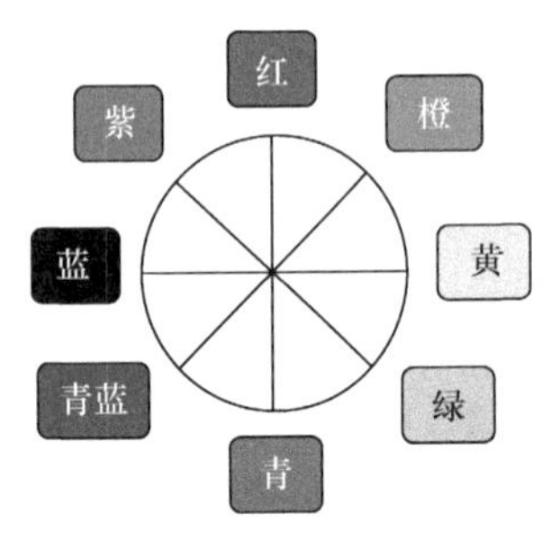

图16.1　光的互补色示意图

物质溶液呈现特定颜色是由于物质溶液对不同波长的光的选择性吸收。当白光通过某溶液时，某些波长的光被吸收，另一些波长的光则透过，溶液颜色是由透射光的波长决定的。白光通过某溶液时，如果该溶液对可见区各波段的光都不吸收，即入射光全部透过，则为无色透明溶液。如果溶液选择性地吸收了可见区中某波段的光时，其余波段的光透过，溶液则呈现出该波段的互补光的颜色。例如，$CuSO_4$溶液吸收了白光中的黄色光而呈蓝色，$KMnO_4$溶液吸收白光中的绿光而呈紫红色。可见光中各颜色光的波长及其互补色见表16.2。

表16.2　不同颜色的可见光波长及其互补光

颜色	λ/nm	互补色光
紫光	400～450	黄绿光
蓝光	450～480	黄光
绿蓝光	480～490	橙光
蓝绿光	490～500	红光
绿光	500～560	红紫光
黄绿光	560～580	紫光
黄光	580～610	蓝光
橙光	610～650	绿蓝光
红光	650～760	蓝绿光

三、吸收曲线

物质呈现不同颜色说明物质溶液对不同波长的光是选择性吸收的。任何物质溶液对不同波长的光的吸收程度是不同的。若将不同波长的单色光通过某一浓度的有色溶液，可测出对应波长下物质对光的吸收程度，即吸光度 A。以波长 λ 为横坐标，以吸光度 A 为纵坐标作图，可得一条曲线，该曲线称为吸收曲线。例如，$KMnO_4$ 溶液吸收曲线见图 16.2。

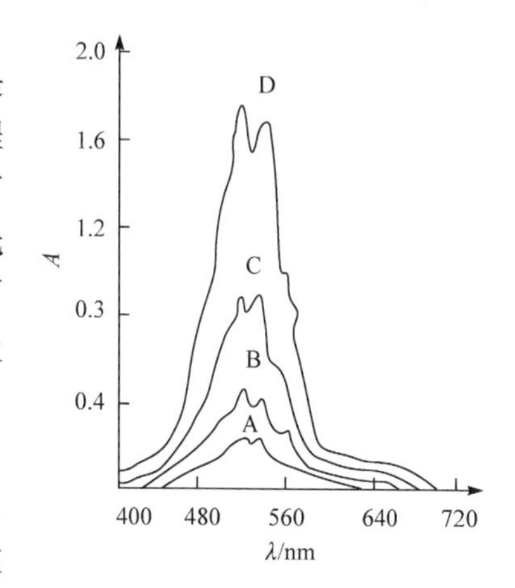

图 16.2　不同浓度的 $KMnO_4$ 溶液的吸收曲线

A. $\rho(Mn)=1\times10^{-5}mg\cdot mL^{-1}$；
B. $\rho(Mn)=2\times10^{-5}mg\cdot mL^{-1}$；
C. $\rho(Mn)=4\times10^{-5}mg\cdot mL^{-1}$；
D. $\rho(Mn)=8\times10^{-5}mg\cdot mL^{-1}$

由图 16.2 中的吸收曲线可以看出以下两点：

(1) $KMnO_4$ 溶液对不同波长的光产生选择性吸收。对应最大吸收的波长称为最大吸收波长，用 λ_{max} 表示。在最大吸收波长处测量吸光度，其灵敏度最高，它是选择测定波长的依据。若无干扰物质时，选择最大吸收波长作为测量波长。

(2) 不同浓度 $KMnO_4$ 溶液的吸收曲线，其形状和最大吸收波长是相同的，说明吸收曲线是物质的特征曲线，借此可以对物质进行定性鉴定。在同一波长下，光的吸收程度随着浓度的增大而增大，因此可通过吸光度对物质进行定量测定。

第二节　光吸收定律

一、透光率和吸光度

当一束平行单色光垂直照射某一均匀的有色溶液时，一部分光被吸收，一部分光透过，一部分被反射。当入射光强度为 I_0，透射光强度为 I，吸收光强度为 I_a，反射光强度为 I_r，则

$$I_0=I+I_a+I_r \tag{16.2}$$

分光光度法中，由于采用同材质的比色皿，反射光强度一致，可以相互抵消，故式(16.2)可写成为

$$I_0=I+I_a \tag{16.3}$$

透射光强度与入射光强度之比称为透光度，用 T 表示。

$$T=\frac{I}{I_0} \tag{16.4}$$

由式(16.4)可知，T 值越小，说明溶液对光的吸收程度越大；T 值越大，说明溶液对光的吸收程度越小。

溶液对光的吸收程度还可以用吸光度 A 表示。

$$A=\lg\frac{1}{T} \tag{16.5}$$

由式(16.5)可知，T 值越小，即透光度越小，A 越大；T 值越大，即透光度越大，A 越小。当 $T=1$ 时，$I=I_0$，则 $A=0$，说明物质对光无吸收。

二、光吸收定律

光的吸收定律又称朗伯-比尔定律，是吸光光度法定量分析的理论依据。1760 年朗伯(Lambert)经实验发现，当光通过透明介质时，光的吸收程度与光通过介质的光程度成正比。1852 年比尔(Beer)研究证明，光的吸收程度与透明介质中光所遇到的吸光质点数目成正比，在溶液中与吸光质点的浓度成正比，其数学表达式如下：

$$A=kbc \tag{16.6}$$

式(16.6)称为朗伯-比尔定律。其含义为一束平行单色光通过均匀、非色散溶液时，溶液的吸光度 A 与液层厚度 b 和溶液浓度 c 的乘积成正比。式中，k 为常数，它表示物质对光的吸收能力，与吸光物质的性质、入射光的波长及温度有关。

当浓度 c 单位为 $g \cdot L^{-1}$，液层厚度 b 单位为 cm 时，常数 k 用 a 表示，a 称为吸光系数，单位为 $L \cdot g^{-1} \cdot cm^{-1}$，则朗伯-比尔定律表达式为

$$A=abc \tag{16.7}$$

当浓度 c 单位为 $mol \cdot L^{-1}$，液层厚度 b 单位为 cm 时，常数 k 用 ε 表示，ε 称为摩尔吸光系数，单位为 $L \cdot mol^{-1} \cdot cm^{-1}$(单位常省略不写)，则朗伯-比尔定律表达式为

$$A=\varepsilon bc \tag{16.8}$$

式(16.8)中，ε 是某种物质在一定波长下的特征常数，是衡量灵敏度的重要参数。ε 越大，说明物质对光的吸收程度越大，物质对光的吸收越灵敏。通常所说的摩尔吸光系数指的是物质在最大吸收波长处的摩尔吸光系数，以 ε_{max} 表示。

$\varepsilon<1.0\times10^4$　为低灵敏度

$1.0\times10^4<\varepsilon<5.0\times10^4$　为中等灵敏度

$5.0\times10^4<\varepsilon<1.0\times10^5$　为高等灵敏度

$\varepsilon>1.0\times10^5$　为超高灵敏度

测定微量组分时，一般选 ε 较大的显色反应，以提高测定的灵敏度。

例 16.1　已知浓度为 $1.0\mu g \cdot mL^{-1}$ 的 Fe^{2+} 试液，采用邻二氮菲光度法测定铁，比色皿厚度为 2cm，在波长为 510nm 处测得试液吸光度 $A=0.380$，计算：(1) 透光度 T；(2) 摩尔吸光系数 ε。

解　(1) 因为

$$A=-\lg T$$

$$0.380=-\lg T$$

所以

$$T=41.7\%$$

(2) 因为

$$A=\varepsilon bc$$

$$0.380=\varepsilon\times2cm\times(1.0\mu g \cdot mL^{-1}\times10^{-6}g \cdot \mu g^{-1}/10^{-3}L \cdot mL^{-1})/55.84g \cdot mol^{-1}$$

所以

$$\varepsilon=1.06\times10^4 L \cdot mol^{-1} \cdot cm^{-1}$$

第三节　光度分析的方法和仪器

一、目视比色法

目视比色法是用眼睛比较溶液颜色的深浅以测定物质含量的方法，常用的目视比色法是标准系列法，该法使用一套由同种材料制成的、规格一致的比色管，向比色管加入一系列不同量的标准溶液和待测液，再分别加入等量的显色剂及其他辅助试剂，稀释至一定刻度，使之成

为颜色逐渐递变的标准色阶。然后从管口垂直向下观察，比较待测液与标准溶液颜色的深浅，若待测液与某一标准溶液颜色深度一致，则说明两者浓度相等，若待测液颜色介于两标准溶液之间，待测液浓度可取两标准溶液的平均值。

标准系列法的主要优点是设备简单、操作简便，但眼睛观察存在主观误差，故准确度较低。

二、光电比色法

光电比色法是在光电比色计上测量一系列标准溶液的吸光度，将吸光度对浓度作图，绘制工作曲线，然后根据待测组分溶液的吸光度在工作曲线上查得其浓度。

光电比色计通常由光源(钨灯)、滤光片、样品池、光电池、检流计五部分组成，见图 16.3。

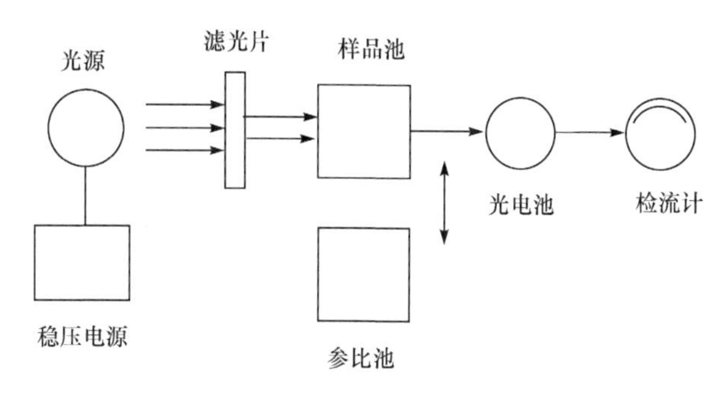

图 16.3　光电比色计的基本部件

光源通常为白炽灯，用稳压器提供稳定的电源，以保证稳定光的强度。通过滤光片得到所需波长的入射光，将空白溶液置于参比池中，调整光电流大小，使检流计的透光率为 100%(吸光度为零)，然后将待测溶液置于样品池中，检流计显示的即为待测液滤光率或吸光度。

滤光片有玻璃滤光片和干涉滤光片。滤光片可以提供测量波长的光，还可以滤去不需要波长的光。与目视比色法相比，光电比色法消除了因人眼观察而产生的主观误差，提高了测量的准确度，而且可以通过选择滤光片和参比溶液来消除干扰，选择性随之得到提高。

三、分光光度法

用分光元件棱镜或光栅代替比色计中的滤光片，并对光学系统和调节控制系统加以改进就成为分光光度计。分光光度计有多种型号，但无论哪一类分光光度计都由下列五部分组成，即光源、单色器、比色皿、检测器和信号显示系统。

1. 光源

要求光源能提供所需波长范围的连续光谱，有足够的光强度和良好的稳定性。在可见光区和近红外光区，一般用钨灯或碘灯作光源，使用波长范围为 320～2500nm。在紫外区，光源一般用氘灯或氢灯，使用波长范围为 180～375nm。为保证光强度稳定性，仪器必须备有稳压装置。

2. 单色器

单色器是把复合光分解成测定时所需要单色光的一种装置，一般由狭缝、透镜、分光元件构成。其核心是分光元件，起分光作用，最常用的分光元件是棱镜和光栅。棱镜分光较为落后，现代分光光度计都采用光栅分光。光栅是利用光衍射和干涉将连续光谱分解成单色光的分光元件,适用于紫外、可见及近红外光区。优点是波长范围宽、分辨力高;缺点是因各级光谱会重叠而产生干扰。

分光元件后边都附有一个出射狭缝,用来调节入射单色光的纯度和强度。狭缝的大小直接影响单色光纯度,狭缝小,单色光纯度高,但过小的狭缝又会减弱光强。理想的分光光度计狭缝宽度是可调的。

3. 比色皿

比色皿又称吸收池,用于盛装待测溶液和参比溶液。按材质分为玻璃比色皿和石英比色皿。玻璃比色皿只能用于可见光区,石英比色皿适用于可见光区及紫外光区。比色皿有0.5cm、1.0cm、2.0cm、3.0cm等多种规格,其中1.0cm比色皿最为常用。

4. 检测器

检测器的作用是检测光信号,是将光信号转变为电信号的器件。常用的检测器有光电池、光电管和光电倍增管等。现今使用的分光光度计大多采用光电管和光电倍增管作为检测器。

1)光电池

光电池组成种类繁多,最常见的是硒光电池,其构造示意图见图16.4。

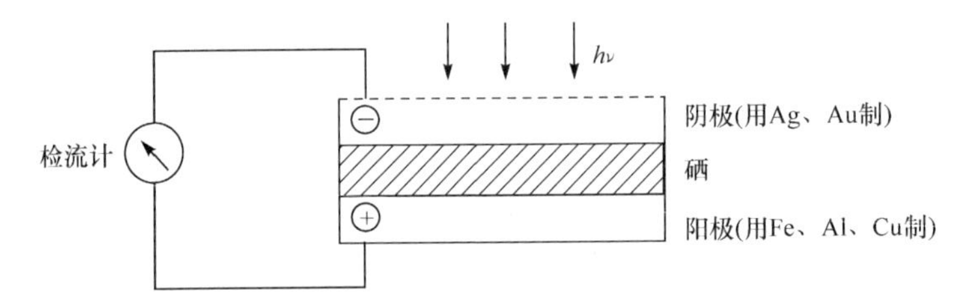

图16.4　硒光电池构造及工作原理示意图

当硒光电池受光照射后,阴极产生电子,由于硒是半导体材料,不允许电子通过,电子只能通过外电路流向阳极,外电路电流大小与照射到阴极的光的强度成正比。该种光电池的特点是能产生直接推动检流计的光电流,由于容易出现疲劳效应,因此只能用于低档的分光光度计中。

2)光电管

一个弯成半圆柱形的金属片为阴极,阴极表面涂有光敏材料(多为碱土金属的氧化物),在圆柱形的中心置一金属丝为阳极,光照射阴极释放电子,流向阳极而产生电流。与光电池比较,光电管具有灵敏度高、光敏范围宽、不易疲劳等优点。

3)光电倍增管

光电倍增管是检测微弱光最常用的光电元件。由阳极、发射阴极和若干个倍增极组成。发射阴极上产生的电子经过倍增极后电子数目倍增,经过若干个倍增极,放大倍数可达10^6～10^9。其灵敏度比一般的光电管要高出200倍,因此可使用较窄的单色器狭缝,从而对光谱的精细结构有较好的分辨能力。

5. 信号显示系统

常用的信号显示系统有直读检流计、电位调节指零装置及自动记录和数字显示装置等。检流计将检测到的信号以适当方式指示或记录下来。检流计显示有两种刻度,等刻度标尺是百分透光度，不等分刻度为吸光度，见图 16.5。

现在很多型号的分光光度计都与计算机联用，既对分光光度计进行操作控制，又可进行大量的数据处理。

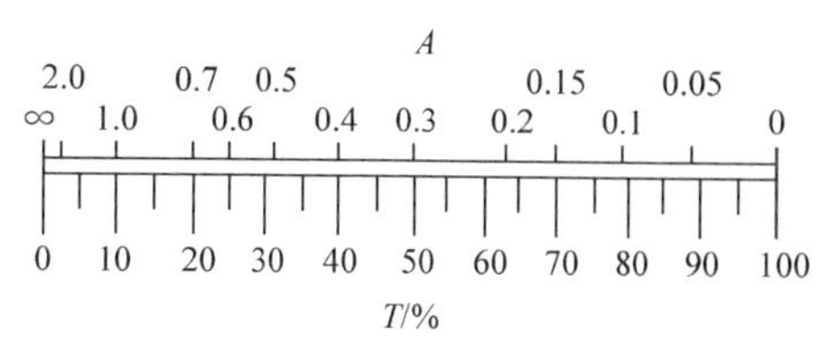

图 16.5　透光度与吸光度刻度对比

第四节　显色反应和显色条件的选择

在吸光光度分析中，能使待测组分生成有色物质的试剂称为显色剂，则对应的反应称为显色反应。显色反应一般为配位反应和氧化还原反应，但最主要是配位反应。选择适当的显色反应，控制显色条件，是提高分析灵敏度、准确度的前提条件。

一、对显色反应要求

在分光光度法中对显色反应有如下要求：

(1) 灵敏度要高，有色物质的 ε 应大于 1.0×10^4。

(2) 选择性要好，显色剂仅与一个组分或少数几个组分发生显色反应。

(3) 有色物质组成恒定，颜色稳定。

(4) 显色剂对光的吸收与有色物质对光的吸收有显著区别。要求两者的最大吸收波长之差 $\Delta\lambda>60\text{nm}$。

二、显色条件的选择

1. 显色剂用量

显色反应可用下式表示：

$$\underset{\text{被测组分}}{\mathrm{M}} + \underset{\text{显色剂}}{n\mathrm{R}} = \underset{\text{显色物质}}{\mathrm{MR}_n}$$

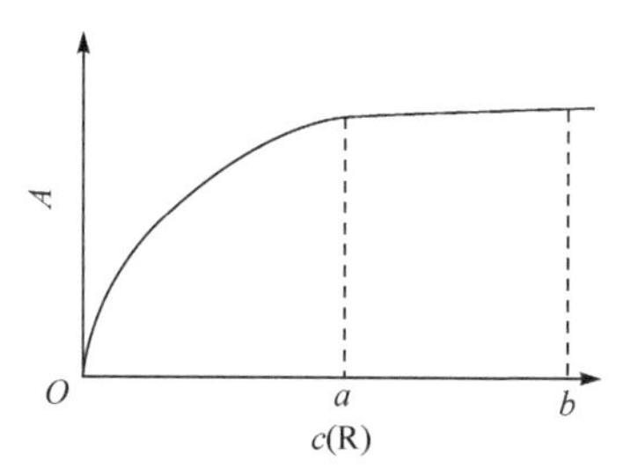

图 16.6　吸光度与显色剂浓度关系图

根据化学平衡原理，为了使被测组分 M 反应完全，需加入过量的显色剂，但有时显色剂用量过大会引起副反应，不利于测定。适宜的显色剂用量是通过实验确定的，具体方法是在只改变显色剂用量而保持待测组分和其他实验条件不变的情况下，分别测出对应的吸光度，绘制 A-$c(\mathrm{R})$ 关系曲线，见图 16.6。

由图 16.6 可见，当 $c(\mathrm{R})$ 达到并超过一定浓度后，吸光度 A 值基本恒定，曲线出现平台，表明对于一定浓度的试液在达到平坦区时，显色剂用量已经足够，该区域就是选择合适显色剂的用量。

2. 溶液的酸度

大多数显色剂都是有机弱酸或弱碱，溶液酸度直接影响显色剂的解离平衡，从而影响显色反应的完全程度。大多数高价金属离子会因溶液酸度降低形成羟基配合物，甚至是沉淀，不利

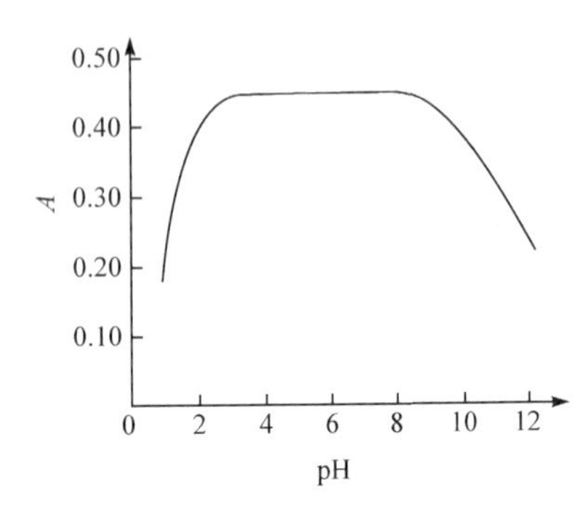

图 16.7 吸光度与溶液酸度的关系

于显色反应。显色反应的适宜酸度也是通过实验确定的,具体方法是在保持待测组分和显色剂浓度不变的情况下,只改变溶液的酸度,分别测出对应的吸光度,绘制 A-pH 关系曲线,见图 16.7。选择曲线中吸光度最大且恒定的平坦区间即为适宜 pH 范围。

3. 显色反应时间和温度

显色反应时间包含两个含义,即显色时间和稳定时间。温度又与这两个时间密切相关。一般情况下,温度升高,可以加快显色反应速率,缩短显色时间。但同时也降低有色物质的稳定性,使稳定时间缩短。在实际工作中,合适的温度范围和适宜的显色时间都是通过实验予以确定。可分别绘制 A-t 关系曲线和 A-T 关系曲线,曲线中吸光度最大且恒定平坦区间即为适宜显色时间和显色温度范围。

第五节 吸光度测量误差和测定条件的选择

一、吸光度测量误差

吸光度法测量误差,主要来源于溶液对光的吸收偏离朗伯-比尔定律和仪器的测量。

1. 对朗伯-比尔定律的偏离

若溶液对光的吸收遵从朗伯-比尔定律,则溶液浓度与吸光度呈线性关系,绘制的工作曲线应该是一条通过坐标原点的直线。但实际工作中,尤其测定高浓度溶液时,直线会发生弯曲而偏离线性关系,如图 16.8 所示,这种现象称为对朗伯-比尔定律的偏离。

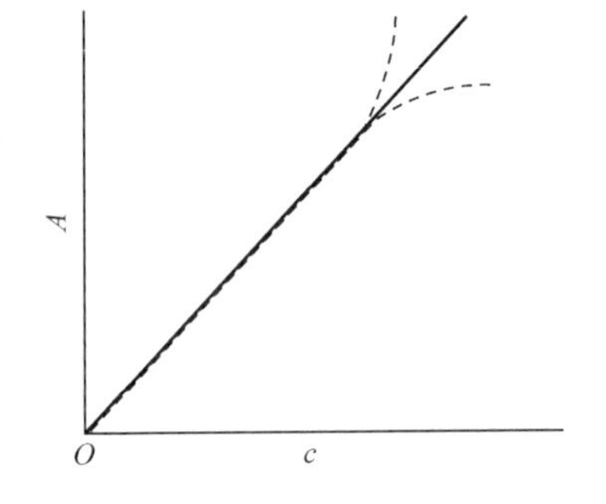

图 16.8 对朗伯-比尔定律的偏离

发生偏离的主要原因有如下两个方面:

1) 非单色光引起的偏离

朗伯-比尔定律只适用于单色光,但实际上通过各类分光方法得到的入射光,都会不同程度含非单色光的成分,从而引起对朗伯-比尔定律的偏离。

2) 介质不均匀引起的偏离

朗伯-比尔定律只适用于均匀、非散射的溶液。若被测试液不均匀,如胶体溶液、乳浊液或悬浊液,都会对入射光产生吸收、散射,使透光度降低,实测吸光度偏大,造成对朗伯-比尔定律的偏离,且浓度越大,偏离程度越大。

3) 溶液浓度过高引起的偏离

朗伯-比尔定律是建立在吸光质点之间没有相互作用的前提下,当溶液浓度过高时,吸光物质的分子或离子间的相互作用增大,从而改变吸光微粒的电荷分布,使它们的吸光能力发生改变,引起朗伯-比尔定律的偏离。因此,朗伯-比尔定律仅适用稀溶液。

4) 化学反应引起的偏离

溶液中的吸光物质常因条件变化而发生解离、缔合、生成配合物或溶剂化等反应,改变吸光物质的浓度，导致偏离朗伯-比尔定律。此外有色质点的聚合与缔合，形成新的化合物或互变异构等化学变化，以及某些有色物质在光照下分解、自身氧化还原、干扰离子和显色剂的作用等，也会引起对朗伯-比尔定律的偏离。

2. 仪器测量误差

任何光度计都存在一定的测量误差，这是由光源不稳、读数不准确等因素引起的。一般分光光度计的透光度读数误差 ΔT 为 0.2%～2%，由于透光度 T 与待测溶液浓度 c 是负对数关系，因此相同 ΔT 的读数误差是不同的。

对朗伯-比尔定律 $A=-\lg T=\varepsilon bc$ 进行微分，得

$$-\mathrm{d}\lg T=-0.434\mathrm{d}\ln T=\frac{-0.434\mathrm{d}T}{T}=\varepsilon b\mathrm{d}c \tag{16.9}$$

将 $\varepsilon b=-\dfrac{\lg T}{c}$ 代入式(16.9)中，得

$$\frac{\mathrm{d}c}{c}=\frac{0.434}{T\lg T}\mathrm{d}T \tag{16.10}$$

对式(16.10)积分，得

$$\frac{\Delta c}{c}=\frac{0.434}{T\lg T}\Delta T \tag{16.11}$$

式(16.11)中，$\Delta c/c$ 为浓度的相对误差；ΔT 为透光度的绝对误差。

以 $\Delta c/c$-T 绘图得到关系曲线，见图 16.9。

由图 16.9 可见，浓度的相对误差 $\Delta c/c$ 与透光度读数范围有关。当吸光度 A 在 0.2～0.7 时，测量浓度的相对误差最小。

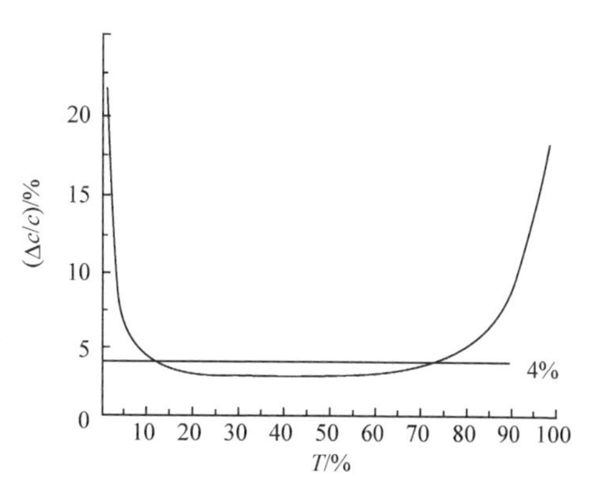

图 16.9　浓度的相对误差与透光度的关系

二、测定条件的选择

1. 入射光波长的选择

根据吸光物质的吸收曲线，一般选择最大吸收波长为测量波长。在该波长处，摩尔吸光系数 ε 最大，测定的灵敏度高，且偏离朗伯-比尔定律程度小，准确度也高。若在最大波长处存在干扰物质，应根据“吸收最大、干扰最小”原则选择测量波长。例如，在 $K_2Cr_2O_7$ 存在下测定 $KMnO_4$，应选 545nm 为测量波长，见图 16.10。

2. 参比溶液的选择

参比溶液又称空白溶液，一般为不含待测组分的试剂溶液。用来调整仪器的吸光度为零，以消除比色皿和溶液中共存物质对光吸收，使试液的吸光度真正反映待测物质的浓度。应根据具体情况，合理选择参比溶液。

(1) 纯溶剂空白。当试液、试剂和显色剂均无色，可选用纯溶剂作参比溶液。

(2) 试剂空白。试液无色，试剂或显色剂有色，可选用试剂作参比溶液。

(3) 试液空白。若试液中其他组分有色，显色剂和试剂无色，选用不加显色剂的试液作参

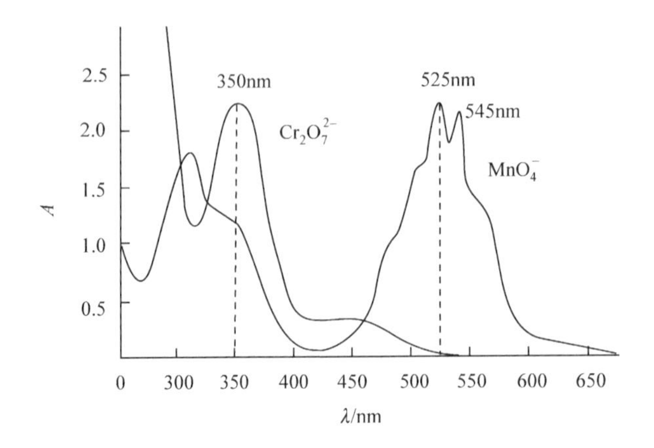

图 16.10　$K_2Cr_2O_7$-$KMnO_4$吸收曲线

比溶液;若显色剂、试液均有色,在试液中加入掩蔽剂将被测组分掩蔽起来,再加显色剂作参比溶液。

3. 吸光读数范围的选择

为了减少浓度的相对误差,提高测量的准确度,一般控制吸光度 A 为 0.2～0.7。

第六节　吸光光度法的应用

吸光光度法的应用十分广泛,不仅可以测定单一组分、多组分,还可以测定微量组分、高含量组分,以及对物质的组成和标准平衡常数进行测定。

一、单一组分的测定

微量组分测定一般采用标准曲线法、标准比较法。而高含量组分的测定则采用示差法。

1. 标准曲线法

配制一系列不同浓度的标准溶液,分别测定各标准溶液的吸光度。以标准溶液的浓度 c 为横坐标,以吸光度 A 为纵坐标,绘制 A-c 标准曲线(工作曲线)。在同样的测定条件下测定待测溶液的吸光度 A_x,从标准曲线上查出对应浓度 c_x,即为待测液的浓度。

2. 标准比较法

配制浓度相近的标准溶液 c_s和待测液 c_x,在相同测定条件下,分别测定吸光度 A_s和 A_x,由朗伯-比尔定律得

$$A_s = \varepsilon b c_s$$

$$A_x = \varepsilon b c_x$$

$$c_x = A_x c_s / A_s$$

即可求出待测液的浓度。

例 16.2　用分光光度法测定水中微量铁,取 3.0μg · mL^{-1}的铁标准液 10.0mL,显色后定容至 50mL,测

得吸光度 $A_s=0.460$。另取水样 25.0mL，显色后也定容至 50mL，测得吸光度 $A_x=0.410$，求水样中的铁含量。

解　$c_x=A_x c_s/A_s=0.410\times(3.0\mu g\cdot mL^{-1}\times10.0mL/50mL)/0.460=0.53\mu g\cdot mL^{-1}$

$c_{水样}=V_s c_x/V_{水样}=50mL\times0.53\mu g\cdot mL^{-1}/25.0mL=1.06\mu g\cdot mL^{-1}$

3. 示差法

当待测组分含量较高时，测定的吸光度会因超出适宜读数范围造成较大的误差，使准确度降低。采用示差法就能很好地解决这一问题。

示差法是选择比待测溶液浓度 c_x 稍低的标准溶液 c_s 作参比溶液，用参比溶液调节仪器的吸光度为零(透光度为 100%)，再测定待测溶液吸光度的方法。

设标准溶液浓度为 c_s，待测液浓度为 c_x，且 $c_x>c_s$，根据朗伯-比尔定律得

$$A_x=\varepsilon c_x b$$

$$A_s=\varepsilon c_s b$$

两式相减，得

$$A_r=\Delta A=A_x-A_s=\varepsilon b(c_x-c_s)=\varepsilon b\Delta c \tag{16.12}$$

式中，A_r 为相对吸光度，与待测溶液和标准溶液的浓度差 Δc 成正比，这就是示差法定量测定的基本原理。

用已知浓度 c_s 的标准溶液作参比，测得一系列标准溶液的相对吸光度 A_r，绘制 A_r-Δc 工作曲线。再测待测液的相对吸光度 A_r，从工作曲线上查得相对应的 Δc，根据 $c_x=c_s+\Delta c$，计算出待测溶液的浓度。

二、多组分的测定

若一个体系含有多种组分，往往各组分对同一波长的光都会有吸收。如果各组分的吸光质点之间不发生作用，当一束单色光照射该溶液时，溶液的吸光度就等于各组分吸光度之和，即

$$A=A_1+A_2+\cdots+A_n \tag{16.13}$$

此规律称为吸光度的加和性。根据吸光度的加和性，可以进行多组分的测定。

假设溶液中含 A、B 两组分，可按下列三种情况进行定量测定，如图 16.11 所示。

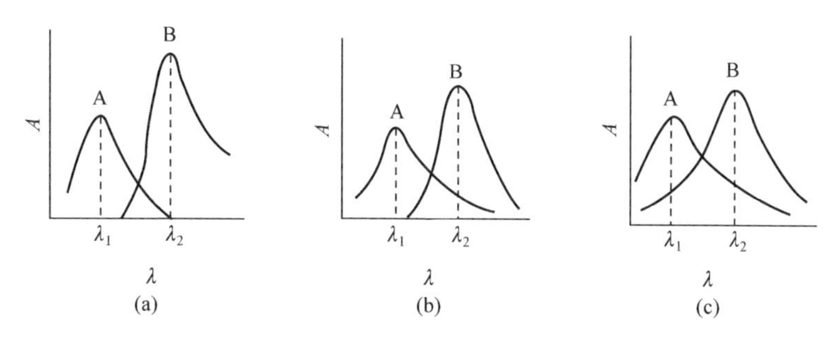

图 16.11　多组分的吸收曲线

1. 两组分互不干扰

若两组分互不干扰,可分别在 λ_1、λ_2 处测定溶液的吸光度,见图 16.11(a)。

2. 两组分中一组分对另一组分干扰

若组分 A 对组分 B 的测定有干扰,但组分 B 对组分 A 无干扰,这时可根据吸光度的加和性,求得两组分的吸光度,见图 16.11(b)。

3. 两组分相互干扰

若两组分相互干扰,见图 16.11(c)。首先在 λ_1 测定混合物吸光度 $A_{\lambda_1}(A+B)$ 以及纯组分 A、B 的 $\varepsilon_{\lambda_1}(A)$、$\varepsilon_{\lambda_1}(B)$。然后在 λ_2 测定混合物吸光度 $A_{\lambda_2}(A+B)$ 及纯组分 A、B 的 $\varepsilon_{\lambda_2}(A)$、$\varepsilon_{\lambda_2}(B)$。根据吸光度加和性原则,联立下列方程

$$A_{\lambda_1}(A+B)=\varepsilon_{\lambda_1}(A)\,bc(A)+\varepsilon_{\lambda_1}(B)bc(B) \tag{16.14}$$

$$A_{\lambda_2}(A+B)=\varepsilon_{\lambda_2}(A)bc(A)+\varepsilon_{\lambda_2}(B)bc(B) \tag{16.15}$$

式中,$\varepsilon_{\lambda_1}(A)$、$\varepsilon_{\lambda_1}(B)$、$\varepsilon_{\lambda_2}(A)$、$\varepsilon_{\lambda_2}(B)$ 均由已知浓度 A、B 的纯溶液测得;试液中的 $A_{\lambda_1}(A+B)$,$A_{\lambda_2}(A+B)$ 由实验测得,通过联立方程即可求出 A、B 组分的含量。

对于含有更多组分的复杂体系,则采用计算机辅助的分光光度法,实现了不经分离就可同时测定多种组分,具有快速、高效等优点,现已被广泛应用在医药和食品的检测中。

习　题

1. 朗伯-比尔定律的物理意义是什么?什么是吸收曲线?什么是标准曲线?
2. 摩尔吸光系数 ε 的物理含义是什么?它与哪些因素有关?
3. 分光光度法的误差来源有哪些?
4. 用分光光度法测定样品时,什么情况下可用溶剂作空白溶液?
5. 将下列吸光度换算为透光度。

   (1) 0.00　(2) 0.50　(3) 0.75　(4) 1.00
6. 将下列透光度换算为吸光度。

   (1) 100%　(2) 60%　(3) 20%　(4) 10%
7. 某有色溶液在 3.0cm 的比色皿中测得透光度为 40.0%,比色皿厚度为 2.0cm 时的透光度和吸光度各为多少?
8. 用邻二氮菲光度法测定 Fe(Ⅱ)含量时,称取试样 0.500g,显色定容为 50.0mL。用 1.0cm 的比色皿在 510nm 波长下测得吸光度 $A=0.430$。计算试样中铁的质量分数;当溶液稀释 1 倍后,透光度是多少?已知 $\varepsilon_{510}=1.1\times10^4\,L\cdot mol^{-1}\cdot cm^{-1}$。
9. 根据下列数据绘制磺基水杨酸光度法测定 Fe^{3+} 的工作曲线。准确称取 0.4317g 铁铵矾 $NH_4Fe(SO_4)_2\cdot12H_2O$ 溶于水后,定容至 500mL 配制成标准溶液,再取不同体积标准溶液于 50mL 容量瓶中,显色定容后,在 510nm 处测得吸光度如下:

$V(Fe^{2+})$/mL	1.00	2.00	3.00	4.00	5.00	6.00
A	0.097	0.200	0.304	0.408	0.510	0.618

测定某含 Fe^{3+} 试液时,取 5.00mL 试液稀释定容至 250.0mL,再取稀释液 2.00mL 于 50mL 容量瓶中,用与标准溶液同样方法显色定容后,测得吸光度为 0.420,计算试液中 Fe^{3+} 的质量浓度 $\rho(Fe^{3+})$(以 $g\cdot L^{-1}$ 表示)。

10. 用分光光度法测定含有两种配合物 x 和 y 的溶液的吸光度(b=1.0cm)，数据如下：

溶液	c/mol·L^{-1}	A_1(λ_1=285nm)	A_2(λ_2=365nm)
x	5.0×10^{-4}	0.053	0.430
y	1.0×10^{-3}	0.950	0.050
x+y	未知	0.640	0.370

计算未知液中 x 和 y 的浓度。

11. 测定某有色溶液时以试剂空白作参比，用 1cm 比色皿在最大波长处测得 A=1.120，已知有色溶液的 ε=2.5×10^4 L·mol^{-1}·cm^{-1}。若采用示差法，使其测量误差最小，同样适用 1cm 比色皿测定上述溶液，则参比溶液的浓度为多少？

第十七章　电位分析法

电化学分析法是根据溶液中物质的电化学性质与含量之间的关系作为计量基础而建立的一种仪器分析方法。根据测定的物理量不同，电化学分析法分为电位法、库仑法、极谱法。本章重点介绍电位分析法。

第一节　电位分析法基本原理

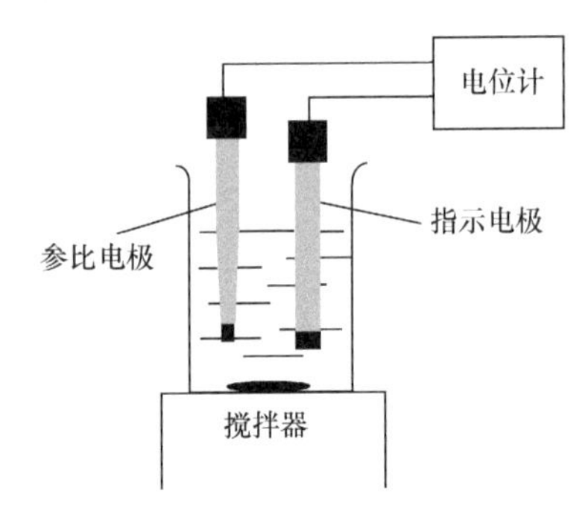

图 17.1　电极电势测量体系

电位分析法是通过测量电极电势来测定物质含量的一种分析方法。电位分析又分两类，即直接电位法和电位滴定法。无论直接电位法还是电位滴定法，测量体系都需要两个电极与测量溶液直接接触，其相连导线又与电位计等连接构成一个化学电池通路，如图 17.1 所示。将能够对溶液中参与半反应离子的活度或不同氧化态的离子的活度产生能斯特响应的电极称为指示电极，也称工作电极；另外一个与被测物质无关的，仅提供测量电位参考的电极称为参比电极，常见的参比电极有标准氢电极、甘汞电极、Ag-AgCl 电极等。

一、指示电极

根据材料的不同，指示电极可以分为金属电极、金属-金属难溶盐电极、惰性金属电极、膜电极、酶电极等。

1. 金属电极

金属电极由金属与其金属离子溶液组成。例如，将银丝浸入硝酸银溶液中构成了银电极，将锌棒插入硝酸锌溶液中构成了锌电极。例如，对于金属电极反应：

$$M^{n+} + ne^- = M$$

根据能斯特方程，电极电势为

$$\varphi(M^{n+}/M) = \varphi^{\ominus}(M^{n+}/M) + \frac{0.0592V}{n}\lg a(M^{n+}) \qquad (17.1)$$

测该电极的电极电势可知溶液中金属离子活度的变化，故能测定分离离子浓度。此类电极有 Ag、Cu、Zn、Cd、Pd、Hg 等。

2. 金属-金属难溶盐电极

金属-金属难溶盐电极由金属与金属难溶盐浸入该难溶盐的阴离子溶液中构成。常见的金属-金属难溶盐电极有 Ag-AgCl 电极、$Hg\text{-}Hg_2Cl_2$ 电极（也称甘汞电极）等。

对于 $Hg\text{-}Hg_2Cl_2$ 电极，其电极反应为

$$Hg_2Cl_2(s)+2e^- \rightleftharpoons 2Hg(l)+2Cl^-$$

其电极电势(25℃)：

$$\varphi(Hg_2Cl_2/Hg)=\varphi^\ominus(Hg_2Cl_2/Hg)-\frac{0.0592V}{2}\lg a^2(Cl^-)=\varphi^\ominus(Hg_2Cl_2/Hg)-0.0592V\lg a(Cl^-) \tag{17.2}$$

对于 Ag-AgCl 电极，其电极反应：

$$AgCl(s)+e^- \rightleftharpoons Ag(s)+Cl^-$$

其电极电势(25℃)：

$$\varphi(AgCl/Ag)=\varphi^\ominus(AgCl/Ag)-0.0592V\lg a(Cl^-) \tag{17.3}$$

此类电极的电极电势可反映难溶盐阴离子活度的大小。

3. 惰性金属电极

惰性电极由一惰性金属(如铂、碳、金等)浸入可溶性的电解质溶液中构成，此类电极本身不参与电极反应，仅作为氧化还原电对在其上交换电子的媒介，起传导电流的作用，同时这类电极的电极电势反映溶液中氧化还原态活度的比值。

例如，将 Pt 片或 Pt 丝浸入含有 Fe^{2+} 和 Fe^{3+} 的溶液中，则构成了 Fe^{3+}/Fe^{2+} 电极：

电池符号：　$Pt|Fe^{3+}[a(Fe^{3+})], Fe^{2+}[a(Fe^{2+})]$

电极反应：

$$Fe^{3+}+e^- \rightleftharpoons Fe^{2+}$$

其电极电势(25℃)：

$$\varphi=\varphi^\ominus(Fe^{3+}/Fe^{2+})+0.0592V\lg\frac{a(Fe^{3+})}{a(Fe^{2+})} \tag{17.4}$$

4. 膜电极

这一类电极由不同材料的膜制成，主要指的是离子选择性电极。由于种类繁多，在电极膜/溶液界面上所产生的电势差机理比较复杂，无简单统一理论解释。其统一的性质是组成电极响应膜/溶液界面上不发生电子交换反应，其膜电位可以反映特定离子的活度(或浓度)。

$$\varphi=常数\pm\frac{RT}{nF}\ln a_{离子} \tag{17.5}$$

式中，+为正离子；−为负离子；n 为离子的电荷数。

二、参比电极

参比电极是测量电池电动势，计算电极电势的基准。参比电极的电极电势的稳定性直接影响测定结果的准确性。因此，通常对参比电极的要求如下：电极电势已知且稳定性好，不受试液组成变化影响，电极反应有较好的可逆性，重现性好，容易制备且经久耐用。

1. 标准氢电极

标准氢电极(SHE)是确定电极电势的基准(一级标准)电极。规定标准电极电势值为零。电极反应为

$$H^+(aq,a=1.0mol\cdot L^{-1})+e^- \rightleftharpoons \frac{1}{2}H_2(g,100kPa)$$

氢电极的电池符号为

$$Pt, H_2(p) \mid H^+(aq, a=1.0mol \cdot L^{-1})$$

25℃时电极电势为

$$\varphi(H^+/H_2)=\varphi^{\ominus}(H^+/H_2)+\frac{0.0592V}{2}\lg\frac{[c(H^+)/c^{\ominus}]^2}{p(H^+)/p^{\ominus}} \tag{17.6}$$

由于标准氢电极制作麻烦,实际工作中常用甘汞电极和Ag-AgCl电极作参比电极。

2. 甘汞电极和Ag-AgCl电极

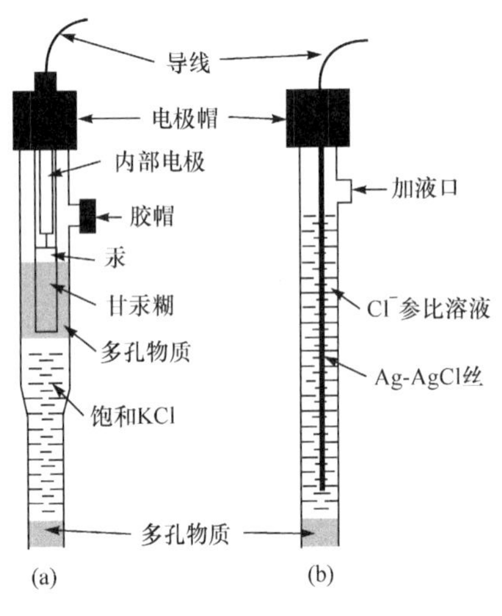

图17.2　甘汞电极(a)和银-氯化银电极(b)

甘汞电极是由金属汞和甘汞(Hg_2Cl_2)及KCl溶液组成的电极。其结构如图17.2(a)所示,它由两个玻璃套管组成,内玻璃管中将铂丝浸入汞与氯化亚汞的糊状物中,并以氯化亚汞的氯化钾溶液作内充液。将银丝镀上一层氯化银沉淀,浸在用氯化银饱和的一定浓度的氯化钾溶液中,即构成了Ag-AgCl参比电极,其结构如图17.2(b)所示。

甘汞电极和Ag-AgCl参比电极的电极电势主要取决于Cl^-的活度,当Cl^-的活度一定时,其电极电势是个定值。因此,实验室常用的是饱和的甘汞电极。表17.1和表17.2分别为几种不同浓度KCl溶液的甘汞电极和Ag-AgCl电极的电极电势。

表17.1　甘汞电极的电极电势(vs. SHE)(25℃)

名称	KCl溶液的浓度	电极电势 φ/V
0.1mol·L⁻¹甘汞电极	0.1mol·L⁻¹	+0.3365
标准甘汞电极(NCE)	1.0mol·L⁻¹	+0.2828
饱和甘汞电极(SCE)	饱和溶液	+0.2438

表17.2　Ag-AgCl电极的电极电势(vs. SHE)(25℃)

名称	KCl溶液的浓度	电极电势 φ/V
0.1mol·L⁻¹ Ag-AgCl电极	0.1mol·L⁻¹	+0.2880
标准Ag-AgCl电极	1.0mol·L⁻¹	+0.2223
饱和Ag-AgCl电极	饱和溶液	+0.2000

三、电池电动势的测量

具体测量过程是:选择合适的参比电极和指示电极,然后将它们浸入准备好的待测溶液中构成原电池,再用适当的方法测定此原电池的电动势,根据测得的电动势计算待测物质的含量。因此,准确测定原电池的电动势是准确进行电位分析的前提。一般的伏特计不能满足准确测量原电池电动势的要求。因为需要一定的电流才能使其指针发生偏转，这必然会引起参与电极反应的有关离子浓度发生改变，当电流通过原电池时，电池本身的内阻会引起一定的电势降，所以伏特计上的读数低于原电池的电动势。因此，为了得到原电池电动势的准确结果，必须在无显著电流通过的条件下进行测定，电位差计和高阻抗伏特计可以满足这一要求，故测定原电池电动势的常用仪器是电位差计和高阻抗伏特计。

电位差计采用的是补偿法测定原理，可保证在测定过程中无电流通过原电池，这样既不会引起参与电极反应的有关离子浓度的变化，也不存在电池内阻引起的原电池电动势测量的误差，可以准确测得原电池的电动势。

将高阻值可变电阻与灵敏电流计串联，可构成高阻抗伏特计，采用了阻值极高的可变电阻，使得通过原电池的电流减小，因而不会引起参与电极反应的有关离子浓度的显著变化，即不会引起原电池电动势的显著变化。采用了高阻抗可变电阻，使得原电池内阻引起的电势降变得很小，可忽略不计。因此，高阻抗伏特计可准确测定原电池的电动势。

第二节　直接电位法

一、离子选择性电极

离子选择性电极是一类利用膜电位测定溶液中离子的活度（或浓度）的电化学传感器，因此也称膜电极，这类电极有一层特殊的电极膜，此电极膜对特定的离子具有选择性响应，当它和含待测离子的溶液相接触时，在它的敏感膜和溶液的相界面上产生与该离子活度直接有关的膜电位，且电极膜电位与待测离子含量之间的关系符合能斯特公式，因此能够实现对待测离子的定量测定。这类电极由于具有选择性好、平衡时间短的特点，是电位分析法用得最多的指示电极。根据电极敏感膜的不同特性，国际纯粹与应用化学联合会（IUPAC）对离子选择性电极进行了如图 17.3 的分类。

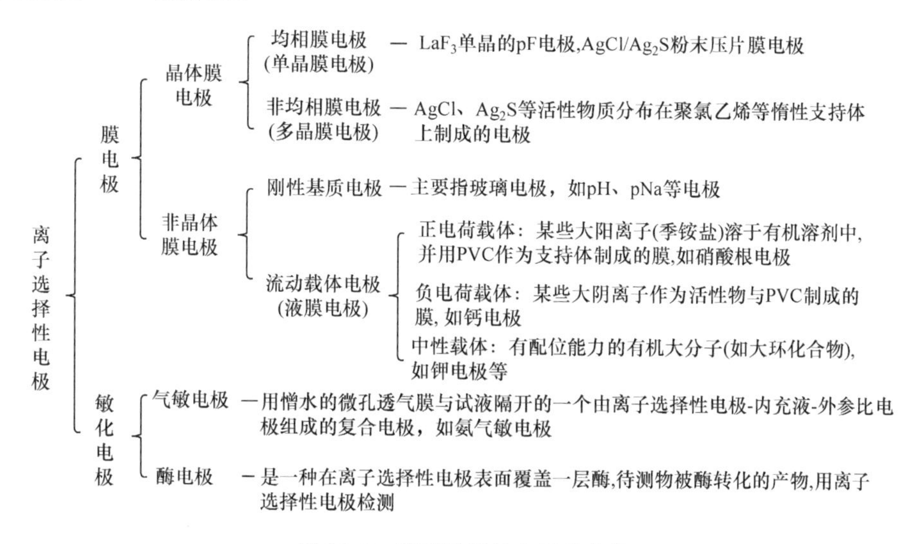

图 17.3　离子选择性电极的分类

二、膜电位

离子选择性电极膜电位是膜内扩散电位和膜与电解质溶液形成的内外界面的界面电位的代数和。

1. 扩散电位

在两种不同离子或离子相同而活度不同的液/液界面或固体内部,当离子从浓度高的一侧向浓度低的一侧扩散时,由离子扩散速度的不同而造成的电势差,称为扩散电位。其中,液/液界面之间产生的扩散电位也称液接电位。在离子选择性电极中,扩散电位是膜电位的组成部分,它存在于膜相内部。扩散电位可表示为

$$\varphi_{\mathrm{d}}=\frac{RT}{F}\int_{1}^{2}\sum\frac{t_i}{n_i}\ln a_i \tag{17.7}$$

式中,n_i,t_i分别为离子的电荷数和迁移数。在最简单的情况下,$n_+=n_-=1$,$a_+=a_-=a$时,方程可以简化为

$$\varphi_{\mathrm{d}}=\frac{RT}{F}(t_+-t_-)\ln\frac{a_{i(2)}}{a_{i(1)}} \tag{17.8}$$

由式(17.8)可知,当正、负离子的迁移数相等时,扩散电位等于0,这就是在盐桥中选用正负离子的迁移数相等,消除液接电位的根据。

2. 界面电位

离子选择性电极发展至今,被测离子在电极界面上的响应机理并不能用一个统一的理论模型来解释。但对被测正、负离子从溶液到电极界面所造成的两相界面电位差,仍可表示为

$$\varphi_{\mathrm{d}}=k\pm\frac{RT}{nF}\ln\frac{a_{相1}}{a_{相2}} \tag{17.9}$$

通常所使用的离子选择性电极,都有两个相界面,所以应包含两项界面电位差,如图17.4所示。

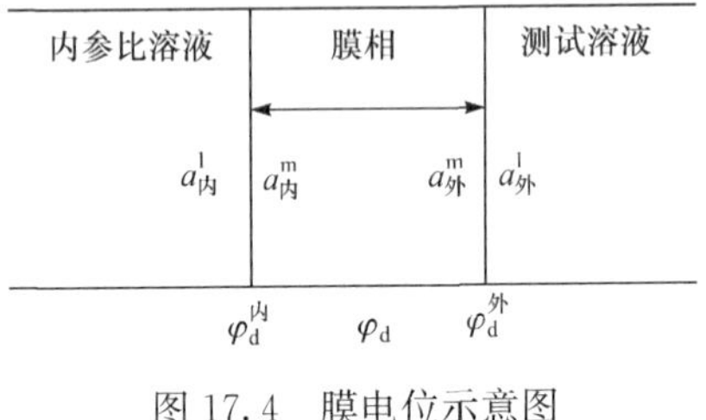

图17.4　膜电位示意图

3. 膜电位

膜电位方程可表示为

$$\varphi_{膜}=\varphi^{外}_{\mathrm{D}}+\varphi_{\mathrm{d}}+\varphi^{内}_{\mathrm{D}} \tag{17.10}$$

图17.4示意出离子选择性电极的膜电位分布情况。可以认为在一个电极膜中,$a^{\mathrm{m}}_{外}$、$a^{\mathrm{m}}_{内}$、φ_{d}保持恒定不变,所以膜电位方程可表示为

$$\varphi_{膜}=k'\pm\frac{RT}{nF}\ln\frac{a^{\mathrm{l}}_{外}}{a^{\mathrm{l}}_{内}} \tag{17.11}$$

式中,$a^{\mathrm{l}}_{内}$不变,因此式(17.11)可以变为

$$\varphi_{膜}=k'\pm\frac{RT}{nF}\ln a_{离子} \quad (17.12)$$

式中，+为正离子；−为负离子；n 为离子的电荷数。

三、离子选择性电极电势的测量

离子选择性电极电势为内参比电极电势与膜电位之和，即

$$\varphi_{ISE}=\varphi_{内参比}+\varphi_{膜} \quad (17.13)$$

又因 $\varphi_{内参比}$ 通常为一常数，所以离子选择性电极电势可表示为

$$\varphi_{ISE}=k'\pm\frac{RT}{nF}\ln a_{外}^{1} \quad (17.14)$$

根据测量电池的电池符号，电池电动势应为

$$\varphi_{电池}=\varphi_{右}-\varphi_{左}=\varphi_{SCE}-\varphi_{ISE}=K\pm\frac{RT}{nF}\ln a_{外}^{1} \quad (17.15)$$

式中，K 为常数。根据式(17.15)，测定由离子选择性电极和参比电极组成的原电池的电动势，可以计算待测溶液中离子的活度（或浓度）。

四、离子选择性电极类型

1. 玻璃电极

玻璃电极是用于测定溶液 pH 的电极。玻璃电极是最早使用的离子选择性电极，它对 H^+ 具有高度的选择性，用来测定溶液的 pH。玻璃电极端部通常为圆球形的玻璃薄膜，膜的厚度约为 0.1mm，玻璃管内装有一定 pH 的缓冲溶液和插入 Ag-AgCl 电极作为内参比电极。结构如图 17.5 所示。玻璃电极又分为单玻璃膜电极[图 17.5(a)]和复合电极[图 17.5(b)]两种，后者集指示电极和参比电极于一体，使用更加方便。

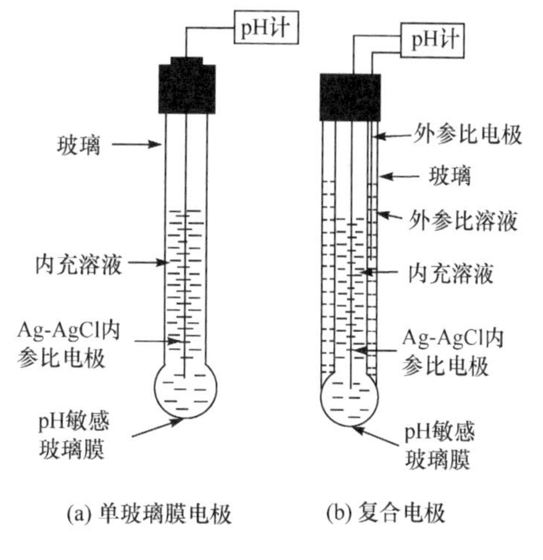

图 17.5　玻璃电极

玻璃电极中内参比电极的电势是恒定的，与待测溶液的 pH 无关。玻璃电极之所以能测定溶液的 pH，是由于玻璃膜产生的膜电位与待测溶液的 pH 有关。用于构建玻璃膜的石英是纯的 SiO_2 结构，它没有可供离子交换的电荷点，所以没有响应离子的功能，当玻璃中加入 Na_2O 后，使部分Si—O 键断裂，生成固定的带负电荷的 Si—O 骨架，Na^+ 就可能在骨架的网络中活动，因此电荷的传导也由 Na^+ 来担任。

使用前，玻璃电极必须在水溶液中浸泡一定时间，使玻璃膜的外表面形成了水合硅胶层。由于内参比溶液的作用，玻璃的内表面同样也形成了内水合硅胶层。当浸泡好的玻璃电极浸入待测溶液时，水合层与溶液接触，由于硅胶层表面和溶液的 H^+ 活度不同，从而形成活度差，H^+ 便从活度大的一方向活度小的一方迁移，硅胶层与溶液中的 H^+ 建立了平衡，改变了胶/液

两相界面的电荷分布,从而产生一定的相界电位。同理,在玻璃膜内侧水合硅胶层/内部溶液界面也存在一定的相界电位,如图 17.6 所示。

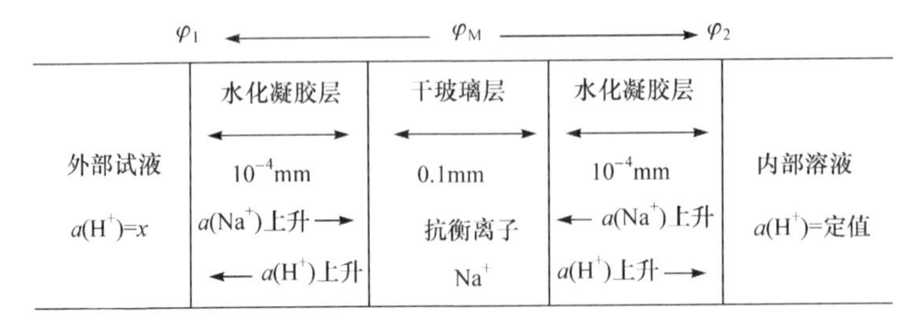

图 17.6　水化玻璃膜的组成

因此,玻璃膜的电势主要取决于内外两个水化层与溶液的相界电位,可表示为

$$\varphi_M=\varphi_1-\varphi_2=K+\frac{RT}{nF}\ln a(H^+) \tag{17.16}$$

在 25℃时,pH 玻璃电极电势与 pH 的关系是

$$\varphi_M=K'-0.0592\text{VpH} \tag{17.17}$$

式中,常数项 K'包括内参比电极电势及不对称电势等。如果用已知 pH 的溶液标定有关常数,则由测得的玻璃电极电势可求得待测溶液的 pH。

玻璃电极对阳离子的选择性与玻璃成分有关,若在玻璃中引入 Al_2O_3 或 B_2O_3 成分,则可以增加对碱金属的响应能力。在碱性范围内,玻璃电极电势由碱金属离子的活度决定,而与溶液 pH 无关,这种玻璃电极称为 pM 玻璃电极。pM 玻璃电极中最常用的是 pNa 电极,用来测定溶液中钠离子的活度(或浓度)。

2. 氟离子选择性晶体膜电极

这类膜电极一般是难溶盐的晶体,且这些晶体具有离子导电的作用。晶体膜电极又可分为均相、非均相膜电极。均相膜电极由一种化合物的单晶或几种化合物混合均匀的多晶压片而制成;非均相膜由多晶中掺杂惰性物质经热压制成。几种常用晶体膜电极结构如图 17.7 所示。

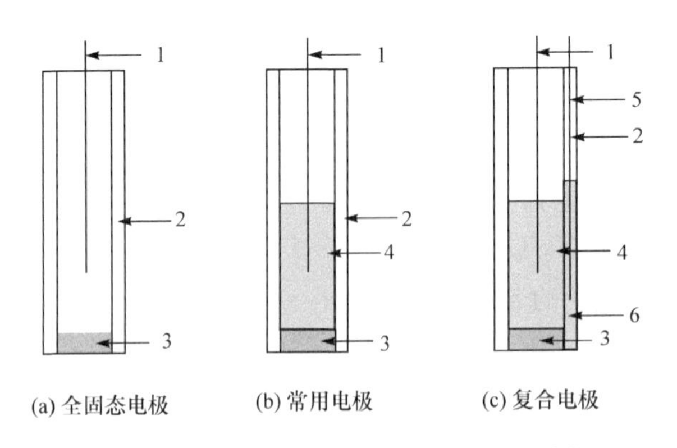

图 17.7　离子选择性晶体膜电极的基本结构

1. 内参比电极;2. 电极腔体;3. 敏感膜;4. 内参比溶液;5. 外参比电极;6. 外参比溶液

氟离子选择性电极的敏感膜为LaF_3单晶膜，为了提高膜的电导率，在其中掺杂了Eu^{2+}和Ca^{2+}。二价离子的引入，导致LaF_3晶格缺陷增多，增强了膜的导电性，所以这种敏感膜的电阻一般小于2MΩ。常用的氟电极的单晶膜封在聚四氟乙烯管中，管中充入0.1mol·L^{-1}的NaF和0.1mol·L^{-1}的NaCl作为内参比溶液，插入Ag-AgCl电极作为内参比电极，其结构如图17.8所示。

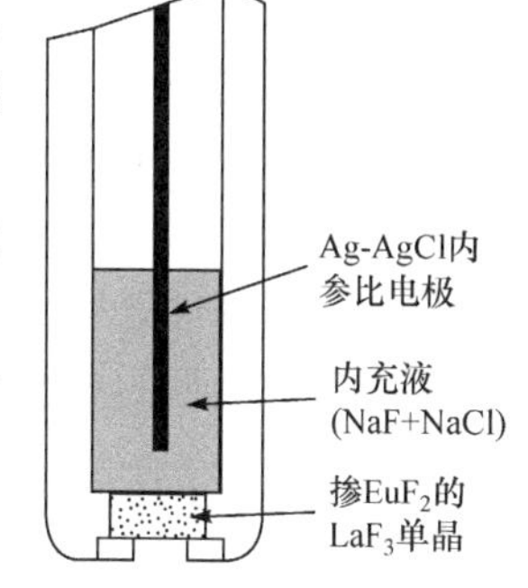

图17.8　氟离子选择性电极

由于溶液中的氟离子能扩散进入膜相的缺陷空穴，而膜相中的氟离子也能够进入溶液中，因此将电极插入待测离子溶液中后，在两相界面上会建立双电层结构而产生相间电位：

$$\varphi=k-\frac{RT}{F}\ln a(F^-) \tag{17.18}$$

25℃时：

$$\varphi=k-0.0592V\ln a(F^-) \tag{17.19}$$

式中，k为常数；φ为氟离子选择性电极电势；$a(F^-)$为氟离子活度。由式(17.19)可知，其电极电势φ与氟离子活度有关，因此测定氟离子选择性电极的电极电势可以计算溶液中氟离子的活度(或浓度)。

3. 液膜电极

液膜电极也称流动载体电极，它和玻璃电极不同，玻璃电极的载体是固定不动的，液膜电极的载体是可以流动的，但不能离开膜，而离子可以自由穿过膜。液膜电极一般是由含有离子交换剂的憎水性多孔膜、含有离子交换剂的有机相、内参比溶液和参比电极构成的。如图17.9所示。

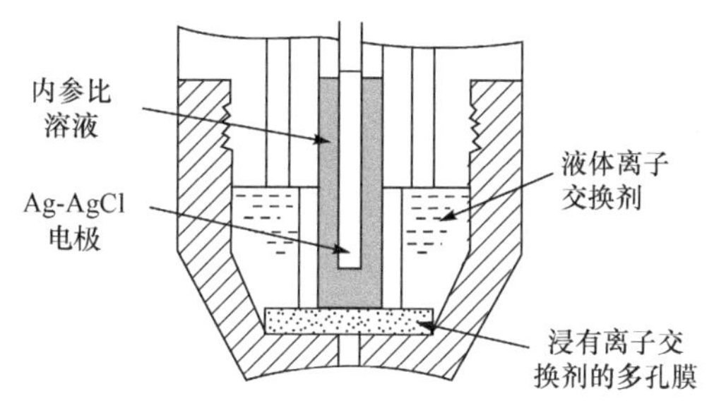

图17.9　液膜电极

液膜电极的流动载体膜也可以制成类似固态的固化膜，如聚氯乙烯(PVC)膜电极。它是将一定比例的离子交换剂先溶于一定的有机溶剂后，再加入PVC粉末，混匀后溶于四氢呋喃中，在玻璃板上铺开，溶剂挥发后形成膜。与一般的流动载体膜相比，这种膜的稳定性和寿命有很大的提高。常见的液膜电极有：硝酸根离子选择性电极、钙离子选择性电极、钾离子选择性电极等。

1) 硝酸根离子选择性电极

硝酸根离子选择性电极的电活性物质是带正电荷的载体，如季铵类硝酸盐，先将它溶于有机溶剂(如邻硝基苯十二烷醚)中，然后将次溶液再与含有PVC的四氢呋喃溶液混合，铺于平板玻璃上，溶剂挥发后即可构成电极，其电极电势为

$$\varphi=k-\frac{RT}{F}\ln a(NO_3^-) \tag{17.20}$$

2) 钙离子选择性电极

它的电活性物质是带负电荷的载体，如二癸基磷酸钙，用苯基磷酸二正辛酯作为溶剂，放入微孔膜中，构成电极，其电极电势为

$$\varphi = k + \frac{RT}{2F}\ln a(\mathrm{Ca^{2+}}) \tag{17.21}$$

3) 钾离子选择性电极

钾离子选择性电极的载体是一种电中性的、具有空腔结构的大分子化合物,如大环状冠醚化合物(如二甲基-二苯并 30-冠醚-10),它可以与钾离子进行配位,将其配合物作为载体即可构建钾离子选择性电极用于对钾离子的高选择性检测。

还有其他类型的离子选择性电极,如气敏电极、酶电极、细菌电极等。

五、离子选择性电极的选择性

1. 能斯特响应斜率、线性范围与检出限

以离子选择性电极的电势或电池的电动势对响应离子活度(或浓度)的对数作图,如图 17.10 所示,所得曲线称为校准曲线。若这种响应变化服从能斯特方程,则称它为能斯特响应。此校准曲线的直线部分所对应的离子活度范围称为离子选择性电极响应的线性范围(图 17.10,CD)。该直线的斜率为电极的实际响应斜率(S),理论斜率为 $59.2/n$ (mV),S 也称为极差。当活度很低时,曲线就逐渐弯曲,图 17.10 中 CD 和 AB 延长线的交点所对应的活度 a_i 称为检出限。

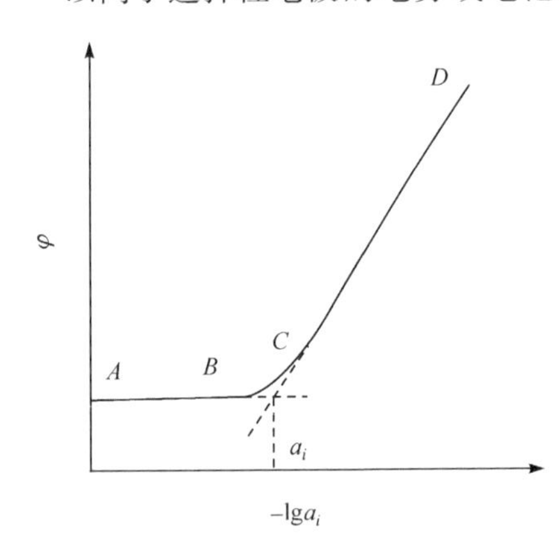

图 17.10　电极校准曲线

2. 选择性系数

离子选择性电极除对特定离子有响应外,溶液中的共存离子对电极电势也有贡献,形成对待测离子的干扰,这时电极电势可写成

$$\varphi = 常数 \pm \frac{2.303RT}{n_i F}\lg\left(a_i + \sum_j k_{ij} a_j^{n_i/n_j}\right) \tag{17.22}$$

式中,i 为待测离子;j 为共存离子;n_i为待测离子的电荷数;第二项对正离子取+,对负离子取-;k_{ij} 为选择性系数,它表示电极对干扰离子的响应与对待测离子响应之比,该值越小,说明电极对待测离子的选择性越好,即 i 离子抗 j 离子干扰的能力越大。如某 pH 玻璃电极对 Na^+ 的选择性系数 $k_{H^+,Na^+} = 10^{-11}$,表示该电极对 H^+ 的响应比对 Na^+ 的响应灵敏 10^{11} 倍,k_{ij} 的倒数称为选择比,表示在溶液中干扰离子的活度 a_j 和主要离子的活度 a_i 之比为多大时,离子选择性电极对两种离子活度的响应电位相等。k_{ij} 是一个常数,其数值可以从某些手册中查到,但无严格的定量关系,常受很多因素影响,可以通过实验测定。

3. 响应时间

IUPAC 将响应时间定义为静态响应时间,是指从离子选择性电极和参比电极一起从接触溶液开始到电极电势达到稳定值(波动在 1mV 内)为止,在此期间所经过的时间,也称为实际响应时间。

膜电位的产生是响应离子在敏感膜表面扩散建立双电层的结果,因此电极达到这一平衡

所需要的时间取决于敏感膜的结构和性质。一般来说，晶体膜的响应时间较短，而液膜的响应则涉及表面的化学反应过程，因此达到平衡的时间较长。此外，响应时间还与响应离子的扩散速率、浓度、共存离子的种类、溶液温度等因素有关。即扩散速率快，则响应时间短；响应离子浓度低，达到平衡就慢；溶液温度高，响应速率会加快。在实际工作中，通常采用搅拌溶液的方法来加快扩散速率，缩短响应时间。

六、直接电位测量方法

1. 离子活度测定基本原理

用离子选择性电极测定有关离子活度(或浓度)都是基于膜电位或其电极电势与离子活度的对数呈线性关系。测定时，用离子选择性电极作为指示电极，选择合适的参比电极，将其共同浸入待测溶液中构成原电池，测量该电池的电动势，然后根据能斯特方程计算待测离子的活度(或浓度)。

例如，使用氟离子选择性电极测定试液中 F^- 活度时，常选用甘汞电极作为参比电极，插入试液中共同组成如下原电池：

氟离子选择性电极 | 试液 ‖ 甘汞电极

$$\underbrace{Ag,AgCl|NaCl,NaF|LaF_3|试液}_{\varphi_{玻}} \underset{\varphi_{液}}{\|} \underbrace{KCl\ (饱和)|Hg_2Cl_2,Hg}_{\varphi_{参}}$$

$\varphi_{液}$ 为液接电位，在一定条件下为一定值，实际工作中，盐桥的使用可使之降低至 1～2mV，故在一般情况下可以忽略。

因此，该原电池的电动势(25℃)为

$$\varepsilon=\varphi_{参}+\varphi_{液}-\varphi_{玻}=K'+0.0592V\lg a(F^-) \tag{17.23}$$

在一定条件下 K' 为一常数，它与参比电极的电极电势、液界电位及氟电极内参比溶液的活度有关。该公式表明，该原电池电动势 ε 与氟离子活度的对数呈线性关系，这是定量测定的基础。

对于各种离子选择性电极，可以得出一般公式：

$$\varepsilon=K'\pm\frac{2.303RT}{nF}\lg a_i=K'\pm\frac{0.0592V}{n}\lg a_i \tag{17.24}$$

式中，n 为离子的电荷数，当离子选择性电极作负极时，对阳离子响应的电极，K' 后面取负号；对阴离子响应的电极，K' 后面取正号。反之，当离子选择性电极为原电池正极时，对阳离子响应的电极，K' 后面取正号；对阴离子响应的电极，K' 后面取负号。

2. 离子活(浓)度的测定方法

1) 标准曲线法

将离子选择性电极与参比电极插入一系列已知活(浓)度的标准溶液中，测出相应的电动势。然后以测得的电动势值对应的 $\lg a_i$($\lg c_i$)绘制标准曲线。在同样条件下测定待测溶液的电动势 ε_x，在标准曲线上查出相应的 $\lg a_x$，再计算待测溶液中的离子含量 $a_x(c_i)$，如图 17.11 所示。

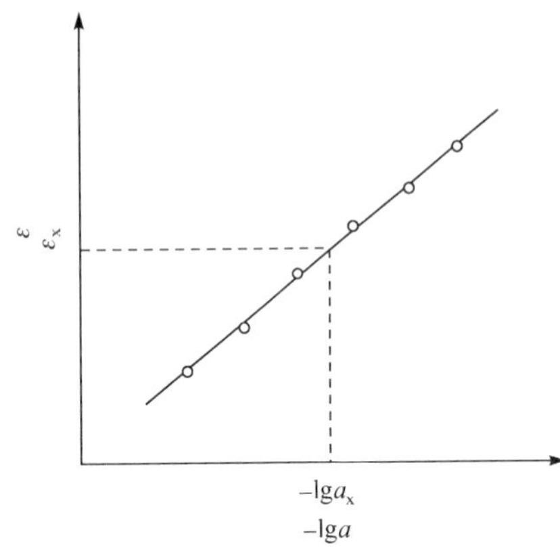

图 17.11　标准曲线法测离子活度(浓度)

制作标准曲线时,要求标准溶液和待测溶液具有恒定的离子强度,可加入离子强度调节剂。离子强度调节剂是浓度很大的电解质溶液,对测定离子没有干扰,并维持适宜酸度,含适宜的配位剂以消除干扰离子。

例如,测定 F^- 浓度时,应加入"总离子强度调节缓冲剂"(TISAB),其作用除恒定离子强度外,还起缓冲溶液及掩蔽干扰离子的作用。

2) 标准加入法

针对待测溶液成分较复杂,离子强度较大,且溶液中存在能引起被测离子发生副反应的配位剂,所以不能使用标准曲线法进行定量分析,常使用标准加入法来测出离子的活度或浓度。

标准加入法是将一定体积和一定浓度的标准溶液加入已知体积的待测试液中,根据加入前后电势的变化 $\Delta\varepsilon$ 计算待测离子的含量。如待测溶液加入离子强度调节剂后的体积为 V,被测定离子总浓度为 c_x,游离离子浓度和离子总浓度的比值为 x_i,试液中被测离子的活度系数为 γ_i,则组成原电池的电动势(ε_1)为

$$\varepsilon_1 = K' \pm \frac{2.303RT}{nF} \lg a_i \tag{17.25}$$

将活度换算成浓度,则

$$\varepsilon_1 = K' \pm \frac{2.303RT}{nF} \lg \gamma_i x_i c_x \tag{17.26}$$

然后向试液中加入一小体积 V_s(约为试液体积 V 的 1%)的待测离子的标准溶液(浓度 c_s 约为待测溶液浓度 c_x 的 100 倍),混合均匀后,再测得原电池的电动势 ε_2 为

$$\varepsilon_2 = K' \pm \frac{2.303RT}{nF} \lg \gamma_i x_i (c_x + \Delta c) \tag{17.27}$$

式中,Δc 为加入标准溶液后试液中待测离子浓度的增加量。

$$\Delta c = \frac{c_s V_s}{V + V_s} \approx \frac{c_s V_s}{V}$$

式(17.26)减去式(17.27)可得

$$\begin{aligned}\Delta\varepsilon &= \varepsilon_1 - \varepsilon_2 = \pm \frac{2.303RT}{nF} \lg \frac{c_x + \Delta c}{c_x} \\ &= \pm \frac{2.303RT}{nF} \lg\left(1 + \frac{\Delta c}{c_x}\right) \\ &= \pm S \lg\left(1 + \frac{\Delta c}{c_x}\right)\end{aligned}$$

即

$$S \lg\left(1 + \frac{\Delta c}{c_x}\right) = \pm \Delta\varepsilon \tag{17.28}$$

因 $\left(1 + \frac{\Delta c}{c_x}\right) > 1$,故 $S \lg\left(1 + \frac{\Delta c}{c_x}\right) > 0$,即不管任何情况,$\pm\Delta\varepsilon$ 必为正值,故可用 $|\Delta\varepsilon|$ 取代公式中的 $\pm\Delta\varepsilon$,即

$$c_x = \frac{\Delta c}{10^{|\Delta\varepsilon|/S} - 1}$$

进行标准加入法测定的关键是标准溶液的加入量。如果标准溶液加入量过少，则 $\Delta\varepsilon$ 太小，测量误差则较大，如果标准溶液加入量过大，会引起 γ_i 和 x_i 的明显变化，因而也会引起误差增大。标准加入法的优点是仅需一种标准溶液，操作简单快速，适用于组成比较复杂样品的分析，用该法测定的是溶液中离子的总浓度。

3. 直接电位法测定溶液的 pH

测定溶液的 pH，常使用玻璃电极作为指示电极、甘汞电极作为参比电极，与待测溶液组成原电池：

(－)pH 玻璃电极|待测试液或标准溶液‖饱和甘汞电极(＋)

则电池电动势：

$$\varepsilon = \varphi_{SCE} - \varphi_{ISE} = K - \frac{RT}{F}\ln a(H^+) \tag{17.29}$$

根据 pH 的定义：

$$pH = -\lg a(H^+)$$

25℃时电池电动势和溶液的 pH 之间的关系为

$$\varepsilon = K + 2.303\frac{RT}{F}pH \tag{17.30}$$

常数项 K 除包括内、外参比电极电势等常数外，还包括难以测量与计算的液界电位和不对称电位等，因此不能由测量的电动势直接计算溶液的 pH，而必须与标准溶液同时进行测量相比较才能得到结果。实际操作时，为了消去常数项的影响，同已知 pH 的标准缓冲溶液相比较，即

$$\varepsilon_s = K + 2.303\frac{RT}{F}pH_s \tag{17.31}$$

$$\varepsilon_x = K_x + 2.303\frac{RT}{F}pH_x \tag{17.32}$$

测量条件不变，$K'_x = K'_s$，两式相减得

$$pH_x = pH_s + \frac{(\varepsilon_x - \varepsilon_s)F}{2.303RT} \tag{17.33}$$

式(17.33)中，pH_s 为已确定的值，通过测 ε_s 和 ε_x 的值，就可得知 pH_x。此式是用酸度计测定溶液 pH 的基础。

pH 计是一台高阻抗输入的毫伏计，两次测定的是 $\varepsilon_x - \varepsilon_s$，测定的方法是校准曲线法的改进。定位过程就是用标准缓冲溶液调整校准曲线的截距；温度校准是调整校准曲线的斜率。经过上述操作后，pH 计的刻度就符合校准曲线的要求，可以对未知溶液进行测定。测定的准确度首先取决于标准缓冲溶液 pH_s 的准确度，其次是标准溶液和待测溶液组成接近的程度，后者直接影响到包含液接电位的常数项是否相同。常用的标准缓冲溶液的 pH 如表 17.3 所示。

表 17.3　标准缓冲溶液的 pH

温度/℃	草酸氢钠 (0.05mol·L^{-1})	酒石酸氢钾 (0.05mol·L^{-1})	邻苯二甲酸氢钾 (0.05mol·L^{-1})	KH_2PO_4-(0.025mol·L^{-1}) Na_2HPO_4 (0.025mol·L^{-1})	硼砂 (0.025mol·L^{-1})	氢氧化钙 (25℃饱和)
0	1.666	—	4.003	6.984	9.464	13.423
10	1.670	—	3.998	6.923	9.332	13.003
20	1.675	—	4.002	6.881	9.225	12.627
25	1.679	3.557	4.005	6.865	9.180	12.454
30	1.683	3.552	4.015	6.853	9.139	12.289
35	1.688	3.549	4.024	6.844	9.102	12.133
40	1.694	3.547	4.035	6.838	9.068	11.984

使用 pH 计测定溶液 pH 时，应注意以下几点：

(1) 测定前玻璃电极应先在纯水中浸泡 24h 以上，使电极薄膜充分水化，减小不对称电位并增加稳定性。

(2) 校正 pH 计时使用的标准缓冲溶液的 pH_s 应与被测试液的 pH_x 尽量接近，这样测得的结果误差较小，一般两者的 pH 相差不大于 3。

(3) 满足能斯特响应的校准曲线的斜率与温度有关，因此测定时应使被测试液与标准缓冲溶液温度相同，并应调节 pH。

(4) 普通 pH 玻璃电极只适用于 pH＝1～9 溶液 pH 的测定。当 pH 过低(pH＜1)时，测得的 pH 偏高，这种误差称为“酸差”，产生“酸差”的原因目前还不是很明确。当 pH 过高(pH＞9)时或 Na^+ 浓度较高时，测得的 pH 偏低，这种误差称为“碱差”，也称“钠差”。碱差是由于在溶胀层和溶液之间发生的离子交换反应不但有 H^+ 参与，还有 Na^+ 参加，因而 Na^+ 对膜电位也有贡献，因此电极电势反映出来的 H^+ 活度会有所增加，导致 pH 降低。目前生产出的钾玻璃 pH 电极可以显著降低“碱差”，适宜测定范围可以扩大到 pH＝1～14。

第三节　电位滴定法

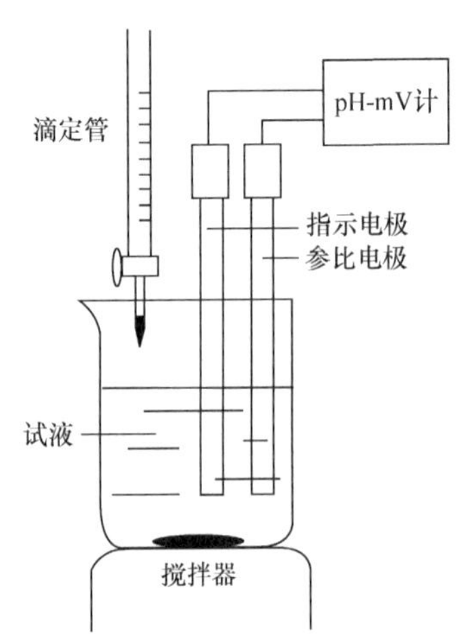

图 17.12　电位滴定基本仪器装置

电位滴定法是在滴定过程中通过测量电动势变化以确定滴定终点的方法，在滴定到达终点前后，滴液中待测离子的浓度往往连续变化 n 个数量级，从而引起电池电动势的突跃，被测成分的含量可以通过消耗滴定剂的量来计算。和直接电位法相比，电位滴定法不需要准确地测量电极电势值，因此温度、液接电位的影响并不重要，其准确度优于直接电位法。

电位滴定的装置如图 17.12 所示。进行电位滴定时，被测溶液中插入一个参比电极和一个指示电极组成电池。使用不同的指示电极，电位滴定法可以进行酸碱滴定、氧化还原滴定、配位滴定和沉淀滴定等。例如，酸碱滴定时使用

pH 玻璃电极为指示电极；在氧化还原滴定中，可以用铂电极作指示电极；在配位滴定中，若用 EDTA 作滴定剂，可以用汞电极作指示电极；在沉淀滴定中，若用硝酸银滴定卤素离子，可以用银电极作指示电极。用于各种滴定法的电极如表 17.4 所示。

表 17.4　用于各种滴定法的电极

滴定方法	参比电极	指示电极
酸碱滴定	甘汞电极	玻璃电极、锑电极
沉淀滴定	甘汞电极、玻璃电极	银电极、硫化银薄膜电极等离子选择性电极
氧化还原滴定	甘汞电极、钨电极	铂电极
配位滴定	甘汞电极	汞电极、银电极、氟离子和钙离子选择性电极等

在滴定过程中，随着滴定剂的不断加入，由于发生化学反应，被测离子的浓度不断变化，电池电动势也不断发生变化，在达到滴定终点附近则发生电动势的突跃，说明滴定到达终点。因此，通过测量电池电动势的变化，可确定滴定终点。在电位滴定操作过程中，每滴加一定体积的滴定剂，测定一次电池电动势，直到超过化学计量点为止。在化学计量点附近，适当增加测定点数，一般每增加 0.1～0.2mL 滴定剂就测量一次电动势。为了便于计算，此时每次加入的量应该相等。表 17.5 是用 0.1mol · L^{-1} $AgNO_3$ 标准溶液滴定氯离子时所得到的数据。

表 17.5　以 0.1mol · L^{-1} $AgNO_3$ 标准溶液滴定 NaCl 溶液

加入 $AgNO_3$ 的体积 V/mL	ε/V	(Δε/ΔV)/(V · mL^{-1})	($\Delta^2\varepsilon/\Delta V^2$)/(V · mL^{-2})
5.0	0.062		
		0.002	
15.0	0.085		
		0.004	
20.0	0.107		
		0.008	
22.0	0.123		
		0.015	
23.0	0.138		
		0.016	
23.50	0.146		
		0.050	
23.80	0.161		
		0.065	
24.00	0.174		
		0.09	
24.10	0.183		
		0.11	
24.20	0.194		2.8
		0.39	
24.30	0.233		4.4
		0.83	
24.40	0.316		−5.9
		0.24	
24.50	0.340		−1.3
		0.11	
24.60	0.351		−0.4
		0.07	
24.70	0.358		
		0.050	
25.00	0.373		
		0.024	
25.5	0.385		
		0.022	
26.0	0.396		
		0.015	
28.0	0.426		

在电位滴定中，滴定终点的确定方法有 ε-V 曲线法、$\Delta\varepsilon/\Delta V$-$V$ 曲线法、$\Delta^2\varepsilon/\Delta^2V$-$V$ 曲

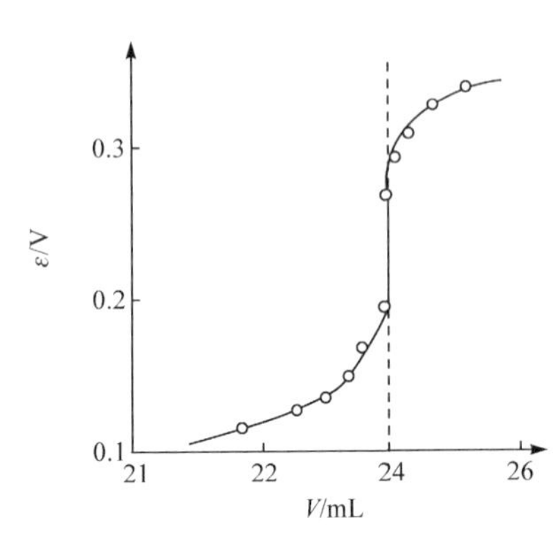

图 17.13　ε-V 曲线

线法。

一、ε-V 曲线法

以加入滴定剂体积 V 为横坐标，以电动势 ε 为纵坐标，绘制 ε-V 曲线，见图 17.13。曲线上的转折点即为滴定的终点。此法对于滴定突跃很小的体系滴定终点不容易判断。

二、Δε/ΔV-V 曲线法

Δε/ΔV-V 又称一阶微商法。Δε/ΔV 为 ε 的变化值与对应加入滴定体积的增量的比，例如，在 24.10mL 和 24.20mL 之间为

$$\frac{\Delta\varepsilon}{\Delta V}=\frac{0.194\text{V}-0.183\text{V}}{24.20\text{mL}-24.10\text{mL}}=0.11\text{V}\cdot\text{mL}^{-1}$$

用表 17.15 中 Δε/ΔV 值对 V 作图，可得如图 17.14 的曲线，曲线最高点对应的体积 V 即为滴定终点。用此法作图确定终点较为准确，但处理较烦琐，故可用二阶微商法，通过计算求得滴定终点。

三、Δ²ε/ΔV²-V 曲线法

$\Delta^2\varepsilon/\Delta V^2$-$V$ 又称二阶微商法。一阶微商曲线 dε/dV-V 的极大值正是二阶微商 $d^2\varepsilon/dV^2=0$，该点即为终点，见图 17.15。

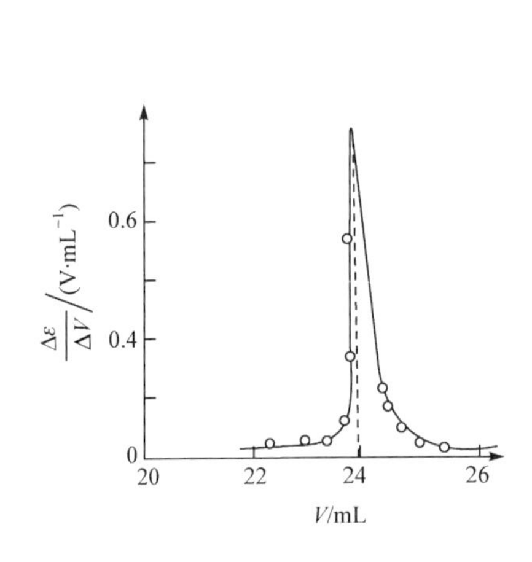

图 17.14　Δε/ΔV-V 曲线

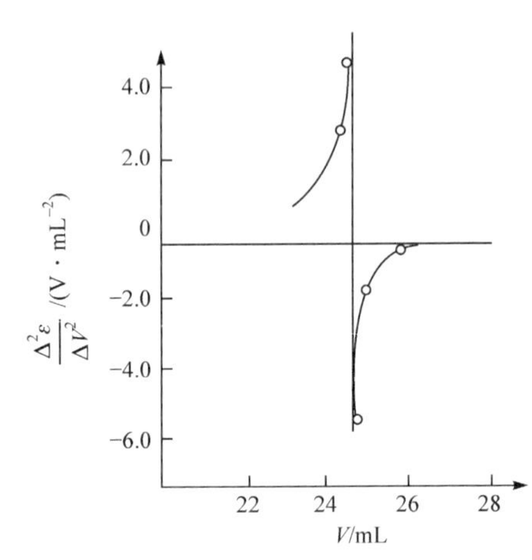

图 17.15　$\Delta^2\varepsilon/\Delta V^2$-$V$ 曲线

计算方法如下：

对应于 24.30mL

$$\frac{\Delta^2\varepsilon}{\Delta V^2}=\frac{\left(\frac{\Delta\varepsilon}{\Delta V}\right)_{24.35\text{mL}}-\left(\frac{\Delta\varepsilon}{\Delta V}\right)_{24.25\text{mL}}}{V_{24.35\text{mL}}-V_{24.25\text{mL}}}=\frac{0.83\text{V}\cdot\text{mL}^{-1}-0.39\text{V}\cdot\text{mL}^{-1}}{24.35\text{mL}-24.25\text{mL}}=+4.4\text{V}\cdot\text{mL}^{-2}$$

对应于 24.40mL

$$\frac{\Delta^2 \varepsilon}{\Delta V^2}=\frac{\left(\frac{\Delta \varepsilon}{\Delta V}\right)_{24.45\text{mL}}-\left(\frac{\Delta \varepsilon}{\Delta V}\right)_{24.35\text{mL}}}{V_{24.45\text{mL}}-V_{24.35\text{mL}}}=\frac{0.24\text{V}\cdot\text{mL}^{-1}-0.83\text{V}\cdot\text{mL}^{-1}}{24.45\text{mL}-24.35\text{mL}}=-5.9\text{V}\cdot\text{mL}^{-2}$$

二阶微商为 $d^2\varepsilon/dV^2=0$ 时的终点，故滴定终点应在 $d^2\varepsilon/dV^2=+4.4$ 和 $d^2\varepsilon/dV^2=-5.9$ 所对应的体积之间，即在 24.30～24.40mL。加入 $AgNO_3$ 溶液体积从 24.30mL 到 24.40mL 时，$\Delta^2\varepsilon/\Delta V^2$ 的变化值为 10.3，设终点体积为 V_e 时，$d^2\varepsilon/dV^2=0$ 即为终点，则

$$(24.40-24.30):(-5.9-4.4)=(V_e-24.30):(0-4.4)$$

$$V_e=24.30\text{mL}$$

上述计算滴定终点体积的方法称为内插法。为减少内插法的误差，临近滴定终点时测定点要密集些，即每次加入的滴定剂体积不宜过大。

习　题

1. 什么是电位分析法？电位分析法有哪两种类型？它们各有什么特点？
2. 计算下列电池的电动势，并标明电极的正负：

   $Ag,AgCl|NaCl(0.100mol\cdot L^{-1}),NaF(0.001mol\cdot L^{-1})|LaF_3$ 单晶膜 $|KF(0.100mol\cdot L^{-1})\|SCE$

   已知，$\varphi(AgCl/Ag)=0.288V$，$\varphi_{SCE}=0.244V$。
3. 对于下述电池：

   $Pt|Cr^{3+}(1.0\times10^{-4}mol\cdot L^{-1}),Cr^{2+}(1.0\times10^{-1}mol\cdot L^{-1})\|Pb^{2+}(8.0\times10^{-2}mol\cdot L^{-1})|Pb$

   (1) 写出两电极上的半电池反应；

   (2) 计算电池的电动势；假设温度为25℃，活度系数均等于 1。

   已知　$Cr^{3+}+e^- \rightleftharpoons Cr^{2+}$　　$\varphi^\ominus=-0.4V$

   　　　$Pb^{2+}+2e^- \rightleftharpoons Pb$　　$\varphi^\ominus=-0.126V$
4. 简述 pH 玻璃电极的结构及其工作原理。
5. 用氟离子选择电极测定水样中的氟离子的含量，取水样 25.00mL 加入离子强度调节缓冲液定容至 50mL，测得电势值为 137mV（对甘汞电极），再加入 1.00mL 浓度为 $1.00\times10^{-3}mol\cdot L^{-1}$ 的标准氟溶液，测得其电势值为 117mV（对甘汞电极）。氟电极的响应斜率为 58.0mV/pF（$1pF=10^{-1}mol\cdot L^{-1}$），不考虑稀释效应的影响，计算水中 F^- 的浓度。
6. 用钙离子选择性电极测量溶液中的 Ca^{2+} 的浓度。将其插入 25.00mL 溶液中，以参比电极为正极组成化学电池，25℃时测得电动势为 0.4695V，加入 1.00mL $CaCl_2$ 标准溶液（$5.45\times10^{-2}mol\cdot L^{-1}$）后，电动势降至 0.4117V。计算样品溶液中 Ca^{2+} 的浓度。
7. 钾离子选择性电极对铵离子选择性系数为 0.02，以 Ag-AgCl 为内参比电极[$\varphi^\ominus(AgCl/Ag)=0.222V$]，$0.01mol\cdot L^{-1}$ KCl 为内参比溶液，不考虑离子强度的影响，计算它在 $0.01mol\cdot L^{-1}(NH_4)_2SO_4$ 溶液中的电势。
8. 在配位滴定时，采用 pM 电极来指示终点。如在用 EDTA 滴定 Ca^{2+} 时，先在溶液中加入少量 Cu^{2+}，然后用 Cu^{2+}-ISE 来指示滴定中 Ca^{2+} 的浓度变化。如果 EDTA 和 Ca^{2+} 的浓度均为 $0.02mol\cdot L^{-1}$，加入的 Cu^{2+} 的浓度为 $1\times10^{-4}mol\cdot L^{-1}$（不计体积变化），且已知 $K(Ca\text{-}EDTA)=1.0\times10^{10.69}$，$K(Cu\text{-}EDTA)=1.0\times10^{18.80}$，试求滴定过程中两次突跃时的 φ_{sp1} 和 φ_{sp2}。[$\varphi^\ominus(Cu^{2+}/ISE)=0.337V$，忽略不计 pH 影响及共存离子对电极响应的干扰]。

参 考 文 献

华彤文，王颖霞，卞江，等. 2013. 普通化学原理. 4 版. 北京：北京大学出版社.

李克安. 2006. 分析化学教程. 北京：北京大学出版社.

刘密新，罗国安，张新荣，等. 2002. 仪器分析. 2 版. 北京：清华大学出版社.

刘霞. 2017. 大学化学. 2 版. 北京：中国农业大学出版社.

王运，胡先文. 2016. 无机及分析化学. 4 版. 北京：科学出版社.

武汉大学. 2016. 分析化学. 6 版. 北京：高等教育出版社.

谢吉民. 2015. 基础化学. 3 版. 北京：科学出版社.

赵士铎. 2007. 定量分析. 3 版. 北京：中国农业大学出版社.

郑雪凌，沈萍，孙义. 2017. 无机及分析化学. 北京：化学工业出版社.

朱明华. 2008. 仪器分析. 4 版. 北京：高等教育出版社.

Raulf H P, William S H. 2004. General Chemistry. 8th ed. 北京：高等教育出版社.

附　　录

附录一　一些重要的物理常数

物理量	符号及数值
真空中的光速	$c=2.997\ 924\ 58\times10^{8}\mathrm{m\cdot s^{-1}}$
电子的电荷	$e=1.602\ 177\ 33\times10^{-19}\mathrm{C}$
原子质量单位	$\mathrm{u}=1.660\ 540\ 2\times10^{-27}\mathrm{kg}$
质子静质量	$m_p=1.672\ 623\ 1\times10^{-27}\mathrm{kg}$
中子静质量	$m_n=1.674\ 954\ 3\times10^{-27}\mathrm{kg}$
电子静质量	$m_e=9.109\ 389\ 7\times10^{-31}\mathrm{kg}$
理想气体摩尔体积	$V_m=2.241\ 410\times10^{-2}\mathrm{m^3\cdot mol^{-1}}$
摩尔气体常量	$R=8.314\ 510\mathrm{J\cdot mol^{-1}\cdot K^{-1}}$
阿伏伽德罗常量	$N_A=6.022\ 136\ 7\times10^{23}\mathrm{mol^{-1}}$
里德伯常量	$R_\infty=1.097\ 373\ 153\ 4\times10^{7}\mathrm{m^{-1}}$
法拉第常量	$F=9.648\ 530\ 9\times10^{4}\mathrm{C\cdot mol^{-1}}$
普朗克常量	$h=6.626\ 075\ 5\times10^{-34}\mathrm{J\cdot s}$
玻尔兹曼常量	$k=1.380\ 658\times10^{-23}\mathrm{J\cdot K^{-1}}$

附录二　一些物质的 $\Delta_f H_m^\ominus$，$\Delta_f G_m^\ominus$ 和 $S_m^\ominus$(298.15K)

物质	$\Delta_f H_m^\ominus/(\mathrm{kJ\cdot mol^{-1}})$	$\Delta_f G_m^\ominus/(\mathrm{kJ\cdot mol^{-1}})$	$S_m^\ominus/(\mathrm{J\cdot mol^{-1}\cdot K^{-1}})$
Ag(s)	0	0	42.6
Ag^+(aq)	105.4	76.98	72.8
AgCl(s)	−127.1	−110	96.2
AgBr(s)	−100	−97.1	107
AgI(s)	−61.9	−66.1	116
$AgNO_2$(s)	−45.1	19.1	128
$AgNO_3$(s)	−124.4	−33.5	141
Ag_2O(s)	−31.0	−11.2	121
Ag_2CO_3	−505.8	−437.1	167.4
Al(s)	0	0	28.3
Al_2O_3(s,刚玉)	−1676	−1582	50.9
Al^{3+}(aq)	−531	−485	−322
AsH_3(g)	66.4	68.9	222.67
AsF_3(l)	−821.3	−774.0	181.2
As_4O_6(s,单斜)	−1309.6	−1154.0	234.3
Au(s)	0	0	47.3

续表

物质	$\Delta_f H_m^\ominus/(kJ \cdot mol^{-1})$	$\Delta_f G_m^\ominus/(kJ \cdot mol^{-1})$	$S_m^\ominus/(J \cdot mol^{-1} \cdot K^{-1})$
$Au_2O_3(s)$	80.8	163	126
$B(s)$	0	0	5.85
$B_2H_6(g)$	35.6	86.6	232
$B_2O_3(s)$	−1272.8	−1193.7	54.0
$B(OH)_4^-(aq)$	−1343.9	−1153.1	102.5
$H_3BO_3(s)$	−1094.5	−969.0	88.8
$Ba(s)$	0	0	62.8
$Ba^{2+}(aq)$	−537.6	−560.7	9.6
$BaO(s)$	−553.5	−525.1	70.4
$BaCO_3(s)$	−1216	−1138	112
$BaSO_4(s)$	−1473	−1362	132
$Br_2(g)$	30.91	3.14	245.35
$Br_2(l)$	0	0	152.2
$Br^-(aq)$	−121	−104	82.4
$HBr(g)$	−36.4	−53.6	198.7
$HBrO_3(aq)$	−67.1	−18	161.5
C(s,金刚石)	1.9	2.9	2.4
C(s,石墨)	0	0	5.73
$CH_4(g)$	−74.8	−50.8	186.2
$C_2H_4(g)$	52.3	68.2	219.4
$C_2H_6(g)$	−84.68	−32.89	229.5
$C_2H_2(g)$	226.75	209.20	200.82
$CH_2O(g)$	−115.9	−110	218.7
$CH_3OH(g)$	−201.2	−161.9	238
$CH_3OH(l)$	−238.7	−166.4	127
$CH_3CHO(g)$	−166.4	−133.7	266
$C_2H_5OH(g)$	−235.3	−168.6	282
$C_2H_5OH(l)$	−277.6	−174.9	161
$CH_3COOH(l)$	−484.5	−390	160
$CH_3COOH(aq)$	−488.44	−399.61	179
$CH_3COO^-(aq)$	−488.86	−372.46	86.6
$C_6H_{12}O_6(s)$	−1274.4	−910.5	212
$CO(g)$	−110.5	−137.2	197.6
$CO_2(g)$	−393.5	−394.4	213.6
$Ca(s)$	0	0	41.4
$Ca^{2+}(aq)$	−542.7	−553.5	−53.1
$CaO(s)$	−635.1	−604.2	39.7
$CaCO_3$(s,方解石)	−1206.9	−1128.8	92.9
$CaC_2O_4(s)$	−1360.6	—	—
$Ca(OH)_2(s)$	−986.1	−896.8	83.39
$CaSO_4(s)$	−1434.1	−1321.9	107
$CaSO_4 \cdot 1/2H_2O(s)$	−1577	−1437	130.5
$CaSO_4 \cdot 2H_2O(s)$	−2023	−1797	194.1
$Ce^{3+}(aq)$	−700.4	−676	−205
$CeO_2(s)$	−1083	−1025	62.3
$Cl_2(g)$	0	0	223
$Cl^-(aq)$	−167.2	−131.3	56.5

续表

物质	$\Delta_f H_m^\ominus$/(kJ·mol^{-1})	$\Delta_f G_m^\ominus$/(kJ·mol^{-1})	$S_m^\ominus$/(J·mol^{-1}·K^{-1})
ClO^-(aq)	−107.1	−36.8	41.8
HCl(g)	−92.5	−95.4	186.6
HClO(aq,非解离)	−121	−79.9	142
$HClO_3$(aq)	104.0	−8.03	162
$HClO_4$(aq)	−9.70	—	—
Co(s)	0	0	30.0
Co^{2+}(aq)	−58.2	−54.3	−113
$CoCl_2$(s)	−312.5	−270	109.2
$CoCl_2\cdot 6H_2O$(s)	−2115	−1725	343
Cr(s)	0	0	23.77
CrO_4^{2-}(aq)	−881.1	−728	50.2
$Cr_2O_7^{2-}$(aq)	−1490	−1301	262
Cr_2O_3(s)	−1140	−1058	81.2
CrO_3(s)	−589.5	−506.3	—
$(NH_4)_2Cr_2O_7$(s)	−1807	—	—
Cu(s)	0	0	33
Cu^+(aq)	71.5	50.2	41
Cu^{2+}(aq)	64.77	65.52	−99.6
Cu_2O(s)	−169	−146	93.3
CuO(s)	−157	−130	42.7
$CuSO_4$(s)	−771.5	−661.9	109
$CuSO_4\cdot 5H_2O$(s)	−2321	−1880	300
F_2(g)	0	0	202.7
F^-(aq)	−333	−279	−14
HF(g)	−271	−273	174
Fe(s)	0	0	27.3
Fe^{2+}(aq)	−89.1	−78.6	−138
Fe^{3+}(aq)	−48.5	−4.6	−316
FeO(s)	−272	—	—
Fe_2O_3(s)	−824	−742.2	87.4
Fe_3O_4(s)	−1118	−1015	146
$Fe(OH)_2$(s)	−569	−486.6	88
$Fe(OH)_3$(s)	−823.0	−696.6	107
H_2(g)	0	0	130
H^+(aq)	0	0	0
H_3O^+(aq)	−285.8	−237.2	69.96
H_2O(g)	−241.8	−228.6	188.7
H_2O(l)	−285.8	−237.2	69.91
H_2O_2(l)	−187.8	−120.4	109.6
OH^-(aq)	−230.0	−157.3	−10.8
Hg(l)	0	0	76.1
Hg^{2+}(aq)	171	164	−32
Hg_2^{2+}(aq)	172	153	84.5
HgO(s,红色)	−90.83	−58.56	70.3
HgO(s,黄色)	−90.4	−58.43	71.1
HgI_2(s,红色)	−105	−102	180
HgS(s,红色)	−58.1	−50.6	82.4
I_2(s)	0	0	116

续表

物质	$\Delta_f H_m^\ominus/(kJ \cdot mol^{-1})$	$\Delta_f G_m^\ominus/(kJ \cdot mol^{-1})$	$S_m^\ominus/(J \cdot mol^{-1} \cdot K^{-1})$
I_2(g)	62.4	19.4	261
I^-	−55.19	−51.59	111
HI(g)	26.5	1.72	207
HIO_3(s)	−230	—	—
K(s)	0	0	64.6
K^+(aq)	−252.4	−283	102
KCl(s)	−436.8	−409.2	82.59
K_2O(s)	−361	—	—
K_2O_2(s)	−494.1	−425.1	102
Li^+(aq)	−278.5	−293.3	13
Li_2O(s)	−597.9	−561.1	37.6
Mg(s)	0	0	32.7
Mg^{2+}(aq)	−466.9	−454.8	−138
$MgCl_2$(s)	−641.3	−591.8	89.62
MgO(s)	−601.7	−569.4	26.9
$MgCO_3$(s)	−1096	−1012	65.7
Mn(s)	0	0	32.0
Mn^{2+}(aq)	−220.7	−228	−73.6
MnO_2(s)	−520.1	−465.3	53.1
N_2(g)	0	0	192
NH_3(g)	−46.11	−16.5	192.3
$NH_3 \cdot H_2O$(aq,非解离)	−366.1	−263.8	181
N_2H_4(l)	50.6	149.2	121
NH_4Cl(s)	−315	−203	94.6
NH_4NO_3(s)	−366	−184	151
$(NH_4)_2SO_4$(s)	−901.9	—	187.5
NO(g)	90.4	86.6	210
NO_2(g)	33.2	51.5	240
N_2O(g)	81.55	103.6	220
N_2O_4(g)	9.16	97.82	304
HNO_3(l)	−174	−80.8	156
Na(s)	0	0	51.2
Na^+(aq)	−240	−262	59.0
NaCl(s)	−327.47	−248.15	72.1
$Na_2B_4O_7$(s)	−3291	−3096	189.5
$NaBO_2$(s)	−977.0	−920.7	73.5
Na_2CO_3(s)	−1130.7	−1044.5	135
$NaHCO_3$(s)	−950.8	−851.0	102
$NaNO_2$(s)	−358.7	−284.6	104
$NaNO_3$(s)	−467.9	−367.1	116.5
Na_2O(s)	−414	−375.5	75.06
Na_2O_2(s)	−510.9	−447.7	93.3
NaOH(s)	−425.6	−379.5	64.45
O_2(g)	0	0	205.03
O_3(g)	143	163	238.8
P(s,白)	0	0	41.1

续表

物质	$\Delta_f H_m^\ominus/(kJ\cdot mol^{-1})$	$\Delta_f G_m^\ominus/(kJ\cdot mol^{-1})$	$S_m^\ominus/(J\cdot mol^{-1}\cdot K^{-1})$
$PCl_3(g)$	−287	−268	311.7
$PCl_5(g)$	−398.9	−324.6	353
P_4O_{10}(s,六方)	−2984	−2698	228.9
Pb(s)	0	0	64.9
$Pb^{2+}(aq)$	−1.7	−24.4	10
PbO(s,黄色)	−215	−188	68.6
PbO(s,红色)	−219	−189	66.5
$Pb_3O_4(s)$	−718.4	−601.2	211
$PbO_2(s)$	−277	−217	68.6
PbS(s)	−100	−98.7	91.2
S(s,斜方)	0	0	31.8
$S^{2-}(aq)$	33.1	85.8	−14.6
$H_2S(g)$	−20.6	−33.6	206
$SO_2(g)$	−296.8	−300.2	248
$SO_3(g)$	−395.7	−371.1	256.6
$SO_3^{2-}(aq)$	−635.5	−486.6	−29
$SO_4^{2-}(aq)$	−909.27	−744.63	20
SiO_2(s,石英)	−910.9	−856.7	41.8
$SiF_4(g)$	−1614.9	−1572.7	282.4
$SiCl_4(l)$	−687.0	−619.9	239.7
Sn(s,白)	0	0	51.55
Sn(s,灰)	−2.1	0.13	44.14
$Sn^{2+}(aq)$	−8.8	−27.2	−16.7
SnO(s)	−286	−257	56.5
$SnO_2(s)$	−580.7	−519.6	52.3
$Sr^{2+}(aq)$	−545.8	−559.4	−32.6
SrO(s)	−592.0	−561.9	54.4
$SrCO_3(s)$	−1220	−1140	97.1
Ti(s)	0	0	30.6
TiO_2(s,金红石)	−944.7	−889.5	50.3
$TiCl_4(l)$	−804.2	−737.2	252.3
$V_2O_5(s)$	−1551	−1420	131
$WO_3(s)$	−842.9	−764.08	75.9
Zn(s)	0	0	41.6
$Zn^{2+}(aq)$	−153.9	−147.0	−112
ZnO(s)	−348.3	−318.3	43.6
ZnS(s,闪锌矿)	−206.0	−210.3	57.7

附录三　弱酸、弱碱在水中的解离常数 $K^{\ominus}$(25℃，$I=0$)

弱酸(弱碱)	分子式	$K_a^{\ominus}(K_b^{\ominus})$	$pK_a^{\ominus}(pK_b^{\ominus})$
砷酸	H_3AsO_4	$6.3\times10^{-3}(K_{a_1}^{\ominus})$	2.20
		$1.0\times10^{-7}(K_{a_2}^{\ominus})$	7.00
		$3.2\times10^{-12}(K_{a_3}^{\ominus})$	11.50
亚砷酸	$HAsO_2$	6.0×10^{-10}	9.22
硼酸	H_3BO_3	5.8×10^{-10}	9.24
焦硼酸	$H_2B_4O_7$	$1\times10^{-4}(K_{a_1}^{\ominus})$	4
		$1\times10^{-9}(K_{a_2}^{\ominus})$	9
碳酸	$H_2CO_3(CO_2+H_2O)$[1)]	$4.2\times10^{-7}(K_{a_1}^{\ominus})$	6.38
		$5.6\times10^{-11}(K_{a_2}^{\ominus})$	10.25
氢氰酸	HCN	6.2×10^{-10}	9.21
铬酸	H_2CrO_4	$1.8\times10^{-1}(K_{a_1}^{\ominus})$	0.74
		$3.2\times10^{-7}(K_{a_2}^{\ominus})$	6.50
氢氟酸	HF	6.6×10^{-4}	3.18
亚硝酸	HNO_2	5.1×10^{-4}	3.29
过氧化氢	H_2O_2	1.8×10^{-12}	11.75
磷酸	H_3PO_4	$7.6\times10^{-3}(K_{a_1}^{\ominus})$	2.12
		$6.3\times10^{-8}(K_{a_2}^{\ominus})$	7.20
		$4.4\times10^{-13}(K_{a_3}^{\ominus})$	12.36
焦磷酸	$H_4P_2O_7$	$3.0\times10^{-2}(K_{a_1}^{\ominus})$	1.52
		$4.4\times10^{-3}(K_{a_2}^{\ominus})$	2.36
		$2.5\times10^{-7}(K_{a_3}^{\ominus})$	6.60
		$5.6\times10^{-10}(K_{a_4}^{\ominus})$	9.25
亚磷酸	H_3PO_3	$5.0\times10^{-2}(K_{a_1}^{\ominus})$	1.30
		$2.5\times10^{-7}(K_{a_2}^{\ominus})$	6.60
氢硫酸	H_2S	$9.1\times10^{-8}(K_{a_1}^{\ominus})$	6.88
		$1.1\times10^{-12}(K_{a_2}^{\ominus})$	14.15
硫酸	HSO_4^-	$1.1\times10^{-12}(K_{a_2}^{\ominus})$	1.99

续表

弱酸(弱碱)	分子式	$K_a^\ominus(K_b^\ominus)$	$pK_a^\ominus(pK_b^\ominus)$
亚硫酸	$H_2SO_3(SO_2+H_2O)$	$1.3\times10^{-2}(K_{a_1}^\ominus)$	1.90
		$6.3\times10^{-8}(K_{a_2}^\ominus)$	7.20
偏硅酸	H_2SiO_3	$1.7\times10^{-10}(K_{a_1}^\ominus)$	9.77
		$1.6\times10^{-12}(K_{a_2}^\ominus)$	11.8
甲酸	HCOOH	1.8×10^{-4}	3.74
乙酸	CH_3COOH	1.8×10^{-5}	4.74
一氯乙酸	$CH_2ClCOOH$	1.4×10^{-3}	2.86
二氯乙酸	$CHCl_2COOH$	5.0×10^{-2}	1.30
三氯乙酸	CCl_3COOH	0.23	0.64
氨基乙酸盐	$^+NH_3CH_2COOH$	$4.5\times10^{-3}(K_{a_1}^\ominus)$	2.35
	$^+NH_3CH_2COO^-$	$2.5\times10^{-10}(K_{a_2}^\ominus)$	9.60
抗坏血酸	$C_6H_8O_6$	$5.0\times10^{-5}(K_{a_1}^\ominus)$	4.30
		$1.5\times10^{-10}(K_{a_2}^\ominus)$	9.82
乳酸	$CH_3CHOHCOOH$	1.4×10^{-4}	3.86
苯甲酸	C_6H_5COOH	6.2×10^{-5}	4.21
草酸	$H_2C_2O_4$	$5.9\times10^{-2}(K_{a_1}^\ominus)$	1.22
		$6.4\times10^{-5}(K_{a_2}^\ominus)$	4.19
d-酒石酸	CH(OH)COOH | CH(OH)COOH	$9.1\times10^{-4}(K_{a_1}^\ominus)$ $4.3\times10^{-5}(K_{a_2}^\ominus)$	3.04 4.37
邻苯二甲酸	$C_6H_4(COOH)_2$（苯环邻位 —COOH, —COOH）	$1.1\times10^{-3}(K_{a_1}^\ominus)$ $3.9\times10^{-5}(K_{a_2}^\ominus)$	2.95 5.41
柠檬酸	CH_2COOH | C(OH)COOH | CH_2COOH	$7.4\times10^{-4}(K_{a_1}^\ominus)$ $1.7\times10^{-5}(K_{a_2}^\ominus)$ $4.0\times10^{-7}(K_{a_3}^\ominus)$	3.13 4.76 6.40
苯酚	C_6H_5OH	1.1×10^{-10}	9.95
乙二胺四乙酸	H_6-$EDTA^{2+}$	$0.13(K_{a_1}^\ominus)$	0.9
	H_5-$EDTA^+$	$3\times10^{-2}(K_{a_2}^\ominus)$	1.6
	H_4-EDTA	$1\times10^{-2}(K_{a_3}^\ominus)$	2.0
	H_3-$EDTA^-$	$2.1\times10^{-3}(K_{a_4}^\ominus)$	2.67
	H_2-$EDTA^{2-}$	$6.9\times10^{-7}(K_{a_5}^\ominus)$	6.16
	H-$EDTA^{3-}$	$5.5\times10^{-11}(K_{a_6}^\ominus)$	10.26

续表

弱酸(弱碱)	分子式	$K_a^\ominus(K_b^\ominus)$	$pK_a^\ominus(pK_b^\ominus)$
氨水	NH_3	1.8×10^{-5}	4.74
联氨	H_2NNH_2	$3.0\times10^{-6}(K_{b_1}^\ominus)$	5.52
		$7.6\times10^{-15}(K_{b_2}^\ominus)$	14.12
羟胺	NH_2OH	9.1×10^{-9}	8.04
甲胺	CH_3NH_2	4.2×10^{-4}	3.38
乙胺	$C_2H_5NH_2$	5.6×10^{-4}	3.25
二甲胺	$(CH_3)_2NH$	1.2×10^{-4}	3.93
二乙胺	$(C_2H_5)_2NH$	1.3×10^{-3}	2.89
乙醇胺	$HOCH_2CH_2NH_2$	3.2×10^{-5}	4.50
三乙醇胺	$(HOCH_2CH_2)_3N$	5.8×10^{-7}	6.24
六亚甲基四胺	$(CH_2)_6N_4$	1.4×10^{-9}	8.85
乙二胺	$H_2NCH_2CH_2NH_2$	$8.5\times10^{-5}(K_{b_1}^\ominus)$	4.07
		$7.1\times10^{-8}(K_{b_2}^\ominus)$	7.15
吡啶		1.7×10^{-9}	8.77

1)如不计水合 CO_2,H_2CO_3 的 $pK_{a_1}^\ominus=3.76$。

附录四　常用缓冲溶液的 pH 范围

缓冲溶液	$pK_a^\ominus$	pH 有效范围
盐酸-甘氨酸($HCl-NH_2CH_2COOH$)	2.4	1.4～3.4
盐酸-邻苯二甲酸氢钾[$HCl-C_6H_4(COO)_2HK$]	3.1	2.2～4.0
柠檬酸-氢氧化钠[$C_3H_5O(COOH)_3-NaOH$]	2.9,4.1,5.8	2.2～6.5
甲酸-氢氧化钠(HCOOH-NaOH)	38	2.8～4.6
乙酸-乙酸钠($CH_3COOH-CH_3COONa$)	4.74	3.6～5.6
邻苯二甲酸氢钾-氢氧化钾[$C_6H_4(COO)_2HK-KOH$]	5.4	4.0～6.2
琥珀酸氢钠-琥珀酸钠$\left(\begin{matrix}CH_2COOH \\ \vert \\ CH_2COONa\end{matrix} - \begin{matrix}CH_2COONa \\ \vert \\ CH_2COONa\end{matrix}\right)$	5.5	4.8～5.3
柠檬酸氢二钠-氢氧化钠($C_3H_5O(COOH)_3Na_2-NaOH$)	5.8	5.0～6.3
磷酸二氢钾-氢氧化钠(KH_2PO_4-NaOH)	7.2	5.8～8.0
磷酸二氢钾-硼砂($KH_2PO_4-Na_2B_4O_7$)	7.2	5.8～9.2
磷酸二氢钾-磷酸氢二钾($KH_2PO_4-K_2HPO_4$)	7.2	5.9～8.0
硼酸-硼砂($H_3BO_3-Na_2B_4O_7$)	9.2	7.2～9.2
硼酸-氢氧化钠(H_3BO_3-NaOH)	9.2	8.0～10.0
甘氨酸-氢氧化钠($NH_2CH_2COOH-NaOH$)	9.7	8.2～10.1
氯化铵-氨水($NH_4Cl-NH_3 \cdot H_2O$)	9.3	8.3～10.3
碳酸氢钠-碳酸钠($NaHCO_3-Na_2CO_3$)	10.3	9.2～11.0
磷酸氢二钠-氢氧化钠(Na_2HPO_4-NaOH)	12.4	11.0～12.0

附录五　难溶电解质的溶度积常数(18～25℃)

化合物	$K_{sp}^{\ominus}$	化合物	$K_{sp}^{\ominus}$
氯化物 $PbCl_2$	1.6×10^{-5}	Ag_2CrO_4	9×10^{-12}
$AgCl$	1.56×10^{-10}	$PbCrO_4$	1.77×10^{-14}
Hg_2Cl_2	2×10^{-18}	碳酸盐 $MgCO_3$	2.6×10^{-5}
溴化物 $AgBr$	7.7×10^{-13}	$BaCO_3$	8.1×10^{-9}
碘化物 PbI_2	1.39×10^{-8}	$CaCO_3$	8.7×10^{-9}
AgI	1.5×10^{-16}	Ag_2CO_3	8.1×10^{-12}
Hg_2I_2	1.2×10^{-28}	$PbCO_3$	3.3×10^{-14}
氰化物 $AgCN$	1.2×10^{-16}	磷酸盐 $MgNH_4PO_4$	2.5×10^{-13}
硫氰化物 $AgSCN$	1.16×10^{-12}	草酸盐 MgC_2O_4	$8.57\times10^{-5\ -7}$
硫酸盐 Ag_2SO_4	1.6×10^{-5}	$BaC_2O_4\cdot2H_2O$	1.2×10
$CaSO_4$	2.45×10^{-5}	$CaC_2O_4\cdot H_2O$	2.57×10^{-9}
$SrSO_4$	2.8×10^{-7}	氢氧化物 $AgOH$	1.52×10^{-8}
$PbSO_4$	1.06×10^{-8}	$Ca(OH)_2$	5.5×10^{-6}
$BaSO_4$	1.08×10^{-10}	$Mg(OH)_2$	1.2×10^{-11}
硫化物 MnS	4.65×10^{-14}	$Mn(OH)_2$	4.0×10^{-14}
FeS	3.7×10^{-19}	$Fe(OH)_2$	1.64×10^{-14}
ZnS	1.2×10^{-23}	$Pb(OH)_2$	1.6×10^{-17}
PbS	3.4×10^{-28}	$Zn(OH)_2$	1.2×10^{-17}
CuS	8.5×10^{-45}	$Cu(OH)_2$	5.6×10^{-20}
HgS	4×10^{-53}	$Cr(OH)_3$	6×10^{-31}
Ag_2S	1.6×10^{-49}	$Al(OH)_3$	1.3×10^{-33}
铬酸盐 $BaCrO_4$	1.6×10^{-10}	$Fe(OH)_3$	1.1×10^{-36}

附录六　元素的原子半径(单位:pm)

ⅠA	ⅡA	ⅢB	ⅣB	ⅤB	ⅥB	ⅦB	Ⅷ			ⅠB	ⅡB	ⅢA	ⅣA	ⅤA	ⅥA	ⅦA	ⅧA
H — 37.1																	He — 54
Li 152.0 133.6	Be 111.3 90											B 98 79.5	C 91.4 77.2	N 92 54.9	O — 66	F — 64	Ne — 71
Na 185.8 153.9	Mg 159.9 136											Al 143.2 118	Si 117.6 112.6	P 110.5 94.7	S 103 104	Cl — 99.4	Ar — 98
K 227.2 196.2	Ca 197.4 174	Sc 164.1 144	Ti 144.8 132	V 131.1 122	Cr 124.9 118	Mn 136.6 117	Fe 124.1 117	Co 125.3 116	Ni 124.6 115	Cu 127.8 117	Zn 133.3 125	Ga 122.1 126	Ge 122.5 122	As 124.8 120	Se 116.1 117	Br — 114.2	Kr — 112
Rb 247.5 216	Sr 215.2 191	Y 180.3 162	Zr 159.0 145	Nb 142.9 134	Mo 136.3 130	Tc 135.2 127	Ru 132.5 125	Rh 134.5 125	Pd 137.6 128	Ag 144.5 134	Cd 149.0 148	In 162.6 144	Sn 140.5 141	Sb 145 140	Te 143.2 137	I — 133.3	Xe — 131
Cs 265.5 235	Ba 217.4 198	La 187.7 169	Hf 156.4 144	Ta 143 134	W 137.1 130	Re 137.1 128	Os 133.8 126	Ir 135.7 127	Pt 138.8 130	Au 144.2 134	Hg 150.3 149	Tl 170.4 148	Pb 175.0 147	Bi 154.8 146	Po 167.3 146	At — (145)	Rn
Fr	Ra	Ac 187.8 —															

Ce 182.4 165	Pr 182.8 165	Nd 182.2 164	Pm — 163	Sm 180.2 162	Eu 198.3 185	Gd 180.1 161	Tb 178.3 159	Dy 177.5 159	Ho 176.7 158	Er 175.8 157	Tm 174.7 156	Yb 193.9 —	Lu 173.5 156
Th 179.8 165	Pa 160.6 —	U 138.5 142	Np 131 —	Pu 151.3 —	Am 173 —	Cm	Bk	Cf	Es	Fm	Md	No	Lr

第一行数据为金属半径;第二行数据为共价半径。

附录七　元素的第一电离能(单位:$kJ \cdot mol^{-1}$)

ⅠA	ⅡA	ⅢB	ⅣB	ⅤB	ⅥB	ⅦB	Ⅷ			ⅠB	ⅡB	ⅢA	ⅣA	ⅤA	ⅥA	ⅦA	ⅧA
H 1312.0																	He 2372.3
Li 520.3	Be 899.5											B 800.6	C 1086.4	N 1402.3	O 1314.0	F 1681.0	Ne 2080.7
Na 495.8	Mg 737.7											Al 577.6	Si 786.5	P 1011.8	S 999.6	Cl 1251.1	Ar 1520.5
K 418.9	Ca 589.8	Sc 631	Ti 658	V 650	Cr 652.8	Mn 717.4	Fe 759.4	Co 758	Ni 736.7	Cu 745.5	Zn 906.4	Ga 578.8	Ge 762.2	As 944	Se 940.9	Br 1139.9	Kr 1350.7
Rb 403.0	Sr 549.5	Y 616	Zr 660	Nb 664	Mo 685.0	Tc 702	Ru 711	Rh 720	Pd 805	Ag 731.0	Cd 867.7	In 558.3	Sn 708.6	Sb 831.6	Te 869.3	I 1008.4	Xe 1170.4
Cs 375.7	Ba 502.9	La 538.1	Hf 654	Ta 761	W 770	Re 760	Os 84×10	Ir 88×10	Pt 87×10	Au 890.1	Hg 1007.0	Tl 589.3	Pb 715.5	Bi 703.3	Po 812	At 912	Rn 1037.0
Fr	Ra 509.4	Ac 49×10															

Ce 528	Pr 523	Nd 530	Pm 536	Sm 543	Eu 547	Gd 592	Tb 564	Dy 572	Ho 581	Er 589	Tm 596.7	Yb 603.4	Lu 523.5
Th 59×10	Pa 57×10	U 59×10	Np 60×10	Pu 585	Am 578	Cm 581	Bk 601	Cf 608	Es 619	Fm 627	Md 635	No 642	Lr

附录八　一些元素的电子亲和能(单位:kJ · mol^{-1})

ⅠA																	ⅧA
H 72.9	ⅡA											ⅢA	ⅣA	ⅤA	ⅥA	ⅦA	He <0
Li 59.8	Be <0											B 23	C 122	N 0±22	O 141	F 322	Ne <0
Na 52.9	Mg <0	ⅢB	ⅣB	ⅤB	ⅥB	ⅦB	Ⅷ			ⅠB	ⅡB	Al 44	Si 120	P 74	S 200.4	Cl 348.7	Ar <0
K 48.4	Ca <0	Sc	Ti	V	Cr 63	Mn	Fe	Co	Ni 111	Cu 123	Zn	Ga 36	Ge 116	As 77	Se 195	Br 324.5	Kr <0
Rb 46.9	Sr	Y	Zr	Nb	Mo 96	Tc	Ru	Rh	Pd	Ag	Cd 126	In 34	Sn 121	Sb 101	Te 190.1	I 295	Xe <0
Cs 45.5	Ba	La～ Lu	Hf	Ta 80	W 50	Re 15	Os	Ir	Pt 205.3	Au 222.7	Hg	Tl 50	Pb 100	Bi 100	Po	At	Rn
Fr 44.0	Ra	Ac～ Lr															

附录九　元素的电负性

ⅠA	ⅡA	ⅢB	ⅣB	ⅤB	ⅥB	ⅦB	Ⅷ			ⅠB	ⅡB	ⅢA	ⅣA	ⅤA	ⅥA	ⅦA	ⅧA
H 2.1																	He
Li 1.0	Be 1.5											B 2.0	C 2.5	N 3.0	O 3.5	F 4.0	Ne
Na 0.9	Mg 1.2											Al 1.5	Si 1.8	P 2.1	S 2.5	Cl 3.0	Ar
K 0.8	Ca 1.0	Sc 1.3	Ti 1.5	V 1.6	Cr 1.6	Mn 1.5	Fe 1.8	Co 1.9	Ni 1.9	Cu 1.9	Zn 1.6	Ga 1.6	Ge 1.8	As 2.0	Se 2.4	Br 2.8	Kr
Rb 0.8	Sr 1.0	Y 1.2	Zr 1.4	Nb 1.6	Mo 1.8	Tc 1.9	Ru 2.2	Rh 2.2	Pd 2.2	Ag 1.9	Cd 1.7	In 1.7	Sn 1.8	Sb 1.9	Te 2.1	I 2.5	Xe
Cs 0.7	Ba 0.9	La～Lu 1.0～1.2	Hf 1.3	Ta 1.5	W 1.7	Re 1.9	Os 2.2	Ir 2.2	Pt 2.2	Au 2.4	Hg 1.9	Tl 1.8	Pb 1.9	Bi 1.9	Po 2.0	At 2.2	Rn
Fr 0.7	Ra 0.9	Ac～Lr 1.1～1.4															

附录十　一些化学键的键能(单位:kJ · mol^{-1},298.15K)

		H	C	N	O	F	Si	P	S	Cl	Ge	As	Se	Br	I
单键	H	436													
	C	415	331												
	N	389	293	159											
	O	465	343	201	138										
	F	565	486	272	184	155									
	Si	320	281	—	368	540	197								
	P	318	264	300	352	490	214	214							
	S	364	289	247	—	340	226	230	264						
	Cl	431	327	201	205	252	360	318	272	243					
	Ge	289	243	—	—	465	—	—	—	239	163				
	As	274	—	—	—	465	—	—	—	289	—	178			
	Se	314	247	—	—	306	—	—	—	251	—	—	193		
	Br	368	276	243	—	239	289	272	214	218	276	239	226	193	
	I	297	239	201	201	—	214	214	—	209	214	180	—	180	151

双键和叁键						
	C=C 620	C=N 615	C=O 708	N=N 419	O=O 498	S=O 420
	C≡C 812	C≡N 879	C≡O 1072	N≡N 945	S=S 423	S=C 578

附录十一　鲍林离子半径(单位:pm)

离子	半径	离子	半径	离子	半径
H^-	208	Be^{2+}	31	Ga^{3+}	62
F^-	136	Mg^{2+}	65	In^{3+}	81
Cl^-	181	Ca^{2+}	99	Tl^{3+}	95
Br^-	195	Sr^{2+}	113	Fe^{3+}	64
I^-	216	Ba^{2+}	135	Cr^{3+}	63
		Ra^{2+}	140		
O^{2-}	140	Zn^{2+}	74	C^{4+}	15
S^{2-}	184	Cd^{2+}	97	Si^{4+}	41
Se^{2-}	198	Hg^{2+}	110	Ti^{4+}	68
Te^{2-}	221	Pb^{2+}	121	Zr^{4+}	80
		Mn^{2+}	80	Ce^{4+}	101
Li^+	60	Fe^{2+}	76	Ge^{4+}	53
Na^+	95	Co^{2+}	74	Sn^{4+}	71
K^+	133	Ni^{2+}	69	Pb^{2+}	84
Rb^+	148	Cu^{2+}	72		
Cs^+	169				
Cu^+	96	B^{3+}	20		
Ag^+	126	Al^{3+}	50		
Au^+	137	Sc^{3+}	81		
Tl^+	140	Y^{3+}	93		
NH_4^+	148	La^{3+}	115		

附录十二　配离子的稳定常数

配离子	$K_f^\ominus$	$\lg K_f^\ominus$	配离子	$K_f^\ominus$	$\lg K_f^\ominus$
$[AgCl_2]^-$	1.74×10^5	5.24	$[Co(NH_3)_6]^{3+}$	2.29×10^{35}	34.36
$[CdCl_4]^{2-}$	3.47×10^2	2.54	$[Cu(NH_3)_4]^{2+}$	1.38×10^{12}	14.14
$[CuCl_4]^{2-}$	4.17×10^5	5.62	$[Ni(NH_3)_6]^{2+}$	1.02×10^8	8.01
$[HgCl_4]^{2-}$	1.59×10^{14}	16.20	$[Zn(NH_3)_4]^{2+}$	5.00×10^8	8.70
$[PbCl_3]^-$	25	1.4	$[AlF_6]^{3-}$	6.9×10^{19}	19.84
$[SnCl_4]^{2-}$	30.2	1.48	$[FeF_5]^{2-}$	2.19×10^{15}	15.34
$[SnCl_6]^{2-}$	6.6	0.82	$[Zn(OH)_4]^{2-}$	1.4×10^{15}	15.15
$[Ag(CN)_2]^-$	1.3×10^{21}	21.1	$[CdI_4]^{2-}$	1.26×10^6	6.10
$[Cd(CN)_4]^{2-}$	1.1×10^{16}	16.04	$[HgI_4]^{2-}$	3.47×10^{20}	30.54
$[Cu(CN)_4]^{3-}$	5×10^{30}	30.7	$[Fe(SCN)_5]^{2-}$	1.20×10^6	6.08
$[Fe(CN)_6]^{4-}$	1.0×10^{24}	24.00	$[Hg(SCN)_4]^{2-}$	7.75×10^{21}	21.89
$[Fe(CN)_6]^{3-}$	1.0×10^{31}	31.00	$[Zn(SCN)_4]^{2-}$	20	1.30
$[Hg(CN)_4]^{2-}$	3.24×10^{41}	41.51	$[Ag(Ac)_2]^-$	4.37	0.64
$[Ni(CN)_4]^{2-}$	1.0×10^{22}	22.00	$[Pb(Ac)_3]^{2-}$	2.46×10^3	3.39
$[Zn(CN)_4]^{2-}$	5.75×10^{16}	16.76	$[Al(C_2O_4)_3]^{3-}$	2×10^{16}	16.3
$[Ag(NH_3)_2]^+$	1.62×10^7	7.21	$[Fe(C_2O_4)_3]^{4-}$	1.66×10^5	5.22
$[Cd(NH_3)_4]^{2+}$	3.63×10^6	6.56	$[Fe(C_2O_4)_3]^{3-}$	1.59×10^{20}	20.20
$[Co(NH_3)_6]^{2+}$	2.46×10^4	4.39	$[Zn(C_2O_4)_3]^{4-}$	1.4×10^8	8.15

注：Ac^-代表乙酸根。

附录十三　标准电极电势(298.15K)

在酸性溶液中		
电对	电极反应	$\varphi^{\ominus}$/V
Li(Ⅰ)-(0)	$Li^{+}+e^{-}$ ═ Li	−3.045
K(Ⅰ)-(0)	$K^{+}+e^{-}$ ═ K	−2.925
Rb(Ⅰ)-(0)	$Rb^{+}+e^{-}$ ═ Rb	−2.925
Cs(Ⅰ)-(0)	$Cs^{+}+e^{-}$ ═ Cs	−2.923
Ba(Ⅱ)-(0)	$Ba^{2+}+2e^{-}$ ═ Ba	−2.90
Sr(Ⅱ)-(0)	$Sr^{2+}+2e^{-}$ ═ Sr	−2.89
Ca(Ⅱ)-(0)	$Ca^{2+}+2e^{-}$ ═ Ca	−2.87
Na(Ⅰ)-(0)	$Na^{+}+e^{-}$ ═ Na	−2.714
La(Ⅲ)-(0)	$La^{3+}+3e^{-}$ ═ La	−2.52
Ce(Ⅲ)-(0)	$Ce^{3+}+3e^{-}$ ═ Ce	−2.48
Mg(Ⅱ)-(0)	$Mg^{2+}+2e^{-}$ ═ Mg	−2.37
Sc(Ⅲ)-(0)	$Sc^{3+}+3e^{-}$ ═ Sc	−2.08
Al(Ⅲ)-(0)	$[AlF_6]^{3-}+3e^{-}$ ═ $Al+6F^{-}$	−2.07
Be(Ⅱ)-(0)	$Be^{2+}+2e^{-}$ ═ Be	−1.85
Al(Ⅲ)-(0)	$Al^{3+}+3e^{-}$ ═ Al	−1.66
Ti(Ⅱ)-(0)	$Ti^{2+}+2e^{-}$ ═ Ti	−1.63
Si(Ⅳ)-(0)	$[SiF_6]^{2-}+4e^{-}$ ═ $Si+6F^{-}$	−1.2
Mn(Ⅱ)-(0)	$Mn^{2+}+2e^{-}$ ═ Mn	−1.18
V(Ⅱ)-(0)	$V^{2+}+2e^{-}$ ═ V	−1.18
Ti(Ⅳ)-(0)	$TiO^{2+}+2H^{+}+4e^{-}$ ═ $Ti+H_2O$	−0.89
B(Ⅲ)-(0)	$H_3BO_3+3H^{+}+3e^{-}$ ═ $B+3H_2O$	−0.87
Si(Ⅳ)-(0)	$SiO_2+4H^{+}+4e^{-}$ ═ $Si+2H_2O$	−0.86
Zn(Ⅱ)-(0)	$Zn^{2+}+2e^{-}$ ═ Zn	−0.763
Cr(Ⅲ)-(0)	$Cr^{3+}+3e^{-}$ ═ Cr	−0.74
C(Ⅳ)-(Ⅲ)	$2CO_2+2H^{+}+2e^{-}$ ═ $H_2C_2O_4$	−0.49
Fe(Ⅱ)-(0)	$Fe^{2+}+2e^{-}$ ═ Fe	−0.440
Cr(Ⅲ)-(Ⅱ)	$Cr^{3+}+e^{-}$ ═ Cr^{2+}	−0.41
Cd(Ⅱ)-(0)	$Cd^{2+}+2e^{-}$ ═ Cd	−0.403
Ti(Ⅲ)-(Ⅱ)	$Ti^{3+}+e^{-}$ ═ Ti^{2+}	−0.37
Pb(Ⅱ)-(0)	PbI_2+2e^{-} ═ $Pb+2I^{-}$	−0.365
Pb(Ⅱ)-(0)	$PbSO_4+2e^{-}$ ═ $Pb+SO_4^{2-}$	−0.3553
Pb(Ⅱ)-(0)	$PbBr_2+2e^{-}$ ═ $Pb+2Br^{-}$	−0.280
Co(Ⅱ)-(0)	$Co^{2+}+2e^{-}$ ═ Co	−0.277
Pb(Ⅱ)-(0)	$PbCl_2+2e^{-}$ ═ $Pb+2Cl^{-}$	−0.268
V(Ⅲ)-(Ⅱ)	$V^{3+}+e^{-}$ ═ V^{2+}	−0.255
V(Ⅴ)-(0)	$VO_2^{+}+4H^{+}+5e^{-}$ ═ $V+2H_2O$	−0.253
Sn(Ⅵ)-(0)	$[SnF_6]^{2-}+4e^{-}$ ═ $Sn+6F^{-}$	−0.25
Ni(Ⅱ)-(0)	$Ni^{2+}+2e^{-}$ ═ Ni	−0.246
Ag(Ⅰ)-(0)	$AgI+e^{-}$ ═ $Ag+I^{-}$	−0.152
Sn(Ⅱ)-(0)	$Sn^{2+}+2e^{-}$ ═ Sn	−0.136

续表

在酸性溶液中		
电对	电极反应	$\varphi^{\ominus}$/V
Pb(Ⅱ)-(0)	$Pb^{2+}+2e^{-}=Pb$	−0.126
Hg(Ⅱ)-(0)	$[HgI_4]^{2-}+2e^{-}=Hg+4I^{-}$	−0.04
H(Ⅰ)-(0)	$2H^{+}+2e^{-}=H_2$	0.00
Ag(Ⅰ)-(0)	$[Ag(S_2O_3)_2]^{3-}+e^{-}=Ag+2S_2O_3^{2-}$	0.01
Ag(Ⅰ)-(0)	$AgBr+e^{-}=Ag+Br^{-}$	0.071
S(2.5)-(Ⅱ)	$S_4O_6^{2-}+2e^{-}=2S_2O_3^{2-}$	0.08
Ti(Ⅳ)-(Ⅲ)	$TiO^{2+}+2H^{+}+e^{-}=Ti^{3+}+H_2O$	0.10
S(0)-(−Ⅱ)	$S+2H^{+}+2e^{-}=H_2S$	0.141
Sn(Ⅳ)-(Ⅱ)	$Sn^{4+}+2e^{-}=Sn^{2+}$	0.154
Cu(Ⅱ)-(Ⅰ)	$Cu^{2+}+e^{-}=Cu^{+}$	0.159
S(Ⅵ)-(Ⅳ)	$SO_4^{2-}+4H^{+}+2e^{-}=H_2SO_3+H_2O$	0.17
Hg(Ⅱ)-(0)	$[HgBr_4]^{2-}+2e^{-}=Hg+4Br^{-}$	0.21
Ag(Ⅰ)-(0)	$AgCl+e^{-}=Ag+Cl^{-}$	0.2223
Hg(Ⅰ)-(0)	$Hg_2Cl_2+2e^{-}=2Hg+2Cl^{-}$	0.268
Cu(Ⅱ)-(0)	$Cu^{2+}+2e^{-}=Cu$	0.337
V(Ⅳ)-(Ⅲ)	$VO^{2+}+2H^{+}+e^{-}=V^{3+}+H_2O$	0.337
Fe(Ⅲ)-(Ⅱ)	$[Fe(CN)_6]^{3-}+e^{-}=[Fe(CN)_6]^{4-}$	0.36
S(Ⅳ)-(Ⅱ)	$2H_2SO_3+2H^{+}+4e^{-}=S_2O_3^{2-}+3H_2O$	0.40
Ag(Ⅰ)-(0)	$Ag_2CrO_4+2e^{-}=2Ag+CrO_4^{2-}$	0.447
S(Ⅳ)-(0)	$H_2SO_3+4H^{+}+4e^{-}=S+3H_2O$	0.45
Cu(Ⅰ)-(0)	$Cu^{+}+e^{-}=Cu$	0.52
I(0)-(−Ⅰ)	$I_2+2e^{-}=2I^{-}$	0.5345
Mn(Ⅶ)-(Ⅵ)	$MnO_4^{-}+e^{-}=MnO_4^{2-}$	0.564
As(Ⅴ)-(Ⅲ)	$H_3AsO_4+2H^{+}+2e^{-}=H_3AsO_3+H_2O$	0.58
Hg(Ⅱ)-(Ⅰ)	$2HgCl_2+2e^{-}=Hg_2Cl_2+2Cl^{-}$	0.63
O(0)-(−Ⅰ)	$O_2+2H^{+}+2e^{-}=H_2O_2$	0.682
Pt(Ⅱ)-(0)	$[PtCl_4]^{2-}+2e^{-}=Pt+4Cl^{-}$	0.73
Fe(Ⅲ)-(Ⅱ)	$Fe^{3+}+e^{-}=Fe^{2+}$	0.771
Hg(Ⅰ)-(0)	$Hg_2^{2+}+2e^{-}=2Hg$	0.793
Ag(Ⅰ)-(0)	$Ag^{+}+e^{-}=Ag$	0.799
N(Ⅴ)-(Ⅳ)	$NO_3^{-}+2H^{+}+e^{-}=NO_2+H_2O$	0.80
Hg(Ⅱ)-(Ⅰ)	$2Hg^{2+}+2e^{-}=Hg_2^{2+}$	0.920
N(Ⅴ)-(Ⅲ)	$NO_3^{-}+3H^{+}+2e^{-}=HNO_2+H_2O$	0.94
N(Ⅴ)-(Ⅱ)	$NO_3^{-}+4H^{+}+3e^{-}=NO+2H_2O$	0.96
N(Ⅲ)-(Ⅱ)	$HNO_2+H^{+}+e^{-}=NO+H_2O$	1.00
Au(Ⅲ)-(0)	$[AuCl_4]^{-}+3e^{-}=Au+4Cl^{-}$	1.00
V(Ⅴ)-(Ⅳ)	$VO_2^{+}+2H^{+}+e^{-}=VO^{2+}+H_2O$	1.00
Br(0)-(−Ⅰ)	$Br_2(l)+2e^{-}=2Br^{-}$	1.065
Cu(Ⅱ)-(0)	$Cu^{2+}+2CN^{-}+e^{-}=[Cu(CN)_2]^{-}$	1.12
Se(Ⅵ)-(Ⅳ)	$SeO_4^{2-}+4H^{+}+2e^{-}=H_2SeO_3+H_2O$	1.15
Cl(Ⅶ)-(Ⅴ)	$ClO_4^{-}+2H^{+}+2e^{-}=ClO_3^{-}+H_2O$	1.19
I(Ⅴ)-(0)	$2IO_3^{-}+12H^{+}+10e^{-}=I_2+6H_2O$	1.20
Cl(Ⅴ)-(Ⅲ)	$ClO_3^{-}+3H^{+}+2e^{-}=HClO_2+H_2O$	1.21
O(0)-(−Ⅱ)	$O_2+4H^{+}+4e^{-}=2H_2O$	1.229
Mn(Ⅳ)-(Ⅱ)	$MnO_2+4H^{+}+2e^{-}=Mn^{2+}+2H_2O$	1.23
Cr(Ⅵ)-(Ⅲ)	$Cr_2O_7^{2-}+14H^{+}+6e^{-}=2Cr^{3+}+7H_2O$	1.33

续表

在酸性溶液中		
电对	电极反应	$\varphi^\ominus$/V
Cl(0)-(-Ⅰ)	$Cl_2+2e^- = 2Cl^-$	1.36
I(Ⅰ)-(0)	$2HIO+2H^++2e^- = I_2+2H_2O$	1.45
Pb(Ⅳ)-(Ⅱ)	$PbO_2+4H^++2e^- = Pb^{2+}+2H_2O$	1.455
Au(Ⅲ)-(0)	$Au^{3+}+3e^- = Au$	1.50
Mn(Ⅲ)-(Ⅱ)	$Mn^{3+}+e^- = Mn^{2+}$	1.51
Mn(Ⅶ)-(Ⅱ)	$MnO_4^-+8H^++5e^- = Mn^{2+}+4H_2O$	1.51
Br(Ⅴ)-(0)	$2BrO_3^-+12H^++10e^- = Br_2+6H_2O$	1.52
Br(Ⅰ)-(0)	$2HBrO+2H^++2e^- = Br_2+2H_2O$	1.59
Ce(Ⅳ)-(Ⅲ)	$Ce^{4+}+e^- = Ce^{3+}$ (1 mol·L^{-1} HNO_3)	1.61
Cl(Ⅰ)-(0)	$2HClO+2H^++2e^- = Cl_2+2H_2O$	1.63
Cl(Ⅲ)-(Ⅰ)	$HClO_2+2H^++2e^- = HClO+H_2O$	1.64
Pb(Ⅳ)-(Ⅱ)	$PbO_2+SO_4^{2-}+4H^++2e^- = PbSO_4+2H_2O$	1.685
Mn(Ⅶ)-(Ⅳ)	$MnO_4^-+4H^++3e^- = MnO_2+2H_2O$	1.695
O(-Ⅰ)-(-Ⅱ)	$H_2O_2+2H^++2e^- = 2H_2O$	1.77
Co(Ⅲ)-(Ⅱ)	$Co^{3+}+e^- = Co^{2+}$	1.84
S(Ⅶ)-(Ⅵ)	$S_2O_8^{2-}+2e^- = 2SO_4^{2-}$	2.01
F(0)-(-Ⅰ)	$F_2+2e^- = 2F^-$	2.87

在碱性溶液中		
电对	电极反应	$\varphi^\ominus$/V
Mg(Ⅱ)-(0)	$Mg(OH)_2+2e^- = Mg+2OH^-$	−2.69
Al(Ⅲ)-(0)	$H_2AlO_3^-+H_2O+3e^- = Al+4OH^-$	−2.35
P(Ⅰ)-(0)	$H_2PO_2^-+e^- = P+2OH^-$	−2.05
B(Ⅲ)-(0)	$H_2BO_3^-+H_2O+3e^- = B+4OH^-$	−1.79
Si(Ⅳ)-(0)	$SiO_3^{2-}+3H_2O+4e^- = Si+6OH^-$	−1.70
Mn(Ⅱ)-(0)	$Mn(OH)_2+2e^- = Mn+2OH^-$	−1.55
Zn(Ⅱ)-(0)	$[Zn(CN)_4]^{2-}+2e^- = Zn+4CN^-$	−1.26
Zn(Ⅱ)-(0)	$ZnO_2^{2-}+2H_2O+2e^- = Zn+4OH^-$	−1.216
Cr(Ⅲ)-(0)	$CrO_2^-+2H_2O+3e^- = Cr+4OH^-$	−1.2
Zn(Ⅱ)-(0)	$[Zn(NH_3)_4]^{2+}+2e^- = Zn+4NH_3$	−1.04
S(Ⅵ)-(Ⅳ)	$SO_4^{2-}+H_2O+2e^- = SO_3^{2-}+2OH^-$	−0.93
Sn(Ⅱ)-(0)	$HSnO_2^-+H_2O+2e^- = Sn+3OH^-$	−0.91
Fe(Ⅱ)-(0)	$Fe(OH)_2+2e^- = Fe+2OH^-$	−0.877
H(Ⅰ)-(0)	$2H_2O+2e^- = H_2+2OH^-$	−0.828
Cd(Ⅱ)-(0)	$[Cd(NH_3)_4]^{2+}+2e^- = Cd+4NH_3$	−0.61
S(Ⅳ)-(Ⅱ)	$2SO_3^{2-}+3H_2O+4e^- = S_2O_3^{2-}+6OH^-$	−0.58
Fe(Ⅲ)-(Ⅱ)	$Fe(OH)_3+e^- = Fe(OH)_2+OH^-$	−0.56
S(0)-(-Ⅱ)	$S+2e^- = S^{2-}$	−0.48
Ni(Ⅱ)-(0)	$[Ni(NH_3)_6]^{2+}+2e^- = Ni+6NH_3(aq)$	−0.48
Cu(Ⅰ)-(0)	$[Cu(CN)_2]^-+e^- = Cu+2CN^-$	约−0.43
Hg(Ⅱ)-(0)	$[Hg(CN)_4]^{2-}+2e^- = Hg+4CN^-$	−0.37
Ag(Ⅰ)-(0)	$[Ag(CN)_2]^-+e^- = Ag+2CN^-$	−0.31
Cr(Ⅵ)-(Ⅲ)	$CrO_4^{2-}+2H_2O+3e^- = CrO_2^-+4OH^-$	−0.12
Cu(Ⅱ)-(0)	$[Cu(NH_3)_4]^{2+}+2e^- = Cu+4NH_3$	−0.12

续表

在碱性溶液中		
电对	电极反应	$\varphi^{\ominus}$/V
O(0)-(-Ⅰ)	$O_2+H_2O+2e^- = HO_2^-+OH^-$	−0.076
Mn(Ⅳ)-(Ⅱ)	$MnO_2+2H_2O+2e^- = Mn(OH)_2+2OH^-$	−0.05
Ag(Ⅰ)-(0)	$AgCN+e^- = Ag+CN^-$	−0.017
N(Ⅴ)-(Ⅲ)	$NO_3^-+H_2O+2e^- = NO_2^-+2OH^-$	0.01
Hg(Ⅱ)-(0)	$HgO+H_2O+2e^- = Hg+2OH^-$	0.098
Co(Ⅲ)-(Ⅱ)	$[Co(NH_3)_6]^{3+}+e^- = [Co(NH_3)_6]^{2+}$	0.1
Co(Ⅲ)-(Ⅱ)	$Co(OH)_3+e^- = Co(OH)_2+OH^-$	0.17
I(Ⅴ)-(-Ⅰ)	$IO_3^-+3H_2O^-+6e^- = I^-+6OH^-$	0.26
Ag(Ⅰ)-(0)	$[Ag(S_2O_3)_2]^{3-}+e^- = Ag+2S_2O_3^{2-}$	0.30
Cl(Ⅴ)-(Ⅲ)	$ClO_3^-+H_2O+2e^- = ClO_2^-+2OH^-$	0.33
Cl(Ⅶ)-(Ⅴ)	$ClO_4^-+H_2O+2e^- = ClO_3^-+2OH^-$	0.36
Ag(Ⅰ)-(0)	$[Ag(NH_3)_2]^++e^- = Ag+2NH_3$	0.373
O(0)-(-Ⅱ)	$O_2+2H_2O+4e^- = 4OH^-$	0.401
I(Ⅰ)-(-Ⅰ)	$IO^-+H_2O+2e^- = I^-+2OH^-$	0.49
Mn(Ⅵ)-(Ⅳ)	$MnO_4^{2-}+2H_2O+2e^- = MnO_2+4OH^-$	0.60
Br(Ⅴ)-(-Ⅰ)	$BrO_3^-+3H_2O+6e^- = Br^-+6OH^-$	0.61
Cl(Ⅲ)-(Ⅰ)	$ClO_2^-+H_2O+2e^- = ClO^-+2OH^-$	0.66
Br(Ⅰ)-(-Ⅰ)	$BrO^-+H_2O+2e^- = Br^-+2OH^-$	0.76
O(-Ⅰ)-(-Ⅱ)	$HO_2^-+H_2O+2e^- = 3OH^-$	0.878
Cl(Ⅰ)-(-Ⅰ)	$ClO^-+H_2O+2e^- = Cl^-+2OH^-$	0.89

附录十四 条件电极电势 $\varphi^{\ominus'}$ 值

半反应	$\varphi^{\ominus'}$/V	介质
$Ag(II)+e^- \rightleftharpoons Ag^+$	1.927	$4mol \cdot L^{-1} HNO_3$
$Ce(IV)+e^- \rightleftharpoons Ce(III)$	1.70	$1mol \cdot L^{-1} HClO_4$
	1.61	$1mol \cdot L^{-1} HNO_3$
	1.44	$0.5mol \cdot L^{-1} H_2SO_4$
	1.28	$1mol \cdot L^{-1} HCl$
$Co^{3+}+e^- \rightleftharpoons Co^{2+}$	1.85	$4mol \cdot L^{-1} HNO_3$
$[Co(en)_3]^{3+}+e^- \rightleftharpoons [Co(en)_3]^{2+}$	−0.2	$0.1mol \cdot L^{-1} KNO_3+0.1mol \cdot L^{-1}$乙二胺
$Cr(III)+e^- \rightleftharpoons Cr(II)$	−0.40	$5mol \cdot L^{-1} HCl$
$Cr_2O_7^{2-}+14H^++6e^- \rightleftharpoons 2Cr^{3+}+7H_2O$	1.00	$1mol \cdot L^{-1} HCl$
	1.025	$1mol \cdot L^{-1} HClO_4$
	1.08	$3mol \cdot L^{-1} HCl$
	1.05	$2mol \cdot L^{-1} HCl$
	1.15	$4mol \cdot L^{-1} H_2SO_4$
$CrO_4^{2-}+2H_2O+3e^- \rightleftharpoons CrO_2^-+4OH^-$	−0.12	$1mol \cdot L^{-1} NaOH$
$Fe(III)+e^- \rightleftharpoons Fe(II)$	0.73	$1mol \cdot L^{-1} HClO_4$
	0.71	$0.5mol \cdot L^{-1} HCl$
	0.68	$1mol \cdot L^{-1} H_2SO_4$
	0.68	$1mol \cdot L^{-1} HCl$
	0.46	$2mol \cdot L^{-1} H_3PO_4$
	0.51	$1mol \cdot L^{-1} HCl$
		$0.25mol \cdot L^{-1} H_3PO_4$
$H_3AsO_4+2H^++2e^- \rightleftharpoons H_3AsO_3+H_2O$	0.557	$1mol \cdot L^{-1} HCl$
	0.557	$1mol \cdot L^{-1} HClO_4$
$[Fe(EDTA)]^-+e^- \rightleftharpoons [Fe(EDTA)]^{2-}$	0.12	$0.1mol \cdot L^{-1}$ EDTA
		pH 4～6
$[Fe(CN)_6]^{3-}+e^- \rightleftharpoons [Fe(CN)_6]^{4-}$	0.48	$0.01mol \cdot L^{-1} HCl$
	0.56	$0.1mol \cdot L^{-1} HCl$
	0.71	$1mol \cdot L^{-1} HCl$
	0.72	$1mol \cdot L^{-1} HClO_4$
I_2(水)$+2e^- \rightleftharpoons 2I^-$	0.628	$1mol \cdot L^{-1} H^+$
$I_3^-+2e^- \rightleftharpoons 3I^-$	0.545	$1mol \cdot L^{-1} H^+$
$MnO_4^-+8H^++5e^- \rightleftharpoons Mn^{2+}+4H_2O$	1.45	$1mol \cdot L^{-1} HClO_4$
	1.27	$8mol \cdot L^{-1} H_3PO_4$
$Os(VIII)+4e^- \rightleftharpoons Os(IV)$	0.79	$5mol \cdot L^{-1} HCl$
$[SnCl_6]^{2-}+2e^- \rightleftharpoons [SnCl_4]^{2-}+2Cl^-$	0.14	$1mol \cdot L^{-1} HCl$
$Sn^{2+}+2e^- \rightleftharpoons Sn$	−0.16	$1mol \cdot L^{-1} HClO_4$

续表

半反应	$\varphi^{\ominus'}$/V	介质
Sb(Ⅴ)+2e$^-$ ⇌ Sb(Ⅲ)	0.75	3.5mol·L^{-1}HCl
$[Sb(OH)_6]^-$+2e$^-$ ⇌ SbO_2^-+2OH$^-$+2H_2O	−0.428	3mol·L^{-1}NaOH
SbO_2^-+2H_2O+3e$^-$ ⇌ Sb+4OH$^-$	−0.675	10mol·L^{-1}KOH
Ti(Ⅳ)+e$^-$ ⇌ Ti(Ⅲ)	−0.01	0.2mol·L^{-1}H_2SO_4
	0.12	2mol·L^{-1}H_2SO_4
	−0.04	1mol·L^{-1}HCl
	−0.05	1mol·L^{-1}H_3PO_4
Pb(Ⅱ)+2e$^-$ ⇌ Pb	−0.32	1mol·L^{-1}NaAc
	−0.14	1mol·L^{-1}$HClO_4$
UO_2^{2+}+4H$^+$+2e$^-$ ⇌ U(Ⅳ)+2H_2O	0.41	0.5mol·L^{-1}H_2SO_4

附录十五　一些化合物的摩尔质量

化合物	M/(g·mol^{-1})	化合物	M/(g·mol^{-1})
AgBr	187.78	CH_3COOH	60.05
AgCl	143.32	CH_3OH	32.04
AgCN	133.84	CH_3COCH_3	58.08
Ag_2CrO_4	331.73	C_6H_5COOH	122.12
AgI	234.77	C_6H_5COONa	144.10
$AgNO_3$	169.87	$C_6H_4COOHCOOK$	204.23
AgSCN	165.95	(苯二甲酸氢钾)	
Al_2O_3	101.96	CH_3COONa	82.03
$Al_2(SO_4)_3$	342.15	C_6H_5OH	94.11
As_2O_3	197.84	$(C_9H_7NH)_3PO_4$·12MoO_3	2212.74
As_2O_5	229.84	(磷钼酸喹啉)	
$BaCO_3$	197.34	$COOHCH_2COOH$	104.06
BaC_2O_4	225.35	$COOHCH_2COONa$	126.04
$BaCl_2$	208.24	CCl_4	153.81
$BaCl_2$·2H_2O	244.27	44.01 / 244.27	CO_2
$BaCrO_4$	253.32	Cr_2O_3	151.99
BaO	153.33	$Cu(C_2H_3O_2)_2$·3$Cu(AsO_3)_2$	1013.80
$Ba(OH)_2$	171.35	CuO	79.54
$BaSO_4$	233.39	Cu_2O	143.09
$CaCO_3$	100.09	CuSCN	121.63
$Ce(SO_4)_2$·2$(NH_4)_2SO_4$·2H_2O	632.54	$CuSO_4$	159.61

续表

化合物	$M/(g\cdot mol^{-1})$	化合物	$M/(g\cdot mol^{-1})$
CaC_2O_4	128.10	H_2S	34.08
$CaCl_2$	110.99	H_2SO_3	82.08
$CaCl_2\cdot H_2O$	129.00	H_2SO_4	98.08
CaF_2	78.08	$HgCl_2$	271.50
$Ca(NO_3)_2$	164.09	Hg_2Cl_2	472.09
CaO	56.08	$KAl(SO_4)_2\cdot 12H_2O$	474.39
$Ca(OH)_2$	74.09	$KB(C_6H_5)_4$	358.33
$CaSO_4$	136.14	KBr	119.01
$Ca_3(PO_4)_2$	310.18	$KBrO_3$	167.01
$Ce(SO_4)_2$	332.24	KCN	65.12
$CuSO_4\cdot 5H_2O$	249.69	K_2CO_3	138.21
$FeCl_3$	162.21	KCl	74.56
$FeCl_3\cdot 6H_2O$	270.30	$KClO_3$	122.55
FeO	71.85	$KClO_4$	138.55
Fe_2O_3	159.69	K_2CrO_4	194.20
Fe_3O_4	231.54	$K_2Cr_2O_7$	294.19
$FeSO_4\cdot H_2O$	169.93	$KHC_2O_4\cdot H_2C_2O_4\cdot 2H_2O$	254.19
$FeSO_4\cdot 7H_2O$	278.02	$KHC_2O_4\cdot H_2O$	146.14
$Fe_2(SO_4)_3$	399.89	KI	166.01
$FeSO_4\cdot(NH_4)_2SO_4\cdot 6H_2O$	392.14	KIO_3	214.00
H_3BO_3	61.83	$KIO_3\cdot HIO_3$	389.92
HBr	80.91	$KMnO_4$	158.04
$H_2C_4H_4O_6$(酒石酸)	150.09	KNO_2	85.10
HCN	27.03	K_2O	92.20
H_2CO_3	62.03	KOH	56.11
$H_2C_2O_4$	90.04	$KSCN$	97.18
$H_2C_2O_4\cdot 2H_2O$	126.07	K_2SO_4	174.26
$HCOOH$	46.03	$MgCO_3$	84.32
HCl	36.46	$MgCl_2$	95.21
$HClO_4$	100.46	$MgNH_4PO_4$	137.33
HF	20.01	MgO	40.31
HI	127.91	$Mg_2P_2O_7$	222.60
HNO_2	47.01	MnO	70.94
HNO_3	63.01	MnO_2	86.94
H_2O	18.02	$Na_2B_4O_7$	201.22
H_2O_2	34.02	$Na_2B_4O_7\cdot 10H_2O$	381.37
H_3PO_4	98.00	$NaBiO_3$	279.97

续表

化合物	$M/(g \cdot mol^{-1})$	化合物	$M/(g \cdot mol^{-1})$
NaBr	102.90	$NH_4Fe(SO_4)_2 \cdot 12H_2O$	482.20
NaCN	49.01	$(NH_4)_2HPO_4$	132.05
Na_2CO_3	105.99	$(NH_4)_3PO_4 \cdot 12MoO_3$	1876.53
$Na_2C_2O_4$	134.00	NH_4SCN	76.12
NaCl	58.44	$(NH_4)_2SO_4$	132.14
NaF	41.99	$NiC_6H_{14}O_4N_4$	288.91
$NaHCO_3$	84.01	(丁二酮肟镍)	
NaH_2PO_4	119.98	P_2O_5	141.95
Na_2HPO_4	141.96	$PbCrO_4$	323.18
$Na_2H_2Y \cdot 2H_2O$	372.26	PbO	223.19
(EDTA 二钠盐)		PbO_2	239.19
NaI	149.89	Pb_3O_4	685.57
$NaNO_2$	69.00	$PbSO_4$	303.26
Na_2O	61.98	SO_2	64.06
NaOH	40.01	SO_3	80.06
Na_3PO_4	163.94	Sb_2O_3	291.50
Na_2S	78.05	Sb_2S_3	339.70
$Na_2S \cdot 9H_2O$	240.18	SiF_4	104.08
Na_2SO_3	126.04	SiO_2	60.08
Na_2SO_4	142.04	$SnCO_3$	178.82
$Na_2SO_4 \cdot 10H_2O$	322.20	$SnCl_2$	189.60
$Na_2S_2O_3$	158.11	SnO_2	150.71
$Na_2S_2O_3 \cdot 5H_2O$	248.19	TiO_2	79.88
Na_2SiF_6	188.06	WO_3	231.85
NH_3	17.03	$ZnCl_2$	136.30
$NH_3 \cdot H_2O$	35.05	ZnO	81.39
NH_4Cl	53.49	$Zn_2P_2O_7$	304.72
$(NH_4)_2C_2O_4 \cdot H_2O$	142.11	$ZnSO_4$	161.45